普通高等教育"十一五"国家级规划教材

本书荣获中国石油和化学工业优秀出版物（教材奖）一等奖

工程流体力学

ENGINEERING FLUID MECHANICS

黄卫星　伍　勇　编著

第3版

化学工业出版社

·北京·

本书在第2版基础上总结教学和工程实践修订成稿，内容涉及流体力学基本概念、基本原理、研究方法和工程应用四个方面。全书共12章，包括：流体的力学性质、流体流动的基本概念、流体静力学、流体流动的守恒原理、不可压缩流体的一维层流流动、流体流动微分方程、理想不可压缩流体的平面运动、流体流动模型实验方法、不可压缩流体管内流动、流体绕物流动、可压缩流动基础与管内流动、过程设备内流体的停留时间分布。

本书编者长期专注过程设备流体流动与传递过程的教学与科研，将流体力学基本理论与过程设备内的流动问题紧密结合，内容编排层次清晰，概念阐述直观明确，问题分析联系实际；书中例题丰富，习题均由编者演算后选编或设计，并附有详尽答案及解题提示，对促进课程的教学和各章主要知识点的理解与掌握有重要帮助。

本书基本内容定位于工程专业本科，但亦有深入扩展以满足研究生教学需要，在作为"过程装备"专业核心课教材的同时，可供高校化工、轻工、环境、安全、机械及能源动力类专业作为教材或教学参考书，对以上专业的科研和工程技术人员亦有重要参考价值。

图书在版编目（CIP）数据

工程流体力学/黄卫星，伍勇编著 . —3 版 . —北京：
化学工业出版社，2017.10（2023.5 重印）
普通高等教育"十一五"国家级规划教材
ISBN 978-7-122-30462-9

Ⅰ.①工…　Ⅱ.①黄…　②伍…　Ⅲ.①工程力学-流体
力学-高等学校-教材　Ⅳ.①TB126

中国版本图书馆 CIP 数据核字（2017）第 201108 号

责任编辑：程树珍　丁文璇　　　　　　　　装帧设计：史利平
责任校对：宋　夏

出版发行：化学工业出版社（北京市东城区青年湖南街 13 号　邮政编码 100011）
印　　装：高教社（天津）印务有限公司
787mm×1092mm　1/16　印张 22¼　字数 577 千字　2023 年 5 月北京第 3 版第 5 次印刷

购书咨询：010-64518888　　售后服务：010-64518899
网　　址：http://www.cip.com.cn
凡购买本书，如有缺损质量问题，本社销售中心负责调换。

定　　价：50.00 元　　　　　　　　　　　　　　版权所有　违者必究

过程装备与控制工程专业核心课程教材
编写委员会

组织策划人员 （按姓氏笔画排列）

丁信伟（全国高等学校化工类及相关专业教学指导委员会副主任委
员兼化工装备教学指导组组长）

吴剑华（全国高等学校化工类及相关专业教学指导委员会委员）

涂善东（全国高等学校化工类及相关专业教学指导委员会委员）

董其伍（全国高等学校化工类及相关专业教学指导委员会委员）

蔡仁良（全国高等学校化工类及相关专业教学指导委员会委员）

编写人员 （按姓氏笔画排列）

马连湘	王 毅	王良恩	王淑兰	叶德潜	伍 勇	刘敏珊
闫康平	毕明树	李 云	李建明	李德昌	吴旨玉	张早校
肖泽仪	陈文梅	陈志平	林兴华	卓 震	郑津洋	胡 涛
姜培正	钱才富	徐思浩	桑芝富	黄卫星	黄有发	董其伍
廖景娱	魏进家	魏新利				

主审人员 （按姓氏笔画排列）

丁信伟　郁永章　施　仁　蔡天锡　潘永密　潘家祯

审定人员 （按姓氏笔画排列）

丁信伟　吴剑华　涂善东　董其伍　蔡仁良

前　言

本书系"过程装备与控制工程"专业核心课教材，在第 2 版基础上总结教学经验与工程实践修订增补成稿，全书 12 章。其中，第 1～第 10 章标题与第 2 版基本保持一致（流体的力学性质、流体流动的基本概念、流体静力学、流体流动的守恒原理、不可压缩流体的一维层流流动、流体流动微分方程、理想不可压缩流体的平面运动、流体流动模型实验方法、不可压缩流体管内流动、流体绕物流动），但内容选材与编排上有不同程度的取舍和调整，系统性和逻辑性进一步增强；第 11～第 12 章分别更换为"可压缩流动基础与管内流动"和"过程设备内流体的停留时间分布"，以适应可压缩流动分析设计和过程设备创新开发的需求。

与第 2 版相比，本版的主要变化体现在以下四个方面。

1. 改进各章内容选材与展开顺序，知识的系统性和逻辑层次进一步增强。

这一工作从重新审视各章教学内容及展开顺序开始，对每章基本内容的系统性、展开的逻辑顺序、基本概念是否明确、主要知识点如何应用、教学进程能否顺利以及与其它章节知识点的联系与衔接等问题，进行了再次的分析与研判，由此对各章内容选材与编排顺序进行了不同程度的取舍和调整，使各章教学内容的系统性和逻辑层次进一步增强，并以此重新编写了各章引言，以引导读者更清晰地把控每章内容的展开脉络。

2. 改进论述分析方式，促进学生知识应用能力由会做习题向解决实际问题转变。

为达到这样的目的，本书针对具体问题的论述分析着重进行了四个方面的改进。对建立在假设条件下的问题或结果，注重联系实际阐明其假设的可行性和结果的适用性；对适用于同类问题的典型方法或公式，注重通过对比分析阐明其共通性及针对性；对那些在原理解释或应用扩展方面有特别意义的示例问题，注重阐明其特定参数变化如何影响过程行为，或其结果如何推广应用于特定过程；对某些给定条件下的应用问题，注重联系实际反问为什么给定这样的条件或不这样会有什么结果。编者相信，这些改进将对基本概念的理解、主要知识点的掌握和基本方法的应用有重要促进。

3. 更换本书第 2 版第 11、第 12 章，以适应可压缩流动问题分析和过程设备创新开发的需求。

为适应可压缩流动分析的知识需求，本书将"可压缩流动基础与管内流动"纳入作为第 11 章。该章站在过程装备的专业角度，在阐述可压缩流动的必要基础后，将应用落脚于管内流动，并联系实际阐明了为什么变截面管中的可压缩流动分析要以等熵过程为条件，为什么等截面管中的可压缩流动要分为绝热流动和等温流动来研究，从而使该章基本理论与工程实际的联系更为明晰。

对于过程设备的创新开发，实验是重要手段。其中关于模型实验的方法已在本书第 8 章论述。编者此次将"过程设备内流体的停留时间分布"作为第 12 章纳入本书，是因为流体停留时间分布既能反映过程设备内部的流动行为，又有实验测试相对容易的优势，对于过程设备创新开发中内构件形式与流动行为关系的问题，停留时间分布实验同样是一种有效的、值得重视的研究手段。

4. 例题示范性、习题多样性、思考题引导性增强。

与第 2 版相比，本书在修订完善原有例题习题基础上，新增例题 19 例（全书 89 例），新增习题 82 题（全书 216 题），新增插图 64 幅（全书插图 327 幅），同时还重新设计了第 7～第 11 章的全部思考题。其中：①对于例题，特别注重了改进其提问的目的性及范围，阐明其结果的启示性及应用，以增强其示范性；②习题中增强了综合应用所学知识和应用 Excel 计算工具解决问题的分量，以培养学生应用高等数学和现代计算工具综合解决复杂问题的能力；且所有习题均由编者演算后选编或设计，并附有详尽答案及解题提示，以方便课程的教学和促进各章主要知识点的理解与掌握；③思考题的设计重点在于帮助读者厘清各章主要脉络及关键节点，深化理解其中的核心概念或知识点，明确其前提或应用条件。

在课程教学上，教材基本内容定位于工程专业本科，但亦有扩展延伸以满足研究生教学需要。编者对课程教学内容安排的建议是：对于本科生，第 1～第 5 章是基本教学内容（约 48 学时），第 6～第 12 章可供本科多学时课程选择讲授；对于研究生，第 6～第 10 章是基本教学内容（约 48 学时），第 11 章和第 12 章供选择讲授。任课教师可根据本校专业学科或研究方向特色补充、扩展相关教学内容。

本书修订工作由黄卫星教授负责并主要执笔，伍勇教授、魏文韫博士、谭帅博士参与共同完成，其中也包含陈文梅教授、李建明教授、肖泽仪教授曾经的贡献。本书修订工作得到四川大学教务处的大力支持和四川大学化工学院"多相流设备与安全工程"团队研究生同学的大力协助，在此一并致谢。

在本书第 3 版即将出版之际，编者诚挚感谢兄弟院校的专家教授和任课教师对本教材的选用、褒奖以及所提出的宝贵意见，并希望对本书新版中的缺点、错误与不足继续予以指正。

编　者

2017 年 7 月

第1版序

按照国际标准化组织（ISO）的认定，社会经济过程中的全部产品通常分为四类，即硬件产品（hardware）、软件产品（software）、流程性材料产品（processed material）和服务产品（service）。在新世纪初，世界上各主要发达国家和我国都已把"先进制造技术"列为优先发展的战略性高技术之一。先进制造技术主要是指硬件产品的先进制造技术和流程性材料产品的先进制造技术。所谓"流程性材料"是指以流体（气、液、粉粒体等）形态为主的材料。

过程工业是加工制造流程性材料产品的现代国民经济的支柱产业之一。成套过程装置则是组成过程工业的工作母机群，它通常是由一系列的过程机器和过程设备，按一定的流程方式用管道、阀门等连接起来的一个独立的密闭连续系统，再配以必要的控制仪表和设备，即能平稳连续地把以流体为主的各种流程性材料，让其在装置内部经历必要的物理化学过程，制造出人们需要的新的流程性材料产品。单元过程设备（如塔、换热器、反应器与储罐等）与单元过程机器（如压缩机、泵与分离机等）二者统称为过程装备。为此，有关涉及流程性材料产品先进制造技术的主要研究发展领域应该包括以下几个方面：①过程原理与技术的创新；②成套装置流程技术的创新；③过程设备与过程机器——过程装备技术的创新；④过程控制技术的创新。于是把过程工业需要实现的最佳技术经济指标：高效、节能、清洁和安全不断推向新的技术水平，确保该产业在国际上的竞争力。

过程装备技术的创新，其关键首先应着重于装备内件技术的创新，而其内件技术的创新又与过程原理和技术的创新以及成套装置工艺流程技术的创新密不可分，它们互为依托，相辅相成。这一切也是流程性产品先进制造技术与一般硬件产品的先进制造技术的重大区别所在。另外，这两类不同的先进制造技术的理论基础也有着重大的区别，前者的理论基础主要是化学、固体力学、流体力学、热力学、机械学、化学工程与工艺学、电工电子学和信息技术科学等，而后者则主要侧重于固体力学、材料与加工学、机械机构学、电工电子学和信息技术科学等。

"过程装备与控制工程"本科专业在新世纪的根本任务是为国民经济培养大批优秀的能够掌握流程性材料产品先进制造技术的高级专业人才。

四年多来，教学指导委员会以邓小平同志提出的"教育要面向现代化，面向世界，面向未来"的思想为指针，在广泛调查研讨的基础上，分析了国内外化工类与机械类高等教育的现状、存在的问题和未来的发展，向教育部提出了把原"化工设备与机械"本科专业改造建设为"过程装备与控制工程"本科专业的总体设想和专业发展规划建议书，于1998年3月获得教育部的正式批准，设立了"过程装备与控制工程"本科专业。以此为契机，教学指导委员会制订了"高等教育面向21世纪'过程装备与控制工程'本科专业建设与人才培养的总体思路"，要求各院校从转变传统教育思想出发，拓宽专业范围，以培养学生的素质、知识与能力为目标，以发展先进制造技术作为本专业改革发展的出发点，重组课程体系，在加强通用基础理论与实践环节教学的同时，强化专业技术基础理论的教学，削减专业课程的分量，淡化专业技术教学，从而较大幅度地减少总的授课时数，以增加学生自学、自由探讨和发展的空间，以有利于逐步树立本科学生勇于思考与创新的精神。

高质量的教材是培养高素质人才的重要基础，因此组织编写面向21世纪的6种迫切需要的核心课程教材，是专业建设的重要内容。同时，还编写了6种选修课程教材。教学指导委员会明确要求教材作者以"教改"精神为指导，力求新教材从认知规律出发，阐明本课程的基本理论与应用及其现代进展，做到新体系、厚基础、重实践、易自学、引思考。新教材的编写实施主编负责制，主编都经过了投标竞聘，专家择优选定的过程，核心课程教材在完成主审程序后，还增设了审定制度。为确保教材编写质量，在开始编写时，主编、教学指导委员会和化学工业出版社三方面签订了正式出版合同，明确了各自的责、权、利。

　　"过程装备与控制工程"本科专业的建设将是一项长期的任务，以上所列工作只是一个开端。尽管我们在这套教材中，力求在内容和体系上能够体现创新，注重拓宽基础，强调能力培养，但是由于我们目前对教学改革的研究深度和认识水平所限，必然会有许多不妥之处。为此，恳请广大读者予以批评和指正。

全国高等学校化工类及相关专业教学指导委员会
副主任委员兼化工装备教学指导组组长
大连理工大学　博士生导师
丁信伟　教授
2001 年 3 月于大连

第1版前言

流体力学是研究流体受力及其宏观运动规律的一门学科，既有基础学科的性质，又有鲜明的应用学科特点，而工程流体力学则更侧重于后者。

作为"过程装备与控制工程"专业的核心课程之一，"工程流体力学"课程的任务是使学生掌握流体力学的基本原理、基本方法及其在工程实际问题中的应用，从而为分析研究过程装备中的流体流动规律及其相关传递过程，以及为设计开发新型高效的过程装备奠定必备的基础。

本书根据全国高等学校"过程装备与控制工程"专业教学指导组审定的"工程流体力学"教材大纲编写，以体现流体力学学科体系、突出专业应用背景、适应教学规律为基本原则，内容包括流体力学基本概念、基本原理、研究方法和工程应用四个方面，共12章。

第1、第2章分别介绍流体的力学性质及其运动学基本概念，是工程流体力学课程必要的预备性知识。

第3～第7章为流体力学基本原理及分析方法。其中，第3章重点讲述静止条件下的流体受力、流体静力学方程及静止流场特性，该章知识内容既可直接应用于工程实际，也是后续动力学问题中流体受力分析的基础。第4章是以控制体方法分析研究流体流动过程中遵循质量守恒、动量守恒和能量守恒原理所表现出来的总体特性，所建立的积分方程是分析化工流动系统物料平衡、设备受力和能量转换的重要工具。第5章则主要以工程实际中典型的一维流动为对象，阐述将动量定律应用于流体微元从而建立流动微分方程，并由此求解流场内切应力和速度分布的基本方法与过程；在此基础上，第6章将对一维流动分析方法加以推广和普遍化，建立三维条件下流体运动的基本微分方程——连续性方程和 Navier-Stokes 方程。采取由浅入深、由简到繁的方式编排第5、第6章，是希望有助于理解和掌握 Navier-Stokes 方程这一流体力学主干方程的物理意义和实际应用。第7章属流体运动学范畴，主要讲述流体微团基本运动、势流理论以及求解不可压缩无旋流场的基本方法。

第8章和第12章分别为流体力学实验研究方法和数值模拟方法。其中，第8章重点讲述了模型实验基础——相似原理，以及建立相似准则的方法和工程模型研究方法，并简要介绍了流场测试技术。第12章则以弯曲管道中层流流动的数值模拟过程为主线，系统介绍了对二维及轴对称流动问题数值求解行之有效的涡量-流函数法；并同时对模型方程的建立、离散及求解方法等作了适当的扩展介绍，以希望对感兴趣的读者起到入门引导作用。

第9～第11章主要为流体力学基本原理和方法的综合应用。其中，第9章和第10章分别为管内流动问题和流体绕物流动分析，这两章中关于速度分布和流体阻力的半经验公式及其实验结果等不仅在工程实际中得到广泛应用，而且其中的湍流半经验理论、Prandtl 边界层理论等本身亦属于流体力学经典知识的范畴。第11章以过程装备为对象，分别介绍叶轮机械、旋流器、过滤机及离心机中的流体流动及其相关问题，本章教学可考虑采取专题讲座形式进行，因此，教师有必要根据自身科研特点和新的研究成果选讲、补充或替换本章内容。

本书编写过程中，综合参考了传统工程流体力学教材和化工传递过程教材的内容组织和编写特点，结合了编者近年来的教学经验和研究实践，力求内容编排层次清楚，概念阐述直观明确，同时以较多例题说明基本原理和方法的应用。此外，书中各章均选择编入了一定的习题和/或思考题，并附有习题答案或解题难点提示，以有利于教学和各章基本内容的理解与掌握。

　　本书基本内容定位于工程专业本科，但亦有扩展以兼顾研究生教学需要。对于本科学生，第1～第5章可作为基本教学内容，第6～第10章可根据学时多少选择讲解或介绍；第6～第10章的深入讲解及最后两章可作为研究生基本教学内容。本书主要为"过程装备与控制工程"专业教材，也可供高等学校化工、轻工、机械、能源及相关专业作为教材或教学参考书选用，并可供相关专业科研和工程技术人员参考。

　　本书由黄卫星教授、陈文梅教授主编，潘永密教授主审，董其伍教授审定。其中第1～第3章、第11章由肖泽仪教授编写，第7～第10章由李建明教授编写。黄卫星教授编写第4～第6章及第12章，并负责全书统稿。编者特此感谢四川大学教务处对本书编写工作的大力支持。

　　敬请国内同行专家与读者对本书缺点和错误批评指正。

编　者

2001 年 3 月

第 2 版前言

本书系普通高等教育"十一五"国家级规划教材，在"过程装备与控制工程"专业核心课程教材《工程流体力学》（第 1 版）基础上修订成稿。全书分为 12 章，包括：

1. 流体的力学性质
2. 流体流动的基本概念
3. 流体静力学
4. 流体流动的守恒原理
5. 不可压缩流体的一维层流流动
6. 流体流动微分方程

7. 理想不可压缩流体的平面运动
8. 流体力学实验研究方法
9. 管内流体流动
10. 流体绕物流动
11. 化工机械中的典型流动分析
12. 流体流动数值模拟

其中，除第 2 章由原来的"流体运动学基本概念"扩展为"流体流动的基本概念"外，全书章数和各章标题保持均与第 1 版一致；但对各章内容均作了不同程度的删减和增补，各章内容的编排也作了不同程度的调整，其主要变化体现在以下三个方面。

1. 按知识的逻辑与层次关系编排教材内容，以便于课程的教学和知识的掌握。本书此次修订中，全书章节及各章内容的编排总体以"基本概念＋理论与方法＋实际应用"的路线为原则，而各章中具体每一节的编排又以同属性知识点按层次相对集中为原则，通过对第 1 版教材的审读和教学实践总结，对各章内容的编排作了不同程度的调整。兹举例说明如下。

比如，关于全书层面上的基本概念问题，第 1 版是以"流体的力学性质"和"运动学基本概念"两章来体现的，这也是传统工程流体力学教材常用的编排方式；但从工程流体力学的主要章节知识和工程实际应用的角度看，动力学无疑是核心内容，像流动的起因（推动力）、流动的基本形态（层流与湍流）、流场边界的影响（流动阻力与阻力系数）这些贯穿于动力学各章的基本概念，显然属于全书层面上的基本概念，放在其他知识章节逻辑上都是不平行的。为此，本次修订中，在完善运动学基本概念的同时，将动力学有关基本概念也一并纳入第 2 章，将该章扩展为"流体流动的基本概念"，从而与第 1 章一起，构成后续各章共同的基础平台。

又比如，关于具体各章的内容编排，本次修订中重点针对概念的提出与基本理论阐述相互穿插（想到哪儿说到哪儿），导致基本概念定义模糊、章节内容层次不清的问题，以及基本理论落脚到实际应用相对薄弱的问题，对相关各章的内容编排进行了较大的调整，将各章专属通用概念集中系统阐述，并增补实际应用问题分析作为理论与方法的落脚点，从而使各章内容展现出"基本概念＋理论与方法＋实际应用"的明确路线。其次，本次修订中对于各章节某一具体知识点的阐述也尽量将与之相联系的概念集中分层阐述，以达提纲挈领之效。例如，对于第 1 章中流体黏滞性的阐述，通常主要集中于牛顿剪切定律和黏性系数的描述，而本次修订中则从流体黏滞性的现象、本质、数学描述、黏性系数变化行为、黏滞性概念的引申与应用等方面，将其简要归纳为内摩擦力、分子动量扩散、牛顿剪切定律、动力黏度及其温度变化行为和经验关联式、运动黏度、流体流动的无滑移固壁边界条件、理想流体概念共 7 个要点加以分层论述，这显然更有助于基本概念的系统掌握；本次修订中对细节内容的类似整合见诸于不少章节，此处不再赘述。

2. 加强基本理论与方法的应用分析，促进学生理论联系实际能力的培养。工程流体力学区别于理论流体力学在于它侧重工程实际应用；工程流体力学作为过程装备与控制工程专业的核心课程，目的也是使学生掌握流体力学的基本原理与分析方法，以解决生产实际中和过程装备设计开发中相关的流体流动问题。为此，本次修订中增补了相当篇幅的内容以落实和加强基本理论和方法的实际应用。比如，第 3 章中增补的静压测试原理和物体表面受力分析，第 4 章中增补的运动流体的能量以及守恒方程综合应用分析专节，第 8 章中增补的模型研究应用举例，第 9 章中增补的圆管流动阻力损失专节等。

3. 与第 1 版相比，本次修订在完善更新原有例题习题基础上，新增例题 34 例，新增习题 54 题，新增插图 100 余幅。其中，新增例题主要集中于基本教学内容第 1～第 5 章，以及第 1 版中例题较少的第 7～第 10 章；新增习题和新增插图主要集中于基本教学内容第 1～第 5 章；新增例题习题的选编均针对相应各章主要知识点和基本概念设计，而且对各章所有习题都进行了仔细验算，并在书末给出了习题答案及解题要点提示。

编者希望修订工作中所做出的上述努力，能有助于本书整体质量的提高，有利于课程的教学和知识的掌握。使之在作为"过程装备与控制工程"及相关专业"工程流体力学"课程教材的同时，亦对化工机械及相关专业的科研和工程技术人员有实际参考价值。

本书课程教学内容定位与第 1 版一致，基本内容定位于工程专业本科，但亦有扩展以兼顾研究生教学需要。其中，我们对课程教学内容安排的建议是：（1）对于本科生，第 1 章～第 5 章是基本教学内容，其中第 3 章和第 4 章是重点，第 6 章～第 10 章可供本科多学时课程选择讲授；（2）对于研究生，第 6 章至第 10 章是基本教学内容，第 11 章和第 12 章供选择讲授。任课教师可根据本校专业学科或研究方向特色补充扩展相关教学内容。

本书修订工作由黄卫星教授负责并主要执笔，李建明教授、肖泽仪教授参与共同完成。修订工作中，李海龙、朱丽、岳莲、苏丹等研究生同学协助完成了插图绘制、习题编辑与演算和文稿校对，四川大学教务处对本书编写工作给予了大力支持，在此一并感谢。

在本书第 2 版即将出版之际，编者衷心感谢兄弟院校的教授、老师们对本教材的选用、褒奖以及在教学实践中对本教材提出的宝贵意见，并希望对本书缺点和错误继续批评指正。

编　者

2008 年 10 月

目　　录

第1章　流体的力学性质

根据现代的科学观点，物质可区分为五种状态：固态、液态、气态、等离子态和凝聚态，其中，固、液、气三态是自然界和工程技术领域中常见的。从力学的角度看，固态物质与液态和气态物质有很大的不同：固体具有确定的形状，在确定的切应力作用下将产生确定的变形，而液体或气体则没有固定的形状，且在切应力作用下将产生连续不断的变形——流动，因而液体和气体又通称为流体。应用物理学基本原理研究流体受力及其运动规律的学科称为流体力学。流体力学作为宏观力学的重要分支，与固体力学一样同属于连续介质力学的范畴。

本章将首先阐述流体连续介质模型，在此基础上讨论流体的力学特性。

1.1　流体的连续介质模型

1.1.1　流体质点的概念

流体是由分子或原子构成的。根据热力学理论，这些分子（无论液体或气体）在不断地随机运动和相互碰撞着，因此，到分子水平这一层，流体之间总是存在着间隙，其质量在空间的分布是不连续的，其运动在时间和空间上也是不连续的。但是，在流体力学及与之相关的工程科学领域中，人们感兴趣的往往不是个别分子的运动，而是大量分子的统计平均特性（如密度、压力和温度等）以及这些特性参数的时空变化。因此，在流体力学分析中首先需要明确的问题是，如何定义一个基本流体单元，使其满足以下两点要求：

① 该单元必须包含足够多的分子，以使其统计平均特性参数为确定值（非随机值）；

② 该单元的尺度必须足够小，以使其统计平均特性参数能代表空间点的特性参数。

所谓流体质点即满足以上两点要求的基本流体单元。

为定义这样的基本单元，可在流体中任选体积为 ΔV 的单元，考察其流体平均密度 ρ_m 随 ΔV 的变化，如图 1-1 所示，其中 $\rho_m = \Delta m / \Delta V$，$\Delta m$ 是 ΔV 中流体分子的质量。

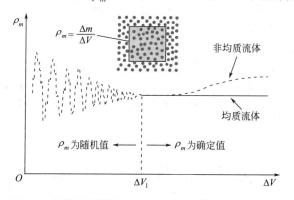

图 1-1　流体单元平均密度 ρ_m 随单元体积 ΔV 的变化

由图可见，随单元体积 ΔV 从小逐渐增大，其平均密度 ρ_m 将从随机值变为确定值，其中 ΔV_l 是平均密度为确定值的最小单元。当 $\Delta V < \Delta V_l$ 时，ΔV 内分子数量较少，分子随机进出将显著影响单元内的质量，故其平均密度是随机值；当 $\Delta V \geqslant \Delta V_l$ 后，ΔV 内有足够多的分子，其质量已不受分子随机进出的影响，故其平均密度是确定值（ρ_m 为确定值，压力、温度等参数也随之为确定值）。需要说明的是，$\Delta V \geqslant \Delta V_l$ 后，均质流体的 ρ_m 不再变化，非均质流体的 ρ_m 会随 ΔV 不同而变化，但确定的 ΔV 总有确定的 ρ_m 与之对应，即 ρ_m 为确定值。

综上可知，满足要求①并兼顾要求②的基本流体单元只能是平均密度为确定值的最小单元 ΔV_l。由于 ΔV_l 已经是定义流体统计平均特性参数的最小单元，故流体力学中就将 ΔV_l 定义为流体质点，而 ΔV_l 内的平均密度就定义为流体质点的密度，即

$$\rho = \lim_{\Delta V \to \Delta V_l} \frac{\Delta m}{\Delta V} \tag{1-1}$$

类似地，流体质点的压力、温度等均是指 ΔV_l 内的分子统计平均值。

需要指出，ΔV_l 在尺度上满足"点"的要求（即要求②）只是相对的，但符合工程实际。举例来说，在一般关于流体运动的工程科学问题中，将描述流体运动的空间尺度细分到 0.01mm 的数量级已足够精确。在三维空间，其对应的单元尺度为 $10^{-6}\,\mathrm{mm}^3$，如果令 $\Delta V_l = 10^{-6}\,\mathrm{mm}^3$，则在标准大气条件下，$\Delta V_l$ 中的空气分子数就有 2.69×10^{10} 个之多，足以使其统计平均特性与个别分子的随机进出无关；但另一方面，与一般工程问题的特征几何尺度相比，ΔV_l 的尺度又如此之小，完全可将其视为一个"点"。

1.1.2 流体连续介质模型

基于上述流体质点的概念，可认为流体由连续分布的质点构成，流体内的每一点都被确定的流体质点所占据，其中并无间隙，于是流体的任一物理参数 ϕ（密度、压力、速度等）都可表示为空间坐标和时间的连续函数 $\phi = \phi(x, y, z, t)$，而且是连续可微函数，这就是流体连续介质假说，即流体连续介质模型。其要点包括以下几点。

① 质量连续：即流体由连续排列的流体质点组成，质量分布连续，其密度 ρ 是空间坐标和时间的单值和连续可微函数

$$\rho = \rho(x, y, z, t) \tag{1-2}$$

② 运动连续：即流体处于运动状态时，质量连续分布区域内流体的运动连续，其速度 $\mathbf{v}$ 是空间坐标和时间的单值和连续可微函数

$$\mathbf{v} = \mathbf{v}(x, y, z, t) \tag{1-3}$$

③ 内应力连续：即质量连续分布区域内流体质点之间的相互作用力即流体内应力连续，其内应力 $\mathbf{P}$ 为空间坐标和时间的单值和连续可微函数

$$\mathbf{P} = \mathbf{P}(x, y, z, t) \tag{1-4}$$

虽然将流体视为连续介质只是一种假说，但实践表明该假说在除稀薄空气和激波等少数情况外的大多数场合都是适用的。由该假说出发，将流体物性参数和运动参数表示成连续函数，就使得大量的数学方法特别是微积分可以被引用到流体力学中来，从而为流体力学的研究带来了极大的方便。

1.2 流体的力学特性

从力学的角度看，流体显著区别于固体的特点是：流体具有流动性（易变形性）、可压

缩性、黏滞性和液体的表面张力特性。

1.2.1 流动性

流体流动性的表现为：流体没有固定的形状，其形状取决于限制它的固体边界；或流体在受到很小的切应力时，就要发生连续不断的变形，直到切应力消失为止。简言之，流动性即流体受到切应力作用发生连续变形的行为。

流体中存在切应力是流体处于运动状态的充分必要条件。受切应力作用处于连续变形状态的流体称之为运动流体；反之，不受切应力作用的流体将处于静止状态，称为静止流体。

1.2.2 可压缩性

流体不仅形状容易发生变化，而且在压力作用下体积大小也会发生改变，这一特性称为流体的可压缩性。流体的可压缩性通常用体积压缩系数或体积弹性模数来表征。

体积压缩系数 β_p　流体的体积压缩系数定义为：一定温度下，单位压力增量所产生的流体体积减小率，即

$$\beta_p = -\frac{\mathrm{d}V/V}{\mathrm{d}p} = -\frac{1}{V}\frac{\mathrm{d}V}{\mathrm{d}p} \tag{1-5}$$

β_p 恒为正值，其基本单位为 m^2/N 或 $1/\mathrm{Pa}$，是压力单位的倒数。显然，β_p 值大，表示流体的可压缩性大，反之则表示可压缩性小。

体积弹性模数 E_V　流体的可压缩性也可用 β_p 的倒数即体积弹性模数 E_V 来表示

$$E_V = \frac{1}{\beta_p} = -V\frac{\mathrm{d}p}{\mathrm{d}V} \tag{1-6}$$

E_V 的基本单位为 Pa，与压力单位相同。E_V 值大表示流体可压缩性小，反之可压缩性大。

液体与气体的可压缩性　液体和气体的主要差别就在于两者的可压缩性显著不同。液体的 E_V 通常为 $10^9(\mathrm{Pa})$ 数量级（见附录 C），因此其可压缩性很小，是难于压缩的流体，而且其可压缩性受温度和压力的影响也相对较小；气体的 E_V 通常比液体小几个数量级，因此其可压缩性远远大于液体，属易于压缩的流体，而且温度和压力的变化均会显著影响其可压缩性。

对于液体，由于其体积弹性模数 E_V 随压力温度变化较小，若将其视为常数，则由式（1-6）可得体积减小率与压力变化的关系为

$$\frac{(V_1 - V_2)}{V_1} = 1 - \exp\left[-\frac{(p_2 - p_1)}{E_V}\right] \tag{1-7}$$

以水为例，在 20℃ 及标准大气压下，其体积弹性模数 $E_V = 2.171 \times 10^9\,\mathrm{Pa}$，若将水的压力增加 1 个标准大气压（$1.0133 \times 10^5\,\mathrm{Pa}$），则由式（1-7）可知其体积减小率仅为 0.0047%，可压缩性很小。

对于气体，其可压缩性与压缩过程的热力学行为有关。对于理想气体，其压缩过程中压力 p 与体积 V 的关系，即热力过程方程为

$$pV^n = \mathrm{const} \quad \text{或} \quad np = -V\frac{\mathrm{d}p}{\mathrm{d}V} \tag{1-8}$$

式中，n 为多变过程指数，$n=1$ 为等温过程，$n=k$ 为等熵过程（k 为绝热指数）。

将过程方程式（1-8）代入式（1-6）可得理想气体的体积弹性模数为

$$(E_V)_{\text{理想气体}} = np \tag{1-9}$$

此方程表明，理想气体体积弹性模数随压力升高而增大，即压力越高，越难压缩。

由过程方程式（1-8）可得理想气体体积减小率与压力变化的关系为

$$\frac{(V_1-V_2)}{V_1}=1-\left(\frac{p_1}{p_2}\right)^{1/n} \tag{1-10}$$

以空气的等熵压缩过程为例（$k=1.4$），在 $p=1.0133\times10^5$ Pa（标准大气压力）条件下，$(E_V)_{等熵压缩}=1.4\times1.0133\times10^5$ Pa，比水的体积弹性模数小4个数量级；此条件下将空气压力增加1个标准大气压（1.0133×10^5 Pa），其体积减小率为39%，远大于水的体积减小率。

此外，声波在流体（弹性体）中的传播速度 a 也是流体可压缩性的度量，其定义为

$$a=\sqrt{E_V/\rho} \tag{1-11}$$

传播速度 a 越大的流体可压缩性越小。例如，对于常温水，取 $E_V=2.171\times10^9$ Pa，$\rho=1000\text{kg/m}^3$，可得 $a=1473\text{m/s}$；声波在空气中的传播近似为等熵过程，故 $E_V=kp$，取 $k=1.4$，$p=1.0133\times10^5$ Pa，$\rho=1.2\text{kg/m}^3$，可得常温常压空气中 $a=344\text{m/s}$，远小于水中的传播速度。

可压缩流体与不可压缩流体　理论上所有流体都是可压缩的。具体问题中是否考虑其压缩性，主要依据是可压缩性对流动过程影响的大小。气体可压缩性很大，属可压缩流体，考虑其压缩性是气体动力学问题的特点；但对于气体的低速流动过程（比如小于100m/s），若气体压力变化以及由此导致的密度变化相对较小，则可将其近似为不可压缩流体来处理。液体通常被视为不可压缩流体，但研究水中爆炸和高压液压系统时，则必须考虑其可压缩性。

1.2.3　黏滞性

流体在受到外部剪切力作用发生连续变形即流动的过程中，其内部相应要产生对变形的抵抗，并以内摩擦力的形式表现出来；运动一旦停止，内摩擦力即消失。流体的这一力学属性称为流体的黏滞性或黏性。

流体黏滞性的表现——内摩擦力　图1-2所示的剪切流动实验表明，当平板在流体表面上以速度 U 连续滑动时，表面流体因受到平板施加的剪切力而发生流动，由于流体分子间的相互作用，表面流体又将带动下一层流体流动，这一作用逐层下传，将形成沿深度方向不断减小的速度分布，在底部固定的壁面上流体速度为零，如图1-2所示。从动力学的角度看，下层流体受上层流体的带动必然是上层流体对其施加作用力的结果，对应地，上层流体必然受到来自于下层流体的反作用力，以阻碍其向前运动。因此，设想在流体中有一个平面将流体分为上下两部分，则上下两部分流体接触面上必然存在一对大小相等、方向相反的力，这就是运动流体的内摩擦力。

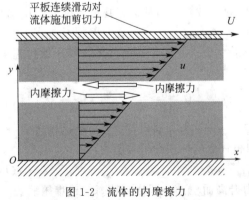

图1-2　流体的内摩擦力

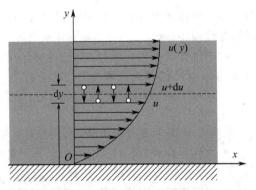

图1-3　流体层间分子的动量传递

内摩擦力产生的机理　内摩擦力的产生有两方面的机理：分子内聚力机理和分子动量交换机理。分子内聚力机理即：流体层之间相互滑动时，会因分子内聚力作用而产生沿滑动方向的相互约束力；而分子动量交换机理则可根据图 1-3 所示的流动来说明。考察图 1-3 中虚线所代表的假想平面上下两侧邻近流体的运动：设平面下侧流体速度为 u，由于速度梯度的存在，平面上侧流体的速度可表示为 $u+du$；如果流体分子质量为 m，则上下两侧流体分子 x 方向的宏观动量就分别为 $m(u+du)$ 和 mu。另一方面，流体在沿 x 方向宏观运动中，其分子热运动总是同时存在的，当上侧分子因热运动随机转移到下侧流体中时，由于其带入的宏观动量 $m(u+du)$ 大于下侧流体分子 x 方向的宏观动量 mu，下侧流体必然受到沿流动正方向的作用力；类似地，当下侧分子随机转移到上侧流体中时，由于其带入的宏观动量小于上侧分子的宏观动量，上侧流体必然受到沿流动反方向的作用力；这就是产生内摩擦力的分子动量交换机理。

内摩擦力的定量描述——牛顿剪切定律　最先研究流体内摩擦力的是 E. Mariotte，他建立了世界上第一个风洞，并测量了物体与空气相对运动时受到的阻力。但在微积分发明之前，人们还不能掌握流体内摩擦特性的有关理论描述。1687 年，牛顿发表了开创人类科学史新纪元的"数学原理"一书，书中对流体的黏性作了理论描述：流体层之间单位面积的内摩擦力与流体变形速率（即速度梯度）成正比，此即牛顿剪切定律。对于图 1-3 所示的坐标系和速度分布，其速度梯度为 du/dy，若用希腊字母 τ 表示单位面积的内摩擦力，则牛顿剪切定律可表述为

$$\tau = \mu \frac{du}{dy} \tag{1-12}$$

因为单位面积的摩擦力 τ 称为切应力，所以上式又称为牛顿切应力公式，其中比例系数 μ 称为流体黏度，单位为 $Pa \cdot s$，切应力 τ 的基本单位为 N/m^2 或 Pa。切应力 τ 作用在垂直于 y 的流体面上，方向与流体面取向有关：参见图 1-2，若该表面内侧的流体速度减小，则 τ 指向 u 的正方向，若该表面内侧的流体速度增加，则 τ 指向 u 的反方向。

牛顿剪切定律的应用　①用作关联流体应力与速度的物理方程，相当于固体力学中的虎克定律；②由已知速度分布 $u=f(y)$ 计算流体摩擦力；其中，对于薄膜摩擦流动，通常可假设液膜内的速度为线性分布。

【例 1-1】　圆管层流流动的切应力与压力降。

如图 1-4 所示，黏度为 μ 的流体在圆形管道中作充分发展的层流流动，其速度分布为

$$u = 2u_m \left(1 - \frac{r^2}{R^2}\right)$$

式中 u_m 为管内流体的平均速度。

① 求管中流体切应力 τ 的分布公式；

② 如长度为 L 的水平管道两端的压力降为 Δp（$=p_1-p_2$），求压力降 Δp 的表达式。

解　① 根据牛顿剪切定律及速度分布有

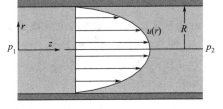

图 1-4　例 1-1 附图

$$\tau = \mu \frac{du}{dr} = -4\mu u_m \frac{r}{R^2}$$

由上式可知，流体内的切应力随半径线性增加，管中心 $\tau=0$，壁面切应力 τ_0 最大，且

$$\tau_0 = \mu \frac{du}{dr}\Big|_{r=R} = -\frac{4\mu u_m}{R}$$

其中负号表示管壁面流体受到的切应力 τ_0 方向与 z 相反；

② 对于直管中的充分发展流动，管道两端流体所受压力与流体表面摩擦力相平衡，即

$$\pi R^2(p_1-p_2)=|\tau_0|\pi DL$$

由此可得

$$\Delta p=(p_1-p_2)=\frac{8\mu u_m L}{R^2}$$

【例 1-2】 竖直圆管内活塞下滑的平衡速度。

内径 $D=74.0\text{mm}$ 的垂直圆管有一活塞向下滑动，如图 1-5 所示。活塞质量 $m=2.5\text{kg}$，直径 $d=73.8\text{mm}$，长度 $L=150\text{mm}$；活塞与圆管对中，间隙均匀且充满润滑油膜；润滑油黏度 $\mu=7\times10^{-3}\text{Pa·s}$。若不考虑空气阻力，试求活塞下滑最终的平衡速度，即活塞重力与活塞表面摩擦力相等时的速度。

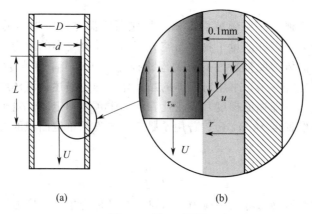

图 1-5 例 1-2 附图

解 如图 1-5（b）所示，由无滑移条件可知，管壁上流体速度为零，活塞面上流体速度等于活塞下滑速度 $U(\text{m/s})$；又因油膜厚度仅为 0.1mm，故可假设油膜内速度分布是线性的，因此油膜内的速度梯度为

$$\frac{\mathrm{d}u}{\mathrm{d}r}=\frac{U-0}{\delta}=\frac{U}{\delta}$$

式中，$\delta=(D-d)/2=0.0001\text{m}$。

由牛顿剪切定律可得油膜内流体所受切应力为

$$\tau=\mu\frac{\mathrm{d}u}{\mathrm{d}r}=\mu\frac{U}{\delta}$$

由此可见，因为油膜内速度线性分布，故切应力沿厚度均匀分布，即各层流体间切应力都为 τ；而活塞表面的摩擦切应力 τ_w 与 τ 大小相等，指向活塞运动反方向；当活塞表面总摩擦力 $\pi dL\tau_w$ 与重力 mg 相等时，活塞下滑速度 U 即为活塞平衡速度，因此，由 $\pi dL\tau_w=mg$ 可得

$$U=\frac{\delta}{\mu}\frac{mg}{\pi dL}=\frac{0.0001}{0.007}\frac{2.5\times9.81}{\pi\times0.0738\times0.15}=10.07(\text{m/s})$$

【例 1-3】 圆台体的转动摩擦问题

半锥角 α、大端半径 R、小端半径 R_1 的圆台体以角速度 ω 均速转动，如图 1-6 所示。圆台侧面与固定锥面之间的间隙为 δ，其中充满黏度为 μ 的润滑油。

（1）求转动圆台的摩擦力矩；

（2）求热稳态工况下转动摩擦所产生的发热率。

解 由图 1-6 所示坐标关系，锥面半径 r 及锥面周向线速度 u 与坐标 x 的关系为

$$r = x\sin\alpha, \quad u = \omega r = \omega x\sin\alpha$$

dx 对应的锥面微元面积 dA 为

$$dA = 2\pi r\,dx = 2\pi(x\sin\alpha)dx$$

对于薄膜摩擦流动，牛顿剪切定律中的速度梯度总是指垂直于摩擦面方向（膜厚方向）的速度梯度。因此假定膜厚方向流体速度线性分布，则 x 处油膜内切应力沿膜厚方向的分布为

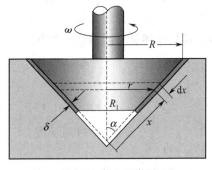

图 1-6　例 1-3 附图

$$\tau = \mu\frac{du}{d\delta} = \mu\frac{\omega r - 0}{\delta} = \frac{\mu\omega}{\delta}x\sin\alpha$$

由此可见 τ 沿油膜厚度方向是均匀不变的。

（1）求转动圆台的摩擦力矩

因为 τ 沿膜厚方向不变，故转动锥面上的切应力 $\tau_w = \tau$。于是 r 处转动锥面切应力 τ_w 对转动轴的力矩 dM 为

$$dM = \tau_w r\,dA = (\frac{\mu\omega}{\delta}x\sin\alpha)(x\sin\alpha)(2\pi x\sin\alpha\,dx) = (2\pi\frac{\mu\omega}{\delta}\sin^3\alpha)x^3\,dx$$

对上式积分可得圆台受到的摩擦力矩（或转动圆台体所需力矩）为

$$M = \int_{R_1/\sin\alpha}^{R/\sin\alpha}(2\pi\frac{\mu\omega}{\delta}\sin^3\alpha)x^3\,dx = \frac{\mu\omega}{\delta}\frac{\pi(R^4 - R_1^4)}{2\sin\alpha}$$

引入圆台侧面积（摩擦面积）S，则上式可表示为

$$S = \pi\frac{(R - R_1)}{\sin\alpha}(R + R_1), \quad M = \frac{\mu\omega}{\delta}\frac{(R^2 + R_1^2)}{2}S$$

（2）求热稳态工况下转动摩擦所产生的发热率

稳态工况下，摩擦功全部耗散为热量，故摩擦发热率 Q 等于摩擦力矩功率 N，即

$$Q = N = M\omega$$

讨论 本例结果可扩展到以下旋转摩擦情况。

圆锥摩擦　$\alpha = \alpha$,　$R_1 = 0$,　$S = \dfrac{\pi R^2}{\sin\alpha} \longrightarrow \tau = \dfrac{\mu\omega}{\delta}x\sin\alpha$,　$M = \dfrac{\mu\omega}{\delta}\dfrac{\pi R^4}{2\sin\alpha}$

圆环摩擦　　$\alpha = \pi/2$,　$x = r$,　$S = \pi(R^2 - R_1^2) \longrightarrow \tau = \dfrac{\mu\omega}{\delta}r$,　$M = \dfrac{\mu\omega}{\delta}\dfrac{\pi(R^4 - R_1^4)}{2}$

圆盘摩擦　　$\alpha = \pi/2$,　$x = r$,　$R_1 = 0$, $S = \pi R^2 \longrightarrow \tau = \dfrac{\mu\omega}{\delta}r$,　$M = \dfrac{\mu\omega}{\delta}\dfrac{\pi R^4}{2}$

圆柱摩擦 $R_1 = R$,　$\dfrac{R - R_1}{\sin\alpha} = L$,　$x\sin\alpha = R$,　$S = 2\pi LR \longrightarrow \tau = \dfrac{\mu\omega}{\delta}R$,　$M = \dfrac{\mu\omega}{\delta}\dfrac{4\pi LR^3}{2}$

动力黏度 牛顿切应力公式（1-12）中的比例系数 μ 是表征流体黏滞性的物理量，称为流体的动力黏性系数或黏度，其基本单位为 N·s/m² 或 Pa·s（帕·秒）。μ 在数值上等于速度梯度为 $1s^{-1}$ 时单位面积上的内摩擦力。

黏度 μ 是流体最重要的物性参数之一，影响流体黏度 μ 的主要因素是温度。液体和气体的黏度受温度影响表现出明显不同的变化，液体的黏度随温度升高而减小（液体黏性摩擦以分子内聚力机理占优，而分子内聚力随温度升高而减小），而气体的黏度则随温度的升高而增加（气体黏性摩擦以分子动量交换机理占优，而分子热运动随温度升高而加剧）；压力

对流体黏度的影响相对较弱，通常可不予考虑（除非压力很高）。

附录 C 表 C-1、表 C-2 中列出了一些常见液体和气体的黏度值，从中可见液体黏度通常高于气体黏度，常温常压下，水的黏度比空气黏度大 2 个数量级。此外，还有不少经验式可用于计算流体黏度随温度的变化，不同温度下气体和水的黏度可按下列经验式计算

$$\mu_{气}=\mu_0\frac{273+C}{T+C}\left(\frac{T}{273}\right)^{1.5} \tag{1-13a}$$

$$\mu_{水}=\mu_0\exp\left[-1.94-4.80\left(\frac{273}{T}\right)+6.74\left(\frac{273}{T}\right)^2\right] \tag{1-13b}$$

式中，μ_0 为 $T=273\mathrm{K}$ 时的黏度；C 是依气体种类而定的常数（见附录 C 表 C-3），对于空气 $C=111$。

运动黏度 在流体力学分析中，流体的黏度 μ 和密度 ρ 常常以 μ/ρ 的形式出现，由此引出另一个参数即运动黏度 ν 来表示这种结合

$$\nu=\frac{\mu}{\rho} \tag{1-14}$$

ν 的基本单位为 m^2/s，由于没有力的要素，故称为运动黏度，在传递过程研究中亦称为动量扩散系数。显然，对于可压缩流体，运动黏度 ν 不仅与温度有关，而且还与压力密切相关。

无滑移条件 由流体黏性引出的一个关于流动问题边界条件的核心概念是：流体与固体壁面之间不存在相对滑动，即固体壁面上的流体速度与固体壁面速度相同，特别地，在静止的固体壁面上，流体速度为零，这就是流体力学问题分析中广泛使用的无滑移条件。实践证明，除聚合流体等少数情况，无滑移条件在多数场合都是符合实际的。

理想流体 即黏度 $\mu=0$ 的流体，或称无黏流体。理想流体是一种假想的流体，因为真实流体都是有黏性的。但对于黏性力（比之于惯性力、流体压力等）相对较小的问题，或黏性力主要影响区以外的流动分析，引入理想流体假设，既能使问题的分析得到简化，同时也不失问题的主要特征。

1.2.4 表面张力特性

表面张力 对于与气体接触的液体表面，由于表面两侧分子引力作用的不平衡，会使液体表面处于张紧状态，即液体表面承受有拉伸力，液体表面承受的这种拉伸力称为表面张力。

由于表面张力的存在，液体表面总是取收缩的趋势，如空气中的自由液滴、肥皂泡等总是呈球形。表面张力不仅存在于与气体接触的液体表面，而且在互不相溶液体的接触界面上也存在表面张力。在一般的流体流动问题中表面张力的影响很小，可以忽略不计。但在研究诸如毛细现象、液滴的形成与运动、某些具有自由液面的流动等问题时，表面张力就成为重要的影响因素。

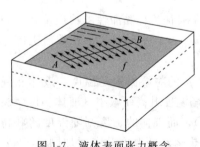

图 1-7 液体表面张力概念

表面张力系数 液体表面单位长度流体线上的表面张力称为表面张力系数，通常用希腊字母 σ 表示，其单位是 N/m。图 1-7 所示为置于容器中的静止液体，考察液面上 A、B 两点间的流体线，表面张力的存在将使该线段两侧都受到表面张力的作用，表面张力处处垂直于该线段且平行于液面，若该流体表面张力系数为 σ，线段长度为 l，则作用于该线段一侧总的表面张力 f 就可表示为

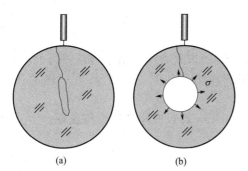

图 1-8 表面张力实验

$$f = \sigma l \qquad (1\text{-}15)$$

表面张力系数 σ 属液体的物性参数，但同一液体其表面接触的物质不同有不同的表面张力系数；表面张力系数随温度升高而降低，但不显著，比如水从 0℃ 变化到 100℃ 时，其与空气接触的表面张力系数 $\sigma = 0.0756 \sim 0.0589\text{N/m}$。常见液体的表面张力系数列于附录 C 表 C-1 中。

表面张力实验 将圆形金属框浸于肥皂液中缓慢提出形成肥皂液膜，液膜上有挽成圈状的柔软棉线，由于棉线两侧所受表面张力相等，所以棉线圈处于自由形状，如图 1-8（a）所示。此时，若用灼热的金属签触及棉线圈内的液膜使其汽化，则棉线圈将只有外侧受到表面张力作用，从而形成图 1-8（b）所示的张紧状态。这很好地说了表面张力的存在及其作用。

弯曲液面的附加压差——拉普拉斯公式 对于液体表面为曲面的情况，表面张力的存在将使液体自由表面两侧产生附加压力差。现分析如下。

如图 1-9 所示，在凸起的弯曲液面上任选一点 O，以 O 点法线 **n** 为交线作两个垂直相交平面，这两个平面与弯曲液面相交得到两条法切线 aa' 和 bb'，其对应的圆心角分别为 $\text{d}\beta$ 和 $\text{d}\alpha$，曲率半径分别为 R_1 和 R_2；然后分别平行于 aa'、bb' 作出四边形微元面 $aba'b'$，如图所示。其中

微元面上 a、a'、b、b' 点所在边的长度分为

$$\text{d}l_a = \text{d}l_{a'} = R_2 \text{d}\alpha, \quad \text{d}l_b = \text{d}l_{b'} = R_1 \text{d}\beta$$

微元面 $aa'bb'$ 的面积为

$$\text{d}A = R_2 R_1 \text{d}\beta \text{d}\alpha$$

现分析点 a 所在边上的表面张力，该边上表面张力 $f_a = \sigma \text{d}l_a$ 且与液面相切，在法线 **n** 方向的投影为

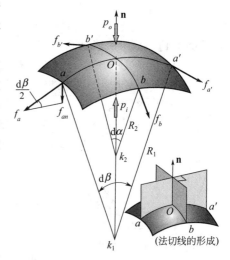

图 1-9 弯曲液面的附加压力差

$$f_{an} = -f_a \sin\frac{\text{d}\beta}{2} = -\sigma \text{d}l_a \sin\frac{\text{d}\beta}{2} \approx -\frac{1}{2}\sigma R_2 \text{d}\alpha \text{d}\beta = -\frac{1}{2}\frac{\sigma}{R_1}\text{d}A$$

同理可得点 a'、b、b' 所在边上的表面张力在法线 **n** 方向的投影分别为

$$f_{a'n} = -\frac{1}{2}\frac{\sigma}{R_1}\text{d}A, \quad f_{bn} = f_{b'n} = -\frac{1}{2}\frac{\sigma}{R_2}\text{d}A$$

于是，将上述 4 个表面张力分量相加，可得微元面 $\text{d}A$ 上表面张力在法线方向的合力

$$f_{an} + f_{a'n} + f_{bn} + f_{b'n} = -\sigma\left(\frac{1}{R_1} + \frac{1}{R_2}\right)\text{d}A$$

设液面两侧压力分别为 p_o（凸出侧）和 p_i（凹陷侧），则静止液面所受法线方向的合力有如下平衡关系

$$p_i \text{d}A - p_o \text{d}A - \sigma\left(\frac{1}{R_1} + \frac{1}{R_2}\right)\text{d}A = 0$$

由此得到

$$p_i - p_o = \sigma \left(\frac{1}{R_1} + \frac{1}{R_2} \right) \qquad (1\text{-}16)$$

上式即为计算弯曲液面附加压力差的拉普拉斯公式。该式表明：由于表面张力的存在，弯曲液面两侧会产生附加压力差，而且凹陷一侧的压力（p_i）总高于凸出一侧的压力（p_o），对于凹形液面，同样如此。

对于平直液面，因为 $R_1 = R_2 = \infty$，所以 $p_i - p_o = 0$，即没有附加压力差现象。

对于球形液面，因为 $R_1 = R_2 = R$，所以

$$p_i - p_o = \frac{2\sigma}{R} \qquad (1\text{-}17)$$

此外，可以证明，通过曲面上一点的任意一对正交法切线的曲率半径倒数之和（$1/R_1 + 1/R_2$）都相等，所以实践中只要能找到其中一对正交法切线的曲率半径即可。比如对于圆柱面，母线与圆周线就是一对正交法切线，其曲率半径分别为 ∞ 和 R，所以（$1/R_1 + 1/R_2$）$= 1/R$；因此对于圆柱液面

$$p_i - p_o = \frac{\sigma}{R} \qquad (1\text{-}18)$$

【例 1-4】 球形液膜的内外压差。

图 1-10 所示是一个球形液膜（如肥皂泡等），其表面张力系数为 σ；因为液膜很薄，内外表面半径均视为 R。试求液膜内外的压力差。

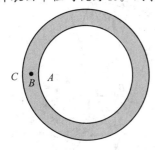

图 1-10　例 1-4 附图

解　考察液膜外侧点 C，内侧点 A 和液膜中点 B。由于液膜有内外两个液面，所以根据拉普拉斯公式，表面张力在 A 和 B 点之间造成的压力差为

$$p_A - p_B = \left(\frac{1}{R} + \frac{1}{R} \right) \sigma = \frac{2\sigma}{R}$$

而 B 和 C 之间的压力差为

$$p_B - p_C = \left(\frac{1}{R} + \frac{1}{R} \right) \sigma = \frac{2\sigma}{R}$$

由上两式中消去 p_B 则得

$$p_A - p_C = \frac{4\sigma}{R}$$

这表明球形液膜内侧的压力较外侧的压力高 $4\sigma/R$。

润湿效应　是液体与固体接触时的一种界面现象。润湿是指液体与固体接触时，能在固体表面四散扩张，不润湿则指液体在固体表面不扩张而收缩成团。

润湿效应与液-固所处的第三相环境有关。在常见的第三相即大气环境下，润湿效应取决于液体表面张力和气-液-固三相接触边缘的液-固分子引力，当液体表面张力作用占优时，润湿效应减弱，当液-固分子引力作用占优时，润湿效应增强。

润湿性可用液-固界面边缘的接触角 θ 来表征，如图 1-11 所示。液体能润湿固体壁面时 θ 为锐角，反之为钝角。例如，大气环境下水和水银分别与洁净玻璃面接触时，前者接触角 $\theta = 0°$，后者 $\theta = 140°$，故水在洁净玻璃表面能四散扩张润湿玻璃，而水银则收缩成球形不能润湿玻璃。

毛细现象　观察发现，如果将直径很小的两支玻璃管分别插在水和水银两种液体中，管内外的液位将有明显的高度差，如图 1-12 所示，这种现象称为毛细现象。毛细现象与液体对固壁的润湿效应和液体表

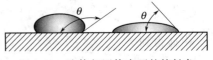

图 1-11　液体与固体表面的接触角

面张力相关。通常，润湿性液体在细小玻璃管中将产生毛细爬升现象［如图 1-12（a）］，非润湿性液体在细小玻璃管中将产生毛细抑制现象［如图 1-12（b）］。

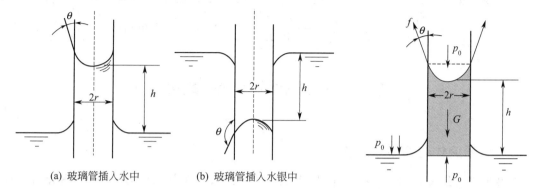

(a) 玻璃管插入水中　　(b) 玻璃管插入水银中
图 1-12　毛细现象　　　　　　　　　　图 1-13　毛细升高液柱受力分析

值得指出的是，液体不仅对图 1-12 中的细小玻璃管有毛细现象，对狭窄的缝隙、纤维及粉体物料构成的多孔介质也有毛细现象。一般而言，与所接触的液体一起产生毛细现象的固体壁面可以通称为毛细管。毛细现象是微细血管内血液流动、植物根茎内营养和水分输送、多孔介质流体流动的基本研究对象之一。

毛细管内外的液面高差　如图 1-13 所示，取上升高度 h 段内的液体，分析其竖直方向的受力。液柱底部与管外液面在同一水平面，故所受压力为 p_0，而液柱上表面压力也为 p_0，两者在竖直方向的作用力大小相等、方向相反，是一对平衡力。除此之外，液柱竖直方向受力还有液柱重力 G 和弯月面与管壁接触边缘处表面张力 f 的竖直分量。

忽略弯月面中心以上部分液体重力，液柱所受到的重力为

$$G = \pi r^2 h \rho g$$

沿液柱上部弯月面边缘圆周线，微元弧长 $\mathrm{d}l$ 上的表面张力为 $\sigma \mathrm{d}l$，其竖直分量为 $\sigma \cos\theta \mathrm{d}l$，故整个弯月面边缘上表面张力的竖直分量 f_z 为

$$f_z = \int_0^{2\pi r} \sigma \cos\theta \mathrm{d}l = 2\pi r \sigma \cos\theta$$

由 $G = f_z$ 可得

$$h = \frac{2\sigma\cos\theta}{\rho g r} \tag{1-19}$$

式（1-19）应用说明：

① 对于 θ 为钝角的情况，h 为负值，表明管内液面低于管外液面；

② 因忽略了弯月面中心以上部分液体重力，由上式计算的 h 值略高于实际值，且这种差别随 r 增加而增大；

③ 当管直径大于 12mm 时毛细效应可忽略不计；

④ 式（1-19）中，爬升高度 h、接触角 θ、液体密度 ρ 以及毛细管半径 r 都是可测参数，故式（1-19）可用作测定液体表面张力系数 σ 的原理式。

【例 1-5】　水在毛细管中的爬升高度。

内直径为 2mm 的玻璃管，与水的接触角 $\theta = 20°$。水在空气中的表面张力系数 $\sigma = 0.0730\mathrm{N/m}$。若取水的密度为 $\rho = 1000\mathrm{kg/m^3}$，试求水在玻璃管中的爬升高度。其他条件不变，仅将玻璃管换为相距 $\delta = 2\mathrm{mm}$ 的两块平板玻璃，水在其中的爬升高度又为多少？

解　对于玻璃管，根据式（1-19）可得水的爬升高度为

$$h = \frac{2\sigma\cos\theta}{\rho g r} = \frac{2 \times 0.073 \times \cos 20°}{1000 \times 9.81 \times 0.001} = 0.0140(\text{m}) = 14.0(\text{mm})$$

对于玻璃板情况，可证明液体爬升高度计算式仅需在式（1-19）中将 r 换成 δ 即可，即

$$h = \frac{2\sigma\cos\theta}{\rho g \delta} = \frac{2 \times 0.073 \times \cos 20°}{1000 \times 9.81 \times 0.002} = 0.0070(\text{m}) = 7.0(\text{mm})$$

1.3　牛顿流体和非牛顿流体

1.3.1　牛顿流体与非牛顿流体

牛顿切应力公式（1-12）表明：在平行层状流动条件下，流体切应力 τ 与速度梯度 du/dy 之间呈正比关系，即 $\tau = \mu(du/dy)$。但并非所有流体都满足这一规律，由此可将流体分为牛顿流体和非牛顿流体。

牛顿流体　即平行层状流动条件下，其 $\tau \sim du/dy$ 关系满足牛顿切应力公式的流体。牛顿流体的黏度 μ 是流体物性参数，与速度梯度 du/dy 无关。实践表明，气体和低分子量液体及其溶液，其中包括最常见的空气和水，都属于牛顿流体。

非牛顿流体　即 $\tau \sim du/dy$ 关系不满足牛顿切应力公式的流体。虽然非牛顿流体的切应力 τ 也可表示成速度梯度 du/dy 的单值函数

$$\tau = f(du/dy) \tag{1-20}$$

但 τ 与 du/dy 的函数关系却是非线性的。聚合物溶液、熔融液、料浆液、悬浮液以及一些生物流体如血液、微生物发酵液等均属于非牛顿流体。

从黏性的角度，非牛顿流体最大的特点就是其黏度与自身的运动（速度梯度）相关，不再是物性参数；非牛顿流体种类的不同，其切应力 τ 与速度梯度 du/dy 之间的非线性行为也不同。

1.3.2　非牛顿流体及其黏度特性

图 1-14（a）所示是典型非牛顿流体的切应力 τ 与变形速率 du/dy 之间的关系（速度梯度 du/dy 又称剪切变形速率，见习题 1-7）。同时也标出了牛顿流体（曲线斜率为 μ）、理想流体（$\tau = 0$）和弹性固体（$du/dy = 0$）以供对比。图中的非牛顿流体类型有：胀塑性流体、

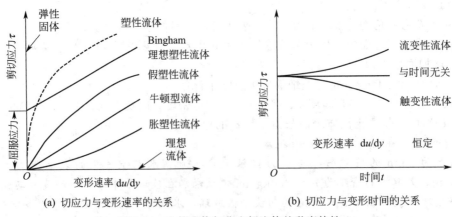

(a) 切应力与变形速率的关系　　　(b) 切应力与变形时间的关系

图 1-14　牛顿流体与非牛顿流体的黏度特性

假塑性流体、塑性流体/宾汉（Bingham）理想塑性流体。

胀塑性流体 其 $\tau \sim \mathrm{d}u/\mathrm{d}y$ 曲线斜率随变形速率增加而增大，因此又称为剪切增稠流体（变形速率增加提高其黏性）。属于这类流体的有淀粉、硅酸钾、阿拉伯树胶的悬浮液等。

假塑性流体 其 $\tau \sim \mathrm{d}u/\mathrm{d}y$ 曲线斜率随变形速率增加而减小，因此又称为剪切变稀流体（变形速率增加降低其黏性）。属于这类流体的有聚合物溶液、聚乙烯/聚丙烯熔体、涂料/泥浆悬浮液等。

胀塑性流体、假塑性流体以及牛顿流体的 $\tau \sim \mathrm{d}u/\mathrm{d}y$ 曲线都通过原点，即一当受到切应力作用就有变形速率，不能像固体那样以确定的变形抵抗切应力，所以通称之为**真实流体**。

塑性流体/宾汉理想塑性流体 能抵抗一定的切应力，且只有在切应力大于某一值（称为屈服应力）后才开始流动的流体，其中宾汉（Bingham）理想塑性流体是塑性流体的理想模型。宾汉理想塑性流体有确切的屈服应力 τ_0，在切应力 $\tau \leqslant \tau_0$ 时无流动发生（$\mathrm{d}u/\mathrm{d}y = 0$）；$\tau > \tau_0$ 后切应力与变形速率呈线性关系，表现出牛顿流体的行为，即

$$\tau = \tau_0 + \mu_0 \frac{\mathrm{d}u}{\mathrm{d}y} \quad (\tau \leqslant \tau_0 \text{ 时，} \quad \mathrm{d}u/\mathrm{d}y = 0) \tag{1-21}$$

由于塑性流体/宾汉理想塑性流体能在一定程度上像固体那样以确定的变形抵抗切应力，因此可以看成半是固体半是流体，如钻井泥浆、污水泥浆、某些颗粒悬浮液等。

依时性流体 是更复杂的一类非牛顿流体。这类流体的 $\tau \sim \mathrm{d}u/\mathrm{d}y$ 关系不仅非线性，而且还随时间而变化，即在变形速率保持恒定时，其切应力要随时间变化，如图 1-14（b）所示。其中，切应力随时间而增加的流体称为流变性流体，如石膏水溶液；切应力随时间而减小的流体则称为触变性流体，油漆即是如此。

广义牛顿切应力公式 为描述非牛顿流体，人们提出了广义的牛顿切应力公式

$$\tau = \eta \frac{\mathrm{d}u}{\mathrm{d}y} \tag{1-22}$$

上式中系数 η 同样反映流体的内摩擦特性，称为广义的牛顿黏度。对牛顿流体，$\eta = \mu$，属于流体的物性参数；对非牛顿流体，η 不再是常数，它不仅与流体的物理性质有关，而且还与剪切速率有关，即流体的流动情况要改变其内摩擦特性。为此提出了描述非牛顿流体内摩擦特性的所谓"黏度函数"模型，如 Ostwald-de Waele 的指数模型、Ellis 模型以及 Carreau 模型等。其中指数模型可表达式为

$$\eta = \eta_R \left| \left(\frac{\mathrm{d}u}{\mathrm{d}y} \right)_R \right|^{n-1} \tag{1-23}$$

式中，$(\mathrm{d}u/\mathrm{d}y)_R$ 称为参考或相对剪切速率（速度梯度），数值上与剪切速率相等，无量纲；η_R 称为稠度系数，也可看成是当剪切速率为 $1\mathrm{s}^{-1}$ 时的流体黏度，单位为 Pa·s。从式（1-23）可以得到各种流体的定义：

（1）$n = 1$ 时，$\eta = \eta_R = \mu$，为牛顿流体；

（2）$n < 1$ 时，为假塑性流体（或剪切变稀流体）；

（3）$n > 1$ 时，为胀塑性流体（或剪切增稠流体）。

非牛顿流体主要是流变学的研究对象，本书后续各章的内容主要针对牛顿流体。

习　题

1-1 用压缩机压缩初始温度为 20℃ 的空气，绝对压力从 1atm[●] 升高到 6atm。试计算等温压缩、等熵压

[●] 1 atm = 101.325kPa。

缩以及压缩终温为 78℃ 这三种情况下，空气的体积减小率 $\Delta_V = (V_1 - V_2)/V_1$ 各为多少？压缩终温为 78℃ 这一过程的过程指数 n 为多少？并解释三个过程终点温度不一样的原因。

1-2 图 1-15 所示为压力表校验器，器内充满体积压缩系数 $\beta_p = 4.75 \times 10^{-10}\,\mathrm{m^2/N}$ 的油，用手轮旋进活塞达到设定压力。已知活塞直径 $D = 10\mathrm{mm}$，活塞杆螺距 $t = 2\mathrm{mm}$，在 1 标准大气压时的充油体积为 $V_0 = 200\mathrm{cm^3}$。设活塞周边密封良好，问手轮转动多少转，才能达到 200 标准大气压的油压。

1-3 如图 1-16 所示，一个底边为 200mm×200mm、重量为 1kN 的滑块在 20° 斜面的油膜上滑动，油膜厚度 0.05mm，油的黏度 $\mu = 7 \times 10^{-2}\,\mathrm{Pa \cdot s}$。设油膜内速度为线性分布，试求滑块的平衡速度 u_T。

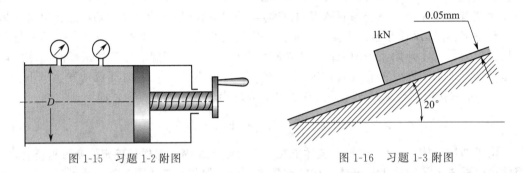

图 1-15 习题 1-2 附图　　　　　　　图 1-16 习题 1-3 附图

1-4 有一直径 $d = 150\mathrm{mm}$ 的轴在轴承中转动，转速 $n = 400\mathrm{r/min}$，轴承宽度 $L = 300\mathrm{mm}$，轴与轴承间隙 $\delta = 0.25\mathrm{mm}$，其间充满润滑油膜，油的黏度为 $\mu = 0.049\mathrm{Pa \cdot s}$。假定润滑油膜内速度为线性分布，试求转动轴的功率 N（注：转轴功率 $N =$ 转轴表面积 $A \times$ 表面切应力 $\tau \times$ 表面线速度 v_θ）。

1-5 黏度 $\mu = 7.2 \times 10^{-3}\,\mathrm{Pa \cdot s}$、密度 $\rho = 850\,\mathrm{kg/m^3}$ 的流体在直径 $D = 10\mathrm{mm}$、长度 $L = 50\mathrm{m}$ 的圆形管道中以 $u = 1\mathrm{m/s}$ 的速度流动，试求管道两端压力降及推动该流动需要的功率。

1-6 图 1-17 所示为两平行圆盘，直径为 D，间隙中液膜厚度为 δ，液体动力黏性系数为 μ，若下盘固定，上盘以角速度 ω 旋转，试写出任意半径 r 处的流体速度表达式和转动上圆盘所需力矩 M 的表达式。设任意半径 r 处上下壁面间的流体速度线性分布。

1-7 如图 1-18 所示，流体沿 x 轴方向作层状流动，在 y 轴方向有速度梯度。在 $t = 0$ 时，任取高度为 $\mathrm{d}y$ 的矩形流体面考察，该矩形流体面底边坐标为 y，对应的流体速度为 $u(y)$；经过 $\mathrm{d}t$ 时间段后，矩形流体面变成如图所示的平行四边形，原来的 α 角变为 $\alpha - \mathrm{d}\alpha$，其剪切变形速率定义为 $\mathrm{d}\alpha/\mathrm{d}t$（单位时间内因剪切变形产生的角度变化）。试推导表明：流体的剪切变形速率就等于流体的速度梯度，即

$$\frac{\mathrm{d}\alpha}{\mathrm{d}t} = \frac{\mathrm{d}u}{\mathrm{d}y}$$

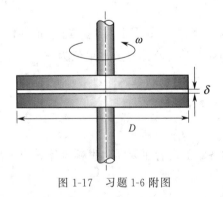

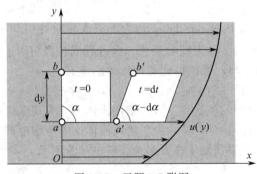

图 1-17 习题 1-6 附图　　　　　　　图 1-18 习题 1-7 附图

1-8 图 1-19 所示为旋转黏度测定仪。该测定仪由内外两圆筒组成，外筒以转速 $n(\mathrm{r/min})$ 旋转，通过内外筒之间的油液，将力矩传递至内筒；内筒上下两端用平板封闭，上端固定悬挂于一金属丝下，通过测定金属丝扭转角度确定内圆筒所受扭矩为 M。已知内外筒之间的间隙为 δ_1，底面间隙为 δ_2，内筒半径为 R，筒高为 L。假设油膜内速度为线性分布，求油液动力黏性系数 μ 的计算式。

1-9 空气中水滴直径为 0.3mm 时，其内部压力比外部大多少？

1-10 图 1-20 所示为插入水银中的两平行玻璃板，板间距 $\delta=1$mm，水银在空气中的表面张力 $\sigma=0.514$N/m，与玻璃的接触角 $\theta=140°$，水银密度 $\rho=13600$ kg/m^3。试推导玻璃板内外水银液面高度差 h 的计算公式，并代入数据计算 h 的值。

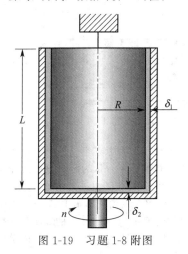

图 1-19　习题 1-8 附图

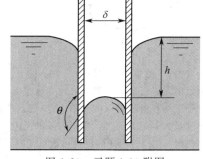

图 1-20　习题 1-10 附图

1-11 如图 1-21 所示，一平壁浸入体积很大的水中。由于存在表面张力，在靠近壁面的地方水的表面成为弯曲面，弯曲液面垂直于 x-y 平面。假定该弯曲液面形状曲线为 $y=f(x)$，其曲率半径 r 可近似表示为

$$\frac{1}{r}=\frac{y''}{(1+y'^2)^{3/2}}\approx y''=\frac{\mathrm{d}^2 y}{\mathrm{d}x^2}$$

接触角 θ 和表面张力系数 σ 已知。试确定平壁附近液面的形状曲线 $y=f(x)$ 和最大高度 h。

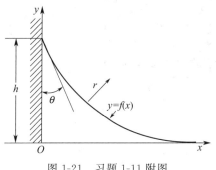

图 1-21　习题 1-11 附图

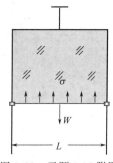

图 1-22　习题 1-12 附图

1-12 图 1-22 所示为表面张力实验装置，该装置由一矩形金属线框构成，其中下部边框可沿左右边框上下滑动。当线框从肥皂液中垂直向上提出后，线框内将形成肥皂液膜。已知活动边框宽度为 L，重量为 W，肥皂液在空气中的表面张力系数为 σ。假设活动边框的滑动无摩擦，且液膜本身重量可以忽略，试确定活动边框自行向上滑动的条件。

1-13 图 1-23 所示为表面张力实验装置。将圆形金属框浸于肥皂液中缓慢提出形成肥皂液膜，液膜上原有挽成圈状的柔软棉线，用灼热金属签触及棉线圈内的液膜使其汽化，则棉线圈在液膜表面张力作用下形成图中所示的张紧状态。设液膜表面张力系数 $\sigma=0.073$N/m，棉线圈直径 $D=20$ mm，试求棉线受到的拉力（张紧力）。

1-14 如图 1-24 所示，一圆形管内装有理想塑性流体，其切应力与变形速率的关系由式（1-21）所描述。已知该流体屈服应力为 τ_0，现从管的左端加压力 p，问这压力至少为多大才能将该塑性流体挤出管外？已知管子直径为 D，塑性流体充满长度为 l 的管段，管外为大气。

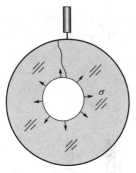

图 1-23　习题 1-13 附图

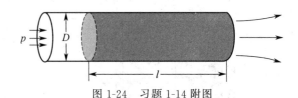

图 1-24　习题 1-14 附图

1-15　在密度为 ρ_g 的空气中选取边长为 a 的立方体单元，如图 1-25 所示。为考察空气分子因热运动随机进出该单元对密度的影响，可建立该单元统计平均密度的近似模型如下：认为距离该单元外表面一个分子平均自由程 λ 以内 ［图 1-25 (a) 中阴影部分体积内］的空气分子随机进入该单元时，该单元的密度最大，记为 ρ_{max}；当距离该单元内表面一个分子平均自由程 λ 以内 ［即图 1-25 (b) 中阴影部分体积内］的空气分子随机跳出该单元时，该单元的密度最小，记为 ρ_{min}；而该单元的统计平均密度 ρ_m 则为最大与最小密度的算术平均值。经计算得知，当 $\varepsilon = a/\lambda \gg 1$ 时，图中阴影部分体积内空气分子总体随机进入或跳出该单元的总概率均为 $1/4$。

① 试建立 ρ_{max}/ρ_g、ρ_{min}/ρ_g、ρ_m/ρ_g 随 ε 变化的函数关系式，并在 $\varepsilon = 10 \sim 10000$ 的范围内绘图显示其变化关系；

② 已知标准状态下（$T = 0℃$，$p = 101325kPa$）空气分子的平均自由程 $\lambda = 6.9 \times 10^{-2} \mu m$，试确定满足条件 $\rho_m/\rho_g < 1.001$ 的最小单元边长 a。

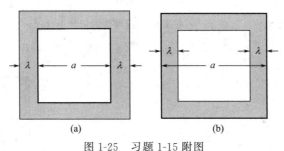

(a)　　　　　　　(b)

图 1-25　习题 1-15 附图

第 2 章　流体流动的基本概念

流体流动问题的研究不同于固体。固体在运动过程中形状不变，因此其运动可分别用质点运动理论和刚体转动来描述，并可方便地运用牛顿第二定律来建立其运动与受力的关系。但流体流动问题有所不同。

① 流体无确切形状，在流动过程中流体除了平动和转动外还有连续不断的变形，故运动的描述还要考虑其变形与时间的关系即变形速率问题；

② 由于变形连续不断，流场中任一团流体的边界形状随时在变，跟踪识别困难，故流体动力学研究不便于像刚体动力学那样以流体团为对象进行跟踪研究，而通常是采用所谓的控制体方法。

因此，无论是运动学还是动力学方面，流体流动问题通常都较固体问题复杂，研究方法上也有其鲜明的特点。本章将着眼于流体运动学及动力学两个方面，介绍并讨论流体流动问题基础层面上的相关概念与知识，以为后续各章的学习建立一个共通的基础平台。

2.1　流场及流动分类

2.1.1　流场的概念

流体所占据的空间被称为"流场"。有时也根据所研究的主要物理量来表征流场，如"速度场""压力场"等。为描述流体在流场内各点的运动状态，可将流体的运动参数表示为流场空间坐标 (x, y, z) 和时间 t 的函数。比如，在流场空间中，流体运动速度 $\mathbf{v}$ 就表示为

$$\mathbf{v} = \mathbf{v}(x, y, z, t) = v_x \mathbf{i} + v_y \mathbf{j} + v_z \mathbf{k} \tag{2-1}$$

或用分量形式表示为

$$\begin{cases} v_x = v_x(x, y, z, t) \\ v_y = v_y(x, y, z, t) \\ v_z = v_z(x, y, z, t) \end{cases} \tag{2-2}$$

这一表达式的一般含义是：

① 流体速度 $\mathbf{v}$ 随流场空间点 (x, y, z) 不同而变化；

② 流场空间各点 (x, y, z) 处的流体速度 $\mathbf{v}$ 又随时间 t 而变化；

③ 根据连续介质概念，流场空间点总被流体质点所占据，所以 t 时刻空间点 (x, y, z) 处的速度 $\mathbf{v}$ 就是该时刻流经该点的流体质点的速度。

对于流体的其它物理量（如压力、温度、密度等）亦有类同的表达式和含义。

2.1.2　流动分类

根据着眼点的不同，流体流动的分类有多种方式。例如，根据流场内流体流动的时间变化特性可分为稳态流动和非稳态流动；根据流体流动的空间变化特性分为一维、二维和三维流动；根据流体内部流动结构分为层流流动和湍流流动；根据流体的性质可分为黏性流体流

动与理想流体流动，可压缩流体流动与不可压缩流体流动；根据流体运动特征分为有旋流动和无旋流动；根据引发流动的力学因素可分为压差流动、重力流动、剪切流动等；根据流场边界特征分为内部流动和外部流动（绕流流动、明渠流动）；根据流体速度大小可分为亚声速流动和超声速流动；根据流动发展历程分为发展中流动和充分发展流动等。

流体流动的各种分类，主要目的是突出问题特征，以使研究过程包括问题的抽象、假设与简化、方法的采用等更具有针对性，以有利于揭示其中的规律。但需指出，对于某一具体的实际流动问题，往往是多种特征并存。比如常见的水在圆管中的流动，就同时属于一维、不可压缩、黏性流体流动，而且还有层流或湍流、稳态或非稳态之分。

对于上述各类流动，本书将在后续内容中涉及时加以介绍。在此仅介绍其中最基本的（即各类流动都要涉及的）按流场内流体运动的时间变化特性和空间变化特性进行的分类。

（1）按时间变化特性分类

流动按其时间变化特性可分为**稳态流动**和**非稳态流动**。

如果流场内各空间点的流体运动参数均与时间无关，则这样的流动称为稳态流动或定常流动（steady state flow）；反之，如果流场内各点的流体运动参数与时间有关，则称为非稳态流动或非定常流动（unsteady state flow）。对于稳态流动，流场内的流体速度可表示为

$$\begin{cases} v_x = v_x(x,y,z) \\ v_y = v_y(x,y,z) \\ v_z = v_z(x,y,z) \end{cases} \tag{2-3}$$

即对于稳态流动，必然有

$$\frac{\partial \mathbf{v}}{\partial t} = 0 \quad 或 \quad \frac{\partial v_x}{\partial t} = \frac{\partial v_y}{\partial t} = \frac{\partial v_z}{\partial t} = 0 \tag{2-4}$$

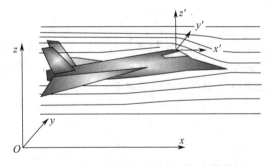

必须说明的是，流体流动的稳态或非稳态有时与所选定的参考系有关。如图2-1所示，对于匀速飞行的飞行器，如果在固定于地面的坐标系（x-y-z）来考察飞行器周围空气的流动，则流动是非稳态的；但在固定于飞行器上的坐标系（x'-y'-z'）来考察飞行器周围空气的流动，则流动是稳态的。

图 2-1　坐标系选择与流动的时间变化特性

（2）按空间变化特性分类

流动按其空间变化特性可分为**一维流动、二维流动和三维流动**。

式（2-3）反映了一般情况下流体流动取决于三维空间坐标，但在具体问题中，流体的运动可能只与（或主要与）一个或两个空间坐标有关。通常，流体速度只与一个坐标自变量有关的流动称为一维流动（one-dimensional flow），类似地，与两个或三个坐标自变量有关的流动称为二维流动（two-dimensional flow）或三维流动（three-dimensional flow）。

值得指出的是，流动的维数与流体速度的分量数不是一回事。例如，对于图2-2（a）所示的矩形截面管道，在远离进口的管道截面上，$v_x = v_y = 0$，只有一个速度分量 v_z，但 $v_z = v_z(x,y)$，故流动是二维流动；对于图2-2（b）所示的圆形管道，在远离进口的截面上，$v_r = v_\theta = 0$，也仅有速度分量 v_z，但由于轴对称性 $v_z = v_z(r)$，故流动是一维的；图2-2（c）是曲率半径为 R 的封闭环形管道，由于管道截面上有离心力引起的二次流动，故有三个速度分量，但因各截面上速度分布相同（与 θ 无关），即 $v_r = v_r(r,z)$，$v_\theta = v_\theta(r,z)$，$v_z = v_z(r,z)$，故流动是二维的。

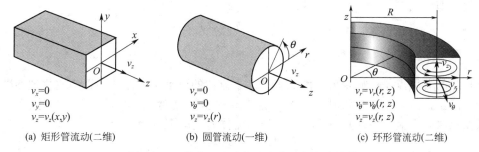

(a) 矩形管流动(二维)　　　　(b) 圆管流动(一维)　　　　(c) 环形管流动(二维)

图 2-2　三种典型流动的速度分量与流动维数

2.2　描述流体运动的两种方法

在流体力学中，研究流体运动通常有两种方法：拉格朗日法和欧拉法。

① 通过研究流场中单个质点的运动规律，进而研究整个流场运动规律，这一方法称为拉格朗日法；

② 通过研究流场中任意空间点的流体运动规律，进而研究整个流场运动规律，这一方法称为欧拉法。

形象地说，前者是追随流体质点运动进行跟踪研究，而后者则是在确定的空间点观察流经此处的每一质点。工程实际问题研究中，通常感兴趣的是确切位置处的流动情况，或设备空间内某些特定区域的流动情况，故通常采用的是欧拉法。

2.2.1　拉格朗日法

拉格朗日法的着眼点是追踪流体质点的运动，因而首先需要对流体质点进行标记并确定其运动轨迹。为此，对于某一时刻 t_0 位于流场空间点 (x_0, y_0, z_0) 的流体质点，特别用 a、b、c 来标记其初始位置 $(a=x_0, b=y_0, c=z_0)$，而该流体质点随后任意 t 时刻所处的位置 (x, y, z) 即运动轨迹则可表示为

$$\begin{cases} x = x(a,b,c,t) \\ y = y(a,b,c,t) \\ z = z(a,b,c,t) \end{cases} \tag{2-5}$$

式中，(a,b,c) 称为拉格朗日变量，表征 t_0 时刻位于流场空间点 (x_0, y_0, z_0) 的某个流体质点，是该质点不同于其它质点的身份标记。显然，不同的质点有不同的一组 (a, b, c) 值。

流体质点的运动轨迹也可用流体质点任意时刻的空间位置矢径 **r** 表示为

$$\mathbf{r} = x\mathbf{i} + y\mathbf{j} + z\mathbf{k} = \mathbf{r}(a,b,c,t) \tag{2-6}$$

上述两式就是分量形式和矢量形式的流体质点运动轨迹方程或称**迹线方程**。

以迹线方程为基础，流体质点的速度就可用拉格朗日变量表示为

$$\mathbf{v} = \frac{\mathrm{d}\mathbf{r}}{\mathrm{d}t} = \frac{\mathrm{d}x}{\mathrm{d}t}\mathbf{i} + \frac{\mathrm{d}y}{\mathrm{d}t}\mathbf{j} + \frac{\mathrm{d}z}{\mathrm{d}t}\mathbf{k} = v_x\mathbf{i} + v_y\mathbf{j} + v_z\mathbf{k} = \mathbf{v}(a,b,c,t) \tag{2-7}$$

或以速度分量形式表示为

$$v_x = \frac{\mathrm{d}x}{\mathrm{d}t} = v_x(a,b,c,t), \quad v_y = \frac{\mathrm{d}y}{\mathrm{d}t} = v_y(a,b,c,t), \quad v_z = \frac{\mathrm{d}z}{\mathrm{d}t} = v_z(a,b,c,t) \tag{2-8}$$

一般地，流体任意运动参数或物理量 ϕ（无论矢量或标量）都同样可表示成拉格朗日变

量的函数，即

$$\phi = \phi(a, b, c, t) \tag{2-9}$$

2.2.2 欧拉法

欧拉法的着眼点是在确定的空间点上来考察流体的流动，将流体的运动或物理参数直接表示为空间坐标 (x, y, z) 和时间 t 的函数，其中坐标变量 (x, y, z) 称为欧拉变量。因此，按欧拉法，在流场空间点 (x, y, z) 处的流体速度就表示为

$$\begin{cases} v_x = v_x(x, y, z, t) \\ v_y = v_y(x, y, z, t) \\ v_z = v_z(x, y, z, t) \end{cases} \tag{2-10}$$

或以矢量形式简洁表示为

$$\mathbf{v} = v_x \mathbf{i} + v_y \mathbf{j} + v_z \mathbf{k} = \mathbf{v}(x, y, z, t) \tag{2-11}$$

同样，在欧拉法中，流体的其它运动参数或物理量 ϕ（无论矢量或标量）均可表示为

$$\phi = \phi(x, y, z, t) \tag{2-12}$$

2.2.3 两种方法的关系

拉格朗日法和欧拉法这两种不同表示方法在数学上是可以互换的。拉格朗日法将流体运动参数或物理量 ϕ 表示成拉格朗日变量 (a, b, c, t) 的函数，而欧拉法则将 ϕ 表示成欧拉变量 (x, y, z, t) 的函数，因此，两种方法之间的互换就是拉格朗日变量和欧拉变量之间的数学变换。

① 从拉格朗日表达式 $\phi = \phi(a, b, c, t)$ 变换为欧拉表达式 $\phi = \phi(x, y, z, t)$：着手点是流体质点的迹线方程。由流体质点迹线方程式（2-5）解出 (a, b, c)

$$a = a(x, y, z, t), \quad b = b(x, y, z, t), \quad c = c(x, y, z, t) \tag{2-13}$$

并代入拉格朗日表达式 $\phi = \phi(a, b, c, t)$，就得到该物理量的欧拉法表达式 $\phi = \phi(x, y, z, t)$。

② 从欧拉表达式 $\phi = \phi(x, y, z, t)$ 变换为拉格朗日表达式 $\phi = \phi(a, b, c, t)$：着手点是流体质点的迹线微分方程。已知欧拉法速度表达式，则迹线微分方程为

$$\frac{\mathrm{d}x}{\mathrm{d}t} = v_x(x, y, z, t), \quad \frac{\mathrm{d}y}{\mathrm{d}t} = v_y(x, y, z, t), \quad \frac{\mathrm{d}z}{\mathrm{d}t} = v_z(x, y, z, t) \tag{2-14}$$

由该迹线微分方程组解出 (x, y, z) 即欧拉变量

$$x = x(c_1, c_2, c_3, t), \quad y = y(c_1, c_2, c_3, t), \quad z = z(c_1, c_2, c_3, t) \tag{2-15}$$

由 $t = t_0$ 时 $a = x_0$、$b = y_0$、$c = z_0$ 确定其中的积分常数 c_1、c_2、c_3 后可得（迹线方程）

$$x = x(a, b, c, t), \quad y = y(a, b, c, t), \quad z = z(a, b, c, t) \tag{2-16}$$

然后将其代入欧拉表达式 $\phi = \phi(x, y, z, t)$ 即得到 ϕ 的拉格朗日表达式 $\phi = \phi(a, b, c, t)$。

【例 2-1】 欧拉表达式与拉格朗日表达式的转换。

已知流场速度和压力分布为

$$\mathbf{v} = v_x \mathbf{i} + v_y \mathbf{j} + v_z \mathbf{k} = \frac{xy}{1 + \mathrm{e}^{-t}} \mathbf{i} - y \mathbf{j} + zt \mathbf{k}$$

$$p = \frac{At^2}{x^2 + y^2 + z^2}$$

求以拉格朗日变量表示的质点速度和压力（$t = 0$ 时质点的位置 $x = a$、$y = b$、$z = c$）。

解 已知的速度场与压力场由欧拉变量表达。由已知的速度分量建立迹线微分方程

$$\frac{\mathrm{d}x}{\mathrm{d}t}=v_x=\frac{xy}{1+\mathrm{e}^{-t}}, \quad \frac{\mathrm{d}y}{\mathrm{d}t}=v_y=-y, \quad \frac{\mathrm{d}z}{\mathrm{d}t}=v_z=zt$$

解该微分方程组得 $x=c_1(1+\mathrm{e}^{-t})^{-c_2}$，$y=c_2\mathrm{e}^{-t}$，$z=c_3\mathrm{e}^{t^2/2}$

由 $t=0$ 时 $x=a$、$y=b$、$z=c$，确定积分常数 $c_1=a2^b$、$c_2=b$、$c_3=c$，得迹线方程为

$$x=\frac{2^b a}{(1+\mathrm{e}^{-t})^b}, \quad y=b\mathrm{e}^{-t}, \quad z=c\mathrm{e}^{t^2/2}$$

将其代入欧拉法速度和压力表达式，得到以拉格朗日变量表示的质点速度和压力

$$\mathbf{v}=v_x\mathbf{i}+v_y\mathbf{j}+v_z\mathbf{k}=\frac{2^b ab\mathrm{e}^{-t}}{(1+\mathrm{e}^{-t})^{1+b}}\mathbf{i}-b\mathrm{e}^{-t}\mathbf{j}+ct\mathrm{e}^{t^2/2}\mathbf{k}$$

$$p=\frac{At^2}{(a2^b)^2(1+\mathrm{e}^{-t})^{-2b}+b^2\mathrm{e}^{-2t}+c^2\mathrm{e}^{t^2}}$$

2.2.4 质点导数

流体质点的物理量对于时间的变化率称为该物理量的质点导数。

（1）以拉格朗日变量表示的物理量的质点导数

在拉格朗日法描述的流场中，物理量 $\phi=\phi(a,b,c,t)$ 直接就是流体质点的物理量，所以其质点导数可直接将该物理量对时间求偏导数而得。即物理量 $\phi=\phi(a,b,c,t)$ 的质点导数就等于

$$\frac{\partial\phi(a,b,c,t)}{\partial t} \tag{2-17}$$

例如，速度的质点导数（即加速度）为

$$\begin{cases} a_x=\dfrac{\partial v_x}{\partial t}=a_x(a,b,c,t) \\[2mm] a_y=\dfrac{\partial v_y}{\partial t}=a_y(a,b,c,t) \\[2mm] a_z=\dfrac{\partial v_z}{\partial t}=a_z(a,b,c,t) \end{cases} \tag{2-18}$$

或用矢量形式表示为

$$\mathbf{a}=\frac{\partial\mathbf{v}}{\partial t}=\frac{\partial v_x}{\partial t}\mathbf{i}+\frac{\partial v_y}{\partial t}\mathbf{j}+\frac{\partial v_z}{\partial t}\mathbf{k}=a_x\mathbf{i}+a_y\mathbf{j}+a_z\mathbf{k}=\mathbf{a}(a,b,c,t) \tag{2-19}$$

（2）以欧拉变量表示的物理量的质点导数

在欧拉法描述的流场中，物理量 $\phi=\phi(x,y,z,t)$ 反映的是流场空间点 (x,y,z) 处的物理量。由于不同时刻经过同一空间点的流体质点是不同的，所以物理量 ϕ 随时间 t 的变化率，即

$$\frac{\partial\phi(x,y,z,t)}{\partial t} \tag{2-20}$$

上式并不代表同一质点物理量的变化率，因而不是 ϕ 的质点导数，而只是空间点 (x,y,z) 处物理量 ϕ 的时间变化率。可是，该变化率可以用来判定流场是否是稳态流场，即如果流场是稳态的，则

$$\frac{\partial\phi(x,y,z,t)}{\partial t}=0 \tag{2-21}$$

为了建立欧拉法物理量 $\phi=\phi(x,y,z,t)$ 的质点导数表达式，下面以欧拉变量表示的速

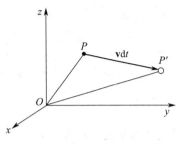

图 2-3 流体质点的运动

度为例进行分析。

考察图 2-3 所示的直角坐标系下的流场（欧拉场）。设时刻 t 位于空间点 $P(x,y,z)$ 处流体质点的速度为

$$\mathbf{v}_P = \mathbf{v}_P(x,y,z,t)$$

经过时间间隔 $\mathrm{d}t$ 后，该质点经过位移 $\mathbf{v}\mathrm{d}t$ 到达 P' 点，其速度为

$$\mathbf{v}_{P'} = \mathbf{v}_{P'}(x + v_x\mathrm{d}t, y + v_y\mathrm{d}t, z + v_z\mathrm{d}t, t + \mathrm{d}t)$$

对于微小时间间隔 $\mathrm{d}t$，$\mathbf{v}_{P'}$ 又可按泰勒一阶展开式表示为

$$\mathbf{v}_{P'} = \mathbf{v}_P(x,y,z,t) + \frac{\partial \mathbf{v}}{\partial x}v_x\mathrm{d}t + \frac{\partial \mathbf{v}}{\partial y}v_y\mathrm{d}t + \frac{\partial \mathbf{v}}{\partial z}v_z\mathrm{d}t + \frac{\partial \mathbf{v}}{\partial t}\mathrm{d}t$$

即，经过时间间隔 $\mathrm{d}t$ 后，该流体质点的速度增量 $\mathrm{d}\mathbf{v}$ 为

$$\mathrm{d}\mathbf{v} = \mathbf{v}_{P'} - \mathbf{v}_P = \left(v_x\frac{\partial \mathbf{v}}{\partial x} + v_y\frac{\partial \mathbf{v}}{\partial y} + v_z\frac{\partial \mathbf{v}}{\partial z} + \frac{\partial \mathbf{v}}{\partial t}\right)\mathrm{d}t$$

由此得该流体质点的速度变化率（即速度的质点导数）为

$$\frac{\mathrm{d}\mathbf{v}}{\mathrm{d}t} = \left(v_x\frac{\partial \mathbf{v}}{\partial x} + v_y\frac{\partial \mathbf{v}}{\partial y} + v_z\frac{\partial \mathbf{v}}{\partial z} + \frac{\partial \mathbf{v}}{\partial t}\right) \tag{2-22}$$

这就是欧拉法速度变量 $\mathbf{v}$ 的质点导数表达式。为了区别于一般导数，特别用 $\mathrm{D}\mathbf{v}/\mathrm{D}t$ 代替 $\mathrm{d}\mathbf{v}/\mathrm{d}t$ 以表示质点导数，即欧拉法速度变量 $\mathbf{v}$ 的质点导数为

$$\frac{\mathrm{D}\mathbf{v}}{\mathrm{D}t} = \frac{\partial \mathbf{v}}{\partial t} + v_x\frac{\partial \mathbf{v}}{\partial x} + v_y\frac{\partial \mathbf{v}}{\partial y} + v_z\frac{\partial \mathbf{v}}{\partial z} \tag{2-23}$$

推而广之，欧拉法中任意物理量 ϕ 的质点导数可以写成

$$\frac{\mathrm{D}\phi}{\mathrm{D}t} = \frac{\partial \phi}{\partial t} + v_x\frac{\partial \phi}{\partial x} + v_y\frac{\partial \phi}{\partial y} + v_z\frac{\partial \phi}{\partial z} \tag{2-24}$$

式中，$\mathrm{D}/\mathrm{D}t$ 称为质点导数算子，定义为

$$\frac{\mathrm{D}}{\mathrm{D}t} = \frac{\partial}{\partial t} + v_x\frac{\partial}{\partial x} + v_y\frac{\partial}{\partial y} + v_z\frac{\partial}{\partial z} \tag{2-25}$$

为方便使用，在此一并给出柱坐标系（$r\text{-}\theta\text{-}z$）和球坐标系（$r\text{-}\theta\text{-}\varphi$）中的质点导数算子

$$\frac{\mathrm{D}}{\mathrm{D}t} = \frac{\partial}{\partial t} + v_r\frac{\partial}{\partial r} + v_\theta\frac{1}{r}\frac{\partial}{\partial \theta} + v_z\frac{\partial}{\partial z} \tag{2-26}$$

$$\frac{\mathrm{D}}{\mathrm{D}t} = \frac{\partial}{\partial t} + v_r\frac{\partial}{\partial r} + v_\theta\frac{1}{r}\frac{\partial}{\partial \theta} + v_\varphi\frac{1}{r\sin\theta}\frac{\partial}{\partial \varphi} \tag{2-27}$$

因为速度 $\mathbf{v}$ 的质点导数即为流体质点的加速度，所以直角坐标系下欧拉速度场中流体质点的加速度为

$$\mathbf{a} = \frac{\mathrm{D}\mathbf{v}}{\mathrm{D}t} = \frac{\partial \mathbf{v}}{\partial t} + v_x\frac{\partial \mathbf{v}}{\partial x} + v_y\frac{\partial \mathbf{v}}{\partial y} + v_z\frac{\partial \mathbf{v}}{\partial z} \tag{2-28}$$

由式（2-28）可见，在欧拉场中，速度 $\mathbf{v}$ 的质点导数（或加速度）包括两部分：一部分是固定空间点上 $\mathbf{v}$ 随时间变化的变化率 $\partial\mathbf{v}/\partial t$（反映流场的时间变化特性），又称为**局部加速度**（local acceleration）；另一部分是流体运动过程中 $\mathbf{v}$ 随位置变化的变化率（反映流场的空间变化特性），又称为**对流加速度**（convective acceleration）或**传输加速度**（acceleration of transport）。

【例 2-2】 流场中的温度测试与质点导数。

假设一微型温度传感器按某一运动轨迹在流场中运动，反馈的温度为 $T = T(x,y,z,t)$，其中 $x = x(t)$、$y = y(t)$、$z = z(t)$ 为传感器在流场中的运动轨迹。试求该传感器反馈

22

温度随时间的变化率。

解 反馈温度与传感器轨迹和时间有关，轨迹又与时间有关，所以温度是时间的复合函数，故温度随时间的变化率可一般地用 T 对 t 的全导数表示为

$$\frac{\mathrm{d}T}{\mathrm{d}t} = \frac{\partial T}{\partial t} + \frac{\partial T}{\partial x}\frac{\mathrm{d}x}{\mathrm{d}t} + \frac{\partial T}{\partial y}\frac{\mathrm{d}y}{\mathrm{d}t} + \frac{\partial T}{\partial z}\frac{\mathrm{d}z}{\mathrm{d}t}$$

式中，$\mathrm{d}x/\mathrm{d}t$、$\mathrm{d}y/\mathrm{d}t$、$\mathrm{d}z/\mathrm{d}t$ 分别代表传感器移动速度在 x、y、z 方向的速度分量。

如温度传感器固定于流场某点 (x_0, y_0, z_0) 不动，则 $T = T(x_0, y_0, z_0, t)$，$\mathrm{d}x/\mathrm{d}t = \mathrm{d}y/\mathrm{d}t = \mathrm{d}z/\mathrm{d}t = 0$，故温度随时间的变化率为

$$\frac{\mathrm{d}T}{\mathrm{d}t} = \frac{\partial T}{\partial t}$$

这表明欧拉法中的物理量 T 直接对时间偏导只代表空间点处温度 T 随时间的变化。

如果传感器完全追随流体质点的运动轨迹，且流体质点速度分量为 v_x、v_y、v_z，则 $\mathrm{d}x/\mathrm{d}t = v_x$，$\mathrm{d}y/\mathrm{d}t = v_y$，$\mathrm{d}z/\mathrm{d}t = v_z$，此时温度随时间的变化率就等于

$$\frac{\mathrm{d}T}{\mathrm{d}t} = \frac{\partial T}{\partial t} + v_x\frac{\partial T}{\partial x} + v_y\frac{\partial T}{\partial y} + v_y\frac{\partial T}{\partial z} = \frac{\mathrm{D}T}{\mathrm{D}t}$$

该结果表明，此时的温度变化率就等于温度 T 的质点导数。原因很简单，因为此时传感器完全追随流体质点运动，T 反映的就是流体质点的温度，所以 $\mathrm{d}T/\mathrm{d}t$ 自然就是质点温度随时间的变化率，即温度 T 的质点导数。因追随流体质点之故，欧拉法变量的质点导数也称为随体导数（substantial time derivative）。

【例 2-3】 流体质点的速度和加速度。

给定欧拉速度场 $\mathbf{v} = v_x\mathbf{i} + v_y\mathbf{j} + v_z\mathbf{k} = x(t+1)\mathbf{i} - y(t+1)\mathbf{j}$。

（1）求以欧拉变量表示的质点加速度；

（2）对于 $t = 0$ 时 $x = a$、$y = b$、$z = c$ 的质点，求以拉格朗日变量表示的质点速度和加速度。

解 由给定速度场可知

$$v_x = x(t+1), \quad v_y = -y(t+1), \quad v_z = 0$$

（1）质点加速度是速度的质点导数，所以根据欧拉法质点导数式（2-28）有

$$\begin{cases} a_x = \dfrac{\mathrm{D}v_x}{\mathrm{D}t} = \dfrac{\partial v_x}{\partial t} + v_x\dfrac{\partial v_x}{\partial x} + v_y\dfrac{\partial v_x}{\partial y} = x + x(t+1)^2 = x[1+(t+1)^2] \\[2mm] a_y = \dfrac{\mathrm{D}v_y}{\mathrm{D}t} = \dfrac{\partial v_y}{\partial t} + v_x\dfrac{\partial v_y}{\partial x} + v_y\dfrac{\partial v_y}{\partial y} = -y + y(t+1)^2 = -y[1-(t+1)^2] \\[2mm] a_z = \dfrac{\mathrm{D}v_z}{\mathrm{D}t} = 0 \end{cases}$$

（2）根据欧拉法变量表达的速度分量，建立迹线微分方程

$$\frac{\mathrm{d}x}{\mathrm{d}t} = v_x = x(t+1), \quad \frac{\mathrm{d}y}{\mathrm{d}t} = v_y = -y(t+1), \quad \frac{\mathrm{d}z}{\mathrm{d}t} = v_z = 0$$

求解该微分方程组得流体质点的迹线方程为

$$\ln x = \frac{(t+1)^2}{2} + c_1, \quad \ln y = -\frac{(t+1)^2}{2} + c_2, \quad z = c_3$$

对于 $t = 0$ 时 $x = a$、$y = b$、$z = c$ 的质点，积分常数为

$$c_1 = \ln a - 1/2, \quad c_2 = \ln b + 1/2, \quad c_3 = c$$

因此，该流体质点的迹线方程为

$$x = a\mathrm{e}^{t+t^2/2}, \quad y = b\mathrm{e}^{-(t+t^2/2)}, \quad z = c$$

将以上迹线方程代入欧拉变量速度和加速度表达式，可得拉格朗日变量表示的质点速度和加速度分别为

$$
\begin{cases}
v_x = a\,\mathrm{e}^{t+t^2/2}(t+1) \\
v_y = -b\,\mathrm{e}^{-(t+t^2/2)}(t+1), \\
v_z = 0
\end{cases}
\qquad
\begin{cases}
a_x = a\,\mathrm{e}^{t+t^2/2}\left[1+(t+1)^2\right] \\
a_y = -b\,\mathrm{e}^{-(t+t^2/2)}\left[1-(t+1)^2\right] \\
a_z = 0
\end{cases}
$$

此外也可直接由迹线方程对时间求导，得到拉格朗日变量表达的质点速度和加速度。

2.3 迹线和流线

2.3.1 迹线

流体质点的运动轨迹曲线称为迹线。

在拉格朗日法中，质点的迹线方程就是以拉格朗日变量表示的质点坐标时间参数方程

$$x = x(a,b,c,t), \quad y = y(a,b,c,t), \quad z = z(a,b,c,t) \tag{2-29}$$

如果从参数方程中消去 t，就可以得到以 x，y，z 表示的流体质点 (a,b,c) 的迹线方程。

在欧拉法中，可根据所给出的欧拉变量的速度表达式得到迹线微分方程

$$\frac{\mathrm{d}x}{\mathrm{d}t} = v_x(x,y,z,t), \quad \frac{\mathrm{d}y}{\mathrm{d}t} = v_y(x,y,z,t), \quad \frac{\mathrm{d}z}{\mathrm{d}t} = v_z(x,y,z,t) \tag{2-30}$$

解该微分方程组，可得迹线参数方程；消去参数 t 后可得以 x，y，z 表示的迹线方程。

【例 2-4】 流体质点的迹线方程。

已知用欧拉法表示的速度场 $\mathbf{v} = Ax\mathbf{i} - Ay\mathbf{j}$，其中 A 为常数，求流体质点的迹线方程。

解 由速度场可建立迹线微分方程为

$$\frac{\mathrm{d}x}{\mathrm{d}t} = v_x = Ax, \quad \frac{\mathrm{d}y}{\mathrm{d}t} = v_y = -Ay$$

分离变量并积分可得迹线的时间参数方程

$$x = c_1\mathrm{e}^{At}, \quad y = c_2\mathrm{e}^{-At}$$

式中，c_1、c_2 是积分常数。从上两式中消去参数 t 可得以 x、y 表示的迹线方程

$$xy = c_1 c_2 = C \tag{a}$$

该方程表明，流场中流体质点的迹线为一簇双曲线，C 不同表示不同质点的迹线。

对于 $t = t_0$ 时位于 $x = x_0$、$y = y_0$ 的流体质点，记 $a = x_0$，$b = y_0$，由迹线时间参数方程式可确定拉格朗日变量为

$$a = x_0 = c_1\mathrm{e}^{At_0}, \quad b = y_0 = c_2\mathrm{e}^{-At_0}$$

解出 $c_1 = a\mathrm{e}^{-At_0}$，$c_2 = b\mathrm{e}^{At_0}$，再代入迹线时间参数方程式可得以拉格朗日变量表示的迹线参数方程为

$$x = a\mathrm{e}^{A(t-t_0)}, \quad y = b\mathrm{e}^{-A(t-t_0)}$$

从上两式中消去参数 t 得：$xy = ab$；对比方程式（a）可知，$C = ab$。

2.3.2 流线

流线的定义与性质 流线是任意时刻流场中存在的这样一条曲线，该曲线上各流体质点的速度方向都与其所在点处曲线的切线方向一致。流线具有如下的性质：

① 除速度为零或无穷大的特殊点外，经过空间一点只有一条流线，即流线不能相交，

因为每一时刻空间点只能被一个质点所占据，只有一个速度方向；

② 流场中每一点都有流线通过，所有流线形成流线谱；

③ 流线的形状随时间而变化，但稳态流动时流线的形状是确定不变的。

流线与迹线的区别　流线与迹线是两个不同的概念。流线是同一时刻不同质点构成的一条流体线，迹线则是同一质点在不同时刻经过的空间点所构成的轨迹线。但在稳态流动条件下，流线与迹线的形状是重合的，所以，通常采用稳态条件下的流线谱直观反映流动情况（尤其是二维流动时），而且流线的疏密程度可反映流动速度的大小，流线密集处流速高于稀疏处。

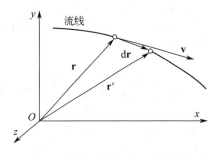

图 2-4　流线上的矢径增量与质点速度

流线方程　如图 2-4 所示，设流线上某点的位置矢径为 $\mathbf{r}$，该点处流体质点的速度矢量为 $\mathbf{v}$。由于流线上任一点的位置矢径增量 $\mathrm{d}\mathbf{r}$ 总与流线的切线方向一致，而流线上的质点速度 $\mathbf{v}$ 也与流线相切，所以必然有 $\mathbf{v}//\mathrm{d}\mathbf{r}$。于是，根据两平行矢量向量积为零的性质有

$$\mathbf{v}\times\mathrm{d}\mathbf{r}=0 \tag{2-31}$$

由于　　　$\mathbf{v}\times\mathrm{d}\mathbf{r}=(v_y\mathrm{d}z-v_z\mathrm{d}y)\mathbf{i}+(v_z\mathrm{d}x-v_x\mathrm{d}z)\mathbf{j}+(v_x\mathrm{d}y-v_y\mathrm{d}x)\mathbf{k}$

而 $\mathbf{v}\times\mathrm{d}\mathbf{r}=0$ 则各分量都必须为 0，因此有

$$\frac{\mathrm{d}x}{v_x}=\frac{\mathrm{d}y}{v_y}=\frac{\mathrm{d}z}{v_z} \tag{2-32}$$

这就是直角坐标系中的流线微分方程，该方程可拆开写成两个独立方程。需要注意的是，流体速度一般情况下是 (x,y,z,t) 的函数，但由于流线是对同一时刻而言的，所以在方程式（2-32）积分时，时间 t 可视为常数，最后所得流线方程中包含时间 t 表示流线形状随时间而变。

【例 2-5】　流体的迹线和流线方程。

已知直角坐标系中的速度场：$\mathbf{v}=v_x\mathbf{i}+v_y\mathbf{j}=x/(1+t)\mathbf{i}+y\mathbf{j}$。试求：

（1）以拉格朗日变量表示的迹线方程；

（2）流线方程。

解　（1）根据已知速度分布，可得迹线微分方程为

$$\frac{\mathrm{d}x}{\mathrm{d}t}=v_x=\frac{x}{1+t},\qquad \frac{\mathrm{d}y}{\mathrm{d}t}=v_y=y$$

由此解得迹线参数方程为　　　$x=c_1(1+t),\qquad y=c_2\mathrm{e}^t$

对于 $t=t_0$ 时位于 $x=x_0$、$y=y_0$ 的质点，记 $a=x_0$、$b=y_0$，解出积分常数

$$c_1=a/(1+t_0),\qquad c_2=b/\mathrm{e}^{t_0}$$

将此积分常数代入参数方程，可得以拉格朗日变量表示的迹线方程为

$$x=a\frac{1+t}{1+t_0},\qquad y=b\mathrm{e}^{t-t_0}$$

$t_0=0$ 时，通过流场 $x_0=a=1$，$y_0=b=1$、$b=5$、$b=20$、$b=50$、$b=100$、$b=200$、$b=400$ 各点的流体质点的轨迹曲线如图 2-5（a）所示。

（2）根据流线微分方程有

$$\frac{\mathrm{d}x}{v_x}=\frac{\mathrm{d}y}{v_y}\quad\longrightarrow\quad (1+t)\frac{\mathrm{d}x}{x}=\frac{\mathrm{d}y}{y}$$

视 t 为常数积分得流线方程为

$$y = c(t)x^{(1+t)}$$

式中，$c(t)$ 为 t 的函数。对于通过点 (a, b) 的流线，$c(t) = b/a^{(1+t)}$，故相应流线方程为

$$y = b\left(\frac{x}{a}\right)^{(1+t)}$$

通过流场 $x_0 = a = 1$，$y_0 = b = 1$，$b = 5$，$b = 20$、$b = 50$、$b = 100$、$b = 200$、$b = 400$ 各点的流线如图 2-5（b）所示，其中实线和虚线分别表示 $t = 0.0\text{s}$ 和 $t = 1.0\text{s}$ 时的流线，可见流线形状随 t 不同而变化。

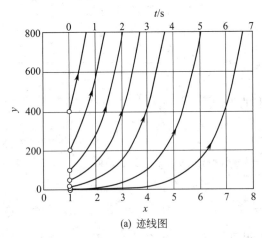

(a) 迹线图

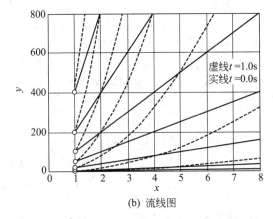

(b) 流线图

图 2-5　例 2-5 附图

2.3.3　流管与管流连续性方程

流管及其性质　如图 2-6 所示，在流场中作一条不与流线重合的封闭曲线，则通过此曲线的所有流线将构成一个管状曲面，该管状曲面就称为流管。

显然，根据流线不能相交的性质，流管表面不可能有流体穿过；其次，与流线相类似，流管的形状一般是随时间而变化的，但稳态流动时流管形状是确定的。工程实际中的管道是流管的特例，此时的流管表面即为管道内壁面。

流管内的质量流量　对于图 2-6 所示的流管，作截面 A_1（可以是曲面），并设该截面上任意微元面 $\mathrm{d}A_1$ 的单位法向矢量为 $\mathbf{n}_1$，$\mathrm{d}A_1$ 上的流体速度为 $\mathbf{v}_1$，流体密度为 ρ_1，且 $\mathbf{v}_1$ 与 $\mathbf{n}_1$ 的夹角为 θ。由于 $\mathrm{d}A_1$ 上的法向速度 $= v_1\cos\theta = \mathbf{v}_1 \cdot \mathbf{n}_1$，所以通过 $\mathrm{d}A_1$ 面的质量流量为

$$\mathrm{d}q_{m1} = \rho_1(\mathbf{v}_1 \cdot \mathbf{n}_1)\mathrm{d}A_1 \tag{2-33a}$$

而通过流管截面 A_1 的总质量流量就表示为

$$q_{m1} = \iint\limits_{A_1} \mathrm{d}q_{m1} = \iint\limits_{A_1} \rho_1(\mathbf{v}_1 \cdot \mathbf{n}_1)\mathrm{d}A_1 \tag{2-33b}$$

该式也就是流体流过任意曲面 A_1 的质量流量的一般表达式。

稳态管流的连续性方程　若在流管上再作一截面 A_2，则 A_1、A_2 和流管表面构成封闭曲面；由于流管表面不可能有流体穿过，且稳态条件下其中的流体质量也不随时间变化，所以根据质量守恒原理，通过 A_1 和 A_2 截面的质量流量必然相

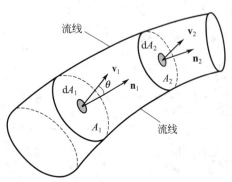

图 2-6　流管及其内部流动

等，即

$$\iint_{A_1}\rho_1(\mathbf{v}_1\cdot\mathbf{n}_1)\mathrm{d}A_1=\iint_{A_2}\rho_2(\mathbf{v}_2\cdot\mathbf{n}_2)\mathrm{d}A_2 \qquad (2\text{-}34a)$$

或

$$q_{m1}=q_{m2} \qquad (2\text{-}34b)$$

此即稳态条件下管内流动的连续性方程。该方程表明，实际流场中，流管截面不能收缩到零，否则此处流速将达到无穷大。也即流管不能在流场内部中断，只能始于或终于流场边界（如自由面或进出口）；或者成环形；或者伸展到无穷远处。

对于工程实际中的管道流动，方程式（2-34）通常又表示为

$$A_1\rho_{1m}v_{1m}=A_2\rho_{2m}v_{2m} \qquad (2\text{-}35a)$$

式中，A 为管道横截面积；ρ_m、v_m 分别为管道截面上的流体平均密度和平均速度。

特别地，如果流体不可压缩，即 $\rho=\mathrm{const}$，则管道各截面上流体的体积流量相等，即

$$A_1v_{1m}=A_2v_{2m} \qquad (2\text{-}35b)$$

事实上，由于工程实际中的管道是刚性的，所以只要流体不可压缩且充满管道，则上述管流连续性方程对非稳态流动也是成立的。

此外，根据 $q_m=A\rho_m v_m$ 以及式（2-33）可得管道截面上流体平均速度的定义式为

$$v_m=\frac{q_m}{A\rho_m}=\frac{1}{A\rho_m}\iint_A\rho(\mathbf{v}\cdot\mathbf{n})\mathrm{d}A \qquad (2\text{-}36)$$

2.4 流体的运动与变形

运动流体除了像刚体那样有平动和转动外，同时还有连续不断的变形，包括拉伸和剪切变形；而且，由于流体的变形连续不断，其变形也不能像固体那样用变形量的大小来度量，而必须用变形速率（单位时间的变形量）来度量。本节将通过微元流体的变形分析，建立变形速率与运动速度之间的关系。

2.4.1 微元流体线的变形速率

（1）微元流体线的线变形速率

线变形速率定义为单位时间内线段 l 的相对伸长率。若 $\mathrm{d}t$ 时间段内线段 l 伸长 $\mathrm{d}l$，则线变形速率 $\varepsilon=(\mathrm{d}l/l)/\mathrm{d}t$。

流体线的拉伸仅与平行于该流体线的速度有关。如图 2-7 所示，如果在 x-y 平面流场中沿 x 方向取一条长度为 $\mathrm{d}x$ 的微元流体线 ab，并设 a 点 x 方向速度为 v_{ax}，由于 b 点与 a 点仅水平相距 $\mathrm{d}x$，故 b 点 x 方向速度为

$$v_{bx}=v_{ax}+\frac{\partial v_x}{\partial x}\mathrm{d}x$$

经过时间段 $\mathrm{d}t$ 后，设 ab 沿 x 方向运动到 $a'b'$，则两点移动的距离分别为各自速度乘以 $\mathrm{d}t$，即

$$\overline{aa'}=v_{ax}\mathrm{d}t , \quad \overline{bb'}=\left(v_{ax}+\frac{\partial v_x}{\partial x}\mathrm{d}x\right)\mathrm{d}t$$

根据图示关系，线段 $\mathrm{d}x$ 变形后的长度为

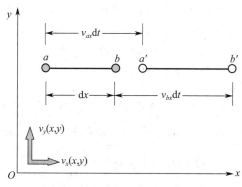

图 2-7 微元流体线的拉伸

27

$$\overline{a'b'} = \overline{bb'} + \mathrm{d}x - \overline{aa'} = \left(v_{ax} + \frac{\partial v_x}{\partial x}\mathrm{d}x\right)\mathrm{d}t + \mathrm{d}x - v_{ax}\mathrm{d}t = \mathrm{d}x + \frac{\partial v_x}{\partial x}\mathrm{d}x\mathrm{d}t$$

所以，按线变形速率定义，线段 $\mathrm{d}x$ 的线变形速率（用 ε_{xx} 表示）就等于

$$\varepsilon_{xx} = \frac{\overline{a'b'} - \mathrm{d}x}{\mathrm{d}x\mathrm{d}t} = \frac{\partial v_x}{\partial x}$$

同理，对于三维流场中的任意微元流体线，其 x、y、z 方向的线变形速率分别为

$$\varepsilon_{xx} = \frac{\partial v_x}{\partial x}, \quad \varepsilon_{yy} = \frac{\partial v_y}{\partial y}, \quad \varepsilon_{zz} = \frac{\partial v_z}{\partial z} \tag{2-37}$$

由此可见，某方向线段的线变形速率就等于该方向速度沿该方向的变化率。这使得速度分量沿自身方向坐标的偏导数具有两方面的物理意义，比如 $(\partial v_x / \partial x)$，既表示速度 v_x 沿 x 方向的变化率，又表示 x 方向微元流体线的线变形速率；很显然，v_x 沿 x 方向加速，即 $(\partial v_x / \partial x) > 0$，流体线必然受到拉伸；$v_x$ 沿 x 方向减速，即 $(\partial v_x / \partial x) < 0$，流体线必然受压缩。

(2) 微元流体线的转动速率

微元流体线的转动速率定义为：该线段在某平面内单位时间所转动的角度，即该线段在平面内转动的角速度；并约定逆时针转动的角速度为正。如图 2-8 所示，若 $\mathrm{d}t$ 时间内线段 $\mathrm{d}x$、$\mathrm{d}y$ 逆时针转动的角度分别为 $\mathrm{d}\beta$、$\mathrm{d}\alpha$，则线段 $\mathrm{d}x$、$\mathrm{d}y$ 的转动速率（分别用 η_{xy}、η_{yx} 表示）就等于

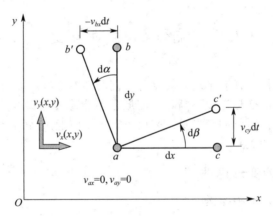

图 2-8 微元流体线的转动

$$\eta_{xy} = \frac{\mathrm{d}\beta}{\mathrm{d}t}, \quad \eta_{yx} = \frac{\mathrm{d}\alpha}{\mathrm{d}t} \tag{2-38}$$

为将 $\mathrm{d}\beta$、$\mathrm{d}\alpha$ 与速度分量相联系，现进一步分析图 2-8 中线段 $\mathrm{d}x$、$\mathrm{d}y$ 的端点速度。因为仅考虑 $\mathrm{d}x$、$\mathrm{d}y$ 相对于 a 点的转动，故可设 a 点速度为零，即 $v_{ax} = 0$，$v_{ay} = 0$；这样一来，引起 $\mathrm{d}x$ 转动的是 c 点的垂直速度 v_{cy}，引起 $\mathrm{d}y$ 转动的是 b 点的水平速度 v_{bx}，按微分关系这两个速度分别为

$$v_{cy} = v_{ay} + \frac{\partial v_y}{\partial x}\mathrm{d}x = \frac{\partial v_y}{\partial x}\mathrm{d}x, \quad v_{bx} = v_{ax} + \frac{\partial v_x}{\partial y}\mathrm{d}y = \frac{\partial v_x}{\partial y}\mathrm{d}y$$

而 $\mathrm{d}x$、$\mathrm{d}y$ 逆时针转动的角度 $\mathrm{d}\beta$、$\mathrm{d}\alpha$ 则分别为

$$\mathrm{d}\beta \approx \tan(\mathrm{d}\beta) = \frac{\overline{cc'}}{\mathrm{d}x} = \frac{v_{cy}\mathrm{d}t}{\mathrm{d}x} = \frac{\partial v_y}{\partial x}\mathrm{d}t, \quad \mathrm{d}\alpha \approx \tan(\mathrm{d}\alpha) = \frac{\overline{bb'}}{\mathrm{d}y} = \frac{-v_{bx}\mathrm{d}t}{\mathrm{d}y} = -\frac{\partial v_x}{\partial y}\mathrm{d}t$$

上式中的负号表示线段 $\mathrm{d}y$ 逆时针旋转时必然有 $v_{bx} < 0$，故需乘以负号以使得 $\mathrm{d}\alpha > 0$。

28

因此，根据式（2-38），线段 $\mathrm{d}x$、$\mathrm{d}y$ 的转动速率就可进一步表示为

$$\eta_{xy}=\frac{\mathrm{d}\beta}{\mathrm{d}t}=\frac{\partial v_y}{\partial x}, \quad \eta_{yx}=\frac{\mathrm{d}\alpha}{\mathrm{d}t}=-\frac{\partial v_x}{\partial y} \tag{2-39}$$

推而广之，对于一般三维流场有

$$\begin{cases} \eta_{xy}=\dfrac{\partial v_y}{\partial x}, \quad \eta_{yx}=-\dfrac{\partial v_x}{\partial y} \quad (x\text{-}y\ \text{平面内}\ \mathrm{d}x\ \text{和}\ \mathrm{d}y\ \text{绕}\ z\ \text{轴转动的角速度}) \\[2mm] \eta_{yz}=\dfrac{\partial v_z}{\partial y}, \quad \eta_{zy}=-\dfrac{\partial v_y}{\partial z} \quad (y\text{-}z\ \text{平面内}\ \mathrm{d}y\ \text{和}\ \mathrm{d}z\ \text{绕}\ x\ \text{轴转动的角速度}) \\[2mm] \eta_{zx}=\dfrac{\partial v_x}{\partial z}, \quad \eta_{xz}=-\dfrac{\partial v_z}{\partial x} \quad (z\text{-}x\ \text{平面内}\ \mathrm{d}z\ \text{和}\ \mathrm{d}x\ \text{绕}\ y\ \text{轴转动的角速度}) \end{cases} \tag{2-40}$$

上述角速度 η 的两个下标表示线段转动所在平面，其中第一个下标表示线段方位，第二个下标表示导致线段转动的速度分量方向；当两个下标排序与 $x\text{-}y\text{-}z$ 循环顺序相反时，η 的表达式带负号。

由上可见，某方向速度沿其它方向坐标的偏导数也有两方面的物理意义，比如 $(\partial v_x/\partial y)$，既表示速度 v_x 沿方向 y 的变化率，同时又表示 $x\text{-}y$ 平面内线段 $\mathrm{d}y$ 绕 z 轴转动的角速度。

2.4.2 微元流体团的变形速率

微元流体团的运动，如图 2-9 所示，可分解为平移、转动、剪切变形和体积膨胀（体变形）四种基本运动形式。各种运动（变形）的速率分别如下。

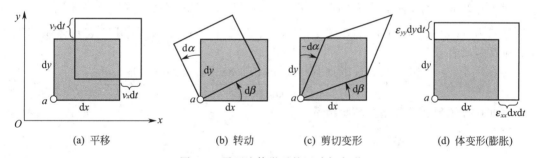

(a) 平移   (b) 转动   (c) 剪切变形   (d) 体变形(膨胀)

图 2-9　平面流体微元的运动与变形

（1）微元流体团的平移速率

平移运动即微元流体团跟随基点 a 的运动，如图 2-9（a）所示，其中流体团在 x、y、z 方向的平移运动速率就分别为 a 点的速度分量 v_x、v_y、v_z。

（2）微元流体团的转动速率

微元流体团绕基点 a 的转动如图 2-9（b）所示，其中流体团在 $x\text{-}y$ 平面内的转动速率就定义为线段 $\mathrm{d}x$ 和 $\mathrm{d}y$ 绕 z 轴逆时针转动的角速度 $\mathrm{d}\beta/\mathrm{d}t$ 与 $\mathrm{d}\alpha/\mathrm{d}t$ 的平均值。因此，若用 ω_z 表示微元流体团在 $x\text{-}y$ 平面的转动速率（角速度），则

$$\omega_z=\frac{1}{2}\left(\frac{\mathrm{d}\beta}{\mathrm{d}t}+\frac{\mathrm{d}\alpha}{\mathrm{d}t}\right)=\frac{1}{2}\left(\frac{\partial v_y}{\partial x}-\frac{\partial v_x}{\partial y}\right) \tag{2-41}$$

同理，微元流体团在 $y\text{-}z$ 平面绕 x 轴转动的角速度 ω_x 和在 $z\text{-}x$ 平面绕 y 轴转动的角速度 ω_y 就分别为

$$\omega_x=\frac{1}{2}\left(\frac{\partial v_z}{\partial y}-\frac{\partial v_y}{\partial z}\right), \quad \omega_y=\frac{1}{2}\left(\frac{\partial v_x}{\partial z}-\frac{\partial v_z}{\partial x}\right) \tag{2-42}$$

这三个角速度合成，就是微元流体团的空间转动角速度，可用角速度矢量 $\boldsymbol{\omega}$ 表示为

$$\boldsymbol{\omega} = \omega_x \mathbf{i} + \omega_y \mathbf{j} + \omega_z \mathbf{k} = \frac{1}{2}\left(\frac{\partial v_z}{\partial y} - \frac{\partial v_y}{\partial z}\right)\mathbf{i} + \frac{1}{2}\left(\frac{\partial v_x}{\partial z} - \frac{\partial v_z}{\partial x}\right)\mathbf{j} + \frac{1}{2}\left(\frac{\partial v_y}{\partial x} - \frac{\partial v_x}{\partial y}\right)\mathbf{k} \tag{2-43}$$

(3) 微元流体团的剪切变形速率

参见图 2-9 (c)，微元流体团在 x-y 平面发生剪切变形时，$\mathrm{d}x$ 将绕 z 轴逆时针转动，转动的角速度为 $\mathrm{d}\beta/\mathrm{d}t$；$\mathrm{d}y$ 将绕 z 轴顺时针转动，转动的角速度为 $-\mathrm{d}\alpha/\mathrm{d}t$（顺时针时 $\mathrm{d}\alpha <$ 0）；而微元流体团的剪切变形速率就定义为 $\mathrm{d}x$ 逆时针转动的角速度与 $\mathrm{d}y$ 顺时针转动的角速度的平均值。因此若用 ε_{xy} 表示微元流体团在 x-y 平面的剪切变形速率，则按定义有

$$\varepsilon_{xy} = \frac{1}{2}\left(\frac{\mathrm{d}\beta}{\mathrm{d}t} - \frac{\mathrm{d}\alpha}{\mathrm{d}t}\right) \tag{2-44}$$

将式 (2-39) 代入上式则有

$$\varepsilon_{xy} = \frac{1}{2}\left(\frac{\partial v_y}{\partial x} + \frac{\partial v_x}{\partial y}\right) \tag{2-45}$$

同理，微元流体团在 y-z 平面和在 z-x 平面的剪切变形速率 ε_{yz} 和 ε_{zx} 就分别为

$$\varepsilon_{yz} = \frac{1}{2}\left(\frac{\partial v_z}{\partial y} + \frac{\partial v_y}{\partial z}\right), \quad \varepsilon_{zx} = \frac{1}{2}\left(\frac{\partial v_x}{\partial z} + \frac{\partial v_z}{\partial x}\right) \tag{2-46}$$

由此可见，剪切变形速率与转动速率表达式有些貌似，且两者都只与垂直于流动方向的速度梯度有关。

(4) 微元流体团的体积膨胀速率——不可压缩流体的连续性方程

微元流体团的体积膨胀速率定义为单位时间微元流体团的体积膨胀率。

设 t 时刻微元流体团的体积为 $\mathrm{d}x\mathrm{d}y\mathrm{d}z$，$\mathrm{d}t$ 时间段后，由于线变形，该微元流体团三边分别增长为 $(\mathrm{d}x + \varepsilon_{xx}\mathrm{d}x\mathrm{d}t)$、$(\mathrm{d}y + \varepsilon_{yy}\mathrm{d}y\mathrm{d}t)$、$(\mathrm{d}z + \varepsilon_{zz}\mathrm{d}z\mathrm{d}t)$，若用 $\dot{V}$ 表示体积膨胀速率，则按定义有

$$\dot{V} = \frac{(\mathrm{d}x + \varepsilon_{xx}\mathrm{d}x\mathrm{d}t)(\mathrm{d}y + \varepsilon_{yy}\mathrm{d}y\mathrm{d}t)(\mathrm{d}z + \varepsilon_{zz}\mathrm{d}z\mathrm{d}t) - \mathrm{d}x\mathrm{d}y\mathrm{d}z}{\mathrm{d}x\mathrm{d}y\mathrm{d}z\mathrm{d}t} \tag{2-47}$$

将此式分子项展开并略去高阶微量后可得

$$\dot{V} = \varepsilon_{xx} + \varepsilon_{yy} + \varepsilon_{zz} = \frac{\partial v_x}{\partial x} + \frac{\partial v_y}{\partial y} + \frac{\partial v_z}{\partial z} = \nabla \cdot \mathbf{v} \tag{2-48}$$

由此可见，体积膨胀速率等于 x、y、z 三个方向的线变形率之和，或者说等于速度的散度。

特别地，对于不可压缩流体，微元流体团可以变形，但体积不变，所以必有 $\dot{V} = 0$，即

$$\nabla \cdot \mathbf{v} = \frac{\partial v_x}{\partial x} + \frac{\partial v_y}{\partial y} + \frac{\partial v_z}{\partial z} = 0 \tag{2-49}$$

该方程称为不可压缩流体的连续性方程，是流体力学最常用的基本方程之一。

2.4.3 有旋流动与无旋流动

流体微团在随流体总体流动过程中，其轨迹可能是直线也可能是曲线，但在其沿轨迹线流动的过程中若自身还要旋转，则称其流动为有旋流动，若流动过程中自身不旋转（平动），则称其流动为无旋流动。由此可见，有旋或无旋针对的是流体微团（流体质点）流动过程中自身是否转动而言的，与其流动轨迹曲线的形状无关。

很显然，流场中的流动是有旋流动还是无旋流动，可用流体微团角速度 $\boldsymbol{\omega}$ 来判定：$\boldsymbol{\omega} \neq \mathbf{0}$ 为有旋流动，$\boldsymbol{\omega} = \mathbf{0}$ 则为无旋流动。因此，若已知流场速度分布，则对于无旋流动有

$$\omega_x = \frac{1}{2}\left(\frac{\partial v_z}{\partial y} - \frac{\partial v_y}{\partial z}\right) = 0, \quad \omega_y = \frac{1}{2}\left(\frac{\partial v_x}{\partial z} - \frac{\partial v_z}{\partial x}\right) = 0, \quad \omega_z = \frac{1}{2}\left(\frac{\partial v_y}{\partial x} - \frac{\partial v_x}{\partial y}\right) = 0 \ (2\text{-}50)$$

若其中任一角速度分量不为零，则为有旋流动。

【例 2-6】 强制涡与自由涡。

强制涡与自由涡是两种典型的平面旋转运动，如图 2-10 所示。

强制涡的特点是流场整体一起旋转，各点具有相同的角速度 ω，任意半径 r 处流体的切向速度 $v_\theta = \omega r$；实际流场中，随容器一起转动的流体运动、搅拌桨和旋流器中心区的流体运动等具有显著的强制涡的特征。

自由涡的特点是流场内各点单位质量流体具有的能量相同，半径 r 处流体的切向速度 $v_\theta = \kappa / r$，其中 κ 为常数；实际流场中，通过容器底部小孔放水时在液面形成的旋涡、搅拌桨和旋流器中心区外的流体运动、龙卷风中心等具有显著的自由涡的特征。

试判断这两种运动是有旋还是无旋流动，并求各自的流线方程与迹线方程。

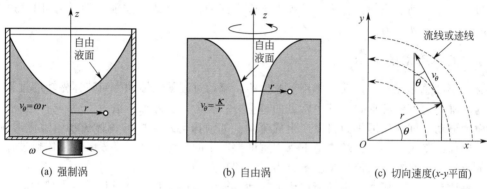

(a) 强制涡　　　　　　　　(b) 自由涡　　　　　　　(c) 切向速度(x-y平面)

图 2-10　流体的两种旋转运动

解 如图 2-10 （c）所示，对于强制涡，其切向速度 $v_\theta = \omega r$ 在 x-y 平面的分速度为

$$v_x = -v_\theta \sin\theta = -\omega r \sin\theta = -\omega y, \quad v_y = v_\theta \cos\theta = \omega r \cos\theta = \omega x$$

由于转动位于 x-y 平面，故 $\omega_x = \omega_y = 0$，仅有角速度分量 ω_z，且

$$\omega_z = \frac{1}{2}\left(\frac{\partial v_y}{\partial x} - \frac{\partial v_x}{\partial y}\right) = \frac{1}{2}(\omega + \omega) = \omega$$

进一步根据流线及迹线的微分方程分别有

流线　$v_y \mathrm{d}x = v_x \mathrm{d}y \longrightarrow \omega x \mathrm{d}x = -\omega y \mathrm{d}y \longrightarrow x^2 + y^2 = c' \longrightarrow r = c$

迹线　$\begin{cases} r\mathrm{d}\theta/\mathrm{d}t = v_\theta \\ \mathrm{d}r/\mathrm{d}t = v_r \end{cases} \longrightarrow \begin{cases} r\mathrm{d}\theta/\mathrm{d}t = \omega r \\ \mathrm{d}r/\mathrm{d}t = 0 \end{cases} \longrightarrow \begin{cases} \theta = \omega t \\ r = c \end{cases}$

可见，强制涡属有旋流动，其流线为绕 z 轴的圆周曲线，迹线是流体质点在 r 恒定的轨道上按角度 $\theta = \omega t$ 行进的轨迹线，且过同一点处的流线和迹线重合（稳态流动）。

对于自由涡，$v_\theta = \kappa / r$，其 x、y 方向的速度以及角速度分量分别为

$$v_x = -v_\theta \sin\theta = -\frac{\kappa}{r}\sin\theta = -\frac{\kappa y}{(x^2 + y^2)}, \quad v_y = v_\theta \cos\theta = \frac{\kappa}{r}\cos\theta = \frac{\kappa x}{(x^2 + y^2)}$$

$$\omega_z = \frac{1}{2}\left(\frac{\partial v_y}{\partial x} - \frac{\partial v_x}{\partial y}\right) = \frac{1}{2}\left[\frac{\kappa(y^2 - x^2)}{(x^2 + y^2)^2} + \frac{\kappa(x^2 - y^2)}{(x^2 + y^2)^2}\right] = 0$$

其流线和迹线方程分别为

流线　$v_y \mathrm{d}x = v_x \mathrm{d}y \longrightarrow \frac{\kappa x}{x^2 + y^2}\mathrm{d}x = -\frac{\kappa y}{x^2 + y^2}\mathrm{d}y \longrightarrow x^2 + y^2 = c' \longrightarrow r = c$

迹线 $\quad\begin{cases}r\,\mathrm{d}\theta/\mathrm{d}t=v_\theta\\\mathrm{d}r/\mathrm{d}t=v_r\end{cases}\longrightarrow\begin{cases}r\,\mathrm{d}\theta/\mathrm{d}t=\kappa/r\\\mathrm{d}r/\mathrm{d}t=0\end{cases}\longrightarrow\begin{cases}\theta=(\kappa/c^2)t\\r=c\end{cases}$

可见，自由涡属无旋流动，其流线为绕 z 轴的圆周曲线，迹线是流体质点在 r 恒定的轨道上按角度 $\theta=(\kappa/c^2)t$ 行进的轨迹线，且过同一点处的流线和迹线重合（稳态流动）。

本例中强制涡和自由涡都具有圆周轨迹曲线，但前者属有旋流动，后者属无旋流动；同样还可列举迹线是直线的有旋流动，如圆管中的流动；这表明有旋流动或无旋流动与流体质点轨迹曲线的形状无关。

2.5 流体的流动与阻力

在以上所述运动学概念的基础上，本节将从动力学的角度，阐述流体流动的几个基本概念，包括流体流动的推动力、流动过程中流体内部的行为表现（层流与湍流）、固壁边界对流动的影响及流动阻力。

2.5.1 流体流动的推动力

流体流动总是在某一推动力作用下产生的，流动过程就是推动力对流体做功的过程。流体流动的推动力有多种形式，其中常见的有重力、压力差和外加机械力。

重力流动 即流体因重力自发产生的流动。如河床与水渠中的流体流动、溢流堰流动、沿固体壁面的降膜流动、锅炉中上下水因密度差产生的自然循环、塔设备内液体通过筛板或填料的流动等。存在自由液面是多数重力流动的特点。

压差流动 即靠压力差做功所产生的流动。充满流体的管道和过程设备内部的流动通常属于压差流动；压差流动中，上游流体的压力通常由流体输送机械（泵、风机、压缩机等）提供（轴功转换），也可由热能转换或化学能转化（燃烧、爆炸）产生高压蒸汽或气体、或者由喷管射流或蒸汽冷凝方式在下游形成负压，从而产生压差流动。

外加机械力产生的流动 主要指运动固体表面法向推力和切向摩擦力对流体做功、使流体获得动能与压力能所产生的流动，压缩机活塞往复运动、离心泵叶轮转动以及搅拌桨/螺旋桨/电风扇转动所产生的流体流动，其原理基本如此；特别地，仅对流体表面施加摩擦力使流体获得动能所产生的流动称为**摩擦流动**，如机械密封端面或滑动轴承表面摩擦产生的液膜运动、平板滑动所带动的流体运动等。摩擦流动的特点是沿流动方向无压力差。

除此之外，还有由其它力学因素产生的流动。比如，在表面张力或毛细力作用下，液体在多孔介质/纤维材料等广义毛细管中的流动，热管中工质冷凝液通过输液芯的回流、微型热管内冷凝液沿管壁纵向沟槽的回流等；在电场力作用下，导电液体在环形封闭管道内的流动；在离心力作用下，过滤机中液体通过滤饼层的流动等。

2.5.2 层流与湍流

1883 年英国物理学家**奥斯本·雷诺**（Osborne Reynolds）通过实验发现，流体流动过程中其内部行为会发生本质性变化，从而表现出两种不同的流动型态：**层流**（laminar flow）与**湍流**（turbulent flow）。层流指的是流体层间犹如平行滑动，横向仅有分子热运动的流动型态；而湍流指的是流体内部存在比分子热运动尺度大得多的流体微团随机脉动的流动型态。

现结合牛顿流体在圆管内的流动，如图 2-11 所示，对比说明层流与湍流的特点。

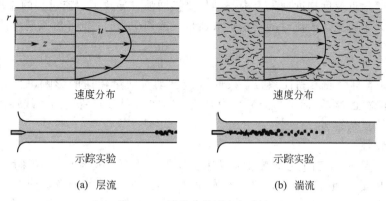

图 2-11　圆管内的层流与湍流

（1）流场内部结构——示踪实验

层流流动时，流体层间犹如平行滑动，其横向只有分子的热运动，但热运动尺度远小于流体质点尺度，故质点运动轨迹规则，此时如果在管中心用针管连续注入有色示踪剂，则示踪剂将在管中形成一条有色直线，直到分子扩散作用使其在下游逐渐消失；湍流流动时，流体内部存在大量不同尺度的漩涡，导致流体微团随机脉动且脉动尺度大于流体质点尺度，故质点运动紊乱，实验时示踪剂在管中很快弥散，不能形成清晰的有色直线。

（2）层流到湍流的过渡

层流到湍流的过渡是流体速度量变到流动行为质变的过程。实验表明，圆管中层流到湍流的过渡与流体的密度 ρ、黏度 μ、平均速度 u_m 和管道直径 D 有关，其综合影响可用无因次数即**雷诺数** $Re(=\rho u_m D/\mu)$ 的大小来判定。对于光滑圆管有

当 $Re<2300$ 时，为层流流动；

当 $Re>4000$ 时，为湍流流动；

当 $2300<Re<4000$ 时，为过渡流。

层流到湍流的过渡还与管道进口处的扰动、进口形状及管壁粗糙度等因素有关。如扰动较大、入口不平滑、管壁较粗糙，发生过渡的雷诺数 Re 可能要小些，反之 Re 可能要大些。

值得指出的是，除某些有规则边界的简单流动，如沿平板的流动、降膜流动等，有对应的层流与湍流的经验判别标准外，更多的情况下，如有强烈机械搅拌、冲击混合或复杂空间内的流动，是难以建立层流与湍流的判别标准的，因为此时单纯湍流脉动的效应完全可能被强烈机械扰动的效应所掩盖。

（3）速度分布及横向动量传递特性

层流时，流体层间的相互作用主要由分子热运动产生，远离进口的管道截面上速度分布呈抛物线形，管中心最大速度 $u_{\max}$ 是平均速度 u_m 的 2 倍，即

$$u=u_{\max}\left(1-\frac{r^2}{R^2}\right), \quad u_{\max}=2u_m \tag{2-51}$$

层流时流体层间分子热运动产生的动量扩散通量（即切应力）τ 服从牛顿剪切定律，即

$$\tau=\mu\frac{\mathrm{d}u}{\mathrm{d}r} \tag{2-52}$$

湍流时，流体微团大尺度的随机脉动使流体层间的动量传递大为增强，其速度分布趋于圆台形，即管壁附近速度梯度很大，中心区速度分布较平缓，其具体分布可近似表示为

$$u=u_{\max}\left(1-\frac{r}{R}\right)^{1/7}, \quad u_{\max}\approx1.25u_m \tag{2-53}$$

湍流时管壁附近速度梯度增大、内部动量交换增强，导致了湍流过程的流动阻力与传热传质速率显著大于层流。湍流时的动量扩散通量（或切应力）τ 也可仿照层流情况表示为

$$\tau = (\mu + \mu_T)\frac{\mathrm{d}u}{\mathrm{d}r} \tag{2-54}$$

上式中的 μ_T 称为湍流黏性系数，反映湍流脉动对动量传递的影响，且有 $\mu_T \gg \mu$。但 μ_T 不再是流体物性参数，而是与湍流行为有关、随空间和时间变化的非线性函数，这使得湍流问题较层流复杂得多。

（4）时间特性

如果在流场某固定空间点处测量该点速度 u 则会发现：层流时该点速度 u 是确定的，而且稳态流动时 u 不随时间变化，非稳态流动时 u 是时间的单值函数，如图 2-12 所示；湍流时，该点速度 u 是随机脉动的，但 u 的时间平均值 $\bar{u}$ 是确定量；这意味着湍流瞬时速度 u 一般可表示为时均速度 $\bar{u}$ 与脉动速度 u' 之和，即

$$u = \bar{u} + u' \tag{2-55}$$

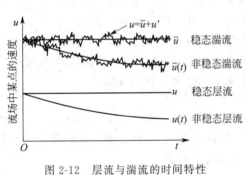

图 2-12 层流与湍流的时间特性

时均速度 $\bar{u}$ 反映了测速点处流体总体速度的大小，是确定值；而脉动速度 u' 则反映了该点的湍流强度，是随机值。对于稳态湍流，时均速度 $\bar{u}$ 不随时间变化，非稳态时，$\bar{u}$ 是时间的单值函数，如图 2-12 所示。

在此需要说明的是：在湍流流动问题中，提到速度、速度分布、稳态与非稳态等通常都是针对时均速度 $\bar{u}$ 而言的；时均速度 $\bar{u}$ 是指 u 在这样的一个 Δt 时间周期内的时间平均值：Δt 比微团脉动周期大得多，但又比 $\bar{u}$ 随时间变化的特征时间小得多；不加特别指明时，一般认为脉动速度 u' 各向同性，即 $\overline{u'} = 0$，故通常采用 u' 的均方根值来表征湍流强度（用 I 表示），即

$$I = \sqrt{\overline{u'^2}} \tag{2-56}$$

2.5.3 固壁边界对流动的影响

固壁边界 指由固体壁面形成的流场边界，也指形成边界的固体壁面本身。根据需要，流场边界有可能包括气-液界面（如液体自由面）或液-液界面（互不相溶液体的接触面），但通常都必然包括固壁边界，因为形成特定流场区域及流动方式的直接手段就是设置固壁边界。

例如，对于过程设备，其内部都设置有不同功能和形状的内构件，内构件表面及壳壁都是固壁边界，它们之间形成了特定的流动区域；之所以如此，在很大程度上是为了利用这些固壁边界创造有利于过程动力学的流动条件（包括均匀分布、充分接触、增强混合、减小阻力、干扰边界层等），这也是过程设备内构件技术创新的主要出发点。换热器壳程设置折流板或折流杆，换热管内设置扰流件或管壁开槽，搅拌反应器设置防涡挡板，塔设备内装填各类填料，以及过程设备内常见的气/液分布器、导流筒、防冲板等，都是为了达到这样的目的。

固壁边界一方面主导着流体的流动方式，同时也对流体流动产生阻力。事实上，不同固壁边界条件下的流动行为及流动阻力正是工程流体力学关心的主要问题。以下针对三种典型流动，简述固壁边界对流动行为的影响，固体壁面的阻力问题将在下节讨论。

圆管中的流动　如图 2-13 所示，当流体以均匀速度 u_m（等于平均速度）进入管口后，受管壁摩擦影响，流体在管壁表面速度滞止为零，导致近壁区速度分布发生变化，该速度变化区即管壁影响区；随着流动向前发展，管壁影响区逐渐向管中心扩展，直至遍及整个管道截面，此后速度分布形态不再改变。通常将管壁影响达到管中心之前的流动区称为**进口区**，进口区的流动称为**发展中流动**，在此之后的流动区称为**充分发展区**，对应的流动称为**充分发展的流动**。

实验表明：层流时圆管进口区长度 $L_e = 0.058DRe$，$Re = \rho u_m D/\mu$ 为管流雷诺数；湍流时进口区长度受进口条件等因素影响较大，情况较复杂，故通常按经验取 $L_e = 50D$。

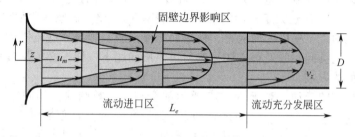

图 2-13　流体在圆管内的流动

进口区与充分发展区的流动行为有显著的不同。进口区流动是二维的，即

$$v_r = v_r(r, z), \quad v_z = v_z(r, z), \quad v_\theta = 0$$

进口区问题研究通常将流动区分为管壁影响区和非影响区分别处理，且重点是前者。工程实际中，短管流动问题属于典型的进口区流动问题。

充分发展区流动则是一维的，即

$$v_z = v_z(r), \quad v_r = v_\theta = 0$$

充分发展问题相对简单（与 z 无关），但应用较广泛，因为工程实际中的管流问题很多是 $L \gg L_e$ 的情况，此时可忽略进口区影响，将整个管内的流动视为充分发展来处理。

沿平壁表面的流动　根据壁面对流场影响范围的不同，沿平壁表面的流动有两类典型情况，边界层流动和降膜流动，如图 2-14 所示。

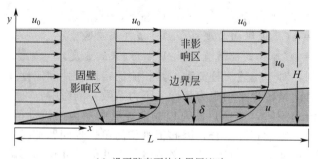

(a) 沿平壁表面的边界层流动

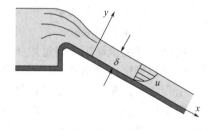

(b) 沿倾斜平壁的降膜流动

图 2-14　沿平壁表面的两类流动

边界层流动　是壁面影响区在整个壁面长度 L 范围内都仅限于邻近壁面的薄层流体内的流动，如图 2-14（a）所示，其中受壁面影响的流体层称为**流动边界层**，边界层厚度 δ 定义为壁面至 $u = 0.99u_0$ 对应的流体层厚度。边界层形成初期，边界层内的流动总是层流的，然后随 x 增加将由层流转变为湍流，对应的边界层厚度 δ 沿 x 的变化规律也不一样。

在 $Re_x = \rho u_0 x/\mu < 3 \times 10^5$ 范围，边界层内的流动为层流（层流边界层），边界层厚度为

$$\delta = 4.96x Re_x^{-0.5} \tag{2-57}$$

当 $Re_x = \rho u_0 x / \mu > 3 \times 10^6$ 后，边界层内的流动为湍流（湍流边界层），边界层厚度为

$$\delta \approx 0.371 x Re_x^{-0.2} \qquad (2\text{-}58)$$

在 $Re_x = \rho u_0 x / \mu = 3 \times 10^5 \sim 3 \times 10^6$ 区间，边界层内的流动处于过渡状态。

根据边界层流动的特点可知，凡壁面纵向尺度 L 范围内边界层厚度 δ 均小于流场横向尺度 H 的流动都可视为边界层流动，例如，飞机/舰船表面的流体流动、管道进口区的流动等。边界层流动问题中，通常将流场分为边界层和外流区（非影响区）分别处理，且重点是前者。

降膜流动　即薄层液体在重力作用下沿倾斜或竖直壁面的流动，如图 2-14（b）所示。其特点是流场纵向尺度 L 远大于横向尺度 δ（液层厚度），壁面影响区很快传递到液层表面，形成充分发展的流动。湿壁塔壁面液膜、换热面冷凝液膜、容器器壁流体黏附层的流动等是典型的降膜流动。这类问题的处理方法显然与边界层问题不一样，必须从整个流场出发，考虑壁面和自由表面的影响。

绕球体或圆柱体的流动　对于图 2-15 所示的绕球体或长圆柱体的问题，其迎风面的流

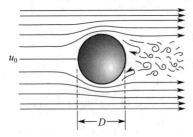

动具有边界层流动的特点，但根据绕流雷诺数 $Re = \rho u_0 D / \mu$ 的不同，边界层会在迎风面与背风面交界点前后脱离壁面，即边界层分离，导致背风面下游出现涡流区（或称尾流区），因此其流动状态相对较为复杂。这种问题只有在绕流雷诺数 Re 很小的情况下有解析解，多数条件下的流体阻力等问题只能依靠实验手段。工程实际中颗粒的沉降、流体横掠换热管或塔设备的流动等属于典型的绕流问题。

图 2-15　绕球体或圆柱体的流动

定性尺寸与定性速度　在流体流动问题中，用于反映边界几何形状对流动行为（平均行为）影响的边界特征尺寸称为定性尺寸（用 L 泛指），用于反映动力学条件影响的流场特征速度称为定性速度（用 V 泛指）。实践表明，对于上述圆管内的充分发展流动、沿平板的边界层流动、绕球体或长圆柱的流动，其定性尺寸和定性速度就分别为

$$\text{圆管充分发展流：} \quad L = D（圆管内径） \qquad V = u_m（平均流速）$$
$$\text{平板边界层流动：} \quad L = L（平板纵向长度） \qquad V = u_0（来流速度）$$
$$\text{球体或圆柱绕流：} \quad L = D（球体或圆柱直径） \qquad V = u_0（来流速度）$$

在接下来的流动阻力讨论中将会看到，对于上述三种流动，其相应的定性尺寸和定性速度确能唯一表征边界形状和动力学条件对动量传递平均阻力特性（阻力系数）的影响。

值得指出的是，对于复杂区域内的流动问题，如换热器壳程或搅拌反应器内的流动等，流动行为将受到多个边界的影响，且各边界影响相互耦合，因此很难像简单边界问题那样有一个单一的定性尺寸，即便人为定义某一尺寸为定性尺寸，也必须将其余几何尺寸作为影响因素加以考虑。多边界区域的流动比上述简单边界问题更复杂，但掌握简单边界问题的流动特征无疑有助于复杂边界问题的理解与分析。

2.5.4　流动阻力与阻力系数

曳力与流动阻力　曳力是流体流动过程中沿流动方向作用于固体壁面的总力，在此用 F_D' 表示（见图 2-16），流动阻力则是固体壁面在流动方向对流体的反作用力，通常用 F_D 表示，显然，$F_D = -F_D'$。换言之，确定了 F_D' 就随之确定了 F_D，反之亦然。至于是从曳力还是从阻力的角度来讨论问题，取决于问题的关注点。例如对于管道流动，通常关注的是

管壁对流体的作用力即阻力，而对于颗粒的流态化，通常关注的则是流体对颗粒的作用力即曳力。

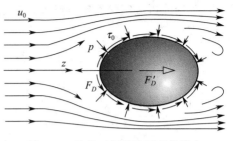

图 2-16　流体对固体表面的作用力

形状阻力与摩擦阻力　对于图 2-16 所示的流体绕三维固体的流动，流体作用于固体壁面上的力一般可分为法向正压力 p 和切向摩擦 τ_0 两个部分；其中，壁面正压力 p 在流动方向的合力之反力（作用于流体）称为形状阻力，又称压差阻力，通常用 F_p 表示；壁面摩擦力 τ_0 在流动方向的合力之反力（作用于流体）称为摩擦阻力，通常用 F_f 表示；因而总阻力 F_D 也就一般由形状阻力 F_p 和摩擦阻力 F_f 两部分构成，即

$$F_D（流动阻力）=F_p（形状阻力）+F_f（摩擦阻力） \tag{2-59}$$

需要指出的是，对于黏性流体流动，摩擦阻力 F_f 总是存在的，而形状阻力 F_p 则不一定，例如，流体在平壁表面或在直管中流动时就没有形状阻力，因为此时壁面正压力 p 在流动方向没有合力。

三维物体的阻力与阻力系数　流体以来流速度 u_0 绕三维物体流动时，其流体总阻力 F_D、形状阻力 F_p 和摩擦阻力 F_f 可分别表示为

$$F_D=C_D\frac{\rho u_0^2}{2}A_D \tag{2-60a}$$

$$F_p=C_p\frac{\rho u_0^2}{2}A_D \tag{2-60b}$$

$$F_f=C_f\frac{\rho u_0^2}{2}A_f \tag{2-60c}$$

式中，A_D、A_f 分别为物体在来流方向的投影面积和物体的表面积（摩擦面积）。C_D、C_p、C_f 分别称为总阻力系数、形状阻力系数和摩擦阻力系数，无因次。

C_D、C_p、C_f 三者都与来流速度 u_0、流体黏度 μ、密度 ρ 以及固体的形状和大小有关，通常可表示为绕流雷诺数 $Re(=\rho u_0 D/\mu)$ 的函数。通过理论分析或实验确定 C_D、C_p、C_f 与 Re 的关系是绕流问题研究的主要任务之一。例如，通过在不同 Re 数下测定物体的总阻力 F_D 并根据式（2-60a）计算出 C_D，即可建立 C_D 与 Re 之间的关系。由此得到的球形固体颗粒总阻力系数的经验关联式之一如下：

$$C_D=2(1.84Re^{-0.31}+0.293Re^{0.06})^{3.45} \qquad (0.01<Re<10^5) \tag{2-61}$$

式中，$Re=\rho Du_0/\mu$ 在此称为颗粒雷诺数；D 为颗粒直径。

值得指出的是，由于测试 F_D 比分别测试 F_p 和 F_f 更为容易，且工程计算中主要关心的也是总阻力，所以文献资料中通常仅提供 $C_D \sim Re$ 关联式。

平壁表面的阻力与阻力系数　对于沿平壁的流动，壁面正压力与流动方向垂直，不构成流动方向的合力，所以形状阻力 $F_p=0$，其总流动阻力仅包括摩擦阻力，因此有

$$F_D=F_f=C_f\frac{\rho u_0^2}{2}A_f \tag{2-62}$$

由于平壁条件下，F_f/A_f 就等于壁面平均切应力 τ_0，所以有

$$\tau_0=C_f\frac{\rho u_0^2}{2} \tag{2-63}$$

该式又是平壁表面摩擦阻力系数 C_f 的定义式，且相应于 τ_0 是平均或局部切应力，C_f 分别称为平均或局部摩擦阻力系数。C_f 是平板雷诺数 $Re_L(=\rho u_0 L/\mu)$ 的函数，无因次，

可通过理论分析或实验确定。例如，对于纵向长度为 L 的平壁边界层流动，其平均摩擦阻力系数为：

层流边界层 $\qquad C_f = \dfrac{1.328}{Re_L^{1/2}} \qquad\qquad (Re_L = \dfrac{\rho u_0 L}{\mu} < 3 \times 10^5)$ （2-64）

湍流边界层 $\qquad C_f \approx \dfrac{0.074}{Re_L^{1/5}} \qquad\qquad (5 \times 10^5 < Re_L < 10^7)$ （2-65）

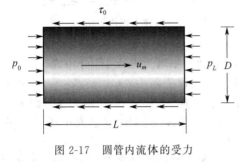

图 2-17　圆管内流体的受力

圆形管道的阻力与阻力系数　圆管内的流动与平板类似，其形状阻力 $F_p = 0$，总阻力只包括摩擦阻力。但管内流动问题习惯采用的摩擦阻力系数与 C_f 略有不同，通常用 λ 表示且 $\lambda = 4C_f$，所以根据式（2-63）并采用管内平均流速 u_m 作为定性速度，管内流动摩擦系数 λ 的定义式就表示为

$$\tau_0 = C_f \frac{\rho u_m^2}{2} = \frac{\lambda}{4} \frac{\rho u_m^2}{2} \qquad (2\text{-}66)$$

应用该式，一方面可根据已知的 λ 计算管壁摩擦力 τ_0；另一方面，也可根据确切的流体速度分布，由牛顿剪切定律求得管壁处的切应力 τ_0，或直接通过实验测试壁面切应力 τ_0，从而确定 λ。

利用速度分布式（2-51）得到的光滑圆管充分发展层流流动的摩擦阻力系数为（见习题 2-11）

$$\lambda = \frac{64}{\rho u_m D / \mu} = \frac{64}{Re} \qquad (Re < 2300) \qquad (2\text{-}67)$$

结合实验与理论建立的圆管湍流摩擦阻力系数的一个典型公式（Blasius 经验式）为

$$\lambda = \frac{0.3164}{Re^{1/4}} \qquad (4000 < Re < 10^5) \qquad (2\text{-}68)$$

对于圆管内充分发展的流动（层流或湍流），如图 2-17 所示，流体受到的壁面切应力与流体压力降 $\Delta p (= p_0 - p_L)$ 相平衡，即 $\Delta p \pi D^2 / 4 = \tau_0 \pi D L$，由此可得圆管流动压力降公式为

$$\Delta p = \lambda \frac{L}{D} \frac{\rho u_m^2}{2} \qquad (2\text{-}69)$$

该式除了作为压力降的计算式外，同时也是管道流动问题更为常用的摩擦系数 λ 定义式。比如对于某一特定的管道流动问题，通过实验测定不同工况参数对应的 Δp，并由上式计算出 λ，即可建立 λ 与相应工况参数的关联式，以用于设计计算。

此外，管道流动问题中还通常将压力降 Δp 折算成相同静压的流体液柱高度 h_f 来表征阻力特性，该液柱高度 h_f 称为阻力损失，基本单位为 m。于是根据 $\rho g h_f = \Delta p$ 及式（2-69）有

$$h_f = \lambda \frac{L}{D} \frac{u_m^2}{2g} \qquad (2\text{-}70)$$

由上可见，对于圆管流动，壁面切应力 τ_0、压力降 Δp 和阻力损失 h_f 都表征了流体流动的阻力特性，相互间可以换算，其中的阻力系数都是一样的。

需要指出，以上关于 τ_0、Δp 和 h_f 的表达式亦适用于非圆形截面的管道，只要将其中的 D 用非圆形截面管道的水力当量直径 D_h 替代即可（见习题 2-12）。

【例 2-7】 平板边界层流动的摩擦力及其与圆管流动的对比。

密度 $\rho = 1.205\ \mathrm{kg/m^3}$、黏度 $\mu = 1.81 \times 10^{-5}\ \mathrm{Pa \cdot s}$ 的空气以均匀来流速度 $u_0 = 20\mathrm{m/s}$ 纵掠长度 $L = 10\mathrm{m}$ 的平板表面，试求 0.314m 板宽对应的平板表面上的总摩擦力，并确定层流边界层占据的板长 L' 以及 $x = L'$ 和 $x = L$ 处的边界层厚度。若该空气以 $u_m = 20\mathrm{m/s}$ 平均速度在内径 $D = 0.1\mathrm{m}$（周边长度 0.314m）的圆管内流动，试求充分发展段 10m 管长受到的总摩擦力。

解 空气纵掠平壁的流动通常为边界层流动，相关参数计算如下。

平板雷诺数 $\quad Re_L = \dfrac{\rho u_0 L}{\mu} = \dfrac{1.205 \times 20 \times 10}{1.81 \times 10^{-5}} = 1.33 \times 10^7 \left[\text{湍流，式}(2\text{-}65)\text{近似可用}\right]$

摩擦系数 $\quad C_f \approx \dfrac{0.074}{Re_L^{1/5}} = \dfrac{0.074}{(1.33 \times 10^7)^{0.2}} = 2.78 \times 10^{-3}$

总摩擦力 $\quad F_f = C_f \dfrac{\rho u_0^2}{2} A_f = 2.78 \times 10^{-3} \times \dfrac{1.205 \times 20^2}{2} \times (0.314 \times 10) = 2.10(\mathrm{N})$

因为平板前缘至 $Re_L = 3 \times 10^5$ 的范围是层流边界层，所以其占据的板长 L' 为

$$Re_{L'} = \frac{\rho u_0 L'}{\mu} = 3 \times 10^5 \longrightarrow L' = 3 \times 10^5 \frac{\mu}{\rho u_0} = 3 \times 10^5 \frac{1.81 \times 10^{-5}}{1.205 \times 20} = 0.225(\mathrm{m})$$

根据式（2-57）及式（2-58），$x = L'$ 和 $x = L$ 处的边界层厚度 δ' 和 δ 分别为

$$\delta' = 4.96 x Re_x^{-0.5} = 4.96 \times 0.225 \times \left(\frac{1.205 \times 20 \times 0.225}{1.81 \times 10^{-5}}\right)^{-0.5} = 0.002(\mathrm{m}) = 2(\mathrm{mm})$$

$$\delta \approx 0.371 x Re_x^{-0.2} = 0.371 \times 10 \times \left(\frac{1.205 \times 20 \times 10}{1.81 \times 10^{-5}}\right)^{-0.2} = 0.139(\mathrm{m}) = 139(\mathrm{mm})$$

以上结果表明，本题条件下层流边界层占据的板长 L' 仅为 0.225m，比之于 L 几乎可以忽略。[注：湍流边界层厚度计算式（2-58）和摩擦系数计算式（2-65）都是忽略了层流边界层的近似公式，因此更适用于层流边界层占据的板长 $L' \ll L$ 的情况。]

对于管流情况，直径 0.1m 管道的截面周长为 0.314m，因此与平板有相同摩擦面积。

管流雷诺数 $\quad Re = \dfrac{\rho u_m D}{\mu} = \dfrac{1.205 \times 20 \times 0.1}{1.81 \times 10^{-5}} = 1.33 \times 10^5 \left[\text{湍流，式}(2\text{-}68)\text{近似可用}\right]$

阻力系数 $\quad \lambda = \dfrac{0.3164}{Re^{0.25}} = \dfrac{0.3164}{(1.33 \times 10^5)^{0.25}} = 1.66 \times 10^{-2}$

总摩擦力 $\quad F_f = \tau_0 A_f = \dfrac{\lambda}{4} \dfrac{\rho u_m^2}{2} A_f = \dfrac{0.0166}{4} \left(\dfrac{1.205 \times 20^2}{2}\right)(\pi 0.1 \times 10) = 3.14(\mathrm{N})$

该结果与平板情况相比，虽然两者流体介质相同，$u_m = u_0$，且计算中两者摩擦面宽度与长度也分别相同，但圆管摩擦力却更大些，原因是圆管流动为内部流动，平板流动为外部流动，两者动力学行为不同。

习 题

2-1 已知直角坐标系中的速度场 $\mathbf{v} = v_x \mathbf{i} + v_y \mathbf{j} = (x+t)\mathbf{i} + (y+t)\mathbf{j}$。

① 试求 $t = 0$ 时通过点 $x = a$、$y = b$ 的迹线方程和流线方程；

② 试求以拉格朗日变量表示的流体速度与加速度（提示：方程组 $\mathrm{d}x/\mathrm{d}t = x+t$，$\mathrm{d}y/\mathrm{d}t = y+t$ 的解为：$x = c_1 e^t - t - 1$，$y = c_2 e^t - t - 1$）。

2-2 给定速度场 $\mathbf{v} = (6 + 2xy + t^2)\mathbf{i} - (xy^2 + 10t)\mathbf{j} + 25\mathbf{k}$。试求流体质点在位置（3，0，2）处的加速度。

2-3 已知速度场为 $\mathbf{v} = xt\mathbf{i} + yt\mathbf{j} + zt\mathbf{k}$，温度场为 $T = At^2/(x^2 + y^2 + z^2)$，其中 A 为常数。试求：

① 流场（x，y，z）点处的温度变化率和流体加速度；

② 流场 (x,y,z) 点处流体质点的温度变化率和加速度；

③ $t=0$ 时通过 $(x=a$，$y=b$，$z=c)$ 处的流体质点的温度变化率和加速度。

2-4 给定速度场 $\mathbf{v}=6x\mathbf{i}+6y\mathbf{j}-7t\mathbf{k}$。试求：

① $t=0$ 时通过点 (a,b,c) 的迹线方程；

② 流线方程和 $t=0$ 时流线方程；

③ 通过点 (a,b,c) 的流线方程和 $t=0$ 时通过点 (a,b,c) 的流线方程。

2-5 给定二维流动 $\mathbf{v}=U_0\mathbf{i}+V_0\cos(kx-\beta t)\mathbf{j}$，其中 U_0、V_0、k、β 均为常数。

① 求 $t=t_0$ 时刻且通过 $x=a$、$y=b$ 点的流线方程；

② 分别求 $t=t_0$ 及 $t=0$ 时刻通过 (a,b) 点的质点迹线方程；

③ 证明 $k\to0$，$\beta\to0$ 时，通过相同点 (a,b) 的流线与迹线重合。

2-6 给定拉格朗日流场 $x=a\mathrm{e}^{-(2t/k)}$，$y=b\mathrm{e}^{t/k}$，$z=c\mathrm{e}^{t/k}$，其中 k 为常数。试判断：

① 是否是稳态流动；

② 是否是不可压缩流场；

③ 是否是有旋流动。

2-7 给定速度场：$\mathbf{v}=k\sqrt{y^2+z^2}\,\mathbf{i}$，$k$ 为常数。取 $k=2\,\mathrm{s}^{-1}$，试求 $x=1\mathrm{m}$、$y=3\mathrm{m}$、$z=4\mathrm{m}$ 处流体质点角速度 ω_x、ω_y、ω_z 和通过该点的流线方程。

2-8 图 2-18 所示为圆形管道中牛顿流体的层流流动，其速度分布为

$$v_z=2v_m\left(1-\frac{r^2}{R^2}\right)$$

式中 v_m 为管内平均流速，$R=D/2$。

① 判断流动是否是不可压缩流动；

② 判断流动是有旋流动还是无旋流动；

③ 求流线与迹线方程。

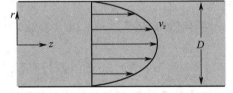

图 2-18　习题 2-8、习题 2-11 附图

2-9 已知不可压缩流体运动速度 $\mathbf{v}$ 在 x、y 方向的分量为

$$v_x=2x^2+y，\quad v_y=2y^2+z$$

且在 $z=0$ 处，有 $v_z=0$。试求 z 方向的速度分量 v_z。

2-10 有一水位保持不变的水箱，其底部有一竖直向下的排水管将水排入大气，已知水管用法兰螺栓相连接到水箱底部，管内直径 $D=0.02\mathrm{m}$，管长 $L=6\mathrm{m}$，流量 $q_V=0.0015\mathrm{m}^3/\mathrm{s}$，水的密度 $\rho=998.2\mathrm{kg/m}^3$，运动黏度 $\nu=1.006\times10^{-6}\,\mathrm{m}^2/\mathrm{s}$，管段上无其它支撑。试求因流体流动给螺栓增加的拉力 F。

2-11 对于习题 2-8 中圆管内充分发展的层流流动问题，设流体黏度为 μ，密度为 ρ。试导出管内流动摩擦阻力系数 λ 与雷诺数 Re 的关系。雷诺数定义为 $Re=\rho v_m D/\mu$。提示：应用牛顿剪切定律和 λ 定义式。

2-12 对于图 2-19 所示的非圆形管道内充分发展的流动（层流或湍流），如果用 A 表示管道横截面积（流体流通面积），P 表示截面上管道壁面的周长（管道浸润周边长度），且定义水力当量直径 $D_h=4A/P$，试证明：非圆形管道内流体的压力降 Δp 和阻力损失 h_f 仍然可与圆管一样表示为

$$\Delta p=\lambda\frac{L}{D_h}\frac{\rho u_m^2}{2}，\quad h_f=\lambda\frac{L}{D_h}\frac{u_m^2}{2g}$$

2-13 流体以均匀来流速度 u_0 流过直径为 D 的球体，如图 2-20 所示。流体黏度为 μ，密度为 ρ。在速度极低的情况下 $(Re=\rho u_0 D/\mu<2)$，理论解析得到流体沿流动方向作用于球体的总曳力 $F_D=3\pi\mu u_0 D$，其中 $1/3$ 的总曳力是球体表面上流体压力的不均匀性产生的，$2/3$ 的总曳力是球体表面上流体的摩擦力产生的。试确定该条件下球体的形状阻力系数 C_p、摩擦阻力系数 C_f 和总阻力系数 C_D。

2-14 颗粒在流体中自由沉降时要受到重力、浮力和流体曳力作用，在力平衡条件下，颗粒下降速度恒定，该速度称为颗粒在该流体中的沉降速度，用 u_t 表示。设颗粒直径和密度分别为 d、ρ_p，流体黏度和密度分别为 μ、ρ_f，总阻力系数为 C_D，求颗粒的沉降速度 u_t。

2-15 一轿车宽 $1.8\mathrm{m}$，高 $1.6\mathrm{m}$，其中底盘高度为 $0.16\mathrm{m}$，其总阻力 $C_D=0.3$。试求该轿车在 20℃ 环境中以 $120\mathrm{km/h}$ 速度行驶时，由于风阻所消耗的功率 P。

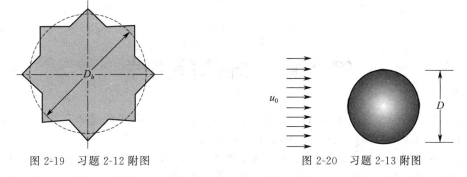

图 2-19 习题 2-12 附图   图 2-20 习题 2-13 附图

2-16 巡航导弹可近似看成由半球体战斗部、圆柱形发动机部和半球体尾部组成。已知圆柱形发动机部长
      $L = 3.6\text{m}$、直径 $D = 380\text{mm}$，贴近地面飞行，速度 480m/s，气温 10℃。假定巡航导弹前后半球的
      总阻力可视为圆球阻力，且阻力系数 $C_D = 0.27$；圆柱形发动机部的阻力可视为宽度为 πD 的平壁摩
      擦阻力，摩擦阻力系数仍然用式（2-65）近似计算；试求该巡航导弹消耗的功率及尾部边界层厚度。

第3章 流体静力学

静止流体是指与坐标系无相对运动的流体。流体静力学的任务就是研究静止流体的力学行为，分析静止流体与其接触表面之间的相互作用力。

静止流体是相对于运动流体而言的。正如固体力学那样，流体力学中也将静力学作为与运动学、动力学相并行的专门问题来处理，其主要理由有两点：①流体静力学是动力学的基础；②流体静力学的理论与方法在工程实际中有广泛的应用。

3.1 作用在流体上的力

从力学的角度看，无论流体是处于静止还是运动状态，其所受外力无外乎有两类：一类是由质量力场作用于流体体积内的力，称为质量力或体积力，另一类是由与之接触的流体或固体壁面直接作用于流体表面上的力，称为表面力或面积力。

3.1.1 质量力

质量力因质量力场的作用而产生，故属于非接触力或称为远程力。一般而言，质量力与流体质量的分布和质量力场的分布有关，质量的分布可用空间点处（流体质点）的密度 ρ 来表征，而力场的分布则可用空间点处单位质量流体受到的质量力 $\mathbf{f}$ 来表征。$\mathbf{f}$ 的基本单位为 N/kg 或 m/s^2，简称单位质量力。

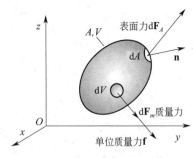

图 3-1　任意流体团的受力

这样一来，如图 3-1 所示，若任意流体团内某空间点的单位质量力为 $\mathbf{f}$，则该点处体积为 dV、质量为 dm 的微元流体所受到的质量力 $d\mathbf{F}_m$ 就可表示为

$$d\mathbf{F}_m = \mathbf{f}dm = \rho\mathbf{f}dV \tag{3-1}$$

而作用在体积为 V 的流体团上的总质量力 $\mathbf{F}_m$ 就表示为

$$\mathbf{F}_m = \iiint_V \mathbf{f}dm = \iiint_V \rho\mathbf{f}dV \tag{3-2}$$

单位质量力 $\mathbf{f}$ 与流体密度无关，但一般是随空间和时间变化的矢量函数，即

$$\mathbf{f} = \mathbf{f}(x,y,z,t) = f_x\mathbf{i} + f_y\mathbf{j} + f_z\mathbf{k} \tag{3-3}$$

重力场中的质量力　重力场是工程实际中最常见的质量力场，重力场中质量为 m 的流体受到的重力通常表示为 $\mathbf{F}_g = m\mathbf{g}$，由此可知重力场中的单位质量力 $\mathbf{f}$ 就是重力加速度 $\mathbf{g}$，即

$$\mathbf{f} = \mathbf{g} = g_x\mathbf{i} + g_y\mathbf{j} + g_z\mathbf{k} \quad 或 \quad f_x = g_x, \quad f_y = g_y, \quad f_z = g_z \tag{3-4}$$

重力场严格地说是非均匀力场，但一般问题中都将其看成均匀的，所以才有 $\mathbf{F}_g = m\mathbf{g}$。

离心力场中的质量力　离心力场存在于旋转流体系统，属惯性力场（质量力场之一类）。在此，仅考虑工程实际中常见的流体以角速度 ω 绕 z 轴匀速旋转形成的离心力场。在这样

的离心力场中，转动半径 r 处的流体质点（质量 dm）所受到的离心力 d$\mathbf{F}_c$ 为

$$\mathrm{d}\mathbf{F}_c = (\mathbf{r}\omega^2)\mathrm{d}m \tag{3-5}$$

式中，$\mathbf{r}$ 是质点的径向坐标矢量，$\mathbf{r}$ 与该点（x,y）坐标矢量的关系为 $\mathbf{r}=x\mathbf{i}+y\mathbf{j}$。上式与式（3-1）对比可知，该点处的单位质量力 $\mathbf{f}$（离心力）就等于

$$\mathbf{f}=\mathbf{r}\omega^2=x\omega^2\mathbf{i}+y\omega^2\mathbf{j} \quad 或 \quad f_x=x\omega^2, \quad f_y=y\omega^2 \tag{3-6}$$

由此可见，绕 z 轴匀速旋转的离心力场是非均匀力场，单位质量力 $\mathbf{f}$（离心力）与平面坐标位置有关，与 z 无关；$\mathbf{f}$ 的大小等于向心加速度（$r\omega^2$），其方向与之相反。

最后需要说明，某些场合下，流体还可能会受其它一些非接触力的作用，如电场力或磁场力，这些力虽然与流体质量无直接关系，但在静力学分析中，仍然把它们称为质量力。

3.1.2 表面力——应力与压力

表面力 是流体表面受到的与之接触的流体或固体壁面的作用力，故属于接触力或称近程力。表面力的分布可用流体表面局部点处单位面积的表面力 $\mathbf{p}_n$ 来表征。$\mathbf{p}_n$ 的基本单位为 N/m^2 或 Pa，下标"n"表示其作用于外法线单位矢量为 $\mathbf{n}$ 的表面上。一般而言，$\mathbf{p}_n$ 是随空间和时间变化的矢量函数。

$$\mathbf{p}_n=\mathbf{p}_n(x,y,z,t) \tag{3-7}$$

这样一来（见图 3-1），若已知流体表面某点单位面积的表面力 $\mathbf{p}_n$，则该点微元表面 dA 上所受到的表面力 d$\mathbf{F}_A$ 就可表示为

$$\mathrm{d}\mathbf{F}_A=\mathbf{p}_n\mathrm{d}A \tag{3-8}$$

而作用在流体表面 A 上的总表面力 $\mathbf{F}_A$ 就表示为

$$\mathbf{F}_A=\iint\limits_A \mathbf{p}_n\mathrm{d}A \tag{3-9}$$

流体应力与压力 由于 $\mathbf{p}_n$ 是单位面积上的力，所以通常称其为流体应力。如图 3-2 所示，一般情况下，流体应力 $\mathbf{p}_n$ 与表面外法线 $\mathbf{n}$ 并不重合，因此总可将其分解为垂直于表面的正应力 $\boldsymbol{\sigma}_n$ 和平行于表面的切应力 $\boldsymbol{\tau}_n$，即

$$\mathbf{p}_n=\boldsymbol{\sigma}_n+\boldsymbol{\tau}_n \tag{3-10}$$

而表面正应力 $\boldsymbol{\sigma}_n$ 又可进一步表示为

$$\boldsymbol{\sigma}_n=(-p+\Delta\sigma_n)\mathbf{n} \tag{3-11}$$

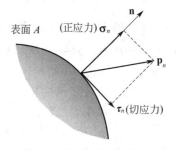

图 3-2 运动流体的表面力

式中，p 是流体分子碰撞作用在接触面产生的正应力，称为流体压力，其方向总是指向流体表面，即 $-\mathbf{n}$ 方向；$\Delta\sigma_n$ 是运动流体线变形产生的附加正应力，可正可负；但总的正应力 $(-p+\Delta\sigma_n)<0$，即真实流体不承受拉应力，或者说表面正应力总是压应力。

合并式（3-10）及式（3-11），则运动流体表面上任意点处的流体应力就表示为

$$\mathbf{p}_n=\boldsymbol{\sigma}_n+\boldsymbol{\tau}_n=(-p+\Delta\sigma_n)\mathbf{n}+\boldsymbol{\tau}_n \tag{3-12}$$

附加正应力 $\Delta\sigma_n$ 和切应力 $\boldsymbol{\tau}_n$ 两者均是黏性且运动中的流体特有的，前者反映黏性流体线变形产生的表面力（法向），后者反映黏性流体剪切变形产生的表面力（切向）。对于理想流体或对于静止流体，$\Delta\sigma_n$ 和 $\boldsymbol{\tau}_n$ 均为零；对于不可压缩流体，若 $\partial v_n/\partial n=0$，则 $\Delta\sigma_n=0$。

3.1.3 静止流场中的表面力

静止条件下，流体质点之间没有相对运动，不存在线变形或剪切变形，所以 $\Delta\sigma_n=0$，

$\tau_n = 0$；因此按式（3-12），静止流体表面的应力就仅有指向流体表面（$-\mathbf{n}$ 方向）的压力 p，即

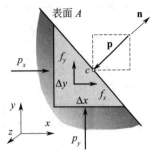

图 3-3　静止流体的表面力

$$\mathbf{p}_n = -p\mathbf{n} \qquad (3\text{-}13)$$

而作用在静止流体表面 A 上的总表面力 $\mathbf{F}_A$ 就表示为

$$\mathbf{F}_A = \iint\limits_A \mathbf{p}_n \, \mathrm{d}A = -\iint\limits_A \mathbf{n} p \, \mathrm{d}A \qquad (3\text{-}14)$$

需要指出，围绕一点的表面取向不同（$\mathbf{n}$ 不同），p 的作用方向随之不同（总是指向表面），但 p 的大小是一样的。

为考察空间点处不同取向表面上压力之间的关系，见图 3-3，可围绕点 c 并垂直于 x-y 平面任意截取的流体面 A。现围绕点 c 取流体微元，其底边宽 Δx，侧边高 Δy，z 方向为单位厚度，其体积为 $\Delta x \Delta y / 2$；微元在 x-y 平面的受力如图所示，其中，f_x、f_y 分别为该点处 x、y 方向的单位质量力，p、p_x 和 p_y 分别是垂直于 x-y 平面的三个微元面上的压力，这三个微元面代表了围绕点 c 取向不同的流体面。因流体静止，故微元体上 x、y 方向的合力分别为零，即

$$p_x \Delta y + f_x \rho \frac{1}{2} \Delta x \Delta y - p \Delta y = 0 \quad \longrightarrow \quad p_x + f_x \rho \frac{1}{2} \Delta x - p = 0$$

$$p_y \Delta x + f_y \rho \frac{1}{2} \Delta x \Delta y - p \Delta x = 0 \quad \longrightarrow \quad p_y + f_y \rho \frac{1}{2} \Delta y - p = 0$$

因为是考察空间点处不同取向表面上压力之间的关系，故可令 $\Delta x \to 0$、$\Delta y \to 0$，由此得到 $p_x = p$，$p_y = p$；同理可证 $p_z = p$。这表明了静止流场中任意点处的压力值与流体表面取向无关。

3.1.4　压力的表示方法及单位

压力的表示方法一般有三种：绝对压力 p、表压力 p_{gage} 和真空度 p_{vac}。绝对压力 p 指流体的实际压力。而表压力和真空度是绝对压力 p 扣除当地大气压力 p_0 后的相对压力，它们之间的关系如图 3-4 所示。

常用压力表显示的压力一般是表压力，因为压力表通常在大气状态下归零，故所测压力只是压力差 $p - p_0$，即表压力。当 $p < p_0$ 时，表压力为负压，故通常又用正压力差 $p_0 - p$ 来表征相对压力，称为真空度。

工程实际中，处于大气环境的物体或设备受到的大气静压作用力往往是自平衡力系，这种情况下流体压力的作用，人们感兴趣的是扣除大气压力后的相对压力即流体表压力的作用。比如，在液压机构、压力容器与设备以及压力管道设计中，其设计压力通常都指的是表压力。

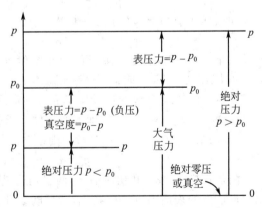

图 3-4　压力表示方法

在国际单位制中，压力 p 的基本单位是 N/m^2 或 Pa（帕斯卡）。为方便起见，在不同的应用场合，也有采用其它压力单位的情况。常用的压力单位及其换算关系如表 3-1 所示。

表 3-1　常用压力单位及换算关系

国际单位制 N/m² 或 Pa	巴 bar	标准大气压 atm	工程大气压 ata 或 kgf/cm²	毫米汞柱 mmHg	米水柱 mH₂O	英寸汞柱 inHg	磅/英寸² lb/in²
1	1×10^{-5}	0.9869×10^{-5}	1.0179×10^{-5}	7.5×10^{-3}	10.21×10^{-5}	29.53×10^{-5}	14.5×10^{-5}
1×10^{5}	1	0.9869	1.0197	750.0	10.21	29.53	14.50
1.0133×10^{5}	1.0133	1	1.0332	760	10.34	29.92	14.69
9.807×10^{4}	0.9807	0.9678	1	735.5	10.01	28.96	14.22
1.333×10^{5}	1.333	1.316	1.360	1000	13.61	39.37	19.34
9798	0.09798	0.09670	0.09991	73.49	1	2.893	1.421
3.386×10^{3}	0.03386	0.03342	0.03453	25.40	0.3456	1	0.4912
6895	0.06895	0.06804	0.07031	51.71	0.7034	2.036	1

3.2　流体静力学基本方程

3.2.1　流体静力平衡方程

由牛顿第二定律可知，惯性坐标系中任何物体处于静止的必要条件是：作用在物体上的外力总和及外力矩总和均为零，即

$$\sum \mathbf{F}=0, \quad \sum \mathbf{M}=0 \tag{3-15}$$

对于体积为 V、表面积为 A 的任意静止流体团，其作用力有质量力 $\mathbf{F}_m$ 和表面力 $\mathbf{F}_A$ 两部分。因此，根据 $\sum\mathbf{F}=0$ 及式（3-2）和式（3-14）可得

$$\sum \mathbf{F}=\mathbf{F}_m+\mathbf{F}_A=\iiint\limits_V \rho\mathbf{f}\mathrm{d}V-\oiint\limits_A p\mathbf{n}\mathrm{d}A=0 \tag{3-16}$$

根据高斯公式［附录 A 式（A-17）］，将 $p\mathbf{n}$ 沿封闭表面 A 的积分转化为体积分有

$$\oiint\limits_A p\mathbf{n}\mathrm{d}A=\iiint\limits_V \nabla p\,\mathrm{d}V \tag{3-17}$$

式中 ∇p 是压力梯度（见以下注解）。将上式代入式（3-16）得

$$\iiint\limits_V (\rho\mathbf{f}-\nabla p)\mathrm{d}V=0 \tag{3-18}$$

在任意封闭域内，要使积分式（3-18）恒成立，只能是被积函数为零，即

$$\rho\mathbf{f}=\nabla p \quad \text{或} \quad \rho\mathbf{f}=\frac{\partial p}{\partial x}\mathbf{i}+\frac{\partial p}{\partial y}\mathbf{j}+\frac{\partial p}{\partial z}\mathbf{k} \tag{3-19}$$

该式即流体静止的必要条件，也即流体静力平衡方程（根据 $\sum\mathbf{M}=0$ 同样可得上式，见习题 3-1）。它表明了静止流场中质量力与压力（表面力）之间的关系，即：静止流场中，单位体积的质量力 $\rho\mathbf{f}$ 与流体静压力的梯度 ∇p 相平衡。

注　梯度 ∇p 是矢量，其值等于压力 p 沿等压面法线方向的变化率（该变化率在 p 沿各方向的变化率中最大），其方向垂直于等压面并指向压力增加方向（变化率最大方向）。

因为，$\mathbf{f}=f_x\mathbf{i}+f_y\mathbf{j}+f_z\mathbf{k}$，所以对比方程式（3-19）可得静力平衡方程的分量式为

$$\rho f_x=\frac{\partial p}{\partial x}, \quad \rho f_y=\frac{\partial p}{\partial y}, \quad \rho f_z=\frac{\partial p}{\partial z} \tag{3-20}$$

该分量形式的静力平衡方程也可直接由静止流体微元各方向的力平衡方程得到。图 3-5 所示是直角坐标系中的微元流体及其 x 方向的表面力和质量力，由 $\sum F_x = 0$ 即可得 $\rho f_x = \partial p / \partial x$；另外两个分量式也可由类似分析得到。

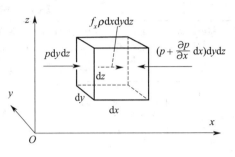

图 3-5　静止流体微元 x 方向的表面力与质量力

3.2.2　静止流场的压力微分方程

静止流场中压力沿空间坐标的微分变化可一般表示为

$$dp = \frac{\partial p}{\partial x}dx + \frac{\partial p}{\partial y}dy + \frac{\partial p}{\partial z}dz \qquad (3-21)$$

将静力平衡方程式（3-20）引入上式，可得静止流场的压力微分方程

$$dp = \rho(f_x dx + f_y dy + f_z dz) \qquad (3-22)$$

压力微分方程的意义　因为 dp 是 p 沿任意路径方向 $d\mathbf{r}$ 变化的增量，所以根据

$$d\mathbf{r} = dx\mathbf{i} + dy\mathbf{j} + dz\mathbf{j}, \quad \mathbf{f} = f_x\mathbf{i} + f_y\mathbf{j} + f_z\mathbf{k}, \quad \mathbf{f} \cdot d\mathbf{r} = (f_x dx + f_y dy + f_z dz)$$

可知，如果用 α 表示 $\mathbf{f}$ 与 $d\mathbf{r}$ 的夹角，则压力微分方程又可表示为

$$dp = \rho\mathbf{f} \cdot d\mathbf{r} = (\rho f \cos\alpha)dr \qquad (3-23)$$

由于 p 是单位体积的压力能，故上式表明压力微分方程的意义是：压力能沿 $d\mathbf{r}$ 的增量 dp 等同于质量力 $\rho\mathbf{f}$ 在 $d\mathbf{r}$ 方向做的功，其中 $(\rho f \cos\alpha)$ 是 $\rho\mathbf{f}$ 在 $d\mathbf{r}$ 方向的分量，dr 是路径长度。

静止流场的基本特性　以下特性有助于对静止流场的进一步理解。

① 静止流场中单位质量力 $\mathbf{f}$ 垂直于等压面，且沿 $\mathbf{f}$ 方向压力变化率最大：因为压力梯度矢量 ∇p 垂直于等压面，而静止流场中 $\rho\mathbf{f} = \nabla p$，所以 $\mathbf{f}$ 处处垂直于等压面。

进一步，根据方程式（3-23），压力 p 沿任意 $d\mathbf{r}$ 方向的变化率 dp/dr 为

$$(dp/dr) = \rho f \cos\alpha$$

由此可见，当压力变化的路径方向 $d\mathbf{r}$ 与 $\mathbf{f}$ 同向时，$\cos\alpha = 1$，其变化率最大，即

$$(dp/dr)_{max} = \rho f$$

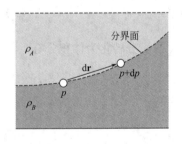

图 3-6　流体分界面上的压力变化

② 静止流场中两种流体的分界面是等压面：如图 3-6 所示，沿两种流体（密度分别为 ρ_A 和 ρ_B）的分界面任取微分距离为 $d\mathbf{r}$ 的两点，其压力分别为 p 和 $p+dp$（两种流体在分界面上的点压力相同，沿界面两点的压差也相同）。设压力 p 点处单位质量力为 $\mathbf{f}$（与流体密度无关），因两种流体都静止，所以按压力微分方程有

$$dp = \rho_A\mathbf{f} \cdot d\mathbf{r}$$
$$dp = \rho_B\mathbf{f} \cdot d\mathbf{r}$$
$$\longrightarrow \left(\frac{1}{\rho_A} - \frac{1}{\rho_B}\right)dp = 0$$

由于 $\rho_A \neq \rho_B$，所以只有 $dp = 0$。即沿两种流体分界面，压力变化为零，分界面是等压面。

③ 正压流场中等压面是等密度面：正压流场针对的是可压缩流体，若流场内流体密度 ρ 只是压力 p 的函数，则该流场称之为正压流场。即正压流场中

$$\rho = \rho(p) \qquad (3-24)$$

譬如，等温理想气体流场就是正压流场，因为等温理想气体 $p/\rho = \text{const}$。

由于正压流场中密度与压力一一对应，所以正压流场的等压面必然是等密度面。

压力微分方程的应用 对于静止的不可压缩流体（液体），$\rho=$const，所以只要确定了单位质量力 **f**，即可应用压力微分方程分析静止流场的压力分布行为（见 3.3 节和 3.4 节）。

对于可压缩流体的静止流场，应用压力微分方程时还需要知道压力 p 与密度 ρ 的关系。实际气体流场很多就存在这样的关系（正压流场），其中最有代表性的是指数律流场，即

$$\frac{p}{\rho^n}=c \tag{3-25}$$

式中，n、c 是常数。对于等温理想气体流场，$n=1$；对于海平面以上的大气对流层（高度＜11km），将其近似为正压流场来考虑时，$n=1.238$。

本章后续主要涉及静止液体，在此仅举例说明压力微分方程在静止气体流场中的应用。

【例 3-1】 海平面上气体层的压力、密度和温度变化。

作为近似估计，可将海平面以上的大气层视为静止的理想气体，其压力 p 与密度 ρ 的关系可用指数律方程式（3-25）描述。取 z 坐标轴垂直于海平面向上，海平面上 $z=0$，相应压力为 p_0、密度为 ρ_0、温度为 T_0，试确定气体压力 p、密度 ρ 和温度 T 随高度变化。

解 气体受到的质量力为重力，在本题坐标系下的单位质量力及压力微分方程为

$$f_x=0, \quad f_y=0, \quad f_z=-g \quad \longrightarrow \quad \mathrm{d}p=-\rho g\,\mathrm{d}z$$

根据压力与密度的指数律方程式（3-25）可得

$$\frac{p}{\rho^n}=\frac{p_0}{\rho_0^n} \quad \longrightarrow \quad \rho=\rho_0\left(\frac{p}{p_0}\right)^{1/n}$$

将此代入压力微分方程，并积分可得

$$\mathrm{d}p=-\rho_0 g\left(\frac{p}{p_0}\right)^{1/n}\mathrm{d}z \quad \longrightarrow \quad \frac{n}{n-1}\left[\left(\frac{p_0}{p}\right)^{1/n}p-p_0\right]=-\rho_0 gz$$

整理上式可得气体压力 p 随高度 z 的变化为

$$\frac{p}{p_0}=\left[1-\frac{(n-1)\rho_0 gz}{n\ p_0}\right]^{n/(n-1)} \tag{3-26}$$

再应用理想气体方程，可得气体密度 ρ 和温度 T 随高度 z 的变化为

$$\frac{\rho}{\rho_0}=\left[1-\frac{(n-1)\rho_0 gz}{n\ p_0}\right]^{1/(n-1)} \tag{3-27}$$

$$\frac{T}{T_0}=1-\frac{n-1}{n}\frac{\rho_0 gz}{p_0} \tag{3-28}$$

如取海平面空气条件为：$p_0=1.0133\times10^5\mathrm{Pa}$，$\rho_0=1.225\mathrm{kg/m}^3$，$T_0=288.15\mathrm{K}$，$n=1.238$，由以上三式可得 10000m 高空（民航客机常见飞行高度）处的压力、密度、温度分别为

$$p=0.261p_0=0.264\times10^5\mathrm{Pa}, \quad \rho=0.337\rho_0=0.414\mathrm{kg/m}^3, \quad T=0.772T_0=222.5\mathrm{K}$$

3.3 重力场液体静力学

重力场是最典型的质量力场，地球上的一切物质都处于重力场中。工程实际中的诸多问题，如液体容器及其部件受力、水坝和水闸等水工结构的受力、船舶的浮力和浮力矩、液压机械受力分析等等，都与重力场中静止液体的力学行为有关。

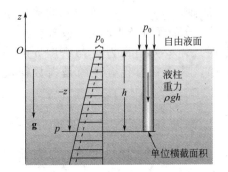

图 3-7 重力场坐标及静止液体压力分布

3.3.1 重力场中静止液体的压力分布

（1）重力场静止流体的压力微分方程

前已述及，重力场中的单位质量力 $\mathbf{f}=\mathbf{g}$。按习惯，取 z 轴垂直水平面朝上，如图 3-7 所示。这样一来，重力加速度 $\mathbf{g}$ 方向与 z 轴正方向相反，因此 $\mathbf{g}=-g\mathbf{k}$，故单位质量力分量为

$$f_x=0,\quad f_y=0,\quad f_z=-g$$

于是，根据式（3-22），重力场中静止流体的压力微分方程简化为

$$dp=-\rho g\,dz \tag{3-29}$$

（2）重力场中静止液体的压力分布及特点

静止液体压力分布　对于均质液体（通常如此），$\rho=$ const。如图 3-7 所示，如果将坐标原点置于自由液面，并令自由液面压力为 p_0，即给定边界条件 $p|_{z=0}=p_0$，则对式（3-29）积分可得液面以下 $-z$ 处的压力为

$$p=p_0-\rho gz \tag{3-30}$$

该压力分布如图 3-7 所示。其中，若以自由液面以下的液层深度 h 替代 $-z$，则有

$$p=p_0+\rho gh \tag{3-31}$$

以上两式是静止液体压力分布的基本方程。其中 ρgh 的物理意义是：横截面为单位面积、高度为 h 的液柱受到的重力，如图 3-7 所示。

进一步，根据式（3-31）可知，同种液体中任意 A、B 两点的压力分别为：$p_A=\rho gh_A+p_0$，$p_B=\rho gh_B+p_0$，两式相减并令 $h_A-h_B=\pm h$，则有

$$p_A=p_B\pm\rho gh \tag{3-32}$$

这是静止液体中的压力递推公式。该式表明：静止流场中任意点 A 的压力可由与该点垂直相距 h 的 B 点压力表示，其中取"＋"号表示 B 点在 A 之上，取"－"号表示 B 点在 A 之下。这为静止流体内部各点压力之间的换算提供了方便。

等压面与自由面　因为沿等压面 $dp=0$，故在式（3-29）中令 $dp=0$ 并积分可得

$$z=c \tag{3-33}$$

这表明重力场静止液体中的等压面是垂直于 z 轴的水平面（不同的 c 代表不同的等压面）。按图 3-7 坐标原点的规定，$z=0$ 即为自由表面方程。由此得到结论：对于连通管路或容器系统中的同一种静止液体，在同一水平面上具有相同的压力。

两种流体的分界面　前面 3.2.2 节中已经证明：静止流场中两种流体的分界面是等压面，而此处证明了重力场中等压面是水平面，所以重力场中两种静止液体的分界面是水平面。

3.3.2　U 形管测压原理

由重力场中静止液体的压力分布公式（3-31）可知，如果要知道图 3-8（a）所示容器或管道中 A 点的压力，可在 A 点开一小孔并用一竖直透明小管连接，这样，A 点压力 p_A 就可由小管中液体的上升高度 h 表示，即

$$p_A=p_0+\rho gh \tag{3-34}$$

不过这种方法对于压力稍高的情况有一定问题。比如，如果 A 点液体表压为 1 个标准大气压即 $1.0133\times10^5\,\mathrm{N/m^2}$，取液体密度 $\rho=1000\mathrm{kg/m^3}$、$g=9.81\mathrm{m/s^2}$ 计算，则 $h=$

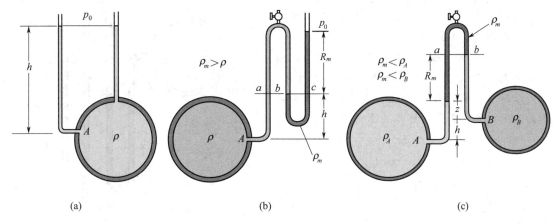

图 3-8　U 形管测压原理

10.33m。这意味着测压管高度至少在 10.33m 以上，显然，这样的高度不便于实际操作。为此，通常采用 U 形管并在其中灌入不易挥发、与被测液体密度不同且不相溶的液体（称为指示剂）来解决这一问题。

如图 3-8（b）所示，U 形管中指示剂密度 $\rho_m > \rho$，ρ 为被测液体密度，而 A 点的压力 p_A 与 U 形管指示剂位差 R_m 和安装位置 h 的关系就可根据压力递推公式（3-32）及水平面为等压面、分界面为等压面的性质确定，即

$$p_A = p_a + \rho g h, \quad p_a = p_b = p_c, \quad p_c = p_0 + \rho_m g R_m$$

所以 A 点压力可表示为

$$p_A = p_a + \rho g h = p_c + \rho g h = p_0 + \rho_m g R_m + \rho g h$$

如果测试现场 U 形管布置使 $h = 0$（这易于做到），并采用水银（取 $\rho_m = 13600 \text{kg/m}^3$）作指示剂，则对于表压为 1 个标准大气压的液体，可计算出指示剂液面高差 $R_m = 760 \text{mm}$。这表明从空间位置的角度，采用 U 形管测压更具有实际可行性。

此外，很多实际问题中往往需要测试的是压力差而不是绝对压力，这时也可采用装有指示剂的 U 形管连通两个被测点，由指示剂高度差 R_m 得到两点压差。如图 3-8（c）所示，此时指示剂密度小于被测流体密度，即 $\rho_m < \rho_A$，$\rho_m < \rho_B$，因为 $p_a = p_b$ 且

$$p_a = p_A - \rho_m g R_m - \rho_A g (z + h), \quad p_b = p_B - \rho_B g (z + R_m)$$

所以，两式相减得 B、A 两点压差为

$$p_B - p_A = (\rho_B - \rho_m) g R_m + \rho_B g z - \rho_A g (z + h)$$

图 3-8（c）是指示剂密度 ρ_m 小于被测流体密度的情况，所以 U 形管反向布置，并需要在上部弯头处开孔排放气泡；也可采用 ρ_m 大于被测流体密度的指示剂，并将 U 形管正向布置，此时如果 U 形管中有气泡，气泡会向上流动汇入管道被带走，故一般不需开孔排气。

用 U 形管测试气体压力或压差时，因指示剂密度大于气体密度，U 形管只能正向布置。

实际过程中，U 形管测压有多种布置方式，主要取决于现场空间条件、所选用的指示剂和被测流体性质、所测压力大小等因素。

【例 3-2】　复式测压计。

图 3-9 所采用的双 U 形管测压计称为复式测压计。其中指示剂汞的密度 $\rho_m = 13600 \text{kg/m}^3$，容器中水的密度 $\rho = 1000 \text{kg/m}^3$，各液面高差如图所示。

（1）试确定密闭容器中的水面压力 p；

（2）如果采用单 U 形管，设 a 点位置不变，则指示剂高差应为多少？

解 （1）根据压力递推公式（3-32），以及水平面为等压面、分界面为等压面的性质，可从容器中的液面压力开始，逐次递推直至获得液面压力的计算式，递推关系如下。

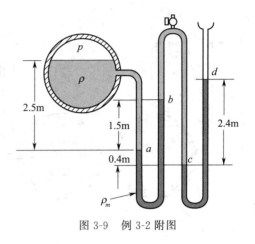

图 3-9 例 3-2 附图

$$p = -\rho g 2.5 + p_a = -\rho g 2.5 + \rho_m g 1.5 + p_b$$
$$= -\rho g 2.5 + \rho_m g 1.5 - \rho g 1.9 + p_c$$
$$= -\rho g 2.5 + \rho_m g 1.5 - \rho g 1.9 + \rho_m g 2.4 + p_d$$

因为 $p_d = p_0$，所以容器中液面压力（表压）为

$$p - p_0 = -\rho g (2.5 + 1.9) + \rho_m g (1.5 + 2.4) = 476672 \text{Pa}$$

（2）如果采用单 U 形管，设 a 点位置不变，且指示剂高差为 R_m，则有

$$p = -\rho g 2.5 + p_a = -\rho g 2.5 + \rho_m g R_m + p_0$$

代入数据可得 $\quad R_m = (p - p_0 + \rho g 2.5)/\rho_m g = 3.76 \text{m}$

由此可见，采用复式测压计可减小 U 形测压管高度。

3.3.3 静止液体中固体壁面的受力

静止流场中，流体对固体壁面的作用力与固体壁面对流体的表面力大小相等方向相反。因此重力场中静止液体对固体壁面的作用力可根据式（3-14）一般表示为

$$\mathbf{F} = -\iint_A \mathbf{n} p \, dA \tag{3-35}$$

此处，$\mathbf{n}$ 为固体表面外法线单位矢量，负号表示固体壁面受力与 $\mathbf{n}$ 方向相反，指向壁面。

（1）竖直平壁的受力

为方便起见，计算竖直平壁的受力时可选择某一坐标轴与平壁垂直。如图 3-10（a）所示，取平壁表面垂直于 x 轴，设壁面面积为 A，距离壁面顶点垂直高度 h 处的壁面宽度为 $w = w(h)$。考虑左侧表面，在图示坐标系中该表面 $\mathbf{n} = -\mathbf{i}$，所以

$$\mathbf{F} = -\iint_A \mathbf{n} p \, dA = \iint_A \mathbf{i}(p_a + \rho g h) dA = \left(p_a A + \rho g \iint_A h \, dA\right)\mathbf{i} = \left(p_a A + \rho g \int_0^H h w \, dh\right)\mathbf{i}$$

即

$$F_x = p_a A + \rho g \int_0^H h w \, dh \tag{3-36}$$

由此可见，竖直平壁受力分为两个部分：一部分是平壁顶点处静压 p_a 对整个平壁的均匀作用，总力为 $p_a A$；另一部是顶点以下相对静压力 $\rho g h (= p - p_a)$ 的作用力，与深度位置有关。

特别地，如果已知平壁顶部至表面形心点的垂直距离 h_c，则根据平面形心坐标公式可知

$$F_x = p_a A + \rho g h_c A \tag{3-37}$$

即相对静压力 $\rho g h$ 对竖直壁面的作用力等于形心处的相对静压力 $\rho g h_c$ 与平壁面积 A 的乘积。这对于矩形、圆形等规则竖直平壁的受力计算尤为方便。

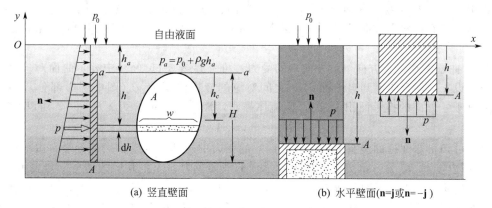

(a) 竖直壁面　　　　　　　(b) 水平壁面($\mathbf{n=j}$或$\mathbf{n=-j}$)

图 3-10　静止液体中平壁表面的受力

(2) 水平壁面的受力

如图 3-10 （b）所示，水平壁面在图示坐标系中有 $\mathbf{n=j}$（平面朝上），或 $\mathbf{n=-j}$（平面朝下），且壁面距离液面的深度 $h=\mathrm{const}$，所以 对于面积为 A 的水平壁面有

$$\mathbf{F}=-\iint_A \mathbf{n}p\,\mathrm{d}A=\mp\iint_A \mathbf{j}(p_0+\rho gh)\,\mathrm{d}A=\mp(p_0A+\rho ghA)\mathbf{j}$$

即

$$F_y=\mp(p_0A+\rho ghA)=\mp(p_0A+\rho gV) \tag{3-38}$$

式中，负号"－"表示朝上的壁面；正号"＋"表示朝下的壁面；$V=hA$ 表示水平壁面 A 到自由液面对应的液柱体积。因此水平壁面受力亦由两部分构成：一部分是自由液面压力 p_0 的作用力 p_0A，与深度位置无关；另一部分等于平壁表面承受的液体重力 ρgV，与壁面深度位置有关。对于朝下的壁面，体积 V 仍然是壁面到自由液面对应的液柱体积。

(3) 弯曲（或倾斜）壁面的受力

如图 3-11 （a）所示，考虑垂直于 x-y 平面的曲面 a-c。设 a-c 对应的流体面所受固体壁面的总作用力分别为 R_x、R_y，则固体壁面受力 $F_x=-R_x$、$F_y=-R_y$。

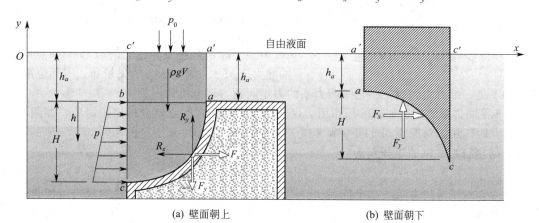

(a) 壁面朝上　　　　　　　(b) 壁面朝下

图 3-11　静止液体中弯曲壁面的受力

① 弯曲壁面在水平（x 方向）的受力：可考察图中 a-b-c 围成的区域。由图可见，该区域内流体在 x 方向的受力只有 R_x 和 b-c 竖直平面上的流体静压力，所以根据 $\sum F_x=0$，R_x 必然与 b-c 竖直平面的受力大小相等方向相反，即

$$F_x=-R_x=p_aA_x+\rho g\iint_{A_x}h\,\mathrm{d}A \tag{3-39}$$

51

式中，A_x 为 b-c 竖直平面的面积，也等于曲面 a-c 在 x 轴方向的投影面。由此可知：弯曲或倾斜壁面在水平方向的受力 F_x 就等于该曲面垂直于 x 轴的投影面（竖直平面 A_x）的受力。

② 弯曲壁面在竖直方向（y 方向）的受力：可考察图 3-11（a）中 a-c 曲面对应液柱的力平衡。设 a-c 垂直向上到自由面 a'-c' 之间对应的液柱体积为 V（图中阴影部分），a-c 面在垂直于 y 方向的投影面积为 A_y，因流体静止，液柱 y 方向合力 $\sum F_y = 0$，所以有

$$F_y = -R_y = -(p_0 A_y + \rho g V) \tag{3-40}$$

由此可知，弯曲壁面竖直方向（y 方向）的受力由两部分构成：一部分是自由液面压力 p_0 的作用力 $p_0 A_y$，另一部分是弯曲壁面承受的液体重力 $\rho g V$，其中的"－"号表示 F_y 与 y 正方向相反。对于朝下的弯曲壁面，见图 3-11（b），F_y 与 y 正方向一致，且液柱体积 V 仍然是曲面 a-c 垂直向上与自由面 a'-c' 之间的体积。但需注意，计算液柱体积 V 时，液柱底面是曲面。

最后需要指出：以上所述只是竖直平壁、水平壁面和弯曲（倾斜）壁面受力计算的基本方法，具体问题中若坐标方位选择不同，计算公式的形式会有不同，因此不能照搬上述公式。

（4）固体壁面静压力的力矩

在固体壁面受力分析中，若需确定合力作用位置，就需要计算流体静压力的力矩。图 3-12 中，$d\mathbf{F}$ 是静止液体对固体壁面 A 某点微元面 dA 的作用力，即

$$d\mathbf{F} = -\mathbf{n} p \, dA \tag{3-41}$$

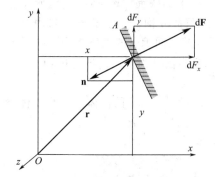

图 3-12　壁面静压力的力矩分析

式中，$\mathbf{n}$ 为 dA 的外法线单位矢量；dF_y 指向 $-\mathbf{n}$ 方向。

因 dA 处的位置矢径为 $\mathbf{r}$，故 $d\mathbf{F}$ 对原点 O 的矩为

$$d\mathbf{M} = \mathbf{r} \times d\mathbf{F} = -\mathbf{r} \times \mathbf{n} p \, dA \tag{3-42}$$

于是，对于面积为 A 的固壁表面，其受到的流体静压力相对于点 O 的总力矩就为

$$\mathbf{M} = \iint_A d\mathbf{M} = \iint_A \mathbf{r} \times d\mathbf{F} = -\iint_A \mathbf{r} \times \mathbf{n} p \, dA \tag{3-43}$$

该总力矩实际就是壁面静压力对以 O 为原点的 x、y、z 轴的力矩 M_x、M_y、M_z 的矢量和。实际应用中，常见的不是三维力矩问题，而是平面力系的力矩问题，现分析如下。

x-y 平面力系的矩　如果静压作用力仅在 x-y 平面内，问题就变得比较简单。如图 3-12 所示，此时作用力对原点 O 的矩实际就是对 z 轴的矩，如果用 dF_x 和 dF_y 表示 $d\mathbf{F}$ 的两个分量，则它们对 z 轴的矩分别为

$$dM_{z,F_x} = -y \, dF_x, \quad dM_{z,F_y} = x \, dF_y \tag{3-44}$$

注意：对于常规右手法则坐标系 x-y-z，规定逆时针转矩为正，这样的规定可使得力矩矢量正方向与 z 坐标轴正方向一致。在图 3-12 中，dF_x、dF_y 为正（沿 x、y 正方向）且该点 x、y 也为正，此情况下 dF_x 的转矩为顺时针，所以其矩有负号。

于是，面积为 A 的壁面上，x、y 方向静压力对 z 轴的力矩及其总力矩就分别为

$$M_{z,F_x} = \iint_A dM_{z,F_x} = \iint_A -y \, dF_x, \quad M_{z,F_y} = \iint_A dM_{z,F_y} = \iint_A x \, dF_y \tag{3-45}$$

$$M_z = M_{z,F_x} + M_{z,F_y} \tag{3-46}$$

综上可见，确定壁面静压力力矩的关键是：要正确写出固壁微元面 dA 上 x、y 方向微

元力 dF_x、dF_y 的表达式。特别地，竖直壁面上 $dF_y=0$；水平壁面上 $dF_x=0$。

壁面静压力合力的位置 确定了壁面静压力在 x、y 方向的总力及其力矩后，其作用位置（x_c，y_c）可根据合力的矩等于分力矩之和确定，即

$$x_c F_y = M_{z,F_y} \longrightarrow x_c = M_{z,F_y}/F_y$$
$$-y_c F_x = M_{z,F_x} \longrightarrow y_c = -M_{z,F_x}/F_x \tag{3-47}$$

【例 3-3】 流体静压对大坝的作用力。

图 3-13 为一拦水大坝截面示意图。其中，$\theta=30°$，$h_1=30\text{m}$，$h_2=20\text{m}$，$p_0=10^5\text{Pa}$，水的密度 $\rho=1000\text{kg/m}^3$。试确定流体静压力对 z 方向单位宽度大坝的作用力及作用位置。

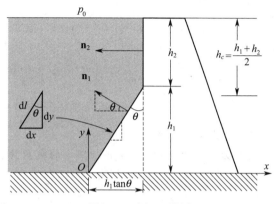

解 由于大气环境中物体受到的大气压力是平衡的，所以流体静压力的作用通常指相对静压（$p-p_0$）的作用。根据图示坐标可知，对应 y 坐标处的相对静压为

$$p-p_0=\rho g(h_1+h_2-y)$$

图 3-13 例 3-3 附图

（1）流体静压对大坝的作用力

按表面力积分表达式计算 根据式（3-14），静压力（$p-p_0$）对大坝内表面 A 的总力为

$$\mathbf{F}_A=-\iint_A (p-p_0)\mathbf{n}dA$$

式中，大坝表面单位法向矢量 $\mathbf{n}$ 及对应的微元面积 dA 与 y 有关（见图 3-13），计算如下。

$0\leqslant y\leqslant h_1$：$\mathbf{n}=\mathbf{n}_1=-\cos\theta\mathbf{i}+\sin\theta\mathbf{j}$，$dA=dl$，且 $\cos\theta dl=dy$，$\sin\theta dl=dx=\tan\theta dy$

所以 $\mathbf{n}dA=\mathbf{n}_1 dA=\mathbf{n}_1 dl=-\cos\theta dl\mathbf{i}+\sin\theta dl\mathbf{j}=-\mathbf{i}dy+\mathbf{j}dx=-\mathbf{i}dy+\mathbf{j}\tan\theta dy$

$h_1\leqslant y\leqslant h_1+h_2$：$\mathbf{n}=\mathbf{n}_2=-\mathbf{i}$，$dA=dy$，所以，$\mathbf{n}dA=\mathbf{n}_2 dA=-\mathbf{i}dy$

将上述（$p-p_0$）和 $\mathbf{n}dA$ 代入积分式有

$$\mathbf{F}_A=-\iint_A(p-p_0)\mathbf{n}dA=-\iint_{A_1}(p-p_0)\mathbf{n}_1 dA-\iint_{A_2}(p-p_0)\mathbf{n}_2 dA$$

$$=-\int_0^{h_1}\rho g(h_1+h_2-y)(-\mathbf{i}dy+\mathbf{j}\tan\theta dy)-\int_{h_1}^{h_1+h_2}\rho g(h_1+h_2-y)(-\mathbf{i}dy)$$

$$=+\int_0^{h_1+h_2}\rho g(h_1+h_2-y)dy\mathbf{i}-\int_0^{h_1}\rho g(h_1+h_2-y)\tan\theta dy\mathbf{j}$$

由此可知 $$F_x=\int_0^{h_1+h_2}\rho g(h_1+h_2-y)dy=\rho g\frac{(h_1+h_2)^2}{2}=12.25\text{ MN/m}$$

$$F_y=-\int_0^{h_1}\rho g(h_1+h_2-y)\tan\theta dy=-\rho g\left(\frac{h_1}{2}+h_2\right)h_1\tan\theta=-5.94\text{ MN/m}$$

采用简易方法 因为单位宽度大坝的内表面在垂直于 x 方向的投影面 A_x 为矩形，其面积 $A_x=(h_1+h_2)$，其形心位置 $h_c=(h_1+h_2)/2$，又因为该内表面在竖直方向对应的液柱体积为 $V=(h_1/2+h_2)h_1\tan\theta$，所以根据式（3-37）和式（3-40），单位宽度大坝在 x、y 方向的受力 F_x、F_y 分别为

$$F_x=\rho g h_c A_x=\rho g\frac{(h_1+h_2)^2}{2}, \quad F_y=-\rho g V=-\rho g\left(\frac{h_1}{2}+h_2\right)h_1\tan\theta$$

该结果显然和积分法结果一样。

（2）大坝内侧液体静压力对 z 轴的矩

大坝静压力为平面力系。从上述受力分析中可知，大坝表面微元面 dA 上的微元力 dF_x、dF_y 就是 F_x、F_y 积分号内的表达式，故根据式（3-45）有

$$M_{z,F_x} = -\int_0^{h_1+h_2} y\,dF_x = -\int_0^{h_1+h_2} y\left[\rho g(h_1+h_2-y)dy\right] = -\rho g\frac{(h_1+h_2)^3}{6}$$

$$= -1000 \times 9.8 \times \frac{50^3}{6} = -204.17(\text{MN}\cdot\text{m/m})$$

$$M_{z,F_y} = \int_0^{h_1} x\,dF_y = -\int_0^{h_1}(y\tan\theta)\left[\rho g(h_1+h_2-y)\tan\theta\,dy\right] = -\rho g\frac{h_1^2}{2}\tan^2\theta\left(\frac{h_1}{3}+h_2\right)$$

$$= -1000 \times 9.8 \times \frac{30^2}{2}\tan^2 30° \left(\frac{30}{3}+20\right) = -44.10(\text{MN}\cdot\text{m/m})$$

（3）合力大小及位置

设合力大小为 F，合力与 x 轴正向的夹角为 α，则有

$$F = \sqrt{F_x^2 + F_y^2} = \sqrt{12.25^2 + (-5.94)^2} = 13.61(\text{MN/m})$$

$$\alpha = \arctan\left(\frac{F_y}{F_x}\right) = \arctan\left(\frac{-5.94}{12.25}\right) = -25.87°$$

设 F_x 与 x 轴的距离为 y_c，F_y 与 y 轴的距离为 x_c，根据合力的矩等于分力矩之和，有

$$x_c F_y = M_{z,F_y} \quad \longrightarrow \quad x_c = M_{z,F_y}/F_y = -44.10/(-5.94) = 7.42(\text{m})$$

$$-y_c F_x = M_{z,F_x} \quad \longrightarrow \quad y_c = -M_{z,F_x}/F_x = -204.17/(-12.25) = 16.67(\text{m})$$

【例 3-4】 液体对卧式容器封头的作用力。

卧式容器受力分析中需要考虑其端部封头受液体静压的作用力。图 3-14（a）为圆筒形卧式容器，其端部封头为半球形壳体，筒壁半径与封头半径均为 R，容器内装满密度为 ρ 的液体，容器顶部工作压力 p_w（表压）。仅考虑液体相对静压力（$p-p_w$）的作用，试求：

（1）液体在 y 方向对 z-x 水平面以上和以下各半个封头壁面的作用力 F_{y1} 与 F_{y2}；

（2）液体在 y 方向对整个封头的作用力 F_y 及其作用位置（距离 b）；

（3）液体在 x 方向对封头的作用力 F_x 及其作用位置（距离 a）。

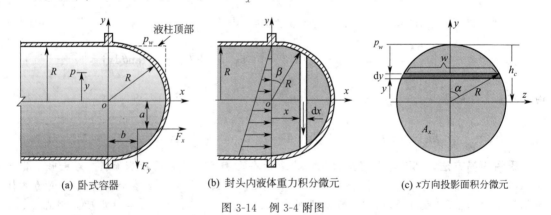

(a) 卧式容器　　　　　(b) 封头内液体重力积分微元　　　　　(c) x方向投影面积分微元

图 3-14　例 3-4 附图

解　见图 3-14（a），容器内 y 坐标处液体的相对静压力 $p-p_w = \rho g(R-y)$，仅考虑相对静压力（$p-p_w$）的作用意味着仅考虑容器内流体重力所产生的静压力。

（1）F_{y1} 与 F_{y2} 的计算

设 z-x 水平面上、下半个封头内壁对应的液柱体积分别为 V_1、V_2，底部为半圆、高度为 R 的柱体体积为 V_R [液柱顶部见图 3-14（a）]，则 $V_1 = V_R - 1/4$ 球体体积，$V_2 = V_R + 1/4$ 球体体积，即

$$V_1 = \frac{\pi R^2}{2} R - \frac{1}{4}\left(\frac{4}{3}\pi R^3\right) = \frac{1}{6}\pi R^3, \quad V_2 = \frac{\pi R^2}{2} R + \frac{1}{4}\left(\frac{4}{3}\pi R^3\right) = \frac{5}{6}\pi R^3$$

因为液体在竖直方向对壁面的作用力等于壁面对应的液柱重力，所以 z-x 水平面上、下半个封头壁面在 y 方向受到的液体静压作用力 F_{y1}、F_{y2} 分别为

$$F_{y1} = \rho g V_1 = \frac{1}{6}\rho g \pi R^3, \quad F_{y2} = -\rho g V_2 = -\frac{5}{6}\rho g \pi R^3$$

（2）F_y 及其作用距离 b 的计算

液体在 y 方向对整个封头的作用力 $F_y = F_{y1} + F_{y2}$（也等于封头内液体的重力），即

$$F_y = F_{y1} + F_{y2} = \frac{1}{6}\rho g \pi R^3 - \frac{5}{6}\rho g \pi R^3 = -\frac{2}{3}\rho g \pi R^3$$

封头内液体重力对 z 轴的矩 M_{z,F_y}：如图 3-14（b）所示，垂直于 x 轴切取微元体，其体积 $\mathrm{d}V = \pi (R\cos\beta)^2 \mathrm{d}x$，其中 $x = R\sin\beta$，$\mathrm{d}x = R\cos\beta\mathrm{d}\beta$，所以 $\mathrm{d}V$ 内液体重力对 z 轴的矩为

$$\mathrm{d}M_{z,F_y} = x\mathrm{d}F_y = x(-\rho g\mathrm{d}V) = -\rho g\pi R^4\cos^3\beta\sin\beta\mathrm{d}\beta$$

而整个半球封头体积 V 内液体重力对 z 轴的矩为

$$M_{z,F_y} = \int_V \mathrm{d}M_{z,F_y} = -\rho g\pi R^4 \int_0^{\pi/2}\cos^3\beta\sin\beta\mathrm{d}\beta = -\frac{1}{4}\rho g\pi R^4$$

于是，根据合力的矩等于分力矩之和可得

$$bF_y = M_{z,F_y} \quad \longrightarrow \quad b = \frac{M_{z,F_y}}{F_y} = \frac{\rho g\pi R^4}{4}\frac{3}{2\rho g\pi R^3} = \frac{3}{8}R$$

（3）F_x 及其作用距离 a 的计算

因为液体静压在 x 方向对封头的作用力 F_x 等于封头在 x 方向的投影面 A_x 的受力（即凸形封头 x 方向受力与平板封头受力一样）。由于 $A_x = \pi R^2$，其形心在圆心即 $h_c = R$，所以根据式（3-37）有

$$F_x = \rho g h_c A_x = \pi \rho g R^3$$

封头水平方向作用力对 z 轴的矩 M_{z,F_x}：如图 3-14（c）所示，在投影面 A_x 上取微元面积 $\mathrm{d}A = w\mathrm{d}y$，其中 $w = 2R\sin\alpha$，$y = R\cos\alpha$，$\mathrm{d}y = R\sin\alpha\mathrm{d}\alpha$，因此 $\mathrm{d}A$ 面上静压对 z 轴的矩为

$$\mathrm{d}M_{z,F_x} = -y\mathrm{d}F_x = -y[\rho g(R - y)\mathrm{d}A] = -2\rho g R^4(1 - \cos\alpha)\sin^2\alpha\cos\alpha\mathrm{d}\alpha$$

而整个投影面 A_x 上静压力对 z 轴的矩为

$$M_{z,F_x} = \int_{A_x} \mathrm{d}M_{z,F_x} = -2\rho g R^4\int_0^\pi(1 - \cos\alpha)\sin^2\alpha\cos\alpha\mathrm{d}\alpha = \frac{\pi\rho g R^4}{4}$$

因此，根据合力的矩等于分力矩之和可得

$$aF_x = M_{z,F_x} \quad \longrightarrow \quad a = \frac{M_{z,F_x}}{F_x} = = \frac{1}{\pi\rho g R^3}\frac{\pi\rho g R^4}{4} = \frac{R}{4}$$

3.3.4　静止液体中物体的浮力与浮力矩

静止流场中，流体作用于浸没物体表面的合力称为浮力。根据式（3-14）和式（3-30），

重力场静止液体中浸没物体所受表面力的合力可表示为

$$\mathbf{F} = -\iint_A \mathbf{n}p\,\mathrm{d}A = -\iint_A \mathbf{n}(p_0 - \rho gz)\,\mathrm{d}A \qquad (3\text{-}48)$$

式中，A 为接触液体的物体表面积；$\mathbf{n}$ 为表面外法线单位矢量；p 为表面上的流体静压。

以坐标原点为参考点，微元面 $\mathrm{d}A$ 处矢径为 $\mathbf{r}$，则根据式（3-43）可知，重力场静止液体中浸没物体所受表面力的合力矩为

$$\mathbf{M} = -\iint_A (\mathbf{r} \times \mathbf{n})p\,\mathrm{d}A = -\iint_A (\mathbf{r} \times \mathbf{n})(p_0 - \rho gz)\,\mathrm{d}A \qquad (3\text{-}49)$$

完全浸没物体的浮力　如图 3-15 所示为完全浸没物体，其体积为 V，表面积为 A；设自由液面压力为 p_0。由式（3-48）并考虑 A 为封闭表面，可得作用在物体表面上的合力为

$$\mathbf{F} = -\oiint_A \mathbf{n}\,p\,\mathrm{d}A = -\oiint_A \mathbf{n}(p_0 - \rho gz)\,\mathrm{d}A$$

因 p_0 是常数，所以 $\qquad \oiint_A \mathbf{n}p_0\,\mathrm{d}A = 0, \quad \mathbf{F} = \oiint_A \mathbf{n}\rho gz\,\mathrm{d}A$

又根据高斯公式［见附录 A，式（A-17）］，将以上曲面积分转换为体积分可得

$$\mathbf{F} = \oiint_A \mathbf{n}\,\rho gz\,\mathrm{d}A = \iiint_V \rho g \mathbf{V}z\,\mathrm{d}V = \iiint_V \rho g\,\mathbf{k}\mathrm{d}V = \rho g V\mathbf{k} \qquad (3\text{-}50)$$

该式表明，物体的浮力就是其表面力在 z 方向的合力，数值上等于其所排开的液体的重量（重力），且与物体的方位无关。这就是人们熟知的阿基米德定律。

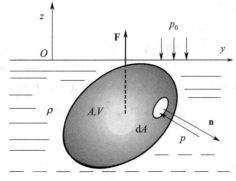

图 3-15　完全浸没物体的浮力

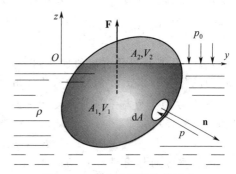

图 3-16　部分浸没物体的浮力

部分浸没物体的浮力　如图 3-16 所示，对于部分浸没物体，可将其浸没部分和露出部分的体积 V 和表面积 A 分别用下标 1 和 2 来区分。此时物体受到的浮力可以写成

$$\mathbf{F} = -\iint_{A_1} \mathbf{n}\,p\,\mathrm{d}A - \iint_{A_2} \mathbf{n}\,p_0\,\mathrm{d}A = -\iint_{A_1} \mathbf{n}(p_0 - \rho gz)\,\mathrm{d}A - \iint_{A_2} \mathbf{n}p_0\,\mathrm{d}A$$

$$= \iint_{A_1} \mathbf{n}\rho gz\,\mathrm{d}A - \left(\iint_{A_1} \mathbf{n}\,p_0\,\mathrm{d}A + \iint_{A_2} \mathbf{n}\,p_0\,\mathrm{d}A\right) = \iint_{A_1} \mathbf{n}\rho gz\,\mathrm{d}A - \oiint_A \mathbf{n}p_0\,\mathrm{d}A = \iint_{A_1} \mathbf{n}\rho gz\,\mathrm{d}A$$

假定沿自由液面切割物体，且切割面的面积为 A_0。因为在 A_0 面上 $z = 0$，所以

$$\iint_{A_0} \mathbf{n}\rho gz\,\mathrm{d}A = 0$$

于是，对 A_1、A_0 围成的封闭曲面应用高斯公式得

$$\mathbf{F} = \iint\limits_{A_1} \mathbf{n}\,\rho gz\,\mathrm{d}A + \iint\limits_{A_0} \mathbf{n}\,\rho gz\,\mathrm{d}A = \oiint\limits_{A} \mathbf{n}\,\rho gz\,\mathrm{d}A = \iiint\limits_{V_1} \rho g\boldsymbol{\nabla}z\,\mathrm{d}V = \rho gV_1\,\mathbf{k} \qquad (3\text{-}51)$$

该式表明，部分浸没物体（浸没体积 V_1）所受浮力同样遵守阿基米德定律。因此，统一用 V 表示物体浸没部分的体积，则可将液体中物体所受的浮力一般表示为

$$\mathbf{F} = \rho gV\mathbf{k} \qquad (3\text{-}52)$$

浸没物体的浮力矩　由式（3-49）并考虑 A 为封闭表面，则浸没物体的浮力矩为

$$\mathbf{M} = -\oiint\limits_{A} \mathbf{r}\times\mathbf{n}p\,\mathrm{d}A = -\oiint\limits_{A} \mathbf{r}\times\mathbf{n}p_0\,\mathrm{d}A + \oiint\limits_{A} \mathbf{r}\times\mathbf{n}\rho gz\,\mathrm{d}A$$

式中，根据高斯公式［见附录 A，式（A-18）］有

$$\oiint\limits_{A} (\mathbf{r}\times\mathbf{n})p_0\,\mathrm{d}A = \iiint\limits_{V} \mathbf{r}\times\boldsymbol{\nabla}p_0\,\mathrm{d}V = 0, \quad \oiint\limits_{A} (\mathbf{r}\times\mathbf{n})\rho gz\,\mathrm{d}A = \iiint\limits_{V} \mathbf{r}\times\boldsymbol{\nabla}(\rho gz)\,\mathrm{d}V$$

所以
$$\mathbf{M} = \iiint\limits_{A} \mathbf{r}\times\boldsymbol{\nabla}(\rho gz)\,\mathrm{d}V = \iiint\limits_{V} \rho g(y\,\mathbf{i} - x\,\mathbf{j})\,\mathrm{d}V \qquad (3\text{-}53)$$

或
$$M_x = \rho g\iiint\limits_{V} y\,\mathrm{d}V, \quad M_y = -\rho g\iiint\limits_{V} x\,\mathrm{d}V \qquad (3\text{-}54)$$

该浮力力矩计算式对完全浸没和部分浸没两种情况都适用。其中 M_x 和 M_y 分别是浮力 ρgV 对 x 轴和 y 轴的矩。

浮力中心　设浮力中心坐标 $x=x_c$、$y=y_c$，则根据合力的矩等于分力矩之和有

$$-\rho gVx_c = M_y, \quad \rho gVy_c = M_x \qquad (3\text{-}55)$$

由此可解出 $x\text{-}y$ 平面内浮力中心坐标 x_c、y_c；此外，因为浮力与物体方位无关，故将物体转动 90°，使原来的 z 轴方向水平，亦可与上类似，解出浮力中心另一坐标 z_c，从而得到

$$x_c = \frac{1}{V}\iiint\limits_{V} x\,\mathrm{d}V, \quad y_c = \frac{1}{V}\iiint\limits_{V} y\,\mathrm{d}V, \quad z_c = \frac{1}{V}\iiint\limits_{V} z\,\mathrm{d}V \qquad (3\text{-}56)$$

由此可见，浮力中心就是物体浸没部分体积的形状中心。浮力中心与物体本身重心之间的相对位置是分析浮体稳定性的基本数据。

3.4　非惯性坐标系液体静力学

所谓非惯性坐标系就是相对于地面作变速运动的坐标系，而相对于地面固定或作匀速直线运动的坐标系则称为惯性坐标系。流体能在其中处于相对静止状态的非惯性坐标系有两种典型情况：一种是作匀加速直线运动的坐标系（加速度 $\mathbf{a}$ 为定值），另一种是作匀角速度转动的坐标系（向心加速度 $\mathbf{a}$ 为定值）。本节主要讨论这两种非惯性坐标系中的液体静力学问题。

3.4.1　重力场非惯性坐标系中的质量力

流体静力平衡方程式（3-19）是针对惯性坐标系建立的。对于在重力场非惯性坐标系中处于相对静止的流体，其受力除重力、表面力（压力）外，还有惯性力。根据达朗贝尔原理，它们将构成平衡力系。因重力和惯性力都属于质量力，所以将两者的单位质量力合并用 $\mathbf{f}$ 表示，则重力、压力和惯性力三者的平衡关系就归结为 $\mathbf{f}$ 与表面力 $-\mathbf{n}p$ 的平衡关系，这种关系就是静力平衡方程式（3-19）和压力微分方程式（3-22），只是其中的 $\mathbf{f}$ 同时包括了重力

和惯性力。（注：若流体不处于相对静止，**f**同样与流体表面力构成平衡力系，但其中的表面力不只是压力，还有切应力）。

达朗贝尔原理同时指出，加速度为 **a**、质量为 m 的物体，其所受惯性力 $= -m\mathbf{a}$，因此 $-\mathbf{a}$ 就是单位质量的惯性力。于是重力场非惯性坐标系中的单位质量力 **f** 就表示为

$$\mathbf{f} = \mathbf{g} - \mathbf{a} \tag{3-57}$$

图 3-17 中表现了直线匀加速系统中 **f** 与 **g** 和 $-\mathbf{a}$ 的关系。**a** 为定值时液体相对静止，流体内部仅有质量力 **f** 和静压力，两者构成平衡关系，所以由静力平衡方程式（3-19）有

$$\mathbf{g} - \mathbf{a} = \frac{1}{\rho}\nabla p \tag{3-58}$$

这就是重力场非惯性坐标系下静止液体的静力平衡方程，其分量式为

$$g_x - a_x = \frac{1}{\rho}\frac{\partial p}{\partial x}, \quad g_y - a_y = \frac{1}{\rho}\frac{\partial p}{\partial y}, \quad g_z - a_z = \frac{1}{\rho}\frac{\partial p}{\partial z} \tag{3-59}$$

与式（3-22）相对应，重力场非惯性坐标系中压力微分方程就表示为

$$\mathrm{d}p = \rho\left[(g_x - a_x)\mathrm{d}x + (g_y - a_y)\mathrm{d}y + (g_z - a_z)\mathrm{d}z\right] \tag{3-60}$$

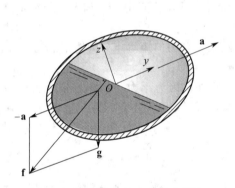

图 3-17 直线匀加速中的静止流体

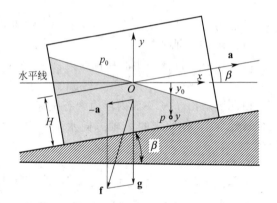

图 3-18 直线匀加速运动的槽车

3.4.2 直线匀加速运动中的静止液体

图 3-18 是运送液体的槽车简化模型：槽车以等加速度 **a** 沿倾角为 β 的斜面作直线运动。液体密度为 ρ，自由液面的压力为 p_0。为分析方便，取 y 坐标垂直于地平面，x 坐标为水平方向（与静止时的液面重合），原点 O 置于液面中点。图中 H 是原始液层深度。因此，在图示运动坐标系下，槽车加速度 **a** 和重力加速度 **g** 的分量为

$$a_x = a\cos\beta, \quad a_y = a\sin\beta, \quad a_z = 0$$
$$g_x = 0, \quad g_y = -g, \quad g_z = 0$$

流体所受单位质量力 **f** 见图，其分量为

$$\begin{cases} f_x = g_x - a_x = -a\cos\beta, \\ f_y = g_y - a_y = -(g + a\sin\beta), \\ f_z = g_z - a_z = 0 \end{cases}$$

于是根据式（3-60），可得槽车中相对静止流体的压力微分方程为

$$\mathrm{d}p = -\rho a\cos\beta\,\mathrm{d}x - \rho(g + a\sin\beta)\mathrm{d}y \tag{3-61}$$

压力分布方程　因流体密度 ρ 和加速度 a 为定值，所以积分上式可得压力分布方程为

$$p = -\rho(a\cos\beta)x - \rho(g + a\sin\beta)y + c \tag{3-62}$$

因为坐标原点置于自由液面，所以 $x=0$，$y=0$，$p=p_0$，由此得 $c=p_0$，所以

$$p=p_0-\rho(a\cos\beta)x-\rho(g+a\sin\beta)y \tag{3-63}$$

等压面与自由液面方程 在压力微分方程式（3-61）中令 $\mathrm{d}p=0$，积分可得等压面方程

$$y=-\frac{a\cos\beta}{(g+a\sin\beta)}x+C_1 \tag{3-64}$$

因自由液面通过 $x=0$、$y=0$ 点，所以 $C_1=0$ 对应的等压面即自由液面。在此用 y_0 表示自由液面 y 坐标，则自由液面方程为

$$y_0=-\frac{a\cos\beta}{(g+a\sin\beta)}x \tag{3-65}$$

可见等压面与自由液面平行，两者都是垂直于 x-y 平面的斜平面。由方程式（3-65）和质量力分量表达式可见，该斜平面的斜率 k 与质量力分量的比值有如下关系。

$$k=-\frac{a\cos\beta}{(g+a\sin\beta)}=-\frac{f_y}{f_x} \longrightarrow k\frac{f_x}{f_y}=-1$$

这表明等压面垂直于质量力 **f**（静止流场性质①）。且当 $a=0$ 时，自由液面为水平面，即 $k=0$；当 $a=-g\sin\beta$ 时（匀加速下坡），自由液面与坡面平行，即 $k=\tan\beta$。

两种液体的分界面 因为两种静止流体的分界面为等压面（静止流场性质②），所以槽车内若有两种液体，则其分界面与自由液面平行。

最后，如果对压力分布方程的形式稍加变化，并引入自由液面方程可得

$$p=p_0-\rho(a\cos\beta)x-\rho(g+a\sin\beta)y=p_0+\rho(g+a\sin\beta)(y_0-y)$$

令 $$g_f=(g+a\sin\beta), \quad h=(y_0-y)$$

则压力分布可表示为 $$p=p_0+\rho g_f h \tag{3-66}$$

式中，g_f 是垂直向下的单位质量力（$-f_y$），g_f 既包括 g，还包括 a 的竖直分量 $a\sin\beta$，所以 g_f 可视为包含 a 影响后的有效重力加速度；而 h 则是压力点 p 垂直向上至自由面的距离（见图 3-18）；所以 $\rho g_f h$ 可视为高度为 h 的单位截面液柱的有效重力。

由此可见，方程式（3-66）更一般化地表述了液体的静压分布，对于重力场惯性坐标系中的静止液体（$a=0$）或重力场非惯性坐标系中相对静止的液体（$a\neq0$）均适用。

3.4.3　匀速旋转容器中的静止液体

图 3-19 所示为以角速度 ω 随容器旋转的流体。容器半径为 R，静止状态时液体深度为 H。只要 ω 保持不变，则容器内的液体将相处于静止状态。根据图示坐标，重力的单位质量力（重力加速度 **g**）分量为

$$g_x=0, \quad g_y=0, \quad g_z=-g$$

见图 3-19 旋转流场的（向心）加速度 **a** 沿径向指向转动中心，其大小为 $r\omega^2$。在柱坐标系中表示为

$$\mathbf{a}=-r\omega^2\mathbf{e}_r \tag{3-67}$$

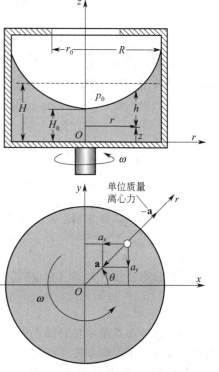

图 3-19　旋转容器中的液体

式中，$\mathbf{e}_r$ 是柱坐标 r 方向单位矢量，但不是常矢量（见附录 A.2）。$\mathbf{e}_r$ 与 x、y 方向单位矢量关系为

$$\mathbf{e}_r = \cos\theta\mathbf{i} + \sin\theta\mathbf{j} \tag{3-68}$$

因此
$$\mathbf{a} = a_x\mathbf{i} + a_y\mathbf{j} = -(r\cos\theta)\omega^2\mathbf{i} - (r\sin\theta)\omega^2\mathbf{j}$$

或
$$\begin{cases} a_x = -(r\cos\theta)\omega^2 = -x\omega^2 \\ a_y = -(r\sin\theta)\omega^2 = -y\omega^2 \\ a_z = 0 \end{cases}$$

于是容器中液体所受的单位质量力为

$$f_x = g_x - a_x = \omega^2 x, \quad f_y = g_y - a_y = \omega^2 y, \quad f_z = g_z - a_z = -g$$

将质量力代入压力微分方程式（3-60）有

$$\mathrm{d}p = \rho(\omega^2 x\,\mathrm{d}x + \omega^2 y\,\mathrm{d}y - g\,\mathrm{d}z) \tag{3-69}$$

等压面与自由液面　令 $\mathrm{d}p = 0$，积分式（3-69）得等压面方程为

$$\frac{\omega^2 x^2}{2} + \frac{\omega^2 y^2}{2} - gz = c$$

式中，c 是积分常数。如图 3-19 所示，因为 $x^2 + y^2 = r^2$，所以等压面方程通常表示为

$$\frac{\omega^2}{2}r^2 - gz = c \tag{3-70}$$

设自由液面在 $r=0$ 处的高度为 $z = H_0$，由此得积分常数 $c = -gH_0$。若用 z_0 表示自由液面 z 坐标，则自由液面方程为

$$z_0 = \frac{\omega^2}{2g}r^2 + H_0 \tag{3-71}$$

可见，容器内流体的等压面和自由液面都是抛物面。这是由单位质量力方向所确定的。对方程式（3-70）求导，可得自由液面平面曲线斜率 k 与质量力的关系为

$$k = \frac{\mathrm{d}z}{\mathrm{d}r} = \frac{r\omega^2}{g} = -\frac{f_r}{f_z} \longrightarrow k\frac{f_z}{f_r} = -1$$

这表明单位质量力 $\mathbf{f}$ 处处垂直于等压面（静止流场性质①）。且 $\omega = 0$ 时，$k = 0$，$z = c$，即此时的等压面为水平面，与只受重力时的情况一样。

此外，根据质量守恒原理，容器在静止和旋转状态下的体积应相等，即

$$\pi R^2 H = \int_0^R z_0 2\pi r\,\mathrm{d}r$$

将式（3-71）代入以上积分式中，可积分得到容器内旋转自由液面中心点高度 H_0

$$H_0 = H - \frac{\omega^2 R^2}{4g} \tag{3-72}$$

由此可得到以静止状态液体深度 H 表示的自由液面方程

$$z_0 = H - \frac{(\omega R)^2}{2g}\left[\frac{1}{2} - \left(\frac{r}{R}\right)^2\right] \tag{3-73}$$

压力分布方程　对式（3-69）积分并引用 $x^2 + y^2 = r^2$，可得旋转液层压力分布为

$$p = \rho\left(\frac{\omega^2 r^2}{2} - gz\right) + c \tag{3-74}$$

该式是转动系统中相对静止液体内压力分布的通用方程。不同的问题有不同的 c，可根据问题特点，由定解条件所确定。

若令自由面压力为 p_0，则应用定解条件：$r = 0$，$z = H_0$，$p = p_0$，可的 $c = p_0 +$

$\rho g H_0$，由此得到有自由液面的回转液层中的压力分布表达式为

$$p = p_0 + \rho g \left(\frac{\omega^2 r^2}{2g} + H_0 - z \right) \tag{3-75}$$

将自由液面方程式（3-71）代入，并令自由液面到液体中 z 点的垂直距离（$z_0 - z$）＝h，则压力分布公式可表达为

$$p = p_0 + \rho g h \tag{3-76}$$

此式与式（3-66）有相同的形式，但由于平面旋转流场中，竖直方向质量力只有 g，所以 $g_f = g$，没有图 3-18 所示情况复杂。此式表明：平面旋转流场中，沿竖直方向的压力分布与仅有重力场的情况类似（因为竖直方向只有 g 的作用）。

【例 3-5】　容器顶盖的轴向力。

图 3-20 所示为一圆筒容器，内壁面半径 R，顶盖中心有与大气接通的透明管。当容器内注满水后透明管中的水面比顶盖液面高出 h，水的密度为 ρ。若容器以匀角速度 ω 旋转，试写出：（1）容器内液体的压力分布表达式；（2）容器顶盖受到的液压轴向总力表达式。

解（1）容器内液体的压力分布表达式

根据式（3-74），旋转系统内相对静止液体的压力分布一般表达式为

$$p = \rho \left(\frac{\omega^2 r^2}{2} - gz \right) + c$$

对于本例情况，由于液体不可压缩，故容器旋转后透明管液面高度位置不变，这一特点可根据图中坐标表述为

$$r = 0, \quad z = H + h, \quad p = p_0$$

由此确定 $c = p_0 + \rho g (H + h)$，代入后压力分布方程具体形式为

$$p - p_0 = \frac{\rho \omega^2 r^2}{2} + \rho g (H + h - z)$$

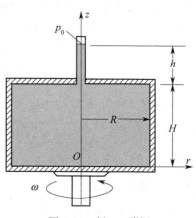

图 3-20　例 3-5 附图

（2）容器顶盖受到的液压轴向总力表达式

由于容器顶盖外侧也受到大气作用，故液压轴向总力只需计入相对压力的作用；又因为沿顶盖内表面 $z = H$，所以液压轴向总力 F 为

$$F = \int_0^R (p - p_0) \big|_{z=H} 2\pi r \, dr = \int_0^R \left(\frac{\rho \omega^2 r^2}{2} + \rho g h \right) 2\pi r \, dr = \pi R^2 \left(\frac{\rho \omega^2 R^2}{4} + \rho g h \right)$$

【例 3-6】　旋转容器内两种液体的分界面。

圆柱形容器半径为 R，高 H。如图 3-21 所示，其中盛水深度 h，水的密度为 ρ_w，余下的容积盛满密度为 ρ_0 的油。容器绕 z 轴旋转，并在顶盖中心有一小孔和大气相通。问转速 n 多大时，油-水界面开始接触底板。

解　容器旋转使得油水界面接触到容器底部中心点时，中心线上全部为油所占据，且中心线顶部压力已知为 p_0。所以根据式（3-76），此时中心线底部（坐标原点）上的压力

$$p_1 = p_0 + \rho_0 g H$$

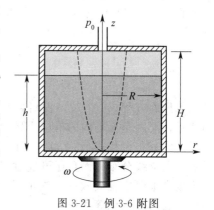

图 3-21　例 3-6 附图

因此，本问题的特点或定解条件是

$$r=0, \quad z=0, \quad p=p_1$$

将此代入旋转流体压力分布式 (3-74)，即

$$p=\rho\left(\frac{\omega^2}{2}r^2-gz\right)+C$$

可得积分常数 $C=p_1$。于是，油-水界面刚接触底板状态时流场的压力分布为

$$p-p_1=\rho\left(\frac{\omega^2}{2}r^2-gz\right)$$

将油或水的密度替代该方程中的 ρ，可分别得到油和水中的压力分布方程，方程中的坐标取值区域则可用下面得到的分界面方程确定（见习题 3-22）。

因为分界面为等压面，所以分界面上各点压力都等于 p_1。于是由 $p=p_1$ 可得油水分界面方程为

$$z_1=\frac{\omega^2}{2g}r^2$$

根据该方程可确定 $z_1=H$ 时的分界面半径 r_1，该半径即顶盖处油水分界面半径，即

$$H=\frac{\omega^2}{2g}r_1^2 \longrightarrow r_1=\frac{1}{\omega}\sqrt{2gH}$$

根据以上确定的分界面方程和 r_1，即可利用质量守恒确定转速。因为容器在静止和旋转状态下油的体积相等，即

$$\pi R^2(H-h)=\pi r_1^2 H-\int_0^{r_1} z_1 2\pi r\,\mathrm{d}r \longrightarrow \pi R^2(H-h)=\pi r_1^2 H-\frac{\pi\omega^2}{4g}r_1^4$$

所以

$$\omega=\frac{H}{R}\sqrt{\frac{g}{(H-h)}} \longrightarrow n=\frac{30\omega}{\pi}=\frac{30}{\pi}\frac{H}{R}\sqrt{\frac{g}{(H-h)}}$$

根据该结果可知，油层越薄，即 $(H-h)$ 越小，油层触底需要的转速越高。

3.4.4 高速回转圆筒内液体的压力分布

对于离心机之类的旋转机械来说，容器的转速少则每分钟几百转，多则每分钟数十万转。高转速使液体所受的离心惯性力远大于重力。如转速为 $1000\mathrm{r/min}$ 的低速离心机，若转鼓半径为 $400\mathrm{mm}$，则离心惯性力与重力之比为

$$\frac{\omega^2 R}{g}=\frac{(1000\pi/30)^2 0.4}{9.81}=447$$

如此大的差距，完全可在高速旋转情况下忽略重力 g 的影响。于是，在方程式 (3-70) 和方程式 (3-74) 中令 $g=0$，可得高速回转圆筒内液体的等压面方程和压力分布方程分别为

$$r=c \tag{3-77}$$

$$p-p_0=\frac{\rho\omega^2}{2}(r^2-r_0^2) \tag{3-78}$$

等压面方程式 (3-77) 表明高速回转圆筒内的等压面为圆柱面，如图 3-22 (a) 中自由面所示，原因是流场内的单位质量力仅有径向离心力 $r\omega^2$。

压力分布方程式 (3-78) 表明：因为单位质量离心力 $r\omega^2$ 沿径向线性增加，故流体压力沿径向抛物线分布，而且还可通过提高转速 ω 迅速增加离心力及流体压力。这使得一些在重力场中难以实现或效率不高的过程得以在高速回转离心场中实现，如过滤分离、沉降分离、超细粉流态化等过程。

此外，压力分布方程式（3-78）同样也可表达为与重力场静压分布方程类似的形式

$$p = p_0 + \rho g_c h_r \tag{3-79}$$

式中，$h_r = r - r_0$ 为液层径向深度；$g_c = \omega^2(r+r_0)/2$ 为液层平均半径处的向心加速度。

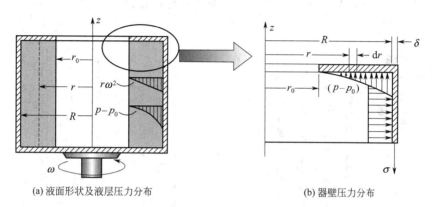

(a) 液面形状及液层压力分布　　　　　　　　(b) 器壁压力分布

图 3-22　高速旋转内的液面形状及压力分布

【例 3-7】　沉降离心机挡液板的液压轴向力及其在筒壁内产生的轴向应力。

图 3-22（a）所示的容器以匀角速度 ω 旋转，由于角速度较高，重力影响可以忽略，而且在多余液体溢流出去后，液体圆筒状自由面的半径刚好与容器上部挡液板的出口半径 r_0 相等。试求挡液板受到的液压轴向总力和容器筒壁内的轴向应力。

解　图 3-22（b）是挡液板和筒壁上的液体相对静压力（表压力）分布图，液体静压力与器壁表面处处垂直。其中，挡液板上的液体相对静压力（表压力）分布可用式（3-78）描述。因此挡液板所受的轴向总力 F 为

$$F = \int_{r_0}^{R} (p-p_0) 2\pi r \mathrm{d}r = \int_{r_0}^{R} \frac{\rho\omega^2}{2}(r^2 - r_0^2) 2\pi r \mathrm{d}r = \frac{\pi\rho\omega^2}{4}(R^2 - r_0^2)^2$$

设容器筒壁厚度为 δ，筒壁内的轴向应力为 σ，由离心机转鼓轴向力平衡可得

$$2\pi R \delta \sigma = \frac{\pi\rho\omega^2}{4}(R^2 - r_0^2)^2 \qquad \longrightarrow \qquad \sigma = \frac{\rho\omega^2}{8R\delta}(R^2 - r_0^2)^2$$

以上轴向力 F 和应力 σ 的计算式是离心机转鼓挡板和筒壁强度计算的基本公式。

习　　题

3-1　流体静止的第二个条件为合力矩为零，即 $\sum \mathbf{M} = 0$。因为 $\sum \mathbf{M} = \sum (\mathbf{r} \times \mathbf{F})$，所以根据 $\mathbf{F}$ 的表达式（3-16），对于体积为 V，封闭表面积为 A 的流体团，其合力矩 $\sum \mathbf{M} = 0$ 可表示为

$$\iiint_V \mathbf{r} \times \mathbf{f}\rho \mathrm{d}V - \oiint_A \mathbf{r} \times \mathbf{n}p \mathrm{d}A = 0$$

试证明：流体静力学基本方程 $\rho \mathbf{f} = \nabla p$ 满足上式［参考附录 A 中式（A-18）］。

3-2　已知不可压缩静止流场中质量力满足的条件是 $\mathbf{V} \times \mathbf{f} = 0$（$\mathbf{V} \times \mathbf{f}$ 称为对 $\mathbf{f}$ 取旋度，运算法则见附录 A.1）。现有某不可压缩流场，其压力微分方程如下

$$\mathrm{d}p = \rho(yz\mathrm{d}x + 2\lambda zx\mathrm{d}y + 3\mu xy\mathrm{d}z)$$

问常数 λ、μ 取何值时，该流场是静止流场？

3-3　已知流体相对静止的旋转流场中（r-θ-z 柱坐标体系），流体的单位质量力如下

$$f_r = \omega^2 r, \qquad f_\theta = 0, \qquad f_z = -g$$

式中，ω 为流场旋转角速度（定值）；g 为重力加速度（负 z 方向）。试求该流场压力分布，并证明

质量力与等压面垂直。提示：柱坐标下的相对静止流体的压力微分方程为

$$\mathrm{d}p = \rho(f_r\mathrm{d}r + f_\theta r\mathrm{d}\theta + f_z\mathrm{d}z)$$

3-4　已知海平面上空气条件为：$p_0 = 1.0133 \times 10^5$ Pa，$\rho_0 = 1.285$ kg/m³，$T_0 = 288.15$ K，并已知海平面上空气温度随高度的下降率为 0.007K/m；试计算 $z = 5000$ m 高空处的压力 p 和密度 ρ。

3-5　试排列图 3-23 所示复式测压计中 1、2、3、4、点压力 p_1、p_2、p_3、p_4 的大小顺序（复式测压计可减小测压管高度）。

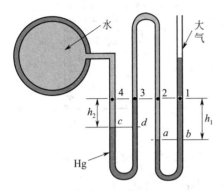

图 3-23　习题 3-5 附图

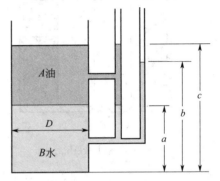

图 3-24　习题 3-6 附图

3-6　一敞口圆柱形容器，如图 3-24 所示，其直径 $D = 0.4$ m，上部为油，下部为水。
① 若测压管中读数为 $a = 0.2$ m，$b = 1.2$ m，$c = 1.4$ m，求油的相对密度。
② 若油的相对密度为 0.84，$a = 0.5$ m，$b = 1.6$ m，求容器中水和油的体积。

3-7　图 3-25 所示为杯式汞真空计，其中杯内接大气时 $p = p_0$，测压管上的读数为零；$p < p_0$ 时，测压管读数为 h，杯内液面上升 Δh。已知杯的直径 $D = 60$ mm，管的直径 $d = 6$ mm。
① 求测压管中读数 $h = 300$ mm 时，杯上的真空度（mmHg）；
② 说明这种测压计有什么优点。

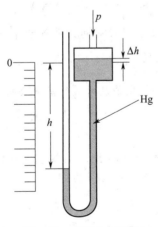

图 3-25　习题 3-7 附图

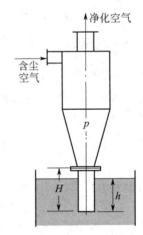

图 3-26　习题 3-8 附图

3-8　旋风除尘器如图 3-26 所示，其下端出灰口管段长 H，部分插入水中，使旋风除尘内部与外界大气隔开，称为水封；同时要求出灰管内液面不得高于出灰管上部法兰位置。设除尘器内操作压力（表压）$p = -1.2 \sim 1.2$ kPa.
① 试问管段长 H 至少为多少？
② 若 $H = 300$ mm，问其中插入水中的部分 h 应在什么范围？（取水的密度 $\rho = 1000$ kg/m³）

3-9　为了精确测定 A、B 两管道内流体的微小压差，设计如图 3-27 所示的微压计；A、B 两管道内和 U

形管内为同一种流体，密度为 ρ；微压计上方的流体略轻一些，密度为 ρ_m。试用读数 H、h_1、h_2 和 ρg 表示 A 和 B 的压差。设 A、B 位于同一水平面。

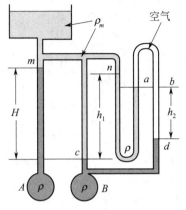

图 3-27 习题 3-9 附图

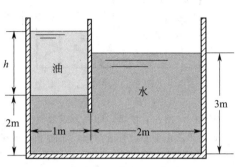

图 3-28 习题 3-10 附图

3-10 一个底部为正方形的容器被分成两部分，两部分在容器的底部连通。在容器中装入水以后，再在左边部分加入密度为 $\rho_o = 820\text{kg/m}^3$ 的油，形成如图 3-28 所示的形态。

① 试计算右边油的高度 h；

② 如果在油面上浮着一个 $G = 1000\text{N}$ 重的木块，则右边的水面要上升多少？

3-11 一圆筒形闸门如图 3-29 所示，直径 $D = 4\text{m}$，长度 $L = 10\text{m}$，上游水深 $H_1 = 4\text{m}$，下游水深 $H_2 = 2\text{m}$，求作用于闸门上的静压总力 F_x、F_y。

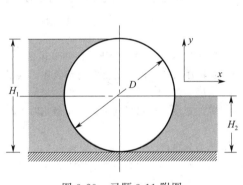

图 3-29 习题 3-11 附图

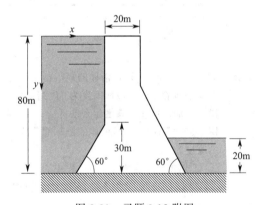

图 3-30 习题 3-12 附图

3-12 一拦河大坝，坝内水深 80m，坝外水深 20m，坝的结构尺寸如图 3-30 所示。试计算在水的静压作用下，大坝所受合力的大小及其与 x 轴的交角（取单位宽度大坝计算，水的密度 $\rho = 1000\text{kg/m}^3$）。

3-13 如图 3-31 所示，两水池间的隔板底端有一圆柱体闸门，闸门对称于隔板分割左右池，圆柱体与隔板和水池底部光滑接触（无泄漏、无摩擦），且此时圆柱体水平方向所受合力为 0。已知：圆柱体直径 $D = 1\text{m}$，垂直于图面长 $L = 1\text{m}$；左池敞口，水深 $H = 6\text{m}$；右池封闭，水深 $h = 1\text{m}$，右池装有 U 形水银测压管，测压管读数为 Δh。取水的密度 $\rho = 1000 \text{ kg/m}^3$，水银密度 $\rho_m = 13600\text{kg/m}^3$。试求：

① 测压管读数 $\Delta h = ?$

② 液体静压在竖直方向作用于圆柱体的总力。

3-14 一铅锤平板安全闸门，如图 3-32 所示。已知闸门垂直于图面方向宽度 $b = 0.6\text{m}$，高 $h_1 = 1\text{m}$，支撑铰链 C 装置在距底 $h_2 = 0.4\text{m}$ 处，闸门只能绕 C 点顺时针转动。试求闸门自动打开所需水深 h。提示：闸门受到的合力的作用点高于 C 点闸门将自动打开，或当闸门上的液压作用力对 C 点的矩 M_C 为顺时针时闸门将自动打开。

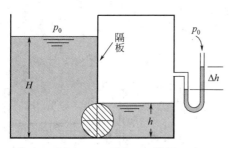

图 3-31　习题 3-13 附图

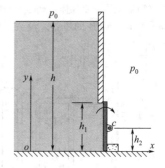

图 3-32　习题 3-14 附图

3-15　如图 3-33 所示，油罐车厢视为矩形截面的卧式容器，容器高 $H=1.2\text{m}$，宽度 $W=1.8\text{m}$，长度 $L=5\text{m}$；车顶正中心设有进油管，油面中心比容器顶高出 $h=0.3\text{m}$，油的密度 $\rho=800\text{kg/m}^3$。设此油罐车以加速度 $a=1.5\text{m/s}^2$ 起动，试求油车两端壁面（A、B）在油液静压作用下各自受到的总力 F_A 和 F_B。提示：坐标原点放在容器中心。

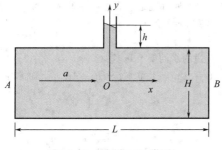

图 3-33　习题 3-15 附图

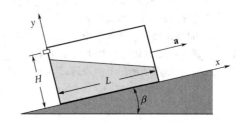

图 3-34　习题 3-16 附图

3-16　如图 3-34 所示，运送液体的矩形槽车以等加速度 a 沿坡度为 β 的斜面行进。已知液体密度为 ρ，槽车在平地静止时，液面高度为 $H/2$。根据图示坐标及标注尺寸，试确定槽车内部液体不从尾部孔口溢流，加速度 a 应满足什么条件。

3-17　图 3-35 所示的是运送液体的槽车简化模型：槽车以等加速度 a 做水平运动。槽车静止时，车内液体的高度为 H。

① 试求槽车在等加速度运动过程中的自由液面方程和压力分布；

② 证明距离自由液面下垂直距离 h 处的压力为 $p=p_0+\rho g h$。p_0 为自由液面压力。

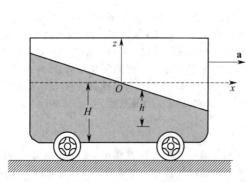

图 3-35　习题 3-17 附图

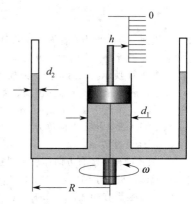

图 3-36　习题 3-18 附图

3-18 图 3-36 所示是一液体转速计，由直径为 d_1 的中心圆筒和重量为 W 的活塞以及两个直径为 d_2 的有机玻璃管组成，玻璃管与转轴轴线的半径距离为 R，系统中盛有汞液。试求转动角速度 ω 与指针下降距离 h 的关系。设 $\omega=0$ 时，$h=0$。

3-19 一敞口圆筒容器绕其立轴等速旋转，如图 3-37 所示。已知容器半径 $R=150\text{mm}$，高度 $H=500\text{mm}$，静止时液面高度 $h=300\text{mm}$，问当转速 n 为多少转时，水面恰好达到容器的上边缘？

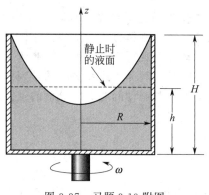

图 3-37 习题 3-19 附图

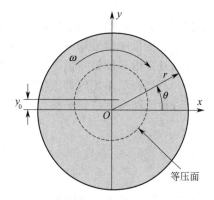

图 3-38 习题 3-20 附图

3-20 一个充满水的密闭圆筒容器，横向放置，以等角速度 ω 绕自身中心轴线旋转，如图 3-38 所示。试考虑重力的影响，证明其等压面是圆柱面，且等压面的中心轴线比容器中心轴线高 $y_0=g/\omega^2$。

3-21 一圆柱形容器如图 3-39 所示，其半径 $R=0.6\text{m}$，完全充满水，在顶盖上 $r_0=0.43\text{m}$ 处开一小孔，敞口测压管中的水位 $h=0.5\text{m}$，问此容器绕其立轴旋转的转速 n 为多大时，顶盖所受水的静压总力为零？

3-22 圆柱形容器如图 3-40 所示，其半径 $R=300\text{mm}$，高 $H=500\text{mm}$，盛水至 $h=400\text{mm}$，水的密度 $\rho_w=1000\text{kg/m}^3$，余下的容积盛满密度 $\rho_0=800\text{kg/m}^3$ 的油。容器绕其立轴旋转，并在顶盖中心有一小孔和大气相通。

① 问转速 n 为多大时，油-水界面开始接触底板？

② 求此时容器顶盖和底板上的最大压力和最小压力值（提示：油水分界面为等压面）。

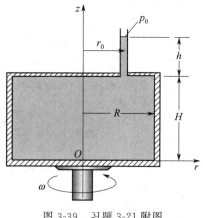

图 3-39 习题 3-21 附图

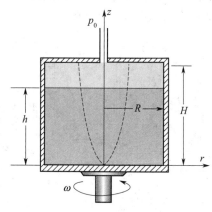

图 3-40 习题 3-22 附图

第4章 流体流动的守恒原理

流体作为特定形态的物质，其流动过程必然遵循物质运动的基本原理，包括质量守恒、动量守恒、能量守恒原理等。本章将依据这些原理，以控制体分析方法建立流体流动的质量守恒、动量守恒和能量守恒方程，分析研究流体运动的宏观行为。这种以控制体为对象的研究方法，不拘泥于系统内部流场的具体分布，关心的是控制体与边界之间的宏观作用，所建立的方程是流动系统物料平衡、受力分析、能量衡算以及流动问题综合分析的重要工具。

4.1 概　述

与研究流体质点运动的拉格朗日方法和欧拉方法相对应，在研究流体运动的宏观行为时，既可在流场中选定部分流体即系统为对象，也可选择确定的流场空间即控制体为对象。为此，有必要首先说明系统与控制体这两个概念之间的区别与联系。

4.1.1　系统与控制体

系统　系统是确定不变的物质集合。如图 4-1（a）所示，在 $t=0$ 时刻选定虚线包围的流体为系统，其中虚线为系统的边界，边界以外的物质为外界，则在随后的 Δt 时间内，系统除了通过边界与外界发生力的作用和能量交换外，其边界形状本身也将发生变化，但系统质量始终不变，如图 4-1（b）所示。即系统的特点是：质量不变，而边界形状不断改变。显然，以系统为对象研究流体运动，就必须对系统进行实时跟踪并识别其边界，这在实践上无疑是很困难的。况且，工程实际中所关心的问题多数不在于跟踪确定质量的流体运动，而在于特定空间或设备内流体的流动行为。所以工程流体力学中，更多的是采用以控制体而不是以系统为对象的研究方法。

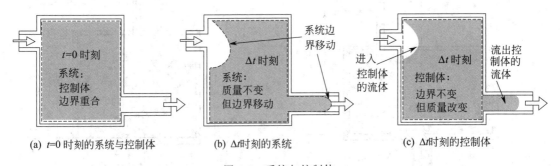

(a) $t=0$ 时刻的系统与控制体　　(b) Δt 时刻的系统　　(c) Δt 时刻的控制体

图 4-1　系统与控制体

控制体　控制体是根据需要所选择的具有确定形状的流场空间。如图 4-1（a）所示，若以 $t=0$ 时刻虚线框定的流场空间为控制体，并称其表面为控制面，则在随后的 Δt 时间内，控制面上不仅可以有力的作用和能量交换，而且还可以有质量的交换，但控制体形状与位置一般不变，如图 4-1（c）所示。即控制体的特点是：边界形状不变，而内部质量可变。然而，由于有关物质运动守恒原理的表述，包括质量守恒、动量守恒和能量守恒定律等，都是针对具有确定质量的系统而言的，所以以控制体为研究对象时就存在这样一个问题：如何将基于"系统"的守恒定律表达成适用于"控制体"的形式。这就是输运公式要解决的问题。

4.1.2 守恒定律与输运公式

守恒定律 依据守恒原理建立的质量守恒、动量守恒和能量守恒定律可分别表述为：系统质量 m 随时间的变化率为 0，系统动量 $m\mathbf{v}$ 的时间变化率等于系统所受外力之合力 $\mathbf{F}$，系统能量 E 的时间变化率等于系统的吸热速率 $\dot{Q}$ 减去系统对外做功的功率 $\dot{W}$，即

$$\frac{\mathrm{d}m}{\mathrm{d}t}=0，\quad \frac{\mathrm{d}m\mathbf{v}}{\mathrm{d}t}=\mathbf{F}，\quad \frac{\mathrm{d}E}{\mathrm{d}t}=\dot{Q}-\dot{W} \tag{4-1}$$

需要指出：上述定律针对的是有确定质量的"系统"，故其中的 m、$m\mathbf{v}$ 和 E 指的是被选定为系统的物质的质量及其所具有的动量和能量。对于流体流动问题，若在流场中选定某一团流体作为系统，并应用守恒定律来研究其运动规律，则定律式（4-1）中的各时间变化率就可由该流体团的质量 m、动量 $m\mathbf{v}$ 和能量 E 直接对时间求导而得，这有些类似于求拉格朗日变量的质点导数。但以控制体为研究对象时，由于其内部质量是变化的，故其 m、$m\mathbf{v}$ 和 E 对时间直接求导并不是定律式（4-1）中要求的系统变量的时间变化率；因此针对控制体应用守恒定律，首先需要解决的问题是：如何用控制体参数等价表述系统变化率，这样的表达式就称为输运公式，这有些类似于求欧拉法变量的质点导数。

输运公式 为直观起见，在此以系统质量变化率为例来导出输运公式。

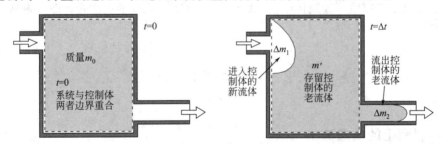

图 4-2　流动系统中 Δt 时间段前后的变化情况

图 4-2 所示为流动系统中 Δt 时间段前后的变化情况。在 $t=0$ 时刻，选择系统边界与控制体表面相重合（矩形虚线框），系统质量和控制体质量都为 m_0，经过 Δt 时间后，有质量为 Δm_1 的新流体进入控制体，有质量为 Δm_2 的老流体输出控制体，仍然留在控制体的老流体质量为 m'；这样，Δt 时间后的系统质量就等于（$\Delta m_2+m'$），而控制体内的质量就等于（$\Delta m_1+m'$）。于是，根据时间变化率（时间导数）的概念，系统质量的变化率可表述为

$$\frac{\mathrm{d}m}{\mathrm{d}t}=\lim_{\Delta t \to 0}\frac{\left[(\Delta m_2+m')-m_0\right]}{\Delta t}$$

在该等式右边上方分子项中同时加减 Δm_1，并重新组合可得

$$\frac{\mathrm{d}m}{\mathrm{d}t}=\underbrace{\lim_{\Delta t \to 0}\frac{(\Delta m_1+m')-m_0}{\Delta t}}_{第一项}+\underbrace{\lim_{\Delta t \to 0}\frac{\Delta m_2}{\Delta t}}_{第二项}-\underbrace{\lim_{\Delta t \to 0}\frac{\Delta m_1}{\Delta t}}_{第三项}$$

由此可见，针对控制体，系统质量的时间变化率可表示为三项，第一项是控制体内流体质量的时间变化率，第二项是单位时间输出控制体的流体质量（输出控制体的质量流量），第三项是单位时间输入控制体的流体质量（输入控制体的质量流量），即

$$\frac{\mathrm{d}m}{\mathrm{d}t} = \begin{matrix} 输出控制体 \\ 的质量流量 \end{matrix} - \begin{matrix} 输入控制体 \\ 的质量流量 \end{matrix} + \begin{matrix} 控制体内的 \\ 质量变化率 \end{matrix} \tag{4-2a}$$

这就是系统质量变化率的输运公式。因为动量和能量都是与质量成正比的物理量（热力学中称为广延量或尺度量），所以类似方法可得系统动量和能量变化率的输运公式

$$\frac{\mathrm{d}m\mathbf{v}}{\mathrm{d}t} = \begin{matrix} 输出控制体 \\ 的动量流量 \end{matrix} - \begin{matrix} 输入控制体 \\ 的动量流量 \end{matrix} + \begin{matrix} 控制体内的 \\ 动量变化率 \end{matrix} \tag{4-2b}$$

$$\frac{\mathrm{d}E}{\mathrm{d}t} = \begin{matrix} 输出控制体 \\ 的能量流量 \end{matrix} - \begin{matrix} 输入控制体 \\ 的能量流量 \end{matrix} + \begin{matrix} 控制体内的 \\ 能量变化率 \end{matrix} \tag{4-2c}$$

输运公式不仅将系统与控制体联系起来，成为由拉格朗日观点的"系统"过渡到欧拉观点的"控制体"的桥梁，而且表明：以控制体为研究对象时，系统变量的变化来自于两个方面：①变量在控制体内随时间的变化；②流体输出输入控制体所引起的变化。

基于控制体的守恒定律　根据系统守恒定律和输运公式，基于控制体的质量、动量和能量守恒定律可表述如下。

$$\begin{matrix} 输出控制体 \\ 的质量流量 \end{matrix} - \begin{matrix} 输入控制体 \\ 的质量流量 \end{matrix} + \begin{matrix} 控制体内的 \\ 质量变化率 \end{matrix} = 0 \tag{4-3}$$

$$\begin{matrix} 输出控制体 \\ 的动量流量 \end{matrix} - \begin{matrix} 输入控制体 \\ 的动量流量 \end{matrix} + \begin{matrix} 控制体内的 \\ 动量变化率 \end{matrix} = \mathbf{F} \tag{4-4}$$

$$\begin{matrix} 输出控制体 \\ 的能量流量 \end{matrix} - \begin{matrix} 输入控制体 \\ 的能量流量 \end{matrix} + \begin{matrix} 控制体内的 \\ 能量变化率 \end{matrix} = \dot{Q} - \dot{W} \tag{4-5}$$

将以上守恒定律应用于控制体时，只需建立各文字项的数学表达式，即可得到相应的控制体守恒方程。

4.2　质量守恒方程

4.2.1　控制面上的质量流量

表面法向速度　通过表面 A 的质量流量取决于表面上流体的法向速度。考察位于流场中的任意控制体，如图 4-3 所示。在控制面上任取微元面积 $\mathrm{d}A$，设 $\mathrm{d}A$ 面上流体密度为 ρ，速度矢量为 $\mathbf{v}$，$\mathrm{d}A$ 外法线单位矢量为 $\mathbf{n}$。通常情况下，速度矢量 $\mathbf{v}$ 不垂直于 $\mathrm{d}A$，而是与 $\mathbf{n}$ 成夹角 θ。因此，若以 v 表示速度 $\mathbf{v}$ 的模，则 $\mathrm{d}A$ 面上流体的法向速度为 $v_n = v\cos\theta$，另一方面，由于单位矢量 $\mathbf{n}$ 的模 $|\mathbf{n}| = 1$，故

$$\mathbf{v} \cdot \mathbf{n} = |\mathbf{v}||\mathbf{n}|\cos\theta = v\cos\theta \tag{4-6}$$

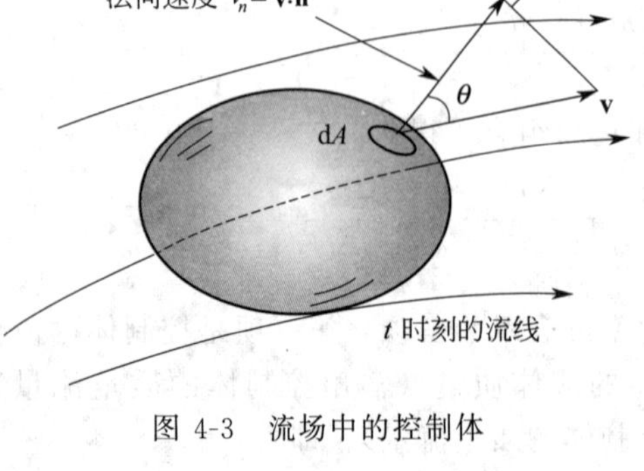

所以，$\mathrm{d}A$ 面上流体的法向速度可一般表示为

$$v_n = \mathbf{v} \cdot \mathbf{n} \begin{cases} v_n > 0, \theta < \pi/2 & \longrightarrow 流体输出控制面 \\ v_n = 0, \theta = 0 & \longrightarrow 控制面上无流体进出 \\ v_n < 0, \theta > \pi/2 & \longrightarrow 流体输入控制面 \end{cases} \tag{4-7}$$

微元面 dA 上的质量流量　根据以上法向速度，任意微元面 $\mathrm{d}A$ 上的质量流量可表达为

$$\mathrm{d}q_m = \rho v_n \mathrm{d}A = \rho(\mathbf{v} \cdot \mathbf{n})\mathrm{d}A \tag{4-8}$$

图 4-3　流场中的控制体

式中，ρv_n 或 $\rho(\mathbf{v} \cdot \mathbf{n})$ 的意义是单位面积的质量流量，称为质量通量（mass flux）。

输入面 A_1 上的质量流量　设 A_1 为控制面上的流体输入面，则根据式（4-6）可知：该面上的微元面流量 $\mathrm{d}q_m < 0$，而按习惯流量总取为正值，因此输入面 A_1 上的质量流量 q_{m1}（取正值）就表示为

$$q_{m1} = -\iint_{A_1} \mathrm{d}q_m = -\iint_{A_1} \rho(\mathbf{v} \cdot \mathbf{n}) \mathrm{d}A \tag{4-9}$$

输出面 A_2 上的质量流量　设 A_2 为控制面上流体的输出面，则根据式（4-6）可知，该面上的微元面流量 $\mathrm{d}q_m > 0$，因此输出面 A_2 上的质量流量 q_{m2} 表示为

$$q_{m2} = \iint_{A_2} \mathrm{d}q_m = \iint_{A_2} \rho(\mathbf{v} \cdot \mathbf{n}) \mathrm{d}A \tag{4-10}$$

控制面上净输出的质量流量　对于体积为 V 的控制体，其控制面 cs（control surface）一般总可以分为三部分：输入面 A_1、输出面 A_2 和无流体进出的表面 A_0。因此控制面 cs 上净输出的质量流量 Δq_m 就等于输出面流量 q_{m2} 与输入面流量 q_{m1} 之差，即

$$\Delta q_m = q_{m2} - q_{m1} = \iint_{A_2} \rho(\mathbf{v} \cdot \mathbf{n}) \mathrm{d}A - \iint_{A_1} -\rho(\mathbf{v} \cdot \mathbf{n}) \mathrm{d}A = \iint_{A_1 + A_2} \rho(\mathbf{v} \cdot \mathbf{n}) \mathrm{d}A = \iint_{cs} \rho(\mathbf{v} \cdot \mathbf{n}) \mathrm{d}A \tag{4-11}$$

该式表明，$\mathrm{d}q_m$ 沿封闭控制面 cs 的积分即为控制面单位时间净输出的流体量。

4.2.2　控制体质量守恒方程

根据式（4-3），控制体质量守恒定律表述如下

$$\begin{matrix} 输出控制体 \\ 的质量流量 \end{matrix} - \begin{matrix} 输入控制体 \\ 的质量流量 \end{matrix} + \begin{matrix} 控制体内的 \\ 质量变化率 \end{matrix} = 0$$

式中输出与输入控制体的质量流量之差已由式（4-11）确定，即

$$q_{m2} - q_{m1} = \iint_{cs} \rho(\mathbf{v} \cdot \mathbf{n}) \mathrm{d}A$$

其次，对于控制体内的任意微元体积 $\mathrm{d}V$，其质量为 $\rho \mathrm{d}V$。将 $\rho \mathrm{d}V$ 沿整个控制体 cv（control volume）积分可得控制体内的瞬时总质量 m_{cv}，然后将 m_{cv} 对时间求导可得控制体内的质量变化率，即

$$\frac{\mathrm{d}m_{cv}}{\mathrm{d}t} = \frac{\mathrm{d}}{\mathrm{d}t} \iiint_{cv} \rho \mathrm{d}V$$

一般形式的质量守恒方程　将上述两式代入控制体质量守恒定律，可得积分形式的控制体质量守恒方程为

$$\iint_{cs} \rho(\mathbf{v} \cdot \mathbf{n}) \mathrm{d}A + \frac{\mathrm{d}}{\mathrm{d}t} \iiint_{cv} \rho \mathrm{d}V = 0 \tag{4-12}$$

或直接采用输入、输出面的质量流量 q_{m1}、q_{m2} 及控制体瞬时总质量 m_{cv} 将上式表示为

$$q_{m2} - q_{m1} + \frac{\mathrm{d}m_{cv}}{\mathrm{d}t} = 0 \tag{4-13}$$

式（4-13）不仅形式上更直观，而且更常用，因为流体流量通常是给定的操作参数，并不需要通过速度分布积分计算。由质量守恒方程可见：若输出流量大于输入流量即 $q_{m2} > q_{m1}$，则控制体内的总质量必然减小，即 $\mathrm{d}m_{cv}/\mathrm{d}t < 0$；反之亦然。

需要指出，对于无化学反应的多组分流动系统，质量守恒方程对每一组分都成立。

稳态系统的质量守恒方程　稳态流动时，$\mathrm{d}m_{cv}/\mathrm{d}t = 0$，质量守恒方程简化为

$$q_{m1} = q_{m2} \tag{4-14}$$

即，对于稳态流动系统，流体输入与输出控制体的质量流量必然相等。

特别地，对于管道或具有管状进出口设备中的流动，式（4-14）又通常表示为

$$\rho_1 v_1 A_1 = \rho_2 v_2 A_2 \tag{4-15}$$

式中，ρ、v 是相应进口截面 A_1 或出口截面 A_2 上流体的平均密度和平均速度。

进一步，若流体不可压缩，即 $\rho = \text{const}$，则控制体进出口的体积流量相等，即

$$v_1 A_1 = v_2 A_2 \tag{4-16}$$

此外，设管道截面 A 上流体平均密度为 ρ_m、平均流速为 v_m、速度分布为 $\mathbf{v}$，则采用 v_m 计算的质量流量 q_m 与采用 $\mathbf{v}$ 积分计算的 q_m 应相等，由此得管道截面平均流速的定义式为

$$v_m = \frac{q_m}{\rho_m A} = \frac{1}{\rho_m A} \iint_A \rho (\mathbf{v} \cdot \mathbf{n}) \mathrm{d}A \tag{4-17}$$

【例 4-1】 圆管层流的最大速度。

如图 4-4 所示，不可压缩流体在半径为 R 的圆管内作层流流动。已知进口截面 1—1 上，速度 v_1 均匀分布；在 2—2 截面，速度 v_2 的分布为

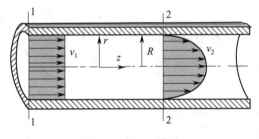

$$v_2 = v_{\max} \left(1 - \frac{r^2}{R^2} \right)$$

式中 $v_{\max}$ 为截面 2-2 上的最大速度。试用质量守恒方程确定 $v_{\max}$ 与 v_1 之间的关系。

解 取 1—1、2—2 截面之间的管内空间为控制体。从流体速度分布式可知，流体流动为稳态流动，所以控制体内质量的时间变化率为零，即 $\mathrm{d}m_{cv}/\mathrm{d}t = 0$，质量守恒方程简化

图 4-4 例 4-1 附图

$$q_{m1} = q_{m2}$$

式中 q_{m1}、q_{m2} 分别为 1—1 和 2—2 截面上的质量流量。

在 1—1 截面上，速度方向与截面外法线之间的夹角 $\theta = 180°$，故 $(\mathbf{v} \cdot \mathbf{n}) = -v_1$；在 2—2 截面上，$\theta = 0°$，所以 $(\mathbf{v} \cdot \mathbf{n}) = v_2$。于是分别根据式（4-9）和式（4-10）有

$$q_{m1} = -\iint_{A_1} \rho (\mathbf{v} \cdot \mathbf{n}) \mathrm{d}A = \iint_{A_1} \rho v_1 \mathrm{d}A = \rho v_1 \iint_{A_1} \mathrm{d}A = \rho v_1 \pi R^2$$

$$q_{m2} = \iint_{A_2} \rho (\mathbf{v} \cdot \mathbf{n}) \mathrm{d}A = \iint_{A_2} \rho v_2 \mathrm{d}A = \rho v_{\max} 2\pi \int_0^R \left(1 - \frac{r^2}{R^2} \right) r \mathrm{d}r = \frac{\rho v_{\max}}{2} \pi R^2$$

因为

$$q_{m1} = q_{m2}$$

所以

$$v_{\max} = 2 v_1$$

【例 4-2】 搅拌槽出口的溶液浓度。

如图 4-5 所示，水和食盐分别以 150kg/h 和 30kg/h 的质量流量加入搅拌槽，混合后盐溶液以 120kg/h 的质量流量流出。开始时，搅拌槽内有 100kg 的新鲜水。由于搅拌充分，槽内溶液浓度可视为均匀分布。试确定 1 小时后出口溶液的浓度（以食盐的质量分率表示）。

解 取 1—1、2—2 截面之间的搅拌槽空间为控制体。本题条件下，控制体内的质量是变化的，属于非稳态问题，并涉及两种组分。

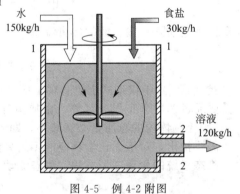

图 4-5 例 4-2 附图

设 q_{mw}、q_{ms} 分别表示水和盐的质量流量；q_m 为出口溶液质量流量，x 为溶液中盐的质量分率；m_{cv}、m_0 分别为搅拌槽内流体的瞬时总质量和初始质量。

首先考虑水和盐的总质量平衡：因为出口流量和进口流量分别为

$$q_{m2}=q_m, \quad q_{m1}=q_{mw}+q_{ms}$$

故根据质量守恒方程式（4-13）有

$$q_m-q_{mw}-q_{ms}+\frac{\mathrm{d}m_{cv}}{\mathrm{d}t}=0 \tag{a}$$

其次，对于单独的盐组分，由于槽内溶液浓度均匀，所以出口和槽内各处盐的质量分率 x 相同，x 仅与时间有关，因此食盐组分的质量守恒关系为

$$q_m x-q_{ms}+\frac{\mathrm{d}m_{cv}x}{\mathrm{d}t}=0 \tag{b}$$

求解式（a），并引用初始条件 $m_{cv}\big|_{t=0}=m_0$，得搅拌槽内溶液的瞬时总质量为

$$m_{cv}=(q_{mw}+q_{ms}-q_m)t+m_0$$

将其代入式（b），整理后得溶液中盐的质量分率的微分方程为

$$\frac{\mathrm{d}x}{q_{ms}-(q_{mw}+q_{ms})x}=\frac{\mathrm{d}t}{m_0+(q_{mw}+q_{ms}-q_m)t}$$

求解该微分方程，并由初始条件 $x\big|_{t=0}=0$ 确定积分常数，得出口溶液中盐的质量分率为

$$x=\frac{q_{ms}}{q_{mw}+q_{ms}}\left[1-\left(1+\frac{q_{mw}+q_{ms}-q_m}{m_0}t\right)^{-\frac{q_{mw}+q_{ms}}{q_{mw}+q_{ms}-q_m}}\right]$$

代入题中数据，得到 1 小时后出口溶液中盐的质量分率为

$$x=\frac{30}{150+30}\left[1-\left(1+\frac{150+30-120}{100}\times1\right)^{-\frac{150+30}{150+30-120}}\right]=0.126$$

4.2.3 多组分系统的质量守恒方程

(1) 无化学反应的多组分系统

因为无化学反应流体系统中不存在物质转化，各组分质量保持不变，所以质量守恒方程式（4-12）和式（4-13）对每一流体组分或某几个组分的混合物的质量衡算都是适用的，有 n 个组分就有 n 个独立方程（见例 4-2）。

(2) 有化学反应的多组分系统

基于质量单位的守恒方程 由于化学反应产生的物质转化，每一组分的质量可能增加或减少，故其质量是不守恒的；但如果将某组分因化学反应增加或减少的质量一并考虑，则该组分物质满足质量守恒条件。于是，对于多组分系统中的任意组分 i，假设其在化学反应中的质量生成率或消耗率为 $\dot{R}_i$，其基本单位为 kg/s，并规定：对于生成物 $\dot{R}_i>0$，反应物 $\dot{R}_i<0$，则该组分的质量守恒方程为

$$q_{m2,i}-q_{m1,i}-\dot{R}_i+\frac{\mathrm{d}m_{cv,i}}{\mathrm{d}t}=0 \tag{4-18}$$

此时，$q_{m1,i}$、$q_{m2,i}$ 为 i 组分物质在控制体进出口截面上的质量流量，$m_{cv,i}$ 为控制体内 i 组分物质的瞬时总质量。由此可见：生成物（$\dot{R}_i>0$）相当于增加控制体的输入项，反应物（$\dot{R}_i<0$）相当于增加控制体输出项。

另一方面，无论组分间如何转化，系统总质量是不变的。所以对有化学反应的多组分混合物总体，质量守恒方程式（4-13）仍然适用。事实上，以质量为物质量单位时，各组分质

量生成率之和 $\sum\dot{R}_i=0$，所以将式（4-18）所列各组分守恒方程相加，即得到式（4-13）。

基于物质的量的守恒方程 化学反应中常用摩尔表达物质的量，所以设 i 组分物质的分子量为 M_i（kg/kmol），并用 M_i 遍除式（4-18），则得到基于物质的量的 i 组分物质的质量守恒方程

$$q'_{m2,i}-q'_{m1,i}-\dot{R}'_i+\frac{\mathrm{d}m'_{\mathrm{cv},i}}{\mathrm{d}t}=0 \qquad (4\text{-}19)$$

式中　$q'_{m1,i}$，$q'_{m2,i}$——i 组分物质在控制体进出口截面上的摩尔流量，kmol/s；

$m'_{\mathrm{cv},i}$——控制体内 i 组分物质的瞬时摩尔量，kmol；

$\dot{R}'_i$——i 组分物质的摩尔生成率，kmol/s。

将式（4-19）所列各组分守恒方程相加，即得到有化学反应多组分系统混合物总体的质量守恒方程

$$q'_{m2}-q'_{m1}-\sum\dot{R}'_i+\frac{\mathrm{d}m'_{\mathrm{cv}}}{\mathrm{d}t}=0 \qquad (4\text{-}20)$$

式中　q'_{m1}，q'_{m2}——控制体进、出口截面上的总摩尔流量；

m'_{cv}——控制体内总的物质的量；

$\sum\dot{R}'_i$——所有组分的摩尔生成率之和，一般情况 $\sum\dot{R}'_i\neq0$。

反应组分的生成率 各组分生成率可根据化学反应式和各组分分子量确定。比如，对于由反应物 A、B 得到生成物 C、D 的化学反应过程

$$a\mathrm{A}+b\mathrm{B}\implies c\mathrm{C}+d\mathrm{D}$$

组分 A、B、C、D 的化学计量数分别为 a、b、c、d，其分子量分别为 M_A、M_B、M_C、M_D，因各组分摩尔生成率 $\dot{R}'_i$（反应物 $\dot{R}'_i<0$，生成物 $\dot{R}'_i>0$）及其与质量生成率 $\dot{R}_i$ 之间有如下关系

$$-\frac{\dot{R}'_A}{a}=-\frac{R'_B}{b}=\frac{\dot{R}'_C}{c}=\frac{\dot{R}'_D}{d}, \quad \text{且} \dot{R}_i=\dot{R}'_iM_i \qquad (4\text{-}21)$$

所以，只要由已知条件确定某一组分的生成率，则可得到其它各组分的生成率。

【例 4-3】 磷酸反应槽出口的溶液浓度。

图 4-6 所示为湿法磷酸搅拌反应槽。槽内加入氟磷酸钙（磷矿石）$Ca_5F(PO_4)_3$、水 H_2O 和硫酸 H_2SO_4，生成磷酸 H_3PO_4、二水硫酸钙 $CaSO_4\cdot2H_2O$ 和氟化氢 HF。其反应式如下

$$Ca_5F(PO_4)_3+5H_2SO_4+10H_2O=\!=\!=3H_3PO_4+5(CaSO_4\cdot2H_2O)+HF$$

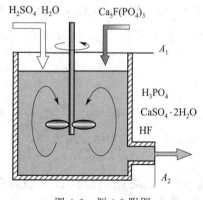

图 4-6　例 4-3 附图

设磷矿石加入量 10000kg/h，硫酸按化学计量数送入槽内，质量浓度 98%。过程开始时，槽内存有质量浓度 20% 的磷酸溶液 10000kg；操作过程中连续取出磷酸溶液和二水硫酸钙以保持槽内磷酸溶液总质量不变（10000kg）；操作稳定后生成的磷酸溶液质量浓度 28%。设搅拌槽内磷酸溶液浓度分布均匀，问操作开始 0.5 小时后，槽内磷酸溶液的质量浓度为多少？

解 取 A_1、A_2 截面之间的搅拌槽空间为控制体，考虑溶液中磷酸组分的质量平衡。

进口面 A_1：无磷酸输入，故磷酸流量 $q_{m1,p}=0$。

出口面 A_2：设出口磷酸溶液流量为 q_{m2}，其中磷酸质

量分率为 x_p，则磷酸流量 $q_{m2,p}=q_{m2}x_p$。

搅拌槽内：磷酸溶液总质量恒定 $m_{cv}=10000\text{kg}$，质量分率为 x_p，且 $x_p\mid_{t=0}=x_0=0.2$。

组分分子量：磷矿石 $M_{Ca_5F(PO_4)_3}=504$、磷酸 $M_{H_3PO_4}=98$、硫酸 $M_{H_2SO_4}=98$。

因为磷矿石加入量 10000kg/h（19.84kmol/h），而按化学反应式每 1mol 磷矿石需要 5mol 硫酸，所以硫酸加入量为

$$5\times19.84=99.21(\text{kmol/h})=9722.22(\text{kg/h})$$

但由于硫酸质量浓度仅为 98%，所以反应物磷矿石的质量消耗为

$$\dot{R}_{Ca_5F(PO_4)_3}=(-10000)(0.98)=-9800(\text{kg/h})$$

根据反应式可知，消耗 1 摩尔磷矿石生成 3 摩尔磷酸，所以根据式（4-21），磷酸质量生成率（用 $\dot{R}_p$ 表示）为

$$\dot{R}_p=-\dot{R}_{Ca_5F(PO_4)_3}\frac{3}{1}\frac{M_{H_3PO_4}}{M_{Ca_5F(PO_4)_3}}=-(-9800)\times\frac{3}{1}\times\frac{98}{504}=5716.67(\text{kg/h})$$

于是，根据式（4-19），磷酸组分的质量守恒方程为

$$q_{m2}x_p-\dot{R}_p+\frac{\mathrm{d}m_{cv}x_p}{\mathrm{d}t}=0\ \Longrightarrow\ q_{m2}x_p-\dot{R}_p+m_{cv}\frac{\mathrm{d}x_p}{\mathrm{d}t}=0$$

由 $t=0\to t$、$x_p=x_0\to x_p$ 积分该方程，可得槽内磷酸溶液的质量分率为

$$x_p=\frac{\dot{R}_p}{q_{m2}}+\left(x_0-\frac{\dot{R}_p}{q_{m2}}\right)\exp\left(-\frac{q_{m2}}{m_{cv}}t\right)$$

又因为 $t\to\infty$，$x_p\to x_{p,\infty}$（$x_{p,\infty}$ 为操作稳定后槽内磷酸溶液的质量分率，此处为 0.28），于是又有

$$q_{m2}=\frac{\dot{R}_p}{x_{p,\infty}},\quad x_p=x_{p,\infty}+(x_0-x_{p,\infty})\exp\left(-\frac{\dot{R}_p}{m_{cv}x_{p,\infty}}t\right)$$

代入给定数据，可得磷酸溶液出口流量和 0.5h 后槽内磷酸溶液质量分率为

$$q_{m2}=\dot{R}_p/x_{p,\infty}=5716.67/0.28=20416.68(\text{kg/h})$$

$$x_p=0.28+(0.2-0.28)\exp\left(-\frac{5716.67}{10000\times0.28}\times0.5\right)=0.251=25.1\%$$

4.3 动量守恒方程

在动力学方面，流体流动遵循的基本规律是牛顿第二运动定律，即动量守恒定律。该定律阐明了流体运动的变化与所受外力之间的关系，是研究流体流动、建立流体运动方程（或称动量方程）所依据的最基本的理论原理。

4.3.1 控制体动量守恒方程

根据式（4-4），控制体动量守恒定律表述如下

$$\frac{\text{输出控制体}}{\text{的动量流量}}-\frac{\text{输入控制体}}{\text{的动量流量}}+\frac{\text{控制体内的}}{\text{动量变化率}}=\mathbf{F}$$

为确定以上动量守恒定律中各文字项的数学表达式，可考查位于流场中的控制体，见图 4-7。其中，$\mathbf{F}_1$、$\mathbf{F}_2$ 和 $\mathbf{G}$ 分别表示作用于控制体的诸表面力和体积力，其矢量和用 $\sum\mathbf{F}$ 表示。

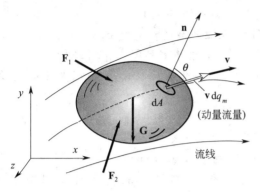

图 4-7 控制体的受力与动量输出

动量流量　根据动量＝速度×质量，类似有：动量流量＝速度×质量流量。动量流量是研究流体流动过程所提出的概念，因为流体源源不断地经过控制面时，其输入或输出控制体的动量只能以单位时间的动量即动量流量来计。动量流量的单位是 $kg \cdot m/s^2$。

对于图 4-7 所示的控制体，由式（4-7）可知，其控制面任意微元面积 dA 上的质量流量为

$$dq_m = \rho(\mathbf{v} \cdot \mathbf{n})dA$$

故按定义，单位时间流体通过微元面积 dA 时输出/输入的动量即动量流量为

$$\mathbf{v}dq_m = \mathbf{v}\rho(\mathbf{v} \cdot \mathbf{n})dA \tag{4-22}$$

动量流量 $\mathbf{v}dq_m$ 是矢量，其方向与速度矢量 $\mathbf{v}$ 的方向相同。因为 $\mathbf{v} = v_x\mathbf{i} + v_y\mathbf{j} + v_z\mathbf{k}$，所以 $\mathbf{v}dq_m$ 的三个分量就分别为 $v_x dq_m$、$v_y dq_m$、$v_z dq_m$，其意义是流体以流量 dq_m 通过 dA 时单位时间输出或输入的 x、y、z 方向的动量。

动量守恒方程　由于 $\mathbf{v}dq_m$ 的输出输入性质已在法向速度（$\mathbf{v} \cdot \mathbf{n}$）中体现，所以与质量净输出表达式（4-11）类似，对 $\mathbf{v}dq_m$ 在整个控制面 cs 上积分就是控制面上净输出的动量流量，即

$$\begin{matrix}控制面上净输\\出的动量流量\end{matrix} = \iint\limits_{cs} \mathbf{v}\rho(\mathbf{v} \cdot \mathbf{n})dA$$

其次，在控制体内任取微元体积 dV，其质量为 ρdV，其动量为 $\mathbf{v}\rho dV$，并将 $\mathbf{v}\rho dV$ 沿整个控制体 cv 积分可得控制体内流体的瞬时动量，然后再对时间求导可得

$$\begin{matrix}控制体内的\\动量变化率\end{matrix} = \frac{d}{dt}\iiint\limits_{cv} \mathbf{v}\rho dV$$

将上述两式代入控制体动量守恒定律，可得控制体动量守恒积分方程

$$\sum \mathbf{F} = \iint\limits_{cs} \mathbf{v}\rho(\mathbf{v} \cdot \mathbf{n})dA + \frac{d}{dt}\iiint\limits_{cv} \mathbf{v}\rho dV \tag{4-23a}$$

对于 x-y-z 直角坐标系，若用 F_x、F_y、F_z 和 v_x、v_y、v_z 分别表示力矢量 $\mathbf{F}$ 和速度矢量 $\mathbf{v}$ 在 x、y、z 方向的分量，则动量守恒积分方程在各坐标方向的分量式为

$$\left.\begin{matrix}\sum F_x = \iint\limits_{cs} v_x\rho(\mathbf{v} \cdot \mathbf{n})dA + \dfrac{d}{dt}\iiint\limits_{cv} v_x\rho dV \\[12pt] \sum F_y = \iint\limits_{cs} v_y\rho(\mathbf{v} \cdot \mathbf{n})dA + \dfrac{d}{dt}\iiint\limits_{cv} v_y\rho dV \\[12pt] \sum F_z = \iint\limits_{cs} v_z\rho(\mathbf{v} \cdot \mathbf{n})dA + \dfrac{d}{dt}\iiint\limits_{cv} v_z\rho dV\end{matrix}\right\} \tag{4-23b}$$

式中　　　　　　　　$\sum F_i$——作用于控制体诸力在 i 方向的分力之和；

$v_i\rho(\mathbf{v} \cdot \mathbf{n})dA (= v_i dq_m)$——流体以流量 dq_m 通过微元面 dA 时输入或输出的 i 方向动量；

$v_i\rho dV$——控制体内任意点处流体微元 dV 所具有的 i 方向的动量。

4.3.2　以平均速度表示的动量方程

对于管道或具有管状进出口设备中的流动，可忽略流体速度在控制体进出口截面上的分

布影响，而采用平均速度来计算进出口截面上流体的动量。设控制体进、出口截面上流体的平均速度分别为 v_1 和 v_2，其 x、y、z 方向的分速度分别为 v_{1x}、v_{1y}、v_{1z} 和 v_{2x}、v_{2y}、v_{2z}，并用 q_{m1}、q_{m2} 表示进、出口截面的质量流量，则代之以平均速度，x 方向动量的净输出可表示为

$$\iint_{cs} v_x \rho(\mathbf{v} \cdot \mathbf{n}) \mathrm{d}A = v_{2x} \iint_{A_2} \rho(\mathbf{v} \cdot \mathbf{n}) \mathrm{d}A - v_{1x} \iint_{A_1} [-\rho(\mathbf{v} \cdot \mathbf{n})] \mathrm{d}A = v_{2x} q_{m2} - v_{1x} q_{m1}$$

对 y、z 方向的净输出动量流量作类似处理，并代入方程式（4-23b），可得以平均速度表示的动量守恒方程为

$$\left. \begin{aligned} \sum F_x &= v_{2x} q_{m2} - v_{1x} q_{m1} + \frac{\mathrm{d}}{\mathrm{d}t} \iiint_{cv} v_x \rho \mathrm{d}V \\ \sum F_y &= v_{2y} q_{m2} - v_{1y} q_{m1} + \frac{\mathrm{d}}{\mathrm{d}t} \iiint_{cv} v_y \rho \mathrm{d}V \\ \sum F_z &= v_{2z} q_{m2} - v_{1z} q_{m1} + \frac{\mathrm{d}}{\mathrm{d}t} \iiint_{cv} v_z \rho \mathrm{d}V \end{aligned} \right\} \tag{4-24}$$

稳态流动时，控制体内流体动量的时间变化率为零，所以，动量守恒方程简化为

$$\left. \begin{aligned} \sum F_x &= v_{2x} q_{m2} - v_{1x} q_{m1} \\ \sum F_y &= v_{2y} q_{m2} - v_{1y} q_{m1} \\ \sum F_z &= v_{2z} q_{m2} - v_{1z} q_{m1} \end{aligned} \right\} \tag{4-25}$$

由此可见，以平均速度表示的动量守恒方程在形式上直观简明，应用上也更方便。虽然该方程忽略了截面上速度分布的影响，但这种影响很小。比如，对于圆管或圆管截面的进出口，其层流或湍流的速度分布可分别用抛物线分布式（2-51）和 1/7 次方分布式（2-53）表示，按积分式计算的动量流量为

层流
$$\iint_A v \rho(\mathbf{v} \cdot \mathbf{n}) \mathrm{d}A = \frac{4}{3} v_m q_m$$

湍流
$$\iint_A v \rho(\mathbf{v} \cdot \mathbf{n}) \mathrm{d}A = \frac{50}{49} v_m q_m$$

由此可见，对于层流，虽然按积分计算的动量流量是 $v_m q_m$ 的 1.33 倍，但层流流速低，动量小，此时动量变化与受力之间的问题通常已不重要；对于湍流，按积分计算的动量流量只是 $v_m q_m$ 的 1.02 倍，误差完全可忽略。由于这一原因，加之湍流又是常见工况，所以一般场合以 $v_m q_m$ 计算动量流量完全满足要求。

动量方程描述的是流体的动量变化和导致这种变化的作用力之间的关系，是过程设备、流体机械及管道中流体流动与设备受力分析的重要工具。在应用动量方程时，尤其要注意方程中的力指的是作用于流体上的力，而流体作用于管道设备上的力则是其反力。

【例 4-4】 管道弯头的受力分析。

流体稳态流动，经过位于 x-y 平面的弯头，如图 4-8 所示。弯头进口截面面积为 A_1，流体平均速度 v_1 与 x 轴平行；出口截面面积为 A_2，平均流速 v_2 与 x 轴夹角为 β。试确定流体对弯头的作用力。

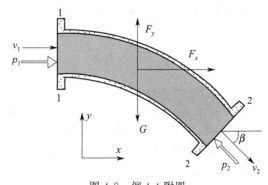

图 4-8　例 4-4 附图

解 取 1—1 截面与 2—2 截面之间的流场空间为控制体，分析流体受力。如图所示，流体受力分为三个部分：① 进、出口表面受到的压力 p_1 和 p_2（表面力）；② 流体自身重力 G（质量力）；③ 弯头内壁面对流体的正压力和摩擦力（表面力），这部分力是未知的，可假设其合力在 x、y 方向的分量分别为 F_x 和 F_y；而流体对弯头的作用力则为 $F'_x = -F_x$，$F'_y = -F_y$。

根据以上分析，作用于流体上的力在 x、y 方向的合力分别为

$$\sum F_x = p_1 A_1 + F_x - p_2 A_2 \cos\beta$$
$$\sum F_y = F_y - G + p_2 A_2 \sin\beta$$

而出口截面和进口截面上流体在 x、y 方向的动量流量之差分别为

x 方向　　$v_{2x} q_{m2} - v_{1x} q_{m1} = (v_2 \cos\beta) q_{m2} - (v_1) q_{m1}$
y 方向　　$v_{2y} q_{m2} - v_{1y} q_{m1} = (-v_2 \sin\beta) q_{m2} - (0) q_{m1}$

根据式（4-25）并考虑到稳态流动时 $q_{m2} = q_{m1} = q_m$ 得 x、y 方向动量守恒方程分别为

$$p_1 A_1 + F_x - p_2 A_2 \cos\beta = (v_2 \cos\beta - v_1) q_m$$
$$F_y - G + p_2 A_2 \sin\beta = (-v_2 \sin\beta) q_m$$

解上述方程可得弯头对流体的作用力 F_x、F_y 或流体对弯头的作用力 F'_x、F'_y 分别为

$$F'_x = -F_x = -p_2 A_2 \cos\beta + p_1 A_1 - (v_2 \cos\beta - v_1) q_m$$
$$F'_y = -F_y = p_2 A_2 \sin\beta + (v_2 \sin\beta) q_m - G$$

这一结果还可直接推广应用到下列情况：

① 如果令 $G = 0$，并视 x-y 平面为水平面，则 F'_x、F'_y 为流体对水平弯头的作用力；
② 如果令 $\beta = 90°$ 或 $-90°$，则 F'_x、F'_y 为流体对 $90°$ 下弯弯头或 $90°$ 上弯弯头的作用力；
③ 如果令 $\beta = 0°$，则 F'_x、F'_y 为流体对水平变径管段（$A_1 \rightarrow A_2$）的作用力；
④ 如果令 $\beta = 0°$ 且 $A_1 = A_2 = A$，则 F'_x 为直管管壁摩擦力；
⑤ 如果令 $\beta = 180°$，则 F'_x、F'_y 为流体对 U 形弯头的作用力，此时 F'_x 最大。

此外，弯头受力还与其曲率半径有关，这在上述方程中并未体现。显然，同样条件下，曲率半径小的弯头受力更大。曲率半径影响体现于弯头阻力损失与出口压力的关系中，即不同的曲率半径对应有不同的出口压力 p_2，这是由能量守恒方程来解决的问题。

【例 4-5】 贮水车受力分析。

一槽车沿水平轨道以速度 v_0 匀速运动，从轨道下的水池取水，如图 4-9 所示。取水口为矩形，高度为 b，宽度为 W（沿 z 方向）。取水过程是非稳态过程，起始时刻槽车取水管内液面与水池液面一致，取水开始后，随着槽车内液位 h 升高，取水口截面静压 p 升高，进水相对速度 v_{in} 减小，并在 h 停止升高后关闭取水口结束取水过程。忽略取水口至水池液面间液柱静压的影响，取水口截面的压力 p 及进水相对速度 v_{in} 与液位 h 有如下关系

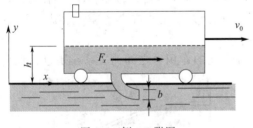

图 4-9　例 4-5 附图

$$p = \rho g h, \quad v_{\text{in}} = (v_0 - \sqrt{2gh}) \text{ 且 } \sqrt{2gh} \leqslant v_0$$

试确定取水过程中槽车内壁在 x 方向对水的作用力 F_x 与液位 h 的关系。

解 如图 4-9 所示，取槽车内壁和取水口截面构成控制体，因无出口，故 $q_{m2} = 0$。

解法一 选取坐标系固定在水池上。

对于运动状态下的取水口，其进水流量只与管口处水与管壁的相对速度有关，所以

$$q_{m1} = \rho v_{\text{in}} b W = \rho b W (v_0 - \sqrt{2gh})$$

在固定坐标系观察，取水口截面的绝对速度＝相对速度＋牵连速度。此处相对速度为 v_{in}，沿 x 反方向；牵连速度为 v_0，沿 x 正方向；所以取水口截面 x 方向绝对速度 v_{1x} 为

$$v_{1x} = -v_{in} + v_0 = -(v_0 - \sqrt{2gh}) + v_0 = \sqrt{2gh}$$

槽车内水的质量为 ρAh（A 为底部面积），整体以速度 v_0 沿 x 方向运动，所以其 x 方向动量变化率为

$$\frac{d}{dt}\iiint_{cv} v_x \rho dV = v_0 \frac{dm_{cv}}{dt} = v_0 \frac{d\rho Ah}{dt} = \rho A v_0 \frac{dh}{dt}$$

控制体内水在 x 方向受到的总力包括槽车内壁作用力 F_x 和取水口截面 p 的作用力，即

$$\sum F_x = F_x - pbW = F_x - \rho ghbW$$

将上述四项代入动量守恒方程式（4-24）有

$$F_x = \rho bW \left[gh - \sqrt{2gh}(v_0 - \sqrt{2gh}) \right] + \rho A v_0 \frac{dh}{dt}$$

另一方面，利用上述分析结果列出控制体内的质量守恒方程，可得

$$-q_{m1} + \frac{dm_{cv}}{dt} = 0 \quad \longrightarrow \quad -\rho bW(v_0 - \sqrt{2gh}) + \rho A \frac{dh}{dt} = 0 \quad \longrightarrow \quad \frac{dh}{dt} = \frac{bW}{A}(v_0 - \sqrt{2gh})$$

将 dh/dt 代入动量守恒方程，整理后可得 F_x 与 h 的关系为

$$F_x = \rho bW \left[gh + (v_0 - \sqrt{2gh})^2 \right]$$

解法二 选取坐标系固定在车厢上。

此时进水管的质量流量 q_{m1} 仍然不变，而进水管截面牵连速度为零，所以取水口截面流体绝对速度就等于水与管壁的相对速度 v_{in}，方向沿 x 反方向，因此

$$v_{1x}q_{m1} = -(v_0 - \sqrt{2gh})\rho bW(v_0 - \sqrt{2gh}) = -\rho bW(v_0 - \sqrt{2gh})^2$$

此外，虽然槽车内水的质量不断增加，但相对于固定在车厢上的坐标系，车厢内的水在 x 方向的速度 $v_x = 0$，所以，槽车内水的 x 方向动量＝0，其变化率自然为零，即

$$\frac{d}{dt}\iiint_{cv} v_x \rho dV = 0$$

此情况下 p 的作用力不变。因此根据动量守恒方程可得 F_x 与 h 的关系为

$$F_x - pbW = \rho bW(v_0 - \sqrt{2gh})^2 \quad \longrightarrow \quad F_x = \rho bW\left[gh + (v_0 - \sqrt{2gh})^2 \right]$$

两种解法结果一致。由以上结果可见，起始时刻和液位 h 不再升高时的 F_x 分别为

$$h = 0, \quad F_x = bW\rho v_0^2$$

$$\sqrt{2gh} = v_0, \quad F_x = bW\rho v_0^2/2$$

【例 4-6】 动量法测轿车的风阻系数。

图 4-10 所示为在风洞中进行的小车模型风阻系数试验。试验在稳态条件下进行，来流风速 v_0（模拟车速）均匀分布，现场测得小车后方断面上风速分布为 $v_x = f(y, z)$，有效分布面积为 A（即 A 以外的风速为 v_0）。视空气为不可压缩流体且密度为 ρ，风洞内各点压力变化微弱可视为均匀，并不计空气与地面的摩擦。试确定该小车模型的风阻系数（即总阻力系数）。

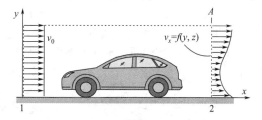

图 4-10 例 4-6 附图

解 取有效分布面积 A 对应的横向柱状空间为控制体，如图虚线所示。其控制面有四个部分：前端面（面积 A，来流均匀，速度为 v_0），后端面（面积 A，流速分布为 v_x），侧

表面（见以下说明），地面（摩擦不计，流量为零，计算中不予考虑）。各控制面质量流量及 x 方向动量流量如下。

前端面 $\qquad q_{m1}=\rho v_0 A，\quad v_{1x}q_{m1}=v_0 q_{m1}=\rho v_0^2 A$

后端面 $\qquad q_{m2}=\iint\limits_A \rho v_x \mathrm{d}A，\quad v_{2x}q_{m2}=\iint\limits_A \rho v_x^2 \mathrm{d}A$

侧表面　对比前、后端面速度分布可知，侧表面必有空气流出，故属于输出面，其质量流量 q_{m1-2} 可由质量守恒方程确定；因后端面面积 A 是以边缘速度为 v_0 确定的，所以其边缘对应的控制体侧表面上，x 方向的速度近似为 v_0。因此

$$q_{m1-2}=q_{m1}-q_{m2}=\rho v_0 A - \iint\limits_A \rho v_x \mathrm{d}A，\quad v_0 q_{m1-2}=\rho v_0^2 A - v_0 \iint\limits_A \rho v_x \mathrm{d}A$$

因流场各点压力视为均匀，且地面摩擦不计，所以控制体内空气在 x 方向受到的作用力只有小车阻力 F_x。因此将上述动量流量代入 x 方向的稳态动量守恒方程，可得

$$F_x=v_{2x}q_{m2}+v_0 q_{m1-2}-v_{1x}q_{m1}=\iint\limits_A \rho v_x^2 \mathrm{d}A + \rho v_0^2 A - v_0 \iint\limits_A \rho v_x \mathrm{d}A - \rho v_0^2 A$$

即 $\qquad\qquad\qquad\qquad F_x=-\iint\limits_A \rho v_x(v_0-v_x)\mathrm{d}A$

式中，负号表示小车模型阻力（对空气的作用力）沿 x 反方向。

根据总阻力系数的定义式（2-60），设小车迎风面积为 A_D，则小车的风阻系数为

$$F_x=C_D\frac{\rho v_0^2}{2}A_D \quad\longrightarrow\quad C_D=\frac{2}{\rho v_0^2 A_D}\iint\limits_A \rho v_x(v_0-v_x)\mathrm{d}A$$

4.4　动量矩守恒方程

动量守恒方程阐明了流体运动的变化与所受外力之间的关系。但是，当系统还受到力矩的作用，从而产生转折运动或旋转运动时（比如旋转流体机械中的流动），要研究流体系统的动力学关系，通常就需要用到动量矩方程。

4.4.1　控制体动量矩守恒方程

动量矩及动量矩定律　动量矩就是动量矢量 $m\mathbf{v}$ 对参照点的矩，与力矩的概念相似。如图 4-11 所示，对于质量为 m 的运动质点，若其位置矢径为 $\mathbf{r}$，速度为 $\mathbf{v}$，动量为 $m\mathbf{v}$，则质点动量 $m\mathbf{v}$ 对原点的矩就称为质点的动量矩或角动量，通常用符号 $\mathbf{L}$ 表示，即

$$\mathbf{L}=\mathbf{r}\times m\mathbf{v}=m(\mathbf{r}\times\mathbf{v})$$

式中，$(\mathbf{r}\times\mathbf{v})$ 称为速度矩，即单位质量的动量矩。

动量矩 $\mathbf{L}$ 的方向垂直于 $\mathbf{r}$-$\mathbf{v}$ 平面，见图 4-11，其大小等于 $\mathbf{r}$ 与 $\mathbf{v}$ 构成的平行四边形面积的 m 倍。守恒原理表明：质点动量矩的时间变化率等于质点所受的外力矩 $\mathbf{M}$，这就是动量矩守恒定律，即

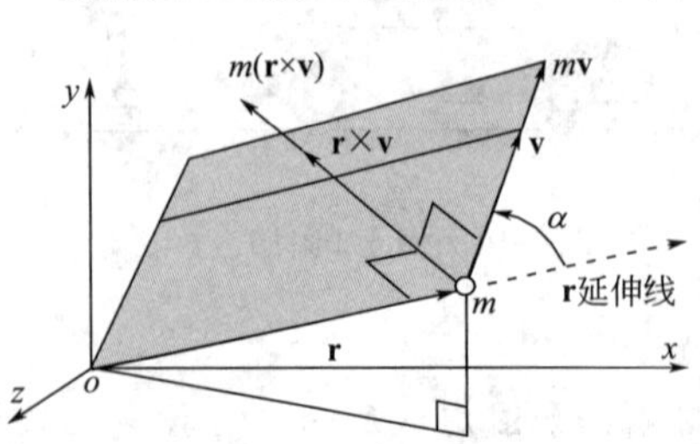

$$\mathbf{M}=\frac{\mathrm{d}m(\mathbf{r}\times\mathbf{v})}{\mathrm{d}t} \qquad (4\text{-}26)$$

图 4-11　动量矩概念

针对控制体的动量矩守恒方程　动量矩守恒定律式（4-26）同样也是针对系统而言的。为建立控制体动量矩守恒方程，在此同时列出动量守恒定律和控制

体动量守恒方程

$$\mathbf{F}=\frac{\mathrm{d}m\mathbf{v}}{\mathrm{d}t}, \quad \sum\mathbf{F}=\iint_{cs}\mathbf{v}\rho(\mathbf{v}\cdot\mathbf{n})\mathrm{d}A+\frac{\mathrm{d}}{\mathrm{d}t}\iiint_{cv}\mathbf{v}\rho\mathrm{d}V$$

对比可见，将动量定律中的 $\mathbf{v}$ 和 $\mathbf{F}$ 分别代之以 $\mathbf{r}\times\mathbf{v}$ 和 $\mathbf{M}$ 即得到动量矩定律，故在控制体动量守恒方程中作同样替代，即得到控制体动量矩守恒方程

$$\sum\mathbf{M}=\iint_{cs}(\mathbf{r}\times\mathbf{v})\rho(\mathbf{v}\cdot\mathbf{n})\mathrm{d}A+\frac{\mathrm{d}}{\mathrm{d}t}\iiint_{cv}(\mathbf{r}\times\mathbf{v})\rho\mathrm{d}V \tag{4-27}$$

该方程的意义是： $\begin{matrix}作用于控制\\体的合力矩\end{matrix}=\begin{matrix}控制面净输出\\的动量矩流量\end{matrix}+\begin{matrix}控制体瞬时动\\量矩的变化率\end{matrix}$

4.4.2　稳态平面系统的动量矩方程

动量矩方程的应用对象中，最常见的是二维平面稳态流动系统。这种情况下，通常将 x-y 平面置于流动平面，流体质点的矢径 $\mathbf{r}$ 与速度 $\mathbf{v}$ 均在 x-y 平面内，见图 4-12。因速度矩 $(\mathbf{r}\times\mathbf{v})$ 的方向总垂直于 $\mathbf{r}$-$\mathbf{v}$ 平面，所以 x-y 平面系统的速度矩 $(\mathbf{r}\times\mathbf{v})$ 就只有 z 分量，其大小等于 $\mathbf{r}$ 与 $\mathbf{v}$ 构成的平行四边形面积，即

$$\mathbf{r}\times\mathbf{v}=(rv\sin\alpha)\mathbf{k} \tag{4-27}$$

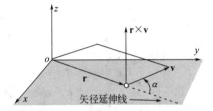

图 4-12　平面系统动量矩概念

式中，r、v 分别是 $\mathbf{r}$ 与 $\mathbf{v}$ 的模；α 是 $\mathbf{r}$ 延伸线与 $\mathbf{v}$ 的夹角；$\mathbf{k}$ 是 z 方向单位矢量。此情况下，x-y 平面内作用力的矩也只有 z 分量，即 $\sum\mathbf{M}=\sum M_z\mathbf{k}$。因此，稳态条件下方程式（4-27）在 z 方向的分量式，即 x-y 平面稳态流动系统的动量矩方程，就可表示为

$$\sum M_z=\iint_{cs}rv\sin\alpha\rho(\mathbf{v}\cdot\mathbf{n})\mathrm{d}A=\iint_{A_2}rv\sin\alpha\mathrm{d}q_m-\iint_{A_1}-rv\sin\alpha\mathrm{d}q_m \tag{4-28}$$

为计算方便，忽略进出口截面上速度分布的影响，代之以平均速度，则有

$$\sum M_z=(r_2v_2\sin\alpha_2-r_1v_1\sin\alpha_1)q_m \tag{4-29}$$

这就是以进出口平均速度表示的稳态平面系统动量守恒方程。其中 r_1、v_1 分别是控制体进口处的矢径长度和平均流速，见图 4-13（a）；α_1 是由 r_1 的延伸线逆时针转动到与 v_1 重合所转动的角度。这样的规定可使得速度矩 $r_1v_1\sin\alpha_1$ 的正负与逆时针速度矩为正的约定

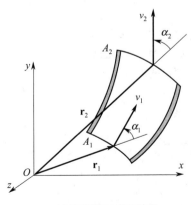

(a) 给定截面上的合速度

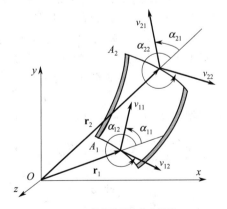

(b) 给定截面上的分速度

图 4-13　平面流道进出口位置矢径与平均流速

一致。比如，α_1 按规定取值，则 $r_1 v_1 \sin\alpha_1 > 0$ 就表示速度矩是逆时针矩，其方向指 z 正方向；若 $r_1 v_1 \sin\alpha_1 < 0$，则速度矩是顺时针矩，其方向指向 z 反方向。对于出口的速度矩，有相同注解。

在某些情况下，比如图 4-13（b）中的出口截面上，直接知道的不是绝对速度 v_2，而是其分速度 v_{21} 和 v_{22} 及其与 r_2 的夹角 α_{21}、α_{22}。但因为合速度的矩等于分速度的矩之和，所以根据式（4-29）可得进、出口截面上各有两个分速度的稳态平面系统动量矩守恒方程

$$M_z = r_2(v_{21}\sin\alpha_{21} + v_{22}\sin\alpha_{22})q_m - r_1(v_{11}\sin\alpha_{11} + v_{12}\sin\alpha_{12})q_m \qquad (4\text{-}30)$$

该式在旋转流体机械的流动分析中更为常用，因为旋转机械中直接知道的往往是进出口截面上流体的相对速度和牵连速度，而不是绝对速度。以下将借助动量矩方程式（4-30），分析流体在离心泵这一典型流体机械内受到的力矩，即离心泵叶轮的输出力矩。

离心泵叶轮的输出力矩　流体在离心泵内的流动如图 4-14 所示，其中，流体沿泵进口中心线进入管口，然后转向进入叶轮，流体在叶轮中沿叶片流动的同时随叶轮旋转，获得的动能在机壳（蜗壳）内扩压转化为压力能。

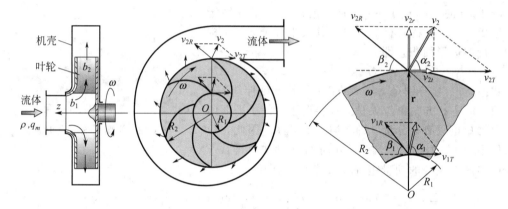

(a) 离心泵叶轮与机壳内的流体流动　　　　　(b) 叶轮进出口面上的速度关系

图 4-14　流体在离心泵内的流动

① 叶轮进/出口截面的几何参数。

进口截面　半径 R_1、宽度 b_1，面积 $A_1 = 2\pi R_1 b_1$，叶片进口安装角 β_1。

出口截面　半径 R_2、宽度 b_2，面积 $A_2 = 2\pi R_2 b_2$，叶片出口安装角 β_2。

② 叶轮进/出口截面上的速度及其相互关系。

见图 4-14（b），其中出口截面上有：

相对速度 v_{2R}（沿安装角 β_2 方向），牵连速度 v_{2T}（沿叶轮切向）；

绝对速度 v_2（与切向夹角为 α_2），及其径向分量 v_{2r} 和切向分量 v_{2t}；

上述速度中，若已知流量 q_m 与转速 ω，可直接确定的速度有

$$v_{2T} = R_2\omega, \quad v_{2r} = q_m/(A_2\rho)$$

然后根据图 4-14（b）中所示关系，可确定其余速度

$$v_{2R}\sin\beta_2 = v_{2r} \quad \longrightarrow \quad v_{2R} = \frac{v_{2r}}{\sin\beta_2} = \frac{q_m}{\rho A_2 \sin\beta_2}$$

$$v_{2T} - v_{2R}\cos\beta_2 = v_{2t} \quad \longrightarrow \quad v_{2t} = R_2\omega - \frac{q_m}{\rho A_2 \tan\beta_2}$$

$$\left.\begin{array}{l} v_2\sin\alpha_2 = v_{2r} \\ v_2\cos\alpha_2 = v_{2t} \end{array}\right\} \quad \longrightarrow \quad v_2 = \sqrt{v_{2r}^2 + v_{2t}^2}, \quad \tan\alpha_2 = \frac{v_{2r}}{v_{2t}}$$

叶轮进口截面速度及其相互关系与上述关系相同，只是下标更换为"1"。

③ 叶轮输出力矩。

以相对速度 v_{2R} 和牵连速度 v_{2T} 计算的出口截面输出的动量矩为

$$r_2(v_{21}\sin\alpha_{21}+v_{22}\sin\alpha_{22})q_m = [v_{2R}\sin(90°-\beta_2)+v_{2T}\sin270°]R_2q_m$$
$$= (v_{2R}\cos\beta_2-v_{2T})R_2q_m = -v_{2t}R_2q_m$$

同理，以相对速度 v_{1R} 和牵连速度 v_{1T} 计算的进口截面输入的动量矩为

$$r_1(v_{11}\sin\alpha_{11}+v_{12}\sin\alpha_{12})q_m = [v_{1R}\sin(90°-\beta_1)+v_{1T}\sin270°]R_1q_m$$
$$= (v_{1R}\cos\beta_1-v_{1T})R_1q_m = -v_{1t}R_1q_m$$

将以上两项动量矩代入动量矩方程式（4-30），可得离心泵叶轮输出力矩为

$$M_z = (v_{2R}\cos\beta_2-v_{2T})R_2q_m - (v_{1R}\cos\beta_1-v_{1T})R_1q_m = -(v_{2t}R_2-v_{1t}R_1)q_m$$

$$(4\text{-}31\text{a})$$

或
$$M_z = \left(\frac{q_m}{\rho A_2\tan\beta_2}-R_2\omega\right)R_2q_m - \left(\frac{q_m}{\rho A_1\tan\beta_1}-R_1\omega\right)R_1q_m \qquad (4\text{-}31\text{b})$$

这就是离心泵叶轮输出力矩或离心泵中流体所受力矩的一般公式。输出力矩是计算离心泵输出功率和扬程的依据。

④ 叶轮输出功率 N_S 和流体经过离心泵后获得的压头 H_S。

叶轮输出功率 N_S 等于输出力矩与角速度的乘积，即

$$N_S = M_z\omega \qquad (4\text{-}32)$$

不计摩擦等导致的机械能损失，叶轮输出功率 N_S 将全部用于增加流体的机械能。因压头是单位重量流体的机械能，所以流体经过离心泵获得的压头 H_S（即泵的扬程）为

$$H_S = \frac{N_S}{gq_m} = \frac{M_z\omega}{gq_m} \qquad (4\text{-}33)$$

【例4-7】 离心泵叶轮输出力矩及流体获得的压头。

密度 $\rho=1200\text{kg/m}^3$、质量流量 $q_m=60\text{kg/s}$ 的海水通过离心泵稳态流动。叶轮参数为：$\omega=124\text{ rad/s}$，$R_1=0.05\text{m}$，$b_1=0.02\text{m}$，$R_2=0.20\text{m}$，$b_2=0.015\text{m}$，$\beta_2=45°$。

若流体进入叶轮时的绝对速度 v_1 沿叶轮径向方向（进口无导叶时的情况），试确定：

(1) 离心泵叶轮的输出力矩 M_z 和流体通过离心泵后获得的压头 H_S；

(2) 叶片的进口安装角 β_1 应为多少？

解 （1）求 M_z 和 H_S

进口处流体绝对速度 v_1 沿叶轮径向意味着进口截面无动量矩输入 [v_1 通过转动中心，切向分量 $v_{1t}=0$，由方程式（4-31a）也可得该结论]。故此条件下叶轮输出力矩为

$$M_z = \left(\frac{q_m}{\rho A_2\tan\beta_2}-R_2\omega\right)R_2q_m = \left(\frac{q_m}{\rho 2\pi R_2 b_2\tan\beta_2}-R_2\omega\right)R_2q_m$$

$$= \left(\frac{60}{1200\times2\pi\times0.2\times0.015\times\tan45°}-0.2\times124\right)\times0.2\times60 = -265.77(\text{N}\cdot\text{m})$$

其中负号仅表示流体所受力矩为顺时针力矩。根据该力矩，流体通过离心泵获得的压头为

$$H_S = \frac{N_S}{gq_m} = \frac{M_z\omega}{gq_m} = \frac{265.77\times124}{9.8\times60} = 56.04(\text{m})$$

（2）求叶片的进口安装角 β_1

绝对速度 v_1 沿叶轮径向时，叶片的进口安装角 β_1 可由条件 $v_{1t}=0$ 确定，即

$$v_{1t}=R_1\omega-\frac{q_m}{\rho A_1\tan\beta_1}=0 \longrightarrow \tan\beta_1=\frac{q_m}{\rho A_1R_1\omega}=\frac{q_m}{\rho 2\pi b_1R_1^2\omega}$$

所以　　　$$\tan\beta_1=\frac{60}{1200\times2\pi\times0.02\times0.05^2\times124}=1.28 \longrightarrow \beta_1=52.0^{\circ}$$

【例 4-8】 喷水管力矩分析。

密度为 ρ 的水通过图 4-15 所示的喷管以稳定流量喷出，使得喷管在平面内绕中心对称转动，角速度 ω，尺寸如图。设两个喷嘴的流量均为 q_m，水离开喷嘴的相对速度为 v。试求喷管输出的力矩 M 与功率 N（即流体受到的力矩及获得的功率）的表达式。

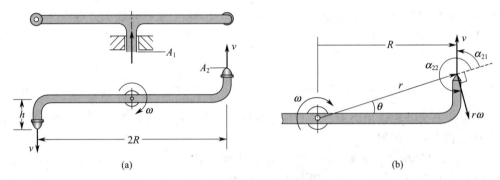

图 4-15　例 4-8 附图

解　取喷管进口截面 A_1 与喷嘴出口 A_2 包括的流体空间为控制体。考察流体在 $r-\theta$ 平面相对于转动中心的动量矩。

喷管进口：速度通过转动中心，故流体对转动中心的动量矩为零。

喷嘴出口：见图 4-15（b），喷管出口至转动中心的半径 $r^2=h^2+R^2$，$\cos\theta=R/r$；出口处流体相对速度为 v，且 r 与 v 的夹角 $\alpha_{21}=90^{\circ}-\theta$；牵连速度为 $r\omega$ 且 $\alpha_{22}=270^{\circ}$。

于是，根据平面稳流系统动量矩方程式（4-30）并考虑到有两个对称出口，可得

$$M=2r_2(v_{21}\sin\alpha_{21}+v_{22}\sin\alpha_{22})q_m=2r[v\sin(90^{\circ}-\theta)+r\omega\sin(270^{\circ})]q_m$$

即　　　　　　　　　　　　$$M=2r(v\cos\theta-r\omega)q_m$$

进一步将 $\cos\theta=R/r$ 代入，可得喷管输出力矩 M 及功率 N 分别为

$$M=2(Rv-r^2\omega)q_m, \quad N=M\omega=2(Rv-r^2\omega)\omega q_m$$

喷管转动过程讨论　为简便起见，用 L_v 表示单位时间流体以相对速度 v 输出的动量矩，用 L_ω 表示流体以牵连速度 $r\omega$ 输出的动量矩，则以上动量矩方程可表示为

$$M=2(Rv-r^2\omega)q_m \longrightarrow L_v=2Rvq_m, \quad L_\omega=2\omega r^2q_m \longrightarrow M=L_v-L_\omega$$

① 喷管的自由转动及角速度：流量 q_m 一定时，其输出动量矩 L_v 是不变的。无外加力矩即 $M=0$ 的情况下，喷管将在 L_v 的反作用下顺时针自由转动且转速 ω 不断增大，因此与 L_v 相反的牵连动量矩 L_ω 也不断增大，当喷管转动到达某一角速度 ω_0 时，牵连动量矩 L_{ω_0} 将与 L_v 平衡（$L_{\omega_0}=L_v$），系统以 ω_0 匀速运转。此 ω_0 即喷管自由转动角速度，可由以下条件确定

$$(L_v-L_{\omega_0})=0 \longrightarrow (2Rvq_m-2r^2\omega_0q_m)=0 \longrightarrow \omega_0=vR/r^2$$

有外加力矩即 $M\neq0$ 时，递时针的 M 将使 ω_0 减小到 ω，同时牵连动量矩也由 L_{ω_0} 减小到 L_ω，其减小部分就等于 M，即 $M=(L_{\omega_0}-L_\omega)=(L_v-L_\omega)$，此即以上动量矩方程。

② 转速 ω 随 M 的变化：喷管结构和 q_m 一定时，改变 M 只能改变 ω，且 ω 随 M 增加而减小，其中典型的 M 取值下，对应的转速 ω 及功率 N 如下

$$M=0 \longrightarrow \begin{cases} \omega=\omega_0 \\ N=0 \end{cases}; \quad M=Rvq_m \longrightarrow \omega=\frac{\omega_0}{2}, \quad N_{max}=\frac{v^2 R^2}{2r^2}q_m; \quad M=2Rvq_m \longrightarrow \begin{cases} \omega=0 \\ N=0 \end{cases}$$

4.5　能量守恒方程

　　流体流动过程不仅要遵循质量守恒和动量守恒原理，同时也遵循能量守恒原理。分析流动系统的能量转换，所依据的是热力学第一定律，即能量守恒定律。本节将以控制体为对象，建立流体流动的能量守恒方程，并结合某些典型流动问题的分析，阐明能量守恒方程的应用。

4.5.1　运动流体的能量

　　从热力学的观点，流体能量一般划分为贮存能和迁移能两类。**贮存能**是流体因物质内部微观运动和物质整体宏观运动具有的能量，包括：内能、动能、位能。**迁移能**是流体系统与外界进行热、功交换过程中传递的能量，包括热量 Q 或功量 W。

　　(1) 贮存能——内能、动能、位能

　　① 内能是流体物质微观运动的能量。一般包括： i . 分子热运动的内动能； ii . 分子间引力作用形成的内位能； iii . 维持一定分子结构的化学能、原子能，以及电磁能。对于工程实际中的一般流动问题，通常不涉及化学变化和电磁场作用，所以流体的内能通常只包括内动能和内位能。单位质量流体具有的内能通常用 u 表示，其基本单位为 J/kg。

　　此外，实际流动问题中有意义的是内能的变化量（内能差）而不是内能的绝对大小。对于理想气体和无相变的液体，内能 u 只是流体温度 T 的函数，且内能差 $\Delta u=c_V \Delta T$，c_V 是比定容热容；对于液体，因其比定容热容 $c_V \approx c_p$（比定压热容），故其内能差 $\Delta u \approx c_p \Delta T$。对于理想气体和无相变液体的等温流动过程，$\Delta u=0$。

　　② 动能是宏观速度为 v 的流体所具有的做功能力的度量。单位质量流体的动能为 $v^2/2$，基本单位为 J/kg。

　　③ 位能是重力场中流体因处于相对位置高度 z 所具有的做功能力的度量。单位质量流体的位能为 gz，基本单位为 J/kg。

　　于是，如果用 e 表示单位质量流体的总贮存能，则有

$$e=u+\frac{v^2}{2}+gz \tag{4-34}$$

　　(2) 迁移能——热量和功量

　　流体系统与外界交换的热量通常采用单位时间的热交换量即热流量 $\dot{Q}$ 来表示，并约定：系统吸热时 $\dot{Q}>0$，系统放热时 $\dot{Q}<0$；$\dot{Q}$ 的单位为 J/s 或 W。

　　流体系统与外界的功量交换通常采用单位时间做的功即功率 $\dot{W}$ 来表示，并约定：系统对外做功时 $\dot{W}>0$，系统获得外功时 $\dot{W}<0$；$\dot{W}$ 的单位为 J/s 或 W。

　　系统做功功率 $\dot{W}$ 通常可分为三个部分，即

$$\dot{W}=\dot{W}_s+\dot{W}_\mu+\dot{W}_p \tag{4-35}$$

　　① $\dot{W}_s$ 为轴功功率，即流体对机械设备（如透平机）做功的功率（正）或机械设备（如泵、搅拌器）对流体做功的功率（负）。

　　② $\dot{W}_\mu$ 为黏性功功率，即流体克服其表面黏性力做功的功率。根据式（3-12），运动

流体表面力一般表达为：$\mathbf{p}_n=\boldsymbol{\sigma}_n+\boldsymbol{\tau}_n=(-p+\Delta\sigma_n)\mathbf{n}+\boldsymbol{\tau}_n$，$\dot{W}_\mu$ 就指的是流体克服其表面上与黏性有关的切应力 $\boldsymbol{\tau}_n$ 和附加正应力 $\Delta\sigma_n$ 做功的功率。下列 $\dot{W}_\mu=0$ 的条件特别有实际意义。

对于理想流体：因为 $\mu=0$，所以 $\boldsymbol{\tau}_n=0$，$\Delta\sigma_n=0$，故 $\dot{W}_\mu=0$；

在固定的固体壁面上：即使 $\Delta\sigma_n\neq0$，$\boldsymbol{\tau}_n\neq0$，但流体速度 $v=0$，故 $\dot{W}_\mu=0$。

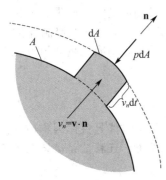

图 4-16　流体克服表面
压力 p 做功

在等直径管道截面上：只要流动充分发展，则流体无轴向线应变，故 $\Delta\sigma_n=0$；又因此条件下流体速度 $\perp$ 截面（即 $v\perp\boldsymbol{\tau}_n$），故 $\boldsymbol{\tau}_n$ 不做功；因此 $\dot{W}_\mu=0$。

③ $\dot{W}_p$ 为流动功功率，即流体克服其表面力中的压力 p 做功的功率。参见图 4-16，在微元面 $\mathrm{d}A$ 上，压力的总作用力为 $p\,\mathrm{d}A$，$\mathrm{d}t$ 时间段内流体克服表面压力移动的距离为 $v_n\mathrm{d}t=(\mathbf{v}\cdot\mathbf{n})\,\mathrm{d}t$，所以流体克服压力 p 做功的功率为

$$\mathrm{d}\dot{W}_p=\frac{(p\,\mathrm{d}A)(v_n\mathrm{d}t)}{\mathrm{d}t}=p(\mathbf{v}\cdot\mathbf{n})\,\mathrm{d}A$$

对于控制体，流体从控制面输出时：$\mathrm{d}\dot{W}_p=p(\mathbf{v}\cdot\mathbf{n})\,\mathrm{d}A$ >0，即流体克服外力 p 做正功，流体进入控制面时：$\mathrm{d}\dot{W}_p=p(\mathbf{v}\cdot\mathbf{n})\,\mathrm{d}A<0$，即外力 p 对流体做功。因此，$\mathrm{d}\dot{W}_p$ 沿整个控制面 cs 积分，则得到控制体净输出的流动功功率，即

$$\dot{W}_p=\iint_{\mathrm{cs}}p(\mathbf{v}\cdot\mathbf{n})\mathrm{d}A=\iint_{\mathrm{cs}}\frac{p}{\rho}\rho(\mathbf{v}\cdot\mathbf{n})\mathrm{d}A \tag{4-36}$$

式中，p/ρ 是单位质量流体的压力能（J/kg），表示单位质量有压流体可输出的流动功。

(3) 运动流体的机械能

上述流体贮存能中的动能 $v^2/2$、位能 gz 以及迁移能中的压力能 p/ρ 常常一起出现在流动过程能量守恒关系中，具有特别的意义。按热力学的观点，三者都属于机械能（有序能），三者之和是单位质量流体的机械能，用 e_M 表示，即

$$\underset{\substack{\text{单位质量流}\\\text{体的机械能}}}{e_M}=\overset{\overset{\text{总位能}}{\overbrace{\quad\qquad\qquad}}}{\underset{\text{压力能}}{\frac{p}{\rho}}+\underset{\text{位能}}{gz}}+\underset{\text{动能}}{\frac{v^2}{2}} \tag{4-37}$$

如果用重力加速度 g 除以上式，则得到单位重量流体的机械能，其中各项都具有长度的单位 m，每一项的习惯称呼如下式所示。

$$\underset{\substack{\text{单位重量流}\\\text{体的机械能}}}{\frac{e_M}{g}}=\overset{\overset{\text{总位头}}{\overbrace{\quad\qquad\qquad}}}{\underset{\text{静压头}}{\frac{p}{\rho g}}+\underset{\text{位头}}{z}}+\underset{\text{速度头}}{\frac{v^2}{2g}}=\text{总压头} \tag{4-38}$$

(4) 流动截面上各点的总位头（或总位能）

在垂直于管道或垂直于流动方向的同一截面上，尽管各点的静压头 $p/\rho g$ 和位头 z 都分别不同，但只要该截面上的压力 p 满足重力场静压分布规律，则两者之和即总位头在该截面各点都是相等的，即该截面上

$$\frac{p}{\rho g}+z=\text{const} \quad\text{或}\quad \frac{p}{\rho}+gz=\text{const} \tag{4-39}$$

图 4-17 表明了上述条件下管道截面各点总位头相等的概念。图中，A 点位头 z_A 低但压头 h_A 高，B 点位头 z_B 高但压头 h_B 低，只要该截面上压力满足重力场静压分布方程，则有

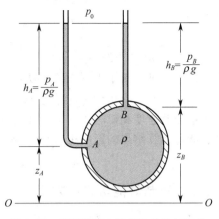

图 4-17　管道截面上流体的位头与压头
（p_A、p_B 均为表压）

$$p_A = p_B + \rho g(z_B - z_A) \quad \text{或} \quad \frac{p_A}{\rho g} + z_A = \frac{p_B}{\rho g} + z_B$$

即，A、B 两点总位头相等。其物理意义是 A、B 两点静压测管的自由液面具有相同高度。

可以证明，在充分发展流动的横截面上，其压力分布就满足重力场静压分布规律。实践中，只要控制体进/出口截面处于均匀流段或等直径管段且垂直于流动方向，就可认为该结论成立。该结论的实用价值之一是：当总位头沿截面积分时，可将其作为常量提到积分号外。在后面的能量方程简化中将用到这一结论。

（5）单位质量流体的平均动能及动能修正系数

在流动过程的能量分析中，常常需要积分计算管道截面上单位时间输出的总动能。为免除积分计算的不便，人们自然想到能否按管道截面上总动能相等的原则，定义管道截面上单位质量流体的平均动能，用 $(v^2)_m/2$ 表示，来直接计算总动能，即

$$\frac{(v^2)_m}{2} q_m = \iint_A \frac{v^2}{2} \, dq_m \qquad (4\text{-}40)$$

此即管道截面上单位质量流体平均动能的定义式。由该式可见，平均动能中的 $(v^2)_m$ 就是 v^2 的平均值，其本身仍需用式（4-40）积分计算。为此，又考虑用易于计算的平均速度的平方 v_m^2 来代替 $(v^2)_m$。但因一般情况下 $v_m^2 \neq (v^2)_m$，故引入动能修正系数 α 使两者相等，即

$$\frac{\alpha v_m^2}{2} = \frac{(v^2)_m}{2} \qquad (4\text{-}41)$$

由该式可见，动能修正系数 α 的意义是实际平均动能与平均速度动能的比值。将式（4-41）代入式（4-40）并考虑 $q_m = \rho v_m A$，$dq_m = \rho v dA$，可得动能修正系数 α 的定义式为

$$\alpha = \frac{1}{v_m^3 A} \iint_A v^3 \, dA \qquad (4\text{-}42)$$

对于一般流动，若知道速度分布 v，并代入上式积分求得 α，就可用 $\alpha v_m^2/2$ 作为平均动能，这似乎并没有实现免除积分运算的初衷。但对于管内流动，无非层流与湍流两种情况，此处事先用式（4-42）确定其 α，可为以后的分析计算带来方便。对于管流情况有以下 3 种。

① 理想流体流动：因 $\mu = 0$，流体层间无摩擦，管道截面流速均匀，$v = v_m$，故

$$\alpha = 1 \quad \longrightarrow \quad (v^2)_m = v_m^2$$

② 圆管黏性层流：管道截面上速度分布为 $v = 2v_m[1 - (r/R)^2]$，代入式（4-42）有

$$\alpha = 2 \quad \longrightarrow \quad (v^2)_m = 2v_m^2$$

③ 圆管黏性湍流：管道截面速度分布可用下列经验关系式表达

$$v = v_{\max}(1 - r/R)^{1/n}$$

式中，v_{max} 为管中心流速，且在 $Re > 20000$ 范围，$n = 6 \sim 10$。将 v 代入式（4-42）积分得

$$\alpha = \frac{(1+2n)^3(1+n)^3}{4n^4(3+2n)(3+n)} = 1.077 \sim 1.031 \longrightarrow (v^2)_m = (1.077 \sim 1.031)v_m^2$$

由此可见，对于理想流体流动，$\alpha = 1$，完全可用 v_m^2 替代 $(v^2)_m$；对于管内湍流，$\alpha = 1.077 \sim 1.031$，直接用 v_m^2 替代 $(v^2)_m$ 误差很小，也可取 $\alpha = 1$；只有管内层流，$\alpha = 2$。但由于层流时速度相对较小，动能在能量组成中不是主要的，所以即使取 $\alpha = 1$ 所产生的误差对总能量计算结果的影响也较小。因此，若无特别要求，管道流体动能计算中都可用 v_m^2 替代 $(v^2)_m$。

4.5.2　控制体能量守恒方程

根据式（4-5），控制体能量守恒定律表述如下

$$\dot{Q} - \dot{W} = \underset{\text{的能量流量}}{\text{输出控制体}} - \underset{\text{的能量流量}}{\text{输入控制体}} + \underset{\text{能量变化率}}{\text{控制体内的}}$$

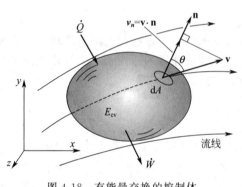

图 4-18　有能量交换的控制体

通过控制面的能量流量　在图 4-18 所示的控制体表面上，通过微元面积 dA 的质量流量 $dq_m = \rho(\mathbf{v} \cdot \mathbf{n})dA$，所以，如果用 e 表示单位质量流体所具有的贮存能，则流体通过 dA 时单位时间输入/输出的能量即能量流量为

$$e\,dq_m = e\rho(\mathbf{v} \cdot \mathbf{n})dA \tag{4-43}$$

而 $e\,dq_m$ 沿整个控制面 cs 积分，则得到输出与输入控制体的能量流量之差，即

$$\underset{\text{出的能量流量}}{\text{控制面上净输}} = \iint\limits_{cs} e\rho(\mathbf{v} \cdot \mathbf{n})dA$$

控制体内的能量变化率　因为体积为 dV 的任意微元流体具有的贮存能为 $e\rho dV$，所以控制体内的瞬时总能量 E_{cv}（贮存能）就等于

$$E_{cv} = \iiint\limits_{cv} e\rho\,dV \tag{4-44}$$

于是有　　　$\underset{\text{能量变化率}}{\text{控制体内的}} = \dfrac{dE_{cv}}{dt} = \dfrac{d}{dt}\iiint\limits_{cv} e\rho\,dV$

能量守恒积分方程　将上述两式代入控制体能量守恒定律可得

$$\dot{Q} - \dot{W} = \iint\limits_{cs} e\rho(\mathbf{v} \cdot \mathbf{n})dA + \frac{dE_{cv}}{dt} \tag{4-45}$$

该式是针对控制体的通用能量守恒方程。其中左边各项是迁移能，右边各项是贮存能，每项的单位为 J/s 或 W。对于一般工程流动问题，将式（4-34）~ 式（4-36）代入式（4-45），则能量守恒方程进一步表达为

$$\dot{Q} - \dot{W}_s = \iint\limits_{cs} \left(u + \frac{v^2}{2} + gz + \frac{p}{\rho}\right)\rho(\mathbf{v} \cdot \mathbf{n})dA + \frac{dE_{cv}}{dt} + \dot{W}_\mu \tag{4-46}$$

$$E_{cv} = \iiint\limits_{cv} \left(u + \frac{v^2}{2} + gz\right)\rho\,dV \tag{4-47}$$

特别需要指出，方程中的 $\dot{Q}$ 通常包括：通过导热或对流换热输入/输出控制体的热流

量，控制体内化学反应等的生成热。但不包括流体本身的内热能 u，u 已在方程中单独另计。

【例 4-9】 滑动轴承的散热率。

一滑动轴承，尺寸如图 4-19 所示。轴以匀角速度 ω 转动，轴承座固定不动，转动轴与轴承座之间充满液态润滑油，轴承在轴线方向的宽度为 W。设润滑油无外漏，且润滑油动力黏度为 μ，试确定保持油温恒定所需要的散热速率（即轴承冷却负荷）。

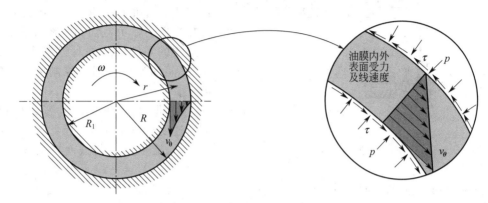

图 4-19 例 4-9 附图

解 因油膜很薄，可假定油膜内速度沿径向线形分布，因此，由牛顿剪切定律可得油膜内的切应力为

$$\tau = \mu \frac{\mathrm{d}v_\theta}{\mathrm{d}r} = -\mu \frac{R_1 \omega}{R - R_1}$$

由此可见，切应力 τ 沿径向不变。此处的负号仅表示切应力 τ 方向与规定的正方向相反，即内表面上流体切应力沿顺时针方向，外表面切应力为逆时针方向。

取 R_1 与 R 以及宽度 W 之间的润滑油空间为控制体。因控制体内不存在轴功的输入/输出，控制体表面无流体输入/输出，而且油温恒定意味着是稳态散热问题，所以

$$\dot{W}_s = 0, \quad \iint_{cs} \left(u + \frac{v^2}{2} + gz + \frac{p}{\rho} \right) \rho(\mathbf{v} \cdot \mathbf{n}) \mathrm{d}A = 0, \quad \frac{\mathrm{d}E_{cv}}{\mathrm{d}t} = 0$$

于是根据能量守恒方程式（4-46）有：系统吸热率等于流体所做的黏性功功率，即

$$\dot{Q} = \dot{W}_\mu$$

按定义，$\dot{W}_\mu$ 是流体克服表面黏性力（包括切应力、附加正应力）做功的功率。由于本例中流体运动方向为切向，所以只需考虑表面切应力做功。又由于外表面上速度为零，切应力不做功，故只需考虑内表面切应力做的功。

微元面 $\mathrm{d}A$ 上流体克服表面切应力 τ 做功的功率定义为

$$\mathrm{d}\dot{W}_\mu = -v\tau \mathrm{d}A$$

式中 τ 不带正负号，v 是切应力方向线速度，当其方向与 τ 相反时取负号。于是流体克服整个内表面切应力做功的功率为

$$\dot{Q} = \dot{W}_\mu = -\iint_A v\tau \mathrm{d}A = -\iint_A R_1 \omega \mu \frac{R_1 \omega}{R - R_1} \mathrm{d}A = -\mu \frac{(R_1 \omega)^2}{R - R_1} (2\pi R_1 W)$$

上式中，负号表明流体获得功，同时也表示：为了维持流体温度不变，控制体必须向外散热（$\dot{Q} < 0$），且散热量应等于摩擦功 $\dot{W}_\mu$ 转换产生的热量。

4.5.3 化工流动系统的能量方程

能量守恒方程在以化工为代表的过程工业中应用广泛，针对化工流动系统的特点对能量守恒方程式（4-46）进行简化，可得到在化工单元操作过程中十分有用的能量衡算方程。

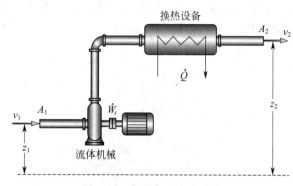

图 4-20 典型化工流动系统

图 4-20 是化工过程中典型的流动系统，其中流体由截面 A_1 流入系统，经过流体输送机械做功、并与换热设备进行热交换后，由截面 A_2 流出系统。对于这样的系统，通常取管道截面 A_1 和 A_2 之间的流场空间为控制体，其特点如下。

① 进/出口截面处于等直径管段，流体速度与截面垂直。因此在进口截面 A_1 上，流体速度与截面外法线方向相反，$(\mathbf{v} \cdot \mathbf{n})_1 = -v_1$；出口截面 A_2 上，速度与截面外法线方向相同，$(\mathbf{v} \cdot \mathbf{n})_2 = v_2$。

② 由于进/出口截面处于等直径管段，故根据 4.5.1 节结论：截面各点单位质量流体总位能 $(gz + p/\rho)$ 相同或近似相同，因此整个截面上的总位能就等于 $(gz + p/\rho)q_m$；若引入动能修正系数，则 $(\alpha v^2/2)q_m$ 就等于截面上的总动能（v 为平均流速）；截面上的温度分布可以忽略，故截面上的总内能就可用截面平均温度下的内能 u 计算，即 uq_m。

根据以上两点，能量守恒方程式（4-46）中随流动流体净输出的能量项可简化如下

$$\iint\limits_{cs} \left(u + \frac{v^2}{2} + gz + \frac{p}{\rho}\right)\rho(\mathbf{v} \cdot \mathbf{n})\mathrm{d}A = \iint\limits_{A_2} \left(u + \frac{v^2}{2} + gz + \frac{p}{\rho}\right)\rho v \mathrm{d}A - \iint\limits_{A_1} \left(u + \frac{v^2}{2} + gz + \frac{p}{\rho}\right)\rho v \mathrm{d}A$$

$$= \left(u_2 + \frac{\alpha_2 v_2^2}{2} + gz_2 + \frac{p_2}{\rho_2}\right)q_{m2} - \left(u_1 + \frac{\alpha_1 v_1^2}{2} + gz_1 + \frac{p_1}{\rho_1}\right)q_{m1}$$

③ 控制体内的控制面由静止固体壁面和进出口截面（A_1、A_2）组成。由 4.5.1 节关于黏性功的讨论可知，静止壁面上虽然 $\tau_n \neq 0$，但 $v = 0$，故无黏性功；进/出口截面处于等直径管段，其流动满足或近似满足均匀流体条件（各点速度垂直于截面且无轴向线应变），故 A_1、A_2 截面上 $\Delta\sigma_n = 0$ 且 $v \perp \tau_n$，也无黏性功；所以整个控制体表面上 $\dot{W}_\mu = 0$。

一般化工流动过程的能量方程　根据以上特点，能量守恒方程式（4-46）将简化为适用于一般化工流动过程的能量衡算方程

$$\dot{Q} - \dot{W}_s = \left(u_2 + \frac{\alpha_2 v_2^2}{2} + gz_2 + \frac{p_2}{\rho_2}\right)q_{m2} - \left(u_1 + \frac{\alpha_1 v_1^2}{2} + gz_1 + \frac{p_1}{\rho_1}\right)q_{m1} + \frac{\mathrm{d}E_{cv}}{\mathrm{d}t} \tag{4-48}$$

不可压缩稳态流动过程能量方程　此条件下，$\rho_1 = \rho_2 = \rho$，$q_{m1} = q_{m2} = q_m$，$\mathrm{d}E_{cv}/\mathrm{d}t = 0$，并考虑到进/出口截面处于等直径管段，取 $\alpha = 1$，则方程式（4-48）进一步简化为化工单元操作过程更为常用的能量衡算方程

$$\frac{\dot{Q} - \dot{W}_s}{q_m} = (u_2 - u_1) + \frac{(v_2^2 - v_1^2)}{2} + g(z_2 - z_1) + \frac{(p_2 - p_1)}{\rho} \tag{4-49}$$

绝热且无轴功稳态过程能量方程　此时 $\dot{Q} = 0$，$\dot{W}_s = 0$，能量衡算方程进一步简化为

$$u_2 + \frac{v_2^2}{2} + gz_2 + \frac{p_2}{\rho_2} = u_1 + \frac{v_1^2}{2} + gz_1 + \frac{p_1}{\rho_1} \tag{4-50}$$

因为单位质量流体的热焓 $i = u + p/\rho$，所以上式通常又表示为

$$i_2 + \frac{v_2^2}{2} + gz_2 = i_1 + \frac{v_1^2}{2} + gz_1 \tag{4-51}$$

能量方程式（4-49）～式（4-51）以单位质量流体为衡算基础，各项基本单位为 J/kg。

应用说明　根据经验，能量方程应用于以热交换过程为特征的流动系统时，流体机械能通常可忽略；但若过程压力变化（如充/放气过程），通常仅可忽略动能和位能。

【**例 4-10**】　非稳态加热过程问题。

图 4-21 所示为一圆筒形热水器，直径 $D = 0.8\text{m}$，存有温度 $T_0 = 300\text{K}$、质量 $m_0 = 200\text{kg}$ 的水。现以 $q_{m1} = 1\text{kg/s}$ 的流量加入温度为 $T_1 = 320\text{K}$ 的水，同时启动盘管蒸汽加热器对水进行加热，加热速率 $\dot{Q}_s = hA(T_s - T)$，其中传热系数 $h = 260\text{W/(m}^2 \cdot \text{K)}$，加热管面积 $A = 2\text{m}^2$，蒸汽温度 $T_s = 388\text{K}$，T 为热水器内的瞬时水温。设：热水器保温良好热损失不计；热水器内各点水温均匀；与传热量相比流体的动能、位能、压力能均可忽略。试确定水位 z 达到 1.5m 时的水温，并讨论本例忽略流体动能、位能、压力能的可行性。取水的比定压热容 $c_p = 4180\ \text{J/(kg·K)}$。

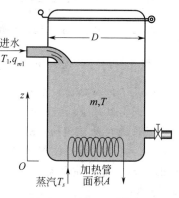

图 4-21　例 4-10 附图

解　取热水器空间为控制体。问题特点是控制体无流体排出，加热过程为非稳态，故设 m 为热水器内水的瞬时质量，则根据质量守恒方程式（4-13）有

$$-q_{m1} + \frac{\mathrm{d}m}{\mathrm{d}t} = 0$$

因为 $t = 0$ 时 $m = m_0$，所以积分上式可得

$$m = q_{m1}t + m_0$$

其次，根据一般流动过程能量方程式（4-48），考虑到 $\dot{W}_s = 0$、$q_{m2} = 0$，并取 $\alpha = 1$，可得本问题能量守恒方程为

$$\dot{Q} = -\left(u_1 + \frac{v_1^2}{2} + gz_1 + \frac{p_1}{\rho}\right)q_{m1} + \frac{\mathrm{d}E_{cv}}{\mathrm{d}t} \xrightarrow{\text{忽略机械能}} \dot{Q} = -u_1 q_{m1} + \frac{\mathrm{d}E_{cv}}{\mathrm{d}t} \tag{a}$$

控制体无散热损失，仅从内部加热器获得热量，因此

$$\dot{Q} = \dot{Q}_s = hA(T_s - T) \tag{b}$$

单位质量流体的贮存能 $e = (u + v^2/2 + gz) \approx u$，且 u 与空间位置无关（温度均布）；对于不可压缩流体：$\mathrm{d}u = c_p \mathrm{d}T$；又 $m = q_{m1}t + m_0$；所以控制体贮存能 E_{cv} 的时间变化率为

$$\frac{\mathrm{d}E_{cv}}{\mathrm{d}t} = \frac{\mathrm{d}me}{\mathrm{d}t} \approx \frac{\mathrm{d}mu}{\mathrm{d}t} = m\frac{\mathrm{d}u}{\mathrm{d}t} + u\frac{\mathrm{d}m}{\mathrm{d}t} = (q_{m1}t + m_0)c_p\frac{\mathrm{d}T}{\mathrm{d}t} + uq_{m1} \tag{c}$$

将式（c）和式（b）代入式（a）可得

$$hA(T_s - T) = -u_1 q_{m1} + (q_{m1}t + m_0)c_p\frac{\mathrm{d}T}{\mathrm{d}t} + uq_{m1}$$

其中

$$(u - u_1)q_{m1} = c_p(T - T_1)q_{m1}$$

整理后可得

$$\frac{\mathrm{d}t}{c_p(q_{m1}t + m_0)} = \frac{\mathrm{d}T}{hAT_s + c_p T_1 q_{m1} - (hA + q_{m1}c_p)T}$$

由 $t = 0 \rightarrow t$、$T = T_0 \rightarrow T$ 积分上式得水温随时间变化的关系为

$$T = B - (B - T_0)\left(1 + \frac{q_{m1}}{m_0}t\right)^{-[1 + Ah/(c_p q_{m1})]}$$

其中
$$B=\frac{AhT_s+c_pq_{m1}T_1}{Ah+c_pq_{m1}}$$

根据瞬时 m 与时间 t 的关系，可得水位 z 达到 $1.5\mathrm{m}$ 时所需时间 t 为

$$t=\frac{m-m_0}{q_{m1}}=\frac{\rho z\pi D^2/4-m_0}{q_{m1}}=\frac{1000\times1.5\times\pi\times0.8^2/4-200}{1}=554.0(\mathrm{s})$$

因为
$$B=\frac{AhT_s+c_pq_{m1}T_1}{Ah+c_pq_{m1}}=\frac{2\times260\times388+4180\times1\times320}{2\times260+4180\times1}=327.5(\mathrm{K})$$

所以水位 z 达到 $1.5\mathrm{m}$ 时或时间 $t=554\mathrm{s}$ 时的水温为

$$T=327.5-(327.5-300)\left(1+\frac{1}{200}554\right)^{-\left(1+\frac{2\times260}{4180\times1}\right)}=321.3(\mathrm{K})$$

如果不用加热器，则水位达到 $1.5\mathrm{m}$ 时的水温为 $314.7\mathrm{K}$。

在此，以每 kg 流体为基准，讨论本例条件下各机械能项与内能 u 的相对大小。

假设进口处流速 $v=3\mathrm{m/s}$（水及一般低黏度液体常用流速为 $1\sim3\mathrm{m/s}$），则流体的动能 $v^2/2=4.5\mathrm{J/kg}$；控制体内可资利用的位能由热水器高度确定，若取 $z=3\mathrm{m}$，则流体位能 $gz\approx30\mathrm{J/kg}$；常压下水的压力能 $p/\rho\approx101\mathrm{J/kg}$；而水温每增加 $1℃$，内能增量 $\Delta u\approx4180\mathrm{J/kg}$。

由此可见，前三者之和仅为后者的 3.2%，况且以加热/冷却为目的的过程，其流体温差远不止 $1℃$。于是可得出结论：对于不可压缩流体的加热或冷却流动过程，流体机械能（动能、位能、压力能）通常可以忽略，除非该过程涉及高速流动或极大的压力变化。

【例 4-11】 泵的输入功率计算。

如图 4-22 所示，水在稳态下流过水泵，流量 $q_V=280\mathrm{m}^3/\mathrm{h}$，密度 $\rho=1000\mathrm{kg/m}^3$，泵的进口管直径 $D_1=300\mathrm{mm}$，出口管直径 $D_2=150\mathrm{mm}$。实验测得水泵进口截面 1 与出口截面 2 之间的静压 U 形管指示剂高差 $h=200\mathrm{mmHg}$，其中指示剂汞的密度 ρ_m 与水的密度 ρ 之比 $\rho_m/\rho=13.6$。

(1) 忽略摩擦耗散，试确定泵输入的轴功功率 N_e；

(2) 若由于泵内的摩擦损失，泵的实际功率 $N=4000\mathrm{W}$，试确定流体的内能增量。

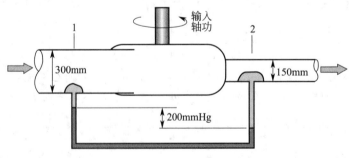

图 4-22　例 4-11 附图

解 取 1、2 截面之间的流场空间为控制体。该问题属于不可压缩流体稳态流动问题。

(1) 确定 N_e

在无加热/冷却装置且又忽略摩擦耗散的条件下，必然有 $\dot{Q}=0$ 且流动是等温过程（即 $\Delta u=0$）；于是根据方程式 (4-49) 并考虑 $z_2-z_1=0$ 有

$$-\frac{\dot{W}_S}{q_m}=\frac{1}{2}(v_2^2-v_1^2)+\frac{p_2-p_1}{\rho} \tag{a}$$

因为泵的输入功率 $N_e = -\dot{W}_s$，且

$$p_2 - p_1 = (\rho_m - \rho)gh, \quad v_2^2 - v_1^2 = q_V^2 (4/\pi)^2 (1/D_2^4 - 1/D_1^4), \quad q_m = \rho q_V$$

所以 $\qquad N_e = -\dot{W}_S = \left[\frac{1}{2} q_V^2 \frac{4^2}{\pi^2} \left(\frac{1}{D_2^4} - \frac{1}{D_1^4} \right) + \left(\frac{\rho_m}{\rho} - 1 \right) gh \right] \rho q_V$

代入数据得 $\qquad N_e = -\dot{W}_S = (9.08 + 24.70) \times 77.78 = 2627.4 (\text{W})$

（2）确定 Δu

根据方程式（4-49），$z_2 - z_1 = 0$，且泵的实际输入功率 $N = -\dot{W}_S$，所以有

$$\frac{\dot{Q} + N}{q_m} = (u_2 - u_1) + \frac{1}{2}(v_2^2 - v_1^2) + \frac{p_2 - p_1}{\rho}$$

该式与式（a）比较可得 $\qquad N - N_e = (u_2 - u_1)q_m + (-\dot{Q})$

该结果表明：因内部摩擦所增加泵功率全部转化为热能，一部分用于增加流体内能，另一部分由泵壳向外散热。假设泵壳绝热即 $\dot{Q} = 0$，则摩擦消耗的功率将全部均转化为流体的内能增加量，该内能增量及其对应的流体温升为

$$\Delta u = (u_2 - u_1) = \frac{N - N_e}{q_m} = \frac{4000 - 2627.4}{77.78} = 17.65 (\text{J/kg})$$

$$\Delta T = \frac{\Delta u}{c_p} = \frac{17.64}{4180} = 0.004 (\text{℃})$$

关于泵的效率与扬程的说明：泵的输入功率 N 中，实际转化为流体机械能（总压头）的部分称为有效功率 N_e，N_e 加上容积损失（流体泄漏）、水力损失（流体摩擦）和机械损失（机械摩擦）损耗的功率才是实际输入功率 N，两者之比称为泵的效率 η，即 $\eta = N_e/N$。

单位重量流体经过水泵后获得的总压头增量称为泵的扬程 H，即

$$H = \frac{\Delta v^2}{2g} + \frac{\Delta p}{\rho g} + \Delta z$$

其与有效功率 N_e 的关系为 $\qquad N_e = gq_m H = \rho g q_V H$

4.5.4　机械能守恒方程——伯努利方程

（1）伯努利方程（Bernoulli equation）

现进一步针对管流系统，考察能量方程式（4-46）在特定条件下的简化形式。这些条件是：

① 无热量传递，即 $\dot{Q} = 0$；

② 无轴功输出，即 $\dot{W}_S = 0$；

③ 流体不可压缩，即 $\rho = \text{const}$；

④ 稳态流动，即 $dE_{cv}/dt = 0$；

⑤ 理想流体（$\mu = 0$），即 $\dot{W}_\mu = 0$。

上述条件中，前 4 个条件对于诸多实际流动问题都能完全或基本满足，而且只要不是高速流动问题，黏性摩擦虽有影响但不显著，故忽略黏性摩擦（即认为条件⑤成立）亦不至于改变问题的本质。这意味着上述条件下获得的能量守恒方程——伯努利方程具有重要的实际应用价值。

根据上述 5 个条件，且注意到 $\dot{Q} = 0$（无热交换）与 $\mu = 0$（无摩擦热）同时成立时流体内能 $u = \text{const}$，一般形式的控制体能量方程式（4-46）将简化为

$$\iint_{cs}\left(\frac{v^2}{2}+gz+\frac{p}{\rho}\right)\rho(\mathbf{v}\cdot\mathbf{n})\mathrm{d}A=0 \tag{4-52a}$$

或
$$\iint_{A_2}\left(\frac{v^2}{2}+gz+\frac{p}{\rho}\right)\rho v\,\mathrm{d}A-\iint_{A_1}\left(\frac{v^2}{2}+gz+\frac{p}{\rho}\right)\rho v\,\mathrm{d}A=0 \tag{4-52b}$$

进一步，对于理想流体，只要进/出口截面处于等直径管段，则截面上速度均匀分布，各点动能 $v^2/2$ 相等；且根据 4.5.1 节的结论可知，这种条件下截面各点的总位能（$gz+p/\rho$）亦相等。这意味着同一截面上单位质量的机械能 e_M 是一个不变量，又因稳态流动时 $q_{m1}=q_{m2}$，故由积分式（4-52b）可得 $e_{M1}=e_{M2}$，即

$$\frac{v_1^2}{2}+gz_1+\frac{p_1}{\rho}=\frac{v_2^2}{2}+gz_2+\frac{p_2}{\rho} \tag{4-53a}$$

或以单位重量流体的机械能表示为

$$\frac{v_1^2}{2g}+z_1+\frac{p_1}{\rho g}=\frac{v_2^2}{2g}+z_2+\frac{p_2}{\rho g} \tag{4-53b}$$

这就是著名的伯努利方程（Bernoulli equation）。该方程表明，理想不可压缩流体在稳态流动过程中，其动、位能、压力能三者可相互转换，但总机械能是守恒的。

伯努利方程应用说明 伯努利方程是无热/功交换、理想不可压缩流体稳态流动过程的机械能守恒方程。

① 该方程应用于管流或扩展应用于控制体时，要求控制体进出口截面处于均匀流段并与流动方向垂直（等直径管段的横截面通常满足该条件）；

② 该方程亦准确适用于理想不可压缩流场中的任一条流线，即沿同一流线 $e_M=\mathrm{const}$ [应用高斯公式将积分式（4-52a）转化为体积分并引用流线方程可以证明]；

③ 该方程近似用于可压缩流体时，通常要求平均流速 v 与当地声速 a 之比即马赫数 $Ma=v/a<0.3$ 且流动过程中压力变化幅度 $\Delta p<0.2p_m$（p_m 为平均压力），流体密度采用平均密度 ρ_m；

④ 对式（4-53a）微分，可得微分形式的伯努利方程（称为一维欧拉方程）

$$\mathrm{d}\left(\frac{v^2}{2}\right)+g\,\mathrm{d}z+\frac{\mathrm{d}p}{\rho}=0 \tag{4-53c}$$

该微分式同时适用于可压缩流体，但应用时需根据过程特点将 $\rho=f(p)$ 关系代入上式。

（2）引申的伯努利方程

对于黏性不可压缩流体的稳态流动，其机械能的守恒关系主要有以下两点变化。

① 黏性导致管流截面上速度不再均匀分布。此时，只要进/出口截面处于等直径管段，截面各点总位能（$gz+p/\rho$）仍然相等；而速度分布不均时截面总动能的计算，则可采用基于动能修正系数 α 和平均流速 v 的平均动能 $\alpha v^2/2$ 来等效计算。这样，同一截面上机械能 e_M 的积分仍可用 $e_M q_m$ 替代，只不过 e_M 中的动能是截面平均动能。

② 黏性摩擦会导致机械能损耗，使得出口截面机械能减少。对于稳态流动，因 $q_{m1}=q_{m2}$，故出口截面机械能减少意味着：$e_{M2}<e_{M1}$。但若将单位重量流体损失的机械能 h_f（称为阻力损失）计入，则进/出口截面总能量仍然守恒，即 $e_{M1}=(e_{M2}+gh_f)$，这就是无热功交换黏性不可压缩流体稳态流动系统的机械能守恒方程，又称引申的伯努利方程，即

$$\alpha_1\frac{v_1^2}{2}+gz_1+\frac{p_1}{\rho}=\alpha_2\frac{v_2^2}{2}+gz_2+\frac{p_2}{\rho}+gh_f \tag{4-54a}$$

或
$$\alpha_1\frac{v_1^2}{2g}+z_1+\frac{p_1}{\rho g}=\alpha_2\frac{v_2^2}{2g}+z_2+\frac{p_2}{\rho g}+h_f \tag{4-54b}$$

（3）机械能守恒方程

进一步，考虑到一般管道输送问题通常还涉及机械功的输入输出，并特别用 N 表示流体机械输入的轴功功率（$-\dot{W}_S$），则引申的伯努利方程可进一步扩展为

$$\frac{N}{q_m g} = \frac{(\alpha_2 v_2^2 - \alpha_1 v_1^2)}{2g} + (z_2 - z_1) + \frac{(p_2 - p_1)}{\rho g} + h_f \tag{4-55}$$

该方程是流体输送管路系统常用的机械能衡算方程。除 h_f 外，方程各项都属于机械能，式中（$N/q_m g$）是单位重量流体获得的机械功，基本单位为 m。

（4）机械能守恒方程与化工稳态流动能量方程的对比分析

机械能守恒方程式（4-55）和化工稳态流动能量方程式（4-49）是能量守恒计算最常用的两个方程，明确两者的区别与联系无疑有助于两者的合理应用。为简洁起见，方程中单位质量流体的机械能用 e_M 表示，流体获得的轴功功率（$-\dot{W}_S$）用流体机械输入功率 N 表示。这样，式（4-55）和式（4-49）可分别表示为

机械能守恒方程（以下简称方程 A）　　　$N/q_m = (e_{M2} - e_{M1}) + gh_f$

化工稳态能量方程（以下简称方程 B）　　　$N/q_m = (e_{M2} - e_{M1}) + (\Delta u - \dot{Q}/q_m)$

一般地说，方程 B 用于 $\dot{Q} \neq 0$ 的稳态流动系统，方程 A 则用于 $\dot{Q} = 0$ 的稳态流动系统，故方程 B 应用更广泛，方程 A 只是方程 B 的特例。因此，在方程 A 适用的条件下，方程 B 也适用且获得的结果应该一致，故相同条件下两式对比必然有

$$gh_f = (\Delta u - \dot{Q}/q_m)$$

该等式说明：损失的机械能 gh_f 是以热能形式存在的，该热能一部分用于增加流体内能（Δu），一部分用于系统散热（$-\dot{Q}$）；若管道绝热，则 gh_f 全部用于增加内能，若保持流动等温，则 gh_f 产生的热量必须全部散发到系统之外。

由该等式可知：方程 A 中引入 gh_f，就是事实上认可系统存在热交换，只不过该热交换仅与摩擦热有关，因此方程 A 的实际应用条件是：仅有摩擦热的稳态流动系统（并非严格的 $\dot{Q} = 0$ 系统）；对于这样的系统，方程 A 的优点在于：gh_f 可以通过阻力计算方法确定，而方程 B 则必须确定 gh_f 用于增加内能和对外散热的分配比例，这在一般情况下是困难的。当然，严格地说，方程 B 用于 $\dot{Q} \neq 0$ 的一般系统时，也需考虑 gh_f 的分配比例问题，但在 $\dot{Q} \neq 0$ 的一般系统中，加热/冷却过程的热交换量通常远远大于 gh_f 产生的热量，故一般计算中 gh_f 产生的热量通常不在考虑之列，其分配比例问题自然也不在考虑之列。

（5）阻力损失 h_f 及其计算方法

阻力损失 h_f 是单位重量流体因摩擦等损耗的机械能（压头），其基本单位为 m（或 J/N）；而 $\rho g h_f$ 则代表因摩擦等导致的压力降，其基本单位为 Pa（或 N/m^2）。

对于管道系统，阻力损失 h_f 一般包括管道沿程的摩擦阻力损失和局部阻力损失（管道弯头、三通、阀门、孔板等局部阻力件产生的阻力损失）。两者计算公式如下。

沿程阻力损失　　　　　　　　$h_f = \lambda \dfrac{L}{D} \dfrac{v^2}{2g}$

局部阻力损失　　　　　　　　$h_f = \zeta \dfrac{v^2}{2g}$ 　　　　　　　　（4-56）

式中，D、L 分别为管道直径和长度；λ 为摩擦阻力系数，ζ 为局部阻力系数，其值可由相关实验关联式计算或由相关手册查取，也可参见 9.4 节管道阻力计算。

【例 4-12】　薄板堰口（溢流堰）流动问题。

图 4-23 所示为流体跨越薄板顶边的流动（如通过容器侧壁堰口的流动、塔板溢流堰流动）。

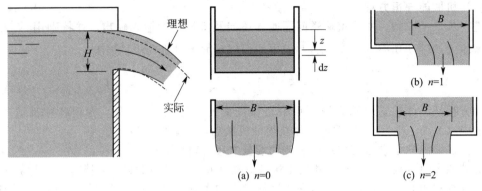

图 4-23　例 4-12 附图

设液面位置恒定，堰口宽度为 B，堰口至液面高差 H，流体密度为 ρ，试确定其流量表达式。

解　首先按理想流体处理，并设堰口流动截面深度位置 z 处流速为 v。因为液面和出口都处于大气压力 p_0，且自由液面远处速度 $v_0 \approx 0$、$z_0 = 0$，所以列出自由液面远处到出口截面深度 z 处的伯努利方程有

$$\frac{v_0^2}{2g} + z_0 + \frac{p_0}{\rho g} = \frac{v^2}{2g} + (-z) + \frac{p_0}{\rho g} \longrightarrow v = \sqrt{2gz}$$

由此得堰口体积流量为

$$q_V = \int_0^H vB\,\mathrm{d}z = B\int_0^H \sqrt{2gz}\,\mathrm{d}z = B\sqrt{2g}\,\frac{2}{3}H^{3/2}$$

在实际流动过程中，由于惯性作用导致的流动收缩，堰口流动截面将小于堰口几何截面；而摩擦导致的能量损失也使得堰口流量有所减小；考虑两者影响引入流量系数 C_d，实际体积流量可表示为

$$q_V = C_d B\sqrt{2g}\,\frac{2}{3}H^{1.5}$$

对于图 4-23 (a) 所示的堰口宽度 B 与容器两侧壁齐平的情况，流量系数 $C_d = 0.62$。考虑到堰口仅有一边与容器侧壁齐平［图 4-23 (b)］和堰口两边都不与容器侧壁齐平［图 4-23 (c)］的情况，可用下列经验公式计算薄板堰口（溢流堰）的实际流量

$$q_V = 1.84(B - 0.1nH)H^{1.5}$$

其中，对于图 4-23 (a)、(b)、(c) 所示情况，n 分别为 0、1、2。

【例 4-13】　消防水枪喷水速度计算。

图 4-24 所示为一消防水枪系统，其中水泵 P 输入功率为 $N = 10\text{kW}$，泵的进口管径 $d_1 = 150\text{mm}$，出口管径 $d_2 = 100\text{mm}$，水最终经直径 $d_3 = 75\text{mm}$ 的喷管管口喷出。设水池液面恒定，d_1、d_2、d_3 处的流体速度分别为 v_1、v_2、v_3，水池液面 0—0 到泵进口截面 1—1 的总阻力损失 $h_{f,0-1} = 5(v_1^2/2g)$，截面 1—1 到喷口截面 3—3 的总阻力损失 $h_{f,1-3} = 12(v_2^2/2g)$。试计算水的喷出速度和 1—1 截面处的压力。

解　在 0—0 截面与 3—3 截面之间应用机械能守恒方程式 (4-55) 并取 $\alpha = 1$ 有

$$\frac{N}{q_m g} = \frac{v_3^2 - v_0^2}{2g} + (z_3 - z_0) + \frac{p_3 - p_0}{\rho g} + h_{f,0-3}$$

式中　$q_m = \rho v_3 \pi d_3^2 / 4$，　$v_3^2 - v_0^2 \approx v_3^2$，　$z_3 - z_0 = h_1$，　$p_3 - p_0 = p_0 - p_0 = 0$

其次，考虑 v_3 是目标量，故将守恒方程中的相关量表示为 v_3 的函数，其中

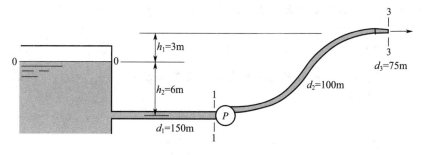

图 4-24　例 4-13 附图

$$v_1 = d_3^2 v_3 / d_1^2 = v_3/4, \quad v_2 = d_3^2 v_3 / d_2^2 = 9v_3/16$$

$$h_{f,0-3} = h_{f,0-1} + h_{f,1-3} = 5\frac{v_1^2}{2g} + 12\frac{v_2^2}{2g} = \frac{5}{16}\frac{v_3^2}{2g} + \frac{243}{64}\frac{v_3^2}{2g} = \frac{263}{64}\frac{v_3^2}{2g}$$

将上述参数代入守恒方程可得

$$N = \left(\frac{1}{2}v_3^2 + gh_1 + \frac{263}{64}\frac{v_3^2}{2}\right)\rho v_3 \ \frac{\pi d_3^2}{4}$$

代入数据　$N = 10000\mathrm{W}$, $h_1 = 3\mathrm{m}$, $d_3 = 0.075\mathrm{m}$, $\rho = 1000\mathrm{kg/m^3}$, $g = 9.8\mathrm{m/s^2}$

可得　　　　　　　　　　$11.29v_3^3 + 129.88v_3 - 10000 = 0$

由此解出水的喷出速度为　　　　$v_3 = 9.20 \ \mathrm{m/s}$

其次在 0—0 截面与 1—1 截面之间应用引申的伯努利方程式（4-54）并取 $\alpha = 1$ 有

$$\frac{(v_1^2 - v_0^2)}{2g} + (z_1 - z_0) + \frac{(p_1 - p_0)}{\rho g} + h_{f,0-1} = 0$$

因为　　　　$v_1^2 - v_0^2 \approx v_1^2 = v_3^2/16, \quad z_1 - z_0 = -h_2, \quad h_{f,0-1} = 5\frac{v_1^2}{2g} = \frac{5}{16}\frac{v_3^2}{2g}$

所以　　　　$p_1 - p_0 = \left(-\frac{3}{8}\frac{v_3^2}{2g} + h_2\right)\rho g = \left(-\frac{3}{8}\frac{9.2^2}{2\times9.8} + 6\right)\times9800 = 42930(\mathrm{Pa})$

【例 4-14】　喷射水流的轨迹问题。

一水枪以仰角 α 将水连续喷出，见图 4-25，水流出口速度 v_1。按理想流体考虑并忽略空气摩擦阻力，试求水流的轨迹方程。

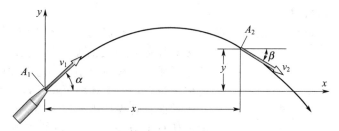

图 4-25　例 4-14 附图

解　本例系理想不可压缩流体稳态流动问题，无热量和轴功交换。取喷枪出口截面 A_1 与 x 处流股截面 A_2 为控制体进出口截面，并用 v_2、β 表示 A_2 处的水流速度及其与水平线的夹角。

（1）由质量守恒方程有

$$v_1 A_1 = v_2 A_2 \quad \longrightarrow \quad v_2 = v_1 A_1 / A_2 \tag{a}$$

（2）由于进出口截面均处于大气压力，即 $p_1=p_2=p_0$，所以根据伯努利方程有

$$\frac{v_2^2}{2}+gy+\frac{p_0}{\rho}=\frac{v_1^2}{2}+0+\frac{p_0}{\rho} \longrightarrow y=\frac{1}{2g}(v_1^2-v_2^2)=\frac{v_1^2}{2g}\left[1-\left(\frac{A_1}{A_2}\right)^2\right] \qquad \text{(b)}$$

（3）设 A_1、A_2 截面之间的水流质量为 m，且考虑到 $q_{m1}=q_{m2}=q_m$，则根据控制体动量守恒方程式（4-25）有

$$F_x=v_{2x}q_{m2}-v_{1x}q_{m1} \longrightarrow 0=(v_2\cos\beta-v_1\cos\alpha)q_m \qquad \text{(c)}$$

$$F_y=v_{2y}q_{m2}-v_{1y}q_{m1} \longrightarrow -mg=(-v_2\sin\beta-v_1\sin\alpha)q_m \qquad \text{(d)}$$

根据式(c)有：$v_2\cos\beta=v_1\cos\alpha=$ 水流在 x 方向的分速度，表明水流在 x 方向是匀速的（水流在 x 方向受力为零）。由此可知，水流从喷枪出口 A_1 到 A_2 截面（水平距离 x）经历的时间为 $t=x/v_1\cos\alpha$，而 A_1、A_2 截面之间的水流质量为

$$m=q_{m1}t=q_m(x/v_1\cos\alpha)$$

将 m 代入式（d）并考虑到 $v_2A_2=v_1A_1$，$\sin\beta=\sqrt{1-\cos^2\beta}$，$v_2\cos\beta=v_1\cos\alpha$，可得

$$\left(\frac{A_1}{A_2}\right)^2=1+\frac{2g}{v_1^2}\left(\frac{gx^2}{2v_1^2\cos^2\alpha}-x\tan\alpha\right)$$

该式为喷射水流的截面变化关系，将其代入式（b）可得喷射水流轨迹方程为

$$y=x\tan\alpha-x^2\frac{g}{2v_1^2\cos^2\alpha}$$

其中射流轨迹最高点横坐标位置及高度为

$$x=\frac{v_1^2}{g}\sin\alpha\cos\alpha, \qquad y_{\max}=\frac{v_1^2}{2g}\sin^2\alpha$$

结果应用　在以上方程中令喷射角 $\alpha=0$，即是容器或水槽侧壁小孔理想射流的轨迹方程；令喷射角 $\alpha=\pi/2$，即可得到垂直喷射的理想水流高度。

4.6　守恒方程综合应用分析

4.6.1　小孔流动问题

（1）小孔稳态流动问题

流体通过容器或水槽壁上的小孔向外流动称为小孔流动，如图 4-26 所示。小孔流动的特点是：容器截面 $A_1\gg A_0$（孔口面积），因此比起孔口处的流速 v_0，容器内的总体流动速度很缓慢。当液面与小孔中心轴线的高差 h 恒定时，流体通过孔口的流动将保持稳定状态。

在此，首先按理想流体稳态流动分析孔口流速。取液体自由液面 1—1 与孔口截面 2—2 之间的流场空间为控制体，并特别用 A_0、v_0 表示孔口截面 2—2 的面积和流速，根据伯努利方程式（4-53）有

$$\frac{(v_0^2-v_1^2)}{2}+g(z_2-z_1)+\frac{(p_2-p_1)}{\rho}=0$$

此处 $z_2-z_1=-h$，$p_1=p_2=p_0$，且按质量守恒有 $v_0=(A_1/A_0)v_1$；因为 $A_1\gg A_0$，所以 $v_0\gg v_1$，

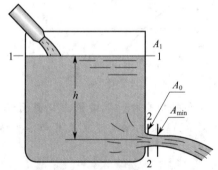

图 4-26　通过小孔的稳态流动

故可认为 $v_0^2 - v_1^2 \approx v_0^2$，于是伯努利方程简化为

$$v_0^2/2 - gh = 0$$

由此得小孔处的流速 v_0 和体积流量 q_{V0} 分别为

$$v_0 = \sqrt{2gh} \qquad (4\text{-}57)$$

$$q_{V0} = A_0 \sqrt{2gh} \qquad (4\text{-}58)$$

式（4-57）表明了理想流体位能与动能之间的转换关系，称为 Torricelli 定理。

应用说明 将式（4-57）中的静压头 h 理解为孔口两侧的静压头，则该式可适用于更一般的情况，比如液面上有压力的情况，孔口两侧都有液层（即沉浸小孔）的情况等。

与理想条件相比，通过小孔的实际流动有两个特点，一是有收缩现象，二是有摩擦阻力。如图 4-26 所示，由于惯性作用，流体在孔口处还有指向孔中心的径向速度分量，因此离开孔口时流体横截面处于收缩状态，直到一定距离后达到最小，此即收缩现象，其最小流动截面处称为"缩脉"；其次，由于实际流体流动总存在摩擦，因此其流速也低于式（4-57）所表示的理论流速。考虑这两个因素，设缩脉（最小流动截面）面积为 A_{min}，对应的实际流速为 v，并定义

$$\text{收缩系数 } C_c = \frac{A_{min}}{A_0}, \quad \text{速度系数 } C_v = \frac{v}{v_0}, \quad \text{流量系数 } C_d = C_c C_v = \frac{\text{实际流量}}{\text{理论流量}} \qquad (4\text{-}59)$$

则通过小孔的实际体积流量 q_V 为

$$q_V = A_{min} v = C_c C_v A_0 v_0 = C_d A_0 \sqrt{2gh} \qquad (4\text{-}60)$$

对于容器壁上的开孔（无接管），设容器壁厚为 δ，孔径为 d，则以上各系数为：

若 $d/\delta > 1$（薄壁开孔情况），则 $C_c = 0.62$，$C_v = 0.98$，$C_d = 0.61$；

若 $d/\delta \approx 1$ 且孔内边缘为直角，则 $C_c = 1.0$，$C_v = 0.86$，$C_d = 0.86$；

若 $d/\delta \approx 1$ 且孔内边缘为圆弧，则 $C_c = 1.0$，$C_v = 0.98$，$C_d = 0.98$。

（2）非稳态小孔流动问题

对于如图 4-27 所示小孔流动问题，若上方不供液，自由液面将持续下降，小孔流动为非稳态问题。在此分析小孔理论流速 v_0 与液面瞬时高度 h 的关系。

参见图 4-27，其中原始液面与孔口间的高度为 h_0，瞬时液面高度为 h，任意高度 z 处容器横截面积为 $A(z)$，取截面 1—1 与孔口截面 2—2 之间的空间为控制体。设控制体内流体温度均匀，内能恒定，且液体和气体的内能、密度分别记为 u_L，ρ_L，u_g，ρ_g；忽略空气进入截面 1—1 的动能即 $v_1^2/2 \approx 0$。考虑到 $\dot{Q} = 0$，$\dot{W}_s = 0$，并取 $z_2 = 0$，$\alpha = 1$，则根据化工流动系统能量方程式（4-48）有

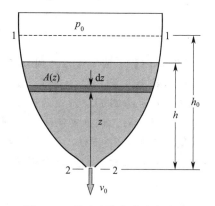

图 4-27　通过小孔的非稳态流动

$$\left(u_L + \frac{v_0^2}{2} + \frac{p_0}{\rho_L} \right) q_{mL} - \left(u_g + gh_0 + \frac{p_0}{\rho_g} \right) q_{mg} + \frac{dE_{cv}}{dt} = 0$$

式中，液体瞬时流量 q_{mL} 和气体瞬时流量 q_{mg} 可根据质量守恒方程确定如下

$$\frac{dm_{cv,L}}{dt} = \frac{d}{dt} \int_0^h \rho_L A(z) dz = \rho_L A(h) \frac{dh}{dt} \quad \longrightarrow \quad q_{mL} = -\frac{dm_{cv,L}}{dt} = -\rho_L A(h) \frac{dh}{dt}$$

$$\frac{\mathrm{d}m_{\mathrm{cv},g}}{\mathrm{d}t}=\frac{\mathrm{d}}{\mathrm{d}t}\int_{h}^{h_0}\rho_g A(z)\mathrm{d}z=-\rho_g A(h)\frac{\mathrm{d}h}{\mathrm{d}t}\quad\longrightarrow\quad q_{mg}=\frac{\mathrm{d}m_{\mathrm{cv},g}}{\mathrm{d}t}=-\rho_g A(h)\frac{\mathrm{d}h}{\mathrm{d}t}$$

控制体内的总贮存能 E_{cv} 包括液体和气体两部分的能量。因容器截面 $A\gg A_0$，容器内液面下降速度缓慢，故可认为控制体内液体和气体的总体动能都可以忽略，于是有

$$E_{\mathrm{cv}}=\iiint_{\mathrm{cv}}\left(u+\frac{v^2}{2}+gz\right)\rho\mathrm{d}V\approx\int_0^{h(t)}(u+gz)_L\rho_L A(z)\mathrm{d}z+\int_{h(t)}^{h_0}(u+gz)_g\rho_g A(z)\mathrm{d}z$$

式中，积分限 $h(t)$ 是时间的函数。故根据积分限求导规则，可得总贮存能 E_{cv} 的时间变化率为

$$\frac{\mathrm{d}E_{\mathrm{cv}}}{\mathrm{d}t}=(u_L+gh)\rho_L A(h)\frac{\mathrm{d}h}{\mathrm{d}t}-(u_g+gh)\rho_g A(h)\frac{\mathrm{d}h}{\mathrm{d}t}=-(u_L+gh)q_{mL}+(u_g+gh)q_{mg}$$

将 $\mathrm{d}E_{cv}/\mathrm{d}t$ 代入能量守恒方程，整理后可得非稳态小孔流动的流速为

$$v_0=\sqrt{2gh\left[1+\frac{(h_0-h)\rho_g}{h}\frac{\rho_g}{\rho_L}\right]}\tag{4-61}$$

因为 $\rho_L\gg\rho_g$，所以除了排放末期 $h\ll h_0$ 的情况外，通常有

$$v_0\approx\sqrt{2gh}\tag{4-62}$$

这表明对于非稳态小孔流动问题，只要容器内的流动比较缓慢，其位能与动能之间的转换关系近似于稳态情况，这种非稳态问题通常称之为拟稳态问题。

根据上述质量守恒方程结果，并将式（4-62）及流量系数 C_d 代入，可得液体排放时间 t 的微分方程如下

$$q_{mL}=-\rho_L A(h)\frac{\mathrm{d}h}{\mathrm{d}t}\quad\longrightarrow\quad \mathrm{d}t=-\frac{\rho_L A(h)}{q_{mL}}\mathrm{d}h=-\frac{A(h)}{C_d A_0\sqrt{2gh}}\mathrm{d}h$$

对该式积分，可得液面从 h_0 下降到 h 所需时间为

$$t=-\frac{1}{C_d A_0\sqrt{2g}}\int_{h_0}^{h}\frac{A(z)}{\sqrt{z}}\mathrm{d}z\tag{4-63}$$

【例 4-15】 圆筒容器与圆锥容器排液时间比较。

一圆锥形容器，锥口朝下，上部敞口直径为 D、高度为 H；另有一圆筒形敞口容器，直径与高度也分别 D、H；两者都装满液体并由底部中心小孔排放液体，且小孔面积与流量系数分别相同。试确定液面下降到高度 h 时两者的排放时间公式。

解 与图 4-27 一样，将 z 坐标原点设于孔口中心。因此，对于圆锥形容器和圆筒容器，其横截面积与坐标 z 的关系分别为

锥形容器 $\qquad\qquad A(z)=\pi D^2 z^2/4H^2$

圆筒容器 $\qquad\qquad A(z)=\pi D^2/4$

将其代入式（4-63）积分可得

$$t_{锥}=\frac{1}{10}\frac{\pi D^2}{C_d A_0\sqrt{2g}}\left(\sqrt{H}-\frac{h^2}{H^2}\sqrt{h}\right)$$

$$t_{筒}=\frac{1}{2}\frac{\pi D^2}{C_d A_0\sqrt{2g}}\left(\sqrt{H}-\sqrt{h}\right)$$

令 $h=0$，对比以上两式可知，两者将液体排放完毕的时间关系为 $t_{筒}=5t_{锥}$。可见相同口径和高度下，虽然圆筒体积是圆锥体积的 3 倍，但排液时间却是圆锥的 5 倍。当然，这只是理想情况下的比较，因为式（4-63）理论上不能用于将液体排放干净的情况。

4.6.2 管流中的液体汽化问题

(1) 虹吸管流动

工程与日常生活中常采用虹吸管从容器或水槽中排放流体。在图 4-28 所示的虹吸管系统中，取水槽液面 1—1 与虹吸管出口 2—2 为控制体进出口截面，则根据引申的伯努利方程（取 $\alpha=1$）有

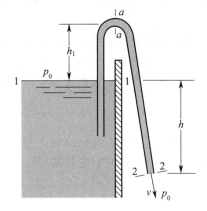

$$\frac{v_2^2-v_1^2}{2g}+(z_2-z_1)+\frac{p_2-p_1}{\rho g}+h_{f,1-2}=0$$

式中，$h_{f,1-2}$ 为进/出口截面之间的总阻力损失，包括沿程与局部损失。参见图 4-28 可知，$v_2^2-v_1^2\approx v_2^2$，$z_2-z_1=-h$，$p_2=p_1=p_0$，将其代入以上伯努利方程可得

图 4-28　虹吸管流动问题

$$v_2=\sqrt{2g(h-h_{f,1-2})}\ 或\ v_2=\sqrt{2gh}\qquad (h_{f,1-2}=0)\qquad(4\text{-}64)$$

可见理想条件下虹吸管出口流速 v_2 与 $\sqrt{h}$ 成正比。另一方面，如果在 1—1 截面与虹吸管顶点截面 a—a 之间应用引申的伯努利方程，则有

$$\frac{v_a^2}{2g}+h_1+h_{f,1-a}+\frac{p_a-p_0}{\rho g}=0$$

考虑等直径管 $v_a=v_2$，$h_{f,1-2}-h_{f,1-a}=h_{f,a-2}$，可得虹吸管顶点处的流体压力为

$$p_a=p_0-\rho g(h_1+h-h_{f,a-2})\qquad(4\text{-}65)$$

因为 $(h_1+h)>h_{f,a-2}$，故截面 a—a 于负压状态。如果 (h_1+h) 足够大使 $p_a\leqslant p_v$（p_v 为流体温度对应的饱和蒸汽压），则顶点处流体将产生汽化（又称空化现象），其形成的汽泡将破坏流体的连续性，使流动中断。因此，根据 $p_a=p_v$ 可确定虹吸管最大流速

$$v_{\max}=\sqrt{2g\left[\frac{(p_0-p_v)}{\rho g}-(h_1+h_{f,1-a})\right]}\qquad(4\text{-}66)$$

上式表明：减小阻力损失 $h_{f,1-a}$ 或降低顶点高度 h_1 可提高最大流速。将 $v_{\max}$ 代入式 (4-64)，可得虹吸管出口至液面的最大距离 $h_{\max}$。

(2) 离心泵汽蚀现象与安装高度

如图 4-29 所示，工程上常用的液体输送设备离心泵在吸入液体的过程中，液池表面 0—0 与泵的入口截面 a—a 之间存在压差 (p_0-p_a)。在 0—0 截面与 a—a 截面之间应用引申的伯努利方程式 (4-54) 并取 $v_a^2-v_0^2\approx v_a^2=v^2$ 可得

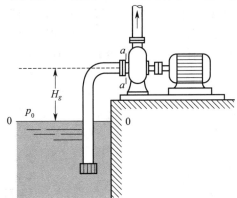

$$\frac{p_0-p_a}{\rho g}=\frac{v^2}{2g}+H_g+h_{f,0-a}\qquad(4\text{-}67)$$

式中，$h_{f,0-a}$ 为泵进口系统总阻力损失；v 为泵进口平均流速（由进口管径和流量确定）；H_g 为液池表面到泵入口中心线高度距离，称为安装高度。

由式 (4-67) 可知，安装高度 H_g 增加，泵入口压力减小；在确定的流量下，若 H_g 使得入口压力 $p_a\leqslant p_v$（p_v 为流体温度对应的饱和蒸气

图 4-29　离心泵的安装高度

压），则进口处流体将产生汽泡（空化）；汽泡体积的突然膨胀必然扰乱入口处的液体流动，导致能耗增加、效率下降，并产生噪声和振动；同时，汽泡随液体进入高压区后又突然凝结消失，导致周围液体以极高的速度向原汽泡中心运动，产生极大的局部冲击力并不断打击叶轮表面，致使叶轮损坏，此现象称为汽蚀现象。

为防止汽蚀现象的发生，必须使 $p_a \geqslant p_v$，即

$$\frac{(p_0-p_a)_{max}}{\rho g}=\frac{p_0-p_v}{\rho g} \equiv H_S \tag{4-68}$$

式中，H_S 称为允许吸上真空高度。将此代入式（4-67）可得泵的最大理论安装高度 $H_{g\,max}$（$p_a=p_v$ 时的安装高度）为

$$H_{g\,max}=H_S-\frac{v^2}{2g}-h_{f,0-a} \tag{4-69}$$

工业实际用泵的允许吸上真空高度 H_S 还与泵的转速 n、流量 q_V 等有关，即

$$H_S=\frac{(p_0-p_v)}{\rho g}+f(n,q_V) \quad 或 \quad H_S=H_0-H_v+f(n,q_V)$$

式中，$H_0=p_0/\rho g$；$H_v=p_v/\rho g$。工业用泵 H_S 通常由试验确定，并标注于产品说明书中。对于工业用水泵，H_S 通常是在 $H_0=10$m 水柱、吸送 20℃清水的条件下标定的，若现场使用条件与之不符，需要将 H_S 换算成新条件下的 H'_S。换算时认为影响关系 $f(n,q_V)$ 对新条件不变，于是现场条件下 H'_S 与 H_S 的换算关系为

$$H'_S=H_S+(H'_0-10)-(H'_v-H_v) \tag{4-70}$$

式中各项单位均为 m；其中，H'_0 是现场环境压力的压头，H'_v 是现场流体温度对应的饱和蒸气压压头，且为保守起见通常取 $H_v=0$。在 H'_S 值较低的情况下，可考虑减小吸入管路阻力损失，必要时可将泵安装于液面以下。

4.6.3 驻点压力与皮托管测速

（1）驻点压力与全压

如图 4-30 所示，当流体绕流障碍物时，其动能转化为压力能，使 B 点总压力增加。在障碍物前端中心点 B 处流体速度将滞止为零，流体速度滞止为零的点称为驻点，其压力称为驻点压力。考察图中 A 点至 B 点的流线：B 点无障碍物时，A 至 B 的阻力损失为 h_f；B 点有障碍物时，流体速度在 B 点滞止为零转化为压力能，使 B 点压力升高至 p_{B0}（驻点压力），因转化过程中总有机械能损耗，从而产生附加阻力损失 h'_f。所以在两种情况下对 A、B 两点流线应用引申的伯努利方程有

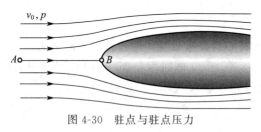

图 4-30 驻点与驻点压力

B 点无障碍物
$$\frac{v_A^2}{2g}+\frac{p_A}{\rho g}=\frac{v_B^2}{2g}+\frac{p_B}{\rho g}+h_f$$

B 点有障碍物
$$\frac{v_A^2}{2g}+\frac{p_A}{\rho g}=\frac{p_{B0}}{\rho g}+h_f+h'_f$$

比较两式可得
$$p_{B0}=\underbrace{\overbrace{\frac{\rho v_B^2}{2}+p_B}^{全压}-h'_f}_{驻点压力}\underset{动压\quad 静压}{} \tag{4-71}$$

如上式所表述，全压＝动压＋静压；因为 $h'_f>0$，故一般情况下驻点压力 $p_{B0}\leqslant$全压；只有在 $h'_f=0$ 的理想情况下才有 $p_{B0}=$全压，此时流体动能将全部转化为压力能。

（2）测压皮托管

由上可知，在 $h'_f=0$ 的理想情况下，驻点压力 $p_{B0}=$流体动压＋流体静压，即

$$\frac{p_{B0}}{\rho g}=\frac{v_B^2}{2g}+\frac{p_B}{\rho g} \quad 或 \quad v_B=\sqrt{2g\left(\frac{p_{B0}}{\rho g}-\frac{p_B}{\rho g}\right)} \tag{4-72}$$

这意味着测试出某点的驻点压力压头和静压头，即可确定该点的流体速度。根据这一原理测试流体速度的仪器如图 4-31 所示。其中的直角弯管称为测压皮托管，其前端为圆弧面（或半球面），中心开有小孔与管内连通。测压时流体进入管内达到平衡后静止，此时的液柱高度 h_0 就是 B 点驻点压力 p_{B0}（表压）对应的压头，即

$$p_{B0}=\rho g h_0 \quad 或 \quad h_0=\frac{p_{B0}}{\rho g}$$

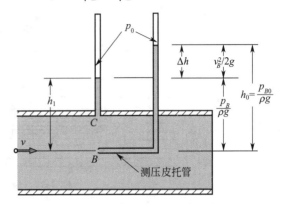

图 4-31　皮托管测试驻点压力

同时，在 B 点垂直向上的壁面 C 处开孔接一静压测管，则静压管上方液面与 B 点的垂直距离 h_1 就是 B 点的静压头（表压），即

$$p_B=\rho g h_1 \quad 或 \quad h_1=\frac{p_B}{\rho g}$$

注：皮托管要求安装在等直径管段，故截面上静压分布满足重力场静压分布公式，且皮托管管径较小，对流场的干扰可以忽略。

于是，将 h_0 和 h_1 代入方程式（4-72）可得到 B 点速度（无皮托管时的速度）为

$$v_B=\sqrt{2g\left(\frac{p_{B0}}{\rho g}-\frac{p_B}{\rho g}\right)}=\sqrt{2g(h_0-h_1)}=\sqrt{2g\,\Delta h} \tag{4-73}$$

即，B 点速度可由皮托管与静压管的液面高差 Δh 确定。

明确皮托管测压原理后，伯努利方程式（4-53）和式（4-54）所描述的机械能转换关系就可用测压管液柱高度直观表示出来，见图 4-32。其中，对于理想流体，截面 1 与截面 2 的

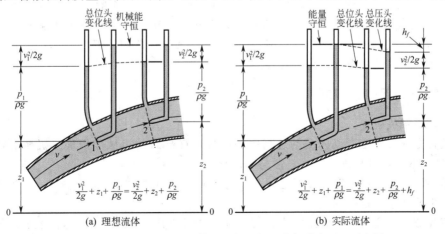

图 4-32　理想流体与实际流体机械能守恒（伯努利方程）示意图

各机械能项互不相同，但总压头相等（机械能守恒）；对于实际流体（不可压缩），截面 2 的位头和动压头与理想流体情况一样，但因产生了阻力损失 h_f，其静压头小于理想流体情况，使总压头降低（机械能不守恒），静压头的减少量等于 h_f，故加上 h_f，则两截面能量仍然守恒。

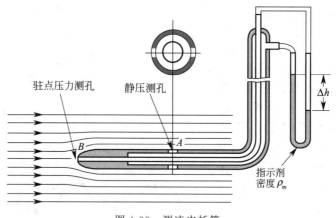

图 4-33　测速皮托管

(3) 测速皮托管

测速皮托管是将测压皮托管与静压测管集为一体的测速仪器，如图 4-33 所示。其中静压侧口 A 位于皮托管侧壁，距端部 B 有一定距离，以消除皮托管前端的干扰。侧口 A 的静压通过皮托管内部的环隙空间导出，端点 B 的驻点压力由皮托管中心管导出，两者由 U 形管连接。若 U 形管中指示剂的高差为 Δh（设指示剂密度为 ρ_m），则根据静压分布公式可得

$$p_{B0} - p_B = (\rho_m - \rho)g\Delta h$$

代入式（4-72）可得 B 点（未受干扰时）的速度为

$$v_B = \sqrt{2g\left(\frac{p_{B0}}{\rho g} - \frac{p_B}{\rho g}\right)} = \sqrt{2g\Delta h\frac{\rho_m - \rho}{\rho}} \tag{4-74}$$

有几点说明如下。

① 上述速度公式是在理想流体条件下得到的，对于实际流动过程必须加以修正，即实际流速 $v = C_I v_0$，v_0 为理论流速（即上述公式中的 v_B），修正系数 $C_I = 0.98 \sim 0.99$。

② 上述公式是针对不可压缩流体得到的，对于可压缩流体，只要气体流速 v 与当地声速 a 之比即马赫数 $Ma = v/a < 0.1$，则上述速度公式仍然适用，误差较小。高马赫数情况下，必须考虑压缩性的影响，另有公式。

4.6.4　管道局部阻力问题

(1) 阻力损失机理

流动阻力损失通常指流体流动过程中因黏性耗散导致的机械能损失（机械能贬值为热能）。黏性耗散有两种机理：摩擦耗散与涡流耗散。

摩擦耗散　即通过运动流体层之间及其与壁面之间的摩擦来耗散机械能。管道沿程摩擦阻力损失主要属于这种机理。

涡流耗散　即通过局部涡流区边界与主流体之间的剪切摩擦及涡流区内涡旋之间的转动摩擦来耗散机械能。局部阻力损失主要属于这种机理。

局部阻力损失 指的是在管道几何形状突变的局部区域内，流体速度大小与方向突变产生的附加机械能损失。其本质是，该区域内流动分离产生的涡流区要消耗机械能，该区域壁面摩擦增强使机械能损耗增加，但前者占重要地位，即涡流耗散是其主要机理。

例如，在图 4-34 所示的管道流动中，其阻力元件对流场的影响区在截面 1 和截面 2 之间，但实践表明，其局部阻力损失却主要发生于截面 c 之后的涡流区，即

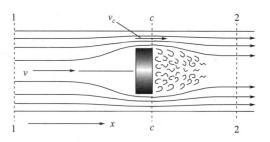

图 4-34 管内阻力件前后的流动

$$h_{f,1-2}=h_{f,1-c}+h_{f,c-2}\approx h_{f,c-2} \tag{4-75}$$

而且，根据质量、动量守恒及引申的伯努利方程可得截面 c 和截面 2 之间的局部阻力损失（$\approx$ 整个局部区阻力损失）为

$$h_{f,c-2}=\frac{(v_c-v)^2}{2g}=\left(\frac{A}{A_c}-1\right)^2\frac{v^2}{2g} \tag{4-76}$$

进一步，根据局部阻力损失的定义式，可得其局部阻力系数为

$$h_{f,c-2}=\zeta\frac{v^2}{2g}\quad\longrightarrow\quad \zeta=\left(\frac{A}{A_c}-1\right)^2 \tag{4-77}$$

式中，A_c 是最大速度 v_c 所在的流通截面面积。

实践表明，对于类似图 4-34 这样的在流动截面突变区下游出现涡流区的情况，其局部阻力损失 h_f 通常都可用方程式（4-76）表达，其中，v_c 是涡流区最小流动截面上的平均流速（最大），v 是涡流区下游正常截面平均流速。

（2）突扩管的局部阻力损失

如图 4-35（a）所示，流体经过突扩管道时，由于惯性的作用，流动会出现分离，在大管边角处形成涡流区。涡流区内流体与主流体之间的剪切摩擦和涡旋之间转动摩擦导致机械能损失，即局部阻力损失。此时涡流区壁面的附加摩擦很小，一般分析中可以忽略。

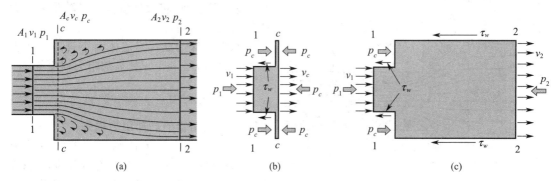

     (a)   (b)   (c)

图 4-35 突扩管流动受力分析

设截面 1—1，c—c，2—2 上压力均匀且分别为 p_1，p_c，p_2，平均流速分别为 v_1，v_c，v_2。

首先取 1—1、c—c 截面之间的流场空间为控制体，如图 4-35（b）所示。其中 c—c 截面无限靠近大管端部壁面，因此 A_c 截面上的有效流动截面仍然为 A_1，其速度 v_c 也仅存在于与 A_1 相等的面积内且 $v_c=v_1$。于是根据稳态动量守恒方程式（4-25），管道轴线方向的动量守恒为

$$p_1 A_1 + p_c(A_c - A_1) - p_c A_c - F_{\tau,1-c} = v_c q_{mc} - v_1 q_{m1}$$

式中，$F_{\tau,1-c}$ 为管壁切应力 τ_w 的总力，因相对很小可以忽略；又因 $q_{mc} = q_{m1}$，$v_c = v_1$，故有

$$p_c = p_1 \tag{4-78}$$

其次，取 1—1、2—2 截面之间的流场为控制体，其中 2—2 截面上有效流动截面已达到 A_2，如图 4-35（c）所示，再应用动量守恒方程可得

$$p_1 A_1 + p_c(A_2 - A_1) - p_2 A_2 - F_{\tau,1-2} = v_2^2 \rho A_2 - v_1^2 \rho A_1$$

式中，$F_{\tau,1-2}$ 为两截面之间管壁切应力 τ_w 的总作用力，在局部区内相对很小，可取 $F_{\tau,1-2} \approx 0$；此外有 $p_c = p_1$，$v_2 A_2 = v_1 A_1$；代入动量方程后整理可得突扩管的压头变化为

$$\frac{p_1 - p_2}{\rho g} = \frac{v_2(v_2 - v_1)}{g} = \frac{v_1^2}{2g}\left(1 - \frac{A_1}{A_2}\right)^2 - \frac{v_1^2}{2g}\left(1 - \frac{A_1^2}{A_2^2}\right) \tag{4-79}$$

进一步，针对 1—1、2—2 截面应用引申的伯努利方程并取 $\alpha = 1$ 有

$$\frac{v_1^2}{2g} + z_1 + \frac{p_1}{\rho g} = \frac{v_2^2}{2g} + z_2 + \frac{p_2}{\rho g} + h_f$$

式中，h_f 是由涡流耗散产生的局部阻力损失。因 $z_1 - z_2 = 0$，$v_2 A_2 = v_1 A_1$，并将式 (4-79) 的 $(p_1 - p_2)$ 代入，可得突扩管的局部阻力损失为

$$h_f = \frac{(v_1 - v_2)^2}{2g} = \left(1 - \frac{A_1}{A_2}\right)^2 \frac{v_1^2}{2g} \tag{4-80}$$

再根据局部阻力系数 ζ 的定义式 $h_f = \zeta (v^2 / 2g)$ 可知，突扩管的局部阻力系数为

$$\zeta = \left(1 - \frac{A_1}{A_2}\right)^2 \tag{4-81}$$

式 (4-80) 与式 (4-76) 对比可见，两者完全一致，说明式 (4-76) 确有一定普遍性。

对比式 (4-80) 与式 (4-79) 可以明确，突扩管的压头变化由两部分构成：

① 涡流耗散使压头下降（压力能损失）；

② 流通面积扩大使流体动能转化为压力能导致压头升高。

作为特殊情况，当流体由小管进入大容器或水槽时，$v_2 \approx 0$，其局部阻力损失为

$$h_f = \frac{v^2}{2g} \quad \text{或} \quad \zeta = 1 \tag{4-82}$$

（3）突缩管的局部阻力损失

图 4-36 所示为流体经过突缩管道的流动。当流体接近突缩口时，有效流动面积逐渐减小，直至进入突缩口并在小管内某一截面 c—c 处收缩到最小截面 A_c（缩脉），之后再逐渐扩大到整个小管截面。流体从大管

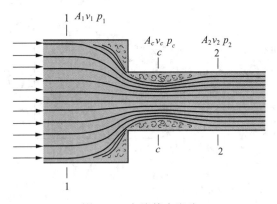

图 4-36　突缩管内流动

到缩脉处（c—c 截面）加速流动，压力能转化为动能，该过程产生的涡流损失很小；缩脉（c—c 截面）之后速度降低，动能转化为压力能，该过程产生显著的涡流损失，是突缩管局部阻力损失的主要部分。因此，其局部阻力损失可直接引用式 (4-76) 表示，即

$$h_f = \frac{(v_c - v_2)^2}{2g} = \left(\frac{1}{C_c} - 1\right)^2 \frac{v_2^2}{2g} = \zeta \frac{v_2^2}{2g} \tag{4-83}$$

式中，$C_c = A_c/A_2$ 称为收缩系数。其值为 $C_c = 0.585 \sim 1$，与 A_2/A_1 有关并随之增加而增大，典型值是 $C_c = 0.67$。ζ 是局部阻力系数，根据经验数据，ζ 可近似表示为

$$\zeta = \left(\frac{1}{C_c} - 1\right)^2 \approx \frac{1}{2}\left[1 - \left(\frac{A_2}{A_1}\right)^{3/4}\right] \tag{4-84}$$

此外，针对 1—1 和 2—2 截面（2—2 截面上有效流动面积恢复到 A_2）应用引申的伯努利方程并取 $\alpha = 1$，可得突缩管压力降为

$$p_1 - p_2 = \rho g h_f + \frac{\rho v_2^2}{2}\left(1 - \frac{A_2^2}{A_1^2}\right) \tag{4-85}$$

可见突缩管压力降由两部分构成：一是因局部阻力损失产生的压力降，二是因流通面积缩小（$A_1 \rightarrow A_2$）、流体压力能转换为动能产生的压力降；或者说，突缩管压力降一部分用于克服局部阻力做功（不可逆过程），另一部分转换为动能（可逆过程）。

（4）孔板流量计局部阻力及流量测量

流量测试是流动系统监控的基本手段。简单实用的流量测试方法是在管道上安装节流元件（如孔板、喷嘴、文丘里管等），通过测量其前后的压力差来确定流量。节流型流量计原理都是类似的，在此以孔板流量计为例，分析其局部阻力以及压差与流量的关系。

局部阻力损失 通过孔板流量计的流动与突缩管情况类似，如图 4-37 所示。其局部阻力损失 h_f 主要发生在缩脉截面 c—c 至有效流动截面恢复后的截面 2—2 之间，因此其局部阻力损失可表示为

$$h_f = \frac{(v_c - v)^2}{2g} \tag{4-86}$$

以孔板内孔面积 A_0 和缩脉面积 A_c 定义收缩系数 C_c，即 $C_c = A_c/A_0$，则缩脉速度 v_c 可表示为

$$v_c = v\frac{A}{A_c} = v\frac{A}{A_0}\frac{1}{C_c}$$

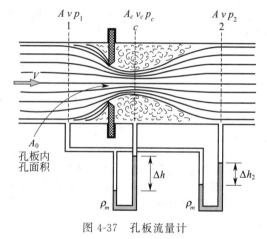

图 4-37 孔板流量计

将 v_c 代入式（4-86），可得孔板局部阻力损失或阻力系数与其影响因数的关系

$$h_f = \left(\frac{A}{A_0}\frac{1}{C_c} - 1\right)^2 \frac{v^2}{2g} \quad \text{或} \quad \zeta = \left(\frac{A}{A_0}\frac{1}{C_c} - 1\right)^2 \tag{4-87}$$

另一方面，在截面 1—1 和截面 2—2 之间应用引申的伯努利方程可得

$$h_f = (p_1 - p_2)/\rho g \tag{4-88}$$

该式表明：测量 h_f 时，两测压口截面应选在未受阻力件干扰的流场区外，见图 4-37。进一步将 $(p_1 - p_2)$ 与对应截面 U 形压差计读数 Δh_2 的关系代入上式可得

$$h_f = \frac{p_1 - p_2}{\rho g} = \frac{\rho_m - \rho}{\rho}\Delta h_2 \tag{4-89}$$

这样，对于某个或某系列孔板，可在不同流量下实验测取 Δh_2，并应用式（4-89）计算 h_f，然后再用式（4-87）确定 C_c 或 ζ，并整理成与雷诺数 Re 和 A_0/A 的关联式用于设计。

流量测量 从流量测量的角度，自然希望相同流量下有较大的压差显示值，以在相同仪表精度下获得更准确的结果。由图 4-37 可知，缩脉截面 c—c 流速最大，压力 p_c 最低，压

差（p_1-p_c）是最大压差，因此孔板流量计压差计接管开孔应在 1—1 截面和 c—c 截面。在这两个截面之间应用伯努利方程（可不计 h_f），可得其压差为

$$\frac{p_1-p_c}{\rho g}=\frac{v_c^2-v^2}{2g}=\frac{v^2}{2g}\left(\frac{A^2}{A_0^2}\frac{1}{C_c^2}-1\right) \tag{4-90}$$

根据该式可得到体积流量与压差的关系为

$$q_V=Av=\left(\frac{1}{C_c^2}-\frac{A_0^2}{A^2}\right)^{-1/2}A_0\sqrt{2\frac{p_1-p_c}{\rho}}\approx C_c A_0\sqrt{2\frac{p_1-p_c}{\rho}} \tag{4-91}$$

将压差（p_1-p_c）与两截面 U 形压差计读数 Δh（见图 4-37）的关系代入上式，并考虑缩脉位置的不确定性、摩擦阻力、静压测口位置等因素的影响，将不确定的收缩系数 C_c 换为修正系数 C_0，可得孔板流量计算公式为

$$q_V=C_0 A_0\sqrt{2g\Delta h\frac{\rho_m-\rho}{\rho}} \tag{4-92}$$

式中 C_0 称为孔流系数。C_0 需要通过实验标定，并表示成管流雷诺数 Re 和 D_0/D（孔板孔径/管道内径）的函数。对于一定的 D_0/D，Re 超过某一数值后，C_0 将为定值不再变化，流量计的测量工况最好位于这样的范围。良好设计的孔板流量计，其 C_0 多在 $0.6\sim0.7$ 之间。

习　题

4-1　一滚轧机轧制热钢板，如图 4-38 所示。钢板经过滚子后变薄，密度增加 10%，同时，钢板的宽度增加 9%。如果钢板轧制前的给进速度 $v_1=0.1\text{m/s}$，试确定轧制后钢板的运动速度 v_2。

4-2　如图 4-39 所示，质量分率 $x_1=20\%$ 的盐溶液以 $q_{m1}=20\text{kg/min}$ 的流量加入搅拌槽，搅拌后的溶液以 $q_{m2}=10\text{kg/min}$ 的流量流出。开始时，搅拌槽内有质量 $m_0=1000\text{kg}$、质量浓度 $x_0=10\%$ 的盐溶液。设搅拌充分，槽内各处溶液浓度均匀，试确定：
① 任意时刻 t（min）搅拌槽中盐溶液的质量分率 x；
② 搅拌槽中溶液的盐含量达到 200kg 时所需的时间 t。

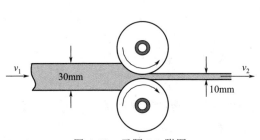

图 4-38　习题 4-1 附图

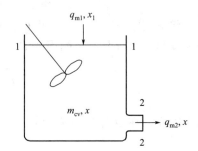

图 4-39　习题 4-2 附图

4-3　相同溶质不同浓度的两股溶液 A、B 进入搅拌槽中混合后放出，如图 4-40 所示。其中 q_{mA}、x_A，q_{mB}、x_B，q_m、x 分别为 A 股溶液、B 股溶液、出口溶液的质量流量和溶质质量分率。由于充分搅拌，容器内溶液浓度分布均匀，且 $t=0$ 时刻，容器内原有溶液质量为 m_0，溶质质量分率为 x_0。试推导表明：
① 出口溶液溶质质量分率 x 与时间的关系为

$$\frac{x-x_1}{x_0-x_1}=\left(1+\frac{\Delta q_m}{m_0}t\right)^{-\frac{q_{m1}}{\Delta q_m}}$$

式中，x_1 为进口平均质量分率；q_{m1} 为进口总流量；Δq_m 为进出口流量差，即

$$x_1 = (q_{mA}x_A + q_{mB}x_B)/q_{m1}, \quad q_{m1} = q_{mA} + q_{mB}, \Delta q_m = q_{m1} - q_m$$

② 对于进出口总质量流量相等的情况，即 $\Delta q_m = q_{m1} - q_m = 0$，有

$$\frac{x - x_1}{x_0 - x_1} = \exp\left(-\frac{q_{m1}}{m_0}t\right)$$

4-4 某工业废水以流量 q_m 排入搅拌槽中进行自分解反应，以降低有害组分 A 的排放浓度，如图 4-41 所示。已知，进口废水流量 q_m，A 组分质量分率 x_{A0}；A 组分分解速率 $\dot{r}_A = -k\rho_A$ [kg/($m^3 \cdot$s)]，其中 ρ_A 为 A 组分质量浓度 [kg（A）/m^3（溶液）]，k 为反应常数（1/s）；部分气相分解产物质量忽略不计，废水混合物密度 ρ 不变。设搅拌槽有效容积为 V 且搅拌槽中废水组分分布均匀，试求：

① 搅拌槽由空置状态到充满废水的过程中组分 A 质量分率 x_A 的表达式；

② 搅拌槽充满废水形成稳态流动后 A 组分质量分率 x_A 的表达式；

③ 无限长时间后搅拌槽排出废水的质量分率 x_A 与进口废水质量分率 x_{A0} 之比。

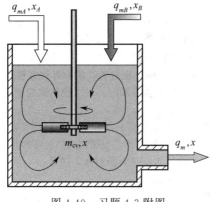
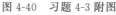

图 4-40 习题 4-3 附图

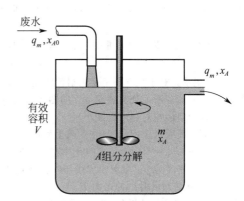

图 4-41 习题 4-4 附图

4-5 在图 4-42 所示的动量实验装置中，喷嘴将水流喷射到垂直壁面。已知喷嘴出口直径为 $d = 10$mm，水的密度为 $\rho = 1000$kg/m^3，并测得平板受力为 $F = 100$N。试确定射流的体积流量。

4-6 如图 4-43 所示，高速流体在管道中心以速度 v_0 喷出，带动喷管周围同种流体以速度 v_1 流动，两股流体混合均匀到达截面 2—2 后的速度为 v_2；已知喷口面积 A_0，管道面积 A_2。设 1—1 截面压力均匀，气体密度 ρ 为定值且不计摩擦，试确定流速 v_2 以及压差（$p_2 - p_1$）。

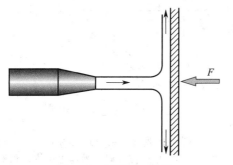

图 4-42 习题 4-5 附图

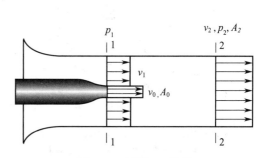

图 4-43 习题 4-6 附图

4-7 图 4-44 为一喷气发动机示意图，进气口空气平均流速 $v_1 = 90$m/s，密度 $\rho = 1.307$kg/m^3，所耗燃料为空气质量流量的 1%，尾部喷气口平均气速 $v_2 = 270$m/s，进气口与喷口面积均为 1m^2。忽略燃料的进口动量，试估算发动机提供的推力。

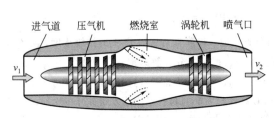

图 4-44 习题 4-7 附图

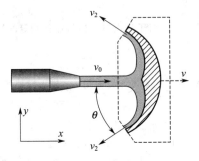

图 4-45 习题 4-8 附图

4-8 固定喷嘴以速度 v_0 将水流喷射到对称弯曲的叶片上,如图 4-45 所示。已知喷嘴出口直径为 d,叶片出口角为 θ,水的密度为 ρ。忽略阻力损失和重力影响,并取图中虚线框为控制体,试证明:

① 当叶片固定时,在 x 方向水对叶片的冲击力 F_x 为

$$F_x = \rho(\pi d^2/4)v_0^2(1+\cos\theta)$$

② 当叶片以速度 v 沿 x 方向匀速移动时,在 x 方向水对叶片的冲击力 F_x 为

$$F_x = \rho(\pi d^2/4)(v_0-v)^2(1+\cos\theta)$$

(提示:对于大气环境中的射流冲击问题,忽略摩擦和重力影响,由沿流线的伯努利方程可得射流和折转流各断面处流速相等,即图 4-45 中 $v_2 = v_0$;其次,控制体移动时,进入控制体的流量减小,叶片出口的相对速度也减小)

4-9 固定喷嘴以速度 v_0 将水流喷射到叶轮的叶片上,使叶轮以角速度 ω 匀速转动,如图 4-46 所示。该叶轮的叶片与习题 4-8 的叶片完全相同,参见图 4-45。已知喷嘴出口面积为 A_0,叶片出口角为 θ,水的密度为 ρ。取图中虚线与叶轮圆周之间对应于叶片的包络空间为控制体,证明:

① 水流对叶片的冲击力 F_x 为:$F_x = \rho A_0 v_0(v_0-R\omega)(1+\cos\theta)$

② 水流作用于叶轮的力矩为:$M_z = R\rho A_0 v_0(v_0-R\omega)(1+\cos\theta)$

(提示:与习题 4-8 不同,本题叶轮转动不影响进入控制体的流量,仅影响水流冲击叶片的速度,因此也同时影响到叶片出口处水流的相对速度)

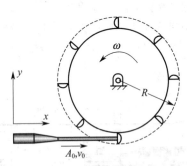

图 4-46 习题 4-9 附图

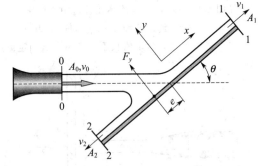

图 4-47 习题 4-10 附图

4-10 不可压缩流体平面射流冲击在一倾斜角为 θ 的平板上,如图 4-47 所示。射流速度为 v_0,z 方向单位宽度对应的射流面积为 A_0,射流流束均处于环境压力。在不考虑摩擦(即视为理想流体)和重力的情况下,转折流速度 $v_1 = v_2 = v_0$。

① 利用质量守恒方程和动量守恒方程证明,z 方向单位宽度对应的转折流面积 A_1、A_2 和斜平板对射流的反作用力 F_y 分别为

$$A_1 = \frac{A_0}{2}(1+\cos\theta), \quad A_2 = \frac{A_0}{2}(1-\cos\theta), \quad F_y = \rho v_0^2 A_0 \sin\theta$$

（提示：由于无摩擦，故平板对射流的反作用力沿板的法线方向，即在图示坐标下 $F_x = 0$。）

② 设斜平板对射流的反作用力 F_y 的作用点与平板上的射流中心线交点的距离为 e。试利用动量矩方程证明：

$$e = \frac{1}{2} \frac{A_0}{\tan\theta}$$

4-11 温度为 T_1 的溶液以质量流量 q_{m1} 进入搅拌槽加热，加热后的溶液以质量流量 q_{m2} 流出，如图 4-48 所示。搅拌槽中安装有加热面积为 A 的螺旋管，放热速率 $\dot{Q} = hA(T_s - T)$，其中 h、T_s 分别为传热系数和螺旋管内饱和蒸汽温度，且两者均为定值，T 是搅拌槽中溶液温度。在 $t = 0$ 时刻，搅拌槽中溶液温度为 T_0、质量为 m_0。设：搅拌槽保温良好热损失不计，由于充分搅拌搅拌槽中溶液温度场均匀，与传热量相比流体的动能、位能、压力能及搅拌功率均可忽略，且对于不可压缩流体其单位质量的总能（贮存能）$e \approx u = c_V T \approx c_p T$，其中 c_p 为溶液的比定压热容。试确定：

① 任意时刻 t 时搅拌槽中溶液质量 m 的表达式；

② 任意时刻 t 时搅拌槽中溶液温度 T 的表达式；

③ 代入下列数据，计算 $t = 1\text{h}$ 时搅拌槽出口的溶液温度。

$$q_{m1} = 81.6\text{kg/h}, \quad T_1 = 294\text{K}, \quad q_{m2} = 54.4\text{kg/h}, \quad m_0 = 227\text{kg}, \quad T_0 = 311\text{K}$$
$$A = 0.929\text{m}^2, \quad h = 14 \times 10^5 \text{J/(m}^2 \cdot \text{h} \cdot \text{K)}, \quad T_s = 422\text{K}, \quad c_p = 4187 \text{ J/(kg} \cdot \text{K)}$$

4-12 在图 4-49 所示的天然气气瓶充气过程中，供气管压力 p_1 与温度 T_1 保持不变，气瓶体积为 V，瓶内气体原有压力温度分别为 p_0、T_0。按理想气体处理，其比定容热容 c_V、比定压热容 c_p 和气体常数 R_g 已知。设充气过程中的总散热量为 Q，动能与位能可忽略。

① 试求气瓶内压力达到 p 时，气体温度 T 的表达式（用题中所给参数表达）。

② 已知 $c_p / c_V = 1.303$，若 $T_1 = T_0 = 303\text{K}$，且考虑充气过程近似为绝热过程，即 $Q \approx 0$，试求从 $p_0 = 0.1\text{MPa}$ 充气到 $p = 2.5\text{MPa}$ 时的气体温度 T。

提示：取气瓶至 1—1 截面为控制体，读者可考虑为什么不取 0—0 截面为控制体边界。

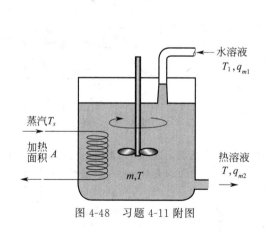

图 4-48 习题 4-11 附图

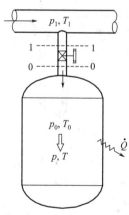

图 4-49 习题 4-12 附图

4-13 图 4-50 为风机供风系统进口段。已知管道直径 $D = 350\text{mm}$，玻璃管中吸水高度 $h = 108\text{mm}$。若空气密度 $\rho = 1.293\text{kg/m}^3$，试估计最大体积流量 q_V（m^3/s）。

4-14 图 4-51 所示为位于水平面（x-y 平面）的输水管路三通。其中 $\alpha_1 = 30°$、$\alpha_2 = 45°$，管道截面 A、A_1、A_2 对应的直径分别为 $d = 400\text{mm}$、$d_1 = 200\text{mm}$、$d_2 = 300\text{mm}$，对应的流量分别为 $q_m = 500\text{kg/s}$、$q_{m1} = 200\text{kg/s}$、$q_{m2} = 300\text{kg/s}$；三通管进口处压力表读数 70kPa，水的密度 $\rho = 1000\text{kg/m}^3$。忽略流体黏性摩擦，试确定 x、y 方向上水对三通管的推力 R_x、R_y（注：因管道外部处于大气压力环境，故管道受内部流体的作用力中，流体压力的作用仅需考虑表压力）。

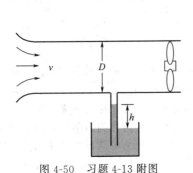

图 4-50 习题 4-13 附图

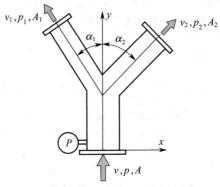

图 4-51 习题 4-14 附图

4-15 为测量管道中的流体流量，可将称为文丘里流量计的缩放管连接到管道上，如图 4-52 所示。其原理是通过测试来流段与颈缩段截面的压差确定流体平均流速，从而确定流体流量，其中流体密度 $\rho < \rho_m$ 指示剂密度。试利用伯努利方程证明：颈缩段截面流速 v_2 与 U 形管指示剂液面高差 h 的关系为

$$v_2 = \frac{1}{\sqrt{1-(A_2/A_1)^2}} \sqrt{2gh\frac{\rho_m - \rho}{\rho}}$$

4-16 压缩空气通过一引射器将水池中的水抽吸喷出，如图 4-53 所示。已知：引射器喉口面积 A_1、出口面积 A_0，空气与水的密度分别为 ρ_g、ρ_L，气源压力 p_a，引射器出口和水池液面压力均为大气压力 p_0。设气体为理想不可压缩流体，为了将水吸入引射器喉口，试求：①气源最小压力 $p_{a,\min}$；②面积比 $A_1/A_0 = m$ 的最大值 $m_{\max}$。

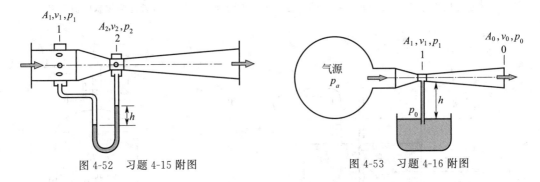

图 4-52 习题 4-15 附图   图 4-53 习题 4-16 附图

4-17 如图 4-54 所示，水流以流量 $q_V = 0.1\text{m}^3/\text{s}$ 流经一段变径弯管，进口截面直径 $d_1 = 0.2\text{m}$，表压 $p_1 = 120\text{kPa}$，出口截面直径 $d_2 = 0.15\text{m}$，进口轴向与出口轴向间的夹角 $\theta = 60°$，基于出口速度 v_2 的局部阻力系数 $\zeta = 0.3$。

① 假定进出口截面流速分布均匀，忽略两截面的位差，试确定出口压力 p_2 的大小。

② 试确定水流对弯管作用力的大小和方向（忽略重力）。

4-18 图 4-55 所示为明渠中水流经过闸门的情况。设流体按理想不可压缩流体考虑，即流动无摩擦和阻力损失，流体密度为 ρ。在 1—1 和 2—2 截面上，水流速度 v_1、v_2 分布均匀，压力沿高度的分布为

$$p_1 = p_0 + \rho g(H-y)$$
$$p_2 = p_0 + \rho g(h-y)$$

式中 p_0 为大气压力。试证明：垂直于 x-y 平面单位宽度上，闸门所受液体静压总力为

$$F_x = \rho g(H-h)\left(\frac{H+h}{2} - \frac{2Hh}{H+h}\right)$$

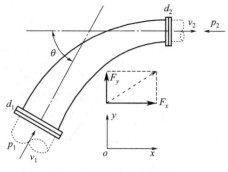

图 4-54 习题 4-17 附图

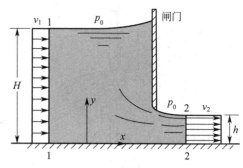

图 4-55 习题 4-18 附图

4-19 液体储存容器如图 4-56 所示。容器内液面上方为常压 p_0，流体从液面下深度 $h_1=0.5m$、$h_2=1m$ 处的器壁小孔流出，小孔截面积均为 $A=0.5cm^2$。试根据理想流体小孔流动模型确定：

① 为保持液面高度恒定，容器顶部所需供液量 q_m；

② 两孔液体射流轨迹的交汇位置 h（以小孔 1 作为 x-y 坐标原点，并设两孔口流体沿径向水平射出）。

4-20 如图 4-57 所示，一水枪在距离地面 $h=0.8m$ 的高度以 $\alpha=40°$ 的仰角将水喷射到 $L=5m$ 远的地点。喷枪口直径 $d=0.0125m$，水的密度 $\rho=1000kg/m^3$。试确定喷口处的质量流量。

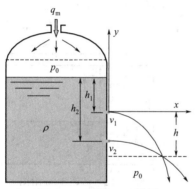

图 4-56 习题 4-19 附图

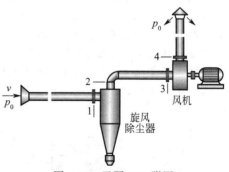

图 4-57 习题 4-20 附图

4-21 某抽风除尘系统，如图 4-58 所示，其风机输入轴功率 $N=12kW$，管道直径 $d=500mm$，气体密度 $\rho=1.2kg/m^3$，实验测得管路相关截面上的压力数据如表所示。设气体不可压缩，各截面之间的位差可忽略不计，试求：

① 除尘器的压力损失 Δp_{1-2} 和阻力损失 $h_{f,1-2}$；

② 管路的平均风速 v_m；

③ 风机输出的有效轴功率 N_e；

④ 除尘系统的总阻力损失 $h_{f,in-out}$ 和风机内的阻力损失 $h_{f,3-4}$（认为风机内的能量损失全为阻力损失）。

4-22 流体通过水槽壁面上的矩形孔向外排放，如图 4-59 所示，其中矩形孔宽度为 B，液面至孔上下边缘距离分别为 h_1、h_2。设流动稳定：

① 试求通过孔的理论流量 q_{V0} 的表达式；

② 若 $B=1.0m$，$h_1=0.8m$，$h_2=2.0m$，试比较由推导表达式和小孔理论流量公式计算的流量的相对偏差。

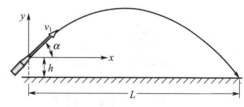

图 4-58 习题 4-21 附图

截面	1	2	3	4
全压/mmH₂O	−150	−240	−286	+33
静压/mmH₂O	−160			

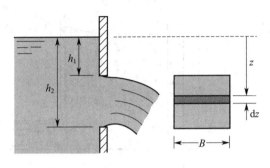

图 4-59 习题 4-22 附图

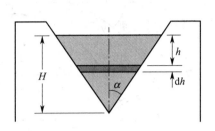

图 4-60 习题 4-23 附图

4-23 如图 4-60 所示，流体通过一薄板 V 形槽口流出，V 形口半锥角 $\alpha=35°$，自由液面与 V 形口底部高差 $H=0.3\text{m}$ 并保持恒定，设槽口流量系数 $C_d=0.62$，试确定流体通过 V 形槽口的体积流量。

4-24 如图 4-61 所示，容器内液面高度恒定 $h=2.0\text{m}$，液面上方空间表压 $p=50\text{kN/m}^2$；容器底部有一直径 $d=50\text{mm}$ 的小孔，其流量系数 $C_d=0.61$。设液体密度 $\rho=1000\text{kg/m}^3$，并取 $g=9.81\text{m/s}^2$，试求通过小孔的液体流量。

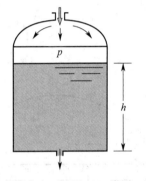

图 4-61 习题 4-24 附图

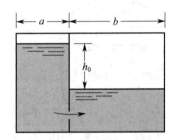

图 4-62 习题 4-25 附图

4-25 一矩形水槽，中间有一隔板，尺寸如图 4-62 所示，其中 $a=3.5\text{m}$，$b=7.0\text{m}$，$h_0=4.0\text{m}$，垂直于纸面方向上水槽宽度 $l=2.0\text{m}$；隔板下部有一面积 $A=0.065\text{m}^2$ 的小孔沉浸于水中，其流量系数 $C_d=0.65$。取 $g=9.81\text{m/s}^2$，试求两液面相等时所需时间。

4-26 直径 $d=1.2\text{m}$ 的管道靠虹吸作用由水库 A 向水库 B 输水，如图 4-63 所示。两水库液面高差 $H=6\text{m}$，管道最高点与 A 水库液面高差 $h=3\text{m}$。管道总长度 $L=720\text{m}$，其中从 A 水库到最高点 C 之间的管道长度 $l=240\text{m}$。设管道沿程阻力系数 $\lambda=0.04$，不计局部阻力，试求管道内的体积流量 q_V 及 C 点处的流体表压力 p。取水的密度 $\rho=1000\text{kg/m}^3$，$g=9.8\text{m/s}^2$。

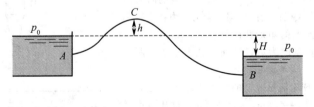

图 4-63 习题 4-26 附图

4-27 一离心泵（图 4-64）铭牌标注：流量 $q_V = 30\text{m}^3/\text{h}$，扬程 $H = 24\text{m}$ 水柱，转速 $n = 2900\text{r/min}$，允许吸上真空高度 $H_s = 5.7\text{m}$。现假设该泵符合现场流量与扬程要求，且已知吸入管路全部阻力损失 $h_f = 1.5\text{mH}_2\text{O}$，当地大气压为 $10\text{mH}_2\text{O}$，泵的进口直径 80mm。试确定：

① 输送 20℃ 的水时泵的理论安装高度；

② 水温提高到 80℃ 时泵的安装高度。

4-28 温度 20℃ 的空气在管道中流动，如图 4-65 所示。管道上安装有压力表 A、B，其中压力表 A 与管壁接通，读数 70.2kPa（表压），压力表 B 与皮托管接通，读数 71.3kPa（表压）。已知当地大气压力 684 mmHg，当地声速 $a = 345\text{m/s}$，取 $g = 9.81\text{m/s}^2$。

① 按不可压缩流体考虑，求测点处的空气速度；

② 按不可压缩流体考虑是否符合要求？

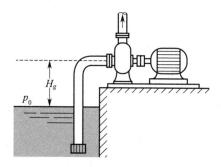

图 4-64　习题 4-27 附图

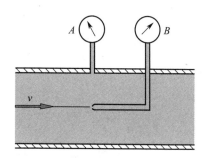

图 4-65　习题 4-28 附图

4-29 水通过管道进入一大水池，如图 4-66 所示。水由 100m 外的水平管道用泵输送过来，管道直径为 50cm，水的流量为 $0.8\text{m}^3/\text{s}$；水池自由液面至管口中心垂直高度 5m。若管道沿程摩擦阻力系数 $\lambda = 0.01$，并考虑水池管口处的局部阻力损失，试计算水泵出口处的压头（表压）为多少？

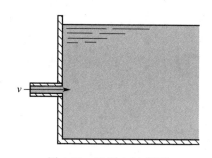

图 4-66　习题 4-29 附图

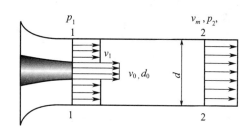

图 4-67　习题 4-30 附图

4-30 图 4-67 所示为引射混合系统，其中高速流体由中心管以速度 $v_0 = 20\text{m/s}$ 喷出，周围同种流体以速度 $v_1 = 10\text{m/s}$ 流动，两股流体混合均匀到达截面 2—2 后的平均速度为 v_m；已知中心管口直径 $d_0 = 50\text{mm}$，管道直径 $d = 150\text{mm}$，流体密度 $\rho = 1.2\text{ kg/m}^3$ 且视为定值。设 1—1 截面压力均匀，试完成下列工作：

① 确定混合后的平均流速 v_m 及 1—1 截面的动能修正系数 α；

② 应用动量守恒方程并忽略壁面摩擦求压力增量 $(p_2 - p_1)$，记为 $(p_2 - p_1)_M$；

③ 应用能量守恒方程并忽略阻力损失求压力增量 $(p_2 - p_1)$，记为 $(p_2 - p_1)_E$；

④ 比较 $(p_2 - p_1)_M$ 和 $(p_2 - p_1)_E$，如有差异，试分析解释差异原因；

⑤ 确定该系统的局部阻力损失 h'_f 及单位时间因此导致的机械能（压力能）损失；

⑥ 假设截面 1—1 与 2—2 的距离 $L = 2\text{m}$，以 v_m 计算两截面间的摩擦阻力压降 Δp_f，并与局部阻力

压降 $\Delta p'_f$ 相比较；其中，流体黏度 $\mu = 1.86 \times 10^{-5}$ Pa·s，阻力系数 $\lambda = 0.3164/Re^{0.25}$；

⑦ 考虑壁面摩擦阻力损失和涡流耗散局部阻力损失，计算压降 $(p_2 - p_1)$；

⑧ 建立引射混合系统局部阻力损失 h'_f 的一般表达式，并分别对 $v_1 = 0$、$v_0 = 0$、$v_1 = v_0$ 三种情况讨论其适应性。提示：h'_f 最终表达式中的变量包括：v_0，v_1，v_m，$\beta (= d_0^2/d^2)$。

⑨ 若用 q_0、q_1、q_m 分别表示中心管、环隙管、总管的质量流量，用 $h'_{f,0}$ 表示流速为 v_0 的中心管道突然扩大到平均流速为 v_m 的突扩管的局部阻力损失，用 $h'_{f,1}$ 表示流速为 v_1 的环隙管突然扩大到平均流速为 v_m 的突扩管的局部阻力损失，试分析 h'_f 的一般表达式证明：

$$h'_f = (q_0 h'_{f,0} + q_1 h'_{f,1})/q_m$$

第 5 章　不可压缩流体的一维层流流动

第 4 章依据守恒原理建立了控制体质量、动量和能量守恒积分方程，并通过以截面平均值替代截面积分的简化，使其成为流体系统质量衡算、受力分析和能量衡算的有力工具。但这种基于宏观控制体的守恒方程，并不能给出控制体内部的流场分布信息，而且某些情况下这样的信息本身就是求解控制体守恒方程所需要的。要了解流场内部的运动规律，描述流场参数的详细分布，就需要将守恒定律应用于微分控制体（微元体），建立流体流动微分方程。微分方程所给出的流场分布信息，不仅能揭示宏观流动现象的内在机理，同时也是相关传热传质问题分析的基础。本章将阐述建立流体流动微分方程的基本方法，并以此分析研究典型一维流动问题（狭缝流动、管内流动、降膜流动）的行为特点，为相关问题流场分析奠定方法和知识基础。

5.1　概述

5.1.1　建立流动微分方程的基本方法

流动微分方程通常包括连续性方程和运动微分方程。建立流动微分方程的依据是：质量守恒定律和动量守恒定律，并需应用牛顿剪切定律。建立方程的过程有四个基本步骤。

第一步　建立微元体并确定其表面的流动参数和受力。流动微分方程是守恒定律应用于微分控制体（微元体）的结果，因此分析过程的第一步是建立微分控制体。直角坐标下一般的微分控制体就是边长分别为 dx、dy、dz，体积 $dV = dxdydx$ 的微元体。微元体流动参数主要是各表面上流体速度，受力包括表面力（法向和切向力）和质量力。

第二步　将质量守恒定律应用于微元体建立连续性方程。

针对微分控制体的质量守恒也可像宏观控制体那样一般表述为

$$q_{m2} - q_{m1} + \frac{\partial m_{cv}}{\partial t} = 0 \tag{5-1}$$

但与宏观控制体不同的是：方程各项直接由微元体参数表达，不再需要积分。比如，微元体其瞬时质量为 $m_{cv} = \rho dV$，面积为 $dxdy$ 的微元面上的质量流量就等于 $\rho v_z dxdy$；将微元体各输入或输出面的质量流量相加即可得到 q_{m1} 或 q_{m2}，且最后得到的方程是微分方程。

第三步　将动量守恒定律应用于微元体得到动量守恒微分方程。

针对微元体的动量守恒也可一般表述为（此处只列出 x、y 方向分量式）

$$\left. \begin{array}{l} \sum F_x = v_{2x} q_{m2} - v_{1x} q_{m1} + \dfrac{\partial (mv_x)_{cv}}{\partial t} \\[3mm] \sum F_y = v_{2y} q_{m2} - v_{1y} q_{m1} + \dfrac{\partial (mv_y)_{cv}}{\partial t} \end{array} \right\} \tag{5-2}$$

式中，$\sum F_x$、$\sum F_y$ 分别是微元体 x、y 方向表面力和质量力之和；动量流量及变化率项也直接由微元体参数表达。比如，微元体 x 方向的瞬时动量就表示为 $(mv_x)_{cv} = v_x \rho dV$。

需要指出，建立动量微分方程的过程中需要引用质量守恒的结果，且所建立的动量方程中将同时包含表面应力和速度两类变量，一般不能直接求解，故需要第四步。

第四步 将表面应力与变形速率（速度梯度）的关系作为物理方程代入动量微分方程，消去表面应力项，获得关于流体速度的微分方程——运动微分方程。

对于一维流动，物理方程即牛顿切应力公式；对于多维流动，另有广义牛顿剪切定律可供应用（见第 6 章：牛顿流体本构方程）。

5.1.2 不可压缩一维稳态层流及其特点

本章涉及的流动问题主要是不可压缩一维稳态层流流动。这类流动有一些共同的特点，明确并掌握这些特点，就可在一维流动问题分析中直接引用，从而简化分析过程。

不可压缩 即流体密度 $\rho =$ const。这意味着 ρ 对空间坐标和时间的求导均为零。

一维稳态 意味着流体速度只在一个坐标方向变化且与时间 t 无关。本章主要限定于只有一个速度分量 u 的情况，且通常以 x 轴为流动方向、y 轴为速度变化方向，或以 z 轴为流动方向、r 为速度变化方向。根据这一坐标设置，一维稳态流动的速度场可一般表示为

$$\begin{cases} v_y = v_z = 0 \\ v_x = u = u(y) \end{cases} \quad 或 \quad \begin{cases} v_r = v_\theta = 0 \\ v_z = u = u(r) \end{cases} \tag{5-3}$$

层流流动 意味着可应用牛顿切应力公式描述切应力 τ 与速度梯度的关系，即

$$u = u(y)：\quad \tau_{yx} = \mu \frac{\mathrm{d}u}{\mathrm{d}y} \quad 或 \quad u = u(r)：\quad \tau_{rz} = \mu \frac{\mathrm{d}u}{\mathrm{d}r} \tag{5-4}$$

微元体尺度选择 图 5-1 是不可压缩一维稳态流动 $u = u(y)$ 的流场图，图中的微元体是代表空间点 $A(x,y)$ 的微分控制体。其中，因速度 u 沿 y 方向变化，故微元体 y 方向边长取微分长度 $\mathrm{d}y$（微元体在物理量变化方向的尺度必须为微分尺度）；u 在 x 方向无变化，但其它变量如压力 p 等可能在 x 方向有变化，故 x 方向仍取微分长度 $\mathrm{d}x$；而在速度及压力等变量皆无变化的方向（如图 5-1 中的 z 方向）则可取单位长度或有限长度。

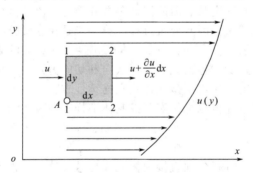

图 5-1 一维流动及微元体示意图

微元面的输出/输入性质 这与微元面上的法向速度有关。因流场内仅有 x 方向速度，所以微元体仅在 x 方向前后两个面（1—1 和 2—2 截面）才有法向速度，且按坐标正方向速度为正的约定，1—1 面上的法向速度 u 必然指向 1—1 面，故 1—1 面（A 点邻接表面）是输入面。显然，与 1—1 面相距 $\mathrm{d}x$ 的 2—2 面则是输出面，且该面上的法向速度可根据微分变化关系表示为：$u + (\partial u/\partial x)\mathrm{d}x$，其中 $(\partial u/\partial x)$ 是 u 沿 x 方向的变化率，而 $(\partial u/\partial x)\mathrm{d}x$ 则是经过 $\mathrm{d}x$ 后 u 在 x 方向的增量。一般地，凡输出面与输入面仅相差微分距离，其物理量都可按这样的微分变化关系表示。

质量守恒特点 针对图 5-1 中的微元体考察其质量守恒关系。因一维流动时只有 1—1 截面和 2—2 截面有流体进出，且 $\rho =$ const，z 方向为单位厚度，所以

$$q_{m1}=\rho u\,\mathrm{d}y, \quad q_{m2}=\rho\left(u+\frac{\partial u}{\partial x}\mathrm{d}x\right)\mathrm{d}y, \quad \frac{\partial m_{\mathrm{cv}}}{\partial t}=\frac{\partial \rho}{\partial t}\mathrm{d}x\,\mathrm{d}y=0$$

将此代入式（5-1）可得不可压缩一维流动（无需稳态层流条件）的质量守恒方程为

$$\frac{\partial u}{\partial x}=0 \quad \text{或} \quad u_1=u_2 \tag{5-5}$$

即不可压缩一维流动质量守恒的结果是：微元体流动方向前后两个表面上的速度相等。

动量守恒特点　对于图 5-1 所示的微元体，因为仅在 1—1 面和 2—2 面有流体进出，且这两个面上没有 y 方向速度，所以根据质量守恒给出的结果，必然有

$$q_{m1}=q_{m2}=\rho u\,\mathrm{d}y, \quad v_{1x}=v_{2x}=u, \quad v_{1y}=v_{2y}=0$$

将此代入动量守恒关系式（5-2），并考虑稳态流动时微元体动量变化率为零，有

$$\sum F_x=0, \quad \sum F_y=0 \tag{5-6}$$

即不可压缩一维稳态流动动量守恒的结果是：微元体所受质量力与表面力之和为零。

这样一来，正确标注出微元体的受力就成为一维流动分析的关键步骤。

微元体表面力的特点　微元体受力的标注，重点是其中的表面力（质量力的标注相对简单，比如重力场中，重力加速度在某方向有投影则该方向有质量力）。对于 $u=u(y)$ 的不可压缩一维稳态层流，微元体表面力都可按图 5-2 所示情况标注。以下是对该模板图的说明。

① 表面法向力：根据第 3 章表面力分析可知，流体表面法向力一部分是静压力 p，另一部分是附加黏性正应力 $\Delta\sigma_n$（n 分别表示 x、y、z 方向），其中对于不可压缩流体有

$$\Delta\sigma_n=2\mu\frac{\partial v_n}{\partial n} \tag{5-7}$$

在仅有 x 方向速度 u 且 $u=u(y)$ 的条件下，结合质量守恒结果 $\partial u/\partial x=0$，有

$$v_x=u=u(y), \quad v_y=v_z=0 \longrightarrow \frac{\partial v_x}{\partial x}=\frac{\partial u}{\partial x}=0, \quad \frac{\partial v_y}{\partial y}=0, \quad \frac{\partial v_z}{\partial z}=0 \longrightarrow \Delta\sigma_n=0$$

所以，对于不可压缩一维稳态层流，微元表面法向力只有压力 p。又因 p 与表面取向无关，故 A 点邻接表面上压力都为 p，而另外两个表面的压力则按微分变化关系标注，见图 5-2。

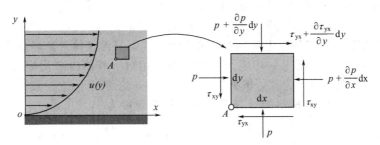

图 5-2　不可压缩一维稳态层流条件下微元体的表面力

② 表面切向力：一维流动 $u=u(y)$ 属于 x—y 平面流动，故 $\perp z$ 的微元面无切应力。

在 $\perp y$ 轴的表面上：仅有 x 方向的切应力。其中，下表面（A 点邻接表面）切应力为 τ_{yx} 且按正方向标注，因该表面外法线与 y 正方向相反，故 τ_{yx} 指向 x 负方向；上表面外法线与 y 正方向相同，故切应力指向 x 正方向，其大小按微分关系确定，见图 5-2。

在 $\perp x$ 轴的表面上：仅有 y 方向的切应力。其中，左边表面（A 点邻接表面）切应力为 τ_{xy} 且指向 y 负方向（其中根据切应力互等定理有 $\tau_{xy}=\tau_{yx}$）。但值得注意的是，对于 $u=u(y)$ 的一维流动，因为 $(\partial u/\partial y)$ 只是 y 的函数，故 τ_{xy} 沿 x 方向增量为零，即

$$\frac{\partial \tau_{xy}}{\partial x}\mathrm{d}x=\frac{\partial \tau_{yx}}{\partial x}\mathrm{d}x=\mu\frac{\partial}{\partial x}\left(\frac{\partial u}{\partial y}\right)\mathrm{d}x=0$$

所以经过 $\mathrm{d}x$ 后的右边表面上切应力大小仍然为 τ_{xy}，只是方向相反，见图 5-2。

不可压缩一维稳态层流特点总结　①微元体只在流动方向的前后表面有流体进出，且进/出速度相等（质量守恒）；②微元体动量守恒方程简化为微元体力平衡方程；③微元表面法向应力只有压力，流动方向前后表面上的切应力大小相等方向相反，微元体表面力可根据模板图 5-2 标注。在此后的具体流动问题分析中，将直接引用这些结论。

5.1.3　常见边界条件

运动微分方程只是某一类型流场遵从动量守恒定律的表述（问题的共性），而满足动量守恒的具体流动规律可有不同（问题的特点），这种不同是由边界条件确定的。

常见的流场边界条件有以下三类。

固壁-流体边界　由于流体具有黏滞性，所以固体壁面上的流体速度与固体壁面速度相等。特别地，在静止的固体壁面上，流体速度为零。在图 5-3 中的固体壁面上该条件表示为

$$u_1\big|_{y=0}=0$$

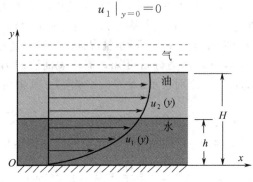

图 5-3　常见流动边界示意图

液体-液体边界　液-液界面上运动连续、应力连续，故液-液界面上两种流体的速度相等，切应力相等。该条件在图 5-3 中的油水截面上可表示为

$$u_1\big|_{y=h}=u_2\big|_{y=h}, \quad \tau_{yx,1}\big|_{y=h}=\tau_{yx,2}\big|_{y=h}$$

气体-液体边界　气-液界面上切应力也是连续的，但只要气体处于静止或自然对流状态（非高速流动），则气-液界面上的切应力（摩擦力）相对于液体内部切应力是可以忽略的。故通常取气-液界面上切应力为零，根据牛顿剪切定律，这等同于取气-液界面上的液相速度梯度为零。比如，对图 5-3 所示的气-液界面，其边界条件为

$$\tau_{yx,2}\big|_{y=H}=\mu_2\frac{\mathrm{d}u_2}{\mathrm{d}y}\bigg|_{y=H}=0 \quad 或 \quad \frac{\mathrm{d}u_2}{\mathrm{d}y}\bigg|_{y=H}=0$$

除上述常规边界条件外，具体问题的物理特点往往也是重要的定解条件。比如：流场分布的对称性条件（如管道中心线上 $\partial u/\partial r=0$），真实流动参数（如速度、切应力等）不可能无穷大的物理条件，边界影响的局限性条件（如无穷远处流场、温度场不受影响），以及时常会用到的质量守恒条件等。

5.2　狭缝流动分析

狭缝流动指板间距远小于板长和板宽的平行平板间的流动。这种条件下，流道进/出口和侧壁效应只在局部范围，板间的流动可视为充分发展的一维流动（层流或湍流）。就产生

流动的动力学因素而言，狭缝流动可以由进/出口两端的压力差产生，简称**压差流**；也可以由壁面的相对运动产生，简称**剪切流**或**摩擦流**；对于倾斜狭缝，重力也可产生流动，简称**重力流**；作为一般情况，这些因素可能同时并存。

5. 2. 1　平壁层流的微分方程

图 5-4（a）所示为不可压缩流体在相距为 b 的两平行壁面间的层流流动（简称平壁层流）。其中，流体密度为 ρ，流动速度 u 沿 x 方向，速度分布为 $u=u(y)$；考虑一般情况，设主流方向（x 轴正向）与重力加速度 g 方向之间的夹角为 β。

平壁层流的微元体如图 5-4（b）所示。其中，微元体 y 方向边长为 $\mathrm{d}y$（因 u 在 y 方向变化）；x 方向边长取为 $\mathrm{d}x$（压力 p 等在该方向有变化），z 方向取为单位长度。因为是 $u=u(y)$，所以微元体仅在流动方向的前后两个表面上有流体进出，且进/出速度均为 u。微元体上 x 方向的表面力按模板图 5-2 标注，主要有前后表面的法向压力和上下表面的切应力；重力（质量力）在 x 方向的分量为 $g_x=g\cos\beta$。

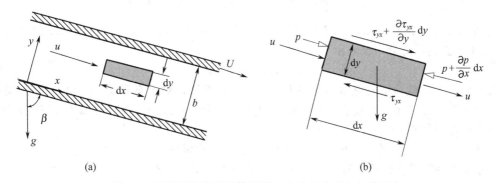

图 5-4　平壁层流的微元体及其 x 方向的表面力与质量力

5.1.2 节已经指出，对于 $u=u(y)$ 的不可压缩一维稳态层流流动，微元体动量守恒方程就是微元体力平衡方程，故接下来分析微元体在 x、y 方向的力平衡问题。

微元体 x 方向的力平衡方程　根据图 5-4 所示，微元体 x 方向受到的合力为

$$\sum F_x=-\tau_{yx}\mathrm{d}x+\left(\tau_{yx}+\frac{\partial\tau_{yx}}{\partial y}\mathrm{d}y\right)\mathrm{d}x+p\,\mathrm{d}y-\left(p+\frac{\partial p}{\partial x}\mathrm{d}x\right)\mathrm{d}y+\rho g\cos\beta\mathrm{d}x\,\mathrm{d}y$$

整理上式，并根据 $\sum F_x=0$ 可得微元体 x 方向的力平衡方程（动量守恒方程）为

$$\frac{\partial\tau_{yx}}{\partial y}=\frac{\partial p}{\partial x}-\rho g\cos\beta \tag{5-8}$$

微元体 y 方向的力平衡方程　按模板图 5-2，微元体上 y 方向的表面力如图 5-5 所示，主要有上下表面的压力和前后表面的切应力，且前后表面的切应力大小相等；重力（质量力）在 y 方向的分量为 $g_y=g\sin\beta$。因此，微元体 y 方向受到的合力为

$$\sum F_y=-\tau_{xy}\mathrm{d}y+\tau_{xy}\mathrm{d}y+p\,\mathrm{d}x-\left(p+\frac{\partial p}{\partial y}\mathrm{d}y\right)\mathrm{d}x-\rho g\sin\beta\mathrm{d}x\,\mathrm{d}y$$

整理上式，并根据 $\sum F_y=0$ 可得微元体 y 方向的平衡方程为

$$\frac{\partial p}{\partial y}+\rho g\sin\beta=0 \tag{5-9}$$

或

$$p+\rho g_y y=C(x) \tag{5-10}$$

该方程就是 x 处流动断面上的压力分布方程，其中，$g_y=g\sin\beta$ 是 y 方向（截面液层深度方向）有效重力加速度。该方程表明了以下两点。

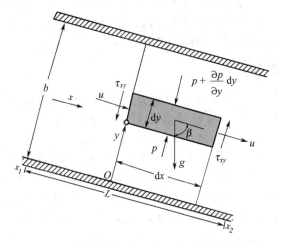

图 5-5　平壁层流微元体 y 方向的表面力与质量力

① 根据式（5-10）可知，$C(x)$ 就是 $y=0$ 处（截面底部 O 点，见图）的压力，记为 $p_{O(x)}$，于是截面压力分布又表示为

$$p = p_{O(x)} - \rho g_y y \tag{5-11}$$

该式实际就是流动截面上两点压力的递推公式。由此可知，对于充分发展流动，其流动断面上的压力分布仍然满足重力场静力学规律，只不过对于倾斜流动，其重力加速度应该采用该截面的有效重力加速度 g_y。

② 根据式（5-10）进一步可知，$\partial p/\partial x$ 只能是 x 的函数。

x 方向力平衡方程分析　对于 x 方向的力平衡方程式（5-8）

$$\frac{\partial \tau_{yx}}{\partial y} = \frac{\partial p}{\partial x} - \rho g \cos\beta$$

由结论②可知其方程右边是 x 的函数；另一方面，由于 u 仅是 y 的函数，即 $u=u(y)$，且 $\tau_{yx} = \mu(\partial u/\partial y)$，所以方程左边只能是 y 的函数；因此根据微分方程理论，方程式（5-8）两边必为同一常数 C。先将右边表示为常数有

$$\frac{\partial p}{\partial x} - \rho g \cos\beta = C \quad \longrightarrow \quad \frac{\partial p^*}{\partial x} = C$$

式中，p^* 是 x 位置的压力 p 扣除上游重力影响后的压力，称为修正压力，其表达式为

$$p^* = p - \rho g x \cos\beta \tag{5-12}$$

又由于 $\partial p^*/\partial x$ 为常数，即 p^* 沿 x 方向线性分布，所以 $\partial p^*/\partial x$ 又可用流道长度 $L=(x_2 - x_1)$（见图 5-5）对应的压力梯度 $-\Delta p^*/L$ 来代替，即

$$\frac{\partial p^*}{\partial x} = \frac{p_2^* - p_1^*}{x_2 - x_1} = -\frac{p_1^* - p_2^*}{L} = -\frac{\Delta p^*}{L} \tag{5-13}$$

$$\Delta p^* = p_1 - p_2 + \rho g L \cos\beta \tag{5-14}$$

Δp^* 称为修正压力降，有明确的物理意义：Δp^* 是总压力降 $\Delta p = p_1 - p_2$ 中扣除液柱重力 $\rho g L \cos\beta$ 后的实际摩擦压力降。Δp^* 可由 U 形管压差计直接测试，若指示剂（密度 ρ_m）液面高差为 h，则 $\Delta p^* = (\rho_m - \rho)gh$。水平流动时，$\cos\beta=0$，$\Delta p^* = (p_1 - p_2)$。

切应力与速度分布一般方程　用 $-\Delta p^*/L$ 代替方程式（5-8）右边，积分可得

$$\tau_{yx} = -\frac{\Delta p^*}{L} y + C_1 \tag{5-15}$$

对于牛顿流体，将牛顿切应力公式代入上式，可得平壁层流的速度微分方程

$$\frac{\mathrm{d}u}{\mathrm{d}y} = \frac{1}{\mu}\left(-\frac{\Delta p^*}{L}y + C_1\right) \tag{5-16}$$

若流体黏度恒定，即 $\mu = \mathrm{const}$，则积分上式可得速度分布方程

$$u = -\frac{1}{\mu}\frac{\Delta p^*}{L}\frac{y^2}{2} + \frac{C_1}{\mu}y + C_2 \tag{5-17}$$

应用条件 式（5-15）～式（5-17）适用于压差、剪切和重力作用下的平壁层流，不同边界条件下流动行为的不同由积分常数确定。方程对介质条件、流动方位的适应性如下。

① 介质条件：切应力分布方程式（5-15）对牛顿流体和非牛顿流体均适用；速度微分方程式（5-16）只适用于牛顿流体；速度分布方程式（5-17）则只适用于 $\mu = \mathrm{const}$ 的牛顿流体；

② 流动方位：Δp^* 中的 $\beta = 90°$、$0°$、$180°$ 分别对应水平流动、垂直向下与向上流动；

③ 对于沿流动方向压力 p 不变的流动（如壁面相对运动产生剪切或摩擦流动），有

$$\Delta p = (p_1 - p_2) = 0 \quad\longrightarrow\quad \Delta p^* = p_1 - p_2 + \rho g L \cos\beta = \rho g L \cos\beta$$

5.2.2 典型狭缝流动问题分析

（1）压差和上表面剪切同时存在时的倾斜狭缝流动

此条件下的速度方向与坐标设置如图 5-6 所示（图中将倾斜狭缝置于水平，其重力影响体现于 Δp^* 中），其中上表面以恒定速度 U 向右运动施加剪切力，流道两端存在压力差。

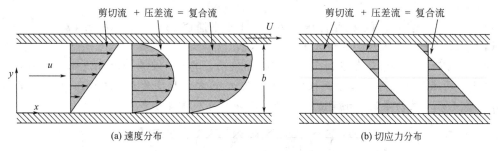

(a) 速度分布   (b) 切应力分布

图 5-6 压差和上表面剪切同时存在时的狭缝流动

边界条件 在图示坐标下，本问题的边界条件为

$$u\big|_{y=0} = 0, \quad u\big|_{y=b} = U \tag{5-18}$$

将边界条件代入速度分布式（5-17），可得该边界条件对应的积分常数为

$$C_1 = \frac{\mu U}{b} + \frac{\Delta p^*}{L}\frac{b}{2}, \quad C_2 = 0$$

切应力和速度分布 将积分常数代入方程式（5-15）和式（5-17），可得压差和上表面剪切同时存在时倾斜狭缝流的切应力和速度分布为

$$\tau_{yx} = \frac{1}{2}\frac{\Delta p^*}{L}[b - 2y] + \frac{\mu U}{b} \tag{5-19}$$

$$u = \frac{b^2}{2\mu}\frac{\Delta p^*}{L}\left[\frac{y}{b} - \left(\frac{y}{b}\right)^2\right] + U\frac{y}{b} \tag{5-20}$$

该结果表明，剪切流和压差流是线性叠加关系。速度分布：剪切流为线性分布，压差流为抛物线分布。切应力：剪切流为均匀分布，压差流为对称线性分布。如图 5-6 所示。

平均流速和流量 利用速度分布公式，积分可得平均速度 u_m 和单位宽度狭缝流道的体积流量 q_V 分别为

$$u_m = \frac{1}{b} \int_0^b u \, dy = \frac{1}{b} \int_0^b \left\{ \frac{b^2}{2\mu} \frac{\Delta p^*}{L} \left[\frac{y}{b} - \left(\frac{y}{b} \right)^2 \right] + U \frac{y}{b} \right\} dy = \frac{b^2}{12\mu} \frac{\Delta p^*}{L} + \frac{U}{2} \qquad (5\text{-}21)$$

$$q_V = \int_0^b u \, dy = b u_m = \frac{b^3}{12\mu} \frac{\Delta p^*}{L} + \frac{Ub}{2} \qquad (5\text{-}22)$$

由此可见：平均速度和流量也是剪切流和压差流结果的线性叠加。

(2) 平板通道层流流动的压力降及摩擦阻力系数

对于过程设备中的狭窄平板通道（如板式换热器通道），可忽略两侧壁的影响，将其视为狭缝流动。在压差作用下，其平均流速 u_m 可在式（5-21）中令 $U=0$ 得到，即

$$u_m = \frac{b^2}{12\mu} \frac{\Delta p^*}{L} \qquad (5\text{-}23)$$

对于狭窄平板通道，习惯取板间距 b 作为通道截面定性尺寸，其雷诺数 Re 和基于压力降 Δp^* 的阻力系数 λ 定义式分别表示为

$$Re = \frac{\rho u_m b}{\mu} \qquad (5\text{-}24)$$

$$\Delta p^* = \lambda \frac{L}{b} \frac{\rho u_m^2}{2} \qquad (5\text{-}25)$$

将 Δp^* 表达式（5-25）代入式（5-23），可得狭窄平板通道的摩擦阻力系数为

$$\lambda = \frac{24}{\rho u_m b / \mu} = \frac{24}{Re} \qquad (5\text{-}26)$$

以上的 Δp^* 是倾斜通道的摩擦压力降；对于水平通道 $\cos\beta = 0$，$\Delta p^* = (p_1 - p_2)$。

【例 5-1】 平行壁间两层不相溶流体的流动。

图 5-7 为两层不相溶流体在固定平行壁间的流动，其中，上层为轻相流体 A，下层为重相流体 B，两层流体分界面位于两板中间面。流道 x 方向长度为 L，进口压力 p_0，出口压力 p_L。按充分发展的层流流动考虑，试确定其切应力和速度分布。

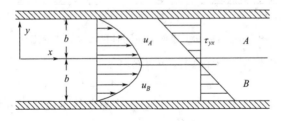

图 5-7 例 5-1 附图

解 本题属水平狭缝压差流问题。因此
$$\beta = \pi/2 \quad \longrightarrow \quad \Delta p^* = (p_0 - p_L) + \rho g L \cos\beta = (p_0 - p_L) = \Delta p$$

由于通道内有两种液体，因此分别针对两种液体应用方程式（5-15）和式（5-17）有

$$\begin{cases} \tau_{yx,A} = -\dfrac{\Delta p}{L} y + C_1 \\[2mm] u_A = -\dfrac{1}{\mu_A} \dfrac{\Delta p}{L} \dfrac{y^2}{2} + \dfrac{C_1}{\mu_A} y + C_2 \end{cases} \qquad \begin{cases} \tau_{yx,B} = -\dfrac{\Delta p}{L} y + C_3 \\[2mm] u_B = -\dfrac{1}{\mu_B} \dfrac{\Delta p}{L} \dfrac{y^2}{2} + \dfrac{C_3}{\mu_B} y + C_4 \end{cases}$$

其边界条件为：

① 对于流体 A 有 $u_A |_{y=b} = 0$；

② 对于流体 B 有 $u_B|_{y=-b}=0$;

③ 液-液边界运动连续、应力连续 $u_A|_{y=0}=u_B|_{y=0}$, $\tau_{yx,A}|_{y=0}=\tau_{yx,B}|_{y=0}$

将上述边界条件代入方程得积分常数为

$$C_1=C_3,\quad C_1=-\frac{b}{2}\frac{\Delta p}{L}\frac{(\mu_A-\mu_B)}{(\mu_A+\mu_B)},\quad C_2=C_4,\quad C_2=\frac{b^2}{2}\frac{\Delta p}{L}\frac{2}{(\mu_A+\mu_B)}$$

于是，上层流体（A 相）的切应力和速度分布为

$$\left.\begin{array}{l}\tau_{yx,A}=-\frac{b\Delta p}{L}\left[\frac{1}{2}\left(\frac{\mu_A-\mu_B}{\mu_A+\mu_B}\right)+\frac{y}{b}\right]\\[3mm]u_A=\frac{b^2}{2}\frac{\Delta p}{L}\frac{1}{\mu_A}\left[\frac{2\mu_A}{(\mu_A+\mu_B)}-\left(\frac{\mu_A-\mu_B}{\mu_A+\mu_B}\right)\frac{y}{b}-\left(\frac{y}{b}\right)^2\right]\end{array}\right\}\quad(0\leqslant y\leqslant b)$$

而下层流体（B 相）的切应力和速度分布为

$$\left.\begin{array}{l}\tau_{yx,B}=-\frac{b\Delta p}{L}\left[\frac{1}{2}\left(\frac{\mu_A-\mu_B}{\mu_A+\mu_B}\right)-\frac{y}{b}\right]\\[3mm]u_B=\frac{b^2}{2}\frac{\Delta p}{L}\frac{1}{\mu_B}\left[\frac{2\mu_B}{(\mu_A+\mu_B)}-\left(\frac{\mu_A-\mu_B}{\mu_A+\mu_B}\right)\frac{y}{b}-\left(\frac{y}{b}\right)^2\right]\end{array}\right\}\quad(-b\leqslant y\leqslant 0)$$

由此可见，两层流体的切应力服从同一分布。当 $\mu_A>\mu_B$ 时，两层流体的速度和切应力分布如图 5-7 所示，其中最大速度位置（$\tau_{yx}=0$）在 B 相流体层内。可以验证，当 $\mu_A=\mu_B$ 时，切应力分布和速度分布将简化成单一流体狭缝流的情况。

【例 5-2】 同心圆筒间的摩擦力矩问题。

图 5-8 所示为两同心圆筒，外筒半径 R，以角速度 ω 转动；静止内筒外半径 kR，$k<1$；流体在外筒带动下流动，这种流动形式常见于滑动轴承等结构。假设间隙较小（即 k 接近于 1），且流体黏度较高，流动可视为层流。试应用狭缝流模型近似分析转动外筒所需的力矩。

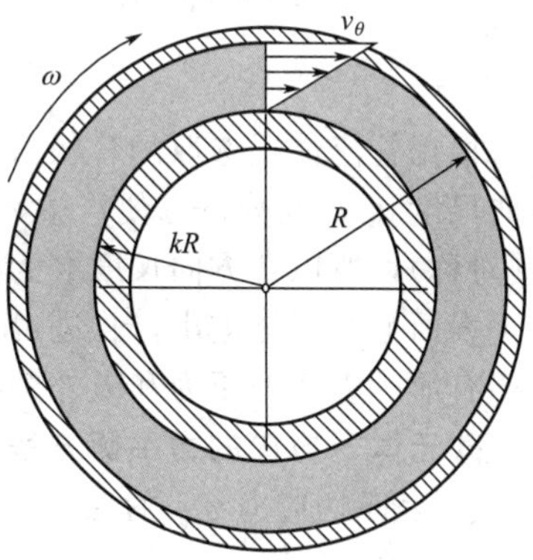

解 作为近似分析，考虑到间隙远小于筒体半径，忽略其曲率影响，则图中问题可视为水平狭缝流动问题。其中，上壁面运动速度 U 为外筒线速度，即 $U=R\omega$，缝隙宽度 $b=R-kR=R(1-k)$；由于摩擦流动沿流动方向无压差，所该问题进一步简化为水平狭缝剪切流问题，即 $\Delta p^*/L=0$。于是，应用方程式（5-19）可得其切应力分布为

$$\tau_{r\theta}=\frac{\mu U}{b}=\frac{\mu R\omega}{R(1-k)}=\frac{\mu\omega}{1-k}$$

图 5-8 例 5-2 附图

由此可见，液层内切应力是均匀分布的，外筒内壁切应力与流体层内切应力大小相等，且整个内壁面切应力也均匀。因此，若筒体长度为 L，则转动外筒所需的力矩 M 为

$$M=2\pi RL\tau_{r\theta}|_{r=R}R=2\pi R^2L\frac{\mu\omega}{(1-k)}$$

该问题的精确解 M'（见第 6 章例 6-2）以及 M 与精确解 M' 的相对误差分别为

$$M'=2\pi R^2L\frac{\mu\omega}{(1-k)}\frac{2k^2}{(1+k)},\quad \Delta=\frac{M-M'}{M'}\times100\%=\left(\frac{1+k}{2k^2}-1\right)\times100\%$$

由上式不难计算出，在 $k=0.95\sim0.99$ 的范围，相对误差 $\Delta=8.03\%\sim1.52\%$。这表明只要圆筒间隙远小于筒体半径，上述近似计算是可行的。

5.3 管内流动分析

管内流动，包括圆管和圆形套管内的流动，是工程实际中最常见的流动方式。由于多数问题中管长与管径之比 $L/D \gg 1$，进口区影响有限，故整个管道中主要为充分发展流动（层流或湍流）。管内流动由进/出口两端压差推动，对于非水平管道还受重力影响。

5.3.1 管状层流的微分方程

图 5-9（a）所示为圆管内的流动，为适应圆管几何特征，采用了柱坐标。设管半径为 R，管长为 L，对应的进、出口压力分别为 p_1 和 p_2。流体沿管轴向 z 作层流流动，速度分布为 $u=u(r)$，主流方向（z 轴正向）与重力方向之间的夹角为 β。

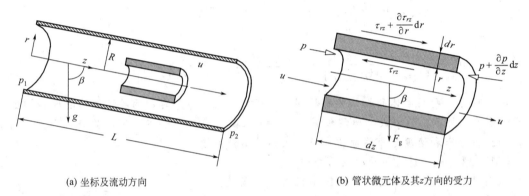

(a) 坐标及流动方向   (b) 管状微元体及其 z 方向的受力

图 5-9　圆管内的层流流动及管状微元体

根据管流情况选取的管状微元体如图 5-9（b）所示。因 u 在 r 方向变化，所以微元体 r 方向尺度 $\mathrm{d}r$。为分析方便，微元体 z 方向尺度取为 $\mathrm{d}z$，因为 u 沿 θ 方向（周向）无变化（轴对称），所以 θ 方向尺度取为圆周长度。根据连续性方程，管状微元体仅在流动方向前后两个表面上有流体进出，且进/出速度均为 u。微元体上 z 方向的表面力按模板图 5-2 标注，主要有前后表面的压力和内外圆柱面的切应力；z 方向质量力分量为 $g_z = g\cos\beta$。

微元体 z 方向的力平衡方程　根据图 5-9 所示，微元体 z 方向的作用力分别有

① 表面切应力 τ_{rz} 的总作用力 $F_{\tau,z}$，τ_{rz} 具有轴对称性（沿周向不变），所以

$$F_{\tau,z} = -\tau_{rz} 2\pi r \mathrm{d}z + \left(\tau_{rz} + \frac{\partial \tau_{rz}}{\partial r}\mathrm{d}r\right) 2\pi(r+\mathrm{d}r)\mathrm{d}z = \frac{\partial \tau_{rz}}{\partial r}(r+\mathrm{d}r)2\pi \mathrm{d}r \mathrm{d}z;$$

② 质量力 g_z 的作用力，$F_{g,z} = \rho(g\cos\beta)\,2\pi r \mathrm{d}r \mathrm{d}z$；

③ 表面压力 p 的总作用力 $F_{p,z}$，压力 p 不具有轴对称性，即流动断面上各点的 p 是不同的，但可证明（见例 5-3）：对于充分发展流动，相距 $\mathrm{d}z$ 的两断面上各点的压力差却是相同的，即 $(\partial p/\partial z)\,\mathrm{d}z$ 与 (r,θ) 无关。故 $F_{p,z}$ 可由该压力差与微元圆环面积相乘得到，即

$$F_{p,z} = -\left(\frac{\partial p}{\partial z}\mathrm{d}z\right) 2\pi r \mathrm{d}r = -\frac{\partial p}{\partial z} 2\pi r \mathrm{d}r \mathrm{d}z$$

因为不可压缩一维稳态层流条件下，微元体在 z 方向所受总力为零，即

$$\sum F_z = F_{\tau,z} + F_{g,z} + F_{p,z} = 0$$

所以将上述各项作用力代入整理并略去剩余一阶微量，可得微元体 z 方向的力平衡方程为

$$\frac{1}{r}\frac{\partial(r\tau_{rz})}{\partial r}=\frac{\partial p}{\partial z}-\rho g\cos\beta \tag{5-27}$$

因为 $u=u(r)$，且 $\tau_{rz}=\mu(\partial u/\partial r)$，故以上方程左边至多是 r 的函数；又因为 $(\partial p/\partial z)$ 与 (r,θ) 无关，所以方程右边至多是 z 的函数；因此根据微分方程理论，方程式（5-27）两边必为同一常数 C。与狭缝流分析类似，方程右边可用管道长度 L 对应的修正压力降 Δp^* 表示为

$$\frac{\partial p}{\partial z}-\rho g\cos\beta=C \longrightarrow \frac{\partial p^*}{\partial z}=C \longrightarrow \frac{\partial p^*}{\partial z}=\frac{p_2^*-p_1^*}{z_2-z_1}=-\frac{p_1^*-p_2^*}{L}=-\frac{\Delta p^*}{L}$$

$$p^*=p-\rho gz\cos\beta \quad 或 \quad \Delta p^*=p_1-p_2+\rho gL\cos\beta \tag{5-28}$$

切应力与速度分布一般方程　用 $-\Delta p^*/L$ 代替方程式（5-27）右边，积分可得

$$\tau_{rz}=-\frac{\Delta p^*}{L}\frac{r}{2}+\frac{C_1}{r} \tag{5-29}$$

对于牛顿流体，将柱坐标下的牛顿剪切定理 $\tau_{rz}=\mu(\mathrm{d}u/\mathrm{d}r)$ 代入上式，可得

$$\frac{\mathrm{d}u}{\mathrm{d}r}=-\frac{\Delta p^*}{L}\frac{r}{2\mu}+\frac{C_1}{r\mu} \tag{5-30}$$

若流体黏度恒定，即 $\mu=\mathrm{const}$，则积分上式可得速度分布方程

$$u=-\frac{\Delta p^*}{L}\frac{r^2}{4\mu}+\frac{C_1}{\mu}\ln r+C_2 \tag{5-31}$$

应用条件　式 .（5-29）～式（5-31）适用于压差和重力作用下的管状层流流动，具体流动特点由边界条件确定。此外，方程对介质条件、流动方位的适应性等有如下说明。

① 介质条件：切应力分布方程式（5-29）对牛顿流体和非牛顿流体均适用；速度微分方程式（5-30）只适用于牛顿流体；速度分布方程式（5-31）则只适用于 $\mu=\mathrm{const}$ 的牛顿流体。

② 流动方位：Δp^* 中的 $\beta=90°$、$0°$、$180°$ 分别对应水平流动、垂直向下与向上流动。

③ 对于沿流动方向压力 p 不变的流动，$\Delta p=(p_1-p_2)=0$，$\Delta p^*=\rho gL\cos\beta$。

【例 5-3】　圆管充分发展流动断面上的压力分布。

图 5-10 所示为圆管内的充分发展流动，主流速度 $u=u(r)$，沿 z 轴正向，与重力方向之间的夹角为 β。试考察 r 方向和 θ 方向（周向）的力平衡，分析流动断面上的压力分布。

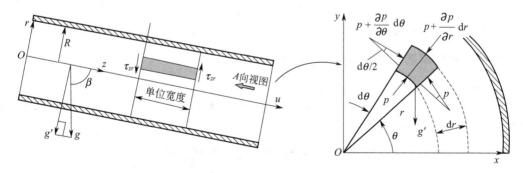

(a) 微元体及径向切应力　　　　　　　(b) 微元体表面的径向与周向压力

图 5-10　例 5-3 附图

解　因为流动断面上的压力 p 只与 r 和 θ 有关，故微元体 z 方向取单位厚度，r 和 θ 方向取为微分尺度 $\mathrm{d}r$ 和 $r\mathrm{d}\theta$（见图），且只需标注这两个方向的表面力和质量力。

r 和 θ 方向的切应力：由于圆管流动的轴对称性，微元面上不存 θ 方向（周向）的切应力；r 方向的切应力也仅存在于 $\perp z$ 轴的两个面上，如图 5-10（a）所示，但这两个面上的

切应力大小相等方向相反，自相平衡；因此微元体力平衡中不考虑 r 和 θ 方向的切应力。

r 和 θ 方向的法向力：$\perp r$ 轴和 θ 方向（周向）的微元面上均存在的法向压力，其作用方位如图 5-10（b）所示。

r 和 θ 方向的质量力：这两个方向的质量力只与流动截面有效重力 g' 有关（见图，g' 即沿截面液层深度方向的重力），g' 及其在 r 方向和 θ 方向的投影分别为

$$g' = g\sin\beta, \quad g_r = g'\sin\theta, \quad g_\theta = g'\cos\theta$$

于是，根据 $\sum F_r = 0$ 可得

$$pr\mathrm{d}\theta - \left(p + \frac{\partial p}{\partial r}\mathrm{d}r\right)(r+\mathrm{d}r)\mathrm{d}\theta + p\mathrm{d}r\sin\frac{\mathrm{d}\theta}{2} + \left(p + \frac{\partial p}{\partial \theta}\mathrm{d}\theta\right)\mathrm{d}r\sin\frac{\mathrm{d}\theta}{2} - \rho g'\sin\theta\mathrm{d}r(r\mathrm{d}\theta) = 0$$

整理上式，考虑 $\sin(\mathrm{d}\theta/2) \approx \mathrm{d}\theta/2$，并略去剩余一阶微量得 r 方向力平衡方程为

$$\frac{\partial p}{\partial r} + \rho g'\sin\theta = 0 \quad\longrightarrow\quad \frac{\partial p^0}{\partial r} = 0$$

其中
$$p^0 = p + \rho r g'\sin\theta$$

由 $\sum F_\theta = 0$ 可得

$$p\mathrm{d}r\cos\frac{\mathrm{d}\theta}{2} - \left(p + \frac{\partial p}{\partial \theta}\mathrm{d}\theta\right)\mathrm{d}r\cos\frac{\mathrm{d}\theta}{2} - \rho g'\cos\theta\mathrm{d}r(r\mathrm{d}\theta) = 0$$

整理上式，并考虑 $\cos(\mathrm{d}\theta/2) \approx 1$，可得 θ 方向力平衡方程为

$$\frac{\partial p}{\partial \theta} + \rho r g'\cos\theta = 0 \quad\longrightarrow\quad \frac{\partial p^0}{\partial \theta} = 0$$

上述结果表明，p^0 既非 r 的函数，也非 θ 的函数，所以至多只能是 z 的函数 $C(z)$，即

$$p + \rho r g'\sin\theta = C(z)$$

此即管道横截面上 p 随 (r, θ) 变化的关系，也就是管道截面的压力分布方程。其中 $C(z)$ 是 z 坐标处管道截面中心点 $O(r=0)$ 的压力，记为 $p_{O(z)}$，故压力分布方程又可表示为

$$p = p_{O(z)} - \rho g'y$$

式中，$y = r\sin\theta$ 是截面上任意点 (r, θ) 相对于中心点 O 的垂直高度，见图 5-10（b）。这表明充分发展的流动截面上压力分布满足重力场静力学规律，只不过对于倾斜管道，g' 是截面有效重力加速度。此外，由压力分布方程可知

$$(\partial p/\partial z)\mathrm{d}z = [\partial p_{O(z)}/\partial z]\mathrm{d}z$$

即，相距 $\mathrm{d}z$ 的两个截面的压力增量与 (r, θ) 无关；这正是前面分析中引用过的结论。

5.3.2 圆管及圆形套管内的层流流动

（1）圆管内充分发展的层流流动

圆管内流动通常是压差流，其速度方向与坐标设置如图 5-11 所示（图中将倾斜圆管置于水平，其重力影响体现于 Δp^* 中）。

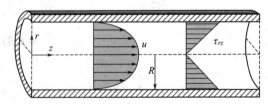

图 5-11　圆管内层流流动的速度和切应力分布

定解条件　本问题的定解条件为

$$u\big|_{r=R}=0, \quad \frac{\mathrm{d}u}{\mathrm{d}r}\bigg|_{r=0}=0 \tag{5-32}$$

切应力与速度分布　将边界条件代入方程式（5-30）和式（5-31）可得对应的积分常数为

$$C_1=0, \quad C_2=(\Delta p^*/L)(R^2/4\mu)$$

将该积分常数代入方程式（5-30）和式（5-31），可得圆管内不可压缩一维充分发展层流流动的切应力和速度分布分别为

$$\tau_{rz}=-\frac{\Delta p^*}{L}\frac{r}{2} \tag{5-33}$$

$$u=\frac{\Delta p^*}{L}\frac{R^2}{4\mu}\left(1-\frac{r^2}{R^2}\right) \tag{5-34}$$

以上两式表明，对于圆管层流，流动截面上的速度为抛物线分布，切应力为线性分布，分布形态如图 5-11 所示。

最大速度　由速度分布公式（5-34）可知，在管道中心线上速度达到最大，即

$$u_{\max}=\frac{\Delta p^*}{L}\frac{R^2}{4\mu} \tag{5-35}$$

平均速度　由速度分布公式积分可得平均速度为

$$u_m=\frac{1}{\pi R^2}\int_0^R u\,2\pi r\,\mathrm{d}r=\frac{\Delta p^*}{L}\frac{R^2}{8\mu}=\frac{u_{\max}}{2} \tag{5-36}$$

体积流量　由平均速度得

$$q_V=\pi R^2 u_m=\frac{\Delta p^*}{L}\frac{\pi R^4}{8\mu} \tag{5-37}$$

式（5-37）称为哈根-泊谡叶（Hagen-Poiseuille）方程，它表明了圆管层流流动中体积流量与管道单位长度的压降、管道半径及流体黏度的关系。由于 q_V、Δp^*、R、L 的测试较方便，故该式可用于测试流体黏度的原理式，据此制成的黏度计称为毛细管黏度计。

阻力系数　基于摩擦压降 Δp^* 的圆管摩擦阻力系数 λ 的定义式为

$$\Delta p^*=\lambda\frac{L}{D}\frac{\rho u_m^2}{2}$$

将其代入平均速度式（5-36），并取 $2R=D$（管道直径），可得圆管层流的阻力系数为

$$\lambda=\frac{64}{\rho u_m D/\mu}=\frac{64}{Re} \quad (Re<2300) \tag{5-38}$$

式中，Re 是管流雷诺数 $Re=\rho u_m D/\mu$。

【例 5-4】　Bingham 流体在圆管内的流动。

理想塑性流体（Bingham 流体）在圆管内流动，如图 5-12 所示。在图示坐标系下该流体切应力与速度梯度符合以下模型

$$|\tau_{rz}|\leqslant\tau_0: \quad \frac{\mathrm{d}u}{\mathrm{d}r}=0$$

$$|\tau_{rz}|>\tau_0: \quad \tau_{rz}=-\tau_0+\mu_0\frac{\mathrm{d}u}{\mathrm{d}r}$$

式中，常数 $\tau_0\geqslant0$，$\mu_0>0$，流体速度 $u=u(r)$。设流体密度为 ρ，管道长度为 L，对应的压力降为 Δp^*。试按充分发展的层流流动考虑，确定其切应力分布、速度分布和流动条件。

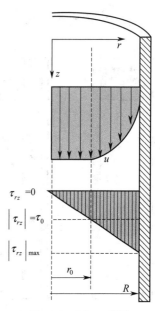

图 5-12　例 5-4 附图

解 对于圆管内非牛顿流体的层流流动，可从一般形式的切应力方程式（5-29）入手，即

$$\tau_{rz}=-\frac{\Delta p^{*}}{L}\frac{r}{2}+\frac{C_{1}}{r}$$

在本例问题中，$r=0$ 时切应力不可能无穷大，故积分常数 $C_{1}=0$，因此有

$$\tau_{rz}=-\frac{\Delta p^{*}}{L}\frac{r}{2}$$

可见，Δp^{*} 作用下管内流体切应力线性分布（见图 5-12）。

将 Bingham 流体切应力模型代入上式并积分，可得流动区的速度分布为

$$u=-\frac{\Delta p^{*}}{L}\frac{1}{4\mu_{0}}r^{2}+\frac{\tau_{0}}{\mu_{0}}r+C_{2}$$

流动区域分析：根据图 5-12 设置的 r 坐标可知，若发生流动则必有：$\mathrm{d}u/\mathrm{d}r<0$，根据模型，这意味着发生流动时 $\tau_{rz}<0$。于是流动条件 $|\tau_{rz}|>\tau_{0}$ 可表示为

$$\tau_{rz}<-\tau_{0} \quad\longrightarrow\quad \tau_{rz}=-\frac{\Delta p^{*}}{L}\frac{r}{2}<-\tau_{0} \quad\longrightarrow\quad r>\frac{2L\tau_{0}}{\Delta p^{*}}\equiv r_{0}$$

即流动区域为

$$r_{0}<r\leqslant R$$

于是，可根据流动区边界条件 $u\mid_{r=R}=0$ 确定积分常数 C_{2}，得到流动区速度分布为

$$u=\frac{\Delta p^{*}}{L}\frac{R^{2}}{4\mu_{0}}\left[1-\left(\frac{r}{R}\right)^{2}\right]-\frac{\tau_{0}R}{\mu_{0}}\left(1-\frac{r}{R}\right) \qquad (r_{0}<r\leqslant R)$$

在 $0\leqslant r\leqslant r_{0}$ 区域，切应力 $|\tau_{rz}|\leqslant\tau_{0}$，$\mathrm{d}u/\mathrm{d}r=0$，所以流体之间没有相对运动，整个区域内流体犹如活塞状向下运动，其速度 u_{c} 等于流动区 $r=r_{0}$ 位置的速度，即

$$u_{c}=\frac{\Delta p^{*}}{L}\frac{R^{2}}{4\mu_{0}}\left(1-\frac{r_{0}}{R}\right)^{2} \qquad (0\leqslant r\leqslant r_{0})$$

显然，若令 $\tau_{0}=0$，u 将与牛顿流体在圆管内的流动相同，而 u_{c} 则为管中心最大速度。

此外，由流动区起始半径 r_{0} 的定义式可知，当压降 Δp^{*} 很小以至于 $r_{0}>R$ 时，该非牛顿流体在管内将不发生流动，所以产生流动的压降条件是

$$\Delta p^{*}>\frac{2\tau_{0}L}{R}$$

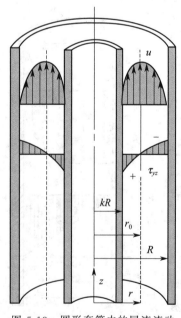

图 5-13　圆形套管内的层流流动

（2）圆形套管内充分发展的层流流动

图 5-13 所示为流体在圆形套管内沿轴向 z 作一维层流流动，其外管内半径 R，内管外壁半径 kR。很显然，圆形套管层流流动也属于管状层流，且图 5-13 坐标设置与图 5-9 相同，因此其切应力及速度分布可引用管状层流一般公式（5-29）和式（5-31），即

$$\tau_{rz}=-\frac{\Delta p^{*}}{L}\frac{r}{2}+\frac{C_{1}}{r},\quad u=-\frac{\Delta p^{*}}{L}\frac{r^{2}}{4\mu}+\frac{C_{1}}{\mu}\ln r+C_{2}$$

边界条件 圆形套管内流动的边界条件可表述为

$$u\mid_{r=kR}=0,\quad u\mid_{r=R}=0 \tag{5-39}$$

将边界条件代入速度方程得积分常数为

$$C_{1}=-\frac{\Delta p^{*}}{L}\frac{R^{2}}{4}(1-k^{2})\frac{1}{\ln k},\quad C_{2}=\frac{\Delta p^{*}}{L}\frac{R^{2}}{4\mu}\left[1+(1-k^{2})\frac{\ln R}{\ln k}\right]$$

切应力与速度分布 将积分常数代入一般方程可得套管内的切应力和速度分布式为

$$\tau_{rz} = -\frac{\Delta p^*}{L}\frac{r}{2}\left[1-\left(\frac{R}{r}\right)^2\frac{1-k^2}{\ln(1/k)}\right] \tag{5-40}$$

$$u = \frac{\Delta p^*}{L}\frac{R^2}{4\mu}\left[1-\left(\frac{r}{R}\right)^2+\frac{1-k^2}{\ln(1/k)}\ln\left(\frac{r}{R}\right)\right] \tag{5-41}$$

以上两式所描述的速度分布和切应力分布如图 5-13 所示。

最大速度　由于套管有内外壁，所以在套管间某一半径 r_0 处存在最大速度，此处速度梯度（或切应力）必然为零。所以，由 $\mathrm{d}u/\mathrm{d}r=0$ 得到 r_0 及其对应的最大速度为

$$r_0 = R\sqrt{\frac{1-k^2}{2\ln(1/k)}} \tag{5-42}$$

$$u_{\max} = \frac{\Delta p^*}{L}\frac{R^2}{4\mu}\left(1-\frac{r_0^2}{R^2}+\frac{r_0^2}{R^2}\ln\frac{r_0^2}{R^2}\right) \tag{5-43}$$

平均速度　积分方程式（5-41）得到平均速度为

$$u_m = \frac{1}{\pi R^2(1-k^2)}\int_{kR}^{R}u\,2\pi r\,\mathrm{d}r = \frac{\Delta p^*}{L}\frac{R^2}{8\mu}\left(1+k^2-2\frac{r_0^2}{R^2}\right) \tag{5-44}$$

体积流量　由平均速度得

$$q_V = \pi R^2(1-k^2)u_m = \frac{\Delta p^*}{L}\frac{\pi R^4}{8\mu}\left[1-k^4-2(1-k^2)\frac{r_0^2}{R^2}\right] \tag{5-45}$$

阻力系数　对于圆形套管，其水力当量直径为 $D_h=D(1-k)$，其中 $D=2R$ 为外管直径；以 D_h 为定性尺寸且基于压力降 Δp^* 的阻力系数 λ 定义式为

$$\Delta p^* = \lambda\frac{L}{D_h}\frac{\rho u_m^2}{2}$$

将该式代入式（5-44），可得圆形套管的阻力系数为

$$\lambda = \alpha\frac{64}{Re} \tag{5-46}$$

其中

$$Re = \frac{\rho u_m D(1-k)}{\mu},\quad \alpha = \frac{(1-k)^2}{1+k^2-2(r_0/R)^2} \tag{5-47}$$

且当 $k>0.5$ 时，$\alpha\approx1.5$，即

$$\lambda\approx96/Re \tag{5-48}$$

可以验证，在以上套管流动各公式中令 $k=0(r_0=0)$，即可得到相应的圆管流动公式。

【例 5-5】　套管与圆管的流动参数比较。

圆管内半径 R，流量为 q_V。现假设在圆管内中心线放置一根半径为 $0.01R$ 的钢丝（相当于直径 100mm 的圆管中心有一根 1mm 的钢丝），试确定放置钢丝后最大速度的相对位置，最大流速与平均流速之比，并比较放置钢丝前后的平均流速、压力降和最大流速之比。

解　钢丝与圆管轴心线准确对中情况下，放置钢丝后的流动相当于套管流动，其中内外管管径之比 $k=0.01$。因此，根据方程式（5-42）~式（5-44），套管最大流速相对位置、最大流速与平均流速之比为

$$\frac{r_0^2}{R^2} = \frac{1-k^2}{2\ln(1/k)} = \frac{1-0.01^2}{2\ln(1/0.01)} = 0.109 \longrightarrow \frac{r_0}{R} = 0.329$$

$$\frac{u_{\max}}{u_m} = 2\left(1-\frac{r_0^2}{R^2}+\frac{r_0^2}{R^2}\ln\frac{r_0^2}{R^2}\right)\left(1+k^2-2\frac{r_0^2}{R^2}\right)^{-1} = \frac{2\times0.650}{0.783} = 1.660$$

套管与圆管（无钢丝情况）流量相同，故两者平均流速之比为

$$\frac{u_{m,ann}}{u_{m,cir}} = \frac{q_V/[\pi R^2(1-k^2)]}{q_V/\pi R^2} = \frac{1}{1-k^2} = \frac{1}{1-0.01^2} = 1.0001$$

根据方程式（5-45）和式（5-37），套管与圆管情况的压降之比为

$$\frac{(\Delta p^*)_{ann}}{(\Delta p^*)_{cir}} = \left[1-k^4-2(1-k^2)\frac{r_0^2}{R^2}\right]^{-1} = [1-0.01^4-2(1-0.01^2)0.109]^{-1} = 1.277$$

根据方程式（5-43）和式（5-35），套管与圆管情况的最大流速之比为

$$\frac{(u_{max})_{ann}}{(u_{max})_{cir}} = \frac{(\Delta p^*)_{ann}}{(\Delta p^*)_{cir}}\left(1-\frac{r_0^2}{R^2}+\frac{r_0^2}{R^2}\ln\frac{r_0^2}{R^2}\right) = 1.277\times0.650 = 0.830$$

由计算结果可见：圆管内设置钢丝后，虽然平均流速 u_m 几乎未变，但由于流场的改变，其最大流速降低，$u_{max}=1.66u_m$（圆管 $u_{max}=2u_m$），且压降增加了 27.7%。

5.4　降膜流动分析

降膜流动在湿壁塔、冷凝器、蒸发器以及产品涂层方面有广泛的应用。降膜流动是靠重力产生的，其特点是：流速相对较低，沿流动方向没有压力差，液膜一侧与大气接触（气-液边界）。本节将首先分析充分发展的层流降膜流动，然后分析变厚度降膜问题。

5.4.1　倾斜平壁上充分发展的降膜流动

图 5-14（a）所示为倾斜平壁上充分发展的降膜流动。液膜厚度 δ，表面与大气接触。液膜流动方向沿 x 轴，速度分布 $u=u(y)$，主流方向与重力加速度 g 方向之间的夹角为 β。其微元体及其 x 方向作用力如图 5-14（b）所示。

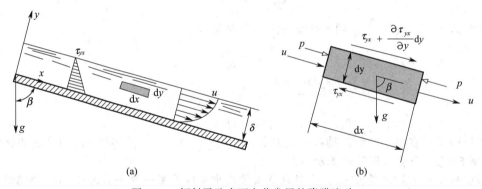

(a)　　　　　　　　　　　　(b)

图 5-14　倾斜平壁表面充分发展的降膜流动

切应力与速度分布一般方程　与平壁层流情况相比，降膜流动微元体的情况唯一不同之处是流动方向前后两个微元面上的压力相同（降膜流动沿流动方向无压力差）。因此，降膜流动切应力和速度分布一般方程可直接将条件

$$\Delta p^* = p_1-p_2+\rho gL\cos\beta = \rho gL\cos\beta$$

代入平壁层流切应力及速度分布一般方程式（5-15）~式（5-17）得到，即

$$\tau_{yx} = -\rho gy\cos\beta+C_1 \tag{5-49}$$

$$\frac{du}{dy} = -\frac{\rho g\cos\beta}{\mu}y+\frac{C_1}{\mu} \tag{5-50}$$

$$u = -\frac{\rho g\cos\beta}{2\mu}y^2+\frac{C_1}{\mu}y+C_2 \tag{5-51}$$

边界条件　液膜两侧分别与固壁和大气接触，其边界条件可表述为

132

$$u\big|_{y=0}=0; \quad \tau_{yx}\big|_{y=\delta}=\mu\frac{\mathrm{d}u}{\mathrm{d}y}\big|_{y=\delta}=0 \tag{5-52}$$

切应力与速度分布 将边界条件代入方程式（5-49）和式（5-51），解得积分常数 $C_2=0$，$C_1=\delta\rho g\cos\beta$，于是得斜板降膜流动的切应力和速度分布为

$$\tau_{yx}=\rho g\delta\cos\beta\left(1-\frac{y}{\delta}\right) \tag{5-53}$$

$$u=\frac{\rho g\delta^2\cos\beta}{2\mu}\left[2\frac{y}{\delta}-\left(\frac{y}{\delta}\right)^2\right] \tag{5-54}$$

由此可知斜板降膜流动的速度为抛物线分布，切应力为线性分布，如图 5-14 所示。

平均速度、最大速度与体积流量 利用速度分布公式可确定降膜流动平均速度 u_m、最大速度 $u_{\max}$ 和 z 方向单位板宽对应的体积流量 q_V 分别为

$$u_m=\frac{1}{\delta}\int_0^\delta u\,\mathrm{d}y=\frac{\rho g\delta^2\cos\beta}{3\mu} \tag{5-55}$$

$$u_{\max}=u\big|_{y=\delta}=\frac{\rho g\delta^2\cos\beta}{2\mu}=\frac{3}{2}u_m \tag{5-56}$$

$$q_V=\delta u_m=\frac{\rho g\delta^3\cos\beta}{3\mu} \tag{5-57}$$

液膜厚度 实际过程中，流量 q_V 往往是已知或易于测量，所以利用式（5-57）可估算液膜厚度。若 z 方向板的总宽度为 W，总流量为 q'_V，即 $q_V=q'_V/W$，则液膜厚度为

$$\delta=\sqrt[3]{\frac{3\mu q_V}{\rho g\cos\beta}}=\sqrt[3]{\frac{3\mu q'_V}{\rho g W\cos\beta}} \tag{5-58}$$

应用说明 实验表明，随着平均速度增加，降膜流动会出现三种状态：直线型的层流流动；呈波纹状起伏的层流流动；湍流流动。对于任意倾斜角的平板降膜流动，流动状态判别还没有统一准则，但对于竖直平壁（即 $\beta=0°$）的降膜流动，其流态可根据降膜流动雷诺数 $Re=4\delta u_m\rho/\mu$（其中 4δ 为流动截面水力当量直径）的大小来判断：

① 直线型层流流动　$Re<4\sim25$；

② 波纹状层流流动　$4\sim25<Re<1000\sim2000$；

③ 湍流流动　$Re>1000\sim2000$。

在此需要指出，平均速度 u_m 与液膜厚度 δ 的关系式（5-55）虽然是在充分发展流动条件下建立的，但在一些变厚度液膜流动问题中也得到广泛应用。这类问题的特征是：液膜流动由重力产生且速度较低（见 5.4.3 节）。

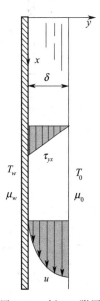

图 5-15　例 5-6 附图

【例 5-6】 变黏度流体的降膜流动。

图 5-15 所示为竖直平壁上降膜流动。由于传热的影响，液膜沿 y 方向存在温度分布，温度从壁面处的 T_w 上升到液膜表面处为 T_0，对应的黏度由 μ_w 减小到 μ_0，液膜内流体黏度的分布为

$$\mu=\mu_0 e^{\alpha(1-y/\delta)}$$

式中 μ_0、α 为常数。试确定液膜的切应力和速度分布。

解 由本题条件，根据方程式（5-49）和式（5-50）并考虑到竖直平壁 $\beta=0°$，可得切应力分布方程和速度微分方程分别为

$$\tau_{yx}=-\rho g y+C_1, \quad \frac{\mathrm{d}u}{\mathrm{d}y}=-\frac{\rho g y}{\mu}+\frac{C_1}{\mu}$$

将黏度表达式代入速度微分方程积分得

$$u = -\frac{\rho g \delta^2}{\mu_0}\left(\frac{1}{\alpha}\frac{y}{\delta} - \frac{1}{\alpha^2}\right)e^{-\alpha(1-y/\delta)} + \frac{C_1}{\mu_0}\frac{\delta}{\alpha}e^{-\alpha(1-y/\delta)} + C_2$$

液膜两侧分别与固壁和大气接触，其边界条件可表述为

$$\tau_{yx}\big|_{y=\delta} = 0; \quad u\big|_{y=0} = 0$$

将边界条件分别代入切应力和速度分布方程可得积分常数为

$$C_1 = \rho g \delta; \quad C_2 = -\frac{\rho g \delta^2}{\mu_0}\left(\frac{1}{\alpha} + \frac{1}{\alpha^2}\right)e^{-\alpha}$$

于是得切应力和速度分布为

$$\tau_{yx} = \rho g \delta\left(1 - \frac{y}{\delta}\right)$$

$$u = -\frac{\rho g \delta^2}{\mu_0 \alpha^2}\left\{(1+\alpha)e^{-\alpha} - \left[1 + \alpha\left(1 - \frac{y}{\delta}\right)\right]e^{-\alpha(1-y/\delta)}\right\}$$

读者可以验证，当 $\alpha \to 0$ 时，上述切应力和速度分布将与常黏度降膜流动结果一致。

5.4.2 竖直圆管外壁的降膜流动

图 5-16 所示为流体在竖直圆管外壁作充分发展的层流降膜流动。圆管外壁半径 R，液膜厚度 δ。很显然，在图示坐标系下，其微元体与管状层流时（见图 5-9）的区别是，流动方向无压差，即 $\partial p/\partial z = 0$，其次是竖直向下流动时 $\beta = 0°$。因此，管外降膜流动切应力和速度分布一般方程可直接将条件

$$\Delta p^* = p_1 - p_2 + \rho g L \cos\beta = \rho g L$$

代入管状层流的一般方程式（5-29）~式（5-31）得到，即

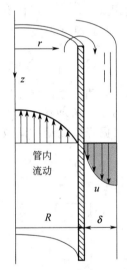

图 5-16 圆管外壁
降膜流动

$$\tau_{rz} = -\rho g \frac{r}{2} + \frac{C_1}{r} \tag{5-59}$$

$$\frac{\mathrm{d}u}{\mathrm{d}r} = -\rho g \frac{r}{2\mu} + \frac{C_1}{r\mu} \tag{5-60}$$

$$u = -\rho g \frac{r^2}{4\mu} + \frac{C_1}{\mu}\ln r + C_2 \tag{5-61}$$

对于竖直圆管外壁的降膜流动，其边界条件可表述为

$$\tau_{rz}\big|_{r=R+\delta} = 0; \quad u\big|_{r=R} = 0 \tag{5-62}$$

将边界条件代入方程式（5-59）和式（5-61）得积分常数为

$$C_1 = \frac{\rho g}{2}(R+\delta)^2; \quad C_2 = \frac{\rho g}{4\mu}\left[R^2 - 2(R+\delta)^2\ln R\right]$$

于是，竖直圆管外壁降膜流动的切应力和速度分布式为

$$\tau_{rz} = \frac{\rho g}{2}\left[\frac{(R+\delta)^2}{r} - r\right] \tag{5-63}$$

$$u = \frac{\rho g R^2}{4\mu}\left[1 - \left(\frac{r}{R}\right)^2 + \left(\frac{R+\delta}{R}\right)^2\ln\left(\frac{r}{R}\right)^2\right] \tag{5-64}$$

利用速度分布公式，并定义 $\alpha = (R+\delta)/R$，可确定管外层流降膜流动的平均速度 u_m、最大速度 $u_{\max}$ 和体积流量 q_V 分别为

$$u_m = \frac{1}{A}\iint\limits_A u\,\mathrm{d}A = \frac{\rho g R^2}{8\mu}\left[(1-3\alpha^2) + \frac{\alpha^4\ln\alpha^4}{\alpha^2-1}\right] \tag{5-65}$$

$$u_{\max} = u\big|_{r=R+\delta} = \frac{\rho g R^2}{4\mu}(1-\alpha^2+\alpha^2\ln\alpha^2) \tag{5-66}$$

$$q_V = \pi R^2(\alpha^2-1)u_m = \frac{\rho g \pi R^4}{8\mu}\left[(\alpha^2-1)(1-3\alpha^2)+\alpha^4\ln\alpha^4\right] \tag{5-67}$$

5.4.3 变厚度降膜流动问题分析

以上充分发展降膜流动问题中，液膜厚度沿流动方向是不变的，但工程实际问题中还经常遇到液膜厚度沿流动方向不断变化的情况，甚至在沿流动方向变化的同时还随时间变化。以下将分别讨论这两种问题。

(1) 稳态变厚度降膜流动问题

这类问题的典型示例是冷凝壁面上蒸汽冷凝液膜的稳态流动，如图 5-17 所示。其特点是：液膜表面不断有蒸汽冷凝，液膜厚度 δ 沿 x 方向不断增加，也因此导致 x 方向速度 u 沿 y 方向变化的同时，在 x 方向也有变化，即

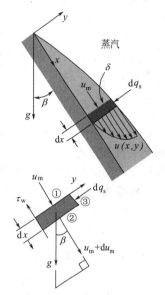

图 5-17　倾斜壁面的冷凝液膜

$$\delta = \delta(x), \quad u = u(x,y) \tag{5-68}$$

其次，因液膜靠重力流动，流速较慢，汽-液界面切应力 $\tau \approx 0$，故可假设每一流动截面上 u 沿 y 方向均呈抛物线变化，即

$$u = ay^2+by+c \tag{5-69}$$

但该分布应满足以下边界条件和质量守恒条件

$$u\big|_{y=0}=0, \quad \frac{\mathrm{d}u}{\mathrm{d}y}\Big|_{y=\delta}=0, \quad u_m\delta=\int_0^\delta u\,\mathrm{d}y$$

式中，u_m 是液膜厚度 δ 内的平均流速，两者都是 x 的函数。根据这三个条件确定方程式（5-69）中的待定系数 a、b、c 后，可得到任意流动截面上的速度分布为

$$u = \frac{3}{2}u_m\left[2\,\frac{y}{\delta}-\left(\frac{y}{\delta}\right)^2\right] \tag{5-70}$$

式中，u 随 x 的变化隐含于液膜厚度 $\delta=\delta(x)$ 及平均流速 $u_m=u_m(x)$ 中。

根据速度分布式（5-70），应用牛顿剪切定律可得 x 方向的壁面切应力 τ_w 为

$$\tau = \mu\frac{\mathrm{d}u}{\mathrm{d}y}=\mu\frac{3u_m}{\delta}\left(1-\frac{y}{\delta}\right) \longrightarrow \tau_w = \mu\frac{3u_m}{\delta} \tag{5-71}$$

质量守恒分析　对于这类问题，工程实际中关心的是 δ 与 u_m 的关系，而这两者都是随 x 变化的，因此微元体只需在流动方向取微分尺度 $\mathrm{d}x$，而 y 方向尺度则取整个液膜厚度 δ，z 方向尺度取单位宽度，见图 5-17。该微元体上，截面①和汽-液界面③有质量输入，截面②有质量输出，若其质量流量分别用 q_{m1}、q_{m3}、q_{m2} 表示，则

$$q_{m1}=\rho u_m\delta, \quad q_{m3}=\mathrm{d}q_s, \quad q_{m2}=\rho\left[u_m\delta+\mathrm{d}(u_m\delta)\right] \tag{5-72}$$

式中，$\mathrm{d}q_s$ 是微元体汽-液界面上的蒸汽冷凝量。于是，根据微元体稳态质量守恒方程有

$$q_{m1}+q_{m3}=q_{m2} \longrightarrow \mathrm{d}q_s=\rho\mathrm{d}(u_m\delta) \quad 或 \quad q_s=\rho u_m\delta \tag{5-73}$$

式中，q_s 是 $0\to x$ 板长范围内，单位宽度壁面对应的蒸汽冷凝量（质量流量）；δ 和 u_m 是 x 处液膜截面的厚度及平均流速。

动量守恒分析　考察图 5-17 中微元体 x 方向动量守恒。微元体 x 方向的受力有重力（用 $\mathrm{d}F_{g,x}$ 表示）和壁面摩擦力（用 $\mathrm{d}F_{\tau,x}$ 表示），两者分别为

$$\mathrm{d}F_{g,x}=\rho g_x\delta\mathrm{d}x=\rho(g\cos\beta)\delta\mathrm{d}x, \quad \mathrm{d}F_{\tau,x}=\tau_w\mathrm{d}x=(3\mu u_m/\delta)\mathrm{d}x \tag{5-74}$$

微元体截面①和截面②两侧压力相等（均为蒸汽压力）可不予考虑。

若微元体截面①、②、③表面上 x 方向的流速分别用 v_{1x}、v_{2x}、v_{3x} 表示，则

$$v_{1x}=u_m, \quad v_{2x}=u_m+\mathrm{d}u_m, \quad v_{3x}=u\big|_{y=\delta}=3u_m/2 \tag{5-75}$$

于是，根据稳态流动条件下微元体的动量守恒方程有

$$\mathrm{d}F_{g,x}-\mathrm{d}F_{\tau,x}=v_{2x}q_{m2}-(v_{1x}q_{m1}+v_{3x}q_{m3}) \tag{5-76}$$

将式（5-72）～式（5-75）代入上式可得

$$\rho g_x\delta\mathrm{d}x-\tau_w\mathrm{d}x=(u_m+\mathrm{d}u_m)\rho\left[u_m\delta+\mathrm{d}(u_m\delta)\right]-\rho u_m^2\delta-\frac{3u_m}{2}\rho\mathrm{d}(u_m\delta)$$

整理该方程并略去二阶微量，可得液膜微元体 x 方向的动量守恒方程为

$$\underbrace{\rho g_x\delta\mathrm{d}x}_{\text{重力}}-\underbrace{\tau_w\mathrm{d}x}_{\text{摩擦力}}=\underbrace{\rho u_m(\delta\mathrm{d}u_m-u_m\mathrm{d}\delta)/2}_{\text{惯性力}} \tag{5-77}$$

实践表明，对于重力产生的薄膜流动，流速相对有限，惯性力项可以忽略，即认为重力与摩擦力基本平衡。因此，由重力＝摩擦力，并将 g_x 和 τ_w 代入可得

$$u_m=\frac{\rho(g\cos\beta)\delta^2}{3\mu} \tag{5-78}$$

可见：该方程形式上与充分发展等厚度降膜流动时完全一样，不同的是此处的 u_m 与 δ 都是 x 的函数即：$u_m=u_m(x)$，$\delta=\delta(x)$。事实上，等厚度降膜流动时 u_m 与 δ 的关系就是根据重力与摩擦力平衡得到的，因为等厚度降膜流动时 $\mathrm{d}\delta=0$，$\mathrm{d}u=0$。

根据式（2-73）和式（5-78），可得 $0\rightarrow x$ 范围内单位宽度壁面上总的蒸汽冷凝量为

$$q_s=\rho u_m\delta=\frac{\rho^2(g\cos\beta)}{3\mu}\delta^3 \tag{5-79}$$

进一步，若定义壁面上单位面积的蒸汽冷凝量为 $\dot{q}_s$（$\mathrm{kg/m^2\cdot s}$），则根据式（5-73）有

$$\mathrm{d}q_s=\rho\mathrm{d}(u_m\delta)\longrightarrow\dot{q}_s\mathrm{d}x=\rho u_m\mathrm{d}\delta+\rho\delta\mathrm{d}u_m \tag{5-80}$$

将式（5-78）代入上式消去 u_m 或 δ，积分可得 δ 或 u_m 与 x 的关系为

$$\delta=\left(\frac{3\mu\dot{q}_s}{\rho^2 g\cos\beta}x\right)^{1/3} \quad \text{或} \quad u_m=\left(\frac{g\cos\beta}{3\rho\mu}\right)^{1/3}(\dot{q}_sx)^{2/3} \tag{5-81}$$

最后需要指出，在重力产生的薄膜流动中忽略惯性力，其合理性已在实践中得到充分证实，由式（5-78）导出的饱和蒸汽在平壁和圆管壁的冷凝传热系数与实验高度吻合。

（2）非稳态变厚度降膜流动问题

这类问题的典型示例是平板从液池中抽出时，其表面上粘附液层的流动，如图 5-18 所示。其特点是：液膜截面的厚度 δ 和平均速度 u_m 既随 x 变化又随时间 t 变化，即

$$\delta=\delta(x,t), \quad u_m=u_m(x,t) \tag{5-82}$$

对于图中的微元体（z 方向为单位宽度），其瞬时质量为 $m_{cv}=\rho\delta\mathrm{d}x$，其质量守恒方程（非稳态）为

$$\rho\left[u_m\delta+\frac{\partial(u_m\delta)}{\partial x}\mathrm{d}x\right]-\rho u_m\delta+\frac{\partial(\rho\delta\mathrm{d}x)}{\partial t}=0$$

即

$$\frac{\partial(u_m\delta)}{\partial x}+\frac{\partial\delta}{\partial t}=0 \tag{5-83}$$

对于重力作用下的非稳态变厚度薄膜流动，仍然可认为微元体所受重力与壁面摩擦力近似平衡，即任何截面上 δ 和 u_m 的关系可用式（5-78）描述，因此将其代入式（5-83）得

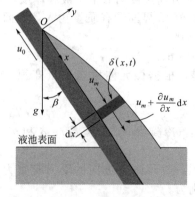

图 5-18　倾斜壁面的非稳态液膜

$$\frac{\rho g\cos\beta}{\mu}\delta^2\frac{\partial\delta}{\partial x}+\frac{\partial\delta}{\partial t}=0 \tag{5-84}$$

为确定该方程的定解条件，考察图 5-18。设时间 $t=0$ 时刻坐标原点 O 位于液面，此时没有形成液膜或液膜为无限厚，当 $t>0$ 后，平板以匀速 u_0 抽出，板上存在粘附液膜且坐标原点 O 处（$x=0$）液膜厚度总为零，因此该问题的初始条件和边界条件分别为

$$t=0：\quad\delta=\infty；\quad t>0：\quad\delta\big|_{x=0}=0 \tag{5-85}$$

据此条件，可尝试用变量替代法将式（5-84）变换为常微分方程。设新变量为 η 且

$$\eta(x,t)=\sqrt{x/t}$$

于是，根据复合函数微分法则有

$$\frac{\partial\delta}{\partial x}=\frac{\partial\delta}{\partial\eta}\frac{\partial\eta}{\partial x}=\frac{\partial\delta}{\partial\eta}\frac{\eta}{2x},\quad\frac{\partial\delta}{\partial t}=\frac{\partial\delta}{\partial\eta}\frac{\partial\eta}{\partial t}=-\frac{\partial\delta}{\partial\eta}\frac{\eta}{2t}$$

将其代入方程式（5-84）后会发现，该方程将转化为简单代数方程，并直接给出

$$\delta=\sqrt{\frac{\mu}{\rho g\cos\beta}\frac{x}{t}}\quad(x<u_0t) \tag{5-86}$$

这就是图 5-18 所示的平板粘附液膜厚度 δ 随 x 和 t 的变化关系。显然，该关系满足式（5-85）的初始条件和边界条件（变量替代法成功的标志是既满足微分方程，又满足定解条件）。根据该方程，不难计算 t 时刻平板上 $0\rightarrow x$（注意 $x<u_0t$）范围内粘附的液体总质量。

习　题

5-1　有两种完全不相溶的液体 A 和 B 在平行平板间作层流流动。试问是否可能出现如图 5-19 所示的速度分布，为什么？

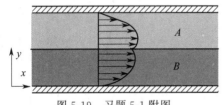

图 5-19　习题 5-1 附图

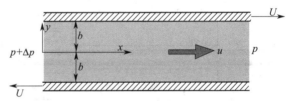

图 5-20　习题 5-2 附图

5-2　如图 5-20 所示，两块水平放置的平行平板，各自以速度 U 向相反方向运动，板间距 $2b$，两板间充满不可压缩流体，在压差和上下板的拖动下做一维层流流动，其中板长 L 上对应的压力降为 Δp。试求流体的速度和切应力分布关系式。（取 x 轴位于两板之间的中面）

5-3　如图 5-21 所示，一平行于固定底面的平板，面积为 $A=0.5\text{m}^2$，以恒速 $U=0.4\text{m/s}$ 被拖曳移动，平板与底面间有上下两层油液，上层油液的深度为 $\delta_2=0.8\text{mm}$，黏度 $\mu_2=0.142\text{N}\cdot\text{s/m}^2$，下层油液的深度为 $\delta_1=1.2\text{mm}$，黏度 $\mu_1=0.235\text{N}\cdot\text{s/m}^2$。按充分发展层流流动考虑，试求所需要的拖曳力 F 及两流体界面间的切应力 τ。

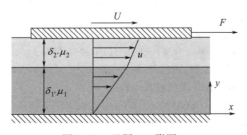

图 5-21　习题 5-3 附图

5-4 如图 5-22 所示，两同心圆筒，外筒内半径为 R，以角速度 ω_0 逆时针转动；内筒外半径为 kR，$k<1$，以角速度 ω_1 顺时针转动；两筒之间的不可压缩流体因内外圆筒反向转动而流动，因间隙很小，其流动可视为层流流动。忽略重力和端部效应影响。试将其简化为相互滑动的两水平平板之间的流动问题，并确定流体的切应力分布和速度分布。[取 y 轴原点在下板壁面，上壁面 $y=b=R(1-k)$，x 轴指向右方，沿 x 方向的速度用 u 表示]

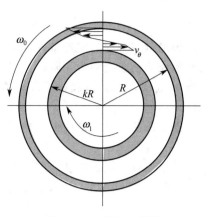

图 5-22　习题 5-4 附图

5-5 根据哈根-泊谡叶（Hagen-Poiseuille）公式即 $q_V=(\Delta p^*/L)(\pi R^4/8\mu)$ 进行实验测量流体黏度时，如果各测量值的相对偏差均为 2%，试分析对黏度的计算结果有多大影响。

5-6 有一长度 $L=8.23\mathrm{m}$ 的圆环形截面水平管，内管外半径 $kR=0.0126\mathrm{m}$，外管内半径 $R=0.028\mathrm{m}$。现有质量浓度为 60% 的蔗糖水溶液在 $T=293\mathrm{K}$ 的温度下用泵输送通过该环隙。该温度下溶液的密度 $\rho=1286\mathrm{kg/m^3}$，黏度 $\mu=0.0565\mathrm{Pa\cdot s}$。测得管子两端压降为 $\Delta p=3.716\times10^4\,\mathrm{Pa}$，试问：

① 体积流量 q_V 为多少？

② 沿流动方向流体对套管的作用力 F 为多少？

5-7 如图 5-23 所示，一半径为 kR 的无限长圆杆以速度 U 匀速通过两涂料槽之间的圆管，圆管半径为 R。试求稳定操作条件下圆管内流体的速度 u、体积流量 q_V、单位长度圆杆受到的流体阻力 F_1、单位长度环隙内流体沿流动方向受到的总作用力 F_2。

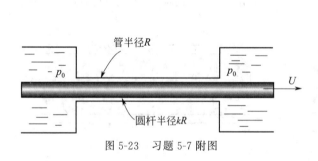

图 5-23　习题 5-7 附图

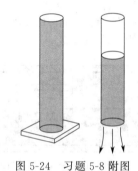

图 5-24　习题 5-8 附图

5-8 一圆管内充满非牛顿流体（Bingham 流体），如图 5-24 所示。该流体切应力与速度梯度符合下述模型：

$$\tau_{rz}=-\tau_0+\mu_0\frac{\mathrm{d}u}{\mathrm{d}r}$$

式中，常数 τ_0、μ_0 均大于零，u 为轴向速度，r 为圆管径向坐标。圆管下端放置在一平板上。其当移去平板时，管内流体可能流出，也可能不流出，试解释原因，并建立流出的条件。设流体密度为 ρ，圆管半径为 R。

5-9 活塞在充满流体的密闭长圆筒内对中下滑，如图 5-25 所示。实验测得活塞达到的终端速度（平衡时的下滑速度）为 u_0。活塞与圆筒间的流动视为层流，流体黏度为 μ、密度为 ρ。

① 证明：环隙内流体速度分布为

$$\frac{u}{u_0}=-\frac{(1-\xi^2)-(1+k^2)\ln(1/\xi)}{(1-k^2)-(1+k^2)\ln(1/k)}$$

式中，$\xi=r/R$ 为无因次径向坐标。

② 根据活塞受力平衡，证明流体黏度可表示为

$$\mu=\frac{(\rho_0-\rho)g(kR)^2}{2u_0}\left(\ln\frac{1}{k}-\frac{1-k^2}{1+k^2}\right)$$

式中，ρ，ρ_0 分别为流体密度和活塞材料密度。

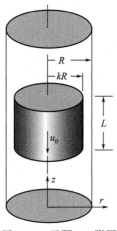

图 5-25 习题 5-9 附图

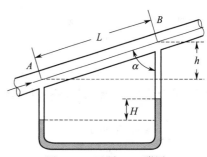

图 5-26 习题 5-10 附图

5-10 一毛细管流量计如图 5-26 所示。温度为 293K 的水流过直径 $D=0.254$mm 倾斜毛细管，压差计中指示剂为 CCl_4，其密度 $\rho_m=1594$kg/m^3。已知 293K 时水的黏度 $\mu=100.42\times10^{-5}$Pa·s，密度 $\rho=998.2$kg/m^3，测压点 A、B 之间的距离 $L=3.048$m，指示剂界面高差 $H=25.4$mm。试求通过毛细管的质量流量 q_m（注意：只需测出 H 和 L 就可确定流量，即不必测量毛细管倾斜角。为什么?）。

5-11 图 5-27 所示为流体在倾斜平板上的降膜流动。液膜厚度为 δ，表面与大气接触。液膜沿 x 轴方向作一维层流流动，速度 $u=u(y)$，在 y、z 方向的速度均为零。主流方向（x 轴正向）与重力加速度 g 方向之间的夹角为 β。设流动视为充分发展的层流流动。试针对图中的微元体列出 y 方向动量方程并求解。

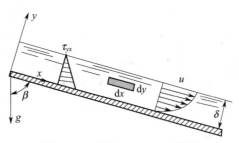

图 5-27 习题 5-11、5-12 附图

5-12 对于图 5-27 所示的倾斜平板上的降膜流动，其特点是速度为抛物线分布。设流体速度分布为 $u=ay^2+by+c$，其中 a、b、c 为待定常数，流体平均速度为 u_m，液膜厚度为 δ。

① 试根据边界条件和质量守恒证明：

$$u=\frac{3}{2}u_m\left[2\frac{y}{\delta}-\left(\frac{y}{\delta}\right)^2\right]$$

② 利用 x 方向的总力平衡关系（不取微元体）证明：

$$u_m=\frac{\rho g\delta^2\cos\beta}{3\mu}$$

提示：①注意应用平均速度定义式；②利用壁面切应力与流体重力之间的总力平衡关系。

5-13 一种黏度 $\mu=0.16$Pa·s、密度 $\rho=800$kg/m^3 的油在宽度 $W=500$mm 的竖直平壁上作降膜流动，为了形成 2.5mm 厚的油膜，油的质量流量 q_m 应为多少?

5-14 平壁容器内装有黏度为 μ、密度为 ρ 的液体。为了确定液体从容器中排放时在容器壁面上的粘附量，必须知道液膜厚度 δ 的变化。如图 5-28 所示，液膜厚度 δ 显然是坐标 x 和时间 t 的函数。设液膜内 x 方向的速度用 u 表示，试按下列步骤完成所需工作。

① 对图中所示 dx 段的液膜单元（在 z 方向取单位宽度）作质量衡算导出下式

$$\frac{\partial}{\partial x}(u_m\delta)=-\frac{\partial\delta}{\partial t} \tag{a}$$

式中，u_m 是任意 x 处液膜截面上的平均速度。

② 设任意 x 处，u 沿液膜厚度的分布服从式（5-54），试由方程（a）导出下式

$$\frac{\partial\delta}{\partial t}+\frac{\rho g}{\mu}\delta^2\frac{\partial\delta}{\partial x}=0 \tag{b}$$

③ 试证明方程（b）的解——液膜厚度 δ 随 x 和 t 变化的关系为

$$\delta=\sqrt{\frac{\mu}{\rho g}\frac{x}{t}}$$

④ 设流体黏度 $\mu=0.16\mathrm{Pa\cdot s}$，密度 $\rho=800\mathrm{kg/m^3}$，液面下降速度 $v_L=0.01\mathrm{m/s}$，试求时间 $t=0.5\mathrm{h}$ 时 z 方向单位宽度器壁粘附的液体总质量 m。

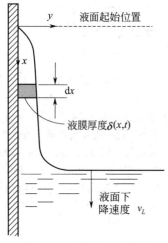

图 5-28　习题 5-14 附图

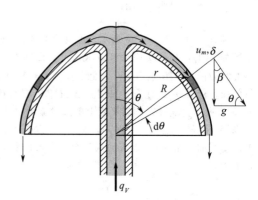

图 5-29　习题 5-15 附图

5-15　图 5-29 所示为流体沿半球壁面的对称稳态降膜流动。液膜沿球面向下流动的过程中厚度 δ 不断减小，但平均速度 u_m 也减小，两者在球面任意 θ 位置都近似满足式（5-78）所描述的关系，即

$$u_m=\frac{\rho g\delta^2\cos\beta}{3\mu}$$

如图 5-29 所示，因为此时 $\cos\beta=\sin\theta$，故

$$u_m=\frac{\rho g\delta^2\sin\theta}{3\mu}\quad(0\leqslant\theta\leqslant\frac{\pi}{2})$$

设流体黏度为 μ，密度为 ρ，球面半径为 R，体积流量为 q_V，且为稳态流动过程。

① 试利用质量守恒方程 $q_{V1}=q_{V2}$ 或针对图中所示微元（环带）作质量衡算证明：

$$\delta^3\sin^2\theta=C$$

式中 C 为常数。

② 进一步证明：液膜厚度 δ 随 θ 的变化关系为

$$\delta=\sqrt[3]{\frac{3\mu q_V}{2\pi\rho g R\sin^2\theta}}$$

第6章 流体流动微分方程

流体流动微分方程包括连续性方程和运动微分方程。连续性方程是基于微元体质量守恒建立的微分方程，描述的是流场空间点上运动流体的质量守恒关系。运动微分方程则是基于微元体动量守恒建立的微分方程，描述的是流场空间点上运动流体的动量守恒关系。

上一章通过典型一维流动问题分析阐述了建立运动微分方程的基本方法和过程。本章将把这一基本方法推广应用于三维情况，建立一般条件下的流体运动微分方程。

6.1 连续性方程

6.1.1 直角坐标系中的连续性方程

为确定微元体的质量守恒关系，首先需要建立微元体。对于直角坐标系中的一般流场，流体速度 $\mathbf{v}$ 既是空间坐标 (x,y,z) 的函数，也是时间 t 的函数，因此代表流场空间点 A 的微元体在 x、y、z 方向的边长都应取微分尺度，即 $\mathrm{d}x$、$\mathrm{d}y$、$\mathrm{d}z$，这样的微元体如图 6-1 所示。

其次是确定各微元面的输入/输出特性，这与微元面上的法向速度方向有关。按约定，速度正方向取坐标轴正向，所以，对于图 6-1 中所示的微元体，A 点邻接的三个微元面是输入面，因为按速度正方向规定，这三个面上的法向速度 v_x、v_y、v_z 都指向微元面，而微元体的另外三个面则是输出面，因为其法向速度都是指向微元面输出方向。

由于 A 点邻接的三个微元面上的法向速度分别为 v_x、v_y、v_z，故随其进入微元面的质量通量分别为 ρv_x、ρv_y、ρv_z；而与 A 点邻接表面分别相距 $\mathrm{d}x$、$\mathrm{d}y$、$\mathrm{d}z$ 的其他三个面上输出的质量通量就可按微分关系标出，见图 6-1。比如，$\mathrm{d}y$-$\mathrm{d}z$ 面上的质量通量为 ρv_x，则与之相距 $\mathrm{d}x$ 的微元面上的质量通量就等于 $[\rho v_x + (\partial \rho v_x/\partial x)\mathrm{d}x]$，其中 $(\partial \rho v_x/\partial x)$ 是 ρv_x 沿 x 的变化率，而 $(\partial \rho v_x/\partial x)\mathrm{d}x$ 则是 ρv_x 经过 $\mathrm{d}x$ 后的增量。图 6-1 展现了微元体各输入/输出面的质量通量。

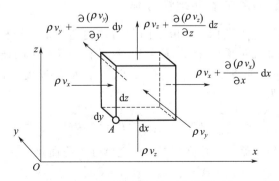

图 6-1 微元体及其表面的质量通量

微元体是微分控制体，因此其质量守恒也可像宏观控制体那样，一般性地表述为

$$q_{m2} - q_{m1} + \frac{\partial m_{cv}}{\partial t} = 0 \tag{6-1}$$

对于图 6-1 所示的微元体，q_{m2} 是三个输出面的质量流量（＝质量通量×流通面积）之和，q_{m1} 是输入面的质量流量之和，而 m_{cv} 则是微元体体积 $\mathrm{d}V = \mathrm{d}x\,\mathrm{d}y\,\mathrm{d}z$ 内的瞬时质量，即

$$q_{m2} = \left(\rho v_x + \frac{\partial \rho v_x}{\partial x}\mathrm{d}x\right)\mathrm{d}y\,\mathrm{d}z + \left(\rho v_y + \frac{\partial \rho v_y}{\partial y}\mathrm{d}y\right)\mathrm{d}x\,\mathrm{d}z + \left(\rho v_z + \frac{\partial \rho v_z}{\partial z}\mathrm{d}z\right)\mathrm{d}x\,\mathrm{d}y$$

$$q_{m1} = \rho v_x\,\mathrm{d}y\,\mathrm{d}z + \rho v_y\,\mathrm{d}x\,\mathrm{d}z + \rho v_z\,\mathrm{d}x\,\mathrm{d}y, \quad m_{cv} = \rho\,\mathrm{d}x\,\mathrm{d}y\,\mathrm{d}z$$

连续性方程　将上述 q_{m2}、q_{m1}、m_{cv} 代入式（6-1）可得直角坐标系中的连续性方程为

$$\frac{\partial(\rho v_x)}{\partial x} + \frac{\partial(\rho v_y)}{\partial y} + \frac{\partial(\rho v_z)}{\partial z} + \frac{\partial \rho}{\partial t} = 0 \tag{6-2a}$$

或以矢量简洁表示为

$$\boldsymbol{\nabla} \cdot (\rho \mathbf{v}) + \frac{\partial \rho}{\partial t} = 0 \tag{6-2b}$$

式中，$\boldsymbol{\nabla} \cdot (\rho \mathbf{v})$ 是质量通量 $\rho \mathbf{v}$ 的散度（即 $\rho \mathbf{v}$ 的三个分量分别对三个坐标的偏导数之和）；$\boldsymbol{\nabla}$ 是矢量微分算子（关于矢量的散度和矢量微分算子 $\boldsymbol{\nabla}$，可参见附录 A.2）。

需要指出：由于导出方程式（6-2）的过程中没有对流体和流动状态作任何假设，故该方程对层流和湍流、牛顿流体和非牛顿流体均适用。

此外，将方程式（6-2a）展开有

$$\left(\frac{\partial \rho}{\partial t} + v_x\,\frac{\partial \rho}{\partial x} + v_y\,\frac{\partial \rho}{\partial y} + v_z\,\frac{\partial \rho}{\partial z}\right) + \rho\left(\frac{\partial v_x}{\partial x} + \frac{\partial v_y}{\partial y} + \frac{\partial v_z}{\partial z}\right) = 0$$

由此可见，上式第一括号项是流体密度 ρ 的质点导数 $\mathrm{D}\rho/\mathrm{D}t$，第二括号项是速度 $\mathbf{v}$ 的散度 $\boldsymbol{\nabla} \cdot \mathbf{v}$，因此连续性方程通常又表示为

$$\frac{\mathrm{D}\rho}{\mathrm{D}t} + \rho\left(\frac{\partial v_x}{\partial x} + \frac{\partial v_y}{\partial y} + \frac{\partial v_z}{\partial z}\right) = 0 \quad \text{或} \quad \frac{\mathrm{D}\rho}{\mathrm{D}t} + \rho(\boldsymbol{\nabla} \cdot \mathbf{v}) = 0 \tag{6-3}$$

不可压缩流体的连续性方程　对于不可压缩流体，$\rho = \mathrm{const}$，故连续性方程简化为

$$\frac{\partial v_x}{\partial x} + \frac{\partial v_y}{\partial y} + \frac{\partial v_z}{\partial z} = 0 \quad \text{或} \quad \boldsymbol{\nabla} \cdot \mathbf{v} = 0 \tag{6-4}$$

物理意义上，速度的散度 $\boldsymbol{\nabla} \cdot \mathbf{v}$ 表示单位时间内流体的体积变化率。对于不可压缩流体，其运动过程中形状可变，但体积大小不会改变，故体积变化率为零，即 $\boldsymbol{\nabla} \cdot \mathbf{v} = 0$。正因如此，对于不可压缩流体，无论是稳态还是非稳态流动，其连续性方程都是一样的。

6.1.2　柱坐标和球坐标系中的连续性方程

在工程实际中，除了直角坐标外，流动问题的描述还经常采用柱坐标（如圆管流动问题）和球坐标（如球体绕流问题）。在此直接给出这两种坐标系中的连续性方程，以供选用。

对于 r-θ-z 柱坐标系，见图 6-2（a），其 r、θ、z 方向的速度分量分别为 v_r、v_θ、v_z，运动流体的连续性方程为

$$\frac{\partial \rho}{\partial t} + \frac{1}{r}\frac{\partial}{\partial r}(\rho r v_r) + \frac{1}{r}\frac{\partial}{\partial \theta}(\rho v_\theta) + \frac{\partial}{\partial z}(\rho v_z) = 0 \tag{6-5}$$

特别地，对于不可压缩流体，柱坐标系下的连续性方程简化为

$$\frac{1}{r}\frac{\partial(r v_r)}{\partial r} + \frac{1}{r}\frac{\partial v_\theta}{\partial \theta} + \frac{\partial v_z}{\partial z} = 0 \tag{6-6}$$

对于以 r 为径向坐标、θ 为周向坐标、φ 为经向坐标的球坐标系，见图 6-2（b），其 r、

142

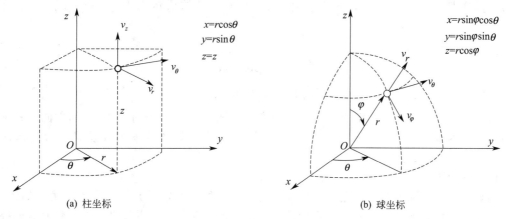

(a) 柱坐标　　　　　　　　　　(b) 球坐标

图 6-2　柱坐标系、球坐标系及其速度分量

θ、φ 坐标方向的速度分量分别为 v_r、v_θ、v_φ，运动流体的连续性方程为

$$\frac{\partial \rho}{\partial t} + \frac{1}{r^2}\frac{\partial}{\partial r}(\rho r^2 v_r) + \frac{1}{r\sin\theta}\frac{\partial}{\partial \theta}(\rho v_\theta \sin\theta) + \frac{1}{r\sin\theta}\frac{\partial}{\partial \varphi}(\rho v_\varphi) = 0 \tag{6-7}$$

连续性方程是流体流动微分方程中最基本的方程之一，因为常规流动问题都必须满足连续性条件。

6.2　以应力表示的运动方程

以应力表示的运动方程是微元体动量守恒微分方程的最初形式，将其称为以应力表示的运动方程是因为微元体表面应力是方程中的主要变量。

与宏观控制体类似，微元体的动量守恒关系也可一般表示为

$$\left.\begin{array}{l} \sum F_x = \sum v_{2x}q_{m2} - \sum v_{1x}q_{m1} + \dfrac{\partial (mv_x)_{\mathrm{cv}}}{\partial t} \\[3mm] \sum F_y = \sum v_{2y}q_{m2} - \sum v_{1y}q_{m1} + \dfrac{\partial (mv_y)_{\mathrm{cv}}}{\partial t} \\[3mm] \sum F_z = \sum v_{2z}q_{m2} - \sum v_{1z}q_{m1} + \dfrac{\partial (mv_z)_{\mathrm{cv}}}{\partial t} \end{array}\right\} \tag{6-8}$$

式中，$\sum F_x$ 是微元体上 x 方向的表面力和质量力之和；$\sum v_{2x}q_{m2}$ 是微元体三个输出面 x 方向动量流量之和，$\sum v_{1x}q_{m1}$ 是微元体三个输入面 x 方向动量流量之和；而 $(mv_x)_{\mathrm{cv}}$ 则是微元体体积 $\mathrm{d}V = \mathrm{d}x\,\mathrm{d}y\,\mathrm{d}z$ 内流体具有的 x 方向的瞬时动量。对于 y、z 方向动量守恒关系中的各项亦有类似说明。以下将针对一般三维流动，分别确定方程式（6-8）中各项的具体表达式。

6.2.1　作用于微元体上的力

作用于微元体上的力包括质量力和表面力，分别用 F_g、F_s 表示。

（1）质量力

质量力是外力场（如重力场等）在微元体整个体积上的作用力，又称彻体力或体积力。如图 6-3 所示，若微元体中单位质量流体受到的质量力（简称单位质量力）在 x、y、z 方

向的分量分别为 f_x、f_y、f_z，则微元体 x、y、z 方向的质量力 $F_{g,x}$、$F_{g,y}$、$F_{g,z}$ 就分别为

$$\left.\begin{array}{l} F_{g,x}=f_x\rho\,\mathrm{d}x\,\mathrm{d}y\,\mathrm{d}z \\ F_{g,y}=f_y\rho\,\mathrm{d}x\,\mathrm{d}y\,\mathrm{d}z \\ F_{g,z}=f_z\rho\,\mathrm{d}x\,\mathrm{d}y\,\mathrm{d}z \end{array}\right\} \tag{6-9}$$

特别地，如果流体只受重力场作用（通常情况如此），且重力加速度 g 的方向与 z 轴正方向相反，则有 $f_x=0$、$f_y=0$、$f_z=-g$。可见，重力场条件下很容易确定微元体的质量力。

（2）表面力

顾名思义，表面力就是作用于流体表面的力。此处主要指微元体的表面应力。如图 6-3 所示，在微元体任何一个表面上，不管总应力的方向如何，总可以按坐标方向将其分解成一个正应力 σ（或称法向应力）和两个方向的切应力 τ。因此，对于图 6-3 中的微元体，在 A 点邻接的三个微元面上就有 9 个应力，其中 3 个正应力，6 个切应力，即

$$\sigma_{xx}、\tau_{xy}、\tau_{xz}\text{——作用于与 }x\text{ 轴垂直的微元面}$$
$$\sigma_{yy}、\tau_{yx}、\tau_{yz}\text{——作用于与 }y\text{ 轴垂直的微元面}$$
$$\sigma_{zz}、\tau_{zx}、\tau_{zy}\text{——作用于与 }z\text{ 轴垂直的微元面}$$

因为微元体的另外三个表面与 A 点邻接表面分别相距 $\mathrm{d}x$、$\mathrm{d}y$、$\mathrm{d}z$，所以其表面应力可按微分关系标出，见图 6-3。比如 $\mathrm{d}y\text{-}\mathrm{d}x$ 面的正应力为 σ_{zz}，则与之相距 $\mathrm{d}z$ 的微元面上的正应力就表示为 $\sigma_{zz}+(\partial\sigma_{zz}/\partial z)\mathrm{d}z$。

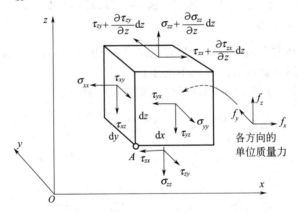

图 6-3　微元体上的表面力和体积力

应力下标的意义　每个应力都有两个下标，第一个下标表示应力作用面垂直于该下标对应的坐标轴，第二个下标表示应力方向。例如 τ_{xy}，其下标 x 表示该切应力的作用面垂直于 x 轴，而下标 y 则表示应力方向；又比如 σ_{xx}，其下标 x 表示该正应力的作用面垂直于 x 轴，且应力方向也为 x 方向，等等。

应力正负的规定　通常规定：若应力所在平面的外法线方向与坐标轴正向一致，则指向坐标轴正向的应力为正，反之为负；若应力所在平面的外法线方向与坐标轴正向相反，则指向坐标轴负方向的应力为正，反之为负。参见图 6-3，其中所示的正应力和切应力均为正方向。对于正应力（法向应力），这种规定与"拉应力为正、压应力为负"的约定也是一致的。

应力状态及切应力互等定理　邻接 A 点的三个微元面上的 9 个应力，代表了流场空间点 A 的应力状态，也就是说，黏性流场中任意一点的应力有 9 个分量，包括 3 个正应力分量和 6 个切应力分量。但可以证明，在这 6 个切应力分量中，互换下标的每一对切应力是相

等的，这就是切应力互等定理，即

$$\left.\begin{array}{l} \tau_{xy} = \tau_{yx} \\ \tau_{xz} = \tau_{zx} \\ \tau_{yz} = \tau_{zy} \end{array}\right\}\qquad(6\text{-}10)$$

这样一来，流场空间点上的 9 个应力分量中，实际上只有 6 个分量是独立的。

微元体 x、y、z 方向的表面力 为简明起见，从 y 方向视图来观察微元体各表面上 x 和 z 方向的应力，如图 6-4 所示，其中以 A 点邻接表面上的应力为基准，则与 A 点邻接表面分别相距 dx、dy、dz 的表面上的应力可按微分关系标出，且图中所有应力都是处于正方向。

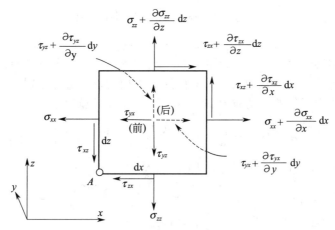

图 6-4　微元体上 x 和 z 方向的表面力

于是，将各微元面上 x 方向的应力与相应的作用面积相乘，并取 x 轴正方向作用力为正，然后将各表面力相加，则可得微元体 x 方向的表面力 $F_{s,x}$ 为

$$F_{s,x} = \left(\frac{\partial \sigma_{xx}}{\partial x} + \frac{\partial \tau_{yx}}{\partial y} + \frac{\partial \tau_{zx}}{\partial z}\right)dx\,dy\,dz \qquad(6\text{-}11a)$$

同理可得
$$F_{s,y} = \left(\frac{\partial \tau_{xy}}{\partial x} + \frac{\partial \sigma_{yy}}{\partial y} + \frac{\partial \tau_{zy}}{\partial z}\right)dx\,dy\,dz \qquad(6\text{-}11b)$$

$$F_{s,z} = \left(\frac{\partial \tau_{xz}}{\partial x} + \frac{\partial \tau_{yz}}{\partial y} + \frac{\partial \sigma_{zz}}{\partial z}\right)dx\,dy\,dz \qquad(6\text{-}11c)$$

6.2.2　动量流量及动量变化率

(1) 输入/输出微元体的动量流量

首先考察输入微元体的 x 方向动量流量。因为"动量流量＝动量通量×流通面积"，所以确定动量流量首先需确定各微元面上的动量通量。如图 6-5 所示，微元体 A 点邻接的三个微元面是流体输入面，三个面上的质量通量分别为 ρv_x、ρv_y、ρv_z，由于这三个面上实际都存在 x、y、z 方向的速度（微元体图中通常只标出法向速度，未标出平行于微元面的另外两个速度），所以这三个质量通量进入微元体随之带入的 x 方向动量就分别为 $\rho v_x v_x$、$\rho v_y v_x$、$\rho v_z v_x$，如图 6-5 所示，这就是从 A 点邻接的三个微元面上输入微元体的 x 方向的动量通量（动量通量＝质量通量×流体速度）；因此，输入微元体的 x 方向动量流量之和 $\sum v_{1x} q_{m1}$ 就等于

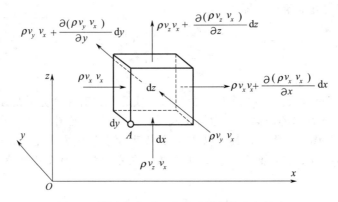

图 6-5　微元体表面 x 方向动量的输入与输出

$$\sum v_{1x}q_{m1}=\rho v_x^2\,\mathrm{d}y\,\mathrm{d}z+\rho v_y v_x\,\mathrm{d}x\,\mathrm{d}z+\rho v_z v_x\,\mathrm{d}x\,\mathrm{d}y \tag{6-12}$$

其次考察输出微元体的 x 方向动量流量。如图 6-5 所示，与 A 点邻接表面分别相距 $\mathrm{d}x$、$\mathrm{d}y$、$\mathrm{d}z$ 的三个微元面为输出面，其输出的 x 方向动量流量可分别按微分关系确定，见图 6-5。因此，输出微元体的 x 方向动量流量之和 $\sum v_{2x}q_{m2}$ 就等于

$$\sum v_{2x}q_{m2}=\left(\rho v_x^2+\frac{\partial\rho v_x^2}{\partial x}\mathrm{d}x\right)\mathrm{d}y\,\mathrm{d}z+\left(\rho v_y v_x+\frac{\partial\rho v_y v_x}{\partial y}\mathrm{d}y\right)\mathrm{d}x\,\mathrm{d}z+\left(\rho v_z v_x+\frac{\partial\rho v_z v_x}{\partial z}\mathrm{d}z\right)\mathrm{d}x\,\mathrm{d}y$$

由此可得，微元体净输出的 x 方向动量流量为

$$\sum v_{2x}q_{m2}-\sum v_{1x}q_{m1}=\left(\frac{\partial\rho v_x^2}{\partial x}+\frac{\partial\rho v_y v_x}{\partial y}+\frac{\partial\rho v_z v_x}{\partial z}\right)\mathrm{d}x\,\mathrm{d}y\,\mathrm{d}z \tag{6-13a}$$

同理可得，微元体净输出的 y、z 方向动量流量为

$$\sum v_{2y}q_{m2}-\sum v_{1y}q_{m1}=\left(\frac{\partial\rho v_x v_y}{\partial x}+\frac{\partial\rho v_y^2}{\partial y}+\frac{\partial\rho v_z v_y}{\partial z}\right)\mathrm{d}x\,\mathrm{d}y\,\mathrm{d}z \tag{6-13b}$$

$$\sum v_{2z}q_{m2}-\sum v_{1z}q_{m1}=\left(\frac{\partial\rho v_x v_z}{\partial x}+\frac{\partial\rho v_y v_z}{\partial y}+\frac{\partial\rho v_z^2}{\partial z}\right)\mathrm{d}x\,\mathrm{d}y\,\mathrm{d}z \tag{6-13c}$$

（2）微元体内的动量变化率

在微元体内，流体的瞬时质量为 $\rho\mathrm{d}x\mathrm{d}y\mathrm{d}z$，故微元体 x、y、z 方向的瞬时动量分别为

$$(mv_x)_{\mathrm{cv}}=\rho v_x\,\mathrm{d}x\,\mathrm{d}y\,\mathrm{d}z,\quad(mv_y)_{\mathrm{cv}}=\rho v_y\,\mathrm{d}x\,\mathrm{d}y\,\mathrm{d}z,\quad(mv_z)_{\mathrm{cv}}=\rho v_z\,\mathrm{d}x\,\mathrm{d}y\,\mathrm{d}z$$

于是微元体 x、y、z 方向动量的变化率就分别为

$$\frac{\partial(mv_x)_{\mathrm{cv}}}{\partial t}=\frac{\partial\rho v_x}{\partial t}\mathrm{d}x\,\mathrm{d}y\,\mathrm{d}z \tag{6-14a}$$

$$\frac{\partial(mv_y)_{\mathrm{cv}}}{\partial t}=\frac{\partial\rho v_y}{\partial t}\mathrm{d}x\,\mathrm{d}y\,\mathrm{d}z \tag{6-14b}$$

$$\frac{\partial(mv_z)_{\mathrm{cv}}}{\partial t}=\frac{\partial\rho v_z}{\partial t}\mathrm{d}x\,\mathrm{d}y\,\mathrm{d}z \tag{6-14c}$$

6.2.3　以应力表示的运动方程

首先将上述 x 方向的微元体质量力、表面力、微元体净输出的动量流量及动量变化率，代入微元体质量守恒方程式（6-8），可得 x 方向运动方程的初步形式为

$$\left(\frac{\partial\rho v_x^2}{\partial x}+\frac{\partial\rho v_y v_x}{\partial y}+\frac{\partial\rho v_z v_x}{\partial z}\right)+\frac{\partial\rho v_x}{\partial t}=f_x\rho+\left(\frac{\partial\sigma_{xx}}{\partial x}+\frac{\partial\tau_{yx}}{\partial y}+\frac{\partial\tau_{zx}}{\partial z}\right) \tag{6-15}$$

将上式等号左边项展开，有

$$\frac{\partial \rho v_x^2}{\partial x} + \frac{\partial \rho v_y v_x}{\partial y} + \frac{\partial \rho v_z v_x}{\partial z} + \frac{\partial \rho v_x}{\partial t}$$

$$\equiv v_x \underbrace{\left(\frac{\partial \rho}{\partial t} + \frac{\partial \rho v_x}{\partial x} + \frac{\partial \rho v_y}{\partial y} + \frac{\partial \rho v_z}{\partial z} \right)}_{0} + \rho \left(\frac{\partial v_x}{\partial t} + v_x \frac{\partial v_x}{\partial x} + v_y \frac{\partial v_x}{\partial y} + v_z \frac{\partial v_x}{\partial z} \right)$$

根据连续性方程式（6-4）可知，展开式第一括号项应等于零；故 x 方向运动方程简化为

$$\rho \left(\frac{\partial v_x}{\partial t} + v_x \frac{\partial v_x}{\partial x} + v_y \frac{\partial v_x}{\partial y} + v_z \frac{\partial v_x}{\partial z} \right) = f_x \rho + \frac{\partial \sigma_{xx}}{\partial x} + \frac{\partial \tau_{yx}}{\partial y} + \frac{\partial \tau_{zx}}{\partial z} \tag{6-16a}$$

同理可得 y、z 方向的运动方程分别为

$$\rho \left(\frac{\partial v_y}{\partial t} + v_x \frac{\partial v_y}{\partial x} + v_y \frac{\partial v_y}{\partial y} + v_z \frac{\partial v_y}{\partial z} \right) = f_y \rho + \frac{\partial \tau_{xy}}{\partial x} + \frac{\partial \sigma_{yy}}{\partial y} + \frac{\partial \tau_{zy}}{\partial z} \tag{6-16b}$$

$$\rho \left(\frac{\partial v_z}{\partial t} + v_x \frac{\partial v_z}{\partial x} + v_y \frac{\partial v_z}{\partial y} + v_z \frac{\partial v_z}{\partial z} \right) = f_z \rho + \frac{\partial \tau_{xz}}{\partial x} + \frac{\partial \tau_{yz}}{\partial y} + \frac{\partial \sigma_{zz}}{\partial z} \tag{6-16c}$$

这就是以应力表示的黏性流体的运动方程。无论牛顿流体还是非牛顿流体、层流流动还是湍流流动，该方程均适用。

运动方程的物理意义　以方程（6-16a）为例，方程左边的密度 ρ 是单位体积的质量，括号项是速度分量 v_x 的质点导数 $\mathrm{D}v_x/\mathrm{D}t$，即空间点 A 处的流体质点加速度 a_x；而方程右边则是作用于流体单位体积的质量力和表面力的 x 分量，不妨总的用 F_x 表示。因此该方程可简略表示为：$\rho a_x = F_x$，这就是以单位体积流体为基准的牛顿第二定律 $\rho \mathbf{a} = \mathbf{F}$ 在 x 方向的分量式。相应地，y、z 方向运动方程表示的就是 $\rho \mathbf{a} = \mathbf{F}$ 在 y、z 方向的分量式。

考察方程组式（6-16）可知，即使将密度 ρ 和体积力 f 看成是已知的，方程中仍然有 9 个未知量：3 个速度分量和 6 个独立应力分量，但该方程组加上连续性方程只有 4 个方程，所以方程组是不封闭的。因此，要求解这组方程，尚需要补充方程将未知量关联起来。

6.3　黏性流体运动微分方程

以应力表示的运动方程需要补充方程才能封闭的这一情况，与第 5 章一维流动问题分析中需要引入牛顿剪切定律作为补充方程才能得到速度微分方程相似。对于本章涉及的一般三维流动，所要引入的补充方程是广义的牛顿剪切定律——牛顿流体本构方程。本节的目的就是引入牛顿流体本构方程，将应力从运动方程式（6-16）中消去，得到关于速度（v_x, v_y, v_z）与压力 p 的黏性流体运动微分方程——耐维-斯托克斯（Navier-Stokes）方程。

6.3.1　牛顿流体的本构方程

（1）基本假设

要建立运动方程的补充方程，首先应该寻求运动方程中的各变量之间的内在联系。在运动方程中，主要变量为两大类：一是流体应力，二是以各种速度梯度表示的流体变形速率。因此，建立补充方程的关键归结为寻求一般情况下流体应力与变形速率之间的关系。为了找到这种关系，斯托克斯（Stokes）提出了三个基本假设。

① 应力与变形速率呈线性关系。该假设得到牛顿剪切定律的启示，既然一维流动中 τ_{yx} 与变形速率 $\mathrm{d}v_x/\mathrm{d}y$ 呈线性关系，于是可设想一般情况下也有这样的关系。

② 应力与变形速率的关系各向同性。该假设认为，既然常见流体的物理性质都是各向同性的，于是可以设想应力与变形速率的关系也具有各向同性的性质。

③ 静止流场中，切应力为零，各正应力均等于静压力，即 $\sigma_{xx}\big|_{\mathbf{v}=0}=\sigma_{yy}\big|_{\mathbf{v}=0}=\sigma_{zz}\big|_{\mathbf{v}=0}=-p$。该假设是根据静止流体不能承受切应力，而运动流体又不能承受拉应力作出的。

（2）牛顿流体本构方程

在上述假设条件下，即可推导出一般情况下流体应力与变形速率之间的关系。在此略去复杂的推导过程，直接给出这一关系——牛顿流体本构方程

$$\left.\begin{array}{ll}\sigma_{xx}=-p+2\mu\,\dfrac{\partial v_x}{\partial x}-\dfrac{2}{3}\mu\left(\dfrac{\partial v_x}{\partial x}+\dfrac{\partial v_y}{\partial y}+\dfrac{\partial v_z}{\partial z}\right) & \tau_{xy}=\tau_{yx}=\mu\left(\dfrac{\partial v_x}{\partial y}+\dfrac{\partial v_y}{\partial x}\right)\\[3mm] \sigma_{yy}=-p+2\mu\,\dfrac{\partial v_y}{\partial y}-\dfrac{2}{3}\mu\left(\dfrac{\partial v_x}{\partial x}+\dfrac{\partial v_y}{\partial y}+\dfrac{\partial v_z}{\partial z}\right) & \tau_{yz}=\tau_{zy}=\mu\left(\dfrac{\partial v_y}{\partial z}+\dfrac{\partial v_z}{\partial y}\right)\\[3mm] \sigma_{zz}=-p+2\mu\,\dfrac{\partial v_z}{\partial z}-\dfrac{2}{3}\mu\left(\dfrac{\partial v_x}{\partial x}+\dfrac{\partial v_y}{\partial y}+\dfrac{\partial v_z}{\partial z}\right) & \tau_{zx}=\tau_{xz}=\mu\left(\dfrac{\partial v_z}{\partial x}+\dfrac{\partial v_x}{\partial z}\right)\end{array}\right\} \quad (6\text{-}17)$$

牛顿流体本构方程阐明了流体应力与流体变形速率之间的内在关系，具有沟通流体运动学与流体动力学的桥梁作用，是流体力学的重要方程。

（3）本构方程的讨论

在将牛顿本构方程应用于建立流动微分方程之前，有必要首先对本构方程本身进行一些讨论，以对前面各章涉及的相关问题或概念作出回应，同时也有助于增进对流动过程中流体变形速率、应力、压力等有关概念的理解。

正应力与线变形率　由本构方程可见，流体正应力由两部分构成：一部分是流体静压力产生的正应力（压应力$-p$）；另一部分是黏性运动流体的线变形速率即 $\partial v_x/\partial x$、$\partial v_y/\partial y$、$\partial v_z/\partial z$ 所产生的正应力（拉伸或压缩应力）。如果将运动流体线变形速率产生的正应力称为附加黏性正应力，并用 $\Delta\sigma_{xx}$、$\Delta\sigma_{yy}$、$\Delta\sigma_{zz}$ 分别表示 x、y、z 方向的附加正应力，则

$$\left\{\begin{array}{l}\Delta\sigma_{xx}=2\mu\,\dfrac{\partial v_x}{\partial x}-\dfrac{2}{3}\mu(\boldsymbol{\nabla}\cdot\mathbf{v})\\[3mm] \Delta\sigma_{yy}=2\mu\,\dfrac{\partial v_y}{\partial y}-\dfrac{2}{3}\mu(\boldsymbol{\nabla}\cdot\mathbf{v})\\[3mm] \Delta\sigma_{zz}=2\mu\,\dfrac{\partial v_z}{\partial z}-\dfrac{2}{3}\mu(\boldsymbol{\nabla}\cdot\mathbf{v})\end{array}\right. \quad (6\text{-}18)$$

式中，比如在 x 方向，$2\mu(\partial v_x/\partial x)$ 反映的是 x 方向线变形速率的贡献，而 $-(2/3)\mu\boldsymbol{\nabla}\cdot\mathbf{v}$ 反映其它方向线变形速率（即体积变形速率）的贡献。流体正应力与仅与线变形速率相关这一性质，与虎克定律中固体正应力仅与线应变相关是类似的。

根据式（6-18），方程式（6-17）中的正应力 $\boldsymbol{\sigma}$ 可表示为

$$\boldsymbol{\sigma}=\sigma_{xx}\mathbf{i}+\sigma_{yy}\mathbf{j}+\sigma_{zz}\mathbf{k}=(-p+\Delta\sigma_{xx})\mathbf{i}+(-p+\Delta\sigma_{yy})\mathbf{j}+(-p+\Delta\sigma_{zz})\mathbf{k} \quad (6\text{-}19)$$

在第 3 章关于流体表面力的分析中，曾不加证明地直接将任意表面（其法线单位矢量为 $\mathbf{n}$）的正应力表示为：$\boldsymbol{\sigma}_n=(-p+\Delta\sigma_n)\mathbf{n}$，其原理正是基于上式。

附加正应力与流体流动　为进一步阐明附加黏性正应力的物理意义，不妨考察流体只沿 x 方向流动的情况。此时，$v_y=v_z=0$，$\boldsymbol{\nabla}\cdot\mathbf{v}=\partial v_x/\partial x$，故根据式（6-18）有

$$\Delta\sigma_{xx}=\dfrac{4}{3}\mu\,\dfrac{\partial v_x}{\partial x} \quad (6\text{-}20)$$

由此可见，附加黏性正应力的产生是流体速度沿流动方向的变化所导致的。加速时 $\partial v_x/\partial x>0$，所以 $\Delta\sigma_{xx}>0$；减速时 $\partial v_x/\partial x<0$，所以 $\Delta\sigma_{xx}<0$。物理意义上，因为加速时同方向一前一后两流体质点将处于分离趋势，流体线的变形为拉伸变形，故由此产生的附加

黏性正应力为拉应力（正）；反之，减速时同方向一前一后两流体质点将处于挤压趋势，流体线的变形为压缩变形，故由此产生的附加黏性正应力为压应力（负）。

如果加速过程中线变形速率 $\partial v_x / \partial x$ 很大，使得 $\Delta\sigma_{xx} = p$，则流体将发生分离，失去连续性；故对于连续的真实流体，总有 $\sigma_{xx} = (-p + \Delta\sigma_{xx}) \leqslant 0$，即流体不承受拉应力。

特别地，如果该流动是等速的，即 $\partial v_x / \partial x = 0$，则必然有 $\Delta\sigma_{xx} = 0$。这意味着在充分发展流动的管道截面上不存在附加黏性正应力 $\Delta\sigma_{xx}$ 做功问题，因为充分发展的流动截面上 $\partial v_x / \partial x = 0$，$\Delta\sigma_{xx} = 0$。这正是第 4 章 4.5.1 节有关运动流体能量分析中所引用过的结论。

正应力与静压力　由 $\sigma_{xx} = (-p + \Delta\sigma_{xx})$ 可知，流体静止条件下，$\Delta\sigma_{xx} = 0$，所以 $\sigma_{xx} = -p$；由此得到一般性结论：静止流体的正应力数值上等于流体静压力 p，且为压应力，即

$$\sigma_{xx} = \sigma_{yy} = \sigma_{zz} = -p \tag{6-21}$$

但对于运动流体，因附加黏性正应力的存在，其正应力一般不等于流体静压力。对于附加黏性正应力 $\Delta\sigma_{xx} > 0$、$\Delta\sigma_{xx} < 0$、$\Delta\sigma_{xx} = 0$，相应有 $|\sigma_{xx}| < p$、$|\sigma_{xx}| > p$、$|\sigma_{xx}| = p$。但如果将本构方程式（6-17）中三个正应力相加，因为 $(\Delta\sigma_{xx} + \Delta\sigma_{yy} + \Delta\sigma_{zz}) = 0$，所以有

$$p = -\frac{(\sigma_{xx} + \sigma_{yy} + \sigma_{zz})}{3} \tag{6-22}$$

这说明虽然运动流体的三个正应力在数值上一般不等于压力值，但它们的平均值却总是与静压力大小相等的。

特别地，对于不可压缩流体的一维流动，设流动沿 x 方向，则因为 $v_y = 0$、$v_z = 0$，且根据连续性方程又有 $\partial v_x / \partial x = 0$，于是由本构方程得：$\sigma_{xx} = \sigma_{yy} = \sigma_{zz} = -p$；这说明不可压缩流体作一维流动时，流体表面的正应力都只有流体压力 $-p$。这正是第 5 章一维流动分析中，微元体表面正应力只有压力 p 的原因。

切应力与剪切变形率　由第 2 章关于运动流体的变形分析可知，流体微元在 $x\text{-}y$、$y\text{-}z$、$z\text{-}x$ 平面内的剪切变形速率〔见方程式（2-45）〕分别为

$$\varepsilon_{xy} = \frac{1}{2}\left(\frac{\partial v_x}{\partial y} + \frac{\partial v_y}{\partial x}\right), \quad \varepsilon_{yz} = \frac{1}{2}\left(\frac{\partial v_y}{\partial z} + \frac{\partial v_z}{\partial y}\right), \quad \varepsilon_{zx} = \frac{1}{2}\left(\frac{\partial v_z}{\partial x} + \frac{\partial v_x}{\partial z}\right)$$

与本构方程中的切应力表达式比较可得

$$\tau_{xy} = \tau_{yx} = 2\mu\varepsilon_{xy}, \quad \tau_{yz} = \tau_{zy} = 2\mu\varepsilon_{yz}, \quad \tau_{zx} = \tau_{xz} = 2\mu\varepsilon_{zx}$$

由此可见，切应力只与剪切变形速率相关，这类似于固体切应力仅与剪切应变相关。

特别地，对于 $x\text{-}y$ 平面内的一维不可压缩流动，即 $v_x = v_x(y)$，$v_y = 0$、$v_z = 0$，由本构方程可知，其切应力关系式将简化为牛顿剪切定律，即

$$\tau_{xy} = \tau_{yx} = 2\mu\varepsilon_{xy} = \mu(\partial v_x / \partial y) = \mu(\mathrm{d}v_x / \mathrm{d}y) \tag{6-23}$$

6.3.2　流体运动微分方程——Navier-Stokes 方程

将上述流体应力与变形速率之间的关系——牛顿流体本构方程式（6-17）代入以应力表示的运动方程式（6-16），即可得到由速度分量和压力表示的黏性流体运动微分方程——耐维-斯托克斯方程（Navier-Stokes equations，简称 N-S 方程）

$$\left.\begin{aligned}
\rho\frac{Dv_x}{Dt} &= \rho f_x - \frac{\partial p}{\partial x} - \frac{2}{3}\frac{\partial}{\partial x}(\mu\nabla\cdot\mathbf{v}) + 2\frac{\partial}{\partial x}\left(\mu\frac{\partial v_x}{\partial x}\right) + \frac{\partial}{\partial y}\left[\mu\left(\frac{\partial v_x}{\partial y} + \frac{\partial v_y}{\partial x}\right)\right] + \frac{\partial}{\partial z}\left[\mu\left(\frac{\partial v_x}{\partial z} + \frac{\partial v_z}{\partial x}\right)\right] \\
\rho\frac{Dv_y}{Dt} &= \rho f_y - \frac{\partial p}{\partial y} - \frac{2}{3}\frac{\partial}{\partial y}(\mu\nabla\cdot\mathbf{v}) + \frac{\partial}{\partial x}\left[\mu\left(\frac{\partial v_x}{\partial y} + \frac{\partial v_y}{\partial x}\right)\right] + 2\frac{\partial}{\partial y}\left(\mu\frac{\partial v_y}{\partial y}\right) + \frac{\partial}{\partial z}\left[\mu\left(\frac{\partial v_y}{\partial z} + \frac{\partial v_z}{\partial y}\right)\right] \\
\rho\frac{Dv_z}{Dt} &= \rho f_z - \frac{\partial p}{\partial z} - \frac{2}{3}\frac{\partial}{\partial z}(\mu\nabla\cdot\mathbf{v}) + \frac{\partial}{\partial x}\left[\mu\left(\frac{\partial v_x}{\partial z} + \frac{\partial v_z}{\partial x}\right)\right] + \frac{\partial}{\partial y}\left[\mu\left(\frac{\partial v_y}{\partial z} + \frac{\partial v_z}{\partial y}\right)\right] + 2\frac{\partial}{\partial z}\left(\mu\frac{\partial v_z}{\partial z}\right)
\end{aligned}\right\} \tag{6-24}$$

N-S方程是现代流体力学的主干方程，是分析研究黏性流体流动问题最基本的工具。N-S方程对流体的密度、黏度、可压缩性未作限制。但由于引入了牛顿流体的本构方程，故该方程只适用于牛顿流体。对于非牛顿流体，可采用以应力表示的运动方程。

为了应用上的方便，在此给出常见条件下 N-S 方程的简化表达形式。

常黏度条件下的 N-S 方程 对于等温或温度变化较小的流动，可将黏度视为常数，即 $\mu = $ const，相应的 N-S 方程为

$$
\left.
\begin{aligned}
\frac{\mathrm{D}v_x}{\mathrm{D}t} &= f_x - \frac{1}{\rho}\frac{\partial p}{\partial x} + \nu\left(\frac{\partial^2 v_x}{\partial x^2} + \frac{\partial^2 v_x}{\partial y^2} + \frac{\partial^2 v_x}{\partial z^2}\right) + \frac{1}{3}\nu\frac{\partial(\boldsymbol{\nabla}\cdot\mathbf{v})}{\partial x} \\
\frac{\mathrm{D}v_y}{\mathrm{D}t} &= f_y - \frac{1}{\rho}\frac{\partial p}{\partial y} + \nu\left(\frac{\partial^2 v_y}{\partial x^2} + \frac{\partial^2 v_y}{\partial y^2} + \frac{\partial^2 v_y}{\partial z^2}\right) + \frac{1}{3}\nu\frac{\partial(\boldsymbol{\nabla}\cdot\mathbf{v})}{\partial y} \\
\frac{\mathrm{D}v_z}{\mathrm{D}t} &= f_z - \frac{1}{\rho}\frac{\partial p}{\partial z} + \nu\left(\frac{\partial^2 v_z}{\partial x^2} + \frac{\partial^2 v_z}{\partial y^2} + \frac{\partial^2 v_z}{\partial z^2}\right) + \frac{1}{3}\nu\frac{\partial(\boldsymbol{\nabla}\cdot\mathbf{v})}{\partial z}
\end{aligned}
\right\}
\tag{6-25}
$$

或以矢量形式表达为

$$
\frac{\mathrm{D}\mathbf{v}}{\mathrm{D}t} = \mathbf{f} - \frac{1}{\rho}\boldsymbol{\nabla} p + \nu\boldsymbol{\nabla}^2\mathbf{v} + \frac{1}{3}\nu\boldsymbol{\nabla}(\boldsymbol{\nabla}\cdot\mathbf{v})
\tag{6-26}
$$

式中，$\nu = \mu/\rho$ 为运动黏度；$\mathbf{v} = v_x\mathbf{i} + v_y\mathbf{j} + v_z\mathbf{k}$ 为速度矢量；$\mathbf{f} = f_x\mathbf{i} + f_y\mathbf{j} + f_z\mathbf{k}$ 为单位质量力矢量；$\boldsymbol{\nabla}$ 是矢量微分算子；$\boldsymbol{\nabla}^2$ 是拉普拉斯算子；$\boldsymbol{\nabla}$ 与 $\boldsymbol{\nabla}^2$ 的定义及其对任意变量 ϕ 的运算为

$$
\boldsymbol{\nabla} = \frac{\partial}{\partial x}\mathbf{i} + \frac{\partial}{\partial y}\mathbf{j} + \frac{\partial}{\partial z}\mathbf{k}, \quad \boldsymbol{\nabla}\phi = \frac{\partial\phi}{\partial x}\mathbf{i} + \frac{\partial\phi}{\partial y}\mathbf{j} + \frac{\partial\phi}{\partial z}\mathbf{k}
$$

$$
\boldsymbol{\nabla}^2 = \frac{\partial^2}{\partial x^2} + \frac{\partial^2}{\partial y^2} + \frac{\partial^2}{\partial z^2}, \quad \boldsymbol{\nabla}^2\phi = \frac{\partial^2\phi}{\partial x^2} + \frac{\partial^2\phi}{\partial y^2} + \frac{\partial^2\phi}{\partial z^2}
$$

不可压缩流体的 N-S 方程 对于不可压缩流体，$\rho = $ const，且 $\boldsymbol{\nabla}\cdot\mathbf{v} = 0$，如果认为流动等温或温度变化较小将黏度也视为常数，则相应的 N-S 方程为

$$
\left.
\begin{aligned}
\frac{\mathrm{D}v_x}{\mathrm{D}t} &= f_x - \frac{1}{\rho}\frac{\partial p}{\partial x} + \nu\left(\frac{\partial^2 v_x}{\partial x^2} + \frac{\partial^2 v_x}{\partial y^2} + \frac{\partial^2 v_x}{\partial z^2}\right) \\
\frac{\mathrm{D}v_y}{\mathrm{D}t} &= f_y - \frac{1}{\rho}\frac{\partial p}{\partial y} + \nu\left(\frac{\partial^2 v_y}{\partial x^2} + \frac{\partial^2 v_y}{\partial y^2} + \frac{\partial^2 v_y}{\partial z^2}\right) \\
\frac{\mathrm{D}v_z}{\mathrm{D}t} &= f_z - \frac{1}{\rho}\frac{\partial p}{\partial z} + \nu\left(\frac{\partial^2 v_z}{\partial x^2} + \frac{\partial^2 v_z}{\partial y^2} + \frac{\partial^2 v_z}{\partial z^2}\right)
\end{aligned}
\right\}
\tag{6-27}
$$

或写成矢量形式为

$$
\frac{\mathrm{D}\mathbf{v}}{\mathrm{D}t} = \mathbf{f} - \frac{1}{\rho}\boldsymbol{\nabla} p + \nu\boldsymbol{\nabla}^2\mathbf{v}
\tag{6-28}
$$

由于通常所遇到的流动问题大多按不可压缩和常黏度问题处理，所以为使用方便，特在此将常黏度条件下不可压缩流体的 N-S 方程写为展开形式

$$
\left.
\begin{aligned}
\frac{\partial v_x}{\partial t} + v_x\frac{\partial v_x}{\partial x} + v_y\frac{\partial v_x}{\partial y} + v_z\frac{\partial v_x}{\partial z} &= f_x - \frac{1}{\rho}\frac{\partial p}{\partial x} + \nu\left(\frac{\partial^2 v_x}{\partial x^2} + \frac{\partial^2 v_x}{\partial y^2} + \frac{\partial^2 v_x}{\partial z^2}\right) \\
\frac{\partial v_y}{\partial t} + v_x\frac{\partial v_y}{\partial x} + v_y\frac{\partial v_y}{\partial y} + v_z\frac{\partial v_y}{\partial z} &= f_y - \frac{1}{\rho}\frac{\partial p}{\partial y} + \nu\left(\frac{\partial^2 v_y}{\partial x^2} + \frac{\partial^2 v_y}{\partial y^2} + \frac{\partial^2 v_y}{\partial z^2}\right) \\
\frac{\partial v_z}{\partial t} + v_x\frac{\partial v_z}{\partial x} + v_y\frac{\partial v_z}{\partial y} + v_z\frac{\partial v_z}{\partial z} &= f_z - \frac{1}{\rho}\frac{\partial p}{\partial z} + \nu\left(\frac{\partial^2 v_z}{\partial x^2} + \frac{\partial^2 v_z}{\partial y^2} + \frac{\partial^2 v_z}{\partial z^2}\right)
\end{aligned}
\right\}
\tag{6-29}
$$

该方程简写形式以及方程各项通常的称呼或意义如下

$$\frac{\partial \mathbf{v}}{\partial t}+(\mathbf{v}\cdot\boldsymbol{\nabla})\mathbf{v}=\mathbf{f}-\frac{1}{\rho}\boldsymbol{\nabla}p+\nu\boldsymbol{\nabla}^2\mathbf{v} \tag{6-30}$$

非定常项	对流项	源项	源项	扩散项(黏性力项)
定常流动 = 0	静止流场 = 0	单位质量流	单位质量流	对静止或理想流体 = 0
静止流场 = 0	蠕变流时 ≈ 0	体的体积力	体的压差力	高速非边界层问题 ≈ 0

欧拉方程（Euler's equation） 特别地，如果在 N-S 方程中令 $\mu=0$，则得到理想流体的运动方程，称之为欧拉方程

$$\left.\begin{array}{l}\dfrac{\partial v_x}{\partial t}+v_x\dfrac{\partial v_x}{\partial x}+v_y\dfrac{\partial v_x}{\partial y}+v_z\dfrac{\partial v_x}{\partial z}=f_x-\dfrac{1}{\rho}\dfrac{\partial p}{\partial x}\\[2mm]\dfrac{\partial v_y}{\partial t}+v_x\dfrac{\partial v_y}{\partial x}+v_y\dfrac{\partial v_y}{\partial y}+v_z\dfrac{\partial v_y}{\partial z}=f_y-\dfrac{1}{\rho}\dfrac{\partial p}{\partial y}\\[2mm]\dfrac{\partial v_z}{\partial t}+v_x\dfrac{\partial v_z}{\partial x}+v_y\dfrac{\partial v_z}{\partial y}+v_z\dfrac{\partial v_z}{\partial z}=f_z-\dfrac{1}{\rho}\dfrac{\partial p}{\partial z}\end{array}\right\} \tag{6-31}$$

流体静力学方程 如果在 N-S 方程中令所有速度项为零，即得到流体静力学方程。

$$f_x=\frac{1}{\rho}\frac{\partial p}{\partial x},\quad f_y=\frac{1}{\rho}\frac{\partial p}{\partial y},\quad f_z=\frac{1}{\rho}\frac{\partial p}{\partial z} \tag{6-32}$$

6.3.3 柱坐标和球坐标系中的 N-S 方程

在工程实际中，有时采用柱坐标或球坐标描述问题比采用直角坐标更为方便，比如，对于常见的圆管内的流动，最适宜的显然是柱坐标系。为此，将不加推导地写出这两种坐标系下常密度和常黏度流体的运动微分方程和牛顿流体本构方程。

（1）柱坐标系中的 N-S 方程和牛顿流体本构方程

N-S 方程 对于以 r 为径向坐标、θ 为周向坐标、z 为轴向坐标的柱坐标体系 [见图 6-2 (a)]，其黏性流体运动微分方程在 r、θ、z 方向的分量式为（$\rho=$const，$\mu=$const）：

$$
\begin{aligned}
r\ \text{方向}\quad &\rho\left(\frac{\partial v_r}{\partial t}+v_r\frac{\partial v_r}{\partial r}+\frac{v_\theta}{r}\frac{\partial v_r}{\partial \theta}-\frac{v_\theta^2}{r}+v_z\frac{\partial v_r}{\partial z}\right)=\rho f_r-\frac{\partial p}{\partial r}\\
&+\mu\left\{\frac{\partial}{\partial r}\left[\frac{1}{r}\frac{\partial}{\partial r}(rv_r)\right]+\frac{1}{r^2}\frac{\partial^2 v_r}{\partial \theta^2}-\frac{2}{r^2}\frac{\partial v_\theta}{\partial \theta}+\frac{\partial^2 v_r}{\partial z^2}\right\}\\[2mm]
\theta\ \text{方向}\quad &\rho\left(\frac{\partial v_\theta}{\partial t}+v_r\frac{\partial v_\theta}{\partial r}+\frac{v_\theta}{r}\frac{\partial v_\theta}{\partial \theta}+\frac{v_r v_\theta}{r}+v_z\frac{\partial v_\theta}{\partial z}\right)=\rho f_\theta-\frac{1}{r}\frac{\partial p}{\partial \theta}\\
&+\mu\left[\frac{\partial}{\partial r}\left(\frac{1}{r}\frac{\partial}{\partial r}(rv_\theta)\right)+\frac{1}{r^2}\frac{\partial^2 v_\theta}{\partial \theta^2}+\frac{2}{r^2}\frac{\partial v_r}{\partial \theta}+\frac{\partial^2 v_\theta}{\partial z^2}\right]\\[2mm]
z\ \text{方向}\quad &\rho\left(\frac{\partial v_z}{\partial t}+v_r\frac{\partial v_z}{\partial r}+\frac{v_\theta}{r}\frac{\partial v_z}{\partial \theta}+v_z\frac{\partial v_z}{\partial z}\right)=\rho f_z-\frac{\partial p}{\partial z}\\
&+\mu\left[\frac{1}{r}\frac{\partial}{\partial r}\left(r\frac{\partial v_z}{\partial r}\right)+\frac{1}{r^2}\frac{\partial^2 v_z}{\partial \theta^2}+\frac{\partial^2 v_z}{\partial z^2}\right]
\end{aligned}\tag{6-33}
$$

式中，v_r、v_θ、v_z 分别为 r、θ、z 坐标方向的速度分量。此外，r 方向分量式中的 $-v_\theta^2/r$ 和 θ 方向分量式中的 $v_r v_\theta/r$ 分别是单位质量流体受到的离心力和哥氏力（Coriolis force）。这两个力在直角坐标转换到柱坐标时自动生产，在分析流体体积力时不必人为地加上该力。

牛顿流体本构方程 本构方程用于流体应力的分析与计算

$$\sigma_{rr} = -p - \frac{2}{3}\mu(\mathbf{\nabla} \cdot \mathbf{v}) + 2\mu\frac{\partial v_r}{\partial r} \qquad\qquad \tau_{r\theta} = \tau_{\theta r} = \mu\left[\frac{1}{r}\frac{\partial v_r}{\partial \theta} + r\frac{\partial}{\partial r}\left(\frac{v_\theta}{r}\right)\right]$$

$$\sigma_{\theta\theta} = -p - \frac{2}{3}\mu(\mathbf{\nabla} \cdot \mathbf{v}) + 2\mu\left(\frac{1}{r}\frac{\partial v_\theta}{\partial \theta} + \frac{v_r}{r}\right) \qquad \tau_{\theta z} = \tau_{z\theta} = \mu\left(\frac{\partial v_\theta}{\partial z} + \frac{1}{r}\frac{\partial v_z}{\partial \theta}\right) \qquad (6\text{-}34)$$

$$\sigma_{zz} = -p - \frac{2}{3}\mu(\mathbf{\nabla} \cdot \mathbf{v}) + 2\mu\frac{\partial v_z}{\partial z} \qquad\qquad \tau_{zr} = \tau_{rz} = \mu\left(\frac{\partial v_z}{\partial r} + \frac{\partial v_r}{\partial z}\right)$$

式中
$$\mathbf{\nabla} \cdot \mathbf{v} = \frac{1}{r}\frac{\partial}{\partial r}(rv_r) + \frac{1}{r}\frac{\partial v_\theta}{\partial \theta} + \frac{\partial v_z}{\partial z}$$

（2）球坐标系中的 N-S 方程和牛顿流体本构方程

N-S 方程　在球坐标体系中，以 r 为径向坐标、θ 为周向坐标、φ 为经向坐标 [见图 6-2 （b）]，则运动微分方程在 r、θ、φ 方向的分量式为（$\rho = \mathrm{const}$，$\mu = \mathrm{const}$）

r 方向
$$\rho\left(\frac{\partial v_r}{\partial t} + v_r\frac{\partial v_r}{\partial r} + \frac{v_\theta}{r}\frac{\partial v_r}{\partial \theta} + \frac{v_\varphi}{r\sin\theta}\frac{\partial v_r}{\partial \varphi} - \frac{v_\theta^2 + v_\varphi^2}{2}\right) = \rho f_r$$
$$-\frac{\partial p}{\partial r} + \mu\left(\mathbf{\nabla}^2 v_r - \frac{2}{r^2}v_r - \frac{2}{r^2}\frac{\partial v_\theta}{\partial \theta} - \frac{2}{r^2}v_\theta\cot\theta - \frac{2}{r^2\sin\theta}\frac{\partial v_\varphi}{\partial \varphi}\right)$$

θ 方向
$$\rho\left(\frac{\partial v_\theta}{\partial t} + v_r\frac{\partial v_\theta}{\partial r} + \frac{v_\theta}{r}\frac{\partial v_\theta}{\partial \theta} + \frac{v_\varphi}{r\sin\theta}\frac{\partial v_\theta}{\partial \varphi} + \frac{v_r v_\theta}{r} - \frac{v_\varphi^2\cot\theta}{r}\right) = \rho f_\theta$$
$$-\frac{1}{r}\frac{\partial p}{\partial \theta} + \mu\left(\mathbf{\nabla}^2 v_\theta + \frac{2}{r^2}\frac{\partial v_r}{\partial \theta} - \frac{v_\theta}{r^2\sin^2\theta} - \frac{2\cos\theta}{r^2\sin^2\theta}\frac{\partial v_\varphi}{\partial \varphi}\right) \qquad (6\text{-}35)$$

φ 方向
$$\rho\left(\frac{\partial v_\varphi}{\partial t} + v_r\frac{\partial v_\varphi}{\partial r} + \frac{v_\theta}{r}\frac{\partial v_\varphi}{\partial \theta} + \frac{v_\varphi}{r\sin\theta}\frac{\partial v_\varphi}{\partial \varphi} + \frac{v_\varphi v_r}{r} + \frac{v_\varphi v_\theta}{r}\cot\theta\right) = \rho f_\phi$$
$$-\frac{1}{r\sin\theta}\frac{\partial p}{\partial \varphi} + \mu\left(\mathbf{\nabla}^2 v_\varphi - \frac{v_\varphi}{r^2\sin^2\theta} + \frac{2}{r^2\sin\theta}\frac{\partial v_r}{\partial \varphi} + \frac{2\cos\theta}{r^2\sin^2\theta}\frac{\partial v_\varphi}{\partial \varphi}\right)$$

式中，v_r、v_θ、v_φ 分别为 r、θ、φ 坐标方向的速度分量；算子 $\mathbf{\nabla}^2$ 为
$$\mathbf{\nabla}^2 = \frac{1}{r^2}\frac{\partial}{\partial r}\left(r^2\frac{\partial}{\partial r}\right) + \frac{1}{r^2\sin\theta}\frac{\partial}{\partial \theta}\left(\sin\theta\frac{\partial}{\partial \theta}\right) + \frac{1}{r^2\sin^2\theta}\frac{\partial^2}{\partial \varphi^2}$$

牛顿流体本构方程　本构方程用于流体应力的分析与计算

$$\sigma_{rr} = -p - \frac{2}{3}\mu(\mathbf{\nabla} \cdot \mathbf{v}) + 2\mu\frac{\partial v_r}{\partial r}$$

$$\sigma_{\theta\theta} = -p - \frac{2}{3}\mu(\mathbf{\nabla} \cdot \mathbf{v}) + 2\mu\left(\frac{1}{r}\frac{\partial v_\theta}{\partial \theta} + \frac{v_r}{r}\right)$$

$$\sigma_{\varphi\varphi} = -p - \frac{2}{3}\mu(\mathbf{\nabla} \cdot \mathbf{v}) + 2\mu\left(\frac{1}{r\sin\theta}\frac{\partial v_\varphi}{\partial \varphi} + \frac{v_r}{r} + \frac{v_\theta\cot\theta}{r}\right)$$

$$\tau_{r\theta} = \tau_{\theta r} = \mu\left[\frac{1}{r}\frac{\partial v_r}{\partial \theta} + r\frac{\partial}{\partial r}\left(\frac{v_\theta}{r}\right)\right] \qquad (6\text{-}36)$$

$$\tau_{\theta\varphi} = \tau_{\varphi\theta} = \mu\left[\frac{1}{r\sin\theta}\frac{\partial v_\theta}{\partial \varphi} + \frac{\sin\theta}{r}\frac{\partial}{\partial \theta}\left(\frac{v_\varphi}{\sin\theta}\right)\right]$$

$$\tau_{\varphi r} = \tau_{r\varphi} = \mu\left[r\frac{\partial}{\partial r}\left(\frac{v_\varphi}{r}\right) + \frac{1}{r\sin\theta}\frac{\partial v_r}{\partial \varphi}\right]$$

其中：
$$\nabla \cdot \mathbf{v} = \frac{1}{r^2}\frac{\partial}{\partial r}(r^2 v_r) + \frac{1}{r\sin\theta}\frac{\partial}{\partial \theta}(v_\theta \sin\theta) + \frac{1}{r\sin\theta}\frac{\partial v_\varphi}{\partial \varphi}$$

6.4 流体流动微分方程的应用

6.4.1 N-S 方程应用概述

由连续性方程和 N-S 方程构成的微分方程组是黏性流体流动遵守质量守恒和动量守恒原理的数学表达，具有较普遍的适应性。静力学方程和理想流体的运动方程仅是其特例。

封闭性 N-S 方程与连续性方程构成的微分方程组共有 4 个方程，涉及 4 个流动参数，即 v_x、v_y、v_z 和压力 p，所以方程组是封闭的，理论上是可以求解的。但当需要考虑流体密度 ρ 和黏度 μ 的变化时，应将有关状态方程和物性关系作为补充方程。比如对于理想气体的流动，气体状态方程即为补充方程。

应用条件 N-S 方程由于引入了牛顿流体本构方程，故只适用于牛顿流体。对于非牛顿流体，可采用以应力表示的运动方程。又由于本构方程是以层流条件为背景的，所以原则上 N-S 方程只适用于层流流动。对于湍流流动，一般认为非稳态的 N-S 方程对湍流的瞬时运动仍然是适用的，但湍流的瞬时运动具有高度的随机性，要追踪这种随机运动是十分困难的。因此通常将湍流场中的流动参数 ϕ 分解成随机运动时均值 $\overline{\phi}$ 与随机脉动值 ϕ'，即 $\phi = \overline{\phi} + \phi'$，但 ϕ' 的引入又导致运动方程不封闭，从而使得人们力图通过各种推理和假设寻求 ϕ' 与 $\overline{\phi}$ 的关系，以建立使方程封闭的补充方程，即所谓的湍流模型问题（见第 9 章）。

方程的求解 虽然 N-S 方程对于层流流动是封闭的，但目前还没有一般形式的 N-S 方程的普遍解。不过，工程实际问题总有其特殊性，因此可利用这种特殊性使方程得到简化，从而有可能获得准确或近似的分析解。因此，流动微分方程的应用求解，关键是根据问题特点对一般形式的运动方程进行简化，获得针对具体问题的微分方程或方程组，并同时提出相关的初始条件和边界条件。初始条件是非稳态问题所要求的，因为与时间相关的问题必须以某一时刻的流动条件（即初始条件）为参照；对于边界条件，其基本类型及处理方法已在5.1 节中讨论过，此处不再赘述。至于简化后所获得的微分方程，可能有解，也可能难于求得其解，不少情况下也许只能得到近似解或通过数值计算方法获得离散解。

最后需要指出的是，针对具体问题，抓住其特点简化一般形式的运动方程并非总是那么容易，这除了必要的知识背景外，还需要实践经验的积累。以下将举例说明流动微分方程的应用求解过程。

6.4.2 N-S 方程应用举例

【例 6-1】 圆管内的一维稳态流动分析。

不可压缩流体在水平圆管内沿轴向作稳态层流流动。试写出该条件下的连续性方程和运动微分方程，并确定管道截面上的压力分布和速度分布。

解 圆管流动问题已在第 5 章进行过详细分析，本题将从 N-S 方程应用的角度分析该问题。

在图 6-6 设置的柱坐标下，根据不可压缩一维稳态层流的特点及圆管对称性，可写出本问题的特征条件如下：

$$\rho = \text{const}, \quad v_r = v_\theta = 0, \quad \frac{\partial v_z}{\partial t} = 0, \quad \frac{\partial v_z}{\partial \theta} = 0$$

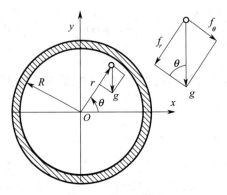

图 6-6　例 6-1 附图

如图 6-6 所示，由于只受到重力场作用且管道处于水平方位，因此在图示坐标下管道截面上任意点处 r、θ、z 方向的单位质量力分量分别为

$$f_r = -g\sin\theta, \quad f_\theta = -g\cos\theta, \quad f_z = 0$$

依据上述条件，柱坐标系不可压缩流体的连续性方程式（6-8）可简化如下

$$\underbrace{\frac{1}{r}\frac{\partial(rv_r)}{\partial r} + \frac{1}{r}\frac{\partial v_\theta}{\partial \theta}}_{0} + \frac{\partial v_z}{\partial z} = 0 \quad \longrightarrow \quad \frac{\partial v_z}{\partial z} = 0$$

由此可见，v_z 既非 θ 又非 z 的函数，又因稳态流动，故 v_z 仅为 r 的函数，即 $v_z = v_z(r)$。

进一步，依据上述条件及质量守恒结果 $\partial v_z/\partial z = 0$，可对柱坐标下 r、θ、z 方向的一般运动方程式（6-33）进行简化（依据前提分析给出的特征条件确定其中为 0 的项）。

$$r: \quad \underbrace{\frac{\partial v_r}{\partial t} + v_r\frac{\partial v_r}{\partial r} + \frac{v_\theta}{r}\frac{\partial v_r}{\partial \theta} - \frac{v_\theta^2}{r} + v_z\frac{\partial v_r}{\partial z}}_{0} = f_r - \frac{1}{\rho}\frac{\partial p}{\partial r} + \frac{\mu}{\rho}\underbrace{\left[\frac{\partial}{\partial r}\left(\frac{1}{r}\frac{\partial rv_r}{\partial r}\right) + \frac{1}{r^2}\frac{\partial^2 v_r}{\partial \theta^2} - \frac{2}{r^2}\frac{\partial v_\theta}{\partial \theta} + \frac{\partial^2 v_r}{\partial z^2}\right]}_{0}$$

$$\theta: \quad \underbrace{\frac{\partial v_\theta}{\partial t} + v_r\frac{\partial v_\theta}{\partial r} + \frac{v_\theta}{r}\frac{\partial v_\theta}{\partial \theta} + \frac{v_r v_\theta}{r} + v_z\frac{\partial v_\theta}{\partial z}}_{0} = f_\theta - \frac{1}{\rho r}\frac{\partial p}{\partial \theta} + \frac{\mu}{\rho}\underbrace{\left[\frac{\partial}{\partial r}\left(\frac{1}{r}\frac{\partial rv_\theta}{\partial r}\right) + \frac{1}{r^2}\frac{\partial^2 v_\theta}{\partial \theta^2} + \frac{2}{r^2}\frac{\partial v_r}{\partial \theta} + \frac{\partial^2 v_\theta}{\partial z^2}\right]}_{0}$$

$$z: \quad \underbrace{\frac{\partial v_z}{\partial t} + v_r\frac{\partial v_z}{\partial r} + \frac{v_\theta}{r}\frac{\partial v_z}{\partial \theta} + v_z\frac{\partial v_z}{\partial z}}_{0} = f_z - \frac{1}{\rho}\frac{\partial p}{\partial z} + \frac{\mu}{\rho}\left[\frac{1}{r}\frac{\partial}{\partial r}\left(r\frac{\partial v_z}{\partial r}\right) + \underbrace{\frac{1}{r^2}\frac{\partial^2 v_z}{\partial \theta^2} + \frac{\partial^2 v_z}{\partial z^2}}_{}\right]$$

去除上述方程中为 0 的项，并将质量力代入，则 r、θ、z 方向运动方程可分别简化为

$$r \text{ 方向} \qquad \frac{\partial p^o}{\partial r} = 0$$

$$\theta \text{ 方向} \qquad \frac{\partial p^o}{\partial \theta} = 0$$

$$z \text{ 方向} \qquad \frac{\partial p^o}{\partial z} = \frac{\mu}{r}\frac{\partial}{\partial r}\left(r\frac{\partial v_z}{\partial r}\right)$$

式中，$p^o = p + \rho g r\sin\theta$，且根据 r、θ 方向的运动方程可知，p^o 只能是 z 的函数，即

$$p + \rho g r\sin\theta = C(z) \tag{a}$$

由于同一截面上 $C(z)$ 为恒定值，所以方程式（a）就是轴向坐标为 z 的管道截面上的压力分布方程；其中 $C(z)$ 是 $r=0$ 即管道截面中心点 O 的压力，记为 $p_{o(z)}$；$r\sin\theta$ 则是截面上任意点 (r, θ) 距离截面中心 O 的垂直高度 y，见图 6-6。因此，方程式（a）又可表示为

$$p + \rho g y = p_{o(z)} \quad \text{或} \quad p = p_{o(z)} - \rho g y \tag{b}$$

这就是重力场静止液体中任意两点的压力递推公式。换句话说，在充分发展流动的横截

面上，压力分布满足重力场静力学规律。

其次，由于 p^o 仅是 z 的函数，而 $v_z=v_z(r)$ 仅为 r 的函数，所以根据微分方程理论，z 方向运动方程两边必然为常数。取 $\partial p^o / \partial z$ 为常数，又因为 $\partial p^o / \partial z = \partial p / \partial z$，所以可用管道长度 L 对应压力梯度 $-\Delta p / L$ 替代 $\partial p^o / \partial z$，于是 z 方向运动方程可表示为

$$\frac{\mu}{r}\frac{\partial}{\partial r}\left(r\frac{\partial v_z}{\partial r}\right)=\frac{\partial p^o}{\partial z} \quad\longrightarrow\quad \frac{\mu}{r}\frac{d}{dr}\left(r\frac{dv_z}{dr}\right)=-\frac{\Delta p}{L}$$

式中，$\Delta p=(p_0-p_L)$ 是长度为 L 的管段对应的压力降。积分上式，并应用定解条件 $v_z|_{r=R}=0$，$(dv_z/dr)|_{r=R}=0$，可得速度分布方程为

$$v_z=\frac{\Delta p}{L}\frac{R^2}{4\mu}\left(1-\frac{r^2}{R^2}\right)$$

【例 6-2】 同心圆筒壁面间的切向流动分析。

两同心圆筒如图 6-7 所示，外筒半径为 R，以角速度 ω 转动；内筒半径为 kR，$k<1$；不可压缩流体在外筒带动下稳态流动，这种流动形式常见于滑动轴承等结构。设重力影响和端部效应可以忽略，试确定筒壁间流体的速度分布、切应力的分布和转动外筒所需的力矩。

解 本题将关注对流动问题的常规认识与实际情况的符合性，以说明理论分析结果接受实践检验的必要性。

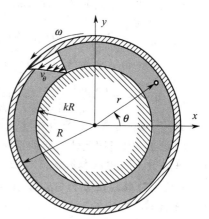

图 6-7 例 6-2 附图

参照例题附图的柱坐标系统。对于本问题，忽略端部效应后所有参数沿 z 方向不变，属于 r-θ 平面问题；在此基础上，又认为只有 θ 方向的速度 v_θ，且 v_θ 与 θ 无关（对称性特点），压力 p 也与 θ 无关（纯剪切流动）。因此，本问题（r-θ 平面问题）的特点可由以下特征条件描述

$$v_r=0,\quad v_\theta=v_\theta(r),\quad \frac{\partial v_\theta}{\partial t}=0,\quad \frac{\partial v_\theta}{\partial \theta}=0,\quad \frac{\partial p}{\partial \theta}=0,\quad f_r=f_\theta=0$$

对于 r-θ 平面的不可压缩流动问题，其一般形式的连续性方程和运动微分方程可由柱坐标下的连续性方程式（6-6）和运动微分方程式（6-33）去除所有与 z 相关的项得到，即

连续性方程
$$\frac{1}{r}\frac{\partial}{\partial r}\underbrace{(rv_r)}_{0}+\frac{1}{r}\frac{\partial v_\theta}{\partial \theta}=0$$

r：
$$\underbrace{\frac{\partial v_r}{\partial t}+v_r\frac{\partial v_r}{\partial r}+\frac{v_\theta}{r}\frac{\partial v_r}{\partial \theta}-\frac{v_\theta^2}{r}}_{0}=\underbrace{f_r}_{0}-\frac{1}{\rho}\frac{\partial p}{\partial r}+\nu\underbrace{\left\{\frac{\partial}{\partial r}\left[\frac{1}{r}\frac{\partial}{\partial r}(rv_r)\right]+\frac{1}{r^2}\frac{\partial^2 v_r}{\partial \theta^2}-\frac{2}{r^2}\frac{\partial v_\theta}{\partial \theta}\right\}}_{0}$$

θ：
$$\frac{\partial v_\theta}{\partial t}+v_r\frac{\partial v_\theta}{\partial r}+\frac{v_\theta}{r}\frac{\partial v_\theta}{\partial \theta}+\frac{v_r v_\theta}{r}=\underbrace{f_\theta}_{0}-\frac{1}{\rho}\frac{1}{r}\frac{\partial p}{\partial \theta}+\nu\left\{\frac{\partial}{\partial r}\left[\frac{1}{r}\frac{\partial}{\partial r}(rv_\theta)\right]+\frac{1}{r^2}\underbrace{\frac{\partial^2 v_\theta}{\partial \theta^2}+\frac{2}{r^2}\frac{\partial v_r}{\partial \theta}}_{0}\right\}$$

方程中标注为 0 的项，是根据本问题的特征条件确定的。去除这些为 0 的项后，上述连续性方程及 r、θ 方向的运动微分方程将分别简化为

连续性方程
$$\frac{\partial v_\theta}{\partial \theta}=0$$

r 方向
$$\rho\frac{v_\theta^2}{r}=\frac{\partial p}{\partial r}$$

155

θ 方向
$$0=\frac{\partial}{\partial r}\left[\frac{1}{r}\frac{\partial}{\partial r}(rv_\theta)\right]$$

简化后的连续性方程表明，速度 v_θ 仅是 r 的函数（与假设一致）。由于 v_θ 仅与 r 有关，故 θ 方向的运动方程是常微分方程，积分该方程并由边界条件 $v_\theta\big|_{r=kR}=0$ 和 $v_\theta\big|_{r=R}=R\omega$ 可得

$$v_\theta=\frac{\omega rk^2}{1-k^2}\left(\frac{1}{k^2}-\frac{R^2}{r^2}\right)$$

根据该速度分布，并应用柱坐标下的牛顿流体本构方程式（6-34）可得切应力分布为

$$\tau_{r\theta}=\mu\left[r\frac{\partial}{\partial r}\left(\frac{v_\theta}{r}\right)\right]=2\mu\omega\frac{k^2}{(1-k^2)}\frac{R^2}{r^2}$$

于是，流体受到的力矩即转动外筒所需的力矩为

$$M=2\pi RL\tau_{r\theta}\big|_{r=R}R=4\pi R^2L\mu\omega\frac{k^2}{(1-k^2)}$$

进一步，由 r 方向运动方程可知，压力 p 也只是 r 的函数，故积分可得压力分布为

$$p_R-p=\frac{\rho R^2\omega^2}{2}\frac{k^2}{(1-k^2)^2}\left[\frac{1}{k^2}\left(1-\frac{r^2}{R^2}\right)-4\ln\left(\frac{R}{r}\right)-k^2\left(1-\frac{R^2}{r^2}\right)\right]\quad\text{且}\quad\frac{\mathrm{d}p}{\mathrm{d}r}>0$$

式中，p_R 是 $r=R$ 处（外壁面）的压力。

讨论 1　内筒固定外筒转动系统

在这种系统中（本例系统），速度分布如图 6-8（a）所示，单位体积流体受到的离心力 $\rho v_\theta^2/r$ 指向外壁，压差力 $\mathrm{d}p/\mathrm{d}r$（>0）指向内壁，两者处处平衡，且均随 r 增加而增大。实验表明，此条件下流体的切向运动非常稳定，且在很高的雷诺数下保持层流流动。流动由层流到湍流的过渡雷诺数 $Re_{cr}(=\rho R^2\omega/\mu)$ 与 k 值有关，如图 6-8（b）所示，Re_{cr} 至少在 50000 以上。这充分说明：前提分析与假设比较符合实际。

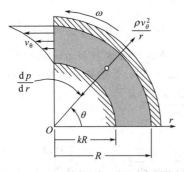

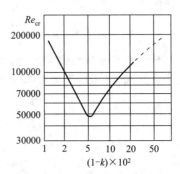

(a) 速度分布、离心力与压差力方向　　　　　(b) 层流过渡到湍流的临界雷诺数

图 6-8　内筒固定外筒转动系统

讨论 2　内筒转动外筒固定系统

此条件下，简化的微分方程是一样的，只是边界条件改为：$v_\theta\big|_{r=kR}=kR\omega$，$v_\theta\big|_{r=R}=0$。此条件下的速度分布，如图 6-9（a）所示，流体受到的离心力与压差力仍然平衡，但两者均随 r 增加而减小。实验表明，此条件下只在雷诺数很低时才能保持所假设的纯切向流，当雷诺数 $Re>Re_{cr}=41.3/(1-k)^{3/2}$ 时，筒壁之间将形成图 6-9（b）所示的泰勒涡，涡中心线环绕筒壁，流线为螺旋线；此时，流动不再是一维的纯切向流，且随雷诺数 Re 进一步增大，流动将转变为湍流。这表明，前提分析做出的假定 $v_r=v_z=0$ 有较大局限性。

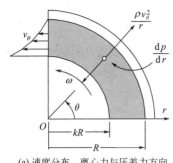

(a) 速度分布、离心力与压差力方向　　　　(b) 筒壁间的泰勒涡($Re > Re_{cr}$)

图 6-9　内筒转动外筒固定系统

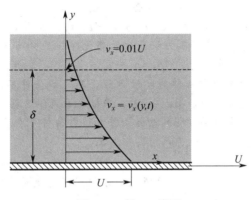

图 6-10　例 6-3 附图

【例 6-3】 突然启动平板引起的流动问题。

一无限大平板沉浸在黏度为 μ、密度为 ρ 的静止液体中，如图 6-10 所示。在 $t=0$ 时刻，平板突然开始以恒定速度 U 沿 x 方向（水平方向）运动，从而带动流体沿 x 方向流动。显然，除壁面上流体速度 $v_x = U$ 外，其余各层流体的速度 v_x 既随坐标 y 变化，又随时间 t 变化，因此是一维非稳态流动，即

$$v_x = v_x(y,t)$$

设流动为层流，物性为常数，且流动仅限于 x-y 平面，与 z 无关，试确定流体速度 v_x 的具体表达式。

解　本问题主要关注的是非稳态问题的求解过程及其结果的应用。

根据题意及坐标设置（见图 6-10），本问题属于 x-y 平面问题，即所有参数沿 z 都没有变化；其次，由已知条件，问题的特点是：不可压缩流体，水平方向的一维流动，且属于沿 x 方向的纯剪切流动。这些特点可表述如下。

$$\rho = \text{const}, \quad v_y = 0, \quad f_x = 0, \quad f_y = -g, \quad \partial p / \partial x = 0$$

对于 x-y 平面问题，其相应的连续性方程和 N-S 方程可直接由三维条件下的连续性方程式（6-4）和 N-S 方程式（6-29）去除与 z 相关的项得到，即

连续性方程　　　　　　　　$$\dfrac{\partial v_x}{\partial x} + \underset{0}{\underbrace{\dfrac{\partial v_y}{\partial y}}} = 0$$

x 方向运动方程　　$$\dfrac{\partial v_x}{\partial t} + \underset{0}{\underbrace{v_x \dfrac{\partial v_x}{\partial x} + v_y \dfrac{\partial v_x}{\partial y}}} = \underset{0}{\underbrace{f_x - \dfrac{1}{\rho}\dfrac{\partial p}{\partial x}}} + \nu \underset{0}{\underbrace{\dfrac{\partial^2 v_x}{\partial x^2}}} + \nu \dfrac{\partial^2 v_x}{\partial y^2}$$

157

y 方向运动方程 $\quad \underbrace{\dfrac{\partial v_y}{\partial t}}_{0} + v_x \dfrac{\partial v_y}{\partial x} + v_y \dfrac{\partial v_y}{\partial y} = f_y - \dfrac{1}{\rho}\dfrac{\partial p}{\partial y} + \underbrace{\nu \dfrac{\partial^2 v_y}{\partial x^2} + \nu \dfrac{\partial^2 v_y}{\partial y^2}}_{0}$

方程中标注为 0 的项，是根据本问题特征条件以及连续性方程简化结果 $\partial v_x / \partial x = 0$ 确定的。去除这些为 0 的项并将 f_y 代入，上述连续性方程及 x、y 方向运动方程将分别简化为

连续性方程 $$\frac{\partial v_x}{\partial x} = 0$$

x 方向 $$\frac{\partial v_x}{\partial t} = \nu \frac{\partial^2 v_x}{\partial y^2}$$

y 方向 $$\frac{\partial p}{\partial y} = -\rho g$$

由连续性方程可知，$v_x = v_x(y,t)$，与假设一致。

因为 $\partial p / \partial x = 0$（特征条件），所以 $\partial p / \partial y = \mathrm{d}p/\mathrm{d}y$，于是，积分 y 方向的运动方程，并设平板表面上的压力为 p_b，可得压力沿高度的变化即压力分布方程为

$$p = p_b - \rho g y$$

形如 x 方向运动方程的微分方程称为扩散方程，其定解条件不同有不同的解法。对于本问题，$t=0$ 时刻所有流体是静止的，而 $t>0$ 时，平板表面流体速度等于平板速度 U，$y \to \infty$ 处的流体是静止的，所以 x 方向运动方程的初始条件和边界条件可表达为

$$y \geqslant 0 \qquad v_x(y,t)\big|_{t=0} = 0;$$
$$t>0 \qquad v_x(y,t)\big|_{y=0} = U, \quad v_x(y,t)\big|_{y=\infty} = 0$$

在上述初始条件和边界条件下，本问题运动方程可通过变量代换转化为常微分方程，且用于代换的新变量 η 具有下列形式

$$\eta = y / \sqrt{4\nu t}$$

引入新变量 η 后 $\quad \dfrac{\partial v_x}{\partial t} = \dfrac{\partial v_x}{\partial \eta}\dfrac{\partial \eta}{\partial t} = -\dfrac{1}{2}\dfrac{y}{t\sqrt{4\nu t}}\dfrac{\partial v_x}{\partial \eta} = -\dfrac{1}{2}\dfrac{\eta}{t}\dfrac{\partial v_x}{\partial \eta}$

$$\frac{\partial v_x}{\partial y} = \frac{\partial v_x}{\partial \eta}\frac{\partial \eta}{\partial y} = \frac{1}{\sqrt{4\nu t}}\frac{\partial v_x}{\partial \eta} \quad \longrightarrow \quad \frac{\partial^2 v_x}{\partial y^2} = \frac{1}{\sqrt{4\nu t}}\frac{\partial}{\partial \eta}\left(\frac{\partial v_x}{\partial \eta}\right)\frac{\partial \eta}{\partial y} = \frac{1}{4\nu t}\frac{\partial^2 v_x}{\partial \eta^2}$$

将其代入 x 方向运动方程后，原来的偏微分方程将转换为常微分方程

$$\frac{\partial^2 v_x}{\partial \eta^2} + 2\eta\frac{\partial v_x}{\partial \eta} = 0 \quad \longrightarrow \quad \frac{\mathrm{d}^2 v_x}{\mathrm{d}\eta^2} + 2\eta\frac{\mathrm{d}v_x}{\mathrm{d}\eta} = 0 \qquad\qquad (a)$$

且原来的三个定解条件也恰好合并转换为常微分方程需要的两个定解条件

$$\begin{cases} y \geqslant 0: & v_x(y,t)\big|_{t=0} = 0 \\ t>0: & v_x(y,t)\big|_{y=0} = U, \quad v_x(y,t)\big|_{y=\infty} = 0 \end{cases} \longrightarrow \begin{cases} v_x(\eta)\big|_{\eta=0} = U \\ v_x(\eta)\big|_{\eta=\infty} = 0 \end{cases}$$

方程式（a）的解为 $\quad \dfrac{v_x}{U} = 1 - \dfrac{2}{\sqrt{\pi}}\displaystyle\int_0^{\eta} \mathrm{e}^{-\eta^2}\,\mathrm{d}\eta = 1 - \mathrm{erf}(\eta) = 1 - \mathrm{erf}\left(\dfrac{y}{\sqrt{4\nu t}}\right) \qquad (b)$

式中，$\mathrm{erf}(\eta)$ 是以 η 为变量的误差函数，其值可根据 η 查误差函数表得到（误差函数在 Excel 中已属于像三角函数一样的内部函数，可直接调用）。

动量扩散深度 从 $v_x = U$（壁面）到 $v_x = 0.01U$ 对应的流体层厚度 y 称为动量扩散深度（见图 6-8）。用 δ 表示该厚度，并通过函数值 $\mathrm{erf}(\eta) = 0.99$ 查误差函数表得 $\eta \approx 2$，因此

$$\eta = y/\sqrt{4\nu t} \quad \longrightarrow \quad \eta\big|_{y=\delta} = \delta/\sqrt{4\nu t} = 2 \quad \longrightarrow \quad \delta = 4\sqrt{\nu t}$$

结果应用 动量扩散深度 δ 表示了因动量扩散，平板运动影响区深度随时间的传播。显

158

然，对于间距为 B 的两平行板间的非稳态剪切流动，只要运动平板的影响区未达到另一固定平板表面时，平板间的流动同样可用方程式（b）描述，即方程式（b）应用于间距为 B 的两平行板间的非稳态剪切流动的条件是：$B \geqslant \delta = 4\sqrt{\nu t}$。

【例 6-4】 有均匀错流的狭缝流动。

一水平狭缝，其间距 B 远小于板宽和板长，且上下壁面为多孔壁面。如图 6-11 所示，流体以速度 $v_x = v_x(y)$ 沿 x 方向稳定流动的同时，还有从多孔壁进出的 y 方向流动，且 y 方向流动的速度是均匀的，即 $v_y = v_0$。这种错流流动应用于通过扩散效应实现分离的过程，通过控制错流，可在上壁面附近浓缩所需组分（如分子、尘埃粒子等）。试确定速度 $v_x = v_x(y)$ 的具体分布方程及流动断面的质量流量 q_m。

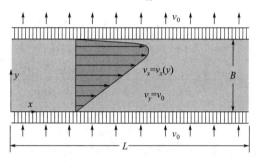

图 6-11　例 6-4 附图

解　本问题中，板宽和板长远大于板间距 B，且无 z 方向运动速度，因此属于 x-y 平面流动问题。但与前几例不同的是，本问题有两个速度分量，只不过 y 方向速度均匀（视为常量）。结合本问题稳态不可压缩流动的特点及坐标设置，可给出问题的特征条件如下。

$$\rho = \text{const}, \quad v_y = v_0, \quad \frac{\partial v_x}{\partial t} = 0, \quad f_x = 0, \quad f_y = -g$$

对于 x-y 平面问题，其相应的连续性方程和 N-S 方程（参见例 6-3）如下。

连续性方程
$$\frac{\partial v_x}{\partial x} + \underbrace{\frac{\partial v_y}{\partial y}}_{0} = 0$$

x 方向运动方程
$$\underbrace{\frac{\partial v_x}{\partial t} + v_x \frac{\partial v_x}{\partial x}}_{0} + v_y \frac{\partial v_x}{\partial y} = f_x - \frac{1}{\rho}\frac{\partial p}{\partial x} + \nu \underbrace{\frac{\partial^2 v_x}{\partial x^2}}_{0} + \nu \frac{\partial^2 v_x}{\partial y^2}$$

y 方向运动方程
$$\underbrace{\frac{\partial v_y}{\partial t} + v_x \frac{\partial v_y}{\partial x} + v_y \frac{\partial v_y}{\partial y}}_{0} = f_y - \frac{1}{\rho}\frac{\partial p}{\partial y} + \nu \underbrace{\frac{\partial^2 v_y}{\partial x^2} + \nu \frac{\partial^2 v_y}{\partial y^2}}_{0}$$

方程中标注为 0 的项，是根据本问题特征条件以及连续性方程简化结果 $\partial v_x/\partial x = 0$ 确定的。去除为 0 的项并将质量力及 $v_y = v_0$ 代入，上述连续性方程及 x、y 方向运动方程将简化为

连续性方程
$$\frac{\partial v_x}{\partial x} = 0$$

x 方向
$$\nu \frac{\partial^2 v_x}{\partial y^2} - v_0 \frac{\partial v_x}{\partial y} = \frac{1}{\rho}\frac{\partial p}{\partial x}$$

y 方向
$$\frac{\partial p}{\partial y} = -\rho g$$

由连续性方程可知，$v_x = v_x(y)$，与假设一致。

积分 y 方向运动方程，可得 x 处流动截面上的压力分布为：$p = -\rho g y + c(x)$。

进一步，根据以上压力分布可知 $\partial p/\partial x$ 仅是 x 的函数，即 x 方向运动方程右边仅是 x 的函数；而 x 方向运动方程左边仅是 y 的函数；所以根据微分方程理论，x 方向运动方程两边必然为常数。取 $\partial p/\partial x$ 为常数，并以流道长度 L 对应压力梯度 $-\Delta p/L$ 替代 $\partial p/\partial x$，则 x 方向运动方程可表示为

$$\nu\frac{\partial^2 v_x}{\partial y^2}-v_0\frac{\partial v_x}{\partial y}=\frac{1}{\rho}\frac{\partial p}{\partial x}\quad\longrightarrow\quad \frac{\mathrm{d}^2 v_x}{\mathrm{d}y^2}-\frac{\rho v_0}{\mu}\frac{\mathrm{d}v_x}{\mathrm{d}y}=-\frac{\Delta p}{\mu L}$$

该运动微分方程属于 $y'+qy=p$ 型微分方程，其通解为

$$y=\mathrm{e}^{-\int q\mathrm{d}x}\left(\int p(x)\mathrm{e}^{\int q\mathrm{d}x}\mathrm{d}x+c_1\right)$$

据此可首先得到 $\mathrm{d}v_x/\mathrm{d}y$ 的表达式，然后再次积分并令 $A=\mu/(\rho v_0)$，可得

$$v_x=\frac{\Delta p}{L}\frac{A}{\mu}y+c_1 A\mathrm{e}^{y/A}+c_2$$

根据边界条件

$$v_x\big|_{y=0}=0,\quad v_x\big|_{y=B}=0$$

可确定积分常数为

$$c_1=-\frac{\Delta p}{L}\frac{B}{\mu(\mathrm{e}^{B/A}-1)},\quad c_2=\frac{\Delta p}{L}\frac{BA}{\mu(\mathrm{e}^{B/A}-1)},$$

由此可得速度分布为

$$v_x=\frac{\Delta p}{L}\frac{AB}{\mu}\left[\frac{y}{B}-\frac{(\mathrm{e}^{y/A}-1)}{(\mathrm{e}^{B/A}-1)}\right]$$

依据该速度分布，可积分得到流动截面上的平均速度 u_m 及质量流量 q_m 为

$$v_m=\frac{\Delta p}{L}\frac{AB}{\mu}\left[\frac{1}{2}-\frac{A}{B}+\frac{1}{(\mathrm{e}^{B/A}-1)}\right],\quad q_m=\frac{\Delta p}{L}\frac{\rho AB^2 W}{\mu}\left[\frac{1}{2}-\frac{A}{B}+\frac{1}{(\mathrm{e}^{B/A}-1)}\right]$$

式中，W 为流道宽度，$A=\mu/(\rho v_0)$。这种错流流动的速度分布形态如图6-11所示。

习　题

6-1　第4章中由控制体质量守恒得到一般形式的质量守恒方程式（4-10）为

$$\oiint_{cs}\rho(\mathbf{v}\cdot\mathbf{n})\mathrm{d}A+\frac{\mathrm{d}}{\mathrm{d}t}\iiint_{cv}\rho\mathrm{d}V=0$$

试由该积分方程导出微分形式的连续性方程式（6-4），即

$$\frac{\partial(\rho v_x)}{\partial x}+\frac{\partial(\rho v_y)}{\partial y}+\frac{\partial(\rho v_z)}{\partial z}+\frac{\partial\rho}{\partial t}=0$$

提示：应用附录A中式（A-16）将封闭曲面积分转化为体积分，并应用参数积分求导公式

$$\frac{\mathrm{d}}{\mathrm{d}t}\int_\beta^\alpha f(x,t)\mathrm{d}x=\int_\beta^\alpha\frac{\partial f(x,t)}{\partial t}\mathrm{d}x$$

式中积分上下限 α、β 为常数，且该式对多重积分仍然适用。

6-2　某不可压缩流体绕扁平物体流动时，其速度分布为

$$v_x=-\left(A+\frac{Cx}{x^2+y^2}\right),\quad v_y=-\frac{Cy}{x^2+y^2},\quad v_z=0$$

式中，A、C 为常数。试证明该流体的流动满足连续性方程 $\nabla\cdot\mathbf{v}=0$。

6-3　试在柱坐标系 r-θ-z 下取微元体 $\mathrm{d}r$-$r\mathrm{d}\theta$-$\mathrm{d}z$，利用质量守恒方程式（6-1）直接推导出柱坐标下的连续性方程，即

$$\frac{\partial\rho v_r}{\partial r}+\frac{\rho v_r}{r}+\frac{\partial\rho v_\theta}{r\partial\theta}+\frac{\partial\rho v_z}{\partial z}+\frac{\partial\rho}{\partial t}=0$$

6-4　某流体在圆管内沿轴向 z 作非稳态流动，其速度分布为

$$v_r=0;\quad v_\theta=0;\quad v_z=z\left(1-\frac{r^2}{R^2}\right)\cos(\omega t)$$

式中，R、r、z 分别为圆管半径、径向坐标和轴向坐标；ω 为圆频率；t 为时间。由于受到管壁加热（沿管壁圆周均匀加热），管中流体的密度 ρ 沿径向 r 和随时间 t 发生变化，但与 z 无关，即 $\rho=(r,$

t）。已知 $t=\pi/\omega$ 时，$\rho=\rho_0$。试利用连续性方程求密度 ρ 随时间 t 和位置 r 变化的表达式。

6-5 在三维流场中有一微元面 dA，其外法线单位矢量为 $\mathbf{n}=(\mathbf{i}+\sqrt{2}\mathbf{j}+\sqrt{3}\mathbf{k})/6$，已知有密度为 ρ 的流体以速度 $\mathbf{v}=v_x\mathbf{i}+v_y\mathbf{j}+v_z\mathbf{k}$ 通过该微元面。

① 试求该微元面上的质量通量；

② 求该微元面上 x、y、z 方向动量的输入或输出通量；

③ 如果取微元面 dA 的外法线单位矢量为 $\mathbf{n}=\mathbf{i}$，则质量通量和动量通量又为何？（由此明确取微元体时为什么要使其表面垂直于坐标轴）

6-6 图 6-12 所示为两水平平壁间不可压缩流体一维稳态层流流动，流动沿 x 方向，所有参数沿 z 方向不变，即该问题为 x-y 平面问题。①对直角坐标系一般形式的连续性方程和 N-S 方程进行简化，写出本问题的连续性方程和运动方程；②证明 $\partial p/\partial x=$ const；③求速度分布（含积分常数）

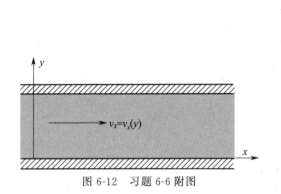

图 6-12　习题 6-6 附图　　　　　　　　图 6-13　习题 6-7 附图

6-7 两同心圆筒如图 6-13 所示，外筒内半径为 R，以角速度 ω_0 逆时针转动；内筒外半径为 kR，$k<1$，以角速度 ω_1 顺时针转动；两筒之间充满不可压缩流体，因间隙很小，其流动可视为层流流动。忽略重力和端部效应影响，并取切向速度沿逆时针为正，试确定两筒之间流体的速度分布和切应力分布。

6-8 一摩擦轴承，如图 6-14 所示。轴的直径 $D=50.8\text{mm}$，以 200r/min（$\omega=20.944\text{rad/s}$）的转速顺时针旋转；润滑油油膜厚度 $\delta=0.0508\text{mm}$，黏度为 $0.2\text{Pa}\cdot\text{s}$；与轴配合的轴承表面的长度（沿轴向）$L=50.8\text{mm}$；设重力影响和端部效应可忽略，且由于散热良好，油膜流动是等温层流流动。试求转动轴所承受的扭矩 M 和消耗的功率 $\dot{W}_\mu$（提示：求切应力 $\tau_{r\theta}$ 时注意引用柱坐标下的牛顿本构方程）。

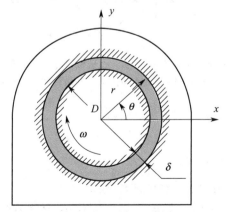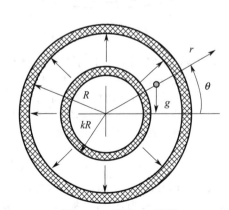

图 6-14　习题 6-8 附图　　　　　　　　图 6-15　习题 6-9 附图

6-9 如图 6-15 所示，不可压缩流体在两同心多孔陶瓷膜管之间作径向流动，即小管中的流体通过多孔壁径向扩散进入环隙，再沿径向流动至外管多孔壁向外扩散。陶瓷膜管水平放置，轴向单位长度对应的体积流量为 q_V。设流动是稳态层流流动且流动对称，忽略端部效应，将问题视为 r-θ 平面问题（与 z 无关）。

① 试针对环隙内的径向流动，由连续性方程证明

$$rv_r = \text{const}$$

② 试对一般形式的运动方程进行简化，证明环隙内 r、θ 方向的运动方程分别为

$$r: \quad \frac{\partial p^*}{\partial r} = -\rho v_r \frac{\partial v_r}{\partial r}; \qquad \theta: \quad \frac{\partial p^*}{\partial \theta} = 0$$

式中 $p^* = p + \rho g r \sin\theta$。

③ 若用 p_R^* 表示半径 R 处（外管内壁）的 p^*，试积分 r 方向的运动方程得压力分布为

$$p^* - p_R^* = \frac{1}{2}\rho v_r^2 \big|_{r=R}\left(1 - \frac{R^2}{r^2}\right) = \frac{\rho}{2}\left(\frac{q_V}{2\pi R}\right)^2\left(1 - \frac{R^2}{r^2}\right)$$

6-10 某润滑系统部件由两平行圆盘组成，如图 6-16 所示。润滑油在两圆盘之间沿径向 r 作稳态一维层流流动。流体进入圆盘处的孔半径为 R_1，圆盘外半径 R_2。流动靠压差 $\Delta p = p_1 - p_2$ 推动，其中 p_1、p_2 分别为 R_1、R_2 处的压力。仅考虑间 $R_1 < r < R_2$ 的区域的流动，且认为 $v_\theta = v_z = 0$。

① 试利用连续性方程和对称性条件简化 N-S 方程，导出本系统 r、z 方向的运动方程。

$$r\ \text{方向} \quad -\rho\frac{\phi^2}{r^3} = -\frac{\partial p}{\partial r} + \frac{\mu}{r}\frac{\mathrm{d}^2\phi}{\mathrm{d}z^2}; \quad z\ \text{方向} \quad \frac{\partial p}{\partial z} = -\rho g$$

式中，$\phi = rv_r$，且 ϕ 仅是 z 的函数，与 r 无关，为什么？

② 针对蠕变流（creep flow）条件（即认为 v_r 非常小，故 $v_r^2 \approx 0$）证明存在一常数 λ 使得

$$r\frac{\partial p}{\partial r} = \mu\frac{\mathrm{d}^2\phi}{\mathrm{d}z^2} = \lambda$$

③ 对以上蠕变流方程积分证明：

$$\Delta p = p_1 - p_2 = -\mu\ln\left(\frac{R_2}{R_1}\right)\frac{\mathrm{d}^2\phi}{\mathrm{d}z^2}; \quad v_r = \frac{b^2\Delta p}{2\mu r\ln(R_2/R_1)}\left[1 - \left(\frac{z}{b}\right)^2\right]$$

提示：根据题中条件，本问题可视为 r-z 平面问题。

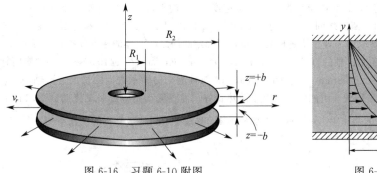

图 6-16 习题 6-10 附图

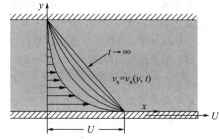

图 6-17 习题 6-11 附图

6-11 间距为 b 的两平行平板间充满黏度 μ、密度 ρ 的静止流体，如图 6-17 所示。上平板固定，下平板在 $t = 0$ 时刻突然开始以恒定速度 U 沿 x 方向运动，从而逐层带动流体沿 x 方向流动，并最终达到稳态流动。设流动可视为 x-y 平面非稳态层流问题。

① 试确定其 x、y 方向的运动方程及定解条件（包括初始条件和边界条件）；

② 已知该问题的无因次速度分布解如下：

$$\frac{v_x}{U} = \left(1 - \frac{y}{b}\right) + \sum_{n=1}^{\infty}(-1)^n\frac{2}{n\pi}\sin\left[n\pi\left(1 - \frac{y}{b}\right)\right]\exp(-n^2\alpha t), \quad \text{其中 } \alpha = \frac{\mu\pi^2}{\rho b^2}$$

试确定无因次平均速度 v_m/U 的表达式，其中 v_m 指板间距 b 之间的平均速度；

③ 试计算 $\alpha t = 1$ 时，v_m/U 表达式中的级数展开式前 3 项各自的数值，这 3 个数值大小对比说明什么问题。

6-12 已知 x-y-z 空间流线方程为：$(\mathrm{d}x)/v_x = (\mathrm{d}y)/v_y = (\mathrm{d}z)/v_z$，试根据 N-S 方程导出重力场中沿流线的伯努利方程。提示：利用伯努利方程的条件简化 N-S 方程；设 z 坐标垂直向上；用 $\mathrm{d}x$、$\mathrm{d}y$、$\mathrm{d}z$ 分别乘以三个方向的运动方程，并应用流线方程及速度全微分概念。

第 7 章 理想不可压缩流体的平面运动

平面流动是指流体运动速度都平行于某一平面，且流体各物理量在垂直于该平面的方向上没有变化的流动。本章将主要讨论平面流动的运动学问题。内容编排上，首先从流体运动的速度分解入手，阐明流体流动过程存在四种基本运动形式［平移、拉伸（膨胀）、剪切、旋转］；然后针对其中的旋转运动，讨论有旋流动与无旋流动的运动学特性，并由无旋流动（势流）引入速度势函数；接下来针对不可压缩平面流动问题分析，引入流函数并讨论其性质；在此基础上，结合势函数与流函数方法优点，建立理想不可压缩平面势流问题的分析方法；最后是该方法在理想不可压缩平面势流问题分析中的应用。

本章最后将应用落脚于理想流体（$\mu=0$）不可压缩平面势流问题，主要基于以下两点：

① 理想不可压缩平面势流的分析可将势函数与流函数方法结合起来，从而在多数情况下可单纯从数学上获得这类问题的解析解，并能以流线方式直观展现流场的运动状况；

② 理想不可压缩平面势流的运动学规律对了解工程实际中不可压缩平面流动问题的运动学特性有重要指导意义。

7.1 流体平面运动的速度分解

第 2 章中已经指出，流体运动由四种基本形式构成：平移、拉伸（膨胀）、剪切、旋转。这些运动使得流体微团的形状和大小都发生变化，图 7-1 所示就是一个平面流体微元经过微小时间间隔 Δt 后的变化情况。以下将通过对平面运动的速度分解，证明这四种运动的存在。

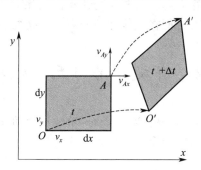

图 7-1 流体微团的平面运动

考察图 7-1 所示平面流体微元 A 点相对于 O 点的运动。设任意时刻 t 微元 O 点在 x 和 y 方向上的速度分量分别为 v_x 和 v_y，则 A 点的速度 v_{Ax}、v_{Ay} 可按一阶 Taylor 展开式用 O 点的速度表示如下

$$\left.\begin{aligned}
v_{Ax} &= v_x + \frac{\partial v_x}{\partial x}\mathrm{d}x + \frac{\partial v_x}{\partial y}\mathrm{d}y \\
v_{Ay} &= v_y + \frac{\partial v_y}{\partial x}\mathrm{d}x + \frac{\partial v_y}{\partial y}\mathrm{d}y
\end{aligned}\right\} \tag{7-1}$$

对式 (7-1) 进行简单变换后可得

$$v_{Ax} = \underbrace{v_x}_{\text{平移速度}v_x} + \underbrace{\frac{\partial v_x}{\partial x}\mathrm{d}x}_{\text{拉伸线速度}\varepsilon_{xx}\mathrm{d}x} + \underbrace{\frac{1}{2}\left(\frac{\partial v_y}{\partial x}+\frac{\partial v_x}{\partial y}\right)\mathrm{d}y}_{\text{剪切线速度}\varepsilon_{xy}\mathrm{d}y} + \underbrace{\frac{1}{2}\left(\frac{\partial v_x}{\partial y}-\frac{\partial v_y}{\partial x}\right)\mathrm{d}y}_{\text{旋转线速度}-\omega_z\mathrm{d}y}$$

$$v_{Ay} = \underbrace{v_y}_{\text{平移速度}v_y} + \underbrace{\frac{\partial v_y}{\partial y}\mathrm{d}y}_{\text{拉伸线速度}\varepsilon_{yy}\mathrm{d}y} + \underbrace{\frac{1}{2}\left(\frac{\partial v_y}{\partial x}+\frac{\partial v_x}{\partial y}\right)\mathrm{d}x}_{\text{剪切线速度}\varepsilon_{xy}\mathrm{d}x} + \underbrace{\frac{1}{2}\left(\frac{\partial v_y}{\partial x}-\frac{\partial v_x}{\partial y}\right)\mathrm{d}x}_{\text{旋转线速度}\omega_z\mathrm{d}x} \tag{7-2}$$

由此可见，流体运动确实存在平移、拉伸（膨胀）、剪切、旋转四种基本形式。其中

$$\varepsilon_{xx}=\frac{\partial v_x}{\partial x}, \quad \varepsilon_{yy}=\frac{\partial v_y}{\partial y}, \quad \varepsilon_{xy}=\varepsilon_{yx}=\frac{1}{2}\left(\frac{\partial v_y}{\partial x}+\frac{\partial v_x}{\partial y}\right), \quad \omega_z=\frac{1}{2}\left(\frac{\partial v_y}{\partial x}-\frac{\partial v_x}{\partial y}\right) \tag{7-3}$$

分别是第 2 章中已经导出的流体 x、y 方向的线变形速率（ε_{xx}、ε_{yy}，其中 $\varepsilon_{xx}+\varepsilon_{yy}$ 为体积膨胀速率），流体微元的剪切变形速率（$\varepsilon_{xy}=\varepsilon_{yx}$），以及流体微元的转动速率（$\omega_z$）。

这四种运动形式及其对 A 点速度的贡献见图 7-2。

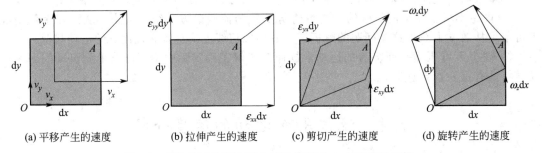

(a) 平移产生的速度   (b) 拉伸产生的速度   (c) 剪切产生的速度   (d) 旋转产生的速度

图 7-2 流体微团的四种基本运动及其对 A 点速度的贡献

速度分解式 (7-2) 又称为海姆霍兹速度分解定律。正是由于从运动中分解出了旋转运动，才有可能将流体运动分为有旋运动（$\omega_z\neq0$）与无旋运动（$\omega_z=0$）；正是由于从运动中分解出了变形运动，才有可能建立起应力与应变速率的关系（牛顿本构方程）；正是由于从运动中分解出了膨胀运动，才有可能将流体运动分为可压缩流动与不可压缩流动。

7.2 有旋流场与无旋流场

本节将针对流体运动中分解出来的旋转运动，单纯从运动学的角度讨论有旋流场与无旋流场的基本属性。在此之前先介绍两个基本概念：速度环量及线流量。

7.2.1 速度环量与线流量

速度环量 封闭曲线上的切向速度沿封闭曲线的积分称为曲线的速度环量，用符号 Γ 表示。如图 7-3 所示，视平面曲线 $A\text{-}B$ 为封闭曲线 C 的一部分，设曲线上任意点的速度为 $\mathbf{v}$，其切线分量为 v_t，法向分量为 v_n，该点处微元线段为 $\mathrm{d}l$（其矢量形式为 $\mathrm{d}\mathbf{l}$），则封闭曲线 C 的速度环量 Γ 为

$$\Gamma=\oint_C v_t\,\mathrm{d}l=\oint_C \mathbf{v}\cdot\mathrm{d}\mathbf{l}=\oint_C (v_x\mathrm{d}x+v_y\mathrm{d}y) \tag{7-4}$$

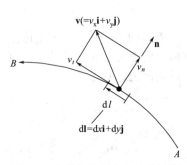

图 7-3 曲线上的切向和法向速度

且通常规定：切向速度沿封闭曲线逆时针转动时 $\Gamma > 0$，反之 $\Gamma < 0$。

由速度环量的定义可知，Γ 表征的是流体沿流动平面区域边缘线的绕流特性，与流体微元的自转运动即与 ω_z 是否为零无关（见例 7-1）。

线流量　线流量就是曲线上的法向速度 v_n 与曲线线段长度的乘积（与体积流量等于法向速度与截面面积的乘积相类似）。如图 7-3 所示，通过微元线段 $\mathrm{d}l$ 的线流量 $\mathrm{d}q$ 就等于

$$\mathrm{d}q = v_n \mathrm{d}l = \mathbf{v} \cdot \mathbf{n}\mathrm{d}l$$

式中 $\mathbf{n}$ 是线段 $\mathrm{d}l$ 的法向单位矢量，$\mathbf{v} \cdot \mathbf{n}$ 表示 $\mathbf{v}$ 在 $\mathbf{n}$ 方向的投影，即垂直于 $\mathrm{d}l$ 的法向速度。

因此通过平面线段 $A\text{-}B$ 的线流量就等于

$$q_{A\text{-}B} = \int_A^B v_n \mathrm{d}l = \int_A^B \mathbf{v} \cdot \mathbf{n}\mathrm{d}l \tag{7-5}$$

线流量的物理意义　垂直于 $x\text{-}y$ 平面取单位厚度，则 $\mathrm{d}l$ 又可看成是宽度为 $\mathrm{d}l$、厚度为单位厚度的流通面积，而 $\mathbf{v} \cdot \mathbf{n}\mathrm{d}l$ 则是 $\mathrm{d}l$ 对应的单位厚度流通面积的体积流量；因此，通过线段 $A\text{-}B$ 的线流量等同于线段 $A\text{-}B$ 对应的单位厚度流通面积的体积流量。

7.2.2　有旋流场的运动学特性

对于一般三维流场，第 2 章中已给出其流体微团转动角速度矢量 $\boldsymbol{\omega}$ 的表达式，即

$$\boldsymbol{\omega} = \omega_x \mathbf{i} + \omega_y \mathbf{j} + \omega_z \mathbf{k} = \frac{1}{2}\left(\frac{\partial v_z}{\partial y} - \frac{\partial v_y}{\partial z}\right)\mathbf{i} + \frac{1}{2}\left(\frac{\partial v_x}{\partial z} - \frac{\partial v_z}{\partial x}\right)\mathbf{j} + \frac{1}{2}\left(\frac{\partial v_y}{\partial x} - \frac{\partial v_x}{\partial y}\right)\mathbf{k} \tag{7-6}$$

有旋流场　存在 $\boldsymbol{\omega} \neq 0$ 区域的流场称为有旋流场。即有旋流场中，$\boldsymbol{\omega}$ 的三个分量 ω_x、ω_y、ω_z 中至少有一个不为零。

涡量　流体速度 $\mathbf{v}$ 的旋度 $\boldsymbol{\nabla} \times \mathbf{v}$ 称为涡量，用符号 $\boldsymbol{\Omega}$ 表示，$\boldsymbol{\nabla}$ 为 Hamilton 算子，即

$$\boldsymbol{\Omega} = \boldsymbol{\nabla} \times \mathbf{v} = \left(\frac{\partial}{\partial x}\mathbf{i} + \frac{\partial}{\partial y}\mathbf{j} + \frac{\partial}{\partial z}\mathbf{k}\right) \times (v_x \mathbf{i} + v_y \mathbf{j} + v_z \mathbf{k})$$

或　　$$\boldsymbol{\Omega} = \boldsymbol{\nabla} \times \mathbf{v} = \left(\frac{\partial v_z}{\partial y} - \frac{\partial v_y}{\partial z}\right)\mathbf{i} + \left(\frac{\partial v_x}{\partial z} - \frac{\partial v_z}{\partial x}\right)\mathbf{j} + \left(\frac{\partial v_y}{\partial x} - \frac{\partial v_x}{\partial y}\right)\mathbf{k} = \Omega_x \mathbf{i} + \Omega_y \mathbf{j} + \Omega_z \mathbf{k} \tag{7-7}$$

对比式（7-7）与式（7-6）可见

$$\boldsymbol{\Omega} = \boldsymbol{\nabla} \times \mathbf{v} = 2\boldsymbol{\omega} \tag{7-8}$$

即，涡量 $\boldsymbol{\Omega}$ 与 $\boldsymbol{\omega}$ 都是表征流体旋转运动特征的物理量，两者方向一致，大小差 1 倍。因此，有旋流场也可表述为其中存在 $\boldsymbol{\Omega} \neq 0$ 区域的流场，有旋流场又称为涡量场。

涡线及涡线方程　流场中存在这样的曲线，该曲线上任一点的涡量方向与该点切线方向一致，这样的曲线称为涡线。设 $\boldsymbol{\Omega}$ 是涡线上某点的涡量，$\mathrm{d}\mathbf{r}$ 表示该点位置矢径 $\mathbf{r}$ 沿涡线的矢径增量，根据涡线定义可知：$\boldsymbol{\Omega}$ 与 $\mathrm{d}\mathbf{r}$ 平行，据此可写出涡线方程的矢量表达式

$$\boldsymbol{\Omega} \times \mathrm{d}\mathbf{r} = 0 \tag{7-9}$$

在直角坐标系中，将以上矢量式展开可得到涡线微分方程

$$\frac{\mathrm{d}x}{\Omega_x} = \frac{\mathrm{d}y}{\Omega_y} = \frac{\mathrm{d}z}{\Omega_z} \tag{7-10}$$

在非稳态流动条件下，涡线的形状和位置将随时间变化。在稳态流动条件下，涡线不随时间变化。此外，根据定义可知，过空间一点有且只有一条涡线。

涡管　在涡量场空间中任意作一条不与涡线平行的封闭曲线，该曲线上每一点都有一条涡线通过，这些涡线将构成一个管状曲面，该管状曲面就称为涡管。

涡通量　通过任意曲面 A 的涡量的总和称为涡通量，用 J 表示，即

$$J = \iint\limits_{A} \boldsymbol{\Omega} \cdot \mathbf{n} \mathrm{d}A \tag{7-11}$$

式中，$\mathbf{n}$ 为曲面 A 的外法线单位矢量（$\boldsymbol{\Omega} \cdot \mathbf{n}$ 表示涡量 $\boldsymbol{\Omega}$ 垂直于微元面 $\mathrm{d}A$ 的分量）。

【例 7-1】 强制涡与自由涡问题。

强制涡与自由涡是两种典型的平面旋转运动（x-y 或 r-θ 平面）。如图 7-4 所示，自由涡的特点是流场内各点单位质量流体具有的能量相同，半径 r 处流体的切向速度 $v_\theta = \kappa/r$，其中 κ 为常数；强制涡的特点是流场内各点具有相同的角速度 ω，任意半径 r 处流体的切向速度 $v_\theta = \omega r$。试求这两种运动各自的涡量、涡线方程、半径为 r 的圆平面上的涡通量、半径为 r 的圆周线的速度环量。

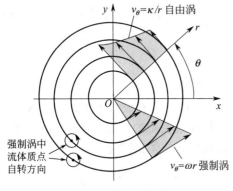

图 7-4 例 7-1 附图

解 先考虑自由涡问题。对于平面自由涡运动，其切向速度 $v_\theta = \kappa/r$，径向速度 $v_r = 0$，且 v_θ 在 x、y 方向的速度分量分别为

$$v_x = -v_\theta \sin\theta = -\frac{\kappa}{r}\sin\theta = -\frac{\kappa y}{(x^2+y^2)}$$

$$v_y = v_\theta \cos\theta = \frac{\kappa}{r}\cos\theta = \frac{\kappa x}{(x^2+y^2)}$$

因为流体运动仅限于 x-y 平面，故只有 z 方向涡量 Ω_z，且根据式（7-7）可知

$$\Omega_z = \frac{\partial v_y}{\partial x} - \frac{\partial v_x}{\partial y} = \frac{2(y^2-x^2)}{(x^2+y^2)^2} + \frac{2(x^2-y^2)}{(x^2+y^2)^2} = 0$$

由此可见自由涡不属于有旋流场，因此没有涡量、涡线方程、涡通量。但有速度环量，且根据式（7-4）可知，半径为 r 的封闭圆周线的速度环量为

$$\Gamma = \oint\limits_{C} v_\theta \mathrm{d}l = \int_0^{2\pi} \frac{\kappa}{r}(r\mathrm{d}\theta) = 2\pi\kappa$$

对于平面强制涡，其仅有切向速度 $v_\theta = \omega r$，且 v_θ 在 x、y 方向的分速度为

$$v_x = -v_\theta \sin\theta = -\omega r \sin\theta = -\omega y, \quad v_y = v_\theta \cos\theta = \omega r \cos\theta = \omega x$$

由于流体运动位于 x-y 平面，故 $\Omega_x = \Omega_y = 0$，仅有 z 方向涡量 Ω_z，且

$$\Omega_z = \frac{\partial v_y}{\partial x} - \frac{\partial v_x}{\partial y} = \omega + \omega = 2\omega$$

由此可见，强制涡属于有旋流场。因为 $\Omega_z > 0$，所以流体质点沿圆周轨迹运动时其自转方向为逆时针方向（见图 7-4），因此 Ω_z 的方向为 z 轴正方向（⊥纸面向外）。

根据式（7-10），强制涡的涡线方程及其解为

$$\begin{cases} \Omega_z \mathrm{d}x = \Omega_x \mathrm{d}z \\ \Omega_z \mathrm{d}y = \Omega_y \mathrm{d}z \end{cases} \longrightarrow \begin{cases} \mathrm{d}x = 0 \\ \mathrm{d}y = 0 \end{cases} \longrightarrow \begin{cases} x = c_1 \\ y = c_2 \end{cases}$$

由此可见，强制涡流场中的涡线是平行于 z 轴的直线。

根据式（7-11），半径为 r 的圆平面上（r-θ 平面）的涡通量 J 为

$$J = \iint\limits_{A} \boldsymbol{\Omega} \cdot \mathbf{n} \mathrm{d}A = \iint\limits_{A} (\Omega_z \mathbf{k}) \cdot (\mathbf{k}\mathrm{d}A) = \iint\limits_{A} \Omega_z r \mathrm{d}\theta \mathrm{d}r = 2\omega\pi r^2$$

根据式（7-4），半径为 r 的封闭圆周线的速度环量 Γ 为

$$\Gamma = \oint_C v_\theta \, dl = \int_0^{2\pi} \omega r (r \, d\theta) = 2\omega \pi r^2$$

由此可见，半径为 r 的圆平面上的涡通量 J 等于该平面边缘封闭曲线的速度环量 Γ。

涡量场的一些基本特性

① 涡量场的散度为零（读者可以自证），即

$$\boldsymbol{\nabla} \cdot \boldsymbol{\Omega} = 0 \quad \text{或} \quad \frac{\partial \Omega_x}{\partial x} + \frac{\partial \Omega_y}{\partial y} + \frac{\partial \Omega_z}{\partial z} = 0 \tag{7-12}$$

② 任意曲面 A 上的涡通量 J 等于该曲面边缘线 C 的速度环量 Γ，即

$$J = \iint_A \boldsymbol{\Omega} \cdot \mathbf{n} dA = \oint_C \mathbf{v} \cdot d\mathbf{l} = \Gamma \tag{7-13}$$

该性质已在例 7-1 中得到证实。

③ 同一涡管各横截面 A 上的涡通量相同——涡管强度守恒定理，即

$$J = \iint_A \boldsymbol{\Omega} \cdot \mathbf{n} dA = \text{const} \tag{7-14}$$

根据涡量定义可知，过空间一点有且只有一条涡线，涡管壁面由涡线构成，因此涡管表面不能有涡线穿过，故同一涡管各截面上的涡通量相同（这与流线构成的流管其各截面上的流量相同是类似的）。根据涡管强度守恒定理可知：同一涡管，截面越小处涡通量越大，反之亦然；涡管在流场中不能中断；结合性质②又有，绕涡管壁面一周的任意封闭曲线 L 的速度环量为常数，即 $\Gamma_L = \text{const}$。

7.2.3 无旋流场的运动学特性

无旋流场 流场中涡量处处为零的流场称为无旋流场，即无旋流场中

$$\boldsymbol{\Omega} = \boldsymbol{\nabla} \times \mathbf{v} = 2\boldsymbol{\omega} = 0 \tag{7-15}$$

或

$$\Omega_x = \left(\frac{\partial v_z}{\partial y} - \frac{\partial v_y}{\partial z} \right) = 0, \quad \Omega_y = \left(\frac{\partial v_x}{\partial z} - \frac{\partial v_z}{\partial x} \right) = 0, \quad \Omega_z = \left(\frac{\partial v_y}{\partial x} - \frac{\partial v_x}{\partial y} \right) = 0 \tag{7-16}$$

速度势函数 由场论知识可知，一个任意标量函数 ϕ，其梯度 $\boldsymbol{\nabla}\phi$ 的旋度必然为零，即

$$\boldsymbol{\nabla} \times (\boldsymbol{\nabla} \phi) = 0 \tag{7-17}$$

而无旋流场中 $\boldsymbol{\nabla} \times \mathbf{v} = 0$，故对比可知，无旋流场中 $\mathbf{v}$ 必然是某一标量函数 ϕ 的梯度，即

$$\mathbf{v} = -\boldsymbol{\nabla} \phi \tag{7-18}$$

该标量函数 ϕ 称为速度势函数。上式中添加负号主要从物理意义上表明：速度方向总是与速度势 ϕ 减小的方向一致，犹如电流总是沿电势降低的方向流动一样。

对于 x-y 或 r-θ 平面的无旋流动，式（7-18）可进一步展开为

$$\mathbf{v} = -\boldsymbol{\nabla} \phi = -\left(\frac{\partial \phi}{\partial x} \mathbf{i} + \frac{\partial \phi}{\partial y} \mathbf{j} \right) \quad \text{或} \quad \mathbf{v} = -\boldsymbol{\nabla} \phi = -\left(\frac{\partial \phi}{\partial r} \mathbf{i} + \frac{\partial \phi}{r \partial \theta} \mathbf{j} \right) \tag{7-19}$$

由此可知速度势函数 ϕ 与速度分量的关系为

$$v_x = -\frac{\partial \phi}{\partial x}, \quad v_y = -\frac{\partial \phi}{\partial y} \quad \text{或} \quad v_r = -\frac{\partial \phi}{\partial r}, \quad v_\theta = -\frac{1}{r}\frac{\partial \phi}{\partial \theta} \tag{7-20}$$

引入速度势函数的意义在于：如果流动是无旋流动，则求解两个速度分量 v_x、v_y 的问题（平面流动问题）便可转化为求解一个标量函数即速度势函数 ϕ 的问题。只要求得速度势函数 ϕ，则可按式（7-20）求导得到相应的速度分量。

加速度势函数 可以证明（见本章习题 7-11），若速度有势且势函数为 ϕ，则加速度 $\mathbf{a}$ 也必然有势，且势函数 ϕ_a 为

$$\phi_a = \frac{\partial \phi}{\partial t} + \frac{v^2}{2} \quad \text{或} \quad \mathbf{a} = \mathbf{\nabla}(\phi_a) = \mathbf{\nabla}\left(\frac{\partial \phi}{\partial t} + \frac{v^2}{2}\right) \tag{7-21}$$

势流 速度有势是无旋流动的主要性质，故无旋流动通常又称为有势流动，简称势流。

等势线 速度势函数等于定值即 $\phi = $ const 的线称为等势线。

【例7-2】 平面势流的速度与加速度。

已知平面稳态势流的速度势函数为 $\phi = k(y^2 - x^2)$，其中 k 为常数（1/s），试求：

(1) 流场的速度表达式及 $x = 2$m，$y = 3$m 处的速度值；

(2) 通过 $x = 2$m、$y = 3$m 处的等势线方程及势函数值；

(3) 加速度的势函数及 $x = 2$m、$y = 3$m 处的加速度值。

解 （1）根据速度分量与势函数的关系式（7-20）有

$$v_x = -\frac{\partial \phi}{\partial x} = 2kx, \quad v_y = -\frac{\partial \phi}{\partial y} = -2ky, \quad \mathbf{v} = 2kx\mathbf{i} - 2ky\mathbf{j}$$

代入数据得 $\quad v_x = 2kx = 4k, \quad v_y = -2ky = -6k, \quad v = 2k\sqrt{13}$

（2）令 $\phi = C$ 得等势线一般方程为

$$k(y^2 - x^2) = C \longrightarrow y = \sqrt{x^2 + C/k}$$

对于通过 $x = 2$m、$y = 3$m 处的等势线，$C = 5k$，对应的等势线方程及势函数值为

$$y = \sqrt{x^2 + 5}, \quad \phi = 5k$$

（3）根据式（7-21），加速度的势函数及加速度表达式为

$$\phi_a = \frac{\partial \phi}{\partial t} + \frac{v^2}{2} = 0 + \frac{v_x^2 + v_y^2}{2} = \frac{(2kx)^2 + (-2ky)^2}{2} = 2k^2(x^2 + y^2)$$

$$\mathbf{a} = \mathbf{\nabla}(\phi_a) = \left(\frac{\partial}{\partial x}\mathbf{i} + \frac{\partial}{\partial y}\mathbf{j}\right)[2k^2(x^2 + y^2)] = 4k^2 x\mathbf{i} + 4k^2 y\mathbf{j}$$

代入数据得 $\quad a_x = 4k^2 x = 8k^2, \quad a_y = 4k^2 y = 12k^2, \quad a = 4k^2\sqrt{13}$

关于有旋流动与无旋流动的说明 以上讨论的有旋运动与无旋运动是纯粹的运动学特性，对于可压缩或不可压缩流动、平面流动或三维流动，都可能存在有旋流动或无旋流动，即 $\boldsymbol{\omega} \neq 0$ 为有旋流动，$\boldsymbol{\omega} = 0$ 为无旋流动。但对于某一具体流场，更多的情况是事先并不知道其速度分布，因此也就无法通过 $\boldsymbol{\omega}$ 是否为零来判断其是否无旋或有旋。这种情况下的一个经验原则是，黏性流体的流动一般是有旋的，而理想流体（$\mu = 0$）的流动则可能是无旋的，也可能是有旋的。正因如此，通常提及无旋流动都与理想流体流动相联系。

7.3 不可压缩平面流动的流函数

不可压缩流动广泛存在于工程实际，其中不可压缩平面流动尤其受到关注。原因有二：一是因为这种流动有广泛的工程实际背景；其二是因为这种流动可用称为流函数的运动学参数来描述，从而为不可压缩平面流动问题的求解带来方便。

流函数 对于 x-y 平面内的不可压缩流动，其连续性方程为

$$\frac{\partial v_x}{\partial x} + \frac{\partial v_y}{\partial y} = 0 \tag{7-22}$$

由此可以断言，一定存在一个函数 $\psi(x, y)$，它与速度之间存在以下关系

$$v_x = \frac{\partial \psi}{\partial y}, \quad v_y = -\frac{\partial \psi}{\partial x} \tag{7-23}$$

因为这种关系自动满足连续性方程式（7-22）。这样定义的函数 $\psi(x,y)$ 称为流函数。

对于 r-θ 平面内的不可压缩流动，其连续性方程以及满足连续性方程的流函数定义为

$$\frac{v_r}{r}+\frac{\partial v_r}{\partial r}+\frac{1}{r}\frac{\partial v_\theta}{\partial \theta}=0,\quad v_r=\frac{1}{r}\frac{\partial \psi}{\partial \theta},\quad v_\theta=-\frac{\partial \psi}{\partial r} \tag{7-24}$$

引入流函数的意义在于：对于不可压缩平面流动，求解两个速度分量 v_x、v_y 的问题便可转化为求解一个标量函数 ψ 的问题。只要求得 ψ，则对 ψ 求导即可得到相应的速度分量。

流函数的性质　流函数具有的以下性质可体现其明确的物理意义和实用价值。

（1）等流函数线为流线

根据流函数定义式（7-23），可将流函数的全微分与速度联系起来，即

$$\mathrm{d}\psi=\frac{\partial \psi}{\partial x}\mathrm{d}x+\frac{\partial \psi}{\partial y}\mathrm{d}y=-v_y\mathrm{d}x+v_x\mathrm{d}y \tag{7-25}$$

对于等流函数线，即 $\psi(x,y)=\mathrm{const}$ 的曲线，有 $\mathrm{d}\psi=0$，所以由上式得

$$-v_y\mathrm{d}x+v_x\mathrm{d}y=0\quad 或\quad \frac{\mathrm{d}x}{v_x}=\frac{\mathrm{d}y}{v_y} \tag{7-26}$$

此即第 2 章中导出的流线微分方程，故等流函数线为流线。

（2）两流线的流函数之差等于两流线间的体积流量

设在平面流场中有任意两流线通过 A 点和 B 点，其流函数值分别为 $\psi=\psi_A$ 与 $\psi=\psi_B$，如图 7-5 所示。因为流体不能穿越流线，所以两条流线之间的流量必然等于通过两流线之间的连线 A-B 的流量。于是根据线流量定义式（7-5）有

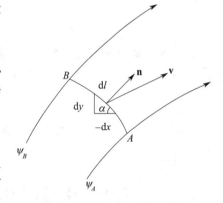

图 7-5　两流线之间的体积流量

$$q_{A-B}=\int_A^B \mathbf{v}\cdot\mathbf{n}\mathrm{d}l$$

如图 7-5 所示，因为通过线元 $\mathrm{d}l$ 的流量又等于通过 $-\mathrm{d}x$ 和 $\mathrm{d}y$ 的流量之和（注：沿 A 到 B，$\mathrm{d}l$ 在 x 方向上的投影为负值，故以 $-\mathrm{d}x$ 表示长度），所以通过连线 A-B 的流量可进一步表示为

$$q_{V,A-B}=\int_A^B \mathbf{v}\cdot\mathbf{n}\mathrm{d}l=\int_A^B(-v_y\mathrm{d}x+v_x\mathrm{d}y) \tag{7-27}$$

于是，将式（7-25）代入上式可得

$$q_{V,A-B}=\int_A^B(-v_y\mathrm{d}x+v_x\mathrm{d}y)=\int_A^B \mathrm{d}\psi=\psi_B-\psi_A \tag{7-28}$$

由此可见，两条流线的流函数之差就等于两流线间单位厚度流通面的体积流量。

由该性质可进一步推知，由于流函数差值一定的两条流线之间的体积流量一定，所以如果这两条流线越靠近，则之间的流体速度越高。因此，对于按相同流函数差值绘制的流线图，高流速区流线必然密集，低流速区流线必然稀疏。

【例 7-3】　圆管层流流动——轴对称问题的流函数。

流体在半径为 R 的圆管内作充分发展的层流流动，管内平均流速为 v_m，速度分布为

$$v_z=2v_m\left[1-(r/R)^2\right]$$

试求该流动的流函数以及从管中心（$r=0$）至半径 r 区域的体积流量。

已知：对圆管流动这类轴对称流动，以柱坐标（r-θ-z）描述时 $v_\theta=0$，可视为 r-z 平面流动问题，其不可压缩连续性方程以及满足连续性方程的流函数 $\psi(r,z)$ 分别为

$$\frac{v_r}{r}+\frac{\partial v_r}{\partial r}+\frac{\partial v_z}{\partial z}=0, \quad v_r=-\frac{1}{r}\frac{\partial \psi}{\partial z}, \quad v_z=\frac{1}{r}\frac{\partial \psi}{\partial r} \tag{7-29}$$

且此时两流线对应的流函数之差不再是 r-z 平面单位厚度的体积流量，而是 θ 方向单位弧度对应的流通面积的体积流量。

解 对于圆管内的充分发展流动，$v_r=0$，所以根据式（7-29）可知：ψ 与 z 无关，仅是 r 的函数，因此有

$$v_z=\frac{1}{r}\frac{\partial \psi}{\partial r} \longrightarrow \frac{\mathrm{d}\psi}{\mathrm{d}r}=v_z r \longrightarrow \mathrm{d}\psi=2v_m\left[1-\left(\frac{r}{R}\right)^2\right]r\mathrm{d}r$$

积分得流函数为
$$\psi=\frac{v_m R^2}{2}\left(\frac{r}{R}\right)^2\left[2-\left(\frac{r}{R}\right)^2\right]+C$$

式中，C 为积分常数。因为 $\psi(x,y)=$ const 的流体线为流线，所以由上式可知流线方程为

$$r=C_1$$

即流线是平行于 z 轴的水平线。其中，对应于 $r=0$ 的流线和 $r=r$ 的流线（一组流线），其流函数的值为

$$r=0 \qquad \psi=\psi_0=C$$

$$r=r \qquad \psi=\psi_r=\frac{v_m R^2}{2}\left(\frac{r}{R}\right)^2\left[2-\left(\frac{r}{R}\right)^2\right]+C$$

对于轴对称问题，流函数的差值表示的是沿 θ 单位弧度对应流通面积的体积流量，因此从管中心（$r=0$）至半径 r 对应的管道截面（2π 弧度）的体积流量等于

$$q_{V,0-r}=2\pi(\psi_r-\psi_0)=v_m\pi R^2\left(\frac{r}{R}\right)^2\left[2-\left(\frac{r}{R}\right)^2\right]$$

上式中取 $r=R$，则是整个管道截面的体积流量，即
$$q_{V,0-R}=2\pi(\psi_R-\psi_0)=v_m\pi R^2$$

7.4 理想不可压缩平面势流及分析方法

理想不可压缩平面势流即理想流体不可压缩平面无旋流动。之所以研究这类流动，有两方面的原因，其一是这类流动的运动学规律对了解工程实际中不可压缩平面流动问题的运动学特性有重要指导意义，因为实际平面流动问题的运动学行为，除黏性影响显著的边壁及尾迹区外，都具有理想流体势流特征；其二是这类流动问题的分析可将流函数方法和势函数方法的优势相结合，从而可单纯以数学方法获得多数问题的解析解。

7.4.1 不可压缩平面势流基本特性

(1) 流函数与速度势函数的关系——柯西-黎曼条件
对于 x-y 平面内的不可压缩流动，其连续性方程和满足连续性方程的流函数为

$$\frac{\partial v_x}{\partial x}+\frac{\partial v_y}{\partial y}=0, \quad v_x=\frac{\partial \psi}{\partial y}, \quad v_y=-\frac{\partial \psi}{\partial x} \tag{7-30}$$

对于 x-y 平面内的势流（无旋流动），其无旋条件和满足无旋条件的速度势函数为

$$\frac{\partial v_y}{\partial x}-\frac{\partial v_x}{\partial y}=0, \quad v_x=-\frac{\partial \phi}{\partial x}, \quad v_y=-\frac{\partial \phi}{\partial y} \tag{7-31}$$

不可压缩平面势流同时满足以上条件，因此有

$$v_x = -\frac{\partial \phi}{\partial x} = \frac{\partial \psi}{\partial y}, \quad v_y = -\frac{\partial \phi}{\partial y} = -\frac{\partial \psi}{\partial x} \tag{7-32a}$$

对于 $r\text{-}\theta$ 平面的不可压缩势流问题，势函数与流函数之间的关系为

$$v_r = -\frac{\partial \phi}{\partial r} = \frac{1}{r}\frac{\partial \psi}{\partial \theta}, \quad v_\theta = -\frac{1}{r}\frac{\partial \phi}{\partial \theta} = -\frac{\partial \psi}{\partial r} \tag{7-32b}$$

式（7-32）称为柯西-黎曼条件。据此，可由速度势函数求出流函数，反之亦然。

（2）流网及其特性

流网是流线与等势线相交所组成的表示流场分布特性的网线。

对于 $x\text{-}y$ 平面的不可压缩流动，流线上 $\psi=$ 常数，或 $\mathrm{d}\psi=0$，由此得流线的斜率为

$$\mathrm{d}\psi = \frac{\partial \psi}{\partial x}\mathrm{d}x + \frac{\partial \psi}{\partial y}\mathrm{d}y = 0 \longrightarrow \left(\frac{\mathrm{d}y}{\mathrm{d}x}\right)_\psi = -\frac{\partial \psi/\partial x}{\partial \psi/\partial y} = \frac{v_y}{v_x} \tag{7-33}$$

对于 $x\text{-}y$ 平面的无旋流动，等势线上 $\phi=$ 常数，或 $\mathrm{d}\phi=0$，由此得等势线的斜率为

$$\mathrm{d}\phi = \frac{\partial \phi}{\partial x}\mathrm{d}x + \frac{\partial \phi}{\partial y}\mathrm{d}y = 0 \longrightarrow \left(\frac{\mathrm{d}y}{\mathrm{d}x}\right)_\phi = -\frac{\partial \phi/\partial x}{\partial \phi/\partial y} = -\frac{v_x}{v_y} \tag{7-34}$$

对于不可压缩平面势流，以上两式的速度为同一速度，因此有

$$\left(\frac{\mathrm{d}y}{\mathrm{d}x}\right)_\phi \left(\frac{\mathrm{d}y}{\mathrm{d}x}\right)_\psi = -1 \tag{7-35}$$

该式表明，对于不可压缩平面势流，其流网是由流线与等势线相互正交形成的网线。图 7-6 就是几个典型流场中流线和等势线构成的流网，其中虚线是等势线，实线是流线。其中图（a）是容器内液体流入小直径管道的状况（因为对称，只给出了一半图形）；图（b）是流体经过溢流堰的流动；图（c）是流体经过闸门的流动。可见在流道收窄处，流线比较密（流速较高），其它地方的流线稀疏（流速较低），但流线不会相交。

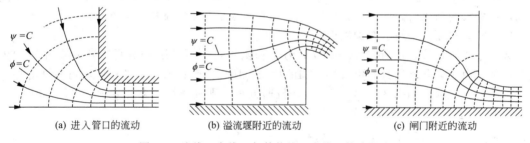

(a) 进入管口的流动　　　　(b) 溢流堰附近的流动　　　　(c) 闸门附近的流动

图 7-6　流线（实线）与等势线（虚线）构成的流网

【例 7-4】　流函数与速度势函数的基本关系。

已知不可压缩平面流场中流函数 $\psi=2xy$，证明流动有势，并求出速度势函数 ϕ。

解法一　根据平面流动的涡量 Ω_z 表达式，并引入流函数定义有

$$\Omega_z = \frac{\partial v_y}{\partial x} - \frac{\partial v_x}{\partial y} = -\left(\frac{\partial^2 \psi}{\partial x^2} + \frac{\partial^2 \psi}{\partial y^2}\right) = -(0+0) = 0$$

因 $\Omega_z=0$，所以流动为无旋流动或势流，有速度势函数 ϕ 存在。

又根据流函数 ψ 与速度势函数 ϕ 的关系式（7-32）可得

$$v_x = -\frac{\partial \phi}{\partial x} = \frac{\partial \psi}{\partial y} = 2x, \quad v_y = -\frac{\partial \phi}{\partial y} = -\frac{\partial \psi}{\partial x} = -2y$$

而　　　$$\mathrm{d}\phi = \frac{\partial \phi}{\partial x}\mathrm{d}x + \frac{\partial \phi}{\partial y}\mathrm{d}y = -(v_x\mathrm{d}x + v_y\mathrm{d}y) = -2x\mathrm{d}x + 2y\mathrm{d}y = \mathrm{d}(-x^2 + y^2 + C)$$

故速度势函数为　　　　　　　　　$\phi = y^2 - x^2 + C$ （C 为常数）

解法二　用积分方法也可求得速度势函数。解法一中已经给出

$$v_x = -\frac{\partial \phi}{\partial x} = 2x, \quad v_y = -\frac{\partial \phi}{\partial y} = -2y$$

对以上第一式积分可得　$\phi = \int -v_x \mathrm{d}x = \int -2x \mathrm{d}x = -x^2 + f(y)$

再对该式求导并将以上 $\partial \phi / \partial y = 2y$ 代入可得

$$\frac{\partial \phi}{\partial y} = f'(y) \quad \longrightarrow \quad 2y = f'(y) \quad \longrightarrow \quad f(y) = \int 2y \mathrm{d}y + C = y^2 + C$$

由此可知 $\qquad\qquad\qquad\qquad \phi = y^2 - x^2 + C$

7.4.2　拉普拉斯方程和全微分方程

(1) 速度势函数与流函数的拉普拉斯方程

将平面流动的势函数定义式代入不可压缩平面流动的连续性方程可得

$$\frac{\partial^2 \phi}{\partial x^2} + \frac{\partial^2 \phi}{\partial y^2} = 0 \quad \text{或} \quad \mathbf{\nabla}^2 \phi = 0 \tag{7-36}$$

式中，$\mathbf{\nabla}^2$ 为拉普拉斯微分算子。x-y 平面或 r-θ 平面问题的拉普拉斯算子如下

$$\mathbf{\nabla}^2 = \frac{\partial^2}{\partial x^2} + \frac{\partial^2}{\partial y^2} \quad \text{或} \quad \mathbf{\nabla}^2 = \frac{1}{r}\frac{\partial}{\partial r} + \frac{\partial^2}{\partial r^2} + \frac{1}{r^2}\frac{\partial^2}{\partial \theta^2}$$

类似地，将不可压缩平面流动的流函数代入平面势流的无旋条件可得

$$\frac{\partial^2 \psi}{\partial x^2} + \frac{\partial^2 \psi}{\partial y^2} = 0 \quad \text{或} \quad \mathbf{\nabla}^2 \psi = 0 \tag{7-37}$$

以上表明，对于不可压缩平面势流，势函数 ϕ、流函数 ψ 均满足拉普拉斯方程。这样一来，不可压缩平面势流问题就归结为求解一个关于 ϕ 或 ψ 的二阶线性偏微分方程，从而使问题得到大大的简化。因此，拉普拉斯方程是不可压缩平面势流的基本方程。

(2) 拉普拉斯方程解的叠加原理

数学上，满足拉普拉斯方程的函数称为调和函数，故不可压缩平面势流中 ϕ 和 ψ 均为调和函数。由于调和函数具有可线性叠加的性质，所以拉普拉斯方程的不同解可线性叠加成一个新的解。比如，如果 ϕ_1、ϕ_2 满足拉普拉斯方程，则其线性组合 $c_1\phi_1 + c_2\phi_2$（其中 c_1、c_2 为常数）也满足拉普拉斯方程，即

$$\mathbf{\nabla}^2 \phi_1 = 0, \quad \mathbf{\nabla}^2 \phi_2 = 0 \quad \longrightarrow \quad \mathbf{\nabla}^2 (c_1\phi_1 + c_2\phi_2) = 0 \tag{7-38}$$

这样一来，一个复杂流动的速度势函数或流函数就可能由若干个简单流动的势函数或流函数线性叠加得到（见 7.5 节），从而为解决复杂流动问题提供了有效途径。

(3) 速度势函数与流函数的全微分方程

对于 x-y 平面内或 r-θ 平面内的不可压缩平面势流，根据势函数和流函数的定义，其速度势函数 ϕ 或流函数 ψ 的全微分与速度分量的关系为

$$\begin{cases} \mathrm{d}\phi = \dfrac{\partial \phi}{\partial x}\mathrm{d}x + \dfrac{\partial \phi}{\partial y}\mathrm{d}y = -(v_x \mathrm{d}x + v_y \mathrm{d}y) \\[2mm] \mathrm{d}\psi = \dfrac{\partial \psi}{\partial x}\mathrm{d}x + \dfrac{\partial \psi}{\partial y}\mathrm{d}y = -v_y \mathrm{d}x + v_x \mathrm{d}y \end{cases} \tag{7-39}$$

$$\begin{cases} \mathrm{d}\phi = \dfrac{\partial \phi}{\partial r}\mathrm{d}r + \dfrac{\partial \phi}{\partial \theta}\mathrm{d}\theta = -(v_r \mathrm{d}r + rv_\theta \mathrm{d}\theta) \\[2mm] \mathrm{d}\psi = \dfrac{\partial \psi}{\partial r}\mathrm{d}r + \dfrac{\partial \psi}{\partial \theta}\mathrm{d}\theta = -v_\theta \mathrm{d}r + rv_r \mathrm{d}\theta \end{cases} \tag{7-40}$$

这就是速度势函数与流函数的全微分方程。对于已知速度场的简单流动问题，可应用全微分方程积分得到相应的速度势函数 ϕ 或流函数 ψ。

特别值得指出的是，由于 ϕ 或 ψ 是纯粹的运动学参数，不涉及流体黏度 μ，故由以上方法（解拉普拉斯方程、全微分方程、线性叠加）给出的 ϕ 或 ψ 仅适合无黏性影响的问题，即"理想"不可压缩平面势流问题。

7.4.3 理想不可压缩平面势流的伯努利方程

以下进一步考察定常条件下的理想不可压缩平面势流问题。此条件下 ϕ 或 ψ 所满足的连续性方程不变。若设流动平面为 x-y 平面，质量力仅有重力且 g 指向 y 轴负方向，则 x、y 方向的运动方程分别为（见第6章的欧拉方程）

$$v_x \frac{\partial v_x}{\partial x} + v_y \frac{\partial v_x}{\partial y} = 0 - \frac{1}{\rho}\frac{\partial p}{\partial x}, \quad v_x \frac{\partial v_y}{\partial x} + v_y \frac{\partial v_y}{\partial y} = -g - \frac{1}{\rho}\frac{\partial p}{\partial y}$$

根据无旋流动（势流）条件及合速度与速度分量的关系有

$$\frac{\partial v_x}{\partial y} = \frac{\partial v_y}{\partial x} \quad \text{且} \quad v^2 = v_x^2 + v_y^2$$

将此代入上述运动方程，则可由 x、y 方向运动方程分别得到

$$v_x \frac{\partial v_x}{\partial x} + v_y \frac{\partial v_y}{\partial x} = 0 - \frac{1}{\rho}\frac{\partial p}{\partial x} \longrightarrow \frac{\partial}{\partial x}\left(\frac{v^2}{2} + gy + \frac{p}{\rho}\right) = 0 \longrightarrow \frac{v^2}{2} + gy + \frac{p}{\rho} = C(y)$$

$$v_x \frac{\partial v_x}{\partial y} + v_y \frac{\partial v_y}{\partial y} = -g - \frac{1}{\rho}\frac{\partial p}{\partial y} \longrightarrow \frac{\partial}{\partial y}\left(\frac{v^2}{2} + gy + \frac{p}{\rho}\right) = 0 \longrightarrow \frac{v^2}{2} + gy + \frac{p}{\rho} = C(x)$$

因为 x、y 任意变化以上两式都成立，故积分常数 $C(x)$、$C(y)$ 在全流场都只能为同一常数。也就是说，对于定常理想不可压缩平面势流，流场内任意两点机械能守恒，即

$$\frac{v_1^2}{2} + gy_1 + \frac{p_1}{\rho} = \frac{v_2^2}{2} + gy_2 + \frac{p_2}{\rho} \tag{7-41}$$

此即理想不可压缩平面势流全流场的伯努利方程（全流场内机械能等于同一常数）。于是，由 ϕ 或 ψ 获得流场速度后，就可据此确定流场内的压力分布，并进一步分析流体与边界之间的相互作用力。其中，对于水平平面流动问题，伯努利方程中的 gy 项应予略去。

小结 ①不可压缩平面势流条件下，流函数 ψ 与势函数 ϕ 这两个运动学参数有必然联系（柯西-黎曼条件）且流线与等势线相互正交构成流网；②拉普拉斯方程、叠加原理、全微分方程则给出了求解 ϕ 或 ψ 的方法；③由 ϕ 或 ψ 获得流场速度后，可进一步根据伯努利方程获得流场内的压力分布。这就构成了求解理想不可压缩平面势流问题的完整方法。

7.5 理想不可压缩平面势流典型问题

对于简单的理想不可压缩平面势流问题，求解其流函数和速度势函数相对比较容易，这些解称为基本解。以此为基础，根据拉普拉斯方程的线性可叠加性，将若干简单势流的解线性叠加，就可能形成一个符合给定边界条件的复杂势流的解。而且，不仅速度势函数或流函数可进行叠加，速度也可进行叠加。这种解决问题的方法称为叠加法，是求解理想不可压缩平面势流的有效方法。此外，由于大多数基本解所描述的流动是由奇点所引起的，因此叠加法又称为奇点叠加法或简称奇点法。

7.5.1 平行直线等速流动

平行直线等速流动是一种最简单的流动形式，其速度 v_0 为常数，与 x 轴夹角为 α，如图 7-7 所示。理想流体平行于固体壁面的流动就属于这种情况。因 v_0 为常数，可令

$$v_x = v_0\cos\alpha = a \ , \quad v_y = v_0\sin\alpha = b \tag{7-42}$$

于是根据速度势 ϕ 的全微分方程式（7-39）有

$$\mathrm{d}\phi = \frac{\partial\phi}{\partial x}\mathrm{d}x + \frac{\partial\phi}{\partial y}\mathrm{d}y = -(v_x\mathrm{d}x + v_y\mathrm{d}y)$$

或　　　　$\mathrm{d}\phi = -(a\mathrm{d}x + b\mathrm{d}y) = -\mathrm{d}(ax + by)$

积分得速度势函数为

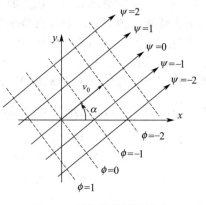

图 7-7　平行直线等速流动

$$\phi = -ax - by + C \tag{7-43}$$

取通过坐标原点的 $\phi=0$，得积分常数 $C=0$。

令 C_1 为任意常数，则 $\phi=C_1$ 的等势线方程为

$$y = -(a/b)x - C_1/b \tag{7-44}$$

可见，等势线是斜率为 $-a/b$ 的直线，对应于不同的 C_1，有可得到一簇等势线，如图 7-7 所示。

同理，根据流函数全微分方程，可得流函数为

$$\psi = ay - bx + C \tag{7-45}$$

取通过原点的 $\psi=0$，则 $C=0$。令 C_2 为任意常数，则 $\psi=C_2$ 的等流函数线（流线）方程为

$$y = (b/a)x + C_2/a \tag{7-46}$$

可见，流线是斜率为 b/a 的一簇直线。流线⊥等势线，两者形成的流网见图 7-7。

7.5.2　点源与点汇流动

点源流动　如果一无穷大平面上有一个泉眼不断有水涌出，然后沿平面向四周均匀展开，这种流动属纯径向流动，称为点源流动，其泉眼中心称为点源。

由于是纯径向流动，因此根据连续性原理，以点源为中心、任意半径 r 的圆周线的线流量 q 为常数，即 $2\pi r v_r = q = \mathrm{const}$。因此在极坐标中，以点源为坐标原点，则点源流动的径向和周向速度分别为

$$v_r = q/2\pi r , \quad v_\theta = 0 \tag{7-47}$$

其中线流量 q 又表示半径 r 的圆周线对应单位厚度的体积流量，也等于泉眼的体积流量，故 q 称为源强（$q>0$）。

根据极坐标下的速度势函数全微分方程有

$$\mathrm{d}\phi = \frac{\partial\phi}{\partial r}\mathrm{d}r + \frac{1}{r}\frac{\partial\phi}{\partial\theta}r\mathrm{d}\theta = -v_r\mathrm{d}r - v_\theta r\mathrm{d}\theta = -\frac{q}{2\pi r}\mathrm{d}r = \mathrm{d}\left(-\frac{q}{2\pi}\ln r + C\right)$$

取 $C=0$（相当于规定 $r=1$ 处 $\phi=0$），可得点源流动的势函数 ϕ 及 $\phi=C_1$ 的等势线方程为

$$\phi = -\frac{q}{2\pi}\ln r , \quad r = \exp\left(-\frac{2\pi C_1}{\theta}\right) \tag{7-48}$$

类似地，可求得流函数 ψ 及 $\psi=C_2$ 流线方程为

$$\psi = \frac{q}{2\pi}\theta , \quad \theta = C_2\frac{2\pi}{q} \tag{7-49}$$

可见等势线为 r 不同的圆周线（取决于 C_1），流线为 θ 不同的径向线（取决于 C_2），两者相互正交，所构成的流网见图 7-8。其中，点源处 $r \to 0$，$v_r \to \infty$，称为奇点。

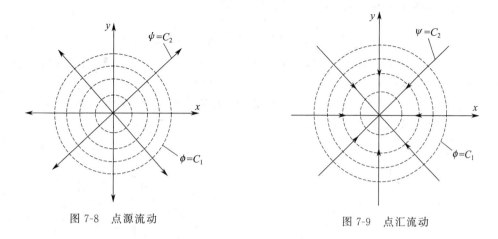

图 7-8 点源流动   图 7-9 点汇流动

直角坐标系中，点源的速度势函数与流函数分别为

$$\phi = -\frac{q}{4\pi}\ln(x^2 + y^2), \quad \psi = \frac{q}{2\pi}\arctan\left(\frac{y}{x}\right) \tag{7-50}$$

点汇流动 是由平面四周径向汇入地漏的流动，其中地漏中心称为点汇。如图 7-9 所示，以点汇为中心、半径 r 的圆周线的线流量 q 同样为常数，且称 $-q$ 为汇强。显然，点汇是点源的反向流动，因此其速度势函数和流函数只需将点源中的源强 q 改为汇强 $-q$ 即可，即

$$\phi = \frac{q}{2\pi}\ln r \quad 或 \quad \phi = \frac{q}{4\pi}\ln(x^2 + y^2) \tag{7-51}$$

$$\psi = -\frac{q}{2\pi}\theta \quad 或 \quad \psi = -\frac{q}{2\pi}\arctan\left(\frac{y}{x}\right) \tag{7-52}$$

图 7-9 表示出点汇的流线和等势线。同样可以看出，点汇所在的点也是一个奇点。

7.5.3 点涡流动

点涡流动是流体在平面上的纯环流运动（自由涡运动），其特点是以环流中心为原点、任意半径为 r 的圆周线上只有切线速度 v_θ，而径向速度 $v_r = 0$，且圆周线上速度环量 Γ 为常数，即 $2\pi r v_\theta = \Gamma = \text{const}$，即自由涡运动。环量 Γ 又称为涡强，且点涡为逆时针时取 $\Gamma > 0$，点涡顺时针时取 $\Gamma < 0$。

在极坐标系中，点涡的径向和周向的速度分别为

$$v_r = 0, \quad v_\theta = \frac{\Gamma}{2\pi r} \tag{7-53}$$

根据该速度分布可知，除了原点（奇点）外，其流动是有势的（$\Omega_z = 0$ 见例 7-1）。因此根据式（7-40）有

$$\mathrm{d}\phi = -v_r \mathrm{d}r - v_\theta r \mathrm{d}\theta = -\frac{\Gamma}{2\pi}\mathrm{d}\theta = \mathrm{d}\left(-\frac{\Gamma}{2\pi}\theta + C\right)$$

取 $C = 0$（相当于规定 $\theta = 0$ 的水平线为 $\phi = 0$ 的等势线），可得点涡流动的势函数 ϕ 及 $\phi = C_1$ 的等势线方程为

$$\phi=-\frac{\Gamma}{2\pi}\theta, \quad \theta=-\frac{2\pi}{\Gamma}C_1 \tag{7-54}$$

类似地，可求得流函数 ψ 及 $\psi=C_2$ 的流线方程为

$$\psi=-\frac{\Gamma}{2\pi}\ln r, \quad r=\exp\left(-\frac{2\pi C_2}{\Gamma}\right) \tag{7-55}$$

可见，等势线为 θ 不同的径向线（取决于 C_1），流线为 r 不同的圆周线（取决于 C_2），两者相互正交，所构成的流网见图 7-10。其中，点涡处 $r\to 0$，$v_\theta\to\infty$，称为奇点。

以上点源、点汇、点涡的奇点处于坐标原点。如果奇点位于坐标系的任意一点，可将基于原点的相关公式按坐标平移进行变换。

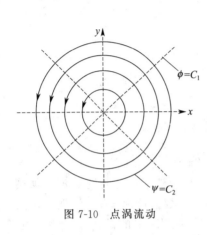

图 7-10　点涡流动　　　　图 7-11　直角角形区的流动

7.5.4　角形区域内的流动

直角区流动　设想流体质点沿图 7-11 所示直角角形区的向下向右运动，形成图中所示的流线，这种流动称为角形区域内的流动。直角角形区流动的速度势函数为

$$\phi=-x^2+y^2+C \tag{7-56}$$

显然，该势函数 ϕ 满足方程 $\nabla^2\phi=0$。若令 $\phi=0$ 的等势线通过原点，则常数 $C=0$。令 C_1 为任意常数，则 $\phi=C_1$ 的等势线方程为

$$y^2-x^2=C_1 \tag{7-57}$$

该方程中取 $x\geq 0$、$y\geq 0$ 则是图 7-11 第一象限所示的直角角形区内的等势线。

进一步，根据 x-y 平面速度势函数 ϕ 的定义，可得速度分量为

$$v_x=-\frac{\partial\phi}{\partial x}=2x, \quad v_y=-\frac{\partial\phi}{\partial y}=-2y \tag{7-58}$$

再根据流函数全微分方程可得

$$d\psi=-v_y dx+v_x dy=2y dx+2x dy=d(2xy+C)$$

即该角形区的流函数为

$$\psi=2xy+C \tag{7-59}$$

显然 ψ 满足方程 $\nabla^2\psi=0$。若规定 $\psi=0$ 的流线通过原点（$\psi=0$ 的流线与直角角形区壁面重合），则积分常数 $C=0$。令 C_2 为任意常数，则 $\psi=C_2$ 的流线方程为

$$2xy=C_2 \tag{7-60}$$

由此可见，等势线和流线各位一簇双曲线，两者正交，所形成的流网见图 7-11。

直角区流场分析　根据直角区速度分布式（7-58）可知：在第一象限的直角区，流体沿 y 轴向下作减速流动，然后转向 x 轴作加速流动；其次，在直角区竖直壁面（$x=0$），$v_x=$

0，$v_y \neq 0$，在水平壁面（$y=0$），$v_y=0$，$v_x \neq 0$；在这表明速度分布式（7-58）满足理想流体流动的壁面边界条件，即：壁面法向速度为零（无流体穿过壁面），但壁面切向速度不为零（无黏性摩擦）。

任意角形区流动　在极坐标（r-θ）平面，以坐标原点（$r=0$）为角形区顶点，以 $\theta=0$ 的水平轴线为角形区的一个壁面，然后根据 θ 的不同会形成不同的角形区。如果规定 $\psi=0$ 的流线过坐标原点且紧贴壁面，则该任意角形区的流函数和势函数分别为

$$\psi=Ar^n \sin(n\theta), \quad \phi=Ar^n \cos(n\theta) \tag{7-61}$$

式中，A 为常数；n 为常数，且 $\infty > n \geqslant 1/2$。不同的 n 对应的角形区流线如图 7-12 所示。

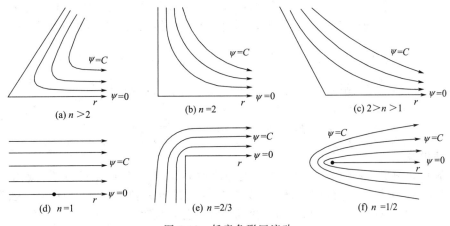

(a) $n>2$　　　(b) $n=2$　　　(c) $2>n>1$

(d) $n=1$　　　(e) $n=2/3$　　　(f) $n=1/2$

图 7-12　任意角形区流动

7.5.5　复合流动

前面曾讨论过，满足拉普拉斯方程的函数经线性叠加后仍满足拉普拉斯方程。因此，叠加两个（或多个）简单的势流，可以合成一个新的复杂势流。叠加时，将所选择的简单势流的速度势函数 ϕ 或流函数 ψ 作代数相加即可，新的复杂势流的速度则是各简单势流速度的矢量和，或由叠加后的 ϕ 或 ψ 求导获得。叠加的控制条件是：叠加后的流场要满足相应的边界条件；比如，壁面法向速度为零（流体速度与壁面相切），因此必然有流线与壁面重合。

（1）近壁处的点源

近壁处的点源是点源流动在一侧受半无限大平壁限制而形成的流动。根据理想流体在壁面上法向速度为零，而切向速度与壁面平行的特点，可以利用镜面法在平面法线的负方向相同距离处设一个大小相同的虚像点源，叠加成近壁处点源流动，如图 7-13 所示。

设强度为 q 的点源分别置于 x 轴（$-a,0$）点和（$a,0$）点处，对点源势函数公式（7-50）进行平移变换、叠加后的速度势函数与流函数分别为

$$\phi=-\frac{q}{4\pi}\left\{\ln\left[(x-a)^2+y^2\right]+\ln\left[(x+a)^2+y^2\right]\right\} \tag{7-62}$$

$$\psi=\frac{q}{2\pi}\left[\arctan\left(\frac{y}{x-a}\right)+\arctan\left(\frac{y}{x+a}\right)\right] \tag{7-63}$$

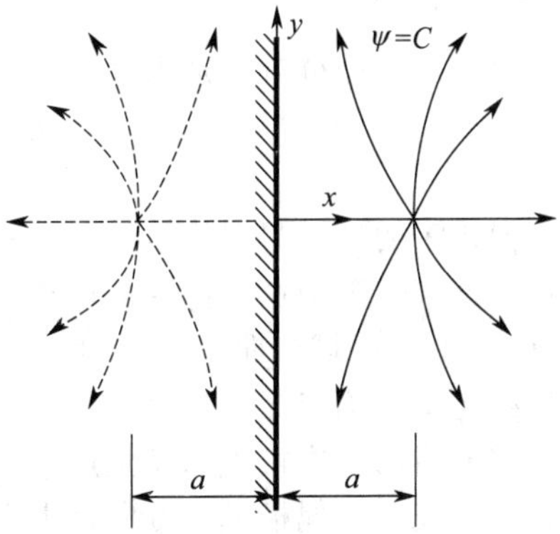

根据叠加后的势函数可得 x、y 方向的速度为

图 7-13　近壁处的点源流动

177

$$v_x = -\frac{\partial \phi}{\partial x} = \frac{q}{2\pi} \left[\frac{x-a}{(x-a)^2+y^2} + \frac{x+a}{(x+a)^2+y^2} \right] \qquad (7\text{-}64a)$$

$$v_y = -\frac{\partial \phi}{\partial y} = \frac{q}{2\pi} \left[\frac{y}{(x-a)^2+y^2} + \frac{y}{(x+a)^2+y^2} \right] \qquad (7\text{-}64b)$$

流场分析　根据流函数式可知，$\psi=0$ 的流线方程为：$y=0$ 和 $x=0$；$y=0$ 表示 $\psi=0$ 的流线一部分与 x 轴重合，$x=0$ 表示该流线一部分与 y 轴（壁面）重合。

此外，根据速度分布式可知，在半无穷大平壁上流体法向速度为零，即当 $x=0$ 时，

$$v_x = 0, \quad v_y = \frac{q}{\pi} \frac{y}{(a^2+y^2)} \qquad (7\text{-}65)$$

压力分布　由于任意（x，y）处机械能守恒，故设无穷远处流体的压力为 p_∞，对应的流体速度为 v_∞，平面流动无重力影响，则由全流场的伯努利方程可得压力分布为

$$\frac{v^2}{2} + \frac{p}{\rho} = \frac{v_\infty^2}{2} + \frac{p_\infty}{\rho} \longrightarrow p = p_\infty + \frac{\rho}{2}(v_\infty^2 - v^2) \qquad (7\text{-}66)$$

特别地，在半无穷大平壁上，即 $x=0$ 处，其压力 p_0 的分布为

$$p_0 = p_\infty + \rho \frac{v_\infty^2}{2} - \frac{\rho}{2} \left[\frac{q}{\pi} \frac{y}{(a^2+y^2)} \right]^2 \qquad (7\text{-}67)$$

(2) 偶极流

偶极流是如图 7-14 所示的平面流动。这种流动形式是由相距 $2a$ 的点源与点汇叠加后，令 a 以某种方式趋近于零得到的。设强度为 q 的点源置于 x 轴上（$-a$，0）处，强度为 $-q$ 的点汇置于 x 轴上（a，0）处，则叠加后流动的速度势函数为

$$\phi = -\frac{q}{4\pi} \ln[(x+a)^2+y^2] + \frac{q}{4\pi} \ln[(x-a)^2+y^2] = -\frac{q}{4\pi} \ln \frac{(x+a)^2+y^2}{(x-a)^2+y^2}$$

在上式中令 $2a \to 0$，$q \to \infty$，且注意：$2aq \to m$（m 为一有限值），则有

$$\phi = -\lim_{\substack{2a \to 0 \\ q \to \infty}} \frac{2aq}{4\pi} \frac{1}{2a} \ln \frac{(x+a)^2+y^2}{(x-a)^2+y^2} = -\frac{m}{2\pi} \frac{x}{x^2+y^2} \qquad (7\text{-}68)$$

这就是点源与点汇叠合后形成的偶极流的速度势函数。偶极流又称偶极子，其中 m 称为偶极矩。利用柯西-黎曼条件，可推得偶极子的流函数为

$$\psi = -\frac{m}{2\pi} \frac{y}{x^2+y^2} \qquad (7\text{-}69)$$

在极坐标系中，偶极子速度势函数与流函数分别为

$$\phi = -\frac{m}{2\pi} \frac{\cos\theta}{r}, \quad \psi = -\frac{m}{2\pi} \frac{\sin\theta}{r} \qquad (7\text{-}70)$$

对应的速度分量分别为

$$v_r = -\frac{m}{2\pi} \frac{\cos\theta}{r^2}, \quad v_\theta = -\frac{m}{2\pi} \frac{\sin\theta}{r^2} \qquad (7\text{-}71)$$

偶极子的流线与等势线如图 7-14 所示。可见，其流线是圆心在 y 轴上，与 x 轴相切于原点的圆族。因为这里讨论的偶极子原先的源在（$-a$，0）点，而汇在（a，0）点，故流线是自 $x<0$ 的区域流向 $x>0$ 的区域。等势线则是圆心在 x 轴上，与 y 轴相切于原点，并与诸流线正交的圆族。

需要指出，偶极子的发生点（此处为坐标原点）也是奇点，它除了有强度 m 外还有方向。一般规定，偶极子的方向是由点汇指向点源的方向。故以上讨论的仅是位于原点、强度为 m、方向为 $-x$ 方向的偶极子的流场情况。

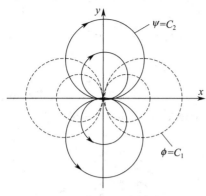

图 7-14　偶极子流动

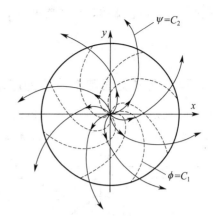

图 7-15　源环流动

(3) 源环流动

源环流动是点源与点涡的叠加，如图 7-15 所示（图中点涡为逆时针转动 $\Gamma > 0$）。这种流动对分析流体机械（例如无叶扩压器，离心泵蜗壳等）中的流动很有帮助。

将点源与点涡叠加，可得源环流动的流函数与流线方程（$\psi = C_2$）、速度势函数与等势线方程（$\phi = C_1$）分别为

$$\psi = \frac{1}{2\pi}(q\theta - \Gamma \ln r), \quad r = \exp\left(-\frac{2\pi C_2 - q\theta}{\Gamma}\right) \tag{7-72}$$

$$\phi = -\frac{1}{2\pi}(q\ln r + \Gamma \theta), \quad r = \exp\left(-\frac{2\pi C_1 + \Gamma \theta}{q}\right) \tag{7-73}$$

源环流动的流线和等势线如图 7-15 所示，其流线为一组对数螺旋线，等势线也是一组与流线正交的对数螺旋线。

(4) 汇环流动

汇环流动是点汇与点涡的叠加，如图 7-16 所示（图中点涡为顺时针转动 $\Gamma < 0$）。

将点汇与点涡叠加，可得汇环流动的流函数与流线方程（$\psi = C_2$）、速度势函数与等势线方程（$\phi = C_1$）分别为

$$\psi = -\frac{1}{2\pi}(q\theta + \Gamma \ln r), \quad r = \exp\left(-\frac{2\pi C_2 + q\theta}{\Gamma}\right) \tag{7-74}$$

$$\phi = \frac{1}{2\pi}(q\ln r - \Gamma \theta), \quad r = \exp\left(\frac{2\pi C_1 + \Gamma \theta}{q}\right) \tag{7-75}$$

汇环流动的流线和等势线如图 7-16 所示，其流线为一组对数螺旋线，等势线也是一组与流线正交的对数螺旋线。

由于点涡、点源或点汇的周向速度 v_θ 与径向速度 v_r 分别为

点涡　　　　　$v_\theta = \Gamma/2\pi r, \quad v_r = 0$

点源或点汇　$v_\theta = 0, \quad v_r = \pm q/2\pi r$

故对于源环流动或汇环流动，其任意半径 r 处的合速度为

$$v = \sqrt{v_r^2 + v_\theta^2} = \frac{1}{2\pi r}\sqrt{\Gamma^2 + q^2} \quad 或 \quad rv = \frac{1}{2\pi}\sqrt{\Gamma^2 + q^2} = C \tag{7-76}$$

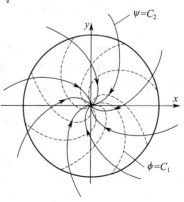

图 7-16　汇环流动

179

于是，对于理想流体，且忽略重力影响，由伯努利方程可得任意两半径处的压力差为

$$p_2-p_1=\frac{\rho}{2}(v_1^2-v_2^2)=\frac{1}{2}\rho\frac{(\Gamma^2+q^2)}{(2\pi)^2}\left(\frac{1}{r_1^2}-\frac{1}{r_2^2}\right)=\frac{1}{2}\rho C^2\left(\frac{1}{r_1^2}-\frac{1}{r_2^2}\right) \tag{7-77}$$

7.5.6 理想流体绕固定圆柱体的流动

图 7-17 所示是不可压缩理想流体以均匀来流速度 v_∞ 垂直绕流无限长固定圆柱的流动。该流动可视为 r-θ 平面流动，又称为绕圆柱体的无环量流动（为什么无环量见后）。

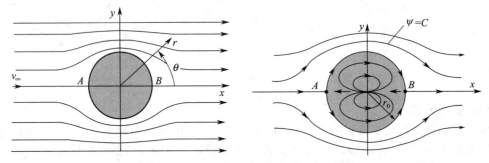

图 7-17 绕圆柱体的无环量流动（$r\geqslant r_0$）

设流动无旋，圆柱体半径为 r_0，则这一流动可由 x 方向的平行直线等速流与 $-x$ 方向的偶极流叠加而成。叠加结果在 $r\geqslant r_0$ 区域部分的流动就反映的是圆柱绕流的流场分布。

叠加的边界条件分析　由极坐标系中的平行直线流与偶极流叠加，得到的新速度势函数、流函数和流场速度为

$$\phi=-v_\infty r\cos\theta-\frac{m}{2\pi}\frac{\cos\theta}{r}=-v_\infty\cos\theta\left(r+\frac{m}{2\pi v_\infty r}\right) \tag{7-78}$$

$$\psi=v_\infty r\sin\theta-\frac{m}{2\pi}\frac{\sin\theta}{r}=v_\infty\sin\theta\left(r-\frac{m}{2\pi v_\infty r}\right) \tag{7-79}$$

$$v_r=-\frac{\partial\phi}{\partial r}=v_\infty\cos\theta\left(1-\frac{m}{2\pi v_\infty r^2}\right),\quad v_\theta=-\frac{1}{r}\frac{\partial\phi}{\partial\theta}=-v_\infty\sin\theta\left(1+\frac{m}{2\pi v_\infty r^2}\right) \tag{7-80}$$

对于圆柱绕流，半径为 r_0 的圆柱表面上径向速度为零（流体不能穿过壁面），其次是无穷远处流场未受干扰，流体速度等于来流速度 v_∞，即

$$\left.\begin{array}{l}r=r_0:\quad v_r=0\\r=\infty:\quad v=\sqrt{v_r^2+v_\theta^2}=v_\infty\end{array}\right\} \tag{7-81}$$

考察速度分布式可知，以上第二个边界条件自动满足，而第一个边界条件要求

$$m=2\pi v_\infty r_0^2 \tag{7-82}$$

这就是来流速度 v_∞ 绕流半径 r_0 的圆柱对偶极子流动强度（偶极矩）大小的要求。

流场的势函数、流函数及速度分量　将上式代入式（7-78）～式（7-80）可得圆柱绕流流场的 ϕ、ψ、v_r、v_θ 分别为

$$\phi=-v_\infty r\cos\theta\left(1+\frac{r_0^2}{r^2}\right)\quad\text{或}\quad\phi=-v_\infty x\left(1+\frac{r_0^2}{x^2+y^2}\right) \tag{7-83}$$

$$\psi=v_\infty r\sin\theta\left(1-\frac{r_0^2}{r^2}\right)\quad\text{或}\quad\psi=v_\infty y\left(1-\frac{r_0^2}{x^2+y^2}\right) \tag{7-84}$$

$$v_r=v_\infty\cos\theta\left(1-\frac{r_0^2}{r^2}\right),\quad v_\theta=-v_\infty\sin\theta\left(1+\frac{r_0^2}{r^2}\right) \tag{7-85}$$

流场分析 令 $\psi=0$，可得 $\theta=0$、$\theta=\pi$、$r=r_0$，即圆柱体 B 点以右和 A 点以左的水平中心线以及柱体表面是 $\psi=0$ 的流线（零流线）。

在圆柱体表面上 $r=r_0$，径向速度 $v_r=0$，切向速度 $v_\theta=-2v_\infty\sin\theta$，其中 A 点和 B 点 $v_r=0$，$v_\theta=0$，这两点分别称为前驻点和后驻点（也称前、后滞止点）。

圆柱表面的速度环量 根据速度环量公式，并代入柱体表面速度分布公式可得

$$\Gamma=\oint_C v_\theta\big|_{r=r_0}\,\mathrm{d}l=-\int_0^{2\pi}2v_\infty\sin\theta(r_0\,\mathrm{d}\theta)=-2r_0v_\infty(\cos2\pi-\cos0)=0$$

由此可见，因圆柱表面 $\Gamma=0$，故理想流体绕固定圆柱体的流动又称为无环量流动。

压力分布 设无穷远处流体压力为 p_∞，对应流体速度为 v_∞，所以忽略重力影响，由全流场的伯努利方程可得压力分布为

$$p=p_\infty+\frac{\rho}{2}(v_\infty^2-v^2) \tag{7-86}$$

特别地，因圆柱表面上的速度为

$$v^2=(v_r^2+v_\theta^2)\big|_{r=r_0}=v_\theta^2\big|_{r=r_0}=4v_\infty^2\sin^2\theta$$

故柱体表面压力 p_0 的分布为

$$p_0=p_\infty+\frac{\rho v_\infty^2}{2}(1-4\sin^2\theta) \quad\text{或}\quad P=\frac{p_0-p_\infty}{\rho v_\infty^2/2}=1-4\sin^2\theta \tag{7-87}$$

式中 P 是无因次压力。根据上式作出的无因次压力 P 的分布如图 7-18 所示，可见在前后驻点处压力为正压 $P=1$，在 $\theta=30°$ 处 $P=0$，在上下顶点处压力为负压 $P=-3$。

从压力分布以及速度分布可知，这种复合流动关于 x 轴和 y 轴对称，因此圆柱体所受表面压力的合力为零。这表明圆柱体对流体没有阻力，或流体对圆柱体没有曳力，显然与实际情况不相符，这主要是没有考虑流体黏性的缘故。

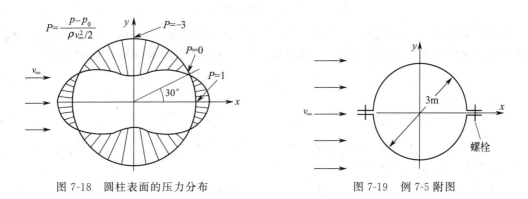

图 7-18 圆柱表面的压力分布　　　　　　图 7-19 例 7-5 附图

【例 7-5】 容器连接螺栓的拉应力。

两个半圆筒由螺栓连接组成圆筒密闭容器，如图 7-19 所示。圆筒外径 $D=3\mathrm{m}$，高 $H=10\mathrm{m}$，各边有 10 个螺栓相连。风沿 x 方向垂直于圆筒吹过，速度为 $v_\infty=10\mathrm{m/s}$。若容器内气体的压力 $p_w=50\mathrm{kPa}$（表压），每个螺栓的横截面积 $A=75\mathrm{mm}^2$，试求螺栓所受到的拉应力。取空气的密度为 $1.225\mathrm{kg/m}^3$。

解 将流动简化成绕圆柱体的无环量流动，柱体表面压力分布由式（7-40）给出为

$$p=p_0+\frac{\rho v_\infty^2}{2}(1-4\sin^2\theta)$$

由流动的对称性可知，容器上半圆表面的压力在 x 方向的合力为零，y 方向的合力为

$$F_y = p_w HD - \int_0^\pi (p - p_0) \sin\theta \frac{HD}{2} \mathrm{d}\theta = p_w HD - \frac{\rho v_\infty^2}{4} HD \int_0^\pi (1 - 4\sin^2\theta)\sin\theta \mathrm{d}\theta$$

$$= \left(p_w + \frac{5}{6}\rho v_\infty^2\right)HD = \left(200 + \frac{5}{6} \times 1.225 \times (10)^2\right) \times 10 \times 3 = 9062.5(\mathrm{N})$$

该合力即为螺栓所受到的总拉力。因此每个螺栓所承受的应力为

$$\sigma = \frac{F_y}{20A} = \frac{9062.5}{20 \times 75 \times 10^{-6}} = 6.04 \times 10^6 (\mathrm{Pa})$$

7.5.7　理想流体绕转动圆柱体的流动

考察不可压缩理想流体以均匀来流速度 v_∞ 垂直于无限长圆柱的绕流流动，此时圆柱同时又绕自身中心轴转动，转动角速度 ω（顺时针），如图 7-20（a）所示。这种流动又称为绕圆柱体的有环量流动。有环量，是指圆柱自身顺时针转动时，其圆周上切线速度处处为 $v_t = r_0\omega$，因此自身带有环量 $\Gamma_0 = -2\pi r v_t = -2\pi r_0^2 \omega$（$\Gamma_0 < 0$ 表示顺时针环量）。

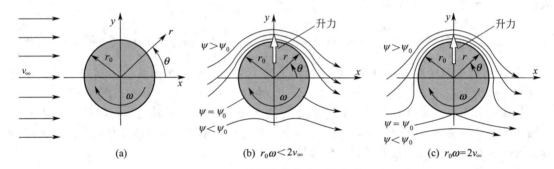

图 7-20　绕圆柱体的有环量流动

势函数与流函数　该流动可视为由 x 方向的平行直线等速流、$-x$ 方向的偶极流和点涡的叠加合成。因此，采用极坐标，三者叠加获得的新的速度势函数和流函数分别为

$$\phi = -v_\infty r\cos\theta - \frac{m}{2\pi}\frac{\cos\theta}{r} - \frac{\Gamma}{2\pi}\theta = -v_\infty \cos\theta\left(r + \frac{m}{2\pi v_\infty r}\right) - \frac{\Gamma}{2\pi}\theta \tag{7-88}$$

$$\psi = v_\infty r\sin\theta - \frac{m}{2\pi}\frac{\sin\theta}{r} - \frac{\Gamma}{2\pi}\ln r = v_\infty \sin\theta\left(r - \frac{m}{2\pi v_\infty r}\right) - \frac{\Gamma}{2\pi}\ln r \tag{7-89}$$

显然，为了与圆柱表面自身速度环量 Γ_0 相符合，点涡的环量 Γ 应与 Γ_0 相同，即 ϕ 与 ψ 表达式中的点涡环量 Γ 应等于

$$\Gamma = \Gamma_0 = -2\pi r_0^2 \omega \tag{7-90}$$

这表明叠加的点涡必须是顺时针点涡。

其次，利用圆柱面上法向速度 $v_r = 0$ 的条件确定满足边界条件的偶极矩 m。因为

$$v_r |_{r=r_0} = -\frac{\partial \phi}{\partial r}\Big|_{r=r_0} = -v_\infty \cos\theta\left(1 - \frac{m}{2\pi v_\infty r_0^2}\right) = 0$$

所以

$$m = 2\pi v_\infty r_0^2 \tag{7-91}$$

将点涡环量 Γ 和偶极矩 m 代入式（7-88）和式（7-89）可将 ϕ 与 ψ 进一步表示为

$$\phi = -v_\infty r\cos\theta\left(1 + \frac{r_0^2}{r^2}\right) + r_0^2 \omega\theta \tag{7-92}$$

$$\psi = v_\infty r \sin\theta \left(1 - \frac{r_0^2}{r^2}\right) + r_0^2 \omega \ln r \tag{7-93}$$

速度分布 利用势函数定义式可求得流体的运动速度为

$$v_r = v_\infty \cos\theta \left(1 - \frac{r_0^2}{r^2}\right), \quad v_\theta = -v_\infty \sin\theta \left(1 + \frac{r_0^2}{r^2}\right) - \frac{r_0^2 \omega}{r} \tag{7-94}$$

流场分析 根据流函数分布式可知，流线关于 y 轴对称，关于 x 轴不对称；根据速度分布可知，速度大小关于 y 轴对称，关于 x 轴不对称。

圆柱上表面 $r = r_0$、$\theta = 90°$ 处：$v_r = 0$，$v_\theta = -2v_\infty - r_0\omega$；

圆柱下表面 $r = r_0$、$\theta = -90°$ 处：$v_r = 0$，$v_\theta = 2v_\infty - r_0\omega$，小于上表面对应点速度值。

在切向速度 v_θ 的分布式中令 $r = r_0$，$v_\theta = 0$，或在流函数 ψ 的分布式中令 $r = r_0$，可分别得到圆柱表面驻点位置 θ_0 和圆柱表面流函数的值 ψ_0，即

$$\theta_0 = \arcsin\left(-\frac{r_0\omega}{2v_\infty}\right), \quad \psi_0 = r_0^2 \omega \ln r_0 \tag{7-95}$$

可见，若 $r_0\omega = 0$，则两个驻点分别在圆柱面 $\theta_0 = 0°$ 和 $\theta_0 = 180°$ 处，与无环量绕流一样；

如果 $r_0\omega < 2v_\infty$，两个驻点分别在 $-90° < \theta < 0°$ 和 $180° < \theta < 270°$ 之间，如图 7-20 （b）所示；

如果 $r_0\omega = 2v_\infty$，则两个驻点收缩于 $\theta = -90°$ 的圆柱面处，如图 7-20 （c）所示。

$\psi = \psi_0$ 的流线在前驻点转向柱体表面，然后由后驻点离开，见图 7-20 （b）、（c）。

注：$r_0\omega > 2v_\infty$ 条件下的驻点，直接由速度分布式（7-94）令 $v_r = v_\theta = 0$ 得到。

压力分布与升力 设 p_0、v_0 分别为圆柱面上的压力和速度，p_∞、v_∞ 分别为无穷远处的流体压力与速度，忽略重力影响，则根据全流场的伯努利方程可得圆柱面压力为

$$\frac{p_0}{\rho} + \frac{v_0^2}{2} = \frac{p_\infty}{\rho} + \frac{v_\infty^2}{2} \quad \text{或} \quad p_0 = p_\infty + \frac{\rho}{2}(v_\infty^2 - v_0^2)$$

根据式（7-94）可知，因为圆柱面上的速度为

$$v_0 = v_\theta = -2v_\infty \sin\theta - r_0\omega \tag{7-96}$$

故圆柱面上压力分布为

$$p_0 - p_\infty = \frac{\rho v_\infty^2}{2}\left[1 - \left(2\sin\theta + \frac{r_0\omega}{v_\infty}\right)^2\right] = \frac{\rho v_\infty^2}{2}\left[1 - \left(2\sin\theta - \frac{\Gamma}{2\pi r_0 v_\infty}\right)^2\right] \tag{7-97}$$

将上式代入物体表面力公式（3-14），可得单位长度圆柱表面受到的 p_0 的合力 $\mathbf{F}$ 为

$$\mathbf{F} = -\iint\limits_A \mathbf{n} p_0 \mathrm{d}A = -\int_0^{2\pi} (\cos\theta\, \mathbf{i} + \sin\theta\, \mathbf{j}) p_0 r_0 \mathrm{d}\theta = \rho v_\infty 2\pi r_0^2 \omega \mathbf{j} = -\rho v_\infty \Gamma \mathbf{j} \tag{7-98}$$

即

$$F_x = 0, \quad F_y = \rho v_\infty 2\pi r_0^2 \omega = -\rho v_\infty \Gamma \tag{7-99}$$

可见，与无环量情况相比，绕圆柱体的有环量流动其压力分布仍然对称于 y 轴，故 $F_x = 0$；但不再对称于 x 轴，从而使得圆柱在 y 方向受到一合力 F_y，F_y 沿 y 轴向上（$\Gamma < 0$），称之为升力，见图 7-20。升力的大小与环量 Γ、来流速度 v_∞ 及流体密度 ρ 成正比。

马格努斯（Magnus）效应 转动圆柱体在平行流中要受到垂直于平行流方向的作用力，类似条件下的球体或其它物体也会受到这样的力，这种现象称为马格努斯效应。机翼、涡轮叶片等物体的升力理论均以此为依据；流体中颗粒的悬浮、足球运动员所踢出的香蕉球等也常用这一效应解释。

习　　题

7-1 已知下列速度势函数，求流函数，并画出流线。

① $\phi = xy$

② $\phi = x^3 - 3xy^2$

③ $\phi = x/(x^2 + y^2)$

④ $\phi = (x^2 - y^2)/(x^2 + y^2)^2$

7-2 不可压缩均匀来流流场 $v_x = 3\text{m/s}$，$v_y = 5\text{m/s}$，试写出速度势函数和流函数。

7-3 已知不可压缩平面流场中，x 方向的速度分量为 $v_x = xy/(x^2 + y^2)^{3/2}$，试利用连续性方程确定 y 方向的速度分量 v_y，试问此流场是否有旋（已知 x 轴上速度为零）？

7-4 已知速度场：$v_x = kx^2$，$v_y = -2kxy$，其中 k 为常数。

① 此速度场是否为可压缩流场？流场是否有旋？

② 试写出流函数和速度势函数；

③ 已知零流线过坐标原点，且通过 (1，2) 和 (2，3) 两点间连线的线流量为 $40\text{m}^2/\text{s}$，试确定分别通过这两点的流线方程。

7-5 不可压缩平面流动，其流函数 $\psi = x^2 - y^2$，问流动是否有势？如果有，给出势函数 ϕ。

7-6 一西南风的风速为 12m/s，试求其流函数和速度势函数。提示：以 x 轴指向东方，y 轴指向北方。

7-7 流体流动的势函数为 $\phi = A(x^2 - y^2)$。①证明其是调和函数，并求出流函数；②流场中有驻点吗？如果有，应在何处；③取 $A = -1$ 且令零流线和零等势线通过坐标原点，在 $x = 0 \sim 5$、$y = 0 \sim 5$ 的流场区绘制 $\psi = 0$、1、5、10、15、20 的流线图和 $\phi = 0$、± 2、± 6、± 12 等势线图。

7-8 强度 $q = 20\text{m}^2/\text{s}$ 的点汇和点源置于如图 7-21 所示的直角坐标系流场中，流场有横向均匀流速 $v_0 = 10\text{m/s}$，流体密度 $\rho = 1000\text{kg/m}^3$。试求 $x = 15\text{m}$，$y = 15\text{m}$ 点处的速度和该点相对于来流的压力差。

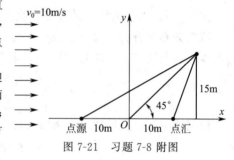

图 7-21　习题 7-8 附图

7-9 已知桥墩宽度 $2r_0 = 2\text{m}$，水深 $H = 3\text{m}$，桥墩头部（迎流面）为半圆形，河水流速 $v_\infty = 2\text{m/s}$。①试按平面势流问题考虑，计算桥墩头部所受到的水流冲击力；②若计入水深静压的影响，桥墩头部受到的沿水流方向的总力又为多少？取水的密度 $\rho = 1000\text{kg/m}^3$。

7-10 针对图 7-20 所示的绕圆柱体的有环量流动，已知流体密度 $\rho = 1.2\text{kg/m}^3$，来流速度 $v_\infty = 10\text{m/s}$，圆柱半径 $r_0 = 50\text{mm}$。试求：①两个驻点聚集在圆柱面同一点上时，圆柱受到的升力；②流函数 $\psi = r_0^2 \omega \ln r_0$ 对应的流线方程，并证明该流线通过圆柱面上的驻点并绕过圆柱面；③当 $r_0 \omega = 2.5 v_\infty$ 时驻点的位置及圆柱受到的升力。

7-11 试证明：无旋流场中如果流体速度 $\mathbf{v}$ 的势函数为 ϕ，即 $\mathbf{v} = \nabla \phi$，则加速度 $\mathbf{a}$ 也必然有势，且势函数为 $(\partial \phi/\partial t + v^2/2)$，即

$$\mathbf{a} = \nabla \left(\frac{\partial \phi}{\partial t} + \frac{1}{2} v^2 \right)$$

提示：利用速度质点导数矢量式和附录 A 第 A.3 节第（4）式，并注意

$$\nabla (\mathbf{v} \cdot \mathbf{v}) = \nabla v^2, \qquad \frac{\partial}{\partial t} \nabla \phi = \nabla \left(\frac{\partial \phi}{\partial t} \right)$$

7-12 流体在距离为 B 的两平行平板间作剪切流动，底部平板静止，上部平板以速度 v 沿 x 方向水平移动，因此板间的流速分布为 $v_x = vy/B$，$v_y = 0$。试求该流动的流函数以及两平板间的体积流量（垂直于 x-y 平面取单位厚度）。

7-13 已知倾斜平壁上充分发展的降膜流动速度分布为

$$v_x = \frac{\rho g \delta^2 \cos\beta}{2\mu} \left[2 \frac{y}{\delta} - \left(\frac{y}{\delta} \right)^2 \right]$$

式中，δ 液膜厚度，表面与大气接触；β 为液膜流动方向（x 方向）与重力加速度 g 方向之间的夹角；y 坐标垂直于壁面向上，且 $v_y = 0$。试求该流动的流函数以及液膜厚度 δ 对应的体积流量（垂直于 x-y 平面取单位厚度）。

7-14 水平流速为 10m/s 空气自右向左吹过 10m 高的挡墙。试按理想流体角形区平面势流计算挡墙受到的横向推力，并考察受力方向解释结果。已知空气密度为 1.2kg/m^3。

7-15 直径为 200mm 的长圆柱体在水深 5 米处横向平行移动，试求柱体表面出现空泡现象（水汽化现象）的移动速度。已知：水的密度 1000kg/m^3，水温 20℃，饱和蒸汽压 2338Pa。

7-16 平行于 x 轴且速度为 v_0（>0）的均匀来流与源强为 q（>0）的平面点源流场叠加，可构成绕某种钝体的流动。试求：①该钝体头部表面驻点的位置；②该钝体表面的曲线方程；③$v_0 = 10\text{m/s}$、$q = 100\text{m}^2/\text{s}$ 时，$x = 0$ 处对应的钝体表面的 y 坐标。

<h2 style="text-align:center">思 考 题</h2>

7-1 定义流函数的流动条件是什么？流函数在表现流场方面有什么价值？需要附加什么条件流函数才满足 Laplace 方程？

7-2 有旋或无旋流动与流动的维数、流体的可压缩性、流动的稳定性有关吗？无旋流动加上什么条件后，其势函数满足 Laplace 方程？

7-3 对于理想不可压缩平面流动，沿流线的伯努利方程为：$v^2/2 + gy + p/\rho = C$，而理想不可压缩平面势流的伯努利方程也有相同形式，问两者有何不同的意义？

7-4 理想不可压缩平面势流问题对流动稳定与否有要求吗？什么时候必须设置"稳定流动"这一前提？"理想"这一前提体条件现在哪些方面？

7-5 简单流动叠加为一个新的流动时，如何满足新流动的壁面边界条件？

第8章 流体流动模型实验方法

以流体力学基本原理及其微分方程为基础的理论分析方法，只是研究流体流动问题的手段之一。对于工程实际中的许多流动问题，由于其控制方程的非线性行为和问题本身的复杂性，理论解析是相当困难甚至是不可能的。对于这样的问题必须借助于实验。实验作为研究流体流动及其相关问题的基本手段，在新现象的认识与探索、复杂流动过程研究、工程设计数据获取、理论分析和数值模拟结果验证等方面具有不可替代的地位。

流体力学的实验研究方法有原型实验、比拟实验和模型实验三大类。原型实验是直接以实际原型系统为对象进行相关实验测试，这适用于一些小型系统的研究，对于大型设备系统通常很难实施。比拟实验是利用电场、磁场等来模拟流场温度场等，其适用性有限。模型实验是流体力学实验研究中最常用的手段，其中的实验模型是参照原型系统按一定要求缩小或放大的模型，其实验介质及操作条件也会因一定的规则限制而不同于原型系统。

模型实验最基本的问题是：如何确定模型尺寸、实验介质和操作条件，以使模型实验结果能反映原型系统的流体力学特性，满足放大设计要求。流动相似理论可以给出这些问题的解决方案。本章将首先阐述模型实验的基本理论——流动相似原理以及寻求相似准则的基本方法；然后结合实例，阐述相似理论在模型实验设计中的应用以及其中需要考虑的问题。

8.1 流动相似原理

流动相似概念是几何相似概念的推广。在两个几何相似的流场空间中，若对应点的同名物理量之间存在一定的比例关系，则这两个流动系统是相似的。流动相似包括几何相似、运动相似和动力相似三个方面。

8.1.1 几何相似

几何相似指模型边界形状与原型相似，即模型与原型的对应边成同一比例。工程实际中的流动系统称为原型，为进行实验研究所设计的缩制系统称为模型。若分别用 L_p、L_m 表示原型与模型对应边界的几何尺度，几何相似则意味着任一对 L_p、L_m 的比值都相同，即

$$\frac{L_p}{L_m} = C_l \tag{8-1}$$

式中 C_l 称为长度比尺。长度比尺 C_l 的选择通常依原型特点和模型实验条件而定，$C_l \rightarrow 1$ 表示模型尺度趋近原型尺度。理论上讲，几何相似要求模型和原型之间所有对应尺寸的长度比尺 C_l 相同，但实践中这一要求并非总能满足。例如，对天然河道的流动进行模型实验时，如果按同一比尺缩制模型，可能会造成水层太浅，以至于改变模型中的水流特性（满足不了运动或动力相似）；又比如，在研究管道流动或高坝溢流中的表面摩擦阻力时，模型表面与原型表面的粗糙度相似是很重要的，但要人工制作与原型完全相似的粗糙度表面往往很困难，此时只有降低要求，使模型与原型的平均粗糙度相似即可。

8.1.2 运动相似

运动相似是指几何相似的两个流动系统中，对应空间点的流线形状相似，或两系统对应点的速度向量 $\mathbf{v}$、加速度向量 $\mathbf{a}[=\lim\limits_{\Delta t\to 0}(\Delta \mathbf{v}/\Delta t)]$ 相互平行，且比值为一常数，即

$$\frac{v_p}{v_m}=C_V, \quad \frac{a_p}{a_m}=\frac{(\Delta v/\Delta t)_p}{(\Delta v/\Delta t)_m}=\frac{C_V}{C_t}, \quad C_t=\frac{\Delta t_p}{\Delta t_m} \tag{8-2}$$

即，运动相似的两个系统必有确定的速度比尺 C_V 和时间比尺 C_t。

另一方面，根据"速度＝位移/时间"，又可得速度比尺 C_V、长度比尺 C_l 和时间比尺 C_t 之间的关系为

$$C_V=\frac{C_l}{C_t} \quad\longrightarrow\quad C_t=\frac{C_l}{C_V} \tag{8-3}$$

由此可见：两系统运动相似（C_V 确定，C_t 确定），则长度比尺 C_l 也就确定。这意味着几何相似是运动相似的必要条件，即运动相似必然几何相似。反之则不然，几何相似不一定运动相似。图 8-1 所示就是两个几何相似但运动不相似的系统，其中左边系统来流速度是亚声速的（马赫数 $Ma<1$），而右边系统是超声速的（$Ma>1$），超声速系统因斜激波的原因具有与亚声速流动不同的流线形状，故运动不相似。

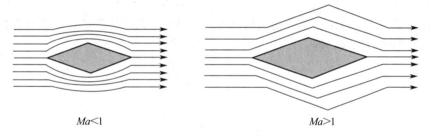

$Ma<1$ $Ma>1$

图 8-1　几何相似而运动不相似的流动

式（8-3）同时还表明：几何相似的两个系统（C_l 确定），只要其速度相似（C_V 确定），则两系统时间比尺 C_t 由式（8-3）确定。故式（8-3）又称为时间比尺方程。

8.1.3 动力相似

动力相似是指两个几何相似、运动相似的流动系统中，流场对应点处作用力 $\mathbf{F}$ 的方向相同、大小成一定比例，即

$$\frac{F_p}{F_m}=C_f \tag{8-4}$$

式中，C_f 为作用力比尺，动力相似要求两流场任意对应点的同名作用力之比都等于 C_f。

最后需要指出：模型和原型系统流动相似，除了满足几何相似、运动相似和动力相似外，还必须使两个系统的边界条件相似，即边界条件类型相同且满足相应的相似条件。

8.2　相似准则及其分析方法

相似原理说明两个系统流动相似必须在几何、运动和动力三个方面都要相似，即满足上述比例关系式。然而，这些比例关系式只是相似原理的定义式，模型实验时并不能用来检验

其是否与原型相似，因为原型系统的流动详情是未知的。这就提出了一个问题：如何才能保证模型系统与原型相似（满足上述相似比例关系）呢？这是由相似准则来解决的问题。

相似准则是流动相似的充分必要条件。建立相似准则一般有两种途径：对于已有流动微分方程描述的问题，可直接根据微分方程和相似条件导出相似准则；对于还没有能建立流动微分方程的问题，只要知道影响流动过程的物理量，则可通过量纲分析方法导出相似准则。

8.2.1 微分方程分析法——N-S 方程的相似分析

在第 6 章中已经介绍，对于黏性不可压缩流体的流动，可用耐维-斯托克斯方程（简称 N-S 方程）来描述。因此从 N-S 方程着手，可导出黏性不可压缩流体流动的相似准则。

为简明起见，设流体受到的体积力仅有重力，重力方向沿 x-y-z 直角坐标系中的 z 轴负方向，这样仅以 z 方向的 N-S 方程即可导出黏性不可压缩流体流动的相似准则。因此，若以下标"p""m"分别标志原型系统参数和模型系统参数，则根据 N-S 方程式（6-29），原型和模型系统在 z 方向的流动微分方程分别为

$$\frac{\partial v_{pz}}{\partial t_p} + v_{px}\frac{\partial v_{pz}}{\partial x_p} + v_{py}\frac{\partial v_{pz}}{\partial y_p} + v_{pz}\frac{\partial v_{pz}}{\partial z_p} = -g_p - \frac{1}{\rho_p}\frac{\partial p_p}{\partial z_p} + \frac{\mu_p}{\rho_p}\left(\frac{\partial^2 v_{pz}}{\partial x_p^2} + \frac{\partial^2 v_{pz}}{\partial y_p^2} + \frac{\partial^2 v_{pz}}{\partial z_p^2}\right) \tag{8-5a}$$

$$\frac{\partial v_{mz}}{\partial t_m} + v_{mx}\frac{\partial v_{mz}}{\partial x_m} + v_{my}\frac{\partial v_{mz}}{\partial y_m} + v_{mz}\frac{\partial v_{mz}}{\partial z_m} = -g_m - \frac{1}{\rho_m}\frac{\partial p_m}{\partial z_m} + \frac{\mu_m}{\rho_m}\left(\frac{\partial^2 v_{mz}}{\partial x_m^2} + \frac{\partial^2 v_{mz}}{\partial y_m^2} + \frac{\partial^2 v_{mz}}{\partial z_m^2}\right) \tag{8-5b}$$

现假设模型与原型系统相似，则根据流动相似原理，两系统流场对应点上的各同名物理量之比应具有相同的比尺，即

几何相似
$$C_l = \frac{x_p}{x_m} = \frac{y_p}{y_m} = \frac{z_p}{z_m} \tag{8-6a}$$

运动相似
$$C_V = \frac{v_{px}}{v_{mx}} = \frac{v_{py}}{v_{my}} = \frac{v_{pz}}{v_{mz}}, \quad C_t = \frac{t_p}{t_m} \tag{8-6b}$$

动力相似
$$C_p = \frac{p_p}{p_m}, \quad C_g = \frac{g_p}{g_m} \tag{8-6c}$$

物性参数相似
$$C_\rho = \frac{\rho_p}{\rho_m}, \quad C_\mu = \frac{\mu_p}{\mu_m} \quad 或 \quad C_\nu = \frac{\nu_p}{\nu_m} \tag{8-6d}$$

应用上述各式，将原型系统各参数表示为相应模型参数与相似比尺的乘积，比如
$$x_p = C_l x_m, \cdots; \quad v_{px} = C_V v_{mx}, \cdots; \quad t_p = C_t t_m, \cdots; \quad p_p = C_p p_m, \cdots$$
然后代入方程式（8-5a）中，可得以模型参数和相似比尺表示的原型系统流动微分方程如下

$$\frac{C_V}{C_t}\frac{\partial v_{mz}}{\partial t_m} + \frac{C_V^2}{C_l}\left(v_{mx}\frac{\partial v_{mz}}{\partial x_m} + v_{my}\frac{\partial v_{mz}}{\partial y_m} + v_{mz}\frac{\partial v_{mz}}{\partial z_m}\right)$$
$$= -C_g g_m - \frac{C_p}{C_l C_\rho}\frac{1}{\rho_m}\frac{\partial p_m}{\partial z_m} + \frac{C_V C_\mu}{C_l^2 C_\rho}\frac{\mu_m}{\rho_m}\left(\frac{\partial^2 v_{mz}}{\partial x_m^2} + \frac{\partial^2 v_{mz}}{\partial y_m^2} + \frac{\partial^2 v_{mz}}{\partial z_m^2}\right) \tag{8-7}$$

由此可见，在两系统相似的前提下，原型方程也转化成为了关于模型变量（v_{mx}、v_{my}、v_{mz}、p_m）的微分方程。因此，若两系统确实相似，则由方程式（8-7）解出的模型变量必然与模型方程式（8-5b）本身解出的模型变量对应相同；反之，若方程式（8-7）的解不等于模型方程式（8-5b）的解，则意味着由比例关系式（8-6）引入到方程式（8-7）中的模型变量就不真正代表模型变量，只是用了与模型变量相同的符号而已，即两系统相似的假设并不成立。

那么，什么条件下方程式（8-7）的解才与模型方程式（8-5b）的解相同呢？比较可见：要使两方程有相同的解，只要方程式（8-7）中的各相似比尺项满足下列条件即可。

$$\frac{C_V}{C_t} = \frac{C_V^2}{C_l} = C_g = \frac{C_p}{C_l C_\rho} = \frac{C_V C_\mu}{C_l^2 C_\rho} \tag{8-8}$$

该条件成立，则方程式（8-7）中的各相似比尺项就可以消去，从而变得与模型方程式（8-5b）完全一样，故只要边界条件相似，其解也必然与模型方程式（8-5b）相同。反之，若该条件不成立，则方程式（8-7）中的各相似比尺项就不能消去，其解将显然不同于模型方程的解。即：关系式（8-8）就是 N-S 方程所描述的黏性不可压缩流体流动问题的相似准则。

在相似准则式（8-8）中，如果用 C_V^2/C_l 遍除各项，整理可得其等价形式为

$$\frac{C_V C_l C_\rho}{C_\mu} = \frac{C_p}{C_\rho C_V^2} = \frac{C_V^2}{C_l C_g} = \frac{C_l}{C_t C_V} = 1 \tag{8-9}$$

该相似准则式有 4 个独立的比尺方程；根据相似比尺定义式（8-6），可得比尺方程对应的相似准则物理方程和无量纲相似数，见表 8-1。其中，L、v、t、p、ρ、μ、g 分别表示流动系统的特征长度、特征速度、时间、压力、流体密度、黏度和重力加速度。

表 8-1　N-S 方程流动问题的相似准则与相似数

相似准则比尺方程	相似准则物理方程	相似准则名称,相似数名称与定义
$\dfrac{C_l C_V C_\rho}{C_\mu} = 1$	$\dfrac{L_p v_p \rho_p}{\mu_p} = \dfrac{L_m v_m \rho_m}{\mu_m}$ 或 $Re_p = Re_m$	雷诺准则,雷诺数 $Re = \dfrac{\rho v L}{\mu}$
$\dfrac{C_p}{C_\rho C_V^2} = 1$	$\dfrac{p_p}{\rho_p v_p^2} = \dfrac{p_m}{\rho_m v_m^2}$ 或 $Eu_p = Eu_m$	欧拉准则,欧拉数 $Eu = \dfrac{p}{\rho v^2}$
$\dfrac{C_V^2}{C_g C_l} = 1$	$\dfrac{v_p^2}{g_p L_p} = \dfrac{v_m^2}{g_m L_m}$ 或 $Fr_p = Fr_m$	佛鲁德准则,佛鲁德数 $Fr = \dfrac{v^2}{gL}$
$\dfrac{C_l}{C_V C_t} = 1$	$\dfrac{L_p}{v_p t_p} = \dfrac{L_m}{v_m t_m}$ 或 $St_p = St_m$	斯特哈尔准则,斯特哈尔数 $St = \dfrac{L}{vt}$

总结　对于 N-S 方程描述的黏性不可压缩流动问题，两系统相似的具体条件为：

① 原型与模型系统几何相似（前提条件）；

② 原型与模型系统的相似数 Re、Eu、Fr、St 分别对应相等；其中，Re、Eu、Fr 是动力相似准数，St 是运动相似数 ［不涉及力的因素，并等价于时间比尺方程式（8-3）］；

③ 原型与模型系统的边界条件相似（边界条件类型相同且满足相应的相似条件）。

说明　由微分方程导出的相似数的数目＝微分方程中非同类项的数目－1。比如，在 N-S 方程式（8-5）中，非同类项有 5 项：局部加速度项，对流加速度项，质量力项，表面压力项，表面黏性力项，因此其相似数数目为 $5-1=4$，即 Re，Eu，Fr，St。

8.2.2　相似数的物理意义及典型应用条件

（1）相似数 Re、Eu、Fr、St

为了说明黏性不可压缩流动 4 个相似数的物理意义，将 z 方向 N-S 方程改写如下。

$$\underbrace{\rho\frac{\partial v_z}{\partial t}}_{\substack{\text{局部惯性力}\\ \rho v/t}} + \underbrace{\rho\left(v_x\frac{\partial v_z}{\partial x} + v_y\frac{\partial v_z}{\partial y} + v_z\frac{\partial v_z}{\partial z}\right)}_{\substack{\text{对流惯性力}\\ \rho v^2/L}} = \underbrace{-\rho g}_{\substack{\text{重力}\\ \rho g}} \underbrace{-\frac{\partial p}{\partial z}}_{\substack{\text{压力}\\ p/L}} + \underbrace{\mu\left(\frac{\partial^2 v_z}{\partial x^2} + \frac{\partial^2 v_z}{\partial y^2} + \frac{\partial^2 v_z}{\partial z^2}\right)}_{\substack{\text{黏性力}\\ \mu v/L^2}}$$

从力的角度看，该方程等号左边第一项是单位体积流体的质量 ρ 与局部加速度 $\partial v_z/\partial t$ 的乘积，表示的是局部惯性力，用 $\rho v/t$ 表征；第二项是 ρ 与对流加速度 $v_i \partial v_z/\partial x_i$ 的乘

积，表示的是对流惯性力，用 $\rho v^2/L$ 表征；方程等号右边依次是单位体积流体受到的重力、压力（表面力）和黏性力，分别用 ρg、p/L、$\mu v/L^2$ 表征。根据 N-S 方程各项的力学意义，可明确相似数 Re、Eu、Fr、St 的物理意义。

雷诺数 Re（Reynolds number）　雷诺数是表征流动问题中黏性力相对影响的动力相似准数，其意义是（对流）惯性力与黏性力之比，即

$$Re = \frac{惯性力}{黏性力} = \frac{\rho v^2/L}{\mu v/L^2} = \frac{\rho v L}{\mu}$$

Re 又称黏性力相似数。凡与流体黏性阻力相关的对流问题（包括动量与传热传质问题）的模型实验，应首先考虑满足雷诺相似准则，即满足两系统雷诺数相等。比如，对于管道流动、流体绕物流动、边界层流动、飞行器表面阻力等问题，通常必须考虑雷诺准则。

欧拉数 Eu（Euler number）　欧拉数是表征流动问题中表面压力（或压差力）相对影响的动力相似数，其意义是压（差）力与（对流）惯性力之比，即

$$Eu = \frac{压力}{惯性力} = \frac{p/L}{\rho v^2/L} = \frac{p}{\rho v^2}$$

Eu 又称压力相似数。欧拉数常用于描述表面压力或压差力对流动行为影响较大的流动问题。压差（形状）阻力问题、桨叶推力问题、水流对物体表面的冲击力问题、空泡现象问题等的模型实验应考虑满足欧拉相似准则，即满足两系统欧拉数相等。

佛鲁德数 Fr（Froude number）　佛鲁德数是表征流动问题中重力相对影响的动力相似数，其意义是（对流）惯性力与重力之比，即

$$Fr = \frac{惯性力}{重力} = \frac{\rho v^2/L}{\rho g} = \frac{v^2}{gL} \quad 或 \quad Fr = \frac{v}{\sqrt{gL}}$$

Fr 又称重力相似数。佛鲁德数常用于描述重力作用对流动行为影响较大的流动问题。有自由表面的流动问题受重力影响较大，如搅拌槽液面波动、潮汐、江河流动、堰流、孔口泄流、运动物体波浪阻力等问题，应考虑满足该相似准则。又如，对于有自由表面的水流，有急流和缓流之分，其性质很不相同：缓流中干扰波可往上游传播，急流则不能；用佛鲁德数表征，当 $Fr > 1$ 时，水流性质为急流，当 $Fr < 1$ 时，水流性质为缓流。但对于诸如管道内的强制流动问题则可不考虑此准则。

斯特哈尔数 St（Strouhal number）　斯特哈尔数是表征流动问题中时间变化行为影响的运动相似数，其意义是局部加速度与对流加速度之比，即

$$St = \frac{局部加速度}{对流加速度} = \frac{v/t}{v^2/L} = \frac{L}{vt}$$

St 又称时间相似数。从 N-S 方程看，St 准则主要用于确定非定常流动问题的时间相似特性。但由于 St 准则比尺方程（见表 8-1）实际等价于时间比尺方程式（8-3），因此即便是稳态流动问题，当需要确定两系统的时间比尺时，仍然会用到 St 准则（其作用是替代时间比尺方程）；这在旋转机械流体系统中（诸如反应器搅拌功率、离心泵性能实验、直升机旋翼气动性能、螺旋桨气动/水动性能等问题中）尤为常见。

（2）其它常用相似准数

除上述 Re、Eu、Fr、St 外，对于其它不同条件下的流动，也有相应的相似数。

马赫数 Ma（Mach number）　马赫数是表征可压缩流动问题中气体可压缩性相对影响的相似数，其意义为（对流）惯性力与气体弹性力之比，即

$$Ma = \sqrt{\frac{惯性力}{弹性力}} = \frac{\sqrt{\rho v^2/L}}{\sqrt{\rho a^2/L}} = \frac{v}{a}$$

式中，v 是气流特征流速；a 是声波在气体中的传播速度即声速。$Ma<1$ 的流动为亚声速流动，$Ma>1$ 为超压声速流动。通常，当 $Ma>0.3$ 以后，气体密度随压力变化逐渐明显，可压缩性影响将变得显著，这种情况下马赫数相等是两系统相似的重要准则。

韦伯数 *We*（Weber number） 韦伯数是表征流动问题中界面张力影响的相似数，其意义为（对流）惯性力与表面张力之比，即

$$We = \frac{惯性力}{表面张力} = \frac{\rho v^2 / L}{\sigma / L^2} = \frac{\rho v^2 L}{\sigma}$$

韦伯数 We 愈小意味着表面张力作用愈重要。当流体系统存在自由表面且（相对于惯性力）界面张力对流动行为有显著影响时，如毛细管流动、微液滴或气泡运动、液滴分散过程、表面张力波等小尺度问题，则必须考虑韦伯数。但对于一般流动问题（大尺度问题），We 数通常远大于 1，故表面张力作用不予考虑。

毛细管数 *Ca*（Capillary number） 毛细管数是表征两相流体过程中界面张力与黏性力相对影响的相似数，即

$$Ca = \frac{黏性力}{表面张力} = \frac{\mu v / L^2}{\sigma / L^2} = \frac{\mu v}{\sigma} \quad 或 \ Ca = \frac{We}{Re}$$

毛细管数 Ca 是一个导出数。对于两相流体系统中分散相液滴在缓慢环境中（惯性力较小）的变形、破裂、聚并过程，直接采用毛细管数 Ca 能更好描述过程行为，如微流控装置中液滴的生长与形成过程、油水分离中油滴在聚结板面的变形与聚并过程等。

此外，在以角速度 ω 旋转的参照系内研究流体流动时，流体将受到柯氏力和离心（惯性）力，由此又可引出罗斯比数 Ro（Rossby number）和埃克曼数 Eo（Ekman number）。其中，罗斯比数 $Ro = v / \omega L$ 表示柯氏力/离心力，而埃克曼数 $Eo = \mu / \rho \omega L^2$ 则表示黏性力/离心力。附录 B 表 B-3 列出了流体动量及热质传递过程中常见的相似数。

8.2.3 相似准则在模型实验中的应用

按相似理论要求，两系统流动相似则两系统同名相似数必须对应相等。比如：对于由 N-S 方程所描述的流动问题，模型实验要与原型相似，两者对应的 Re、Eu、Fr、St 四个相似数都应相等。但实践中会发现，不少情况下只能根据流动问题特征，选择满足主要相似准则。除此之外，相似准则应用中还涉及定性准则与非定性准则、相似数的变形等问题。以下通过几个例题来讨论这些问题。

【例 8-1】 风管喷嘴最佳形状模型实验。

某大型通风管设计中，需设置一出口直径为 d_p 的喷嘴以保证空气出流速度为 v_p。根据该通风管工作条件，可将气流视为不可压缩流体，故拟定在水力实验室缩制通风管模型，通过模型实验确定喷嘴最佳形状（如阻力最小）。通风管空气温度和模型实验水温均为 25℃，且实验中要求保持模型出口水速 v_m 与原型出口气速 v_p 相等，试确定模型比尺。

解 该问题属于压差推动下的不可压缩黏性流体强制流动问题，其压力差、摩擦阻力和惯性力是主要控制因素，故两系统流动相似应首先满足 Re 相似准则，其次是 Eu 相似准则，Fr 准则显然不重要（非重力流动）；又因为是稳态过程，故 St 准则不予考虑。

满足 Re 准则意味着两系统 Re 数对应相等，即

$$Re_p = Re_m \longrightarrow \frac{v_p d_p}{\nu_p} = \frac{v_m d_m}{\nu_m} \longrightarrow \frac{C_V C_l}{C_\nu} = 1$$

因为两系统出口速度相等，即 $C_V = v_p / v_m = 1$，且 25℃时，空气运动黏度 $\nu_p = 1.553 \times 10^{-5} \mathrm{m^2/s}$，水的运动黏度 $\nu_m = 0.905 \times 10^{-6} \mathrm{m^2/s}$，所以由比尺方程可得

$$C_l = \frac{C_\nu}{C_V} = C_\nu \longrightarrow C_l = \frac{\nu_p}{\nu_m} = \frac{1.553 \times 10^{-5}}{0.905 \times 10^{-6}} = 17.16 \approx 17 \longrightarrow d_m = \frac{d_p}{C_l} = \frac{d_p}{17}$$

即模型尺寸按比尺 $C_l \approx 17$ 缩制，模型喷嘴出口直径 $d_m = d_p/17$。

满足 Eu 准则意味着两系统 Eu 数相等或 Eu 准则比尺方程成立，即

$$Eu_p = Eu_m \longrightarrow \frac{\Delta p_p}{\rho_p v_p^2} = \frac{\Delta p_m}{\rho_m v_m^2} \longrightarrow \frac{C_p}{C_\rho C_V^2} = 1$$

因为 $C_V = 1$，且 25℃ 时空气密度 $\rho_p = 1.185 \text{kg/m}^3$，水的密度 $\rho_m = 996.9 \text{ kg/m}^3$，所以

$$C_p = C_\rho C_V^2 = C_\rho \longrightarrow \frac{\Delta p_p}{\Delta p_m} = \frac{\rho_p}{\rho_m} = \frac{1.185}{996.9} = 1.189 \times 10^{-3}$$

于是得两系统压差关系为

$$\Delta p_p = 1.189 \times 10^{-3} \Delta p_m$$

根据以上结果，模型实验及放大过程如下：

① 按 17:1 确定模型喷管进口直径（用 D_m 表示）和喷嘴出口直径 d_m，并根据 $v_m = v_p$ 确定实验的水流量；

② 在 D_m、d_m 确定的条件下，设计不同过渡段结构的模型喷嘴并进行水力实验。若以压力降为优化目标量，则测试不同过渡段结构对应的压降 Δp_m，以获得最小压降 $\Delta p_{m,\min}$ 对应的喷嘴形状；

③ 根据 $\Delta p_{m,\min}$ 对应的模型喷管尺寸，按 1:17 放大设计原型喷嘴，其出口速度为 v_p 时的压降用 $\Delta p_p = 1.189 \times 10^{-3} \Delta p_{m,\min}$ 预测。

讨论　如果还要满足 Fr 准则，即要求 $(C_V^2/C_l C_g) = 1$，则因为 $C_g = 1$（原型操作和模型实验都处于相同重力场），就会导致 $C_l = C_V^2 = 1$；这显然与雷诺准则要求 $C_l = 17$ 相矛盾。故本问题不能再满足 Fr 准则，且根据本问题非重力流动的特点，不考虑 Fr 准则也是合理的。

此外，由本例可见，一个具体问题的相似准则中，有的准则用于确定模型尺寸或实验条件，这样的准则称为**定性准则**，如本例中的 Re 准则；有的准则本身包含待定目标量，用于预测原型系统参数，这样的准则称为**非定性准则**，如本例中的 Eu 准则。

【例 8-2】　桥墩水流冲击力模型实验。

有一宽度 $b = 1\text{m}$ 的矩形桥墩，筑于水深 $H = 4\text{m}$ 的河流中，水流速度 $V = 1.5\text{m/s}$。现按长度比尺 $C_l = 10$ 缩制模型进行水力实验，研究桥墩受到的水流冲击力。

① 试确定模型实验水流速度 V_m；

② 若实验测得模型桥墩水流冲击力为 F_m，水流绕过桥墩的时间为 t_m，试估计实际桥墩的水流冲击力 F 和绕流时间 t。

解　因 $C_l = 10$，故由几何相似可得模型桥墩宽度 $b_m = 0.1\text{m}$，水深 $H_m = 0.4\text{m}$。

河流流动属自由表面重力流问题，水流冲击力主要是桥墩表面的压差力而非摩擦力，故应首先保证满足 Fr 准则和 Eu 准则，Re 准则可不予考虑。

① 根据 Fr 准则比尺方程，并考虑 $C_g = 1$（重力通常不可改变）可得

$$\frac{C_V^2}{C_l C_g} = 1 \longrightarrow C_V = \sqrt{C_l C_g} = \sqrt{C_l} \longrightarrow V_m = \frac{V_p}{C_V} = \frac{V_p}{\sqrt{C_l}} = \frac{1.5}{\sqrt{10}} = 0.474(\text{m/s})$$

② 因为压力是单位面积力即 $p = F/L^2$，所以欧拉数 Eu 可等价表示为

$$Eu = \frac{p}{\rho v^2} = \frac{F/L^2}{\rho v^2} = \frac{F}{\rho v^2 L^2} \qquad (\text{注：}\frac{F}{\rho v^2 L^2} \text{ 又称为牛顿数})$$

由两系统 Eu 数相等，并考虑由 Fr 准则得到的结果 $C_V=\sqrt{C_l}$ 有

$$\frac{F_p}{\rho v_p^2 L_p^2}=\frac{F_m}{\rho v_m^2 L_m^2} \longrightarrow F_p=F_m\frac{v_p^2 L_p^2}{v_m^2 L_m^2}=F_m C_V^2 C_l^2=F_m C_l^3=10^3 F_m$$

即：若实验测得模型桥墩水流冲击力为 F_m，则实际桥墩的冲击力 $F=10^3 F_m$。

本例虽属稳态问题，但因涉及绕流时间问题，故采用 St 准则确定时间比尺，即

$$St_p=St_m \longrightarrow \frac{L_p}{v_p t_p}=\frac{L_m}{v_m t_m} \quad 或 \quad \frac{C_l}{C_t C_V}=1 \longrightarrow C_t=\frac{C_l}{C_V}$$

因为 Fr 准则已经给出 $C_V=\sqrt{C_l}$，所以两系统的时间比尺以及绕流时间关系为

$$C_t=\sqrt{C_l} \longrightarrow t_p=t_m C_t=t_m\sqrt{C_l}=t_m\sqrt{10}$$

即：若实验测得模型桥墩的绕流时间为 t_m，则实际桥墩的绕流时间 $t=t_m\sqrt{10}$。

讨论

① 本问题同时满足 Fr 准则、Eu 准则和 St 准则（后两者为非定性准则）。

② 显然，根据本问题的动力学特点（重力流动，压差阻力问题），黏性摩擦阻力影响较小，故未考虑 Re 准则。若再要考虑满足 Re 准则，则因实验流体相同（即 $C_\rho=C_\mu=1$），会导致如下结果。

$$\frac{C_\rho C_V C_l}{C_\mu}=1 \longrightarrow C_V=\frac{1}{C_l}$$

这显然与满足 Fr 准则得到的结果 $C_V=\sqrt{C_l}$ 相矛盾。

【例 8-3】 飞机螺旋桨气动性能模型实验。

为研究某飞机螺旋桨的气动性能，现确定按长度比尺 $C_l=10$ 缩制模型进行空气动力学实验，且实验中要求迎面风速 V_m 为原型风速 V_p 的 $1/2$。若原型飞机螺旋桨的转速为 $n_p=3500 \mathrm{r/min}$，试确定模型实验中的螺旋桨转速 n_m 及原型飞机螺旋桨推力的预测关系式。

解 该问题属转动桨叶动力学问题（不同风速下桨叶转速与推力关系）。桨叶推力主要由转动桨叶前后表面的压差提供，桨叶摩擦及空气重力影响较小，因此模型实验主要满足 Eu 准则，Re 准则和 Fr 准则可不予考虑。其次，对于桨叶动力学问题，可用 St 准则确定时间比尺，桨叶转速 n 与转动一周所需时间 t（min）的关系为 $t=1/n$。

① 本问题中速度比尺和长度比尺已经确定即：$C_V=2$，$C_l=10$，故时间比尺 C_t 也就确定，且按 St 准则（即时间比尺方程），该时间比尺为

$$St_p=St_m \longrightarrow \frac{L_p}{v_p t_p}=\frac{L_m}{v_m t_m} \quad 或 \quad \frac{C_l}{C_V C_t}=1 \longrightarrow C_t=\frac{C_l}{C_V}=\frac{10}{2}=5$$

再根据时间比尺定义及桨叶转速 n 与转动时间 t 的关系，可得模型桨叶实验转速为

$$C_t=\frac{t_p}{t_m}=\frac{1/n_p}{1/n_m}=\frac{n_m}{n_p} \longrightarrow n_m=C_t n_p=5n_p=5\times 3500=17500(\mathrm{r/min})$$

② 根据变形的 Eu 数（牛顿数），可得满足欧拉准则的比尺方程及两系统推力之间的关系为

$$Eu=\frac{F}{\rho v^2 L^2} \longrightarrow \frac{C_F}{C_\rho C_V^2 C_l^2}=1 \longrightarrow F_p=C_F F_m=C_\rho C_V^2 C_l^2 F_m=1\times 2^2\times 10^2 F_m=400F_m$$

即，在迎面风速 V_m 下实验测得模型螺旋桨推力为 F_m，则原型螺旋桨在迎面风速 $V_p=2V_m$ 下的推力预测关系式为 $F_p=400F_m$。

讨论 此例中 St 数为定性准则，Eu 准则为非定性准则。若再考虑满足 Re 准则和 Fr

准则，则实验介质与原型相同时，分别有 $C_V=1/C_l$，$C_V=C_l^{0.5}$，显然与前提条件 $C_l=10$、$C_V=2$ 相矛盾。

相似准则应用总结

① 模型实验中通常难以同时满足问题要求的所有相似准则，必须根据流动问题特征，选择满足主要相似准则。对问题特征的考虑越接近实际，或选择的相似准则越反映问题特征，实验结果放大的可靠性就越高。要满足全部相似准则通常只有进行原型实验。

② 一个具体问题的相似准则中，用于确定模型尺寸及实验条件的准则称为定性准则；本身包含待定目标量、用于预测原型系统参数的准则称为非定性准则。

③ 根据应用场合不同，相似数的形式可能有所改变，尤其是欧拉数（Eu 数）。比如在例 8-2 和例 8-3 中，Eu 数就变形为牛顿数。在后面关于搅拌功率的问题中还会看到，Eu 数会变形为功率数。

8.2.4　量纲分析法

前面所讨论的是已知流动微分方程时，利用相似原理确定相似准则的方法。但工程实际中有很多问题是相当复杂的，无法建立流动微分方程，只能了解到影响流动过程的一些物理参数，对于这类问题则可借助量纲分析方法导出相似准则。量纲分析法是一种相似因素分析法，所给出的无量纲数就是过程的相似因素（包括相似数），各无量纲数对应相等就是两系统相似的具体条件。

以下将首先讨论量纲性质，然后介绍量纲分析的两种方法：瑞利（Rayleigh）方法和白金汉姆（Buckingham）方法，最后说明量纲分析法用于指导模型实验的意义。

(1) 量纲及其性质

物理量的量纲与单位　量纲是物理量量度的属性，单位是物理量量度的数量。一个物理量的单位可有多种，但其量纲是不变的。比如位移这个物理量，其量纲是长度 L，其单位可是 m、cm、mm 等。

流动问题的基本物理量及量纲　流体力学中最基本的物理量及其量纲符号为

长度——L，　质量——M，　时间——T，　热力学温度——Θ

其它物理量的量纲则是这些基本量纲的组合，通常用 [A] 表示物理量 A 的量纲。比如，对于物理量面积 S、密度 ρ、黏度 μ、速度 v，其量纲分别为

$$[S]=[L^2], \quad [\rho]=[ML^{-3}], \quad [\mu]=[ML^{-1}T^{-1}], \quad [v]=[LT^{-1}]$$

流体力学中常见物理量的单位与量纲见附录 B 表 B-1。

量纲和谐原理　物理公式各加和项量纲必相同，等式两边量纲必相同。

量纲和谐原理可用于物理量单位的换算与推导，也可用于物理公式的检验（通过检验其量纲是否和谐判断其是否有误）。一般物理公式都是量纲和谐的，称为量纲齐次式，不因单位制的不同影响计算结果；但也有些纯经验公式是量纲不和谐的，称为量纲非齐次式，这种公式中物理量的单位是指定的，应用时必须注意。

以下主要阐述量纲分析法在模型实验影响因素分析方面的应用。

(2) 量纲分析方法——瑞利（Rayleigh）方法

瑞利方法的前提条件是假定影响流动现象的变量之间的函数关系是幂函数乘积的形式。

用瑞利方法确定无量纲数（相似数）的具体步骤如下：

① 确定影响过程行为的重要物理量（必须是独立量），并假定它们之间存在幂函数乘积形式的函数关系，并由此写出该函数关系式的量纲方程；

② 根据量纲和谐原理，由量纲方程建立各物理量幂指数的代数方程组并求解；

③ 将各物理量的幂指数代入所假定的函数关系式，整理得到幂函数乘积形式的无量纲数（相似数）关系式；

④ 通过模型实验确定相似数关系式中的待定常数，获得具体的相似数关联式。

【例 8-4】 颗粒的沉降速度问题。

球形颗粒在静止流体中自由沉降，试确定表征颗粒沉降速度 v_s 的相似数关系式。

解 设颗粒在无限大静止流场中沉降（即流场边界不影响沉降），则沉降速度 v_s 的影响因素有：颗粒粒径 d_s，流体黏度 μ，流体密度 ρ，颗粒与流体的密度差 $\Delta\rho$，重力加速度 g，即：

$$v_s = f(d_s, g, \mu, \rho, \Delta\rho)$$

① 根据瑞利方法，设 $\qquad v_s = K d_s^a g^b \mu^c \rho^d \Delta\rho^e \qquad\qquad\qquad (a)$

式中，K 为常数。上式涉及的基本量纲有长度 L、质量 M、时间 T，其量纲方程为

$$[M^0 L^1 T^{-1}] = [L^a][L^b T^{-2b}][M^c L^{-c} T^{-c}][M^d L^{-3d}][M^e L^{-3e}]$$

② 根据量纲和谐原理：方程两边量纲 M、L、T 的方次应该相等，于是有

$$
\begin{cases}
0 = c + d + e \\
1 = a + b - c - 3d - 3e \\
-1 = -2b - c
\end{cases}
\longrightarrow
\begin{cases}
a = 1/2 + 3(d+e)/2 \\
b = 1/2 + (d+e)/2 \\
c = -(d+e)
\end{cases}
$$

③ 将以上求解结果代入式（a）得

$$v_s = K d_s^{\frac{1}{2} + \frac{3}{2}(d+e)} g^{\frac{1}{2} + \frac{1}{2}(d+e)} \mu^{-(d+e)} \rho^d \Delta\rho^e$$

整理后可得 $\qquad \dfrac{\rho v_s d_s}{\mu} = K \left(\dfrac{g\rho^2 d_s^3}{\mu^2}\right)^{(1+d+e)/2} \left(\dfrac{\Delta\rho}{\rho}\right)^e \qquad\qquad (b)$

引入颗粒雷诺数 Re 和伽利略数 Ga（Galileo number），其定义为

$$Re = \frac{\rho v_s d_s}{\mu}, \quad Ga = \frac{g\rho^2 d_s^3}{\mu^2}$$

式（b）可表示为 $\qquad\qquad Re = K Ga^m \left(\dfrac{\Delta\rho}{\rho}\right)^n \qquad\qquad\qquad (c)$

由此可见，该过程有三个无量纲数：雷诺数 Re、伽利略数 Ga 及密度比 $\Delta\rho/\rho$，三者分别相等且沉降不受流场边界影响的系统就是相似系统。其中，Ga 数的意义是"浮力×惯性力/黏性力平方"，$\Delta\rho/\rho$ 的意义是"颗粒有效重力/浮力"。

④ 按式（c）设计实验（以 Ga 和 $\Delta\rho/\rho$ 为实验变量），拟合实验测试数据确定常数 K、m、n，可得颗粒雷诺数 Re 与伽利略数 Ga 和密度比 $\Delta\rho/\rho$ 之间的定量关联式。

瑞利法应用要点：

① 在分析过程影响因素时，既不能遗漏有重要影响的物理量，也要注意剔除次要量；主要因素遗漏将导致结果偏离实际，剔除次要因素有利于减少实验和数据处理工作量；

② 瑞利法确定的无量纲数的数目是一定的，但无量纲数的组合形式不是唯一的，恰当的组合需要把握过程特征并借鉴已有经验；比如，例 8-4 中的 Re、Ga、$\Delta\rho/\rho$ 就借鉴了已有经验，但也可取不同的组合得到不同的三个无量纲数；

③ 瑞利法适合于影响因素较少的简单过程。

（3）量纲分析方法——白金汉姆（Buckingham）方法

白金汉姆方法又称 π 定理。其基本原理是：若某一物理过程需要 n 个物理参数来描述，且这些物理参数涉及 r 个基本量纲，则此物理过程可用 $n-r$ 个无量纲数来描述，且每一个无量纲数称为一个 π 项，即：

$$f(\pi_1, \pi_2, \cdots, \pi_{n-r}) = 0$$

式中，每一个 π 项都是一个独立的无量纲数，每个无量纲数可由若干物理参数组合而成。

每一个 π 项（无量纲数）的构成原则与方法如下：

① 从 n 个物理参数中选择 r 个参数作为核心组参数，非独立变量不能作为核心组参数；

② 核心组的 r 个参数的量纲必须涵盖 r 个基本量纲，且核心组参数至少应包含一个几何特征参数、一个流体物性参数和一个运动特征参数；

③ 每一 π 项由核心组参数和剩余的 $(n-r)$ 个物理参数中的一个构成，共有 $(n-r)$ 个 π 项；

④ 因每一 π 项都是无因次的，故每一 π 项中各物理量的同一量纲的指数之和必等于零，由此可针对每一 π 项建立一个关于量纲指数的代数方程组；求解该方程组确定各指数，从而获得该 π 项的具体形式。

【例 8-5】 圆管内不可压缩流动的压降问题。

已知黏性流体在圆管内流动的摩擦压力降 Δp 主要与管长 L、管径 D、管壁粗糙度 e、平均流速 v、流体密度 ρ 及黏度 μ 相关。试确定表征摩擦压降 Δp 的相似数关系式。

解 根据题意，压降及影响因素的一般关系式为

$$f_1(\Delta p, v, L, D, e, \rho, \mu) = 0$$

上式中，$n=7$，涉及的基本量纲有：M、L、T，即 $r=3$，故有 $(n-r)=4$ 个 π 项，故

$$f_2(\pi_1, \pi_2, \pi_3, \pi_4) = 0 \tag{a}$$

核心组参数选择：因为 $r=3$，所以核心组有三个参数；按要求，这三个参数的量纲要涵盖本问题物理量涉及的三个基本量纲：M、L、T，且至少应包含几何、运动和流体物性参数各一个，因此选取 D、v、ρ 作为核心组参数。

每个 π 项的构成：每个 π 项由核心组参数与剩余 4 个物理参数中的一个构成，即

$$\pi_1 = \Delta p D^{a_1} v^{b_1} \rho^{c_1} = [\mathrm{M^1 L^{-1} T^{-2}}][\mathrm{L}^{a_1}][\mathrm{L}^{b_1} \mathrm{T}^{-b_1}][\mathrm{M}^{c_1} \mathrm{L}^{-3c_1}]$$

$$\pi_2 = L D^{a_2} v^{b_2} \rho^{c_2} = [\mathrm{L^1}][\mathrm{L}^{a_2}][\mathrm{L}^{b_2} \mathrm{T}^{-b_2}][\mathrm{M}^{c_2} \mathrm{L}^{-3c_2}]$$

$$\pi_3 = e D^{a_3} v^{b_3} \rho^{c_3} = [\mathrm{L^1}][\mathrm{L}^{a_3}][\mathrm{L}^{b_3} \mathrm{T}^{-b_3}][\mathrm{M}^{c_3} \mathrm{L}^{-3c_3}]$$

$$\pi_4 = \mu D^{a_4} v^{b_4} \rho^{c_4} = [\mathrm{M^1 L^{-1} T^{-1}}][\mathrm{L}^{a_4}][\mathrm{L}^{b_4} \mathrm{T}^{-b_4}][\mathrm{M}^{c_4} \mathrm{L}^{-3c_4}]$$

根据量纲和谐原理，各 π 项中量纲 M、L、T 的方次为零，由此可得 4 个方程组（每个 π 项对应一个方程组）

$$\begin{cases} 0=1+c_1 \\ 0=-1+a_1+b_1-3c_1 \\ 0=-2-b_1 \end{cases} \begin{cases} 0=c_2 \\ 0=1+a_2+b_2-3c_2, \\ 0=-b_2 \end{cases} \begin{cases} 0=c_3 \\ 0=1+a_3+b_3-3c_3, \\ 0=-b_3 \end{cases} \begin{cases} 0=1+c_4 \\ 0=-1+a_4+b_4-3c_4 \\ 0=-1-b_4 \end{cases}$$

解以上方程组得

$$\begin{cases} a_1=0 \\ b_1=-2, \\ c_1=-1 \end{cases} \begin{cases} a_2=-1 \\ b_2=0, \\ c_2=0 \end{cases} \begin{cases} a_3=-1 \\ b_3=0, \\ c_3=0 \end{cases} \begin{cases} a_4=-1 \\ b_4=-1 \\ c_4=-1 \end{cases}$$

代入各 π 项表达式可得

$$\pi_1 = \Delta p D^0 v^{-2} \rho^{-1}, \quad \pi_2 = L D^{-1} v^0 \rho^0, \quad \pi_3 = e D^{-1} v^0 \rho^0, \quad \pi_4 = \mu D^{-1} v^{-1} \rho^{-1}$$

即

$$\pi_1 = \frac{\Delta p}{\rho v^2} = Eu, \quad \pi_2 = \frac{L}{D}, \quad \pi_3 = \frac{e}{D}, \quad \pi_4 = \frac{\mu}{Dv\rho} = \frac{1}{Re}$$

将此代入方程式（a），可得关于压力降的相似数关系式为

$$Eu = \frac{\Delta p}{\rho v^2} = f_3\left(Re, \frac{L}{D}, \frac{e}{D}\right) \tag{b}$$

该式表明，压降相似数 Eu 取决于雷诺数 Re、管道长径比 L/D 及相对粗糙度 e/D。

讨论 以下来证明满足关系式（b）中无量纲数对应相同的系统必然是相似系统。

首先从流动特性看，本问题属于稳态、非重力流动问题（不涉及时间 t 与重力 g），所以该问题的一般相似条件为：几何相似，满足 Re 准则和 Eu 准则，边界条件相似。

其次由关系式（b）可知，对于 A、B 两种不同的粗糙管流动系统，只要两者的 L/D、e/D 和 Re 数分别相同，则两者的 Eu 数就相同。由两者 L/D 和 e/D 分别相同可得

$$\frac{L_A}{D_A} = \frac{L_B}{D_B}, \quad \frac{e_A}{D_A} = \frac{e_B}{D_B} \quad \longrightarrow \quad \frac{L_A}{L_B} = \frac{D_A}{D_B} = \frac{e_A}{e_B} = C_l$$

这表明两者所有几何尺寸有相同比尺 C_l，满足几何相似；两者 Re 数和 Eu 数分别相同则意味着两者满足 Re 准则和 Eu 准则；此外两者壁面速度均为 0 且壁面粗糙度满足几何相似，故边界条件也相似。这显然与本问题的相似条件一致，因此 A、B 两系统必然是相似系统。

注 本问题不涉及时间 t 与重力 g，故没有出现 St 和 Fr 准数；但可以验证，假若将 t、g 作为影响因素考虑进去，得到的另外两个 π 项就是 St 数和 Fr 准数。

由此得出结论：量纲分析法就是相似因素分析法，所获得的无量纲数就是该过程的相似因素，这些无量纲数对应相等就是两系统相似的具体条件。这也是以量纲分析法为指导的模型实验结果可用于放大设计的原因。

白金汉姆法应用要点如下：

① 在分析过程影响因素时，既不能遗漏有重要影响的物理量，也要注意剔除次要或无关量。否则导出的 π 项集合要么是不完整的，要么其中有些是不必要的。

② 在确定的影响因素下，π 项的数目是确定的，但各 π 项具体组合形式不是唯一的，这与核心组参数的选择有关；恰当的组合需要把握过程特征并借鉴已有经验。

③ 该方法只能给出 π 项的数目和各 π 项的具体形式。各 π 项之间的具体函数关系（关联式的形式）则只能根据问题特点并借鉴已有经验来确定；同样的实验数据，不同人得到的关联式在形式上完全可能是不同的，当然其误差大小也是不同的。

（4）量纲分析法指导模型实验的意义

总结以上分析可见，量纲分析法为模型实验带来的益处主要有以下三个方面。

① 量纲分析可将影响过程的相关变量组合成数目较少的无量纲数，从而大大减少实验测试工作量。以例 8-4 的问题为例，为简便起见，假设实验在 L、e 不变的条件下进行，仅研究压降 Δp 与流速 v、管径 D、流体密度 ρ 及黏度 μ 的关系，即

$$\Delta p = f_a(v, D, \rho, \mu) \tag{8-10}$$

若不采用量纲分析法，则为了探索各变量对 Δp 的影响（包括关联影响），v、D、ρ、μ 都必须在一定范围内变化；若其变化取值数分别为 i、j、m、n，则所需实验次数为 $M = ijmn$ 次；若实验按图 8-2 所示顺序进行，则得到的实验数据图为 $N = mn$ 幅。

然而，若用 π 定律将式（8-10）简化为欧拉数 Eu 与雷诺数 Re 之间的关系式，即

$$\frac{\Delta p}{\rho v^2} = f_b\left(\frac{\rho v D}{\mu}\right) \quad \text{或} \quad Eu = f_b(Re) \tag{8-11}$$

则该问题就转换为只有一个实验变量 Re 的问题。这样，实验中要改变变量 Re，理论上只需要选择改变 D、v、ρ、μ 中的某一个变量即可，其它三个变量则可保持为定值，这显然大大减少了实验测试工作量。其次，实验中还可选择最容易改变的因素（如流体速度）来达到改变 Re 数的目的，因此实验工作难度也降低（改变管径或物性要分别更换管道或流体）。

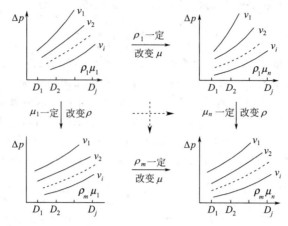

图 8-2　获取 $\Delta p = f_a (D, v, \rho, \mu)$ 关系的实验顺序图

②　量纲分析法在实验之前就将各因素的关联影响归并于相似数中，因此可大大降低实验数据分析处理的难度，便于寻求过程的本质规律。比如，对于例 8-4 的问题，根据关系式 (8-11) 进行实验获得测试数据后，就可直接在二维坐标下绘制出欧拉数 Eu 随雷诺数 Re 变化的关系（见图 8-3），从而明确 Re 数中的 D、v、ρ、μ 四个变量对压降数 Eu 的关联影响规律。相反，若首先进行普遍实验获得图 8-2 中的 N 幅数据图，然后再据此进行关联分析得到图 8-3 表现出的本质规律，其难度可想而知。

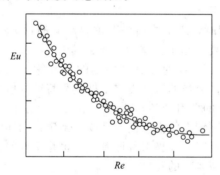

图 8-3　Eu 随 Re 变化的实测曲线

③　以量纲分析法为指导的模型实验结果可用于放大设计。对于普遍实验获得的数据图 8-2，由于难以寻求各因素的交互影响规律，故放大设计控制因素不明确。但量纲分析法获得的无量纲数就是过程的相似因素，这些无量纲数对应相等的系统就是相似系统，因此，根据量纲分析结果进行模型实验，所得到的结果或无量纲数关联式在其实验范围内可作为工程放大设计依据。

8.3　模型实验

模型实验通常分为两类：第一类是针对特定原型系统某一特征参数预测的模型实验，其特点是实验要受到原型系统几何尺度、介质种类及操作条件的限定，这类实验主要应用于引进技术消化、新设备研发等，目的是获得工程设计关键数据，又称工程模型实验；第二类是探索某一物理过程动力学基本行为的模型实验，其特点是没有原型系统的具体限定，模型尺度、实验介质及操作参数由实验意图确定，这类实验主要见于探索一般规律的基础实验，其实验意图能否达成、实验结果的可靠性及适用范围等则取决于实验条件。

本节将首先介绍两类模型实验设计的方法要点，然后结合实例阐述模型实验设计方法的应用，最后说明模型实验结果应用中应注意的问题。

8.3.1 模型实验设计

模型实验的设计通常包括三个过程：相似准则或相似因素的确定，模型尺寸与实验介质的确定，实验操作条件的确定。

(1) 相似准则或相似因素的确定

模型实验前，应首先针对过程特点分析确定其相似准则或相似因素。

对于有微分方程描述的问题，可采用类似于上一节 N-S 方程的分析方法确定其相似准则。其中，对于常见的不可压缩流动问题，已知有 Re、Eu、Fr、St 四个相似准则，因此只需针对相关问题特点确定其主次。特别需要指出的是，对于一个具体问题，微分方程必须有配套的边界条件，因此边界条件也应纳入相似分析（从中可能会导出另外的相似准则）。

对于无微分方程描述的问题（实践中更为常见），则可采用量纲分析法确定过程相关的无量纲数（相似因素），以作为实验变量。

(2) 模型尺寸与实验介质的确定

模型尺寸 第一类实验根据实验要求或相似准则要求确定，并受实验条件控制（注：实验条件主要指的是实验场地、测试手段、配套设施、实验费用等）；第二类实验因不针对特定尺度的原型，故模型尺寸通常是根据实验意图和实验条件确定，若实验要求考察几何结构的影响，则需参照几何参数的无量纲数（比如高径比），制作多个尺寸的模型，不然将影响到几何结构影响规律的准确性和实验结果的适用范围。

实验介质 第一类实验根据原型系统介质和实验条件确定，并受相似准则控制。通常，过程仅有一个定性相似数时，实验介质可任意选取，一般可选空气或水，或与原型系统介质相同；过程有两个定性相似数时，实验介质的选择将受到相关比尺的约束；定性相似数达到三个时，介质物性受到的约束将进一步增加，甚至于无法选择到满足所有相似准则的实验介质。第二类实验根据实验意图和实验条件确定（本质上仍然受定性准则控制）。不可压缩黏性流体的一般动力学问题通常选空气或水为实验介质。但实践表明根据一种介质获得的实验结果其适用范围往往非常有限。比如，若流动系统还涉及对流换热过程，普兰特数 Pr 将成为定性相似数，为反映 Pr 的影响，必须选择 Pr 差异较大的多种介质进行实验。

(3) 实验操作条件的确定

实验操作条件通常指压力、温度、流量参数，常温常压下的模型实验主要指流量参数。

第一类实验的操作条件通常由相似准则和实验条件确定。对于不能满足所有相似准则的模型实验，确定合理的操作条件需要正确区分相似准则的主次；操作条件通常还受模型尺寸的影响，两者的协调过程亦是对问题特点认识不断深化的过程。

第二类实验的操作条件通常由实验意图和实验条件两者协调确定。为如实反映无量纲数的影响规律，扩展实验结果的适用范围，通常都希望每一无量纲数有足够的变化范围。但既定实验条件下实验变量的变化范围总是有限的，完全可能达不到预期的范围，除非改进实验条件。但这种改进并非总是可行，尤其是涉及诸如实验场地、测试手段的重大改变时。

8.3.2 模型实验设计应用举例

(1) 搅拌功率问题

有挡板的直叶开启式涡轮搅拌槽，如图 8-4 所示。现有初步设计数据是：搅拌槽直径 $D=$

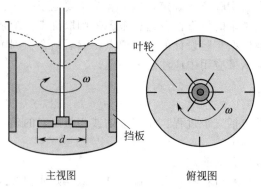

主视图　　　　　　　　　俯视图

图 8-4　开启式涡轮搅拌槽

2m，桨叶直径 $d=0.5$m、安装高度 $h=0.5$m，槽内液体深度 $H=1.5$m，槽内溶液性质近似于水，其运动黏度 $\nu=1.0\times10^{-6}$ m^2/s（水）。为预测搅拌桨功率 P 与转速 ω 关系（功率曲线），拟采用小搅拌槽进行模型实验。试设计该模型实验。

影响因素及相似准则　搅拌混合问题与搅拌槽内溶液的宏观运动特性和溶液组分的微观扩散过程有关。对于稀溶液混合，既定转速下宏观运动特性很快稳定，可视为稳定流场；而微观扩散过程相对缓慢，达到要求的混合效果总需要一定时间 t，因此是非稳态过程。

搅拌功率 P 主要与稳定流场的动力学特性相关，取决于搅拌桨的转速 ω 及其受到的转动力矩 M，与搅拌时间 t 本身并无关系。但既定转速下，搅拌桨力矩 M 却与流体性质（密度 ρ、黏度 μ）、重力加速度 g、搅拌桨几何参数（如桨叶直径 d），以及桨叶安装高度 h、搅拌槽直径 D、槽内液体深度 H 等有关，因此

$$P=f_1(\omega, \rho, \mu, g, d, h, D, H, \cdots)$$

式中，"$\cdots$"表示其他相关几何参数，比如挡板尺寸等。

以 d、ω、ρ 为核心组变量，应用 π 定理进行量纲分析，可得

$$\frac{P}{\rho\omega^3 d^5}=f_1\left(\frac{d^2\omega\rho}{\mu}, \frac{d\omega^2}{g}, \frac{h}{d}, \frac{D}{d}, \frac{H}{d}, \cdots\right) \longrightarrow N_P=f_1\left(Re, Fr, \frac{h}{d}, \frac{D}{d}, \frac{H}{d}, \cdots\right)$$

此处，"$\cdots$"表示其它几何参数与 d 的比值。

上式中的几何参数比值是本问题几何相似的具体条件，即这些比值对应相等，则两系统几何相似，或只要按同一比尺 C_l 制作模型，则原型与模型的各几何参数比值就对应相等。

上式中的 N_P 称为功率数（欧拉数的变形），Re、Fr 分别为雷诺数、佛鲁德数，即

$$N_P=\frac{P}{\rho\omega^3 d^5}, \quad Re=\frac{d^2\omega\rho}{\mu}, \quad Fr=\frac{d\omega^2}{g}$$

因此，模型实验中只要保证模型与原型的 Re、Fr 数分别相等，则两系统功率数 N_P 相等。

模型尺寸　原型搅拌槽直径 $D=2$m，若选择模型搅拌槽直径 $D_m=0.4$m，则长度比尺 $C_l=D/D_m=5$；由此可确定模型搅拌槽其它几何尺寸，如 $d_m=d/C_l=500/5=100$mm 等。

实验介质与操作条件

方案一　$C_l=5$，优先保证 Fr 准则，再满足 Re 准则，且 $C_g=1$

Fr 数相等　$Fr=\dfrac{d\omega^2}{g} \longrightarrow \dfrac{C_l}{C_t^2 C_g}=1 \longrightarrow C_t=C_l^{0.5} \longrightarrow \omega=\dfrac{\omega_m}{C_l^{0.5}}=\dfrac{\omega_m}{\sqrt{5}}$

Re 数相等　$Re=\dfrac{\omega d^2}{\nu} \longrightarrow \dfrac{C_l^2}{C_t C_\nu}=1 \longrightarrow C_\nu=C_l^{1.5} \longrightarrow \nu_m=\dfrac{\nu}{C_l^{1.5}}=8.94\times10^{-8}(\text{m}^2/\text{s})$

结果表明：方案一要求的实验介质运动黏度极低，选择这一低黏度的液体显然有困难。

方案二　$C_l=5$，先保证 Re 准则，且以水为介质（$C_\nu=1$），再考虑满足 Fr 准则

Re 数相等　　$\dfrac{C_l^2}{C_t C_\nu}=1 \longrightarrow C_t=\dfrac{C_l^2}{C_\nu}=C_l^2 \longrightarrow \omega=\dfrac{\omega_m}{C_l^2}=\dfrac{\omega_m}{25}$

Fr 数相等　　$\dfrac{C_l}{C_t^2 C_g}=1 \longrightarrow C_g=\dfrac{C_l}{C_t^2}=C_l^{-3} \longrightarrow g_m=gC_l^3=125g$

结果表明：方案二中要满足 Fr 数相等，则要求搅拌槽内的重力加速度 $g_m=125g$，这显然是不现实的。但值得指出的是，对于安装挡板的搅拌槽，自由液面中心的强制涡运动将受到抑制，图 8-4 中虚线所示的液面下凹现象将消失，重力影响显著减小，Fr 数不再是主要因素。因此，对有挡板的搅拌器，选择方案二并满足 Re 数相等是比较合理的方案。不少手册中给出的挡板搅拌器功率曲线关系 $N_p=f(Re)$ 也是基于这点。

方案三　取 $C_l=2$，用 80℃ 的水做实验（运动黏度 $\nu_m=3.65\times10^{-7}$ m^2/s），此时

$$D_m=\frac{D}{C_l}=\frac{2}{2}=1\text{m}, \quad d_m=\frac{d}{C_l}=\frac{500}{2}=250(\text{mm}), \quad \cdots\cdots$$

Fr 数相等　　$\dfrac{C_l}{C_t^2 C_g}=1 \longrightarrow C_t=C_l^{0.5} \longrightarrow \omega=\dfrac{\omega_m}{C_l^{0.5}}=\dfrac{\omega_m}{\sqrt{2}}$

Re 数相等　　$\dfrac{C_l^2}{C_t C_\nu}=1 \longrightarrow C_\nu=C_l^{1.5} \longrightarrow \nu_m=\dfrac{\nu}{C_l^{1.5}}=3.53\times10^{-7}(\text{m}^2/\text{s})$

由此可见：方案三在保证 Fr 数相等的同时，也能近似满足 Re 相似准则。这种方案可较好满足宏观动力学特性相似，但实验设备及操作费用也将随之增加。

实验测试及结果放大　以方案二并满足 Re 数相等的结果为例。

按比尺 $C_l=5$ 确定实验搅拌槽几何尺寸、搅拌桨安装高度及液位深度；以水为实验介质进行实验（$C_\rho=1$，$C_\nu=1$），测试不同转速 ω_m 下对应的搅拌功率 P_m（稳定运行功率）。

根据 $\omega_m \sim P_m$ 测试数据，以及 Re 数相等和功率数 N_p 相等，可预测原型搅拌槽的搅拌速度 ω 及对应的搅拌功率 P，即

$$Re=Re_m \longrightarrow \frac{\omega d^2}{\nu}=\frac{\omega_m d_m^2}{\nu_m} \longrightarrow \omega=\frac{\nu d_m^2}{\nu_m d^2}\omega_m=\frac{C_\nu}{C_l^2}\omega_m=\frac{\omega_m}{25}$$

$$N_p=N_{p,m} \longrightarrow \frac{P}{\rho\omega^3 d^5}=\frac{P_m}{\rho_m\omega_m^3 d_m^5} \longrightarrow P=P_m\frac{\rho\omega^3 d^5}{\rho_m\omega_m^3 d_m^5}=\frac{C_\rho C_l^5}{C_t^3}P_m=\frac{P_m}{5}$$

也可直接由 $\omega_m \sim P_m$ 测试数据计算 Re 数及对应的功率数 N_p，绘制出 $N_p \sim Re$ 关系曲线图，即功率曲线图。

以上可见，本问题因涉及雷诺数 Re 和佛鲁德数 Fr 两个定性相似数，故要么实验介质受限（要求很低的运动黏度），要么实验条件受限（要求大于 g 的重力加速度）。

（2）糖浆贮槽排放问题

糖浆贮槽如图 8-5 所示。从经验可知，排放糖浆时槽内会产生旋涡，且随着液面的下降，该旋涡最终会达到排放口，并将空气吸入糖浆，这是不希望发生的现象。为此，拟采用模型实验预测贮槽排放流量 $q_V=180$m^3/h 时不出现空气夹带的最小液位高度 H。已知糖浆密度 $\rho=1286$kg/m^3，黏度 $\mu=5.67\times10^{-2}$Pa·s。模型实验拟采用水为介质，其密度 $\rho_m=1000$kg/m^3，黏度 $\mu_m=1.0\times10^{-3}$Pa·s。试确定模型实验槽的尺寸和实验条件。

相似准则　该问题属黏性不可压缩流体的非稳态流动问题，由 N-S 方程相似分析知道，

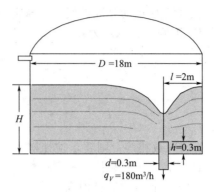

图 8-5 糖浆贮槽的排放

这类问题的相似数有：雷诺数 Re、佛鲁德数 Fr、欧拉数 Eu、斯特哈尔数 St。但从问题的特点看，糖浆排放主要属于重力作用下的摩擦阻力流动问题，且是非定常流动，故表征压差阻力问题的 Eu 准则可不予考虑。

模型尺寸及操作条件 该问题已确定采用水为实验介质，因此物性比尺

$$C_\mu = \frac{\mu}{\mu_m} = \frac{5.67 \times 10^{-2}}{1.0 \times 10^{-3}} = 56.7, \quad C_\rho = \frac{\rho}{\rho_m} = \frac{1286}{1000} = 1.286$$

根据 Re 准则和 Fr 准则有

$$Re = \frac{\rho v L}{\mu} \quad \longrightarrow \quad \frac{C_\rho C_V C_l}{C_\mu} = 1 \quad \longrightarrow \quad C_V = \frac{C_\mu}{C_\rho} \frac{1}{C_l}$$

$$Fr = \frac{v^2}{gL} \quad \longrightarrow \quad \frac{C_V^2}{C_g C_l} = 1 \quad \longrightarrow \quad C_l = \frac{C_V^2}{C_g}$$

两式联立，取 $C_g = 1$，并将 C_μ、C_ρ 代入可得

$$C_l = \left(\frac{C_\mu}{C_\rho}\right)^{2/3} = \left(\frac{56.7}{1.286}\right)^{2/3} = 12.48, \quad C_V = \left(\frac{C_\mu}{C_\rho}\right)^{1/3} = \left(\frac{56.7}{1.286}\right)^{1/3} = 3.53$$

根据 $C_l = 12.48 \approx 12.5$，可得到模型实验槽几何尺寸，比如

$$D_m = \frac{D}{C_l} = \frac{18}{12.5} = 1.44\text{m}, \quad l_m = \frac{2}{C_l} = 0.16\text{m}, \quad d_m = \frac{0.3}{C_l} = 0.024\text{m}, \quad h_m = \frac{0.3}{C_l} = 0.024\text{m}$$

根据 $C_V = 3.53$，可得到模型实验槽操作流量为

$$\frac{q_V}{q_{Vm}} = \frac{v(\pi d^2/4)}{v_m(\pi d_m^2/4)} = C_V C_l^2 \quad \longrightarrow \quad q_{Vm} = \frac{q_V}{C_V C_l^2} = \frac{180}{5.35 \times 12.5^2} = 0.326(\text{m}^3/\text{h})$$

实验结果放大 按几何相似设置初始液面进行实验，若测得不发生气体夹带的最小液位为 H_m，相应时间为 t_m，则原型槽在排放流量 $q_V = 180\text{m}^3/\text{h}$ 时不出现空气夹带的最小液位 H 和相应时间 t 可分别由几何比尺 C_l 和 St 数（非定性准数）预测

$$H = C_l H_m = 12.5 H_m; \quad St = \frac{L}{tv} \quad \longrightarrow \quad \frac{C_l}{C_t C_V} = 1 \quad \longrightarrow \quad t = \frac{C_l}{C_V} t_m = \frac{12.5}{3.53} t_m = 3.54 t_m$$

本问题中若采用原系统糖浆为实验介质，则只有当 $C_l = 1$、$C_V = 1$ 时才能同时满足 Re 准则和 Fr 准则，即只能作原型实验。这是因为有两个定性数，使实验介质受到限制。

(3) 轿车风阻系数模型实验

某轿车设计高度 $h = 1.5\text{m}$，最高行驶速度 40m/s，为确定其风阻系数（阻力系数 C_D），拟用风洞进行模型实验。已知风洞中最大风速为 80m/s。试确定模型轿车尺寸及实验风速，以获得轿车行驶速度为 $V = 20$、30、40m/s 的风阻系数。

相似准则 轿车风阻主要指稳定行驶时的空气阻力，包括轿车前后的压差阻力（形状阻力）和轿车表面的黏性摩擦力，重力影响可忽略不计。因此，模型实验主要考虑满足 Re 准则和 Eu 准则。因实验在风洞进行，可认为 $C_\mu = 1$、$C_\rho = 1$，故根据 Re 准则和 Eu 准则有

$$Re = \frac{\rho v L}{\mu} \longrightarrow \frac{C_\rho C_V C_l}{C_\mu} = 1 \longrightarrow C_V = \frac{C_\mu}{C_\rho} \frac{1}{C_l} \longrightarrow C_l C_V = 1$$

$$Eu = \frac{F}{\rho v^2 L^2} \longrightarrow \frac{C_f}{C_\rho C_V^2 C_l^2} = 1 \longrightarrow C_f = C_\rho C_V^2 C_l^2 \longrightarrow C_f = 1$$

模型尺寸及实验条件 根据 $C_l C_V = 1$ 可知，实验风速 V_m 越大（C_V 越小），则模型尺寸越小（C_l 越大），因此应取尽量小的速度比尺 C_V。现风洞最大风速为 80m/s，但又要测试轿车行驶速度 40m/s 时的风阻系数，故如果只用一个模型轿车进行实验，则 C_V 最小只能取 $C_V = 40/80 = 0.5$，由此得 $C_l = 2$。因此轿车模型尺寸均按长度比尺 $C_l = 2$ 确定，其中模型轿车高度为

$$h_m = h / C_l = 1.5 / 2 = 0.75 \text{(m)}$$

因 $C_V = 0.5$，所以轿车行驶速度 $V = 20$m/s、30m/s、40m/s 对应的实验（风洞）风速分别为

$$V_m = \frac{V}{C_V} = \frac{V}{0.5} \longrightarrow V_{m,1} = 40\text{m/s}、\quad V_{m,2} = 60\text{m/s}、\quad V_{m,3} = 80\text{m/s}$$

实验结果放大 在风洞中测试出模型轿车分别在实验风速 $V_{m,1}$、$V_{m,2}$、$V_{m,3}$ 下对应的总阻力 $F_{m,1}$、$F_{m,2}$、$F_{m,3}$，然后根据阻力系数 C_D 的定义，并考虑 $C_l C_V = 1$、$C_f = 1$，可得原型轿车行驶速度 $V = 20$m/s、30m/s、40m/s 对应的风阻系数 $C_{D,1}$、$C_{D,2}$、$C_{D,3}$ 分别为

$$C_D = \frac{F}{(\rho V^2 / 2) A_D} \longrightarrow C_{D,i} = \frac{C_f F_{m,i}}{(\rho C_V^2 V_{m,i}^2 / 2) C_l^2 A_{Dm}} = \frac{F_{m,i}}{(\rho V_{m,i}^2 / 2) A_{Dm}} \quad (i = 1, 2, 3)$$

式中，A_D、A_{Dm} 分别为原型与模型轿车的迎风面积。

本问题表明了实验条件（风洞风速）对模型尺寸和操作条件（实验气速）的限定。

（4）水轮机参数的预测问题

用一台转子直径为 $D_m = 42$cm 的模型水轮机在水压头 $H_m = 5.64$m、转速 $n_m = 374$r/min 工作条件下进行实验。测得其功率输出为 $P_m = 16.52$kW，机械效率为 89.3%。试根据这些数据，估计转子直径 $D = 409$cm 且几何相似的原型水轮机的水压头 H、流量 q_V、转速 n 和输出功率 P。

相似准则 水轮机转动是依靠重力水流冲击水轮机叶轮实现的，因此从动力学特征看，水轮机内流动过程的相似主要应满足 Fr 准则和 Eu 准则，Re 准则（摩擦阻力准则）可不考虑；此外，水轮机工作时稳定运行，St 准则亦不在考虑范畴。

参数预测 根据问题给出的叶轮直径可知，原型机与实验机的长度比尺为

$$C_l = \frac{D}{D_m} = \frac{409}{42} = 9.74$$

因为两水轮机在相同介质下工作，重力加速度不变（$C_g = 1$），水的压力 p 与水压头 H 的关系为 $p = \rho g H$，所以根据 Fr 准则和 Eu 准则有

$$Fr = \frac{v^2}{Lg} \longrightarrow \frac{C_V^2}{C_l C_g} = 1 \longrightarrow C_V^2 = C_l C_g \longrightarrow C_V = C_l^{0.5}$$

$$Eu = \frac{p}{\rho v^2} = \frac{\rho g H}{\rho v^2} = \frac{g H}{v^2} \longrightarrow \frac{C_g C_H}{C_V^2} = 1 \longrightarrow C_H = C_V^2$$

根据 Fr 准则结果有 $\qquad C_H = C_V^2 = C_l$

这意味着满足 Fr 准则时,压头高度可视为几何尺度(满足 Re 准则则不然)。

根据以上比尺关系有

$$C_V = C_l^{0.5} \longrightarrow \frac{nD}{n_m D_m} = C_l^{0.5} \longrightarrow n = n_m C_l^{-0.5} = 374 \times 9.74^{-0.5} = 119.8 \approx 120 (\text{r/min})$$

$$C_H = C_l \longrightarrow H = C_l H_m = 9.74 \times 5.64 = 54.9 \approx 55.0 (\text{m})$$

$$\frac{q_V}{q_{Vm}} = \frac{vd^2}{v_m d_m^2} = C_V C_l^2 = C_l^{2.5} \longrightarrow q_V = q_{Vm} C_l^{2.5}$$

式中,模型机的体积流量 q_{Vm} 可根据流量、压头、输出功率与效率的关系计算,即

$$q_{Vm} = \frac{P_m}{\rho_m g H_m \eta_m} = \frac{16.52 \times 10^3}{1000 \times 9.81 \times 5.64 \times 0.893} = 0.334 (\text{m}^3/\text{s})$$

故原型机的流量为 $\qquad q_V = q_{Vm} C_l^{2.5} = 0.334 \times 9.74^{2.5} = 98.90 (\text{m}^3/\text{s})$

因为功率 $P = q_V \rho g H \eta$,所以当原型机的机械效率与模型机效率相同时(实际上,大装置的机械效率通常要高于模型机),原型机的功率输出为

$$\frac{P}{P_m} = \frac{q_V H}{q_{Vm} H_m} = C_l^{2.5} C_l = C_l^{3.5} \longrightarrow P = P_m C_l^{3.5} = 16.52 \times 9.74^{3.5} = 47639.4 (\text{kW})$$

或 $\qquad P = q_V \rho g H \eta = 98.9 \times 1000 \times 9.81 \times 55 \times 0.893 = 47651815 (\text{W}) = 47651.8 (\text{kW})$

(5) 塔设备风载荷模型实验 I

某蒸馏塔塔高 $H = 30\text{ m}$,直径 $D = 800\text{mm}$。现需要通过模型实验预测空气温度 $T = 20℃$、风速 $V = 20\text{m/s}$ 时该塔受到的风载荷。以水为实验流体,温度 $T_m = 20℃$,流速 $V_m = 16\text{m/s}$。

相似准则 塔的风载荷来自于气流的黏性摩擦力和压差力(形状阻力),稳态问题不考虑 St 准则,流体水平流动作用于塔体,重力影响不计。因此模型实验主要应保证满足 Re 准则和 Eu 准则,Fr 准则和 St 准则不予考虑。根据塔设备环境温度及实验介质温度可知

20℃时,空气密度 $\rho = 1.205\text{kg/m}^3$,运动黏度 $\nu = 1.81 \times 10^{-5}\text{ m}^2/\text{s}$

20℃时,水的密度 $\rho_m = 998.2\text{kg/m}^3$,运动黏度 $\nu_m = 1.006 \times 10^{-6}\text{ m}^2/\text{s}$

模型尺寸 因为 $C_\nu = \nu/\nu_m = 17.99$,$C_V = V/V_m = 1.25$,所以根据 Re 相似准则有

$$Re = \frac{vL}{\nu} \longrightarrow \frac{C_V C_l}{C_\nu} = 1 \longrightarrow C_l = \frac{C_\nu}{C_V} = \frac{17.99}{1.25} = 14.39$$

由此得模型塔的直径和高度分别为

$$D_m = \frac{D}{C_l} = \frac{800}{14.39} = 55.6 (\text{mm}), \quad H_m = \frac{H}{C_l} = \frac{30}{14.39} = 2.08 (\text{m})$$

实验结果放大 将 Eu 数中的压力表示为单位面积的作用即 $p = F/L^2$,并根据 Eu 相似准则可得原型塔受力(风载荷)F 与模型塔受力 F_m 的关系为

$$Eu = \frac{F}{\rho v^2 L^2} \longrightarrow \frac{C_f}{C_\rho C_V^2 C_l^2} = 1 \longrightarrow C_f = C_\rho C_V^2 C_l^2 \longrightarrow F = \frac{\rho}{\rho_m} C_V^2 C_l^2 F_m$$

代入数据得 $\qquad F = \frac{\rho}{\rho_m} C_V^2 C_l^2 F_m = \left(\frac{1.205}{998.2} \right) \times 1.25^2 \times 14.39^2 F_m = 0.39 F_m$

即上述条件下,原型塔的风载荷 F 是模型实测风载荷 F_m 的 0.39 倍。

讨论 为什么选取水而不直接采用空气为实验介质?为什么取水的流速 $V_m = 16\text{m/s}$?

① 若直接用常温空气为实验介质,则 $C_\nu = C_\rho = 1$,满足 Re 准则的结果是

$$C_V C_l/C_\nu = 1 \longrightarrow C_l C_V = 1$$

如果减小实验气速，即 $V_m \leqslant 20\text{m/s}$，则 $C_V \geqslant 1$，即要求 $C_l \leqslant 1$ 或 $H_m \geqslant 30\text{m}$，这意味着实验塔尺寸将大于等于原塔，这显然失去了本问题模型实验的意义。

　　如果增大实验气速，即 $V_m > 20\text{m/s}$，虽然可减小模型尺寸，但即使在 $V_m = 100\text{m/s}$ 的条件下，也要求 $H_m = 6\text{m}$，这意味着需要大尺度的风洞；若再提高气速大于 100m/s，虽然 H_m 可进一步减小，但气体压缩性影响将增加，又会出现几何相似但运动不相似的情况。

　　② 以水为介质时，若减小实验水速，即 $V_m < 16\text{m/s}$，则 $C_V > 1.25$。按 Re 准则：$C_l = C_\nu / C_V$，所以长度比尺 $C_l < 14.99$ 或 $H_m > 2.08\text{ m}$，此时必须考虑实验水槽尺寸是否足够。若增大实验水速，即 $V_m > 16\text{m/s}$，虽然模型尺寸可减小，但又需考虑实验水槽功率是否足够（速度越大，水槽功率越大）。

　　由此可见，选取水为实验介质并规定 $V_m = 16\text{m/s}$ 是考虑实验设施规模和能力的结果。

（6）塔设备风载荷模型实验Ⅱ

　　某实验室拟用空气和水为实验介质，通过圆柱体模型来研究直立塔设备在横向风载荷作用下的阻力系数 C_D。通过量纲分析知道 C_D 仅与雷诺数 Re 有关，即

$$C_D = f(Re)$$

式中阻力系数 C_D、雷诺数 Re 的定义如下

$$C_D = \frac{F/DL}{\rho V^2/2}, \quad Re = \frac{\rho VD}{\mu}$$

　　定义式中，F 为圆柱体横向受力；D 和 L 为柱体直径和长度；V 为平均风速；ρ 和 μ 分别为流体密度和黏度。

　　实验在常温下进行，实验室具备如下的条件：

　　实验圆柱直径 $D = 10\text{mm}$，长度 $L = 200\text{mm}$；

　　基于已有实验设施和测速仪，能实现的实验风速为 $V = 1 \sim 50\text{m/s}$，水速为 $V = 0.1 \sim 5\text{m/s}$；

　　测力仪器最小分别率 0.5N，柱体维持刚度且可测试的最大线载荷 $f = 500\text{N/m}$。

　　问题　既定条件下，实验可在什么样的 Re 数范围获得阻力系数 C_D 的数据。

　　实验操作参数分析　本实验属于第二类实验，目的是获得 $C_D \sim Re$ 的实验关系式。

　　常温下，空气密度与运动黏度分别为：$\rho = 1.2\text{kg/m}^3$，$\nu = 1.8 \times 10^{-5}\text{m}^2/\text{s}$；因此，在既定空气流速范围内，可实现的雷诺数 Re 的范围是

$$Re = \frac{\rho VD}{\mu} = \frac{(1 \sim 50)0.01}{1.8 \times 10^{-5}} \longrightarrow 556 \leqslant Re \leqslant 27778$$

　　常温下，水的密度与运动黏度分别为：$\rho = 1000\text{kg/m}^3$，$\nu = 1.0 \times 10^{-6}\text{m}^2/\text{s}$；因此，在既定水的流速范围内，可实现的雷诺数 Re 的范围是

$$Re = \frac{\rho VD}{\mu} = \frac{(0.1 \sim 5)0.01}{1.0 \times 10^{-6}} \longrightarrow 1000 \leqslant Re \leqslant 50000$$

　　另一方面，测力仪器的性能也要限定可实现的雷诺数 Re 范围。设测力仪能测试到的最小和最大横向力分别为 $F_{\min}$ 和 $F_{\max}$，则根据 C_D 定义式可得测力仪限定的 Re 数范围为

$$V = \sqrt{\frac{2F}{C_D \rho DL}} \longrightarrow \frac{\rho VD}{\mu} = \sqrt{\frac{2F\rho D}{C_D L \mu^2}} \longrightarrow \sqrt{\frac{2F_{\min}D}{C_D L \rho \nu^2}} \leqslant Re \leqslant \sqrt{\frac{2F_{\max}D}{C_D L \rho \nu^2}}$$

　　代入已知数据可得：

　　以空气为实验介质　$1.60 \times 10^4 \sqrt{F_{\min}} \leqslant Re\sqrt{C_D} \leqslant 1.60 \times 10^4 \sqrt{F_{\max}}$

　　以水为实验介质　$1.0 \times 10^4 \sqrt{F_{\min}} \leqslant Re\sqrt{C_D} \leqslant 1.0 \times 10^4 \sqrt{F_{\max}}$

　　若以测力仪最小分辨率为可测试的最小横向力，以最大线载荷 f 确定可测试的最大横

向力，则 $F_{min}=0.5$N，$F_{max}=500\times0.2=100$N。于是测力仪限定的 Re 数范围可进一步表示为：

以空气为实验介质　　　　$1.13\times10^4\leqslant Re\sqrt{C_D}\leqslant1.60\times10^5$

以水为实验介质　　　　　$7.07\times10^3\leqslant Re\sqrt{C_D}\leqslant1.0\times10^5$

由此可见，要进一步确定测力仪限定的 Re 数范围，需要知道实际的 $C_D\sim Re$ 关系。这一关系本身就是该实验要解决的问题，在实验之前是未知的。

为了说明问题，在此给出已知的 $C_D\sim Re$ 关系，以验算在本实验既定条件下可实现的 Re 数范围。在本问题涉及的范围内，根据已有研究结果可知 $C_D\sim Re$ 有如下近似关系

$$6.0\times10^3<Re<1.0\times10^4：\quad C_D\approx1.1$$
$$1.0\times10^4\leqslant Re<2.0\times10^5：\quad C_D\approx1.2$$

以空气为实验介质时，取 $C_D=1.2$ 分别计算 Re 数的上、下限得

$$1.03\times10^4\leqslant Re\leqslant1.46\times10^5$$

可见，取 $C_D=1.2$ 得到的 Re 数在其取值范围内，因此上式表示的 Re 数范围合理。

以水为实验介质时，取 $C_D=1.1$ 计算 Re 数下限，取 $C_D=1.2$ 计算 Re 数上限，有

$$6.74\times10^3\leqslant Re\leqslant9.13\times10^4$$

可见，C_D 取值的 Re 数范围与得到的 Re 数范围相符，因此上式表示的 Re 数范围合理。

以上所得流速限定的 Re 数范围和测力仪限定的 Re 数范围如图 8-6 所示。

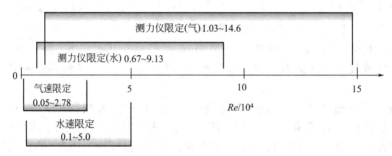

图 8-6　实验条件对实验中可实现的 Re 数变化范围的限制

由图 8-6 可知，综合流速及测力仪的限定，实验操作的 Re 数范围为：

以空气为实验介质时　　　　$1.03\times10^4\leqslant Re\leqslant2.78\times10^4$

以水为实验介质时　　　　　$6.74\times10^3\leqslant Re\leqslant5.0\times10^4$

结论　由于水为实验介质时的 Re 数范围涵盖了空气为实验介质时的 Re 数范围，因此既定实验条件下，仅以水为介质进行实验即可，且实验中水的流速范围为

$$0.67\text{m/s}\leqslant V\leqslant5\text{m/s}$$

由本例可见，对于第二类实验，由于实验条件的限制，其实验操作范围总是有限的，因而实验结果的应用也是有限的。比如，本例的模型实验结果就不能用于预测本节（5）塔设备风载荷模型实验 I 中塔设备在 20m/s 风速下的受力，因为该风速下塔设备的绕流雷诺数 $Re=8.8\times10^5$，而本实验最大雷诺数 $Re=5.0\times10^4$，至多只能预测该塔在 1.125m/s 风速下的受力。

8.3.3　实验数据的整理及应用说明

实验结果通常可整理为表格、线图，或实验关联式。

根据实验数据拟合建立实验关联式时，选择无量纲数之间的基本函数形式（如幂函数、指数函数、多项式，及其组合形式等）是很重要的，合理的函数形式可减小拟合误差。这需

要熟悉基本的数学函数，正确分析和理解相关因素的影响规律，同时要善于借鉴已有经验。

实践表明，对于流体流动阻力及对流传热传质问题，假设其无量纲数之间具有幂函数乘积形式的函数关系是较为可行的方法之一。在一个如实反映过程规律的幂函数关联式中，影响作用较弱的无量纲数其幂指数数值相应较小。

特别需要指出的是：由于实验条件的限制，实验过程中作为实验变量的无量纲数的变化范围总是有限的，因此实验关联式通常也只在其无量纲数的实验变化范围内才是有效的。没有确切的论证，不能随意外推，否则有可能导致错误的计算结果。

比如，对于类似于 8.3.2 节中（6）塔设备风载荷模型实验 II 中关于 $C_D \sim Re$ 关系的实验，假如其实验变量 Re 的变化范围为 $Re_1 \sim Re_2$，且实验测试数据也在实际值的合理误差范围，如图 8-7 所示，但因为实验变量 Re 数的变化范围有限，而关联式又是基于该小范围数据的分布趋势由最小二乘法确定，所以实验得到的关联式在形式上完全可能与实际变化规律不同，如图 8-7 中虚线所示。这种关联式若只在 $Re_1 \sim Re_2$ 范围内用于阻力系数预测，其预测结果仍然在实际值的合理误差范围，但若将其外推至 $Re_1 \sim Re_2$ 范围以外，其预测结果则可能与实际相去甚远。研究文献中也常常见到这样的情况：对于同样范围内的实验，由于其实验误差导致的数据分布的不同，不同作者得到的实验关联式形式是不同的，这些关联式在实验范围内的预测结果可能差不多，但超过实验范围的预测结果却有显著区别，原因就在于此。

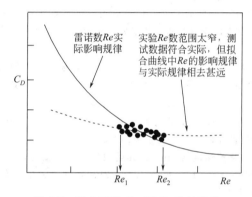

图 8-7　阻力系数 C_D 随 Re 数的变化

从这一点可见，为便于他人应用，通过模型实验给出实验关联式时，必须标注关联式中无因次量的实验变化范围；同样，在引用文献中的关联式时，也必须明确其适用范围。

习　　题

8-1　粗糙圆管内不可压缩充分发展流动的压力降 Δp 与圆管长 L，圆管直径 D，管壁粗糙度 e，流速 v，流体密度 ρ 和流体黏度 μ 有关。
① 试用瑞利法分析确定 $Eu = \Delta p / \rho v^2$ 与相关无量纲数的关系。
② 假设影响因素还包括重力 g 和时间 t，试借用例 8-5 的分析过程及结果，确定要新增几个无因次数（π 项），且新增 π 项对应的是什么相似数。

8-2　河流中的桥墩受到水流的作用力 F 与桥墩直径 d、水层深度 h、水流速度 v、水的密度 ρ 和黏度 μ 以及重力有关。试用 π 定律推导水流对桥墩作用力的表达式。

8-3　经验表明过涡轮机的压头增量 ΔH 取决于转子直径 D、转速 n、通过涡轮机的体积流量 q_V、气体的运动黏度 ν 以及重力 g 等参数。试证明：

$$\frac{\Delta H}{D} = f\left(\frac{q_V}{nD^3},\ \frac{g}{n^2 D},\ \frac{nD^2}{\nu}\right)$$

其次，若以 $V=nD$ 为定性速度，D 为定性尺寸，证明上述关系等价于

$$EuFr=f_3(St,\quad Fr,\quad Re)$$

8-4 一艘舰船在海面上航行，受到的阻力 F 与航行速度 v、船的长度 L、海水的密度 ρ 和黏度 μ、船的宽度 b 以及重力 g 有关。试用 π 定理确定该过程有关的无量纲数。

8-5 圆管内的一维可压缩流动的压力降 Δp 是气体密度 ρ 与黏度 μ、声速 a、气流速度 v、管道直径 D 以及管道长度 L 的函数。试确定过程有关的无量纲数。

8-6 为测定水管阀门的局部阻力系数，拟在同一管道上用空气进行实验。管内水温20℃，流速2.5m/s，实验空气温度20℃，试确定实验风速 v_m 以及原型阀门水流压差与模型测定压差的比值 $C_{\Delta p}$。

8-7 气力输送管道中，空气流速 $v=10$m/s，悬沙粒径 $d=0.03$mm，密度 $\rho=2500$kg/m^3。现拟用同温空气在 $1:3$（即 $C_l=3$）的管道中进行动力学实验，要求管道雷诺数相等且沙粒悬浮状况相似，求实验气速和沙粒粒径。其中，沙粒悬浮状况相似的条件是：两系统的无因次参数 $N_F=F_g/F_D$ 相等（F_g 为减去浮力后的颗粒有效重力，F_D 为气流对颗粒的横向曳力，其中曳力系数 $C_D=C/Re_d$，C 为常数，Re_d 是以气流速度和颗粒粒径定义的颗粒雷诺数）。

8-8 在一反应堆的冷却系统中，用离心泵来驱动冷却介质液态钠的循环流动。液态钠的温度为400℃，密度为0.85g/cm^3，动力黏度为0.269cP，泵的流量是30L/s，扬程是2m，转速是1760r/min。现制作一台4倍大的几何相似模型水泵用20℃的水进行模拟实验。试确定两系统相似时，模型泵的转速 n_m、流量 q_{Vm} 与扬程 H_m。

8-9 用一个长度为原型十二分之一的模型潜艇在贴近水面的水下做实验，以测量其所受的阻力。实验在水槽中进行。要确定原型潜艇所受的阻力，需知道模型所受阻力与原型阻力之比。已知原型潜艇的速度为9.26km/h，海水的运动黏度为 1.30×10^{-6}m^2/s，在原型潜艇深度处海水的密度为1010kg/m^3。水槽中的水温为50℃，试求原型潜艇所受的阻力与实验测试阻力的关系；该问题的时间比尺为多少且代表什么意义。

8-10 驱动轴流泵所需的功率 P 取决于流体的密度 ρ、叶轮的转速 n、叶轮直径 D、压头 H 以及体积流量 q_V 等参数，用相同流体在 $C_l=3$ 的缩制模型泵上进行实验，得到数据为

$$P_m=1510\text{W},\quad q_{Vm}=0.085\text{m}^3/\text{s},\quad H_m=3.05\text{m},\quad n_m=900\text{r/min},\quad D_m=0.127\text{m}$$

如果原型泵的转速为300r/min，试求其驱动功率、出口的压头，以及体积流量。

8-11 图8-8所示为一文丘里流量计，起作用的是渐缩管段。假定模型的尺寸只有原型的五分之一，如果模型管道直径为60mm，流速度为5m/s，其运动黏度是原型的0.8倍，其密度与原型流体相同，且流量计压差为 $h=200$mmHg（1mmHg=133.322Pa），试确定在动力相似的条件下原型流量计的流量（以 L/s 计）及对应压差 h_p。

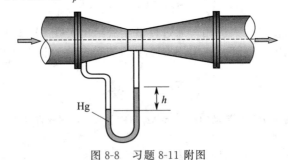

图8-8 习题8-11附图

8-12 用尺度只有原型十分之一的飞机模型做实验。原型飞机在降落过程中速度为 $V_p=150$km/h，空气温度 $T=25$℃。由于黏性效应起显著作用，模型实验在水洞中进行。如果水温为 $T_m=50$℃，来流的压力 p_m 为一个大气压，试确定水洞水流的速度 V_m，以及原型飞机所受升力 F_p 与模型飞机升力 F_m 的比值。如果飞机机头的抬升角度较大，实验中必须考虑什么因素？如果在风洞中实验有什么问题？

8-13 一喷嘴以22.0m/s的速度垂直向上喷水，喷射高度为24.7m。若该喷嘴在月球上的垂直喷水高度为36.5m，则喷嘴速度需要多大？并讨论本问题中佛鲁德数 Fr 与欧拉数 Eu 的关系。已知月球重力为地球重力的1/6，地球空气阻力不计，即流体视为理想流体。

8-14 已知半径为 R 的圆管内流动充分发展时的稳态对流换热微分方程及边界条件如下

$$v_z \frac{\partial T}{\partial z} = \alpha \left(\frac{\partial^2 T}{\partial r^2} + \frac{1}{r} \frac{\partial T}{\partial r} \right), \quad T \big|_{z=0} = T_0, \quad -k \frac{\partial T}{\partial r} \bigg|_{r=R} = h(T_w - T_m)$$

式中，$\alpha = k/(\rho c_p)$ 是热扩散系数；v_z 为管内轴向流速；T 是流体温度；k 是流体导热系数；h 为管壁对流传热系数；T_w 和 T_m 是管壁温度和流体平均温度。试确定该过程（包括边界条件）的相似准则比尺方程和相似数（以 v 表示定性速度，D 表示定性尺寸），并解释其物理意义。

8-15 对于小温差 ΔT 下 x-y 平面的稳态自然对流换热，其 y 方向 N-S 方程如下

$$\rho \left(v_x \frac{\partial v_y}{\partial x} + v_y \frac{\partial v_y}{\partial x} \right) = \mu \left(\frac{\partial^2 v_y}{\partial x^2} + \frac{\partial^2 v_y}{\partial y^2} \right) + \rho \beta g \Delta T$$

式中，ρ、μ、β 是流体平均温度下的密度、动力黏度和热膨胀系数；g 是重力加速度。试证明由该方程导出的相似数为

$$Re = \frac{\rho v L}{\mu} \text{（雷诺数）}, \quad Gr = \frac{L^3 \rho^2 g \beta \Delta T}{\mu^2} \text{（格拉晓夫数）}$$

并解释格拉晓夫数 Gr 的物理意义。其中，L 为定性尺度，v 为定性速度。

思 考 题

8-1 模型实验中是否能够保证与问题相关的所有相似准则都得到满足？为什么？

8-2 同一相似准则，可能会有产生不同的相似准则数，比如欧拉准则其相似准数通常为 Eu，但也可变形为牛顿数、功率数，这说明相似准则比尺方程可作什么样的运算？

8-3 根据问题特征不同，相似准则数（即相似数）中定性速度或定性尺寸的选择会不同，这种选择有什么意义？选择不同的定性速度或定性尺寸会改变相似准则吗？

8-4 用 π 定理分析得到的所有 π 项（无因次数）都是相似准则吗？怎样判断哪些是运动或动力相似准则，哪些只是几何相似的具体条件？每一 π 项的构成参数是确定的吗？

8-5 根据实验数据得到的拟合式其计算结果与实验相符，能说明拟合式表现出的变化规律就一定符合实际吗，为什么？

第9章 不可压缩流体管内流动

管内流动具有广泛的应用背景。城市生活的气、水输送，石油、天然气等的远距离管道输送都属于管内流动；现代过程工业流程系统不仅靠众多的流体输送管道将其连接成一体，从而实现高效连续化生产，而且生产工艺中大量加热、冷却过程亦是通过管流方式实现的。因此，管内流动问题研究具有重要实际意义。本章将主要针对不可压缩流体的管内流动，在简要回顾管内层流问题的基础上，重点讨论湍流基本特性、典型的半经验湍流模型、圆管内的湍流速度分布及阻力计算问题，最后简要介绍非圆形管道和弯曲管道中的流体流动。

9.1 层流与湍流

层流与湍流是两种不同的流动型态，层流到湍流的转变是黏性流体宏观运动量变导致其内部动力学行为质变的过程。这种转变使得两种流态下的相关传递过程规律显著不同。

9.1.1 雷诺实验

早在 1883 年，雷诺（Reynolds）即在其著名的实验中揭示出黏性流动有两种性质不同的型态，层流和湍流。雷诺实验如图 9-1 所示，其中，充满水的容器与水平玻璃管圆滑过渡连接，容器内放置一装有染色示踪剂的小容器，并用一根细管将示踪剂引导到玻璃管口轴心线位置，容器内液位不变以保持稳态流动。实验时，逐渐开启玻璃管阀门，当管内流体流速较小时，示踪剂流体的运动呈一条直线，如图 9-1（a）所示，表明流体层之间互不掺混，流动处于层状流动，称为层流流动；将阀门继续开大，流速增加，染色细线开始弯曲，出现不稳定的上下波动，如图 9-1（b）所示；进一步开大阀门，当流速达到某一值时，染色细线散开，产生许多小旋涡，并最终与主体水流掺混在一起，如图 9-1（c）所示，表明流动处于一种紊乱状态，内部流动结构发生了本质变化，称为湍流流动。

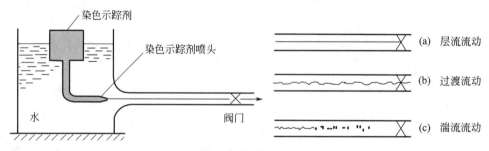

图 9-1 雷诺实验

从本质上看，层流时染色线保持光滑直线，是因为流体运动规则、稳定，流体层之间没有宏观的横向掺混，只有分子扩散；且由于分子热运动尺度远小于流体质点尺度，故示踪剂能在一定距离内保持清晰直线（直至在下游远处因分子扩散而消散）。湍流时，流场内部充满随机运动的漩涡，且漩涡尺度远大于流体质点尺度，从而导致流体微团随机脉动，使流体在总体向前运动中的横向掺混大大强化，因此染色线剧烈抖动并很快断裂弥散。

流动型态从层流过渡到湍流的过程是一个流动剪切失稳的过程，如图9-2所示。

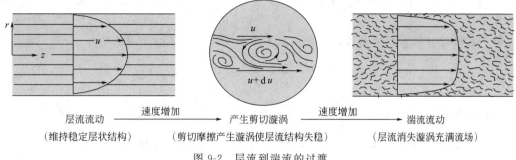

| 层流流动 | 速度增加 → | 产生剪切漩涡 | 速度增加 → | 湍流流动 |

（维持稳定层状结构）　　　（剪切摩擦产生漩涡使层流结构失稳）　　　（层流消失漩涡充满流场）

图 9-2　层流到湍流的过渡

实验发现，层流到湍流的过渡主要与流体密度 ρ、黏度 μ、流体平均速度 u 和管道直径 D 有关，其综合影响可用雷诺数 $Re(=\rho u D/\mu)$ 表征。对于光滑圆管有：

当 $Re < 2300$ 时，为层流流动；

当 $Re > 4000$ 时，为湍流流动；

当 $2300 < Re < 4000$ 时，为过渡流。

层流到湍流的过渡还与管道进口处的扰动、进口形状及管壁粗糙度等因素有关。如扰动较大、入口不平滑、管壁较粗糙，发生过渡的雷诺数 Re 可能要小些，反之 Re 可能要大些。

9.1.2　圆管内充分发展的层流流动

对于牛顿流体在圆管内充分发展的层流流动，第 5 章中已进行了详细分析。总结其主要特点是：流体层间的切应力可用牛顿剪切定理描述，管道截面流体速度和切应力分布为

$$u = \frac{\Delta p^*}{L} \frac{R^2}{4\mu} \left(1 - \frac{r^2}{R^2}\right) \tag{9-1}$$

$$\tau_{rx} = \frac{\Delta p^*}{L} \frac{r}{2} \tag{9-2}$$

其中
$$\Delta p^* = p_1 - p_2 + \rho g L \cos\beta$$

Δp^* 是管段长度 L 对应的摩擦压降，即总压力差 $\Delta p = p_1 - p_2$ 中扣除液柱重力 $\rho g L \cos\beta$ 后的压降；β 是管流方向轴心线与重力方向的夹角。对于水平管道：$\cos\beta = 0$，$\Delta p^* = \Delta p$。

根据式（9-1），可得管内平均流速 u_m、最大流速 $u_{\max}$、体积流量 q_V 分别为

$$u_m = \frac{u_{\max}}{2} = \frac{\Delta p^*}{L} \frac{R^2}{8\mu} = \frac{\Delta p^*}{L} \frac{D^2}{32\mu} \tag{9-3}$$

$$q_V = \frac{\Delta p^*}{L} \frac{\pi R^4}{8\mu} = \frac{\Delta p^*}{L} \frac{\pi D^4}{128\mu} \tag{9-4}$$

式中 $D = 2R$ 为管道直径。方程式（9-4）称为哈根-泊谡叶方程（Hagen-Poiseuille equation）。

基于圆管摩擦压降的阻力系数 λ 定义式

$$\Delta p^* = \lambda \frac{L}{D} \frac{\rho u_m^2}{2} \tag{9-5}$$

可得圆管层流的阻力系数为
$$\lambda = \frac{64}{\rho u_m D/\mu} = \frac{64}{Re} \qquad (Re < 2300) \tag{9-6}$$

Re 是管流雷诺数
$$Re = \rho u_m D/\mu$$

【例 9-1】 管内流动的压力降问题。

流量为 20L/s 的甘油在直径 100mm、与水平面成 10°倾角的圆管内向上流动。甘油黏度 $\mu=0.9\text{Pa}\cdot\text{s}$，密度 $\rho=1260\text{kg/m}^3$，进口压力 590kPa。忽略进口效应，求管道下游 60m 处的压力。

解 忽略进口效应意味着可按充分发展的流动考虑。流体的平均流速为

$$u_m=\frac{4q_V}{\pi D^2}=\frac{4\times20\times10^{-3}}{\pi\times0.1^2}=2.55(\text{m/s})$$

因为雷诺数

$$Re=\frac{\rho u_m D}{\mu}=\frac{1260\times2.55\times0.1}{0.9}=357<2300$$

属于层流流态，所以根据式 (9-4)，管道进口至下游 60m 处的摩擦压力降为

$$\Delta p^*=q_V\frac{8\mu L}{\pi R^4}=20\times10^{-3}\frac{8\times0.9\times60}{\pi0.05^4}=440\times10^3(\text{Pa})=440(\text{kPa})$$

管道倾角 10°，则 $\beta=90°+10°$，$\cos\beta=-\sin10°$，因此管道下游 60m 处的压力为

$$p_2=p_1+\rho gL\cos\beta-\Delta p^*=p_1-\rho gL\sin10°-\Delta p^*$$
$$=590\times10^3-1260\times9.8\times60\times\sin10°-440\times10^3=21.35\times10^3(\text{Pa})=21.35(\text{kPa})$$

可见，总压降 $\Delta p=p_1-p_2=568.65\text{kPa}$，而实际摩擦压降 $\Delta p^*=440\text{kPa}$，多出部分为 $\Delta p-\Delta p^*=\rho gL\sin10°=128.65\text{kPa}$ 是重力场中流体压力随高度的减少量，非摩擦压降。

9.1.3 湍流及其基本特性

湍流，也叫紊流，是一种充满不同尺度漩涡的流动状态。漩涡不断产生和消失导致流体微元随机脉动，使流体在总体向前流动的同时出现强烈的横向掺混，这使得湍流的动量、热量、质量传递速率比仅有分子扩散的层流流动大为增强。

湍流使得流场中的流动参量（速度、压力、温度等）都产生随机脉动。对湍流流动的传统认识是，湍流运动可以分解成平均运动与脉动两个部分，脉动是完全不规则的随机运动，而平均运动是有规则的。工程上感兴趣的主要是湍流的平均运动。

湍流的时均速度和脉动速度 图 9-3 是流场中某固定点处的流速随时间变化的测试结果。其中，图 9-3 (a) 是稳态层流流动的情况，其速度 u 随时间变化保持恒定，没有脉动。图 9-3 (b) 中，速度 u 随时间呈现出随机脉动，说明流动处于湍流状态；但从图中可见，速度 u 的时间平均值 $\bar{u}$（称为时均速度）是常量，速度的随机脉动是围绕时均速度 $\bar{u}$ 进行的，这种时均速度 $\bar{u}$ 稳定的湍流称为稳态湍流；在图 9-3 (c) 中，速度 u 随时间呈现出随机脉动的同时，其时均速度 $\bar{u}$ 也随时间变化，这种时均速度 $\bar{u}$ 随时间变化的湍流称为非稳态湍流；非稳态湍流时均速度 $\bar{u}$ 的变化是因为非稳态流场中主体流动本身是随时间变化引起的，与随机脉动无关。

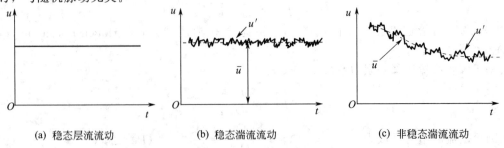

(a) 稳态层流流动　　　　(b) 稳态湍流流动　　　　(c) 非稳态湍流流动

图 9-3　流场中固定空间点的流速随时间的变化

以上分析表明，湍流瞬时速度 u 可视为是时均速度 $\bar{u}$ 与随机脉动量 u' 叠加的结果，即

$$u = \bar{u} + u' \tag{9-7}$$

式中湍流的时均速度 $\bar{u}$ 指的是

$$\bar{u}(x,y,z,t) = \frac{1}{\Delta t} \int_t^{t+\Delta t} u(x,y,z,t)\,\mathrm{d}t \tag{9-8}$$

式中，Δt 表示时间平均周期，它比脉动周期大得多，但又比非稳态流动的特征时间小得多。

由式（9-8）可知，脉动速度 u' 的时均值 $\overline{u'}$ 为零。即

$$\overline{u'} = \frac{1}{\Delta t} \int_t^{t+\Delta t} u'(x,y,z,t)\,\mathrm{d}t = 0 \tag{9-9}$$

对于湍流流动，所谓稳态流场或非稳态流场都是针对时均速度 $\bar{u}$ 而言的。

湍流强度 湍流流动中，脉动量显然是标志流体湍流脉动程度的重要参数。例如，风洞流场性能优劣的评价指标之一就是脉动量。通常认为脉动是各向同性的，因此脉动量的平均值为零，因此常常用 u' 的均方根值 I 来反映湍流脉动的强烈程度，称为湍流强度，或用 u' 的均方根值 I 与时均速度 $\bar{u}$ 之比表示相对湍流强度，用 I_r 表示，即

$$I = \sqrt{u'^2} \quad \text{或} \quad I_r = \sqrt{u'^2}/\bar{u} \tag{9-10}$$

湍流尺度 湍流场中充满漩涡运动，湍流过程就是大尺度旋涡不断分裂成小尺度旋涡并最后在黏性作用下弥散消失的过程，是漩涡机械能转化为热能的耗散过程。湍流尺度是对漩涡大小的度量，通常以相邻两点脉动速度的相关性为基础来定义。设流场中 y 方向上相近两点在方向 x 的脉动速度分别为 u'_{x1} 和 u'_{x2}，当两点处于同一漩涡之中时，则 u'_{x1} 和 u'_{x2} 必然存在相关联系；反之，当两点相距甚远，则 u'_{x1} 和 u'_{x2} 各自独立。u'_{x1} 和 u'_{x2} 的相关程度可表述为

$$R = \overline{u'_{x1} u'_{x2}} / \sqrt{\overline{u'^2_{x1}} \, \overline{u'^2_{x2}}} \tag{9-11}$$

式中，R 称为相关系数，其值介于 0～1 之间，数值越大，两脉动速度之间的相关性就越显著。而湍流尺度则定义为

$$l = \int_0^\infty R\,\mathrm{d}y \tag{9-12}$$

大漩涡属于低频脉动，可认为是大尺度运动，其漩涡具有方向性且各向异性；小漩涡属于高频脉动，是小尺度运动且脉动各向同性。当 Re 增大时，湍流的尺度会减小。

9.1.4 湍流理论简介

湍流流动具有高度的复杂性，为揭示其流动规律，人们从不同的角度对其进行研究，形成了不同的理论。下面对其中一些理论作扼要的介绍。

直接数值模拟（direct numerical simulation，简称 DNS） 其基本观点是包括脉动在内的湍流瞬时运动也服从 N-S 方程，直接求解 N-S 方程可以得到湍流的解。由此希望在不引入任何湍流模型的条件下，用计算机数值求解完整的三维非定常 N-S 方程，对湍流的瞬时运动进行直接的数值模拟。湍流脉动中包含不同尺度的旋涡运动，为了模拟湍流，一方面需要计算区域的尺寸应大到足以包含最大尺度的漩涡，另一方面要求计算网格的尺度和时间步长应小到足以分辨最小漩涡的运动，这对计算机的内存和运算速度提出了非常高的要求，目前的计算机能力还不能满足这样的要求，只能计算简单边界条件下低雷诺数的湍流流动。

湍流统计理论 该理论基于湍流的剧烈随机运动，像统计物理学中研究气体分子运动那样，将经典的流体力学与统计方法结合起来研究湍流。所提出的基本概念一个是关联函数，

以表征不同时间-空间点的脉动量之间的相关程度；另一个基本概念是湍谱分析，认为湍流运动可描述为由许许多多不同尺度的漩涡运动叠加而成，因此可分解成由许许多多具有不同波长或频率的简谐波叠加而成。关联函数和湍谱分析是互相平行和完全等价的两种处理方法，用以揭示湍流的规律。尽管湍流统计理论的实际应用可能性非常有限，但其所建立起来的基本概念与方法，至今在湍流的探索中仍然被广泛使用。

湍流的模式理论　湍流模式理论就是以雷诺平均运动方程与脉动运动方程为基础，依靠理论与经验的结合，引进一系列模型假设，使描写湍流平均量的方程组封闭的一种理论计算方法。引入不同的假设使雷诺平均运动方程组封闭，会得到不同的湍流模型，诸如普朗特混合长模型、K（湍动能）方程模型、K-ε（湍动能耗散率）模型、代数应力模型和雷诺应力模型等。湍流模式理论在解决工程实际问题中已经发挥了很大的作用，然而它存在着两个重大的缺陷：（ⅰ）它通过平均运算将脉动运动的全部行为细节一律抹平，丢失了包含在脉动运动中的大量有重要意义的信息；（ⅱ）各种湍流模型都有一定的局限性，对经验数据依赖性强和预报程度较差等。

大涡模拟（large eddy simulation，LES）　大涡模拟既克服了湍流模式理论缺少普适性、时均化时会丢失瞬时信息、计算的精度受到限制等不足，又克服了由于计算机条件的限制，直接数值模拟（DNS）仅限于低雷诺数简单问题的缺陷。它采取了一种折中的办法，即把包括脉动运动在内的湍流瞬时运动通过某种滤波方法分解成大涡运动和小涡运动两部分。大涡运动可通过直接数值模拟求得，小涡运动对大涡运动的影响将在运动方程中表现为类似于雷诺应力一样的应力项，称之为亚格子雷诺应力，它们将通过建立模型来模拟。所以在一定的意义上，大涡模拟是介于直接数值模拟与湍流模式理论之间的折中物。大涡模拟是求解有大涡运动存在的湍流流动（如大气与环境科学领域的流动）最有前景的理论。大涡模拟对实际工程应用的最重要的贡献可能是用其来检验、改进和构造湍流模型。

湍流的混沌理论　大量的研究表明在非线性动力学系统中，运动状态可以通过各种分叉现象发生质的变化。所谓分叉就是指系统原有的某种稳定状态在控制参数变化到某个临界值时发生失稳而产生其它的稳定状态，又称混沌现象，是非线性系统的一种固有特性。混沌理论的任务就是对湍流这种非线性系统中出现的各种混沌现象进行研究，发现其运动规律。目前在这方面所取得的研究成果大都限于低维的常微分方程组或差分方程组，并且只能部分地解释从层流向湍流过渡的某些现象。混沌理论用于湍流的研究目前还仅仅是开始。

9.2　湍流的半经验理论

湍流的半经验理论属于湍流模式理论的范畴，包括应用广泛的普朗特（Prandtl）混合长度理论，以及泰勒（Taylor）的涡量转移理论和冯·卡门（Von Kármán）的相似性理论等。其基本思想都是建立关于雷诺应力的模型假设，使雷诺平均运动方程组得以封闭。本节先介绍雷诺平均运动方程，然后介绍普朗特混合长度理论，以及由此建立的湍流通用速度分分布。

9.2.1　雷诺方程

基于非定常 N-S 方程可以描述湍流流动而工程上又特别关心流动参数时均值的观点，可将 N-S 方程进行时均化处理，得到以时均值表示的 N-S 方程——雷诺平均运动方程，简称雷诺方程。

时均化运算法则　设瞬时速度 $u=\bar{u}+u'$，$\bar{u}$ 为时均速度，u' 为脉动速度，其中

$$\overline{u}=\frac{1}{\Delta t}\int_{t}^{t+\Delta t}u\,\mathrm{d}t\ ,\quad \overline{u'}=\frac{1}{\Delta t}\int_{t}^{t+\Delta t}u'\,\mathrm{d}t=0$$

由此可得时间平均（时均化）运算的基本法则为：

① 瞬时值之和的平均值等于其平均值之和，即 $\overline{u_1+u_2}=\overline{u}_1+\overline{u}_2$；

② 平均值的平均等于其本身，即 $\overline{\overline{u}}=\overline{\overline{u}-u'}=\overline{u}-\overline{u'}=\overline{u}$；

③ 平均值与瞬时值乘积的平均值，等于两平均值之积，即 $\overline{\overline{u}_1u_2}=\overline{u}_1\overline{u}_2$；

④ 两脉动值乘积的平均值一般不等于零，即 $\overline{u'_1u'_2}\neq0$；

⑤ 导数的平均值等于平均值的导数，即

$$\overline{\frac{\partial u}{\partial x}}=\frac{1}{\Delta t}\int_{t}^{t+\Delta t}\frac{\partial u}{\partial x}\mathrm{d}t=\frac{\partial}{\partial x}\left(\frac{1}{\Delta t}\int_{t}^{t+\Delta t}u\,\mathrm{d}t\right)=\frac{\partial\overline{u}}{\partial x},\quad \text{类似有 }\ \overline{\frac{\partial u}{\partial t}}=\frac{\partial\overline{u}}{\partial t}\,。$$

雷诺方程　按照上述法则，对连续方程和 N-S 方程进行时间平均化处理，可得到湍流运动中各物理量平均值所满足的微分方程组，即雷诺方程。

根据第 6 章可知，不可压缩流体的连续方程和 N-S 方程（忽略体积力）可表示为

$$\left.\begin{array}{l}\dfrac{\partial v_x}{\partial x}+\dfrac{\partial v_y}{\partial y}+\dfrac{\partial v_z}{\partial z}=0;\qquad \rho\,\dfrac{\mathrm{D}v_x}{\mathrm{D}t}=-\dfrac{\partial p}{\partial x}+\mu\,\mathbf{\nabla}^2 v_x\\[3mm]\rho\,\dfrac{\mathrm{D}v_y}{\mathrm{D}t}=-\dfrac{\partial p}{\partial y}+\mu\,\mathbf{\nabla}^2 v_y,\quad \rho\,\dfrac{\mathrm{D}v_z}{\mathrm{D}t}=-\dfrac{\partial p}{\partial z}+\mu\,\mathbf{\nabla}^2 v_z\end{array}\right\}\tag{9-13}$$

其中　　　$$\frac{\mathrm{D}}{\mathrm{D}t}=\frac{\partial}{\partial t}+v_x\frac{\partial}{\partial x}+v_y\frac{\partial}{\partial y}+v_z\frac{\partial}{\partial z},\quad \mathbf{\nabla}^2=\frac{\partial^2}{\partial x^2}+\frac{\partial^2}{\partial y^2}+\frac{\partial^2}{\partial z^2}$$

将方程展开，把所有物理量表示为时均值与脉动值之和的形式，例如，$v_x=\overline{v}_x+v'_x$，……，$p=\overline{p}+p'$ 等，然后进行时均化处理，所得到的微分方程组，即雷诺方程为

$$\left.\begin{array}{l}\dfrac{\partial\overline{v}_x}{\partial x}+\dfrac{\partial\overline{v}_y}{\partial y}+\dfrac{\partial\overline{v}_z}{\partial z}=0\\[3mm]\rho\,\dfrac{\mathrm{D}\overline{v}_x}{\mathrm{D}t}=-\dfrac{\partial\overline{p}}{\partial x}+\mu\,\mathbf{\nabla}^2\overline{v}_x+\dfrac{\partial(-\rho\overline{v'^2_x})}{\partial x}+\dfrac{\partial(-\rho\overline{v'_x v'_y})}{\partial y}+\dfrac{\partial(-\rho\overline{v'_x v'_z})}{\partial z}\\[3mm]\rho\,\dfrac{\mathrm{D}\overline{v}_y}{\mathrm{D}t}=-\dfrac{\partial\overline{p}}{\partial y}+\mu\,\mathbf{\nabla}^2\overline{v}_y+\dfrac{\partial(-\rho\overline{v'_x v'_y})}{\partial x}+\dfrac{\partial(-\rho\overline{v'^2_y})}{\partial y}+\dfrac{\partial(-\rho\overline{v'_y v'_z})}{\partial z}\\[3mm]\rho\,\dfrac{\mathrm{D}\overline{v}_z}{\mathrm{D}t}=-\dfrac{\partial\overline{p}}{\partial z}+\mu\,\mathbf{\nabla}^2\overline{v}_z+\dfrac{\partial(-\rho\overline{v'_x v'_z})}{\partial x}+\dfrac{\partial(-\rho\overline{v'_y v'_z})}{\partial y}+\dfrac{\partial(-\rho\overline{v'^2_z})}{\partial z}\end{array}\right\}\tag{9-14}$$

雷诺方程与原 N-S 方程比较可知，用时均值表达的运动方程比原 N-S 方程多出 6 个独立附加量，即

$$-\rho\overline{v'^2_x},\quad -\rho\overline{v'^2_y},\quad -\rho\overline{v'^2_z},\quad -\rho\overline{v'_x v'_y},\quad -\rho\overline{v'_x v'_z},\quad -\rho\overline{v'_y v'_z}\tag{9-15}$$

与以应力表示的运动方程式（6-16）相比较，可推断这些附加量具有应力的性质，故称为湍流应力或雷诺应力。雷诺应力反映了湍流脉动对平均运动附加的影响。

由于雷诺应力的引入，原封闭的 N-S 方程变为不封闭（4 个方程，但有 10 个变量，即平均压力、三个平均速度分量和六个雷诺应力分量）。为了使方程组封闭，必须建立补充关系式。湍流半经验理论就是根据一些假设和实验结果，建立雷诺应力与平均速度之间的关系式，即湍流模型问题。下面介绍其中的普朗特混合长度理论。

9.2.2 湍流假说——普朗特混合长度理论

切应力 流体层流流动时，流体层之间仅存在由分子扩散引起的切应力，而流体作湍流流动时，流体层之间除了存在着这种切应力之外，还存在着由湍流脉动引起的附加切应力。因此，湍流流动时流体内部的切应力可表示为

$$(\tau_{yx})_e = \bar{\tau}_{yx} + (\tau_{yx})_T \tag{9-16}$$

式中，$(\tau_{yx})_e$ 表示湍流切应力，特称为有效切应力；$\bar{\tau}_{yx}$ 是基于时均速度的牛顿切应力；$(\tau_{yx})_T$ 是湍流脉动产生的附加应力，即雷诺应力。按通常约定，下标 y 表示切应力作用面的法向方向，x 表示应力指向。

对于 x-y 平面二维流动情况，为书写方便，x、y 方向瞬时速度分别用 $u = \bar{u} + u'$、$v = \bar{v} + v'$ 表示，则雷诺应力与脉动速度的关系可表示为

$$(\tau_{yx})_T = -\rho \overline{u'v'} \tag{9-17}$$

式中，u'、v' 分别表示 x、y 方向的脉动速度。对于层流，$u' = v' = 0$，故 $(\tau_{yx})_T = 0$。

对于牛顿型流体，切应力 $\bar{\tau}_{yx}$ 可通过牛顿剪切定理将其与速度联系起来，而雷诺应力 $(\tau_{yx})_T$ 由流体微团脉动产生，影响因素较多，目前只能通过假设将其与时均速度联系起来，即所谓的湍流模型。

布辛聂斯克（Boussinesq）涡黏性假设 布辛聂斯克认为，由流体微团动量横向脉动产生的雷诺应力与黏性切应力的产生有类似之处，既然黏性切应力可用牛顿剪切定理来表示，那么流体作一维稳态湍流流动时雷诺应力亦可类似表示为

$$(\tau_{yx})_T = \mu_T \frac{\mathrm{d}\bar{u}}{\mathrm{d}y} \quad \text{或} \quad (\tau_{yx})_T = \rho\varepsilon \frac{\mathrm{d}\bar{u}}{\mathrm{d}y} \tag{9-18}$$

式中，系数 μ_T 与动力黏度 μ 类似，故将 μ_T 称为涡黏性系数或湍流黏性系数；$\varepsilon = \mu_T/\rho$，称为运动涡黏性系数。实验表明，在湍流黏性系数 μ_T 或运动涡黏性系数 ε 都是随空间和时间变化的函数，这是其与流体动力黏度 μ 或运动黏度 ν 的重要区别之一（μ、ν 只是物性参数）。

普朗特（Prandtl）混合长度理论 混合长度理论是普朗特于 1925 年提出的。其基本思想是：湍流中流体微团的不规则运动与气体分子的热运动相似，因此，可借用分子运动论中建立黏性应力与速度梯度之间关系的方法来研究湍流中雷诺应力与时均速度之间的关系。为此，普朗特引进了一个与气体分子平均自由程相对应的概念——混合长度 l，并在此基础上建立了一个比式（9-18）更有实用价值的湍流模型。

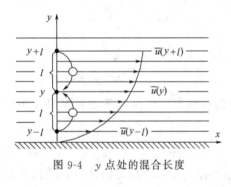

图 9-4 y 点处的混合长度

如图 9-4 所示，在任意时间间隔，从流场中的 $y + l$ 点处或 $y - l$ 点处有一个流体微团到达 y 点。假定流体微团到达 y 点时仍保持原所在区域的时均速度 $\bar{u}(y+l)$ 或 $\bar{u}(y-l)$，则当流体微团从 $y+l$ 处移动到 y 点处时，其时均速度与 y 点处流体的时均速度差为

$$\Delta u_1 = \bar{u}(y+l) - \bar{u}(y)$$

相应地，当流体微团从 $y-l$ 处移动到 y 点处时，其时均速度与 y 点处流体的时均速度差为

$$\Delta u_2 = \bar{u}(y-l) - \bar{u}(y)$$

将 $\bar{u}(y+l)$ 和 $\bar{u}(y-l)$ 在 y 点处按泰勒级数展开（注意：此处只有 y 方向微元 l），略去高阶小量，可得

$$\Delta u_1 = \left[\bar{u}(y) + \frac{d\bar{u}}{dy}l\right] - \bar{u}(y) = l\frac{d\bar{u}}{dy}, \quad \Delta u_2 = \left[\bar{u}(y) - \frac{d\bar{u}}{dy}l\right] - \bar{u}(y) = -l\frac{d\bar{u}}{dy}$$

普朗特认为，正是流体微团横向（y 方向）脉动引起的速度差导致了 y 点处 x 方向的脉动速度 u'，且 $u' = \Delta u_1$（正方向脉动）或 $u' = \Delta u_2$（负方向脉动），因此有

$$u' = \pm l\frac{d\bar{u}}{dy} \tag{9-19a}$$

另一方面，根据运动连续性，u' 必将导致 y 方向上也产生脉动速度 v'，而且 u' 与 v' 具有相同的数量级，但符号相反，即

$$v' = -k_1 u' = \mp k_1 l\frac{d\bar{u}}{dy} \tag{9-19b}$$

式中，k_1 为比例常数。将以上两式相乘，取时间平均，并将常数 k_1 归并到尚未确定的混合长度 l 中去，可得以混合长度 l 和时均速度梯度表示的雷诺应力，即

$$(\tau_{yx})_T = -\rho\overline{u'v'} = \rho l^2 \left(\frac{d\bar{u}}{dy}\right)^2 \tag{9-20a}$$

式（9-20a）就是普朗特混合长度假说的重要模型之一，它将湍流脉动应力与时均速度联系起来。不过，该式只表达了 $(\tau_{yx})_T$ 的大小，若要表示出 $(\tau_{yx})_T$ 的方向性，可将上式写成

$$(\tau_{yx})_T = \rho l^2 \left|\frac{d\bar{u}}{dy}\right|\frac{d\bar{u}}{dy} \tag{9-20b}$$

9.2.3　通用速度分布——壁面律

针对式（9-20）的应用，普朗特首先考察沿平壁表面充分发展的一维稳态湍流流动，并假设平壁邻近区域的混合长度 l 与离壁面的距离 y 成正比，即

$$l = ky$$

由此可将雷诺应力式（9-20）进一步表示为

$$(\tau_{yx})_T = \rho(ky)^2 \left(\frac{d\bar{u}}{dy}\right)^2 \tag{9-21}$$

式中，k 为卡门（Kármán）常数。经实验测定，对于光滑管壁 $k = 0.40$，光滑平壁 $k = 0.417$。

另一方面，壁面附近的湍流可分成黏性底层、过渡区、湍流核心区三个区域，如图 9-5 所示。结合壁面附近湍流速度分布特点，普朗特认为，从黏性底层到湍流核心区，基于时均速度的牛顿切应力 $\bar{\tau}_{yx}$ 逐渐减小，而雷诺应力 $(\tau_{yx})_T$ 逐渐增加，以至于两者之和的总应力 $(\tau_{yx})_e$ 近似为常数，且等于壁面上切应力 τ_0，即

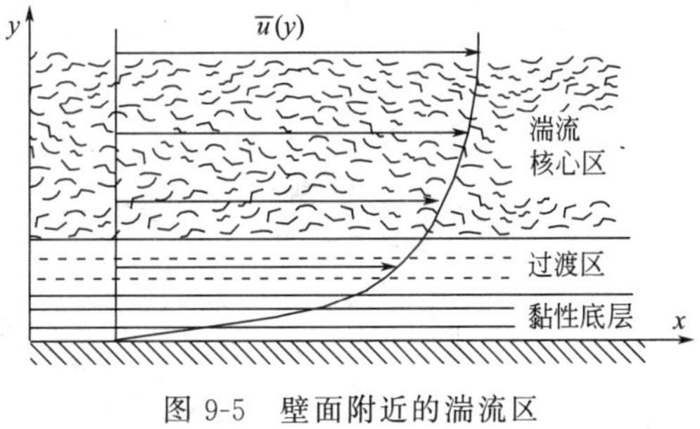

图 9-5　壁面附近的湍流区

$$(\tau_{yx})_e = \bar{\tau}_{yx} + (\tau_{yx})_T = \tau_0 \tag{9-22}$$

并由此建立了黏性底层、过渡区、湍流核心区的速度分布。

黏性底层区速度分布　在黏性底层区，壁面上 $u' = 0$，$v' = 0$，在紧靠壁面处 v' 也总是小量，故黏性底层区雷诺应力 $(\tau_{yx})_T = \rho\overline{v'u'}$ 很小，流动类似于层流。其切应力主要是基于时均速度的牛顿切应力 $\bar{\tau}_{yx}$。由此并根据式（9-22）可得底层区速度分布，即

$$\bar{\tau}_{yx} \gg (\tau_{yx})_T \quad \longrightarrow \quad \bar{\tau}_{yx} = \tau_0 \quad \longrightarrow \quad \mu\frac{d\bar{u}}{dy} = \tau_0 \quad \longrightarrow \quad \bar{u} = \frac{\tau_0}{\mu}y \tag{9-23}$$

现引入两个特征参数，特征速度 u^* 和特征长度 y^*，其定义为

$$u^* = \sqrt{\frac{\tau_0}{\rho}}, \quad y^* = \frac{\mu}{\rho u^*} = \frac{\mu}{\sqrt{\tau_0 \rho}} \tag{9-24}$$

式中，u^* 称为壁面摩擦速度；y^* 称为摩擦长度。由此可将黏性底层区速度分布表示为

$$\bar{u} = u^* \frac{y}{y^*} \tag{9-25}$$

湍流核心区速度分布　在黏性底层以外，时均速度应力 $\bar{\tau}_{yx}$ 逐渐减小，雷诺应力 $(\tau_{yx})_T$ 逐渐增大，在湍流核心区 $(\tau_{yx})_T \gg \bar{\tau}_{yx}$，因此根据式（9-22）可得湍流核心区应力为

$$(\tau_{yx})_T = \tau_0 \tag{9-26}$$

将雷诺应力式（9-21）代入上式，并引入 u^*、y^*，可得湍流核心区速度分布为

$$\frac{\bar{u}}{u^*} = \frac{1}{k}\ln\frac{y}{y^*} + C \tag{9-27}$$

式中，k 和 C 均为常数，由实验确定。

过渡区　在过渡区中，由于黏性应力与雷诺应力有相同的量级，因此难以作理论分析，但实验发现，过渡区速度分布也可以用类似于式（9-27）的形式来表示，只是系数不同。

通用速度分布　通过实验界定近壁黏性底层、过渡区、湍流核心区范围，并确定常数 k 和 C 后，得到圆管壁面（也适用于平壁面）附近的通用速度分布公式为

近壁黏性底层　　　$0 < y/y^* < 5$，　$\dfrac{\bar{u}}{u^*} = \dfrac{y}{y^*}$　（线性分布） $\tag{9-28a}$

过渡区　　　　　　$5 \leqslant y/y^* \leqslant 30$，　$\dfrac{\bar{u}}{u^*} = 5.0\ln\dfrac{y}{y^*} - 3.05$ $\tag{9-28b}$

湍流核心区　　$y/y^* > 30$，　$\dfrac{\bar{u}}{u^*} = 2.5\ln\dfrac{y}{y^*} + 5.5$　（半对数分布） $\tag{9-28c}$

上述速度分布公式对应的实验曲线如图 9-6 所示。实验表明，光滑平壁附近的速度分布曲线与圆管壁面附近的速度分布曲线是相同的，故上述速度分布公式称为通用速度分布或壁面律。其中，对于半径为 R 的圆管，以 r 为径向坐标时，$y = R - r$。

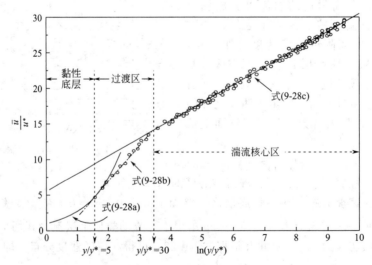

图 9-6　光滑管内湍流流动的速度分布曲线（其中 $y^+ = y/y^*$）

以上通用速度分布在很大程度上与实际相符是混合长度理论成功的一面，因而在许多工程计算中被广泛应用。但混合长度的概念本身有一定的模糊性，理论上亦存在显著的缺陷。比如，根据式（9-20），在 $d\bar{u}/dy=0$ 处（如圆管中心），应有 $(\tau_{yx})_T=0$，但实验表明：在圆管中心处，$(\tau_{yx})_T\neq0$；其次，在边界层分离点附近，混合长度理论与实验相差甚远。因此，混合长度理论作为经验性的理论，只在一定条件下才有意义。

9.3 圆管内充分发展的湍流流动

9.3.1 光滑管内的湍流速度分布与切应力

通用速度分布 对于圆管内充分发展的湍流流动，从管壁到管中心分为三个区域：黏性底层、过渡层和湍流核心区，其通用速度分布由式（9-28）表示。对于半径为 R 的圆形管道，通常采用以管中心为原点的径向坐标 r，此时式中的 $y=R-r$。

湍流核心区速度分布经验式 因为黏性底层及过渡层仅限于贴近管壁很薄的流体层内，其余为湍流核心区，所以对于平均流速、流量、平均动量等参数的计算，采用湍流核心区速度分布式即可，但这类公式不能用于求导获得管壁切应力。以下是两个较为简单的经验式。

纯经验的幂函数形式的湍流核心区速度分布式，即

$$\frac{\bar{u}}{\bar{u}_{max}}=\left(1-\frac{r}{R}\right)^{1/n}, \quad \bar{u}_m=\bar{u}_{max}\frac{2n^2}{(2n+1)(n+1)} \tag{9-29}$$

式中，指数 n 的取值与管流雷诺数 Re 有关。其中
$Re=2.3\times10^4\sim1.1\times10^5$：$n=6.6\sim7.0$，$\bar{u}_m=(0.807\sim0.817)\bar{u}_{max}$。
$Re=1.1\times10^5\sim3.2\times10^6$：$n=7.0\sim10.0$，$\bar{u}_m=(0.817\sim0.866)\bar{u}_{max}$。
$Re>3.2\times10^6$：$\qquad\qquad n=10$，$\qquad\quad\bar{u}_m=0.866\bar{u}_{max}$。

根据实验结果，实际使用中通常取 $\bar{u}_m=0.8\bar{u}_{max}$，与层流流动时 $u_m=0.5u_{max}$ 相对比，可见管内湍流速度分布总的来说是比较均匀的；但同时也意味着湍流时管壁速度梯度显著增大。

对于 $Re<10^5$ 的圆管湍流，还经常采用 1/7 次方经验式，即布拉修斯（Blasius）公式

$$\bar{u}=8.74u^*\left(\frac{R-r}{y^*}\right)^{1/7} \tag{9-30}$$

平均速度与 u^*、y^* 的关系 因为黏性底层及过渡层仅限于贴近管壁很薄的流体层内，其余为湍流核心区，所以管内平均流速 $\bar{u}_m$ 可近似采用湍流核心区的速度分布式积分得到。

采用速度分布式（9-28c）积分有

$$\bar{u}_m=\frac{q_V}{\pi R^2}=\frac{1}{\pi R^2}\int_0^R\bar{u}2\pi r\,dr\approx\frac{2u^*}{R^2}\int_0^R\left(2.5\ln\frac{R-r}{y^*}+5.5\right)r\,dr$$

由此可得平均速度 $\bar{u}_m$ 与摩擦速度 u^* 和摩擦长度 y^* 之间的关系为

$$\frac{\bar{u}_m}{u^*}=2.5\ln\frac{R}{y^*}+1.75 \tag{9-31}$$

采用 Blasius 的 1/7 次方分布式并取 $\bar{u}_{max}=1.25\bar{u}_m$ 可得

$$\frac{\bar{u}_m}{u^*}=6.992\left(\frac{R}{y^*}\right)^{1/7} \tag{9-32}$$

壁面切应力 将 $u^*=\sqrt{\tau_0/\rho}$、$y^*=\mu/\sqrt{\tau_0\rho}$ 代入式（9-31）可得关于 τ_0 的隐式公式

$$\frac{q_V}{\pi R^2 \sqrt{\tau_0/\rho}} = 2.5\ln\frac{R\sqrt{\tau_0\rho}}{\mu} + 1.75 \tag{9-33}$$

应用该式，给定或测试流量 q_V，即可计算壁面切应力 τ_0，但要用试差法。

此外，也可将 u^*、y^* 代入式（9-32）得到壁面切应力 τ_0 的显式计算公式，即

$$\tau_0 = 0.0225\rho\bar{u}_{\max}^2\left(\frac{\mu}{\rho\bar{u}_{\max}R}\right)^{1/4} = 0.03955\bar{u}_m^2\left(\frac{\mu}{\rho\bar{u}_m D}\right)^{1/4} = \frac{0.3164}{Re^{1/4}}\frac{\rho\bar{u}_m^2}{8} \tag{9-34}$$

式中，Re 是管流雷诺数，$D = 2R$ 为管道直径。引入圆管摩擦阻力系数 λ 定义式，又有

$$\tau_0 = \lambda\frac{\rho\bar{u}_m^2}{8}, \quad \lambda = \frac{0.3164}{Re^{1/4}}, \quad Re = \frac{\rho\bar{u}_m D}{\mu} \tag{9-35}$$

式中的 λ 式称为布拉修斯（Blasius）阻力系数公式，适用于 $Re < 10^5$ 的圆管湍流。

9.3.2 粗糙管内的湍流速度分布

对于管壁粗糙不平的圆形管道，通常采用 e 表示管内表面粗糙峰的平均高度，称为绝对粗糙度，e/D 称为相对粗糙度，其中 D 为管内直径。尼古拉兹（Nikuladse）对用沙粒贴在圆管内表面做成的粗糙管进行了大量实验。实验表明：

① 对于层流状态，粗糙管与光滑管的阻力系数相同；

② 从层流向湍流的过渡及相应的临界雷诺数也与相对粗糙度无关；

③ 对于湍流流动，粗糙度对流动速度和阻力有显著影响，并且可将粗糙管湍流分为三种不同的情况，即水力光滑管、过渡型圆管和水力粗糙管。

水力光滑管 在 $e < 5y^*$ 的条件下，管内壁上所有粗糙峰都被埋在黏性底层内，壁面粗糙度对湍流核心区的速度分布没有影响，这种情况称为水力光滑管。其核心区速度分布与光滑管核心区速度分布式（9-28c）相同。

过渡型圆管 在 $5y^* < e < 70y^*$ 的条件下，只有部分粗糙峰被埋在黏性底层内，因此雷诺数 Re 和壁面粗糙度 e 对湍流核心区速度分布的都有影响，这种情况称为过渡型圆管。

水力粗糙管 当 $e > 70y^*$ 时，所有的粗糙峰都高出黏性底层，突出在湍流核心区，形成许多小的旋涡，对湍流核心区速度分布有显著影响，这种情况称为水力粗糙管。水力粗糙管湍流核心区的速度分布只与粗糙度 e 有关，实验表明其具体分布式为

$$\frac{\bar{u}}{u^*} = 2.5\ln\frac{R-r}{e} + 8.5 \tag{9-36}$$

由于黏性底层和过渡层都很薄，故可近似用上式积分求得平均速度

$$\frac{\bar{u}_m}{u^*} = 2.5\ln\frac{R}{e} + 4.75 \tag{9-37}$$

将以上两式相减可得以平均速度表示的速度分布（粗糙度 e 被隐去）

$$\frac{\bar{u}}{u^*} = \frac{\bar{u}_m}{u^*} + 3.75 + 2.5\ln\left(1 - \frac{r}{R}\right) \tag{9-38}$$

显然，在 $r = 0$ 处时均速度最大，因此有

$$\frac{\bar{u}_{\max}}{u^*} = \frac{\bar{u}_m}{u^*} + 3.75 \tag{9-39}$$

应用上，式（9-38）和式（9-39）有其方便之处，因为式中不再出现粗糙度，而平均速度可以用流量计算。其次，通过测定 $\bar{u}_{\max}$ 和 $\bar{u}_m$，还可用式（9-39）确定 u^*，从而确定 τ_0。

9.4 圆管内流动的阻力损失

9.4.1 圆管阻力损失与阻力系数定义

沿程阻力与局部阻力 由于黏性的原因，流体在管内流动时总有阻力存在，由此导致的机械能损耗（转化为热能）称为流动阻力损失。流动阻力损失表现为流体流动过程中压力不断降低（称为阻力压降）。通常将管道壁面黏性摩擦产生的阻力称为沿程阻力，由此产生的压头损失称为沿程阻力损失，对应的压力降称为沿程压降；因为流动方向突然改变（如管道弯头、三通处的流动）或流动截面突然扩大或缩小（如阀门、设备管口处的流动）产生的阻力称为局部阻力，对应的压头损失或压降称为局部阻力损失或局部压降。局部阻力损失的机理主要为涡流耗散。阻力损失是管道设计中需要考虑的主要问题。

摩擦阻力系数 沿程摩擦阻力损失或压降取决于流动条件下的管壁切应力 τ_0，通常引入摩擦阻力系数 λ（简称阻力系数）来表征，即

$$\tau_0 = \frac{\lambda}{4} \frac{\rho u_m^2}{2} \tag{9-40}$$

对于圆形直管内充分发展的流动，压降对流体的推动力与管壁摩擦阻力相平衡，即

$$\Delta p \frac{\pi D^2}{4} = \pi D L \tau_0, \quad 或 \quad \Delta p = \frac{4L}{D} \tau_0$$

于是可将压降用阻力系数表示为

$$\Delta p = \lambda \frac{L}{D} \frac{\rho u_m^2}{2} \tag{9-41}$$

这是圆管流动更为常用的阻力系数 λ 定义式，通过实验测定不同 Re 对应的 Δp，即可由上式计算出 λ，从而建立 λ 与 Re 的关系。

此外，管道流动问题中通常还将 Δp 折算成相同静压的流体液柱高度 h_f 来表征压力降，即 $\rho g h_f = \Delta p$，该液柱高度 h_f 特称为阻力损失，基本单位为 m。于是根据式（9-41）有

$$h_f = \lambda \frac{L}{D} \frac{u_m^2}{2g} \tag{9-42}$$

式（9-40）～式（9-42）都表征了管内流动的阻力特性，都可看成是阻力系数的定义式，无论对管内层流或湍流都成立。即使对于非圆形截面的管道、弯曲管道等，也可通过实验按式（9-41）确定阻力系数 λ，然后将其拟合成经验公式用于设计。

局部阻力系数 对于由管道弯头、三通、阀门、设备管口等局部阻力件产生的阻力损失或压降，因其与管道长度无关，故通常定义局部阻力系数 ζ 来计算，即

$$h_f = \zeta \frac{u_m^2}{2g} \quad 或 \quad \Delta p = \zeta \frac{\rho u_m^2}{2} \tag{9-43}$$

局部阻力系数 ζ 可由理论或实验确定。对于各种商品管件，局部阻力系数 ζ 都可以在有关书籍上查到。

局部阻力件的当量长度 对于管件及设备管口等局部阻力件，另一种方法是定义其当量长度 L_e，然后按与管道沿程阻力损失或压降相同的公式计算其局部阻力损失或压降，即

$$h_f = \lambda \frac{L_e}{D} \frac{u_m^2}{2g}, \quad 或 \quad \Delta p = \lambda \frac{L_e}{D} \frac{\rho u_m^2}{2} \tag{9-44}$$

管件或阀件等的当量长度 L_e 由实验确定。许多研究者已通过大量实验总结出了管件和阀件的当量长度共线图，感兴趣的读者可以查阅有关资料。

引入阻力系数后，计算阻力损失或压降的主要工作就是计算其阻力系数。以下将讨论不同情况下的阻力系数计算公式或经验式。

9.4.2 光滑圆管的阻力系数

圆管层流阻力系数 对于管内的层流流动，由其平均速度公式（9-3）可知

$$\Delta p^* = \frac{32\mu L u_m}{D^2} = \frac{64}{\rho u_m D/\mu} \frac{L}{D} \frac{\rho u_m^2}{2} = \frac{64}{Re} \frac{L}{D} \frac{\rho u_m^2}{2}$$

式中，$Re = \rho u_m D/\mu$ 是管流雷诺数。对比式（9-41）可知，圆管层流的阻力系数为

$$\lambda = 64/Re \qquad (Re < 2300) \qquad (9\text{-}45)$$

圆管湍流阻力系数 对于圆管湍流，根据 Δp 与 τ_0 的关系以及摩擦速度 u^* 的定义

$$\Delta p = 4L\tau_0/D, \quad u^* = \sqrt{\tau_0/\rho}$$

可知

$$\Delta p = \frac{4\tau_0 L}{D} = 8\left(\frac{\tau_0}{\rho \bar{u}_m^2}\right)\frac{L}{D}\frac{\rho \bar{u}_m^2}{2} = 8\left(\frac{u^*}{\bar{u}_m}\right)^2 \frac{L}{D}\frac{\rho \bar{u}_m^2}{2}$$

与式（9-42）对比可知，光滑圆管湍流的阻力系数为

$$\lambda = 8(u^*/\bar{u}_m)^2 \qquad (9\text{-}46)$$

将光滑管湍流平均速度公式（9-31）代入上式，经简化可得光滑管湍流阻力系数公式

$$\frac{1}{\sqrt{\lambda}} = 0.884\ln(Re\sqrt{\lambda}) - 0.91$$

此式略加修正，可得到与实验吻合更好的卡门-普朗特阻力系数公式

$$\frac{1}{\sqrt{\lambda}} = 0.873\ln(Re\sqrt{\lambda}) - 0.8 \qquad (9\text{-}47)$$

为了将 λ 表示成雷诺数 Re 的显函数，尼古拉兹（Nikuladse）提出了以下经验公式

$$\lambda = 0.0032 + \frac{0.221}{Re^{0.237}} \qquad (10^5 < Re < 3 \times 10^6) \qquad (9\text{-}48)$$

此外，当 $Re < 10^5$ 时，流动分析或工程计算中还广泛采用布拉修斯经验式，即

$$\lambda = \frac{0.3164}{Re^{1/4}} \qquad (9\text{-}49)$$

【例 9-2】 光滑管阻力系数计算及公式对比。

润滑油在直径为 100mm、长度为 200m 的光滑管中流动，平均流速分别为 0.50m/s 和 3.0m/s。试求各速度对应的流动压力降。取油的动力黏度为 0.050Pa·s，密度为 900kg/m³。

解 速度为 0.50m/s 时，雷诺数为

$$Re = \frac{\rho u_m D}{\mu} = \frac{900 \times 0.50 \times 0.100}{0.050} = 900 < 2300$$

流动为层流状态，故

$$\lambda = \frac{64}{Re} = \frac{64}{900} = 0.0711$$

压力降为

$$\Delta p = \lambda \frac{L}{D}\rho \frac{u_m^2}{2} = 0.0711 \times \frac{200}{0.100} \times 900 \times \frac{0.50^2}{2} = 16.0 \times 10^3 (\text{Pa})$$

速度为 3.0m/s 时 $Re = 900 \times 3/0.5 = 5400 > 4000$

属湍流流动且 $Re < 10^5$，故阻力系数可采用布拉修斯式（9-49）计算，结果为

$$\lambda = 0.3164Re^{-1/4} = 0.3164 \times 5400^{-1/4} = 0.03691$$

压力降为
$$\Delta p = \lambda \frac{L}{D} \rho \frac{u_m^2}{2} = 0.03691 \times \frac{200}{0.100} \times 900 \times \frac{3.0^2}{2} = 299.0 \times 10^3 (\text{Pa})$$

若采用卡门-普朗特公式（9-47）和尼古拉兹式（9-48）计算，则阻力系数分别为
$$\lambda = 0.03622, \quad \lambda = 0.03203$$

压力降分别为
$$\Delta p = 293.4 \times 10^3 \text{Pa}, \quad \Delta p = 259.5 \times 10^3 \text{Pa}$$

可见尼古拉兹式（9-48）计算结果偏低，原因是雷诺数 Re 已低于该式应用范围。

9.4.3 粗糙圆管的阻力系数

粗糙管湍流阻力系数分为水力光滑管、过渡型圆管和水力粗糙管三种情况。

水力光滑管 其壁面粗糙度 $e < 5y^*$。该条件下粗糙峰在黏性底层之内，对湍流核心无影响，其湍流阻力系数 λ 的计算与以上光滑圆管湍流阻力系数 λ 公式相同。其中式（9-47）和式（9-48）用于水力光滑管的有效范围是 $4000 < Re < 26.98 \ (D/e)^{8/7}$。

过渡型圆管 其壁面粗糙度 $5y^* < e < 70y^*$。该条件下部分粗糙峰被埋在黏性底层内，雷诺数 Re 和壁面粗糙度 e 对湍流核心区速度分布的都有影响，可用科尔布鲁克（Colebrook）经验公式来计算阻力系数

$$\frac{1}{\sqrt{\lambda}} = 1.136 - 0.869\ln\left(\frac{e}{D} + \frac{9.287}{Re\sqrt{\lambda}}\right) \tag{9-50}$$

上式的范围大致为 $26.98 \ (D/e)^{8/7} < Re < 4160 \ (D/2e)^{0.85}$。

水力粗糙管 其壁面粗糙度 $e > 70y^*$，此时所有粗糙峰都高出黏性底层，突出在湍流核心区，形成许多小的旋涡，对湍流核心区速度分布有显著影响。将此条件下的平均速度式（9-37）代入式（9-46），整理后可得水力粗糙管的阻力系数公式为

$$\frac{1}{\sqrt{\lambda}} = 1.067 - 0.884\ln\frac{e}{D}$$

该式稍加修正，可得与实验吻合更好的冯·卡门经验式

$$\frac{1}{\sqrt{\lambda}} = 1.136 - 0.869\ln\frac{e}{D} \tag{9-51}$$

该式适用范围是 $Re > 4160 \ (D/2e)^{0.85}$。

管道湍流阻力系数通用式 比较式（9-50）与式（9-51）可见，后者只是前者在 Re 很大情况下的特例；实际上，当粗糙度 $e = 0$ 时，式（9-50）还近似等同光滑阻力系数式（9-47）。因此 Colebrook 式（9-50）实际上是适用于光滑管和粗糙管（包括过渡型管和水力粗糙管）的湍流阻力系数通用式，该式与实验数据的误差在 $10\% \sim 15\%$ 以内。

鉴于通用式（9-50）中 λ 为隐函数的不足，Haaland 提出了一个显式的 λ 通用式，即

$$\frac{1}{\sqrt{\lambda}} = 1.135 - 0.782\ln\left[\left(\frac{e}{D}\right)^{1.11} + \frac{29.482}{Re}\right] \tag{9-52}$$

该式在 $4000 \leqslant Re \leqslant 10^8$ 范围内，与式（9-50）的相对偏差在 1.5% 以内。

莫迪图 为便于工程计算，莫迪（Moody）将圆管内流动的实验数据整理后绘成如图 9-7 所示的阻力系数图，称为莫迪图。该图对光滑管及粗糙管中的层流与湍流均适用。莫迪图以阻力系数 λ 为纵坐标，雷诺数 Re 为横坐标，以相对粗糙度 e/D 为参变数。

为查阅使用方便，表 9-1 给出了不同材料管道的粗糙度。

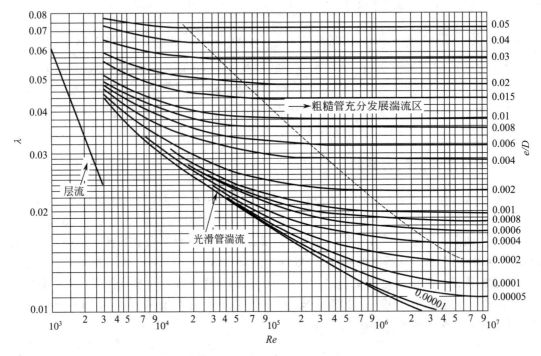

图 9-7　管内流动的阻力系数（Moody 图）

表 9-1　常见管道的表面粗糙度参考值

材料名称	e/mm	材料名称	e/mm
拉拔管（黄铜、铅等）	0.01～0.05	橡皮软管	0.01～0.03
无缝钢管及镀锌管（新）	0.1～0.2	浇注沥青的铸铁管	0.12
轻度腐蚀无缝钢管	0.2～0.3	木管道	0.25～1.25
铸铁管（新）	0.3	混凝土管道	0.3～3.0
铸铁管（旧）	≥0.85	铆接钢管	0.9～9.0
玻璃管	0.0015	聚氯乙烯塑料管	0.0015

【例 9-3】　输油管内的速度分布与流动阻力。

用内径为 152mm 的新铸铁管输送汽油，流量为 170L/s。试求汽油的速度分布及单位管长的压降。设汽油的运动黏度 $\nu = 0.37 \times 10^{-6}$ m^2/s，密度 $\rho = 670$kg/m^3。

解　管内流体的平均速度和雷诺数为

$$\overline{u}_m = \frac{4 \times 170 \times 10^{-3}}{\pi(0.152)^2} = 9.37 \text{(m/s)}, \quad Re = \frac{\overline{u}_m D}{\nu} = \frac{9.37 \times 0.152}{0.37 \times 10^{-6}} = 3.85 \times 10^6$$

因为 $Re > 4000$，属于湍流流动。查表 9-1 得铸铁管的粗糙度 $e = 0.3$mm，故 $e/D = 0.0020$。根据雷诺数 Re 与 e/D 查莫迪图得阻力系数 $\lambda = 0.023$，或由 Haaland 通用式（9-52）得

$$\frac{1}{\sqrt{\lambda}} = 1.135 - 0.782\ln\left[\left(\frac{e}{D}\right)^{1.11} + \frac{29.482}{Re}\right] \longrightarrow \lambda = 0.0235$$

取 $\lambda = 0.0235$，由式（9-40）得壁面切应力为

$$\tau_0 = \frac{\lambda}{4}\frac{\rho \overline{u}_m^2}{2} = \frac{0.0235}{4}\left(\frac{670 \times 9.37^2}{2}\right) = 172.8 \text{(Pa)}$$

由于
$$\frac{e}{y^*}=\frac{e\sqrt{\tau_0/\rho}}{\nu}=\frac{0.3\times10^{-3}\sqrt{172.8/670}}{0.37\times10^{-6}}=412>70$$

故流动属于水力粗糙管湍流（实际上由 Re 和 e/D 查莫迪图时已经明确这点）。

因此可用式（9-36）表示湍流核心区速度分布，即

$$\bar{u}=u^*\left(2.5\ln\frac{R-r}{e}+8.5\right)=\sqrt{\frac{\tau_0}{\rho}}\left(2.5\ln\frac{R-r}{e}+8.5\right)$$

代入数据后得
$$\bar{u}=1.27\ln(R-r)+14.62$$

单位管长的压降为
$$\frac{\Delta p}{L}=\frac{4\tau_0}{D}=\frac{4\times172.8}{0.152}=4547(\text{Pa/m})$$

【例 9-4】 求管道的输水量。

用直径为 250mm、长度为 300m 的铸铁管道输送 15℃的水。已知阻力损失为 5.0m，试求水的流量。取水的运动黏度为 $1.14\times10^{-6}\,\text{m}^2/\text{s}$。

解 查表 9-1 得 $e=0.3\text{mm}$，$e/D=0.3/250=0.0012$。设雷诺数很大，可按水力粗糙管考虑，故按 e/D 查莫迪图得 $\lambda=0.0207$，或按冯·卡门经验式（9-51）得

$$\frac{1}{\sqrt{\lambda}}=1.136-0.869\ln\frac{e}{D}\quad\longrightarrow\quad\lambda=0.0205$$

取 $\lambda=0.0205$，由式（9-44）可初步估计水流平均速度

$$\frac{\bar{u}_m^2}{2g}=\frac{h_f D}{\lambda L}=\frac{5\times0.250}{0.0205\times300}=0.203(\text{m})\quad\longrightarrow\quad\bar{u}_m=1.99\text{m/s}$$

根据此速度计算雷诺数
$$Re=\frac{\bar{u}_m D}{\nu}=\frac{1.99\times0.250}{1.14\times10^{-6}}=4.37\times10^5$$

根据 Re 和 e/D 重新查莫迪图或根据通用式（9-52）计算，结果均为 $\lambda=0.021$。因此

$$\frac{\bar{u}_m^2}{2g}=\frac{h_f D}{\lambda L}=\frac{5\times0.250}{0.021\times300}=0.198(\text{m})\quad\longrightarrow\quad\bar{u}_m=1.97\text{ m/s}$$

由此速度计算出的雷诺数与上面的计算值基本相同，故取 $\lambda=0.021$。于是，水的流量为

$$q_V=\bar{u}_m A=1.97\times\frac{\pi}{4}\times0.250^2=0.097(\text{m}^3/\text{s})$$

【例 9-5】 求管道的直径。

用长度为 500m 的无缝钢管输送水，水的流量为 91L/s。规定压力降不能超过 825kPa，试求钢管的最小直径。取水的运动黏度为 $1.0\times10^{-6}\,\text{m}^2/\text{s}$，密度为 1000kg/m^3。

解 已知压降，故首先由压降的阻力系数定义式解出管径 D 与 λ 的关系

$$\Delta p=\lambda\frac{L}{D}\frac{\rho u_m^2}{2}=\frac{1}{D^5}\frac{8\lambda L\rho}{\pi^2}q_V^2\quad\longrightarrow\quad D=\lambda^{1/5}\left(\frac{8L\rho q_V^2}{\pi^2\Delta p}\right)^{1/5}$$

在计算管径之前须合理假定 λ 值。首先假定 $\lambda_1=0.025$，则

$$D=0.025^{1/5}\left(\frac{8\times500\times1000\times0.091^2}{\pi^2\times825\times10^3}\right)^{1/5}=0.159(\text{m})$$

由此得雷诺数
$$Re=\frac{\bar{u}_m D}{\nu}=\frac{4q_V}{\pi D\nu}=\frac{4\times0.091}{\pi\times0.159\times1.0\times10^{-6}}=7.29\times10^5$$

查表 9-1 得 $e=0.15\text{mm}$。故由 $e/D=0.15/159=0.00094$ 和 Re 查莫迪图或由 Haa-land 通用式（9-52）计算得 $\lambda=0.020$；再由式（a）计算得到

$$D=0.159\left(\frac{\lambda}{\lambda_1}\right)^{1/5}=0.159\left(\frac{0.020}{0.025}\right)^{1/5}=0.152\text{（m）}$$

根据新的 D 再次计算 $Re=7.28\times10^5(0.159/0.152)=7.62\times10^5$

由 $e/D=0.15/152=0.00099$ 和 Re 查莫迪图或由通用式计算得 $\lambda=0.020$；该值已与上次计算值相符，因此管道计算直径 $D=152\text{mm}$。最后取值可根据管材规格向上圆整后确定。

9.4.4 局部阻力系数

局部阻力系数可通过理论分析或实验确定，但多数情况由实验确定。

（1）理论计算方法

借助于流动过程的机械能守恒方程（伯努利方程）和动量守恒方程，可以推导出某些管件的局部阻力系数的理论计算公式。例如图 9-8 所示的突然变径管道的流动，流体从小直径 D_1 的管道流入大直径 D_2 的管道后，将在大管道边角区产生非稳态涡流，因而产生局部阻力损失。

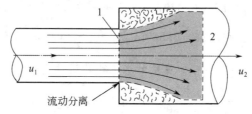

图 9-8　管道突然扩大

根据 4.6.4 节的分析可知，图 9-8 所示突扩管的局部阻力损失为 ［见式（4-80）］

$$h_f=\zeta\frac{u_1^2}{2g}=\left(1-\frac{A_1}{A_2}\right)^2\frac{u_1^2}{2g}=\left[1-\left(\frac{D_1}{D_2}\right)^2\right]^2\frac{u_1^2}{2g}$$

由此可知突然扩大管的局部阻力系数为

$$\zeta=\left[1-\left(\frac{D_1}{D_2}\right)^2\right]^2 \tag{9-53}$$

并且，从该式可以看出，当 $D_2\gg D_1$ 时，即由管道进入大容器或管口排入大气时，$\zeta=1$。

（2）实验测试方法

对于绝大多数局部阻力件（如管件、阀件等），通常只能用实验确定局部阻力系数。

以锥形扩大管件为例。对于图 9-9 所示的锥形扩大管件，在两端分别接上足够长的相应直径的圆管，以保证截面 1 和 2 上的流动为充分发展流动，并分别在截面 1 和 2 的管壁上开测压孔，用 U 形测压管测量压差。实验时给定流量，流动稳定后，测出截面 1 与截面 2 处的压差值。根据图 9-9，可以列出截面 1 到截面 2 的伯努利方程为

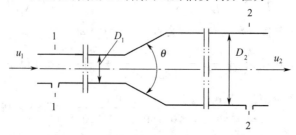

图 9-9　锥形扩大管件局部阻力系数的测定

$$\frac{u_1^2}{2g}+\frac{p_1}{\rho g}=\frac{u_2^2}{2g}+\frac{p_2}{\rho g}+h_{f1-2}$$

式中，h_{f1-2} 为总阻力损失，它包括圆管 1 的沿程阻力损失 h_{f1}、圆管 2 的沿程阻力损失 h_{f2} 和锥形扩大管件的局部阻力损失 h_f，即

$$h_{f1-2}=h_{f1}+h_{f2}+h_f$$

或

$$h_f=\frac{p_1-p_2}{\rho g}+\frac{u_1^2-u_2^2}{2g}-h_{f1}-h_{f2}$$

上式等式右边第一项为测定值，第二项由实验流量计算，第三、四项可以根据沿程阻力损失公式计算。由此得到 h_f 后，再由局部阻力系数定义式（9-43）确定局部阻力系数。

对于图 9-9 所示的锥形扩大管，以速度 u_1 为计算速度，实测数据整理结果如下：

当 $\theta \leqslant 45°$ 时
$$\zeta=2.6\sin\left(\frac{\theta}{2}\right)\left[1-\left(\frac{D_1}{D_2}\right)^2\right]^2 \tag{9-54}$$

当 $45°<\theta\leqslant 180°$ 时，与理论计算式（9-53）相同。

同理，对于如图 9-10 所示的锥形缩小管件，也可以测得其局部阻力系数。以速度 u_2 为计算速度，实验数据整理结果为

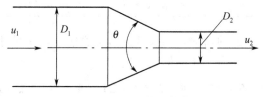

图 9-10　锥形缩小管件

当 $\theta \leqslant 45°$ 时

$$\zeta=0.8\left[1-\left(\frac{D_2}{D_1}\right)^2\right]\sin\frac{\theta}{2} \tag{9-55a}$$

当 $45°<\theta\leqslant 180°$ 时

$$\zeta=0.5\left[1-\left(\frac{D_2}{D_1}\right)^2\right]\sqrt{\sin\frac{\theta}{2}} \tag{9-55b}$$

由上式可知，当 $\theta=180°$ 且 $D_1\gg D_2$ 时，即由大容器进入管道时，$\zeta=0.5$。

对于其它管件和阀件，用同样的方法也可以测得其局部阻力系数，结果见表 9-2。

表 9-2　管件和阀件的局部阻力系数 ζ 参考值

标准弯头	45° $\zeta=0.35$；90° $\zeta=0.75$				活管接	$\zeta=0.4$	
90°方形弯头	$\zeta=1.3$				180°回弯头	$\zeta=1.5$	
弯管 R_w	φ	30°	45°	60°	75°	90°	105°	120°
	$R_w/D=1.5$，ζ	0.08	0.11	0.14	0.16	0.175	0.19	0.20
	$R_w/D=2.0$，ζ	0.07	0.10	0.12	0.14	0.15	0.16	0.17
入管口 （容器→管）	$\zeta=0.5$	$\zeta=0.56$	$\zeta=3\sim1.3$	$\zeta=0.5+0.5\cos\varphi+0.2\cos^2\varphi$			

227

标准三通	$\zeta=0.4$	$\zeta=1.5$ 用作弯头	$\zeta=1.3$ 用作弯头	$\zeta=1$				
水泵进口 无底阀 $\zeta=2\sim3$	有底阀	D/mm	40	50	75	100	150	200	250	300
		ζ	12	10	8.5	7.4	6.0	5.2	4.4	3.7

闸阀	全开	3/4 开	1/2 开	1/4 开
	$\zeta=0.17$	$\zeta=0.9$	$\zeta=4.5$	$\zeta=24$

标准截止阀 （球心阀）	全开 $\zeta=6.4$；1/2开 $\zeta=9.5$	单向阀 （止逆阀）	摇板式 $\zeta=2$； 球形单向阀 $\zeta=70$

蝶阀	φ	5°	10°	20°	30°	40°	45°	50°	60°	70°
	ζ	0.24	0.52	1.54	3.91	10.8	18.7	30.6	118	751

旋塞	φ	5°	10°	20°	40°	60°
	ζ	0.05	0.29	1.56	19.3	206

角阀（90°）	$\zeta=5$	滤水器（滤水网）	$\zeta=2$	水表（盘形）	$\zeta=7$

对于流体从容器进入管道的情况，如果管道与容器连接处有圆滑过渡圆角，则进口局部阻力系数随圆角半径 r 的变化而变化。如表 9-3 所示。

表 9-3　有圆角过渡的大容器进入管口的局部阻力系数参考值

r/D	0.02	0.04	0.06	0.10	$\geqslant0.15$
ζ	0.28	0.24	0.15	0.09	0.04

在工程实践中，管件和阀件的规格、结构形式很多，制造水平、加工精度往往差别很大，所以局部阻力系数的变动范围也是很大的。表 9-2 和表 9-3 中给出的数值仅供参考。对于其它类型的管件的局部阻力系数值，可以查阅有关资料或通过实验来确定。

【例 9-6】　水的输送问题。

用水泵将大水池中的水送入容器，如图 9-11 所示。已知水的密度 $\rho=1000\text{kg/m}^3$，运动黏度 $\nu=1.0\times10^{-6}\text{m}^2/\text{s}$；管道直径 $D=200\text{mm}$、相对粗糙度 $e/D=0.0003$、长度如图所示；水池与管道连接处 A 的过渡圆弧半径 $r/D=0.1$，B、C 两处为 90°弯头，弯曲比 $R_w/D=2$；水泵有效输出功率 $N=20\text{kW}$。问水的输送流量 $q_V=150\text{L/s}$ 时，容器进口 D 处的压力 p_D 为多少？

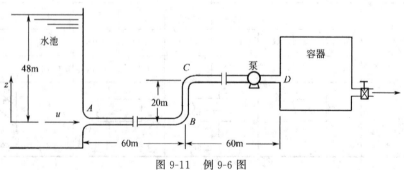

图 9-11　例 9-6 图

解 首先由体积流量计算管流平均速度和雷诺数

$$u = \frac{4q_V}{\pi D^2} = \frac{4 \times 150 \times 10^{-3}}{\pi 0.2^2} = 4.775 \ (\text{m/s}), \quad Re = \frac{uD}{\nu} = \frac{4.775 \times 0.2}{1.0 \times 10^{-6}} = 9.55 \times 10^5$$

由 $e/D = 0.0003$，$Re = 9.55 \times 10^5$，查莫迪图或由 Haaland 通用式（9-52）计算可得

$$\frac{1}{\sqrt{\lambda}} = 1.135 - 0.782 \ln \left[\left(\frac{e}{D} \right)^{1.11} + \frac{29.482}{Re} \right] \longrightarrow \lambda = 0.0156$$

因此管道沿程阻力损失为

$$h_{f,\text{passage}} = \lambda \frac{L}{D} \frac{u^2}{2g} = 0.016 \times \frac{140}{0.2} \times \frac{4.775^2}{2 \times 9.8} = 13.70 \ (\text{m})$$

由题中条件，查表（9-3）和表（9-2）得局部阻力系数

$$\zeta_A = 0.09, \quad \zeta_B = \zeta_C = 0.15, \quad \zeta_D = 1$$

局部阻力损失为 $\quad h_{f,\text{local}} = \zeta \frac{u^2}{2g} = (0.09 + 0.15 + 0.15 + 1) \frac{4.775^2}{2 \times 9.8} = 1.62 \ (\text{m})$

总阻力损失为 $\quad\quad h_f = h_{f,\text{passage}} + h_{f,\text{local}} = 13.70 + 1.62 = 15.32 \ (\text{m})$

在水池表面（用下标 0 标志）与 D 点之间应用机械能守恒方程式（4-55）并取动能修正系数 $\alpha = 1$ 有

$$\frac{N}{q_m g} = \frac{v_D^2 - v_0^2}{2g} + (z_D - z_0) + \frac{p_D - p_0}{\rho g} + h_f$$

即 $\quad\quad p_D - p_0 = \frac{N}{q_V} - \frac{\rho (v_D^2 - v_0^2)}{2} - \rho g (z_D - z_0) - \rho g h_f$

所以 $\quad p_D - p_0 = \frac{20000}{150 \times 10^{-3}} - 1000 \left[\frac{4.775^2}{2} + 9.8 \times (-28) + 9.8 \times 15.32 \right] = 2.46 \times 10^5 \ (\text{Pa})$

9.5　圆管进口段流动分析

前面几节讨论的是充分发展的流动，即流体速度分布沿管子轴向不再发生变化的情况。但管道流动总是有进口区的。在流体进入管道的一段距离内，由于流体黏滞于管壁，使管壁附近的流体减速，边界层不断加厚，而运动的连续性使管中心流体加速，从而使得流体速度沿流动方向不断变化，如图 9-12 所示。当边界层充满整个流动截面、速度分布不再发生变化时，就建立了充分发展流动。从管道进口到充分发展流动这一段距离称为进口段长度 L_e。如果管道较短，进口段流体速度的变化就不能忽略，前几节在充分发展条件下导出的公式不再适用，必须作特殊的考虑。

9.5.1　进口段流动状态与进口段长度

（1）层流流动进口段

进口段的流动状态　流体在进口段的流动是壁面边界层减速，边界层外加速，见图 9-12。层流条件下，直至流动充分发展其边界层内的流动都是层流。此情况下，进口段流动的发展主要取决于管道直径 D 和雷诺数 Re，管道进口形状的影响不是很大。

进口段长度　在分析进口段流动时，要用到两个含义不同的进口段长度。一个是速度分布充分发展所需的长度，另一个是壁面上切应力值达到充分发展所需的进口段长度。流体刚

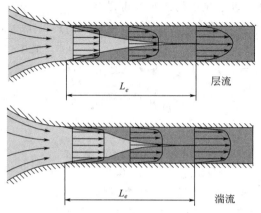

图 9-12　管道进口段流体速度分布的变化情况

进入管道时，壁面上的速度梯度较大，切应力也较大；但在进入管道后相当短的距离内，壁面上流体速度梯度很快会变成有限值，切应力也很快达到充分发展。然而，流体速度分布要达到充分发展的状态则需要较长的距离。因此，一般把形成充分发展的速度分布所需要的长度定义为进口段长度。实验表明，层流进口段长度可按下式计算

$$L_e = 0.0575DRe \tag{9-56}$$

式中，$Re = Du_m\rho/\mu$ 为雷诺数，D 是管道直径。近似估计可取 $L_e = 100D$ 作为进口段长度。

（2）湍流流动进口段

进口段的流动状态　湍流时，进口形状对下游的影响较大。如果进口形状是突变、不平滑的，进口段边界层一开始就可能属于湍流边界层。若进口是圆滑过渡的，则边界层开始一段属于层流边界层，然后在下游某处再过渡成湍流边界层，见图 9-12。

进口段长度　由于湍流边界层的厚度增长比层流边界层的要快些，因此进口段长度要短些。但因为进口段的湍流流动受管道进口条件的影响较大，影响因素较多，故还没有一个较统一的进口段长度计算式。通常近似计算时，取 $L_e = 50D$ 作为湍流进口段长度。

9.5.2　进口段阻力

进口段阻力由两部分构成，一部分是边界层黏性切应力（湍流时还包括雷诺应力）引起的阻力损失，另一部分是核心区流体被加速引起的阻力损失。因此，进口段单位管长的阻力损失或压降大于充分发展段。从阻力系数的变化来看，层流流动时：进口处阻力系数最大，然后逐渐减小并在流动充分发展后达到确定值；然而，湍流流动则有所不同，实验表明，湍流流动时，阻力系数先是从进口处的最大值逐渐减小，但在层流边界层与湍流边界层的过渡点附近，阻力系数又将突然回升，然后再次逐渐下降，并在流动充分发展后达到确定值。

一般工程计算中，对进口段阻力损失的处理方法是，用充分发展流的公式计算整段管道的阻力，然后加上进口区局部阻力损失。

需要指出的是，与进口段单位管长阻力损失行为相对应，管道对流换热中，进口段的传热系数也大于充分发展段。

9.6　非圆形截面管内的流体流动

非圆形管道指截面形状为矩形、三角形、梯形、椭圆形等形状的管道。由于管道截面与

圆管不同，其管内流动状况与圆管也不一样。

主流与次流　尼古拉兹对非圆形截面管内湍流速度的实验测量结果表明，湍流条件下，流体除了沿管道轴向流动外，在垂直于主流的截面上还有次流（secondary flow）。湍流轴向速度等值线如图9-13所示，次流流线如图9-14所示。主流与次流叠加的结果，使得管道截面尖角处流体仍有相当大的速度，导致湍流时管道壁面切应力沿周边分布趋于均匀。

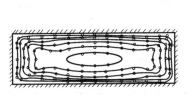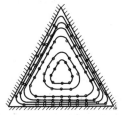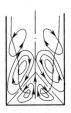

图9-13　非圆形截面管中的湍流等速度线　　　　　图9-14　非圆形截面管中的次流

水力当量直径　对于非圆形管道内的充分发展流动，其管壁平均切应力 τ_0 与压力降 Δp 仍然满足力平衡关系，即

$$A\Delta p = LP\tau_0 \tag{9-57}$$

式中，L 是管长；A 是管道流通面积；P 为流通截面浸润周边长度（流通截面上与流体接触的壁面周边长度）；τ_0 是壁面平均切应力（对于非圆形管，沿浸润周边壁面的局部切应力是变化的，τ_0 只是其平均值）。

引入阻力系数的定义式可得

$$\Delta p = \frac{LP}{A}\tau_0 = \frac{LP}{A}\frac{\lambda}{4}\frac{\rho u_m^2}{2} = \lambda \frac{L}{(4A/P)}\frac{\rho u_m^2}{2} \tag{9-58}$$

由此可见，若定义非圆形管截面的特征直径为

$$D_h = \frac{4A}{P} = 4 \times \frac{\text{流体流通面积}}{\text{浸润周边长度}} \tag{9-59}$$

则非圆形管道的 $\Delta p \sim \lambda$ 式（9-58）就可表达为与圆形管相同的形式，即

$$\Delta p = \lambda \frac{L}{D_h}\frac{\rho u_m^2}{2} \tag{9-60}$$

式（9-59）定义的 D_h 称为非圆形管的水力当量直径，简称水力直径。实践表明，D_h 确实能较好表征非圆形管的截面特征尺寸，因为不少关于流动与传热的问题中，若采用 D_h，则非圆形管的公式就具有与圆形管相同的形式，式（9-60）就是一例。

水力当量直径应用问题　水力当量直径 D_h 的主要应用是作为非圆形管的截面特征尺寸，其优点是不少情况下 D_h 可使得非圆形管的相关公式具有与圆形管相同的形式。

但工程实际计算中，人们自然会提出这样的问题：能否用 D_h 替代圆管直径 D，直接用有关圆管的阻力系数、传热系数等公式来计算非圆形管的阻力系数或传热系数呢？以压降计算为例，设非圆形管流通面积为 A，浸润周边长度为 P，平均流速 u_m 下的管壁平均切应力为 $\tau_{0,N}$，单位管长压降为 $(\Delta p/L)_N$；若相同 u_m 下直径为 D_h 的圆管的壁面平均切应力为 $\tau_{0,C}$，单位管长压降为 $(\Delta p/L)_C$；因为非圆管与圆管的压差与管壁摩擦力都要满足力平衡关系，所以对两者分别有

$$\left(\frac{\Delta p}{L}\right)_N = \frac{P}{A}\tau_{0,N}, \quad \left(\frac{\Delta p}{L}\right)_C = \frac{4}{D_h}\tau_{0,C} \tag{9-61}$$

由此可见，若圆管直径取 $D_h = 4A/P$，且又要保证相同 u_m 下两者单位管长压降相等，

则条件是

$$\tau_{0,N}=\tau_{0,C} \tag{9-62}$$

即非圆管的管壁平均切应力 $\tau_{0,N}$ 必须等于当量圆管的管壁平均切应力 $\tau_{0,C}$。

显然，这样的条件通常是难以完全满足的。原因很简单，因为相同 u_m 下不同的非圆形管其 $\tau_{0,N}$ 是不同的。例如，对于具有相同 D_h 的三角形管和矩形管，调节流量使两者具有相同的平均流速 u_m，则对于流速 u_m 和直径 D_h 相同的当量圆管，其 $\tau_{0,C}$ 是一定的，但 u_m 和 D_h 相同的三角形管和矩形管的 $\tau_{0,N}$ 则一般不同，更不用说两者的 $\tau_{0,N}$ 都与 $\tau_{0,C}$ 相等了。

实际应用也表明，利用 D_h 由圆管公式计算的非圆管阻力总是有误差的，且误差有小有大；误差小说明 $\tau_{0,N}$ 与 $\tau_{0,C}$ 较接近，误差大时则 $\tau_{0,N}$ 与 $\tau_{0,C}$ 相差大。经验表明：

① 对于湍流流动，利用 D_h 代入圆管计算的结果较为可靠，误差可能在百分之几以内，原因是湍流时主流与次流叠加，使得管道截面尖角处流体仍有相当大的速度，管壁切应力沿壁面周边的分布比较均匀，以致 $\tau_{0,N}$ 与 $\tau_{0,C}$ 较接近，但这仍与非圆形管截面形状有关，比如对于截面长宽比大于 3 的矩形管，即使是湍流其误差也很显著；

② 对于层流流动，因非圆形管壁面切应力沿周边变化较大，故利用 D_h 的计算结果可靠性较差，甚至会有非常大的误差，比如，对于圆管层流，其阻力系数为

$$\lambda=64/Re \tag{9-63}$$

但对于非圆管层流，若将 D_h 代入 Re 直接用上式计算 λ，则误差就比较大。几种非圆形管层流阻力系数的实验结果就表明了这种误差的存在及大小。

高度为 a、底边宽度为 b 的矩形管：当 $b/a=1$、2、4 时，分别有

$$D_h=a,\quad \lambda=\frac{57}{Re};\quad D_h=\frac{4a}{3},\quad \lambda=\frac{62}{Re};\quad D_h=\frac{8a}{5},\quad \lambda=\frac{73}{Re} \tag{9-64}$$

边长为 a 的等边三角形管 $\quad D_h=a/\sqrt{3},\quad \lambda=53/Re \tag{9-65}$

内径 d_1、外径 d_2 的环隙管 $\quad D_h=d_2-d_1,\quad \lambda=96/Re \tag{9-66}$

以上结果再次表明：以 D_h 为定性尺寸（用于 Re 中），非圆形管的阻力系数具有与圆管相同的形式，即 $\lambda=C/Re$，但将 D_h 直接代入圆管公式 $\lambda=64/Re$ 计算，则会导致较大误差。

最后需要指出，对于有自由表面的流动，例如明渠流动，浸润周边不包括自由表面。

【例 9-7】 非圆形管壁面平均切应力比较。

根据式（9-64）可知，对于 $b/a=1$ 和 $b/a=2$ 的矩形管，当两者具有相同流速 u_m 和水力直径 D_h 时（此时两者的 Re 相同），若直接由圆管公式（9-63）计算 λ，则前者计算结果的误差更大。试证明，这是因为 $b/a=1$ 的矩形管的壁面切应力 $\tau_{0,N}$ 与当量圆管壁面切应力 $\tau_{0,C}$ 的差别更大。

解 壁面平均切应力与阻力系数的关系为

$$\tau_0=\lambda\frac{\rho u_m^2}{8}$$

因此，$b/a=1$ 和 $b/a=2$ 的矩形管的壁面平均切应力（以下标 1，2 区分）分别为

$$\tau_{0,N1}=\lambda_1\frac{\rho u_m^2}{8}=\frac{57}{Re_1}\frac{\rho u_m^2}{8},\quad \tau_{0,N2}=\lambda_2\frac{\rho u_m^2}{8}=\frac{62}{Re_2}\frac{\rho u_m^2}{8}$$

式中雷诺数 Re 的定性尺寸为各自的水力直径 D_h。而直径为 D_h 的当量圆的壁面切应力为

$$\tau_{0,C}=\lambda_h\frac{\rho u_m^2}{8}=\frac{64}{Re_{D_h}}\frac{\rho u_m^2}{8}$$

因相同水力直径 D_h 和相同流速 u_m 下，$Re_1=Re_2=Re_{D_h}$，故有

$$\frac{\tau_{0,C}}{\tau_{0,N1}} = \frac{64}{57} > \frac{\tau_{0,C}}{\tau_{0,N2}} = \frac{64}{62}$$

该结果说明，一般情况下 $\tau_{0,N} \neq \tau_{0,C}$，且 $\tau_{0,N}$ 与 $\tau_{0,C}$ 相差越大，直接利用 D_h 由圆管公式计算的结果其误差越大。

9.7　弯曲管道内的流体流动

工程实际中因结构需要或出于强化传热、传质过程，常采用弯曲管道。例如加热、冷却用的蛇管、螺旋管、U 形管换热器管等都属于弯曲管道。

9.7.1　弯曲管道内的流动特点

次流　流体在弯曲管道中流动的特点之一是具有显著的次流现象。次流发生在与主流垂直的截面上，也称为二次流。次流的发生是因为流体在弯曲管道中流动时要受到离心力的作用。如图 9-15 所示，流体流过弯曲管道时，单位质量流体受到的离心力为 u^2/r，u 为流体沿弯曲管道的轴向速度，r 是速度 u 处的弯管曲率半径。离心力指向弯曲管道外侧，因此流体在沿管道轴向流动的同时，还将向弯曲管道外侧流动。由于管道中心流体的轴向速度较大，受到的离心力也大，因而以较大的次流速度向外侧流动，由于流动的连续性，管道上下壁面附近的流体被迫向管道内侧流动，从而形成了如图 9-15 所示的双涡次流分布；当流速 u 较高时，流动截面上还会出现对称的四涡次流分布。

次流的存在改变了截面上的速度分布，使轴向速度主峰偏向外侧，速度分布显著偏离抛物线型。次流速度与主流速度的叠加，使流体质点呈螺旋状运动。次流还使管中心处的流体微团能很快运动到壁面附近，增大了流体的横向混合。二次流的存在强化了对流传热传质，同时流体阻力损失也相应增加。蛇管换热器就是利用这一特点使其传热速率得到强化，且弯管外侧局部传热系数高于内侧。

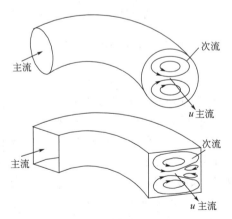

图 9-15　弯曲管道流体流动

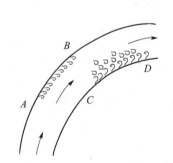

图 9-16　管道弯头处的分离现象

流动分离现象　流体流经弯头等管件时，主流方向发生改变，所产生的离心力将使流体壁面的压力分布发生变化，从而引起流体的涡旋运动。如图 9-16 所示，在弯管的外侧 AB 段，流体压力将从 A 处开始升高直至 B 处最大，壁面速度则由 A 至 B 相应降低直至最小。在弯管内侧，压力降低、速度增大，到 C 处压力最低速度最大，然后压力再逐

渐升高直到 D 处。因此在 AB 段和 CD 段壁面，流体处于逆压力梯度流动，同时又受到黏性阻滞，产生流动分离现象。流动分离必然产生小的涡旋，由此产生了附加的流动阻力。一般 AB 段的涡旋区较小，而 CD 段的涡旋区较大，并延伸到弯头后的直管段。流动分离使弯头拐角处的速度场不再对称，最大速度也偏向弯管外侧。正是这一原因，流量计、测压计的安装一般都要求在弯头下游一定直管距离（流场稳定）之后，以避免受干扰的流场对测试的影响。

弯头的局部阻力损失　在工程上常常还采用标准弯头来改变管道方向。弯头的阻力损失属于局部阻力损失，导致该损失的主要因素是流动分离和次流。弯头局部阻力的计算可根据其局部阻力系数进行。弯头局部阻力系数可在一般的管道或化工设计手册中查到。

需要指出，弯头除本身产生的局部阻力损失外，还会改变下游流场，使弯头后的直管产生附加的阻力损失。

弯曲管道的阻力损失　指连续弯曲管道的阻力损失，属于沿程摩擦阻力损失，其产生的主要因素是主流与次流共同导致的壁面摩擦。对于层流流动，即使雷诺数很小，管道弯曲对阻力的影响也较显著。对于湍流流动，微小的弯曲对流动阻力影响不大，然而，急剧的弯曲会使阻力有较大增加。

弯曲管道阻力系数不但与雷诺数 Re 有关，而且与弯管直径 d 与弯管轴心线的曲率半径 R_c 的比值有关，通常用迪恩数（Dean number）来综合表示这种影响，迪恩数 De 定义为

$$De = Re\sqrt{d/2R_c} = Re\sqrt{d/D_c} \tag{9-67}$$

式中，$D_c = 2R_c$。

9.7.2　弯曲管道的阻力系数

环形弯曲管　对于管道内直径为 d，管道轴心线曲率半径为 $D_c/2$ 的环形弯曲管道，其湍流流动时的摩擦阻力系数 λ_c 可采用 Schmidt 关联式计算，即

$$\lambda_c = \lambda_s + \frac{9112.32}{Re^{1.25}}\left(\frac{d}{D_c}\right)^{0.62} \qquad (Re_c < Re < 2.2 \times 10^4) \tag{9-68a}$$

$$\lambda_c = \lambda_s + 0.02604\left(1 - \frac{d}{D_c}\right)\left(\frac{d}{D_c}\right)^{0.53} \quad (2.2 \times 10^4 \leqslant Re < 1.5 \times 10^5) \tag{9-68b}$$

式中，λ_s 是按 Blasius 公式（9-49）计算的直管摩擦阻力系数；Re_c 是弯曲管道中层流与湍流的过渡雷诺数

$$Re_c = 2300\left[1 + 8.6(d/D_c)^{0.45}\right] \tag{9-69}$$

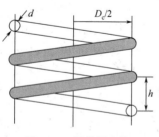

图 9-17　螺旋管参数

螺旋管　螺旋形弯曲管道的特征参数见图 9-17，包括管道内直径 d，螺旋管弯曲半径 $D_c/2$，螺旋管节距 h。

Schmidt 关联式（9-68）也适合弯曲半径 $D_c/2$ 较大且螺旋节距 h 较小的螺旋管阻力系数的计算。

对于螺旋节距 h 较大的情况，Mishra and Gupta 通过对较多实验数据的拟合，在以下几何参数范围：

$$d/D_c = 0.003 \sim 0.15, \quad h/D_c = 0 \sim 25.4$$

提出了螺旋管层流与湍流的摩擦阻力系数关联式

层流流动　　$\lambda_c/\lambda_s = 1 + 0.033(\lg De_m)^{4.0}$ 　　$(1 < De_m < 3000)$ 　　(9-70)

湍流流动　　$\lambda_c = \lambda_s + 0.03(d/D_c')^{0.5}$ 　　$(4500 < Re < 10^5)$ 　　(9-71)

式中，λ_s 是按 $64/Re$（层流）或 Blasius 公式（9-49）（湍流）计算的直管摩擦阻力系数。D_c' 是螺旋管轴心线曲率半径的 2 倍，D_c' 与螺旋管弯曲直径 D_c 和螺旋节距 h 的关系为

$$D'_c = D_c [1 + (h/\pi D_c)^2] \tag{9-72}$$

De_m 称为修正迪恩数，其定义为

$$De_m = Re \sqrt{d/D'_c} = \frac{\rho u_m d}{\mu} \sqrt{d/D'_c} \tag{9-73}$$

实验获得的螺旋管层流与湍流的过渡雷诺数 Re_c 为

$$Re_c = 20000(d/D'_c)^{0.32} \tag{9-74}$$

对比分析 计算表明，在 $h=0$ 的条件下，对应 $d/D_c = 0.003 \sim 0.15$，式（9-71）比式（9-68）的计算结果大 1.5%～9.5%，其中较大的 d/D_c 对应较大的误差，原因是式（9-68）仅适用于 d/D_c 较小的情况；但由式（9-74）和式（9-69）计算的过渡雷诺数 Re_c 吻合较好。

习　题

9-1　运动黏度为 $4.5 \times 10^{-6}\ \text{m}^2/\text{s}$ 的原油流过内径为 25mm 的管道输送。试求：
　　① 流动为层流时的最大平均速度；
　　② 在该流量下 50m 管长的压头损失；
　　③ 在该流量下的壁面切应力（密度为 ρ）。

9-2　油从大的开口容器沿内径 $D=1\text{mm}$、长度 $L=45\text{cm}$ 的光滑圆管流下，流量为 $14.8\text{cm}^3/\text{min}$，如图 9-18 所示。油的表面至圆管末端距离 $h=60\text{cm}$。
　　① 假定在整根管道内的流动是充分发展层流，并忽略管道进口局部阻力损失，试求油的运动黏度，并验证层流假定有效；
　　② 若管道进口局部阻力系数 $\zeta=0.5$，则油的运动黏度又为多少？

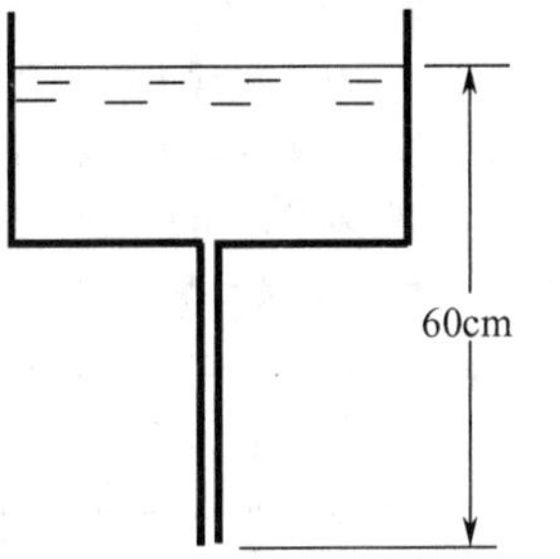

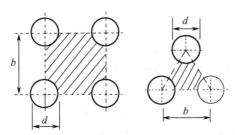

9-3　流体流过某光滑圆管的流量为 4L/s 时，阻力系数为 0.06。当流量增加到 24L/s 时，阻力系数为多少？

9-4　流体在直径为 150mm 的光滑玻璃管内以 $0.006\text{m}^3/\text{s}$ 的流量流动。管中的流体是水，温度为 20℃。试求黏性底层及过渡层的厚度。

图 9-18　习题 9-2 附图

9-5　用内径为 30cm 的新铸铁管输送 20℃ 的水。为了检查泄漏量的大小，在管道泄漏点与上游 600m 处各装一只压力表，测得压力降为 140kPa。在下游 600m 处又装一只压力表，测得与泄漏点的压力降为 133kPa。请据此估计泄漏流量的大小。

9-6　用内径为 25cm 的旧铸铁管输送 15℃ 的水；该铸铁管长为 300m，表面粗糙度 $1.50\mu\text{m}$，测得阻力损失为 5m，试求摩擦长度 y^*、阻力系数 λ 及水的流量 q_V。

9-7　对液体在圆管中的充分发展湍流的测量表明，在管壁到管轴心线距离的一半位置，液体的速度是轴心线上速度的 0.9 倍。假定管内湍流为水力粗糙管情况，试求：
　　① 以轴心线上速度所表示的平均速度；
　　② 管道的相对粗糙度及管流最小雷诺数 Re。

9-8　换热器内管束按正方形及等边三角形排列，如图 9-19 所示。若管道外径为 d，管与管之间的距离为 b，试导出本题附图中阴影部分截面的水力直径计算公式。

图 9-19　习题 9-8 附图

9-9 用光滑铝板制作成的矩形管输送标准状态下的空气，矩形管截面的长为 $a=100cm$，宽为 $b=50cm$，并假设流动为湍流且阻力系数可用 Blasius 公式计算（其中直径用水力当量直径 D_h）。现拟用同样材料的圆管输送这些空气。试求：

① 在流量相同的条件下，为保证两者压降梯度 $\Delta p/L$ 相同，圆管直径应为多大？

② 在平均流速相同条件下，为保证两者压降梯度 $\Delta p/L$ 相同，圆管直径又为多大？

③ 将 D_h 代入 Blasius 公式计算的阻力系数是否是矩形管的实际阻力系数？

9-10 离心泵进口管内径为 50mm，进口管路包括：内径为 50mm、长为 2m 的光滑无缝钢管，一个底阀，一个 $90°$ 弯头。如果用来泵送 $20℃$ 的水，流量为 $3 \ m^3/h$，试求进口装置的总阻力损失。

9-11 用直径 $D=100mm$ 的光滑圆管输送流量 $q_V=0.012m^3/s$ 的煤油，煤油密度 $\rho=808 \ kg/m^3$，黏度 $\mu=0.00192 \ Pa \cdot s$。

① 试确定其壁面切应力；

② 试确定其黏性底层、过渡层、湍流核心区边界范围（用壁面距离 y 表示）；

③ 试分别采用通用速度分布式（壁面律）、Blasius 1/7 次方经验式、纯经验的幂函数速度分布式（9-29）表达黏性底层、过渡层、湍流核心区的速度分布（用壁面距离 y 为自变量），并在 $y=0 \sim 50mm$ 范围作图对比各速度分布式（y 为横坐标且分别采用等距坐标和对数坐标）。

9-12 光滑铝板制成的等边三角形管与圆形管并联输送氧气，氧气的总流量 $q_V=50L/s$，密度 $\rho=1.33 \ kg/m^3$，黏度 $\mu=2.0×10^{-5} \ Pa \cdot s$。氧气由一总管分配给两管，然后汇合至下游总管。设分支处和汇合处局部阻力不计，两并联管长度相同，且流动视为充分发展，已知等边三角形管浸润周边长度 $P=90mm$。试求：

① 为使两管平均流速相等，圆管直径应为多大？

② 为使两管流量相等，圆管直径应为多大？

③ 假设三角形管与圆形管的阻力系数都可用 $\lambda=64/Re$ 计算，重新计算上述两问。

9-13 已知非圆形管，其流动面积为 A，浸润周边长度为 P。若该管与直径等于其水力当量直径 D_h 的圆形管在相同流量时具有相同平均速度，试求：

① A 与 P 之间应满足什么条件？满足该条件意味着什么？

② 对于周边总长 $3a$ 的等边三角形管，以及短边为 a、长边为 b 的矩形管，能否满足这样的条件？

9-14 图 9-20 为水泵旁路系统。已知水泵提供的压头 H（m）与其流量 q_V（m^3/s）的关系为：$H=15 \ (1-q_V)$；旁路管径 $D=10cm$，且旁路阻力损失主要是阀门局部阻力损失（其局部阻力系数为 10），离开系统的流量为 $0.035m^3/s$。试确定通过水泵和旁路的流量。

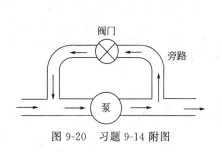

图 9-20 习题 9-14 附图

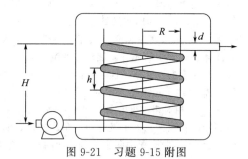

图 9-21 习题 9-15 附图

9-15 用水泵将水送入螺旋换热管，如图 9-21 所示。已知泵的进口及螺旋管出口均为常压，两者间垂直高度 $H=1.5m$，螺旋管直径 $d=25mm$，弯曲半径 $R=400mm$，节距 $h=35mm$，总长度 $L=30 \ m$（进出口直管段相对较短，仍然按螺旋管考虑，其长度已计入 L），水温按平均温度 $40℃$ 考虑，不计局部阻力。试计算水流量 $q_V=1.35L/s$ 时水泵的有效输入功率，该功率比相同长度直管所需功率大多少？

思 考 题

9-1 普朗特混合长度理论解决的最主要的问题（或得到的主要结果）是什么？在进一步由混合长度理论结果导出通用速度分布（壁面律）的过程中，普朗特又作了哪两点关键假设？

9-2 通用速度分布式（壁面律）与 Blasius 的 1/7 次方分布式或纯经验的 $1/n$ 次方分布式的本质不同在什么地方？

9-3 莫迪图和 Haaland 阻力系数公式都可直接由 Re 和 e/D 得到 λ，两者各有什么优势？

9-4 对于圆管内的充分发展流动，摩擦阻力系数 λ 随流速增加而减小或达到恒定（水力粗糙管），这说明什么问题？

9-5 对于非圆形管，定义水力当量直径有什么意义？能否按 $u_m \pi D_h^2 / 4$ 计算流量？

第 10 章　流体绕物流动

第 9 章管内流动属于内部流动问题。与之相对应，本章将讨论黏性流体绕物体外表面流动的问题，即绕物流动问题，简称绕流问题。工程实际中最常见的绕物流动是空气和水绕物体的流动，如飞行器与空气、船体与海水的相对运动，空气掠过建筑物表面、高塔设备或换热管束的流动等。在工程实际绕流问题中，高雷诺数绕流具有普遍意义，因为工程绕流问题中普遍涉及的空气和水都具有较低的运动黏度 ν（分别为 10^{-5} 和 10^{-6} 数量级），其绕流即使在通常流速下都属于高雷诺数绕流。实践表明，高雷诺数绕流条件下，诸如流体流动阻力、流体与物体表面之间的传热传质阻力等问题都主要与物体边界表面附近很薄的流体层即边界层内的流动行为相关，故绕流问题的重点是边界层问题。

本章将首先介绍边界层基本概念，然后重点讲述平壁边界层流动及分析方法，以及边界层分离及绕流总阻力问题，最后是圆柱体及球体的绕流问题分析。

10.1　边界层基本概念

10.1.1　边界层理论

高雷诺数绕流意味着流体的惯性力远大于黏性力。这自然使人想到，是否能够忽略黏性影响，将高雷诺数下的绕流问题简化为理想流体流动来处理？结果发现，这样做会导致绕流流动阻力等问题的分析结果与实际情况远不相符。但另一方面，如果完全考虑黏性影响而采用 N-S 方程来求解整个流场，又会在方程的求解上遇到很大的困难。

1904 年，普朗特（Prandtl）根据实验观察和分析提出，绕物体的大雷诺数流动可分成两个区域：一个是壁面附近很薄的流体层区域，称为边界层，边界层内流体黏性作用极为重要，不可忽略；另一个是边界层以外的区域，称为外流区，该区域内的流动可看成是理想流体的流动。这就是流体力学史上具有划时代意义的**普朗特边界层理论**的主要思想。

根据普朗特边界层理论将绕流流场分为两个区域以后，外流区就可以采用相对简单的理想流体力学方法来处理，甚至可进一步处理成理想无旋的有势流动；而对于边界层，又可根据其流动特点由 N-S 方程简化得到相对容易求解的**普朗特边界层方程**。这既抓住了高雷诺数绕流问题的本质，又使得绕流问题的数学描述大为简化，并由此解决了工程实际中很多重要的绕流问题。这一理论的提出对后来黏性流体力学的发展起到了极大的推动作用。

10.1.2　边界层的厚度与流态

（1）边界层及其厚度

将绕流流场划分为边界层和外流区两个部分，首先涉及的问题是如何确定两者之间的分界面。图 10-1 是流体在静止平壁上的流动，由于黏性作用，流体速度在壁面上为零，然后沿壁面法线方向 y 不断增加并最终渐近达到来流速度 u_0。按普郎特的边界层概念，边界层应该是黏性作用显著的区域，从速度分布看，就是存在显著速度变化或速度梯度 $\mathrm{d}u/\mathrm{d}y$ 不为零的区域。根据这一概念并考虑到从 $u=0$ 到 $u \to u_0$ 是一个渐近过程，因此定义：将流体

速度从 $u=0$ 到 $u=0.99u_0$ 对应的流体层厚度为边界层厚度，用 δ 表示；其中，$u=0$ 处（即固体壁面）为边界层内边界，$u=0.99u_0$ 处就是边界层的外边界。

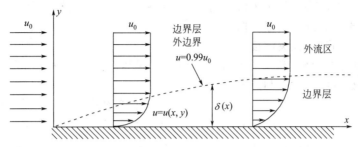

图 10-1 边界层及边界层厚度

显然，边界层厚度沿流动方向是变化的，即 $\delta=\delta(x)$。管内流动中，管壁边界层厚度发展到管中心后将形成充分发展的流动。而绕物流动中，边界层厚度 δ 通常远小于绕流物体的特征长度，且外流区很广，因此绕流边界层的厚度将沿流动方向一直不断增大。例如，对于图 10-1 所示的平壁绕流流动，其层流边界层厚度沿流动方向的变化可具体表示为

$$\delta=C\sqrt{\nu x/u_0} \qquad (10\text{-}1)$$

式中，C 为常数；ν 为流体运动黏度。

边界层的引入，从动力学的角度将绕流流场划分为两个区域：一个是黏性力作用占主导的边界层区，另一个是惯性力作用占主导的外流区；这样一来，如果认为外流区属于理想无旋流动因而在求解上已经没有困难的话（见第 7 章），分析绕流流动的主要工作就集中在边界层这样一个相对很薄的区域内。

最后需要指出，边界层的外边界是人为划定的黏性作用主要影响区的界线，而不是流线。

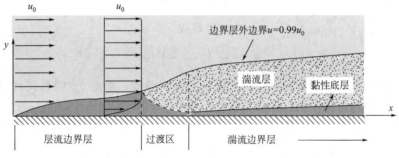

图 10-2 边界层内的流动形态

(2) 层流边界层与湍流边界层

绕流边界层内的流动也分为层流与湍流两种型态。在图 10-2 所示的平壁绕流流动中，在平壁的前部，边界层内的流动是层流，称为层流边界层；随着流体沿平壁继续向前流动，边界层内的流动将过渡为湍流，称为湍流边界层。在层流边界层与湍流边界层之间没有截然的界线，是一个过渡区。当平壁比较短时，整个板面上的边界层可能都是层流边界层。如果平壁较长，就可能像图 10-2 所示的那样，既有层流边界层又有湍流边界层。其中，对于湍流边界层，又可沿边界层横向分为黏性底层和湍流层两个区域。

与管内流动类似，平壁绕流边界层内的流动形态也可以用无量纲数 $Re_x=u_0x/\nu$（称为当地或局部雷诺数）来判定。实验表明，边界层由层流向湍流转捩的雷诺数范围大致如下：

① $Re_x<3\times10^5$，边界层内是层流，为层流边界层；

② $Re_x>3\times10^6$，边界层内是湍流，为湍流边界层（黏性底层＋湍流层）；

③ $3\times10^5 < Re_x < 3\times10^6$，属于边界层过渡区。

在过渡区内可能是层流也可能是湍流，取决于来流是否存在着扰动、平壁的前缘是否圆滑、板面是否粗糙等因素。如果来流均匀稳定，平壁前缘光滑平整，板面光滑，则边界层内的流动将推迟向湍流转换，反之，向湍流的转换将提前。

（3）排挤厚度与动量损失厚度

在绕流问题的理论分析和实验研究中，还常常用到排挤厚度和动量损失厚度这两个概念，它们具有明确的物理意义和计算表达式。

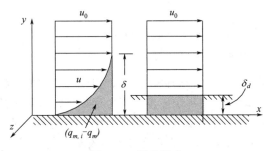

图 10-3 排挤厚度

排挤厚度 如图 10-3 所示，在对应 z 方向单位宽度上，边界层内的实际质量流量 q_m 为

$$q_m = \int_0^\delta \rho u \, \mathrm{d}y$$

要是不存在黏性作用（理想流动），则在 δ 对应的范围内流体的速度应均为 u_0，对应的理想流量 $q_{m,i}$ 应该为

$$q_{m,i} = \rho u_0 \delta = \int_0^\delta \rho u_0 \, \mathrm{d}y$$

上述两流量之差就表示了由于黏滞作用造成的流量损失。如图 10-3 所示，这种情况下要按理想流动（速度 u_0）计算整个流场的流量，必须将平壁表面向上推移一个距离作为壁面边界，该距离就称为排挤厚度，用 δ_d 表示。于是，根据流量关系有

$$\rho u_0 \delta_d = q_{m,i} - q_m = \int_0^\delta \rho u_0 \, \mathrm{d}y - \int_0^\delta \rho u \, \mathrm{d}y$$

由此得排挤厚度为

$$\delta_d = \int_0^\delta \left(1 - \frac{u}{u_0}\right) \mathrm{d}y \tag{10-2}$$

由于在边界层外，$u/u_0 \approx 1$，故上式又可写成

$$\delta_d = \int_0^\infty \left(1 - \frac{u}{u_0}\right) \mathrm{d}y \tag{10-3}$$

由排挤厚度的大小可判断边界层对外流区的影响程度；根据 δ_d 的意义可知，若按理想流动计算整个流场的流量，则流场边界应该向上推移距离 δ_d。

动量损失厚度 设边界层内的实际动量为 M，边界层实际流量的理想动量为 M_i，则分别有

$$M = \int_0^\delta \rho u^2 \, \mathrm{d}y, \quad M_i = q_m u_0 = \int_0^\delta \rho u u_0 \, \mathrm{d}y$$

$M_i - M$ 就表示黏性边界层内流体减速所造成的动量损失。该动量损失可折算成厚度为 δ_m 的理想流体的动量，即 $M_i - M = \rho u_0^2 \delta_m$，其中 δ_m 就称为动量损失厚度。因为

$$\rho u_0^2 \delta_m = M_i - M = \int_0^\delta \rho u u_0 \, \mathrm{d}y - \int_0^\delta \rho u^2 \, \mathrm{d}y \tag{10-4}$$

所以，考虑边界层外 $y \geqslant \delta$，$u/u_0 \approx 1$，动量损失厚度可表达为

$$\delta_m = \int_0^\delta \frac{u}{u_0} \left(1 - \frac{u}{u_0}\right) \mathrm{d}y = \int_0^\infty \frac{u}{u_0} \left(1 - \frac{u}{u_0}\right) \mathrm{d}y \tag{10-5}$$

可以证明（见习题 10-1），若按理想流动计算整个流场的动量，则流场边界应该向上推移的距离为 $(\delta_d + \delta_m)$。除 δ_d 和 δ_m 之外，还有能量损失厚度等概念（此处不再赘述）。

10.1.3 平壁表面摩擦阻力与摩擦阻力系数

第 2 章中曾经指出，绕流流动中，流体沿来流方向作用于物体上的力称为曳力，反过

来，物体沿来流反方向对流体的作用力称为流动阻力，曳力与阻力大小相等、方向相反。流动阻力（用 F_D 表示）通常由两部分构成：一部分是物体壁面上的切应力所产生的阻力，称为摩擦阻力 F_f；另一部分是物体壁面上的压力（正应力）分布不均所产生的阻力，称为形状阻力或压差阻力 F_p。

对于来流平行于平壁表面的绕流问题，因为壁面上的压力垂直于来流方向，故没有形状阻力问题；整个流动阻力都来自于壁面摩擦阻力，即 $F_D = F_f$。

局部摩擦阻力系数 在平壁绕流问题中，流体在物体表面所受到的单位面积的摩擦阻力就等于壁面切应力 τ_0，显然，τ_0 沿平壁表面是变化的；平壁表面 x 位置处的切应力 τ_0 与来流流体单位体积的动能 $\rho u_0^2/2$ 之比定义为局部摩擦阻力系数，用 C_{fx} 表示，即

$$C_{fx} = \frac{\tau_0}{\rho u_0^2/2} \quad 或 \quad \tau_0 = C_{fx}\frac{\rho u_0^2}{2} \tag{10-6}$$

对于平壁绕流，确定边界层内的速度分布 $u(x, y)$ 后，可由牛顿剪切定律求得壁面切应力（壁面黏性底层总为层流），即 $\tau_0 = \mu \partial u/\partial y \big|_{y=0}$，从而确定 C_{fx}；而壁面总摩擦阻力 F_f 则为

$$F_f = \iint_A \tau_0 \, \mathrm{d}A = \frac{\rho u_0^2}{2}\iint_A C_{fx}\, \mathrm{d}A \tag{10-7}$$

总摩擦阻力系数 用 C_f 表示，是根据平均切应力来定义的，即

$$C_f = \frac{\tau_{0m}}{\rho u_0^2/2} = \frac{F_f/A}{\rho u_0^2/2} \quad 或 \quad \tau_{0m} = \frac{F_f}{A} = C_f\frac{\rho u_0^2}{2} \tag{10-8}$$

式中，A 是平壁表面积。于是，壁面总摩擦阻力 F_f 又可用 τ_{0m} 或 C_f 表示为

$$F_f = \tau_{0m}A = C_f\frac{\rho u_0^2}{2}A \tag{10-9}$$

对比总摩擦阻力计算式（10-7）与式（10-9）可见，总摩擦阻力系数 C_f 等于局部阻力系数 C_{fx} 的平均值。

10.2 平壁边界层流动

10.2.1 普朗特边界层方程

二维 N-S 方程 普朗特边界层方程在二维 N-S 方程基础上简化而来。取图 10-1 所示的 x-y 坐标系，以 u、v 分别表示 x、y 方向的速度，考虑到边界层很薄又是非重力流动，故可忽略体积力，于是由 N-S 方程可得二维稳态不可压缩黏性流体运动的基本方程为

$$\left.\begin{array}{c} \dfrac{\partial u}{\partial x} + \dfrac{\partial v}{\partial y} = 0 \\[2mm] u\,\dfrac{\partial u}{\partial x} + v\,\dfrac{\partial u}{\partial y} = -\dfrac{1}{\rho}\dfrac{\partial p}{\partial x} + \nu\left(\dfrac{\partial^2 u}{\partial x^2} + \dfrac{\partial^2 u}{\partial y^2}\right) \\[2mm] u\,\dfrac{\partial v}{\partial x} + v\,\dfrac{\partial v}{\partial y} = -\dfrac{1}{\rho}\dfrac{\partial p}{\partial y} + \nu\left(\dfrac{\partial^2 v}{\partial x^2} + \dfrac{\partial^2 v}{\partial y^2}\right) \end{array}\right\} \tag{10-10}$$

根据边界层流动特点，上述方程还可简化。为此，对方程各项数量级的大小作详细的分析。

边界层二维 N-S 方程数量级分析 选择来流速度 u_0 作为速度比较基准，x 作为长度比较基准，并取 u_0 和 x 的数量级为 1，用符号 0（1）表示。前面曾经指出，$\delta/x \ll 1$，故 δ 的

数量级 $0(\delta) \ll 0(1)$，由此可对方程式（10-10）中各项作数量级分析如下。

定义 $u_0 \sim 0(1)$，$x \sim 0(1)$；因为 $0 < y < \delta$，$0 < u < u_0$，所以 y 和 u 的数量级为
$$y \sim 0(\delta)，\quad u \sim 0(1)$$
由此可得速度 u 的各阶导数的数量级为
$$\frac{\partial u}{\partial x} \sim 0(1)，\quad \frac{\partial^2 u}{\partial x^2} \sim 0(1)，\quad \frac{\partial u}{\partial y} \sim 0\left(\frac{1}{\delta}\right)，\quad \frac{\partial^2 u}{\partial y^2} \sim 0\left(\frac{1}{\delta^2}\right)$$

由连续性方程得：$\partial v / \partial y = -\partial u / \partial x \sim 0(1)$，而 $y \sim 0(\delta)$，所以必然有 $v \sim 0(\delta)$，于是可得速度 v 的各阶导数的数量级为
$$\frac{\partial v}{\partial y} \sim 0(1)，\quad \frac{\partial^2 v}{\partial y^2} \sim 0\left(\frac{1}{\delta}\right)，\quad \frac{\partial v}{\partial x} \sim 0(\delta)，\quad \frac{\partial^2 v}{\partial x^2} \sim 0(\delta)$$

将有关项的数量级代入式（10-10）中 x 方向的动量方程，可得
$$[0(1)]\,[0(1)] + [0(\delta)]\left[0\left(\frac{1}{\delta}\right)\right] = -\frac{1}{\rho}\frac{\partial p}{\partial x} + \nu\left[0(1)^* + 0\left(\frac{1}{\delta^2}\right)\right] \tag{10-11}$$

由该数量级方程可有如下推论：

① 因为 $0(1/\delta^2) \gg 0(1)$，所以上式中有"*"的项肯定可以忽略；

② 边界层黏性作用强，所以黏性项 $\nu[0(1/\delta^2)]$ 不能忽略，而且通过与方程左边比较可知，$\nu[0(1/\delta^2)]$ 的数量级必然为 $0(1)$，这意味着运动黏度数量级为 $\nu \sim 0(\delta^2)$。

其次，将有关的各数量级项代入 y 方向动量方程，并注意到 $\nu \sim 0(\delta^2)$ 可得
$$[0(1)]\,[0(\delta)] + [0(\delta)]\,[0(1)] = -\frac{1}{\rho}\frac{\partial p}{\partial y} + 0(\delta^2)\left[0(\delta) + 0\left(\frac{1}{\delta}\right)\right] \tag{10-12}$$

该方程中各项的数量级都小于或等于 $0(\delta)$，因而可认为 $\partial p / \partial y \approx 0$，这意味着：

① 经过数量级分析，y 方向运动方程简化为 $\partial p / \partial y = 0$；

② 因 $\partial p / \partial y \approx 0$，故可近似认为边界层内压力 p 仅与 x 有关，即 $\partial p / \partial x = \mathrm{d}p / \mathrm{d}x$；

③ 既然边界层内 p 与 y 无关，因而 p 可取为边界层外边界处的压力；再由外边界处的伯努利方程 $p/\rho + u_0^2/2 + gy = \mathrm{const}$ 可得
$$\frac{\mathrm{d}p}{\mathrm{d}x} = -\rho u_0 \frac{\mathrm{d}u_0}{\mathrm{d}x}$$

普朗特边界层方程　根据上述数量级分析结果，方程式（10-10）可简化为
$$\left.\begin{aligned}
&\frac{\partial u}{\partial x} + \frac{\partial v}{\partial y} = 0 \\
&u\frac{\partial u}{\partial x} + v\frac{\partial u}{\partial y} = u_0\frac{\mathrm{d}u_0}{\mathrm{d}x} + \nu\frac{\partial^2 u}{\partial y^2}
\end{aligned}\right\} \tag{10-13}$$

这就是普朗特边界层方程，其相应的边界条件为
$$\left.\begin{aligned}
y = 0 \quad & u = 0，\quad v = 0 \\
y = \infty \quad & u = u_0
\end{aligned}\right\} \tag{10-14}$$

10.2.2　平壁层流边界层的精确解

与 N-S 方程相比，虽然普朗特边界层方程的非线性性质仍未改变，但有了很大的简化。根据该方程，普朗特的学生布拉修斯（Blasius）于 1908 年发表了半无穷长平壁层流边界层的精确解，成为边界层理论实际应用的一个典例。如图 10-4 所示，平行直线等速来流以速度 u_0 绕薄平板流过，在薄板上下壁面形成边界层。由于外流为平行直线等速流动，$\mathrm{d}u_0 / \mathrm{d}x = 0$，所以该问题的普朗特边界层方程为

$$\left. \begin{array}{l} \dfrac{\partial u}{\partial x} + \dfrac{\partial v}{\partial y} = 0 \\[3mm] u\,\dfrac{\partial u}{\partial x} + v\,\dfrac{\partial u}{\partial y} = \nu\,\dfrac{\partial^2 u}{\partial y^2} \end{array} \right\} \qquad (10\text{-}15)$$

相应的边界条件为仍为式（10-14），即

$$y = 0: \quad u = 0, \quad v = 0$$

$$y = \infty: \quad u = u_0$$

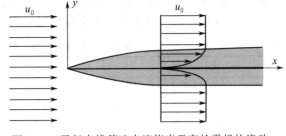

边界层方程的变换　因为是不可压缩平面流动，故引入流函数 $\psi(x, y)$ 将速度分量表示为

图 10-4　平行直线等速来流绕半无穷长平板的流动

$$u = \frac{\partial \psi}{\partial y}, \quad v = -\frac{\partial \psi}{\partial x} \qquad (10\text{-}16)$$

将其代入方程式（10-15），连续性方程自动得到满足，且运动微分方程只含一个未知量 ψ。为了求解该偏微分方程，布拉修斯首先通过变量代换将其转换成一个常微分方程。其过程如下。

引入新变量 η 对 x、y 加以组合，并引入新函数 $f(\eta)$ 代替流函数 ψ，即

$$\eta = y / \sqrt{\nu x / u_0}\,; \quad f(\eta) = \psi / \sqrt{\nu u_0 x} \qquad (10\text{-}17)$$

于是根据上式有

$$y = \eta\sqrt{\nu x / u_0} = x\eta(u_0 x/\nu)^{-1/2} = x\eta Re_x^{-1/2} \qquad (10\text{-}18)$$

$$\psi(x, y) = f(\eta)\sqrt{\nu u_0 x} \qquad (10\text{-}19)$$

根据上述关系及流函数定义式，按微分法则可得

$$u = \frac{\partial \psi}{\partial y} = \sqrt{\nu u_0 x}\,\frac{\partial f}{\partial \eta}\frac{\partial \eta}{\partial y} = \sqrt{\nu u_0 x}\,f'(\eta)\sqrt{\frac{u_0}{\nu x}} = u_0 f'(\eta) \qquad (10\text{-}20)$$

$$v = -\frac{\partial \psi}{\partial x} = -\sqrt{\nu u_0 x}\,\frac{\partial f}{\partial \eta}\frac{\partial \eta}{\partial x} - f\,\frac{1}{2}\sqrt{\frac{\nu u_0}{x}} = -\frac{1}{2}\sqrt{\frac{\nu u_0}{x}}\,\big[f(\eta) - \eta f'(\eta)\big] \qquad (10\text{-}21)$$

$$\frac{\partial u}{\partial y} = \frac{\partial^2 \psi}{\partial y^2} = u_0\,\frac{\partial f'}{\partial \eta}\frac{\partial \eta}{\partial y} = u_0\sqrt{\frac{u_0}{\nu x}}\,f''(\eta) \qquad (10\text{-}22)$$

$$\frac{\partial^2 u}{\partial y^2} = \frac{\partial^3 \psi}{\partial y^3} = u_0\sqrt{\frac{u_0}{\nu x}}\,\frac{\partial f''}{\partial \eta}\frac{\partial \eta}{\partial y} = \frac{u_0^2}{\nu x}\,f'''(\eta)$$

$$\frac{\partial u}{\partial x} = \frac{\partial}{\partial x}\left(\frac{\partial \psi}{\partial y}\right) = u_0\,\frac{\partial f'}{\partial \eta}\frac{\partial \eta}{\partial x} = -\frac{u_0 \eta}{2x}\,f''(\eta)$$

将上述各式代入式（10-15）中的运动方程，整理后可得如下常微分方程

$$2f'''(\eta) + f(\eta)f''(\eta) = 0 \qquad (10\text{-}23)$$

边界条件　由式（10-17）可知，$y = 0$ 时，$\eta = 0$；$y = \infty$ 时，$\eta = \infty$。于是根据边界条件，以及 u、v 的变换式（10-20）和式（10-21）有

$$u(x, y)\big|_{y=0} = u_0 f'(\eta)\big|_{\eta=0} = 0$$

$$u(x, y)\big|_{y=\infty} = u_0 f'(\eta)\big|_{\eta=\infty} = u_0$$

$$v(x, y)\big|_{y=0} = -\frac{1}{2}\sqrt{\frac{\nu u_0}{x}}\,\big[f(\eta) - \eta f'(\eta)\big]\big|_{\eta=0} = 0$$

由此可得方程式（10-23）的边界条件为

$$f'(\eta)\big|_{\eta=0} = 0, \quad f'(\eta)\big|_{\eta=\infty} = 1, \quad f(\eta)\big|_{\eta=0} = 0 \qquad (10\text{-}24)$$

边界层厚度　虽然式（10-23）是一个常微分方程，但由于是非线性的，用常规方法难

以求解。Blasius 采用级数衔接法求出了该方程的数值解，其中 $\eta = 4.96$ 时 $u/u_0 \approx 0.99$；后来 Howarth 对于同一问题得到了更精确的解，见表 10-1。

表 10-1 方程式 (10-23) 的数值解 (Howarth)

$\eta = y/\sqrt{\nu x/u_0}$	$f(\eta)$	$f' = u/u_0$	$f''(\eta)$
0	0	0	0.33206
0.2	0.00664	0.06641	0.33199
…	…	…	…
5	3.28329	0.99115	0.01591
…	…	…	…

表中 $\eta = 5$ 时 $u/u_0 \approx 0.99$。按定义，此时 $y = \delta$，于是在 $\eta = y/\sqrt{\nu x/u_0}$ 中令 $\eta = 5$（或 4.96，Blasius 解）、$y = \delta$，得到边界层厚度表达式为

$$\frac{\delta}{x} = \frac{5}{\sqrt{xu_0/\nu}} = \frac{5}{\sqrt{Re_x}} \quad \text{或} \quad \frac{\delta}{x} = \frac{4.96}{\sqrt{Re_x}} \text{（Blasius 解）} \tag{10-25}$$

排挤厚度与动量损失厚度 根据排挤厚度 δ_d 的定义式（10-3）和式（10-20）、式（10-18），并采用 Blasius 解的结果 [$y = 0$ 时，$\eta = 0$，$f(\eta) = 0$；$y = \delta$ 时，$\eta = 4.96$，$f(\eta) = 3.23$]，可得排挤厚设为

$$\delta_d = \int_0^\infty \left(\left(1 - \frac{u}{u_0}\right) \mathrm{d}y \right) = \int_0^\delta [1 - f'(\eta)] \mathrm{d}y = \frac{x}{\sqrt{Re_x}} \int_0^{4.96} [1 - f'(\eta)] \mathrm{d}\eta$$

$$= \frac{x}{\sqrt{Re_x}} [\eta - f(\eta)]_0^{4.96} = \frac{x}{\sqrt{Re_x}} (4.96 - 3.23) = 1.73 \frac{x}{\sqrt{Re_x}}$$

即

$$\frac{\delta_d}{x} = \frac{1.73}{\sqrt{Re_x}} \tag{10-26}$$

类似地，可得动量损失厚度

$$\frac{\delta_m}{x} = \frac{0.664}{\sqrt{Re_x}} \tag{10-27}$$

摩擦阻力系数及总摩擦阻力 Blasius 解给出 $f''(\eta)|_{\eta=0} = 0.332$（Howarth 解与此相同），于是根据式（10-22）有

$$\frac{\partial u}{\partial y}\Big|_{y=0} = u_0 \sqrt{\frac{u_0}{\nu x}} f''(\eta)|_{\eta=0} = 0.332 u_0 \sqrt{\frac{u_0}{\nu x}}$$

故壁面切应力和局部阻力系数分别为

$$\tau_0 = \mu \frac{\partial u}{\partial y}\Big|_{y=0} = 0.332 \mu u_0 \sqrt{\frac{u_0}{\nu x}} = \frac{0.664}{\sqrt{Re_x}} \frac{\rho u_0^2}{2} \tag{10-28}$$

$$C_{fx} = \frac{\tau_0}{\rho u_0^2/2} = \frac{0.664}{\sqrt{Re_x}} \tag{10-29}$$

设平壁为矩形面，宽度为 b，沿 x 方向（流动方向）长度为 L，则壁面总摩擦阻力系数为

$$C_f = \frac{1}{A} \iint_A C_{fx} \mathrm{d}A = \frac{1}{L} \int_0^L C_{fx} \mathrm{d}x = \frac{1.328}{\sqrt{Re_L}} \tag{10-30}$$

根据式（10-9），平壁的总摩擦阻力为

$$F_f = C_f \frac{\rho u_0^2}{2} A = \frac{1.328}{\sqrt{Re_L}} \frac{\rho u_0^2}{2} bL \tag{10-31}$$

速度分布 式（10-25）表明 δ 与 $\sqrt{\nu x/u_0}$ 成正比，由式（10-20）和式（10-17）可推知

$$\frac{u}{u_0} = f'(\eta) = f'(y / \sqrt{\nu x / u_0}) = \phi\left(\frac{y}{\delta}\right) \tag{10-32}$$

即无因次速度 u/u_0 仅是无因次距离 y/δ 的函数，这为边界层速度分布的假定提供了依据。

【例 10-1】 三角形薄板尾翼的摩擦力。

20℃的水流过三角形薄板（见图 10-5），试计算该薄板的摩擦阻力。设临界雷诺数为 10^6。

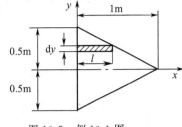

图 10-5 例 10-1 图

解 20℃水的密度为 998.2kg/m³，运动黏度为 1.006×10^{-6} m²/s，故雷诺数为

$$Re_{l\max} = \frac{u_0 l_{\max}}{\nu} = \frac{1 \times 1}{1.006 \times 10^{-6}} = 9.940 \times 10^5$$

由此可知，即使距离最大处，边界层也为层流边界层。如图 10-5 所示，dy 对应的壁面长度 $l = 1 - 2y$，面积为 $dy(1-2y)$，其总摩擦阻力系数可由 Blasius 解得到，即

$$C_{f,l} = \frac{1.328}{(Re_x)^{1/2}} = \frac{1.328}{(u_0 l / \nu)^{1/2}} = \frac{1.328 \times (1-2y)^{-1/2}}{(1/1.006 \times 10^{-6})^{1/2}} = 1.332 \times 10^{-3}(1-2y)^{-1/2}$$

因此，三角形板所受到的总摩擦阻力为

$$F_f = 4\int_0^{0.5} C_{f,l} \frac{\rho u_0^2}{2}(1-2y)dy = 2.664 \times 10^{-3} \rho u_0^2 \int_0^{0.5} (1-2y)^{1/2}dy$$

$$= 2.664 \times 10^{-3} \times 998.2 \times 1^2 \int_0^{0.5} (1-2y)^{1/2}dy$$

$$= 2.659 \times \frac{1}{3} = 0.886(\text{N})$$

10.2.3 冯·卡门边界层动量积分方程

布拉修斯的精确解有两个重要的前提条件：边界层内的流动是层流；沿平壁的压力梯度为零（来流为平行于平壁的匀速直线流动）。工程中常遇到的问题要复杂些，如边界层是湍流、沿壁面的压力梯度不为零等，这就促使人们去寻求近似解法。在近似解法中，应用最广泛的是冯·卡门（von Kármán）的边界层近似积分法。

为了与布拉修斯精确解比较，仍以稳态不可压缩流体绕流平壁为例。如图 10-6 所示，在边界层中取长度为 dx、厚度为一个单位（z 方向）、高度为边界层厚度 δ 的控制体，作用在该控制体表面上 x 方向的力如图 10-7 所示，其中外边界上速度梯度 $(\partial u / \partial y)_{y=\delta} \approx 0$，故切应力可以忽略不计。

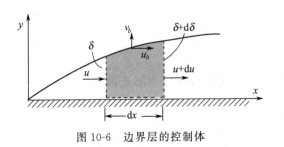

图 10-6 边界层的控制体

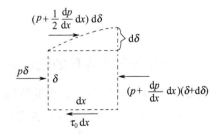

图 10-7 控制体表面 x 方向作用力

由于边界层较薄，忽略流体静压的影响，近似认为流体的压力 p 沿 y 方向不变，且等

于外边界上的压力；于是，根据图中所示情况可知：

① 控制体在 x 方向所受到的合力为

$$\mathrm{d}F_x = p\delta - \left(p + \frac{\mathrm{d}p}{\mathrm{d}x}\mathrm{d}x\right)(\delta + \mathrm{d}\delta) + \left(p + \frac{1}{2}\frac{\mathrm{d}p}{\mathrm{d}x}\mathrm{d}x\right)\mathrm{d}\delta - \tau_0\mathrm{d}x \approx -\left(\delta\frac{\mathrm{d}p}{\mathrm{d}x} + \tau_0\right)\mathrm{d}x$$

② 单位时间内流体从 x 处截面输入控制体的 x 方向的动量为

$$\int_0^\delta \rho u^2 \mathrm{d}y$$

③ 单位时间内从 $x+\mathrm{d}x$ 处截面输出控制体的 x 方向的动量为

$$\int_0^\delta \rho u^2 \mathrm{d}y + \frac{\mathrm{d}}{\mathrm{d}x}\left(\int_0^\delta \rho u^2 \mathrm{d}y\right)\mathrm{d}x$$

④ 针对一般绕流，设外边界上 x 方向的流体速度为 u_b（非平壁绕流时，x 方向为平行于壁面的方向，此时外边界上平行于壁面的速度不一定等于来流速度），且从外边界进入控制体的质量流量为 q_{mb}，则单位时间从外边界输入控制体的 x 方向动量为 $q_{mb}u_b$。

将上述四项带入稳态条件下控制体 x 方向的动量守恒方程（控制体所受合力＝输出动量流量－输入动量流量）有

$$-\left(\delta\frac{\mathrm{d}p}{\mathrm{d}x} + \tau_0\right)\mathrm{d}x = \frac{\mathrm{d}}{\mathrm{d}x}\left(\int_0^\delta \rho u^2 \mathrm{d}y\right)\mathrm{d}x - u_b q_{mb} \tag{10-33}$$

在所选控制体上写出连续方程有

$$q_{mb} = \frac{\mathrm{d}}{\mathrm{d}x}\left(\int_0^\delta \rho u \,\mathrm{d}y\right)\mathrm{d}x \tag{10-34}$$

将上式代入式（10-33），可得

$$-\delta\frac{\mathrm{d}p}{\mathrm{d}x} - \tau_0 = \frac{\mathrm{d}}{\mathrm{d}x}\left(\int_0^\delta \rho u^2 \mathrm{d}y\right) - u_b\frac{\mathrm{d}}{\mathrm{d}x}\left(\int_0^\delta \rho u \,\mathrm{d}y\right) \tag{10-35}$$

该式即为 von Kármán 于 1921 年推导出的边界层动量积分方程的一般形式。该方程对层流或湍流边界层均适用；也适合弯曲壁面，此时 y 为壁面法向，x 为切向。

应用 von Kármán 边界层动量积分方程时需注意以下几点：
① x 方向的压力梯度 $\mathrm{d}p/\mathrm{d}x$ 取边界层外边界上外流（即势流）的值；
② 对于平壁绕流，边界层外边界上的速度 u_b 等于来流速度 u_0；
③ 需要假定一个合理的速度分布，根据前面的知识，通常认为 u 是 y/δ 的函数；
④ 壁面切应力 τ_0 可根据牛顿剪切定律由 $\mu\,(\partial u/\partial y)_{y=0}$ 确定。

特别地，如果 $\mathrm{d}p/\mathrm{d}x = 0$，且 $u_b = \mathrm{const}$，则边界层动量积分方程简化为

$$\tau_0 = \frac{\mathrm{d}}{\mathrm{d}x}\left(\int_0^\delta \rho(uu_b - u^2)\mathrm{d}y\right) = \rho u_b^2\frac{\mathrm{d}}{\mathrm{d}x}\left(\int_0^\delta \frac{u}{u_b}\left(1 - \frac{u}{u_b}\right)\mathrm{d}y\right) \tag{10-36}$$

将动量损失厚度 δ_m 定义式（10-5）代入后有

$$\frac{\mathrm{d}\delta_m}{\mathrm{d}x} = \frac{\tau_0}{\rho u_b^2} \tag{10-37}$$

10.2.4　平壁层流边界层的近似解

考察直线等速来流平行于平壁绕流且边界层内的流动状态为层流的情况。此时，$u_b = u_0 = \mathrm{const}$，由外边界处的伯努利方程可得

$$\frac{p}{\rho} + \frac{u_0^2}{2} + gy = \mathrm{const} \quad \longrightarrow \quad \frac{\mathrm{d}p}{\mathrm{d}x} = -\rho u_0\frac{\mathrm{d}u_0}{\mathrm{d}x} = 0$$

所以积分方程式（10-36）适用。

(1) 速度分布与边界层厚度

首先设速度分布为

$$u = \alpha y + \beta y^2 \qquad (10\text{-}38)$$

其边界条件为 $y=\delta$，$u=u_0$；$y=\delta$，$\partial u/\partial y = 0$。由此可确定

$$\alpha = 2\frac{u_0}{\delta}, \quad \beta = -\frac{u_0}{\delta^2}$$

即速度分布为

$$\frac{u}{u_0} = 2\left(\frac{y}{\delta}\right) - \left(\frac{y}{\delta}\right)^2 \qquad (10\text{-}39)$$

由此得壁面切应力为

$$\tau_0 = \mu\left.\frac{\partial u}{\partial y}\right|_{y=0} = \mu\frac{2u_0}{\delta} \qquad (10\text{-}40)$$

将 u、τ_0 代入方程式（10-36），积分可得

$$-2\frac{\mu u_0}{\delta} = -\frac{2}{15}u_0^2\rho\frac{\mathrm{d}\delta}{\mathrm{d}x}$$

用运动黏度 ν 表示 μ/ρ，并再次积分后得

$$\frac{\delta^2}{2} = \frac{15\nu}{u_0}x + C_1$$

考虑到平壁前缘边界层厚度为零，即 $x=0$，$\delta=0$，得积分常数 $C_1=0$，于是得边界层厚度为

$$\delta = \sqrt{30(\nu x/u_0)} \quad \text{或} \quad \frac{\delta}{x} = 5.48\sqrt{\frac{\nu}{u_0 x}} = 5.48 Re_x^{-1/2} \qquad (10\text{-}41)$$

根据排挤厚度 δ_d 的定义式（10-3）并引用速度分布式（10-39）可得

$$\frac{\delta_d}{\delta} = \int_0^1\left(1 - \frac{u}{u_0}\right)\mathrm{d}\left(\frac{y}{\delta}\right) = \frac{1}{3} \quad \text{或} \quad \frac{\delta_d}{x} = 1.827 Re_x^{-1/2} \qquad (10\text{-}42)$$

同理，根据动量损失厚度 δ_m 的定义式（10-5）并引用速度分布式（10-39）可得

$$\frac{\delta_m}{\delta} = \int_0^1\frac{u}{u_0}\left(1 - \frac{u}{u_0}\right)\mathrm{d}\left(\frac{y}{\delta}\right) = \frac{2}{15} \quad \text{或} \quad \frac{\delta_m}{x} = 0.730 Re_x^{-1/2} \qquad (10\text{-}43)$$

与 10.2.2 节布拉修斯的精确解相比，卡门积分方法得到的边界层厚度 δ 的误差为 10.5%，排挤厚度 δ_d 的误差为 5.6%，动量损失厚度 δ_m 的误差为 9.9%。误差较大是因为假定的速度分布函数与真实的速度分布函数差异较大；如果假定速度分布函数是 y 的三次多项式，则可以得到更精确的结果。

(2) 壁面摩擦阻力

由壁面切应力关系式（10-40）及 δ 的关系式（10-41）可得局部切应力为

$$\tau_0 = \mu\left.\frac{\partial u}{\partial y}\right|_{y=0} = \mu\frac{2u_0}{\delta} = \frac{0.730}{\sqrt{Re_x}}\frac{\rho u_0^2}{2}$$

该局部切应力对应的局部摩擦阻力系数为

$$C_{fx} = \frac{0.730}{\sqrt{Re_x}} \qquad (10\text{-}44)$$

设平壁宽度为 b、长度为 L，对 C_{fx} 积分取平均值可得总阻力系数（平均阻力系数）为

$$C_f = \frac{1.460}{\sqrt{Re_L}} \qquad (10\text{-}45)$$

式中，$Re_L = u_0 L/\nu$，称为平壁雷诺数。由 C_f 可得到平壁所受到的总摩擦阻力为

$$F_f = C_f A \frac{\rho u_0^2}{2} = \frac{1.460}{\sqrt{Re_L}} \frac{\rho u_0^2}{2} bL \tag{10-46}$$

式（10-44）与布拉修斯精确解 $C_{fx} = 0.664/\sqrt{Re_x}$ 相比，相对误差为 9.9%。误差原因在于速度分布的假定。

此外，将式（10-27）与式（10-29）比较，或式（10-43）与式（10-44）比较，可知动量损失厚度 δ_m 与 x 之比值就等于局部摩擦阻力系数 C_{fx}。

【例 10-2】 卡门动量积分方程应用。

假定边界层内速度分布为 $u = a \sin by$，试求平壁层流边界层的厚度 δ，局部摩擦阻力系数 C_{fx} 和总摩擦阻力系数 C_f，并将结果与布拉修斯精确解比较。

解 先根据边界条件求出具体的速度分布函数。边界条件为

$$y = 0, \quad u = 0; \quad y = \delta, \quad u = u_0, \quad \frac{\partial u}{\partial y} = 0$$

由上述边界条件确定常数 a、b 可得速度分布函数为

$$u = u_0 \sin \frac{\pi}{2\delta} y$$

根据牛顿剪切公式得壁面切应力为

$$\tau_0 = \mu \left(\frac{\partial u}{\partial y} \right)_{y=0} = \mu \frac{\pi u_0}{2\delta}$$

对来流平行于平壁的流动，$u_b = u_0 = \text{const}$，$\mathrm{d}p/\mathrm{d}x = 0$，因此由动量积分方程式（10-36）可得

$$\nu \frac{\pi u_0}{2\delta} = \frac{\mathrm{d}}{\mathrm{d}x} \int_0^\delta u_0 \sin\left(\frac{\pi}{2\delta} y \right) \left[u_0 - u_0 \sin\left(\frac{\pi}{2\delta} y \right) \right] \mathrm{d}y$$

由 0-δ 积分得

$$\frac{\nu \pi}{2\delta} = u_0 \left(\frac{2}{\pi} - \frac{1}{2} \right) \frac{\mathrm{d}\delta}{\mathrm{d}x} \quad \text{或} \quad \delta \mathrm{d}\delta = \frac{\pi^2}{4 - \pi} \frac{\nu}{u_0} \mathrm{d}x$$

再次积分并注意边界条件 $x = 0$ 时，$\delta = 0$，有

$$\frac{\delta}{x} = \sqrt{\frac{2\pi^2}{4 - \pi}} Re_x^{-1/2} = 4.80 Re_x^{-1/2}$$

局部摩擦阻力系数为

$$C_{fx} = \frac{\tau_0}{\rho u_0^2/2} = \frac{\mu \pi u_0/2\delta}{\rho u_0^2/2} = \frac{0.654}{\sqrt{Re_x}}$$

总摩擦阻力系数为

$$C_f = \frac{1}{L} \int_0^L C_{fx} \mathrm{d}x = \frac{1.308}{\sqrt{Re_L}}$$

与布拉修斯精确解 $\delta/x = 4.96 Re_x^{-1/2}$、$C_{fx} = 0.664 Re_x^{-1/2}$ 比较，其相对误差分别为 -3.2%、-1.5%。由此可见，速度分布假设得越准确，卡门动量积分方程的解就越准确。

10.2.5 平壁湍流边界层的近似解

工程实际中遇到的绕流问题，其边界层内的流动更多的属于湍流状态，因此湍流边界层的计算有重要的实际意义。

(1) 边界层厚度

对于无压差（$\mathrm{d}p/\mathrm{d}x = 0$）的平壁湍流边界层，其运动方程可通过对普朗特边界层微分方程式（10-13）进行时均化处理得到。为书写方便，湍流的时均速度仍用 u、v 表示，所得时均化运动方程如下

$$
\left.
\begin{aligned}
&\frac{\partial u}{\partial x} + \frac{\partial v}{\partial y} = 0 \\
&\rho\left(u\,\frac{\partial u}{\partial x} + v\,\frac{\partial u}{\partial y}\right) = \mu\,\frac{\partial^2 u}{\partial y^2} + \frac{\partial}{\partial y}(-\rho\overline{u'v'})
\end{aligned}
\right\}
\tag{10-47}
$$

与层流时相比,该方程组中的动量方程多了一项雷诺应力项 $-\rho\overline{u'v'}$,因此很难求得其解析解。

若采用 Kármán 动量积分方程来求解边界层厚度,则涉及 u 和 τ_0 的计算问题。其中的困难是,难以找到一个单一的速度分布函数同时满足以下条件

$$
u\big|_{y=0} = 0, \quad u\big|_{y=\delta} = u_0, \quad \frac{\partial u}{\partial y}\bigg|_{y=\delta} = 0, \quad \text{且} \ \mu\frac{\partial u}{\partial y}\bigg|_{y=0} = \tau_0
$$

通常,在 $5\times10^5 < Re_x < 10^7$ 范围,可用 Blasius 提出的管内流动壁面切应力公式来计算平壁表面的切应力[见式(9-34)],即

$$
\tau_0 = 0.0225\rho u_0^2\left(\frac{\nu}{u_0\delta}\right)^{1/4}
\tag{10-48}
$$

而湍流的时均速度分布可按七分之一次方定律计算

$$
u = u_0\left(\frac{y}{\delta}\right)^{1/7}
\tag{10-49}
$$

对于来流速度为 u_0 的平壁的边界层流动,仍然可取 x 方向压力梯度为零。考虑到这一点并将上述 τ_0 和 u 的经验关联式代入 Kármán 动量积分方程式(10-36)有

$$
0.0225\rho u_0^2\left(\frac{\nu}{u_0\delta}\right)^{1/4} = \frac{\mathrm{d}}{\mathrm{d}x}\int_0^\delta \rho u_0^2\left[\left(\frac{y}{\delta}\right)^{1/7} - \left(\frac{y}{\delta}\right)^{2/7}\right]\mathrm{d}y
$$

积分后整理可得

$$
0.0225\left(\frac{\nu}{u_0\delta}\right)^{1/4} = \frac{\mathrm{d}}{\mathrm{d}x}\left(\frac{7}{8}\delta - \frac{7}{9}\delta\right) = \frac{7}{72}\frac{\mathrm{d}\delta}{\mathrm{d}x}
$$

再次积分上式得到

$$
\left(\frac{\nu}{u_0}\right)^{1/4}x = 3.457\delta^{5/4} + C_1
\tag{10-50}
$$

式中,C_1 是积分常数。由于边界层湍流起始点及其所对应的边界层厚度难以确定,因此直接求得 C_1 有些困难。

若假定湍流起点始于平壁前缘,即 $\delta\big|_{x=0} = 0$,可得 $C_1 = 0$,则边界层厚度为

$$
\frac{\delta}{x} = 0.371 Re_x^{-1/5}
\tag{10-51}
$$

应用该式和 1/7 速度分布式,可得湍流边界层内 u 与 x、y 的关系为

$$
\frac{u}{u_0} = \left(\frac{y}{\delta}\right)^{1/7} = \left(\frac{yRe_x^{1/5}}{0.371x}\right)^{1/7}
\tag{10-52}
$$

再根据式(10-3)可得排挤厚度为

$$
\frac{\delta_d}{x} = 0.0463 Re_x^{-1/5}
\tag{10-53}
$$

(2) 壁面摩擦系数与摩擦阻力

与管内黏性流动一样,平壁对湍流边界层的阻力也有光滑壁面与粗糙壁面之分。对于光滑壁面,仍采用布拉修斯切应力式(10-48)来计算摩擦阻力系数,即

$$
C_{fx} = \frac{\tau_0}{\rho u_0^2/2} = \frac{0.0225\rho u_0^2(\nu/u_0\delta)^{1/4}}{\rho u_0^2/2} = 0.045\left(\frac{\nu}{u_0\delta}\right)^{1/4}
$$

将式（10-51）代入可得

$$C_{fx} = \frac{0.0576}{Re_x^{1/5}} \qquad (10\text{-}54)$$

若平壁宽度为 b，长为 L，则总摩擦阻力系数为

$$C_f = \frac{1}{L}\int_0^L C_{fx}\,\mathrm{d}x = \frac{1}{L}\int_0^L \frac{0.0576}{(u_0 x/\nu)^{1/5}}\,\mathrm{d}x = \frac{0.072}{Re_L^{1/5}} \qquad (10\text{-}55)$$

为了与实验数据更加吻合，对上式中的系数稍作修改，可得更精确的计算式

$$C_f = \frac{0.074}{Re_L^{1/5}} \qquad (5\times10^5 < Re_L < 10^7) \qquad (10\text{-}56)$$

因此，壁面总摩擦阻力为

$$F_f = C_f A \frac{\rho u_0^2}{2} = \frac{0.074}{Re_L^{1/5}}\frac{\rho u_0^2}{2} bL \qquad (10\text{-}57)$$

（3）壁面摩擦系数的修正

上述公式假定从壁面前缘开始边界层已经是湍流，而实际上在距板的前缘一段距离内存在着层流边界层，因此用以上公式计算出的阻力系数偏大。考虑到层流边界层的存在，计算阻力系数时应对式（10-56）作修正。修正的方法是根据从层流到湍流过渡的临界雷诺数 Re_{cr}，从表 10-2 查出 B，然后按下述修正公式计算总阻力系数

$$C_f = \frac{0.074}{Re_L^{1/5}} - \frac{B}{Re_L} \qquad (5\times10^5 < Re_L < 10^7) \qquad (10\text{-}58)$$

需要说明的是，实际计算中事先并不知道 Re_{cr}，只能凭经验选取 Re_{cr}。作为一般计算通常取 $Re_{cr} = 5\times10^5$。

表 10-2　修正式（10-58）的系数 B

Re_{cr}	3×10^5	5×10^5	10^6	3×10^6
B	1050	1700	3300	8700

当雷诺数 $Re_L > 10^7$ 之后，施里希廷（Schlichting）采用对数律速度分布和动量积分方程得到的摩擦阻力系数式与实验符合较好，考虑起始段层流边界层修正项后，该式形式为

$$C_f = \frac{0.455}{(\lg Re_L)^{2.58}} - \frac{B}{Re_L} \qquad (10^7 < Re_L < 10^9) \qquad (10\text{-}59)$$

式中的系数 B 仍按表 10-2 选取。

【例 10-3】 飞艇的推动功率。

美国的 Akron 号飞艇长 240m，最大直径为 40m，最大速度为 135km/h，有效升力为 82555kg。假定飞艇表面光滑，取临界雷诺数 $Re_{cr} = 5\times10^5$，试求飞艇以最大速度航行时克服表面摩擦阻力所需的推动功率，并验算层流边界层长度。已知在飞行高度空气的密度为 0.9934kg/m^3，黏度为 $1.772\times10^{-5}\text{Pa}\cdot\text{s}$。

解 将飞艇表面近似视为平壁表面，表面宽度为 πD。计算板长雷诺数

$$Re_L = \frac{\rho u_0 L}{\mu} = \frac{0.9934\times135\times(1000/3600)\times240}{1.772\times10^{-5}} = 5.045\times10^8$$

属湍流边界层，且 $Re_L > 10^7$，可采用普朗特-施里西廷经验式（10-59）计算。根据 $Re_{cr} = 5\times10^5$ 查表 10-2 可得 $B = 1700$，故有

$$C_f = \frac{0.455}{[\lg(5.045\times10^8)]^{2.58}} - \frac{1700}{5.045\times10^8} = 1.709\times10^{-3}$$

于是飞艇表面总摩擦阻力为

$$F_f = C_f \frac{\rho u_0^2}{2} A = 1.709 \times 10^{-3} \times \frac{0.9934}{2} \times \left(\frac{135 \times 1000}{3600} \right)^2 \times \pi \times 40 \times 240 = 36000 \text{(N)}$$

所需功率为　　　$P = F_f u_0 = 36000 \times (135 \times 1000/3600) = 1.350 \times 10^6 \text{(W)}$

此外，根据 $Re_{cr} = 5 \times 10^5$ 可得层流边界层长度为

$$L_{cr} = \frac{\mu}{\rho u_0} Re_{cr} = \frac{1.772 \times 10^{-5} \times 5 \times 10^5}{0.9934 \times 135 \times (1000/3600)} = 0.238 \text{(m)}$$

计算结果表明，相对于飞艇长度，层流边界层长度很短，以至可以忽略不计。

【例 10-4】 平行壁面间边界层流动的压力降。

标准状态的空气从两平行平板中间流过，在入口处速度是均匀的，其值为 $V_0 = 25 \text{m/s}$，设湍流边界层从每个平板前缘开始，向内部逐渐发展。边界层的速度分布和厚度近似表示为

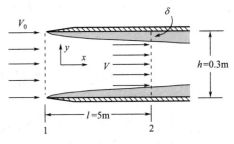

图 10-8　例 10-4 图

$$\frac{u}{V} = \left(\frac{y}{\delta} \right)^{1/7}, \quad \frac{\delta}{x} = 0.37 \left(\frac{\nu}{V_0 x} \right)^{1/5}$$

式中 V 是中心区（边界层外流区）的速度，为 x 的函数。两板相距 $h = 0.3 \text{m}$，板宽 $W \gg h$，侧壁影响忽略不计。试求：

① 入口到下游距离 $l = 5 \text{m}$ 处的压力降 Δp。

② Δp 中因摩擦阻力损失的压降 Δp_f。

解　标准状况下空气的密度为 1.293kg/m^3，运动黏度为 $1.328 \times 10^{-5} \text{Pa} \cdot \text{s}$。在 $x = 5 \text{m}$ 处的边界层厚度 δ 和雷诺数 Re 分别为

$$\delta = 0.37 \left(\frac{\nu}{V_0 l} \right)^{1/5} l = 0.37 \left(\frac{1.328 \times 10^{-5}}{25 \times 5} \right)^{1/5} 5 = 0.0745 \text{(m)}$$

$$Re_l = V_0 l / \nu = 25 \times 5 / 1.328 \times 10^{-5} = 9.413 \times 10^6 > 3 \times 10^6 \text{(湍流)}$$

① 根据图 10-8 取控制体，由图中虚线和壁面构成，垂直书面方向为单位厚度。针对控制体可写出空气的连续方程为

$$\rho V_0 h = \rho V (h - 2\delta) + 2 \int_0^\delta \rho u \, dy$$

将速度 u 的分布式代入有

$$V_0 h = V(h - 2\delta) + 2 \int_0^\delta V \left(\frac{y}{\delta} \right)^{1/7} dy = V \left(h - \frac{\delta}{4} \right), \quad \text{或} \quad V = \frac{h}{h - \delta/4} V_0 = 1.066 V_0$$

设控制体内每个平壁上流体受到的总摩擦力为 F_f，则控制体动量守恒方程为

$$\Delta p h - 2 F_f = \rho V^2 (h - 2\delta) + 2 \int_0^\delta \rho u^2 \, dy - \rho V_0^2 h$$

将速度 u 的分布式和 $V = h V_0 / (h - \delta/4)$ 代入上式，整理并代入已知数据可得

$$\Delta p = \rho V_0^2 \left[\left(\frac{h}{h - \delta/4} \right)^2 \left(1 - \frac{4}{9} \frac{\delta}{h} \right) - 1 \right] + \frac{2 F_f}{h} = 9.13 + \frac{2 F_f}{h}$$

式中，F_f 可根据式（10-57）计算；但因边界层外速度是变化的，故考虑分别以 V_0、V 作为边界层外速度进行计算，其结果分别为

选择 V_0：$\dfrac{2 F_f}{h} = \dfrac{2}{h} \dfrac{0.074}{Re_l^{1/5}} \dfrac{\rho V_0^2}{2} l = \dfrac{2}{0.3} \dfrac{0.074}{(9.413 \times 10^6)^{1/5}} \dfrac{1.293 \times 25^2}{2} \times 5 = 40.16 \text{(Pa)}$

选择 V：$\dfrac{2 F_f}{h} = 40.16 \times \left(\dfrac{h}{h - \delta/4} \right)^{1.8} = 40.16 \times (1.066)^{1.8} = 45.06 \text{(Pa)}$

对应压力降分别为

$$\Delta p = 9.13 + 40.16 = 49.29(\text{Pa}) \quad 或 \quad \Delta p = 9.13 + 45.06 = 54.19(\text{Pa})$$

② 按引申的伯努利方程有

$$\Delta p = \rho \frac{\alpha V_0^2 - V_0^2}{2} + \Delta p_f \longrightarrow \Delta p_f = \Delta p - \rho V_0^2 \frac{(\alpha - 1)}{2}$$

式中 α 为截面速度动能修正系数，进口截面 $\alpha = 1$，$l = 5\text{m}$ 处截面的 α 为

$$\alpha = \frac{1}{A v_m^3} \iint_A v^3 \mathrm{d}A = \frac{1}{h V_0^3}\left(2\int_0^\delta u^3 \mathrm{d}y + \int_\delta^{h-\delta} V^3 \mathrm{d}y\right) \alpha = \frac{V^3}{V_0^3}\left(1 - \frac{3}{5}\frac{\delta}{h}\right) = 1.031$$

代入数据可得 $\qquad \Delta p_f = 36.76\text{Pa} \quad 或 \quad \Delta p_f = 41.66\text{Pa}$

10.3　边界层分离及绕流总阻力

在前面讨论的流体平行于平壁的绕流问题中，通常认为压力沿流动方向不变，绕流阻力也仅有摩擦阻力。但在流体沿弯曲壁面的绕流中，边界层内会伴随产生压差，从而可能导致边界层脱离物体表面，产生边界层分离现象；其次，由于弯曲壁面不再平行于来流且压力分布不均，因而壁面总阻力通常就包括摩擦阻力和压差阻力（形状阻力）两个部分。

10.3.1　边界层分离现象

弯曲壁面边界层的分离　平壁绕流中，边界层内压力梯度 $\partial p/\partial x \leqslant 0$，但弯曲壁面绕流中边界层内可能出现 $\partial p/\partial x > 0$ 的情况（逆压力梯度），导致边界层分离或脱体。

以图 10-9 所示的机翼表面绕流为例，B 点是驻点，C 点是表面最高点。实验表明：

沿 B 点向 C 点的流动中，流通面收窄，外流加速，压力减小（即 $\partial p/\partial x < 0$），压力能转化为动能，至 C 点压力最低；故 $B\text{-}C$ 段称为顺压区，该区域边界层流动加速；

C 点之后，流通面放宽，外流减速，压力升高（$\partial p/\partial x > 0$，称为逆压区），动能转化为压力能；外流减速和逆压差促使边界层流动减速，且减速效应逐渐增强；

达到 D 点处，逆压差增大使边界层底层流体动能消耗殆尽而滞止；D 点之后，逆压差促使流体回流，使边界层脱离壁面，壁面出现漩涡区，称为分离区，D 点称为分离点。

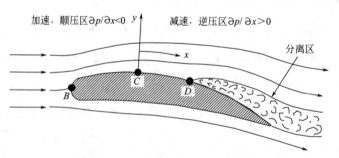

图 10-9　机翼表面的边界层分离现象

分离点前后的速度分布及壁面速度梯度的变化　如图 10-10 所示，由图可见：

① 分离点 D 以前，壁面（$y = 0$ 处）速度梯度 $\partial u/\partial y > 0$，分离点之后 $\partial u/\partial y < 0$，分离点 D 处 $\partial u/\partial y = 0$；图中白点为壁面附近速度分布拐点；

② 最高点 C 以前 $\partial p/\partial x < 0$，为顺压区，顺压区壁面处 $\partial^2 u/\partial y^2 < 0$；$C$ 点以后 $\partial p/\partial x > 0$，为逆压区，逆压区壁面处 $\partial^2 u/\partial y^2 > 0$；$C$ 点处壁面压力最小，$p = p_{\min}$（注：根据边

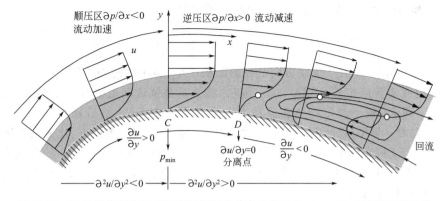

图 10-10　边界层分离前后壁面附近的速度分布及壁面上（$y=0$）速度梯度的变化

界层 x 方向运动方程，壁面处 $y=0$，$u=0$，$v=0$，$\partial p/\partial x=\mu\partial^2 u/\partial y^2$）。

边界层分离对流动的影响：

① 边界层分离所形成的分离区，将严重影响外流区边界，此时已不能认为黏性起作用的区域仅限制在壁面附近的薄层流体内，边界层理论不再适用；

② 分离区内的涡流耗散可显著增加流动阻力损失；

③ 分离区内流动的不稳定及压力波动，可使得绕流物体产生振动（如塔设备诱导振动），或减小机翼升力。

边界层分离的控制方法：

① 在回流区抽气：防止减速流体堆积，减小局部压力，消除边界层分离条件；改善层流边界层稳定性，减薄边界层，维持顺压力梯度；可使机翼表面在大雷诺数下维持层流边界层，且减少摩擦阻力。

② 利用外来流体补充边界层动量：克服逆压力梯度，如飞机起飞时前缘活动机翼张开，使气流从缝隙进入固定机翼表面，增强机翼后缘边界层能量，从而减小边界层分离倾向。

③ 安装导流叶片：削弱边界层压力升高倾向，防止逆压产生的边界层分离。

10.3.2　绕流总阻力

绕流流动中，固体对流体的作用总力 $\mathbf{F}$ 一般分为两个部分：平行于流动方向的作用力即绕流总阻力 $\mathbf{F}_D$（与固体受到的曳力相等），垂直于流动方向的作用力 $\mathbf{F}_L$（等于固体受到的升力），因此 $\mathbf{F}=\mathbf{F}_D+\mathbf{F}_L$。在此仅讨论绕流总阻力 F_D。

绕流总阻力 F_D 包括流体的摩擦阻力 F_f 和压差阻力（形状阻力）F_p 两个部分，前者等于物体壁面切应力在来流方向的合力，后者等于物体壁面上压力在来流方向上的合力（例如，图 10-11 所示的流体垂直于平板的流动中，流体所受到的平板阻力就主要是压差阻力）。绕流总阻力 F_D 与摩擦阻力 F_f 和压差阻力（形状阻力）F_p 的关系为

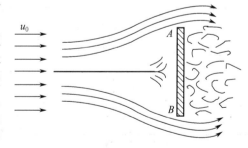

图 10-11　垂直于平板的流动

$$F_D=F_f+F_p \tag{10-60}$$

分别引入总阻力系数 C_D、摩擦阻力系数 C_f 和形状阻力系数 C_p，则绕流总阻力 F_D、

摩擦阻力 F_f 和压差阻力（形状阻力）F_P 可分别表示为

$$F_D = C_D \frac{\rho u_0^2}{2} A_D , \quad F_f = C_f \frac{\rho u_0^2}{2} A_f , \quad F_p = C_p \frac{\rho u_0^2}{2} A_D \tag{10-61}$$

式中，A_D 为物体垂直于流动方向的投影面积；A_f 为物体的表面积。

通过理论或实验确定 C_D、C_p、C_f 与 Re 的关系是绕流问题研究的主要目标之一。比如，通过在不同 Re 数下测定物体在流动方向受到的总力 F_D，然后用式（10-61）计算出 C_D，即可建立 C_D 与 Re 之间的关系。显然，对于一般绕流问题测试 F_D 比分别测试 F_p 和 F_f 更为容易。由于工程实际中通常更关心的是总阻力 F_D，且总阻力系数 C_D 的测试相对容易，所以绕流问题中一般不是通过分别计算 F_p 和 F_f 来确定 F_D，而是直接采用总阻力系数 C_D 的经验式或经验值计算流动阻力 F_D。

为便于实际应用，表 10-3 给出了部分典型物体的总阻力系数参考值，更多的数据可在相关文献或手册中找到。其中球体阻力系数见 10.5 节。

表 10-3　典型物体的总阻力系数 C_D（$Re > 10^4$）

形状		C_D	形状		C_D
长圆柱	→○	查图 10-16	无限长椭圆柱	$a/b=2$	0.2
半圆形长柱体	→◐	1.20		$a/b=4$	0.1
	→◑	1.70		$a/b=8$	0.1
无限长半管壳	→◖	1.20	旋转椭球体（橄榄球体）	$l/d=2$	0.06
	→◗	2.30		$l/d=4$	0.06
正方形长柱体	→□	2.00		$l/d=8$	0.13
	→◇	1.50		$l/b=1$	1.18
正三角长柱体	→▷	2.00	矩形薄板	$l/b=5$	1.20
	→◁	1.39		$l/b=10$	1.30
立方体	→□	1.10		$l/b=20$	1.50
	→◇	0.81		$l/b=\infty$	1.98
60°圆锥	→◁	0.49		$l/d \to 0$	1.17
半球体	→◐	0.38	流体平行圆柱体（$l/d \to 0$ 为圆碟片）	$l/d=0.5$	1.15
	→◑	1.17		$l/d=1$	0.90
半球壳罩	→◐	0.39		$l/d=2$	0.85
	→◐	1.40		$l/d=4$	0.87
降落伞	$Re=3 \times 10^7$	1.20		$l/d=8$	0.99

【例 10-5】 求飞艇的压差阻力与推动功率。

若例 10-3 中的飞艇是旋转椭球体，其它条件不变，试求飞行中的压差阻力和推动功率。

解 将飞艇视为旋转椭球体时，其绕流雷诺数为

$$Re_D = \frac{\rho u_0 D_{\max}}{\mu} = \frac{0.9934 \times 135(1000/3600) \times 40}{1.772 \times 10^{-5}} = 8.4 \times 10^7 > 10^4$$

例 10-3 中已求得总摩擦阻力 $F_f = 36000$N。飞艇的长径比为 $240/40 = 6 : 1$，对于湍流，可查表 10-3 旋转椭球体的 C_D，用线性插值计算得

$$C_D = 0.06 + \frac{6-4}{4}(0.13 - 0.06) = 0.095$$

根据式（10-61），总阻力为

$$F_D = C_D A_D \rho \frac{u_0^2}{2} = 0.095 \times \frac{\pi 40^2}{4} \times 0.9934 \left(135 \times \frac{1000}{3600}\right)^2 \left(\frac{1}{2}\right)$$
$$= 8.339 \times 10^4 \, (\text{N})$$

压差阻力为 $\quad F_p = F_D - F_f = 8.339 \times 10^4 - 36000 = 4.739 \times 10^4 (\text{N})$

推动功率为 $\quad P = F_D u_0 = 8.339 \times 10^4 \times (135 \times 1000/3600) = 3.127 \times 10^6 (\text{W})$

可见克服总阻力所需的推动功率是只考虑表面摩擦阻力所需推动功率的 2.32 倍。

【例 10-6】 飞行器的阻力与推动功率。

巡航导弹由半球体的战斗机部、长 4m、直径 500mm 的发动机部和半球体尾部组成，贴近地面飞行，速度 500m/s，气温 10℃。假定巡航导弹的表面是光滑的，取临界雷诺数 $Re_{cr} = 5 \times 10^5$，忽略机翼的摩擦阻力，试求其所受到的总阻力。设球体阻力系数 $C_D = 0.27$。

解 巡航导弹受到的总阻力 F_D 由发动机部表面的摩擦阻力 F_f 和前后半球构成的球体总阻力 F_D'（包括摩擦和压差阻力）组成。

10℃时空气的密度为 1.247kg/m^3，运动黏度为 $1.416 \times 10^{-5}\text{m}^2/\text{s}$。其板长雷诺数为

$$Re_L = \frac{\rho u_0 L}{\mu} = \frac{1.247 \times 500 \times 4}{1.416 \times 10^{-5}} = 1.761 \times 10^8$$

可见导弹表面气体边界层属湍流边界层，采用普朗特-施里西廷经验式（10-59）计算。

根据 $Re_{cr} = 5 \times 10^5$ 查表 10-2 得 $B = 1700$，故摩擦阻力系数与摩擦阻力分别为

$$C_f = \frac{0.455}{[\lg(1.761 \times 10^8)]^{2.58}} - \frac{1700}{1.761 \times 10^8} = 1.959 \times 10^{-3}$$

$$F_f = C_f \frac{\rho u_0^2}{2} A = C_f \frac{\rho u_0^2}{2} \pi d L = 1.959 \times 10^{-3} \frac{1.247 \times 500^2}{2} \pi \times 0.5 \times 4 = 1918(\text{N})$$

导弹前后半球体的阻力可视为前后半球构成的球体的总阻力，且 $C_D = 0.27$。因此

$$F_D' = C_D A_D \rho \frac{u_0^2}{2} = 0.27 \times \frac{\pi 0.5^2}{4} \times 1.247 \times \frac{500^2}{2} = 8264(\text{N})$$

由此可知，导弹所受到的总阻力和推动功率分别为

$$F_D = F_D' + F_f = 8264 + 1918 = 10182(\text{N})$$
$$P = F_D u_0 = 10182 \times 500 = 5.091 \times 10^6 (\text{W})$$

10.4 绕圆柱体的流动分析

圆柱体绕流问题在工程中有重要应用，例如风对塔形建筑和化工塔设备的作用，流体绕

流换热管的流动，海水对钻井平台支柱、河水对圆柱形桥墩的冲击都属于圆柱体绕流问题。虽然在第 7 章曾经讨论过圆柱体绕流的流场，但是理想流体的势流理论不能解决阻力问题，因此有必要考察绕圆柱体的黏性流动。

10.4.1 绕圆柱体的流动

设流体以均匀来流速度 u_0 垂直于直径为 D 的圆柱体流动，如图 10-12 所示。前面曾经指出，在边界层和尾迹区以外的流动可用势流理论分析求解，因此圆柱绕流问题重点是考察圆柱表面及其附近的流动。由于黏性的作用，圆柱表面附近的流动相当复杂，至今尚不能用分析方法求解，但其流型可用雷诺数 $Re = u_0 D/\nu$ 判断。

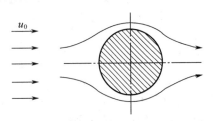

图 10-12　低雷诺数下绕圆柱体的流动

低雷诺数下的绕流　当 $Re<1$ 时，整个流场呈稳定层流状态，且上下游流场对称。低雷诺数下，圆柱体对流场的影响区域较大，在距离圆柱体表面数倍柱体直径的地方，流体的速度仍与来流速度 u_0 不同。此时，圆柱体受到的阻力主要为摩擦阻力。

中等雷诺数下的绕流　随着雷诺数的增大，上下游对称性逐渐消失，背流面出现边界层分离，产生尾迹流。在 $3\sim5<Re<30\sim40$ 的范围内，尾迹区有较弱的对称旋涡，如图 10-13（a）所示。在 $30\sim40<Re<80\sim90$ 的范围内，尾迹区出现摆动，但其流动仍呈层流状态，其流动如图 10-13（b）所示。这两种情况下物体阻力由摩擦阻力和压差阻力组成，它们具有同等重要性。

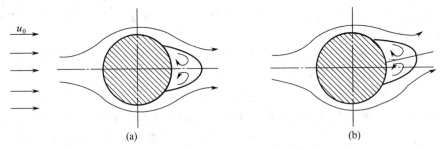

图 10-13　中等雷诺数下的圆柱体绕流

当 $80\sim90<Re<150$ 时，流动状况如图 10-14 所示。边界层分离点仍在圆柱体的背流面，且在圆柱体背流面出现稳定的、非对称的、排列有规则的、旋转方向相反的、交替从物体脱落的旋涡，形成两行排列整齐地向下游运动的涡列，通常称为**卡门涡街**。除了存在摩擦阻力和压差阻力外，交替脱落的旋涡将会在圆柱体上产生横向交变作用的力，迫使柱体振动，称为**诱导振动**。当诱导振动频率与柱体的固有频率一致时将会引起具有破坏性的共振，因而引起人们的关注。这时物体的阻力以压差阻力为主。当 $Re>150$ 时，背流面的涡列不再稳定，而当 $Re>300$ 时，整个尾迹区变成如图 10-15 所示的湍流状态。

大雷诺数下的绕流　当 $150\sim300<Re<1.9\times10^5$ 时，圆柱体迎流面的边界层为层流，且边界层分离点在迎流面，分离点与来流的夹角为 $85°$ 左右，这种情况称为亚临界状态，其阻力以压差阻力为主。在 $Re>1.9\times10^5$ 的条件下，边界层流动逐渐向湍流过渡，阻力系数急剧降低。当 $Re>6.7\times10^5$ 时，边界层在分离前已由层流转变为湍流，且分离点向后移动至背流面，分离点与来流的夹角为 $135°$ 左右，这种状态称为超临界状态。这时摩擦阻力有所增大，而压差阻力有所减小，但仍然以压差阻力为主。

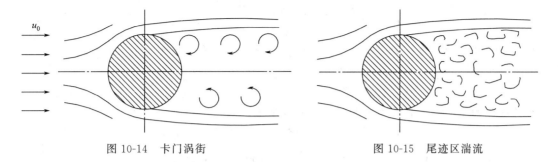

图 10-14 卡门涡街   图 10-15 尾迹区湍流

诱导振动频率 实验表明，虽然较高雷诺数下可视化实验难以观察到卡门涡街，但仍有漩涡交替脱落导致的诱导振动，且在 $Re=10^2\sim10^5$ 范围，诱导振动频率 f 均可近似表示为

$$f\approx0.2u_0/D \tag{10-62}$$

10.4.2 圆柱绕流总阻力

流体垂直于圆柱流动时，柱体单位长度的总阻力可按下式计算

$$F_D=C_D\frac{\rho u_0^2}{2}D \tag{10-63}$$

式中，阻力系数 C_D 是雷诺数 Re 的函数。通过大量实验得到的圆柱体绕流阻力系数如图 10-16 所示。由图可见，对于光滑壁面圆柱，在 $Re=1.9\times10^5$ 处，阻力系数 C_D 发生骤然下降，而在 $Re=6.7\times10^5$ 处阻力系数又开始明显回升。阻力系数骤然下降点称为临界点，临界点以前的状态是亚临界状态，临界点后的状态是超临界状态。

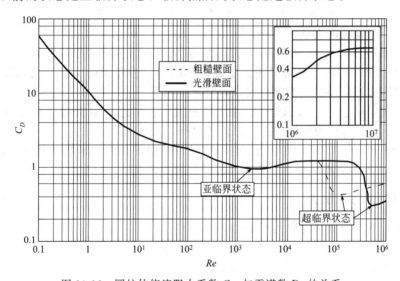

图 10-16 圆柱体绕流阻力系数 C_D 与雷诺数 Re 的关系

【**例 10-7**】 塔设备的风载荷及诱导振动频率。

风以 $u_0=10\text{m/s}$ 的速度吹过直径为 $D=1.25\text{m}$，高 $H=30\text{m}$ 的圆柱形塔设备，试确定：①塔设备所承受的风力和倾倒力矩；②在 $Re=10^2\sim10^5$ 范围的诱导振动频率。取空气的运动黏度 $\nu=1.4\times10^{-5}\text{m}^2/\text{s}$，密度 $\rho=1.25\text{kg/m}^3$，并假定沿塔高风速一致。

解 由已知条件计算绕流雷诺数

$$Re = \frac{u_0 D}{\nu} = \frac{10 \times 1.25}{1.4 \times 10^{-5}} = 8.929 \times 10^5$$

塔表面按粗糙面考虑，由图 10-16 查得 $C_D = 0.6$。塔体单位长度所受风力为

$$F'_D = C_D \frac{\rho u_0^2}{2} D = 0.6 \frac{1.25 \times 10^2}{2} 1.25 = 46.88 \, (\text{N/m})$$

故塔设备受到的空气横向作用总力和倾倒力矩分别为

$$F_D = F'_D H = 46.88 \times 30 = 1406 \, (\text{N})$$

$$M = F_D \frac{H}{2} = 1406 \times \frac{30}{2} = 2.109 \times 10^4 \, (\text{N} \cdot \text{m})$$

塔体在 $Re = 10^2 \sim 10^5$ 范围出现诱导振动，则对应风速和诱导振动频率为

$$u_0 = 1.12 \times 10^{-3} \sim 1.12 \, \text{m/s}, \quad f = 0.179 \times 10^{-3} \sim 0.179 \, \text{Hz}$$

10.5 绕球体的流动分析

10.5.1 绕球体的流动

流体绕球体或颗粒流动的雷诺数定义为 $Re = u_0 d / \nu$，其中 d 为球体或颗粒直径。圆球绕流情况与圆柱体绕流情况有些类似，与 Re 密切相关。

当 $Re < 2$ 时，流动有对称性，该流动区域称为斯托克斯（Stokes）区。该区域内流体总阻力 $F_D = 3\pi \mu u_0 D$，其中，$F_f = 2F_D / 3$，$F_p = F_D / 3$。

在 $2 < Re < 20$ 的条件下，边界层处于层流状态，无分离现象，且随着雷诺数的增大，迎流面的边界层与背流面出现不对称；其中，当 $Re = 10$ 时不对称已很明显，这时球的阻力仍然主要为摩擦阻力。当 $Re \approx 20$ 时，背流面出现边界层分离，产生有旋涡的尾迹流。

当 $20 < Re < 130$ 时，产生的尾迹流中旋涡较稳定，边界层仍保持层流状态。此时球体的阻力由摩擦阻力和压差阻力两部分组成，且大小相当。

当 $130 < Re < 400$ 时，尾迹区的旋涡从球面脱落，尾迹区的流动呈稳定状态。其中在 $Re > 270$ 条件下，尾迹区为湍流状态。总阻力以压差阻力为主。

当 $400 < Re < 3 \times 10^5$ 时，圆球绕流与圆柱绕流类似，有大雷诺数的绕流特征。在 $Re > 3 \times 10^5$ 条件下，边界层流动逐渐向湍流过渡。这两种情况下，总阻力约等于压差阻力。

10.5.2 球体绕流总阻力

球体或球形颗粒绕流的总阻力可表达为

$$F_D = C_D \frac{\rho u_0^2}{2} A_D = C_D \frac{\rho u_0^2}{2} \frac{\pi d^2}{4} \tag{10-64}$$

式中，阻力系数 C_D 随雷诺数 Re 变化的实验曲线如图 10-17 所示。

对应该图，不同 Re 数范围内球形颗粒的阻力系数 C_D 也可按如下公式计算或取值。

$Re < 2$ 为斯托克斯区 $\qquad\qquad\qquad\qquad C_D = 24/Re \tag{10-65}$

$2 < Re < 500$ 为阿仑（Allen）区 $\qquad\quad C_D = 18.5/Re^{0.6} \tag{10-66}$

$500 < Re < 2 \times 10^5$ 为牛顿区 $\qquad\qquad C_D \approx 0.44 \tag{10-67}$

当 $Re > 3 \times 10^5$ 时，C_D 急剧减小 $\qquad C_D \approx 0.2 \tag{10-68}$

为计算方便，在 $0.01 < Re < 10^5$ 范围，球形颗粒阻力系数也可统一按如下关联式计算

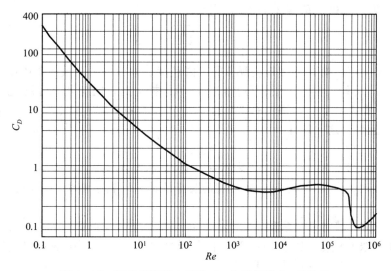

图 10-17　圆球绕流阻力系数 C_D 与雷诺数 Re 的关系

$$C_D = 2(1.84Re^{-0.31} + 0.293Re^{0.06})^{3.45} \tag{10-69}$$

10.5.3　颗粒的沉降速度

颗粒运动微分方程　质量为 m、密度为 ρ_p 的颗粒在静止流体中沉降时的受力包括：重力 F_g、浮力 F_b 和阻力 F_D，且

$$F_g = mg, \quad F_b = \frac{m}{\rho_p}\rho g, \quad F_D = C_D \frac{\rho u^2}{2} A_D$$

式中 u 表示颗粒相对于流体的运动速度。

根据牛顿第二定律有

$$F_g - F_b - F_D = m\frac{\mathrm{d}u}{\mathrm{d}t} \tag{10-70}$$

将 F_g、F_b 和 F_D 代入上式得颗粒的运动微分方程为

$$\frac{\mathrm{d}u}{\mathrm{d}t} = \left(\frac{\rho_p - \rho}{\rho_p}\right)g - \frac{C_D A_D}{2m}\rho u^2 \tag{10-71}$$

对于直径为 d 球形颗粒，运动微分方程可写为

$$\frac{\mathrm{d}u}{\mathrm{d}t} = \left(\frac{\rho_p - \rho}{\rho_p}\right)g - \frac{3C_D}{4d}\frac{\rho}{\rho_p}u^2 \tag{10-72}$$

颗粒自由沉降速度　颗粒的自由沉降速度是指颗粒在流体中沉降时，所受到的力相平衡时达到的相对速度 u_t，亦称终端速度。对于球形颗粒，在式（10-72）中令 $\mathrm{d}u/\mathrm{d}t = 0$ 可得

$$u_t = \sqrt{\frac{4(\rho_p - \rho)gd}{3\rho C_D}} \tag{10-73}$$

根据不同区域 Re 与 C_D 的对应关系，可得不同区域的自由沉降速度公式。

在斯托克斯区（$Re < 2$），则有

$$u_t = \frac{(\rho_p - \rho)gd^2}{18\mu} \tag{10-74}$$

在阿仑区（$2 < Re < 500$），则有

$$u_t = 0.1528\left[\frac{(\rho_p - \rho)gd^{1.6}}{\rho^{0.4}\mu^{0.6}}\right]^{1/1.4} = 0.27\sqrt{\frac{(\rho_p - \rho)gdRe^{0.6}}{\rho}} \tag{10-75}$$

259

如果在牛顿区（$500 < Re < 2 \times 10^5$），则有

$$u_t = 1.74 \sqrt{\frac{(\rho_p - \rho) g d}{\rho}}$$
(10-76)

当流体作水平流动时，不会影响颗粒的沉降速度。颗粒一方面跟随流体作水平运动，另一方面以速度 u 下降，且当 u 达到沉降速度 u_t 后保持恒速，据此可求出颗粒的运动轨迹。

当流体垂直向上流动时，颗粒的绝对速度 u_p 等于颗粒沉降速度 u_t（相对速度）与流体速度 u_f（牵连速度）之差，即

$$u_p = u_f - u_t$$
(10-77)

所以，如果 $u_f > u_t$，则 $u_p > 0$，表示颗粒随流体向上运动；如果 $u_f < u_t$，则 $u_p < 0$，表示颗粒向下运动；当 $u_f = u_t$ 时，颗粒将静悬于流体中。转子流量计中的转子就处于这种状况。

关于颗粒沉降速度的几点说明　以上讨论的是单个刚性球形颗粒的自由沉降速度，也可应用于颗粒体积浓度较低（比如 $< 0.2\%$）的悬浮物系。实际问题中的颗粒或颗粒群的沉降与此或有较大差别，兹简要说明如下。

① 实际气-固、液-固两相物系中，颗粒的数量很多，颗粒间的相互干扰将降低其自由沉降速度；当沉降容器直径 D 与颗粒直径 d 的比值不是太大时，器壁效应也会降低其自由沉降速度；此外，对于非球形颗粒，因阻力行为不同，其实际沉降速度也与同体积球形颗粒不同。这些情况下沉降速度的修正可见相关文献。

② 对于分散相液滴、气泡在液体中的浮升运动，其规律与固体颗粒沉降有所不同。比如油滴在水中的浮升，当油滴粒径为 μm 级别时，其终端速度（稳定浮升速度）可用以上球形颗粒自由沉降速度公式计算；但当粒径增大到 mm 级别时，油滴内部的环流会导致其表面摩擦阻力减小，其终端速度将大于等体积刚性颗粒沉降速度；当粒径进一步增大时，油滴变得扁平，形状阻力变得显著，其终端速度又将显著低于等体积球形颗粒。值得指出的是，对于 μm 级油滴群的浮升，因后继油滴所受阻力减小，整个油滴群的浮升速度将大于单个油滴的速度。

③ 对于气-固流态化，悬浮单个颗粒的气体速度就是其自由沉降速度 u_t，但气-固流态化实际操作气速 u_f 通常远高于 u_t。原因是气-固流态化体系中，颗粒群的阻力小于按单颗粒计算的阻力，而且颗粒群会根据 u_f 的大小自动调节颗粒群的聚集及分布形态（出现乳化相或絮状体）以减小阻力，从而使得颗粒群（床层）在较宽操作气速范围都能保持流态化。

【例 10-8】 球形颗粒的阻力系数与阻力。

求直径为 5mm 的球形颗粒在下列情况下的阻力系数与阻力：

① 以 $u_t = 2$ cm/s 等速在密度为 $925 kg/m^3$、动力黏度为 0.12 Pa·s 的油中运动；

② 以 $u_t = 2$ cm/s 等速在 5℃ 的水中运动；

③ 以 $u_t = 2$ m/s 等速在 5℃ 的水中运动。

解　颗粒的投影面积为

$$A_D = \pi d^2/4 = \pi \times 0.005^2/4 = 1.963 \times 10^{-5} (m^2)$$

① 计算雷诺数　　$Re = \dfrac{\rho u_t d}{\mu} = \dfrac{925 \times 0.02 \times 0.005}{0.12} = 0.771$

属于斯托克斯区，故阻力系数及阻力分别为 [括号内数值为式 (10-69) 计算结果]

$$C_D = \frac{24}{Re} = \frac{24}{0.771} = 31.1(34.5)$$

$$F_D = C_D \frac{\rho u_t^2}{2} A_D = 31.1 \times \frac{925 \times 0.02^2}{2} \times 1.963 \times 10^{-5} = 1.13 \ (1.25) \times 10^{-4} (N)$$

② 水在5℃时的密度为999.8kg/m³，黏度为1.547×10^{-3}Pa·s，计算雷诺数

$$Re = \frac{\rho u_t d}{\mu} = \frac{999.8 \times 0.02 \times 0.005}{1.547 \times 10^{-3}} = 64.6$$

属于阿仑区，故阻力系数及阻力分别为

$$C_D = \frac{18.5}{Re^{0.6}} = \frac{18.5}{64.6^{0.6}} = 1.52(1.30)$$

$$F_D = C_D \frac{\rho u_t^2}{2} A_D = 1.52 \times \frac{999.8 \times 0.02^2}{2} \times 1.963 \times 10^{-5} = 5.97(5.09) \times 10^{-6}(N)$$

③ 改变速度计算雷诺数 $\quad Re = \frac{\rho u_t d}{\mu} = \frac{999.8 \times 2 \times 0.005}{1.547 \times 10^{-3}} = 6460$

属于牛顿区，阻力系数为0.44(0.38)，阻力为

$$F_D = C_D \frac{\rho u_t^2}{2} A_D = 0.44 \times \frac{999.8 \times 2^2}{2} \times 1.963 \times 10^{-5} = 0.0173(0.0149)(N)$$

习　题

10-1　考虑边界层的排挤厚度 δ_d 和动量损失厚度 δ_m，试证明：对于平壁边界层流动，若按理想流动计算整个流场的动量，则必须将平壁表面向上推移的距离是（$\delta_d + \delta_m$）。

10-2　在风洞中用模型作高速列车车头的摩擦阻力实验时，一般要让风洞的地板以来流速度 u_0 向后运动，以避免在气流到达车头时地板表面已形成边界层。现假设地板不动，试求当气流到达车头时地板表面的边界层厚度。已知风洞风速 6 m/s，地板前缘到车头的距离为 2.5m，边界层湍流转捩点的雷诺数为 10^6，空气运动黏度为 1.55×10^{-5} m²/s。

10-3　假定平壁层流边界层的速度分布函数为 $u = \alpha y$，试求无压差流的边界层厚度和排挤厚度。若平壁的长度为 L，宽度为 b，试求平壁的平均摩擦阻力系数。

10-4　假定平壁层流边界层的速度分布函数为
$$u = \alpha y + \beta y^2 + \gamma y^3$$
试求无压差流的边界层厚度和排挤厚度。若平壁的长度为 L，宽度为 b，试求平壁的摩擦阻力系数。

10-5　帆船的稳定板浸没在海水中，如图 10-18 所示。其高为 965.2mm，上部长为 863.6mm，下部长为 381mm。若船以 1.544 m/s 的速度航行，试求稳定板的总摩擦阻力。海水的运动黏度为 1.546×10^{-6} m²/s，密度为 1000kg/m³，临界雷诺数为 10^6（提示：由于板长是变化的，可用平均板长计算）。

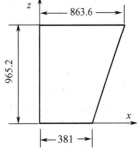

图 10-18　习题 10-5 附图

10-6　一轿车高 1.5m，长 4.5m，宽 1.8m，汽车底盘离地 0.16m，其平均摩擦阻力系数 $C_f = 0.08$，压差阻力系数 $C_p = 0.25$，近似将轿车看成长方体，求轿车以 60km/h 的速度行驶时克服空气阻力所需功率。空气密度 1.2kg/m³。

10-7　习题 10-2 中，如果临界雷诺数为 3.2×10^5，①试计算临界点 x 的值，并分别按层流公式和湍流公式计算此点对应的边界层厚度；②提出一个近似方法计算此条件下到车头时边界层的厚度。

10-8　风车安装在海边，风以 30km/h 的速度沿海岸向风车吹来。如果风车的叶片长为 30m，风车距海岸前缘 1000m，若要使叶片尖端距离地面空气边界层 3m 以上，试求风车叶轮轴线的最低安装高度（已知临界雷诺数为 500000，气温为 10℃，全部边界层都按湍流边界层处理）；并分析层流边界层的存在对计算结果的影响。

10-9　鱼雷直径 0.533m，长度 7.2m，外形是良好的流线型，在 20℃ 的静水中以 80km/h 的速度前进，仅考虑摩擦阻力（近似按圆柱面考虑），试计算其所需功率。设水的密度为 1000kg/m³，运动黏度 1.01×10^{-6}，取临界雷诺数 $Re_{cr} = 5\times10^5$。

10-10　跳伞者及降落伞的质量为 85 kg，降落伞迎风面积为 25 m² （直径 5.64m）。设气温为 0℃，空气密度为 1.293 kg/m³，黏度为 1.72×10^{-5} Pa·s。不考虑空气的浮力作用，试求跳伞者的终端速度。

10-11　已测得密度为 1630kg/m³ 的塑料珠在 20℃ 的 CCl_4 液体中的沉降速度为 1.70×10^{-3} m/s，20℃ 时 CCl_4 的密度为 1590kg/m³，黏度为 1.03×10^{-3} Pa·s，求此塑料珠的直径。

10-12　通过测量光滑小球在黏性液体中自由沉降速度可确定液体的黏度。现将密度为 8010kg/m³，直径为 0.16 mm 的钢球置于密度为 980kg/m³ 的某一液体中，测得小球的沉降速度为 1.7 mm/s，试验温度为 20℃，试求此液体的黏度。

10-13　用氦气气球测量风速，如图 10-19 所示，可根据牵绳与地面的夹角 α 判断风速。设气球可视为圆球，半径 $R=430$mm，材料质量 $m=0.1$ kg。现已知 $\alpha=60°$，空气密度 $\rho=1.2$kg/m³，空气黏度 $\mu=1.81 \times 10^{-5}$ Pa·s，氦气密度 $\rho_h=0.166$kg/m³，试确定风速大小。

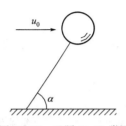

图 10-19　习题 10-13 附图

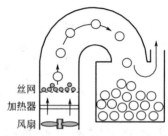

图 10-20　习题 10-14 附图

10-14　爆米花机如图 10-20 所示。玉米放置在金属丝网上，冷空气经过加热器加热后再加热玉米。当丝网上的玉米爆裂成玉米花后体积膨胀，所受空气曳力增大，因此被空气带入爆米花储存箱。设单颗玉米可视为球形颗粒，粒径 6mm，质量 0.15g，玉米花直径 18mm，热空气温度 150℃ （保持不变），机内压力为常压，试确定合适的操作风速范围（以 20℃ 空气计）。

10-15　直径 $D=3$m、高 $H=80$m 的光滑圆柱形烟囱受横向风作用，其下部 20m 风速 $u_1=10$m/s，上部 40m 风速 $u_3=30$m/s，中间 20m 风速 $u_2=20$m/s，试确定其所承受的风力和倾覆力矩；若该烟囱在 $Re=10^4$ 时产生诱导振动，试确定其振动频率。已知空气运动黏度 $\nu=1.4 \times 10^{-5}$ m²/s，密度 $\rho=1.25$kg/m³。

思 考 题

10-1　由二维 N-S 方程得到普朗特边界层方程的关键步骤是什么？

10-2　布拉修斯根据普朗特边界层方程获得平壁层流边界层解析解（精确解）的关键步骤是什么？为什么该解析解限定于层流？该解析解能否用于圆柱体绕流，为什么？

10-3　为什么湍流边界层问题不能像层流那样仅通过假设速度分布应用冯·卡门动量积分方程？1/7 次方速度分布并不适合湍流黏性底层，但却被用于冯·卡门动量积分方程，为什么？

10-4　湍流边界层总是从层流边界层发展过来的，因此，可近似认为层流边界层末端厚度是湍流边界层的起点厚度，试据此提出计算湍流边界层厚度的修正方法。

10-5　大雷诺数圆柱或圆球绕流总阻力中，摩擦阻力和形状阻力谁占主导地位？

第 11 章　可压缩流动基础与管内流动

实践表明，不可压缩假设对液体流动是适合的，对气体低速流动且流动过程中压力变化相对较小的过程也是近似适合的。但对于气体的高速流动，气体密度的变化将对流动过程产生显著影响，从而表现出若干不同于不可压缩流动的特殊性质，同时也使得实际可压缩流动的行为更为复杂。

比之于不可压缩流场，实际可压缩流场的行为更为复杂。因此研究可压缩流动时，通常依据实际过程特点将其归结几种基本热力过程来研究。为此，本章将首先概要介绍可压缩流动的基本过程及其所遵循的基本规律（状态方程、热力过程方程、质量和能量守恒方程）；然后阐述可压缩流动的必要基础（声音传播速度及马赫数，滞止状态及其参数计算，激波的形成及正激波前后的参数计算）；最后针对实际应用，重点讨论变截面管内和等截面管内的可压缩流动问题，以及可压缩流体的速度与流量测量问题。

11.1　可压缩流动基本过程与方程

11.1.1　热力学基本过程

密度变化是可压缩流体流动过程的特点。流动过程的热力特性不同，密度 ρ 的变化规律不同。为突出问题特点，通常从热力学角度将实际过程简化或近似为三种基本热力过程。

等温过程：流体运动或状态变化过程中温度保持不变的过程。

绝热过程：流体流动中与外界不发生热交换的过程。对于气体流动问题，当没有热交换或热交换可以忽略时，或过程进行较快来不及进行热交换时，可近似为绝热过程。

等熵过程：即可逆的绝热过程（可逆绝热过程中气体熵增为零，故称等熵过程；不可逆绝热过程为熵增过程）。对气体流动，若无热交换且摩擦可以忽略，即可近似为等熵过程。

11.1.2　热力学基本方程

气体状态方程　气体的基本状态参数包括绝对温度 T、绝对压力 p 和密度 ρ。确定状态下，T、p、ρ 三者之间的关系称为状态方程。可压缩流动问题中，若不专门提及，通常将气体视为理想气体。理想气体状态方程为

$$\frac{p}{\rho} = RT \tag{11-1}$$

式中，R 为气体常数。对于常用的空气，$R = 287\ \text{J/(kg·K)}$，其它常见气体的气体常数 R 见附录 C 表 C-2。

热力过程方程　气体连续运动过程中，其压力 p 与密度 ρ 之间的关系称为热力过程方程。理想气体运动过程中 p 与 ρ 之间的变化可统一由下列过程方程描述

$$\frac{p}{\rho^{n}} = \text{const} \tag{11-2}$$

式中，n 称为多变过程指数。同一过程 n 保持不变，不同过程 n 不同。需要指出的是，对于

工程实际中的某些复杂流动过程，往往需要多个 n 值来描述。典型简单过程对应的 n 值如下。

等压过程　　$n=0$，$p=\text{const}$；

等温过程　　$n=1$，$p/\rho=\text{const}$ 或 $T=\text{const}$；

等熵过程　　$n=k$，$p/\rho^k=\text{const}$；其中 k 称为等熵指数或绝热指数，对于空气 $k=1.4$，其它常见气体的 k 值见附录 C 表 C-2。

等密度过程　　$n=\pm\infty$，$\rho=\text{const}$（此时可将过程方程表示为 $p^{1/n}/\rho=\text{const}$，故由 $n=\pm\infty$ 可得 $\rho=\text{const}$；因 ρ 不变，其倒数即比体积也不变，所以 $n=\infty$ 的过程又称等容过程）。

理想气体相关参数基本关系　　理想气体比定压热容 c_p、比定容热容 c_V、气体常数 R 及等熵指数 k 之间有如下关系

$$c_p-c_V=R,\quad \frac{c_p}{c_V}=k,\quad c_p=\frac{k}{k-1}R \tag{11-3}$$

理想气体热焓 i 与内能 u 的关系及其与绝对温度 T 的关系如下

$$i=u+p/\rho,\quad i=c_pT,\quad u=c_VT \tag{11-4}$$

11.1.3　质量及能量守恒方程

流体流动过程中无论其是否可压缩，都将遵循质量、动量和能量守恒原理。根据第 4 章的相关守恒方程，并考虑可压缩流动分析中主要针对稳态管流或沿流线流动的情况，特列出以下常用守恒方程。

(1) 可压缩流体稳态管流的质量守恒方程

对于可压缩流体的稳态管流，通常采用如下形式的质量守恒方程

$$\rho VA=\text{const}\quad \text{或}\quad \frac{\mathrm{d}\rho}{\rho}+\frac{\mathrm{d}V}{V}+\frac{\mathrm{d}A}{A}=0 \tag{11-5}$$

式中，A 为管流横截面积；V 为平均速度。其中，微分式主要用于变截面管道流动分析。

(2) 一般控制体内可压缩稳态流动的能量守恒方程

对于通过控制体的可压缩稳态流动，其能量守恒方程可由式（4-49）得到。但考虑密度变化，其中内能 u 与压力能 p/ρ 合并用热焓 $i=u+p/\rho$ 表示，即

$$\frac{\dot{Q}-\dot{W}_s}{q_m}=(i_2-i_1)+\frac{(V_2^2-V_1^2)}{2}+g(z_2-z_1) \tag{11-6}$$

式中，$\dot{Q}$ 为控制体吸热速率（J/s）；$\dot{W}_s$ 为控制体对外输出的轴功功率（J/s）；q_m 为质量流量（kg/s）；V、z 分别为管流截面平均流速及重力位头；下标 1、2 分别表示进、出口参数。

(3) 绝热条件下稳态管流或沿流线的能量守恒方程

对于气体流动，其位能项 gz 影响很小，常规分析中均将其略去；管流或沿流线的流动不涉及轴功即 $\dot{W}_s=0$；因此若流动过程绝热（$\dot{Q}=0$），则能量守恒方程简化为

$$i_2+\frac{V_2^2}{2}=i_1+\frac{V_1^2}{2}\quad \text{或}\quad i_0=i+\frac{V^2}{2}=\text{const} \tag{11-7}$$

式中，i_0 称为总焓或滞止焓，即运动流体本身的热焓＋单位质量流体动能，也等于运动流体在绝热条件下速度滞止为零后的总焓（此时动能全部转化为热焓）。式（11-7）表明：绝热条件下稳态管流或流线上流体的总焓守恒。

(4) 可压缩流体的伯努利方程

可压缩流动伯努利方程的条件是：稳态流动，且 $\mu=0$，$\dot{Q}=0$，$\dot{W}_s=0$，但密度 ρ 是可变的。此条件下的伯努利方程可直接采用式（4-53c），即

$$\frac{\mathrm{d}V^2}{2} + g\,\mathrm{d}z + \frac{\mathrm{d}p}{\rho} = 0 \qquad (11-8)$$

该方程也称一维欧拉方程，适合于稳态管流及沿流线的流动，但积分时须知道 $p \sim \rho$ 关系。

对于理想气体流动，将热力过程方程式（11-2）代入并忽略重力影响可得

$$\frac{V^2}{2} + \frac{n}{(n-1)}\frac{p}{\rho} = \text{const} \qquad (11-9)$$

【例 11-1】 可压缩性对皮托管测压的影响。

温度 $T=20℃$ 的空气在管内流动，如图 11-1 所示，其中气体流速 $V=250\text{m/s}$。管道上安装有两压力表，压力表 A 测得流体静压 $p_A=150\text{kPa}$（绝压），压力表 B 与皮托管接通，测量流体的驻点压力 p_B。已知气体速度在驻点滞止为零的过程为等熵过程，试确定将流体视为可压缩和不可压缩情况下，压力表 B 的读数 p_B。

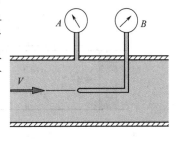

图 11-1 例 11-1 附图

解 根据理想气体状态方程，可知气体密度为

$$\rho_A = \frac{p_A}{RT} = \frac{150000}{287 \times 293} = 1.784(\text{kg/m}^3)$$

根据理想气体伯努利方程式（11-9），对于气体在驻点滞止为零的等熵过程有

$$\frac{V_A^2}{2} + \frac{k}{(k-1)}\frac{p_A}{\rho_A} = \frac{k}{(k-1)}\frac{p_B}{\rho_B}$$

根据等熵过程方程将气体的驻点密度用压力表示，并代入伯努利方程可得

$$\rho_B = \rho_A\left(\frac{p_B}{p_A}\right)^{1/k} \longrightarrow p_B = p_A\left[1 + \frac{\rho_A}{p_A}\frac{(k-1)}{k}\frac{V^2}{2}\right]^{k/(k-1)}$$

代入数据并取 $k=1.4$ 得到 $\qquad p_B = 213539\text{Pa} = 213.5\text{kPa}$

对于不可压缩流动，可在 p_B 式中令 $k=\pm\infty$ 或直接由不可压缩流动伯努利方程得到

$$p_B = p_A + \frac{\rho_A V_A^2}{2} = 150 \times 10^3 + \frac{1.7838 \times 250^2}{2} = 205743(\text{Pa}) = 205.7(\text{kPa})$$

以上结果相对误差 4%，说明气速较高时必须考虑可压缩性的影响。

11.2　声波传播速度及马赫数

人们都有这样的经验：远处发出的声音总要经历一段时间才能为人们所听到，这说明声音有传播速度。声音实际是一种压力波，即声波，其传播速度简称声速。通常，液体的流动速度远小于液体中的声速，而气体的流动速度则可能大于气体中的声速。这使得声波速度成为可压缩流动的重要参数。本节将研究声波传播速度及其对可压缩流体流动的基本影响。

11.2.1　小扰动压力波(声波)的传播速度

扰动总会导致流体的局部压力变化（增大或减小），且这种变化会以压力波的形式向周围传播。理论与实践表明，仅小扰动（理论上无限小的扰动）产生的压力波的传播速度才代表声波传播速度，或者说，压力波得以传播的最小速度才是声速。为此，首先考察图 11-2 所示系统中无限小扰动产生的压力波的传播。

设图 11-2 所示系统中管内流体最初处于静止，压力与密度分别为 p 和 ρ。当活塞突然以微小速度 dV 向右运动时，活塞面附近流体因压缩其速度、压力与密度将分别产生增量 dV、dp 和 $d\rho$，于是受扰动的流体与未受扰动的流体之间将存在压力突变面，即压力波波面。波面左侧压力为 $p+dp$，右侧压力为 p，并以速度 a 向下游传播。若活塞连续以微小速度 dV 运动，则连续产生的压力波将密集排列于第一个波面之后，从而形成图 11-2（a）所示的压力分布，即第一个波面之后压力均为 $p+dp$，相应流体密度为 $\rho+d\rho$，波面之前压力仍然为 p（未受扰动）。

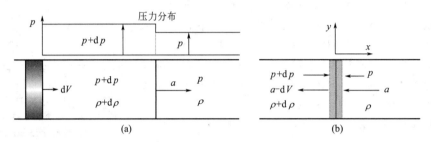

图 11-2　小扰动压力波的传播

为确定波面传播速度 a，取波面前后表面构成控制体，并将坐标固定于波面，如图 11-2（b）所示。从这样的坐标系观察，通过控制体的流动是定常流动，其中进入控制体的速度为 a，而离开控制体的流体速度则为 $a-dV$ [注意：活塞连续以微小速度 dV 运动，波面左侧流体都有速度增量 dV（相对速度，方向向右），正是 dV 的挤压，才使波面左侧维持压力增量 dp]。因此，设管道截面积为 A，则根据稳态流动质量守恒方程并略去二阶微量有

$$(\rho + d\rho)(a - dV)A = \rho a A \quad \longrightarrow \quad a\,d\rho = \rho\,dV$$

其次，根据稳态流动的动量守恒方程（注意图中坐标方向）有

$$(p + dp)A - pA = \rho a A[-(a - dV)] - \rho a A(-a) \quad \longrightarrow \quad dp = \rho a\,dV$$

结合以上质量与动量守恒结果可得小扰动压力波（声波）传播速度为

$$a^2 = \left.\frac{dp}{d\rho}\right|_s \tag{11-10}$$

式中，特别加注下标 s 表示等熵过程，这是因为实验表明，按等熵过程确定的声速与实际相符，即声波传播过程为等熵过程（扰动无限小且传热可忽略）。由于推导过程中未对介质本身作任何假设，故式（11-10）对气、液、固连续介质皆适用。

理想气体中的声波传播速度　对于理想气体，将等熵过程方程 $p/\rho^k = \text{const}$ 代入，并应用气体状态方程可得

$$a^2 = \left.\frac{dp}{d\rho}\right|_s = k\rho^{k-1}\text{const} = k\rho^{k-1}\frac{p}{\rho^k} = k\frac{p}{\rho} = kRT$$

即

$$a = \sqrt{kRT} \tag{11-11}$$

此即理想气体中声波传播速度的表达式。

固体或液体中的声波传播速度　由第 1 章可知，表征物质可压缩性的体积弹性模数 E_V 为

$$E_V = \rho\frac{\partial p}{\partial \rho} \tag{11-12}$$

故声波传播速度又可表示为

$$a = \sqrt{E_V/\rho} \tag{11-13}$$

因液体和固体的 E_V 在较宽压力范围内变化很小，故上式更适用于液体或固体。

【例 11-2】 理想气体及水中的声波传播速度。

试求在 1atm 压力下，声波在 20℃ 的空气和 20℃ 的水中的传播速度。

解 查附录表 C-2，空气等熵指数 $k=1.4$，$R=287\mathrm{J/(kg \cdot K)}$，因此 20℃ 空气中的声速为

$$a = \sqrt{kRT} = \sqrt{1.4 \times 287 \times 293.15} = 343.2(\mathrm{m/s})$$

查附录 C 表 C-1 可知，1atm 压力下，20℃ 水的密度为 $\rho = 998.2\mathrm{kg/m^3}$，体积弹性模数 $E_V = 2.171 \times 10^9 \mathrm{Pa}$，因此该条件下水中的声速为

$$a = \sqrt{E_V/\rho} = \sqrt{2.171 \times 10^9/998.2} = 1474.8(\mathrm{m/s})$$

对比可见，不可压缩流体中声波传播速度远高于可压缩气体中的传播速度。

11.2.2 声速与马赫数

为进一步了解声速在可压缩流动中扮演的作用，考察图 11-3 所示的声源发出的声波在空气中的传播。图中黑点为声源，左侧星号为观察者，两者位置相对固定，声源发射声波的时间间隔为 Δt，频率为 $f = 1/\Delta t$。

周围空气静止时，声源发出的声波以声速 a 向周围传播，波面为等距（$a\Delta t$）同心圆，观察者每 Δt 时间间隔感受到波面通过，如图 11-3（a）所示。

当周围空气以速度 V（$<a$）向右匀速流动时，每一时刻的波面在径向传播的同时，也整体以速度 V 向下游运动，因此波面形状不变，但不再是同心圆，形成图 11-3（b）所示的波面传播图像，此时观察者感受到波面通过的时间间隔 Δt_1 或频率 $f_1 = 1/\Delta t_1$ 为

$$\Delta t_1 = \Delta t/(1 - V/a) \text{ 或 } f_1 = f(1 - V/a) \tag{11-14}$$

可以想见，当周围空气速度 $V > a$ 时，见图 11-3（c），声源发出的波面将全部位于声源下游，上游观察者再也感受不到波面的经过。此时下游各时刻波面的公切线将构成一个锥面，此锥面由不同时刻声波波面叠加形成，称为马赫波或马赫锥，锥面半锥角 θ 称为马赫角。此时只有在马赫锥以内才能感受到声波。显然，V 越大马赫角 θ 越小。由图中关系可知

$$\sin\theta = a/V \qquad (V > a) \tag{11-15}$$

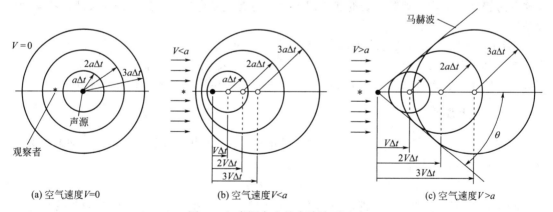

图 11-3 声源产生的声波波面运动

进一步，再考察图 11-4 中机翼运动对周围空气的影响，其中机翼水平速度为 V。

当 $V < a$ 时，机翼运动发出的声波波面向机翼前方传播，所以机翼前方空气质点可以通过声波感受到机翼迫近，从而有"时间"提前准备好以流线型轨迹分流越过机翼。

但当 $V > a$ 时，机翼前端附近将形成冲击波（机翼表面扰动产生的压力波的叠加，一般称激波）；冲击波前流体质点是感受不到声波的，只有到穿越冲击波时才突然感受到机翼迫

近，此时，为绕过机翼，流体质点只能在穿越冲击波时突然转向分流，故在冲击波波面前后形成了非流线型轨迹（这就是第 8 章中提到的几何相似而流线不相似即运动不相似的现象）。

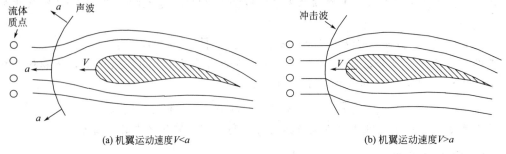

(a) 机翼运动速度 $V < a$ (b) 机翼运动速度 $V > a$

图 11-4 空气绕过机翼的流动

以上两例说明，声速在可压缩流动中扮演着重要作用，且这种作用取决于流体速度与声速的比值 V/a，该比值称为马赫数，用 M 表示，即

$$M = V/a \tag{11-16}$$

可压缩流动也因此分为：亚声速流 $M < 1$（subsonic flow），声速流 $M = 1$（sonic flow），超声速流 $M > 1$（supersonic flow）；且通常将 $M > 5$ 的流动称为高超声速流（hypersonic flow）。

11.3 滞止状态及参数

11.3.1 滞止状态

"滞止状态"指运动流体经过可逆绝热过程（等熵过程）速度滞止为零后的状态。实际流动中，比如在障碍物驻点处，速度滞止为零的过程一般是不可逆且有热量损失的；但若想象这一过程可逆绝热，则驻点处的状态即为流体的真实滞止状态。这正是定义滞止状态的物理基础。

"滞止状态"是人为设想的运动流体经历等熵过程速度滞止为零的状态，因此，一般状态的气体都有对应的滞止状态。以下将针对以马赫数 M 运动的理想气体，建立其状态参数与其对应的滞止状态参数之间的关系。这种关系将为可压缩流动的分析带来方便。

11.3.2 滞止温度

前面介绍能量方程式（11-7）时引入的滞止焓 i_0 就是滞止状态参数，即运动速度为 V、热焓为 i 的气体，其滞止焓 i_0 为

$$i_0 = i + V^2/2 \tag{11-17}$$

滞止焓 i_0 对应的温度 T_0 即滞止温度。于是根据上式和理想气体 i 与 T 的关系有

$$i = c_p T \quad \longrightarrow \quad c_p T_0 = c_p T + \frac{V^2}{2} \quad \longrightarrow \quad T_0 = T\left(1 + \frac{V^2}{2c_p T}\right)$$

再根据理想气体 c_p 关系式、马赫数 M 定义及等熵过程声速 a 表达式有

$$c_p = kR/(k-1), \quad V = Ma = M\sqrt{kRT}$$

将其代入以上 T_0 表达式可得

$$T_0 = T\left[1 + \frac{(k-1)}{2}M^2\right] \tag{11-18}$$

此即以马赫数 M 运动且温度为 T 的理想气体的滞止温度 T_0 表达式。其中，运动流体温度 T 是温度计随流体流动测到的温度，也称静温。由此可见，对于静止状态的流体（$M=0$），其静温就是滞止温度；对于速度极低的流体（$M \ll 1$），其静温近似等于滞止温度。这也意味着将一般温度计置于气流中测温，只在低速情况下可行，否则测到的则是滞止温度（即使认为滞止过程等熵）。

推论 因绝热稳态管流中 $i_0 = $ const，而理想气体 $i_0 = c_p T_0$，所以理想气体绝热稳态管流中滞止温度 T_0 也保持恒定，即 $T_0 = $ const。

【例 11-3】 机翼表面温度估算。

飞机以马赫数 $M = 1.5$ 的速度在 $-50℃$ 的高空飞行，其机翼表面温度近似为滞止温度，试估计该温度。其中空气等熵指数 $k = 1.4$

解 该问题可将飞机视为静止，而静温为 $-50℃$ 的空气以马赫数 $M = 1.5$ 的速度绕过飞机流动，机翼表面温度即表面静止空气层的温度，近似为滞止温度。因此根据式（11-18）有

$$T_0 = T \left[1 + \frac{(k-1)}{2} M^2 \right] = 223 \left[1 + \frac{(1.4-1)}{2}(1.5)^2 \right] = 323.4(K) = 50.4(℃)$$

11.3.3 滞止压力与滞止密度

滞止状态的温度、压力、密度亦满足气体状态方程，又因为滞止状态经历的是等熵过程，故利用气体状态方程及等熵过程方程，可将（T、p、ρ）状态的气流对应的滞止压力 p_0、滞止密度 ρ_0 与滞止温度 T_0 相联系，即

$$\frac{p}{\rho} = RT, \quad \frac{p}{\rho^k} = \frac{p_0}{\rho_0^k} \quad \longrightarrow \quad \frac{p_0}{p} = \left(\frac{T_0}{T} \right)^{k/(k-1)}, \quad \frac{\rho_0}{\rho} = \left(\frac{T_0}{T} \right)^{1/(k-1)}$$

进一步将 T_0 表达式代入，则可得到 p_0、ρ_0 与气流马赫数 M 的关系分别为

$$p_0 = p \left(\frac{T_0}{T} \right)^{k/(k-1)} = p \left[1 + \frac{(k-1)}{2} M^2 \right]^{k/(k-1)} \tag{11-19}$$

$$\rho_0 = \rho \left(\frac{T_0}{T} \right)^{1/(k-1)} = \rho \left[1 + \frac{(k-1)}{2} M^2 \right]^{1/(k-1)} \tag{11-20}$$

滞止压力 p_0 也称总压或全压。由以上两式可见，对于静止流体（$M=0$），其静压 $p = p_0$，密度 $\rho = \rho_0$；对于 $M \ll 1$ 的运动流体，其静压 $p \approx p_0$，密度 $\rho \approx \rho_0$。读者可以验证，例 11-1 中的 p_B 表达式等价于式（11-19），表明等熵过程驻点压力即滞止压力。

此外，还可根据 T_0 得到理想气体的滞止声速 $a_0 = \sqrt{kRT_0}$。

推论 因理想气体绝热稳流过程中 $T_0 = $ const，而等熵过程中

$$p/T^{k/(k-1)} = \text{const}, \quad \rho/T^{1/(k-1)} = \text{const}$$

故根据式（11-19）和式（11-20）可推知，理想气体稳态等熵流动中 $p_0 = $ const，$\rho_0 = $ const。

【例 11-4】 运动空气的滞止参数计算。

空气比热比 $k = 1.4$，气体常数 $R = 287 \text{J/kg} \cdot \text{K}$。试确定空气在 $27℃$、1atm 条件下，分别以速度 $V = 50 \text{m/s}$ 和声速流动时的滞止温度 T_0、压力 p_0、密度 ρ_0、声速 a_0 及滞止焓 i_0。

解 根据气体状态方程，气体密度为

$$\rho = p/(RT) = 101325/(287 \times 300) = 1.177(\text{kg/m}^3)$$

给定状态下气体中的声速及 $V = 50 \text{m/s}$ 对应的马赫数 M 为

$$a = \sqrt{kRT} = (1.4 \times 287 \times 300)^{0.5} = 347.2(\text{m/s}), \quad M = \frac{V}{a} = \frac{50}{347.2} = 0.144$$

于是，速度为 $V=50\text{m/s}$（$M=0.144$）和速度为声速（$M=1$）的空气对应的滞止温度 T_0、压力 p_0、密度 ρ_0、声速 a_0 及滞止焓 i_0 分别为

$$T_0 = T\left(1 + \frac{k-1}{2}M^2\right) \longrightarrow T_0|_{M=0.144} = 301.2\text{K}, \quad T_0|_{M=1} = 360.0\text{K}$$

$$p_0 = p\left(1 + \frac{k-1}{2}M^2\right)^{k/(k-1)} \longrightarrow p_0|_{M=0.144} = 102.8\text{kPa}, \quad p_0|_{M=1} = 191.8\text{kPa}$$

$$\rho_0 = \rho\left(1 + \frac{k-1}{2}M^2\right)^{1/(k-1)} \longrightarrow \rho_0|_{M=0.144} = 1.189\text{kg/m}^3, \quad \rho_0|_{M=1} = 1.857\text{kg/m}^3$$

$$a_0 = \sqrt{kRT_0} \longrightarrow a_0|_{M=0.144} = 347.9\text{m/s}, \quad a_0|_{M=1} = 380.3\text{m/s}$$

$$i_0 = c_p T_0 = \frac{k}{k-1}RT_0 \longrightarrow i_0|_{M=0.144} = 302555\text{J/kg}, \quad i_0|_{M=1} = 361620\text{J/kg}$$

以上结果表明：$V=50\text{m/s}$（$M=0.144$）情况下，气流滞止参数都非常接近其静态参数，但随着气速增大，气流滞止参数与其静态参数差别增大。

11.4　正激波及其前后参数的变化

11.4.1　激波及其形成过程

高速流动的气体，在一定条件下会出现一类现象——激波。简单地说，激波就是压力有突变的一个波面。但与声波不同的是，声波波面前后压力变化极小，仅有 $\mathrm{d}p$（无限小），即小扰动波，而一般激波前后的压力变化是有限量 Δp。

为说明有限扰动波（激波）的形成过程，可继续以图 11-2 中活塞产生的压缩波来说明。如图 11-5 所示，因为是有限扰动，可以想象将 $0 \sim t_1$ 时段内活塞发出的有限扰动分为先后三个扰动：$\mathrm{d}p$、$2\mathrm{d}p$、$3\mathrm{d}p$，因为后面的扰动是在前波已经扰动的条件下发出的，所以先后扰动波的传播速度是不一样的，其运动轨迹如图 11-5 所示。对比 t_2 与 t_1 时刻的波形可见，后面的波随时间不断靠近第一个波，并最终将在某时刻 t_n "追赶上"前面的波，从而叠加形成有限扰动波，即激波。从中也可看到，若活塞发出的总是无限小扰动，即先后的扰动均为 $\mathrm{d}p$，则形成的波形图将是图 11-2 所示的声波波形图。

正激波与斜激波　激波仅存在于超声速气流中（讨论见后），或仅有超声速运动物体才会产生激波。其中，与气流流动方向垂直的激波称为正激波，不垂直则称为斜激波。

如图 11-6 所示，对于以超声速运动的钝头体或超声速气流中的钝头体（如皮托管），其前方会形成激波面（也称冲击波），其中正前方的激波为正激波，然后激波面向下游弯曲成为斜激波，再往后则是马赫波。

激波面前后气流参数的变化　见图 11-6，正激波后，压力 p 和密度 ρ 都将升高，流速则降低为亚声速（$M_2 < 1$）。在斜激波部分，气流穿过波面后 p 和 ρ 的增加率逐渐减小，而气流速度逐渐增大；当激波面法向速度的马赫数 $M=1$ 时，斜激波衰减为马赫波。马赫波波面前后的流动参数变化接近无限小，因此马赫波后的区域仍为超声速（$M_2 > 1$）。超声速飞机一般不允许以超声速近地飞行，原因就是为防止其产生的斜激波对地面人员或物体造成损害。

激波阻力　超声速物体前端表面与激波面之间存在的亚声速区（压力高、密度大），使飞行物体会感受到前方有一密实的空气挡墙，并因此受到额外的阻力，称为激波阻力。此

时，物体受到的总阻力包括激波阻力、摩擦阻力和形状阻力，三者之中激波阻力占主要地位。超声速条件下，将物体前后端做成流线型以减小摩擦阻力或形状阻力已无实际意义，相反应做成尖锐形状以减小激波后的亚声速区，从而减小激波阻力。这就是为什么超声速飞机前端都是小角度尖锐形状的原因。

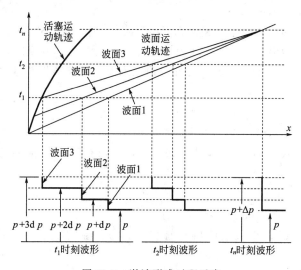

图 11-5　激波形成过程示意

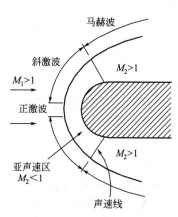

图 11-6　钝头体前方的激波

11.4.2　正激波前后参数的变化

为寻求正激波波面前后流动参数的变化关系，取波面前后表面构成控制体，如图 11-7 所示，其中以下标 1、2 分别表示波面前、后参数。固定波面，气流穿越波面的运动是稳态过程。因此根据质量守恒方程有

$$\rho_1 V_1 = \rho_2 V_2 \tag{11-21}$$

根据动量守恒方程有

$$p_1 - p_2 = \rho_2 V_2^2 - \rho_1 V_1^2 \tag{11-22}$$

气流穿过激波的过程是不可逆过程（参数发生有限量变化），但可视为绝热过程。因此根据前面的推论，气流穿越激波过程中滞止温度保持不变，即 $T_0 = \text{const}$，因此有

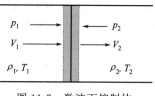

图 11-7　激波面控制体

$$T_{10} = T_{20} \tag{11-23}$$

于是根据滞止温度公式（11-18），首先得到正激波前后温度与马赫数 M 的关系为

$$\frac{T_2}{T_1} = \frac{2 + (k-1)M_1^2}{2 + (k-1)M_2^2} \tag{11-24}$$

引入理想气体声速公式和状态方程，动量守恒方程可表示为

$$p_1 - p_2 = \frac{p_2}{RT_2}(\sqrt{kRT_2}M_2)^2 - \frac{p_1}{RT_1}(\sqrt{kRT_1}M_1)^2$$

整理该式可得正激波前后压力与马赫数 M 的关系为

$$\frac{p_2}{p_1} = \frac{1 + kM_1^2}{1 + kM_2^2} \tag{11-25}$$

引入理想气体声速公式和状态方程，质量守恒方程可表示为

$$\frac{p_1}{RT_1}M_1\sqrt{kRT_1} = \frac{p_2}{RT_2}M_2\sqrt{kRT_2}$$

将式 (11-24) ～式 (11-25) 代入上式, 可解得正激波前后马赫数 M 的变化关系为

$$M_2^2 = \frac{2 + (k-1)M_1^2}{2kM_1^2 - (k-1)} \quad (M_1 \geqslant 1) \tag{11-26}$$

以上关系式 (11-24) ～式 (11-26) 即正激波基本关系式。给定波前 M_1, 根据式 (11-26) 确定 M_2 后即可确定 T_2、p_2。特别需要指出, 式 (11-26) 中马赫数的下标是可以互换的。

在此基础上, 结合气体状态方程、质量守恒方程, 还可得到正激波前后的密度和速度变化关系为

$$\frac{\rho_2}{\rho_1} = \frac{p_2/p_1}{T_2/T_1} = \frac{V_1}{V_2} = \frac{(k+1)M_1^2}{2 + (k-1)M_1^2} \tag{11-27}$$

根据状态方程和过程方程, 并引入式 (11-24) 和式 (11-25), 又可得正激波前后滞止压力的变化关系为

$$\frac{p_{02}}{p_{01}} = \frac{p_2}{p_1}\left(\frac{T_1}{T_2}\right)^{k/(k-1)} = \frac{1+kM_1^2}{1+kM_2^2}\left[\frac{2+(k-1)M_2^2}{2+(k-1)M_1^2}\right]^{k/(k-1)} \tag{11-28}$$

对于 $k=1.4$ 的理想气体 (比如空气), 正激波前后马赫数、压力、温度、密度、滞止压力随 M_1 的变化如图 11-8 所示。

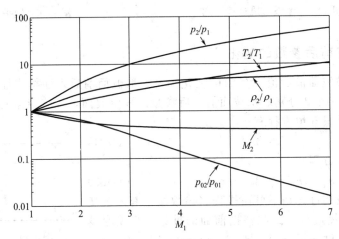

图 11-8 正激波前后的参数变化 ($k=1.4$)

正激波前后参数变化的讨论

① 由图 11-8 可见, 超声速气流 ($M_1 > 1$) 通过正激波后将变为亚声速气流 ($M_2 < 1$), 气流压力、温度、密度增加。通常用压力的相对变化作为激波强度 ξ 的衡量指标, 即

$$\xi = \frac{p_2 - p_1}{p_1} = \frac{2k}{k+1}(M_1^2 - 1) \tag{11-29}$$

② 气流经过正激波的过程是不可逆绝热过程, 故气流滞止焓 i_0 和滞止温度 T_0 保持不变, 但滞止压力 p_0 是变化的 (过程绝热但不等熵)。根据图中曲线可知, 超声速气流 ($M_1 > 1$) 通过正激波后的滞止压力 p_{02} 总是减小的。

③ 因气流通过正激波的流动是不可逆过程, 故熵增必然大于零, 即

$$\Delta s_{1\to2} = c_p \ln \frac{T_2}{T_1} - R\ln \frac{p_2}{p_1} > 0 \tag{11-30a}$$

引入关系式 $c_p = kR/(k-1)$ 及式（11-28），该条件又可表述为

$$\Delta s_{1 \to 2} = R \ln \left[\frac{p_1}{p_2} \left(\frac{T_2}{T_1} \right)^{k/(k-1)} \right] = R \ln \frac{p_{01}}{p_{02}} > 0 \tag{11-30b}$$

但是，若在式（11-26）中取 $M_1 < 1$，则有 $M_2 > 1$，据此计算将有 $(p_{01}/p_{02}) < 1$，从而得到 $\Delta s_{1 \to 2} < 0$ 的结果，这与热力学第二定律矛盾。由此得到结论：激波仅存在于超声速气流中，以上诸式中 M_1 的取值必须是 $M_1 \geqslant 1$。其中 $M_1 = 1$ 对应声波情况。

【例 11-5】 正激波前后参数变化的计算。

马赫数为 1.5 的超声速空气流中发生正激波，已知波前气流的静压和温度分别为 100kPa 和 15℃。空气的比热比 $k = 1.4$，气体常数 $R = 287 \text{J}/(\text{kg} \cdot \text{K})$。试确定：

① 激波后的马赫数、压力、温度和激波强度；

② 激波前、后的滞止压力及经过正激波后的熵增。

解 ① 根据式（11-24）～式（11-26），激波后的马赫数、压力与温度分别为

$$M_2^2 = \frac{(k-1)M_1^2 + 2}{2kM_1^2 - (k-1)} = \frac{(0.4)(1.5)^2 + 2}{(2.8)(1.5)^2 - 0.4} = 0.49 \longrightarrow M_2 = 0.7$$

$$p_2 = p_1 \frac{1 + kM_1^2}{1 + kM_2^2} = (100) \frac{[1 + (1.4)(1.5)^2]}{[1 + (1.4)(0.7)^2]} = 246 (\text{kPa})$$

$$T_2 = T_1 \frac{1 + [(k-1)/2]M_1^2}{1 + [(k-1)/2]M_2^2} = (288) \frac{[1 + (0.2)(1.5)^2]}{[1 + (0.2)(0.7)^2]} = 380 (\text{K}) = 107 (℃)$$

激波强度为

$$\xi = \frac{p_2 - p_1}{p_1} = \frac{2k}{k+1} (M_1^2 - 1) = \frac{(2.8)}{(2.4)} [(1.5)^2 - 1] = 1.46$$

② 根据滞止压力关系式（11-19）及熵增公式（11-30）分别有

$$p_{01} = p_1 \{ 1 + [(k-1)/2]M_1^2 \}^{k/(k-1)} = 100 [1 + 0.2(1.5)^2]^{(1.4/0.4)} = 367 (\text{kPa})$$

$$p_{02} = p_2 \{ 1 + [(k-1)/2]M_2^2 \}^{k/(k-1)} = 246 [1 + 0.2(0.7)^2]^{(1.4/0.4)} = 341 (\text{kPa})$$

$$\Delta s_{1 \to 2} = R \ln \frac{p_{01}}{p_{02}} = (287) \ln \frac{367}{341} = 21 [\text{J}/(\text{kg} \cdot \text{K})]$$

11.5 变截面管道内可压缩流体的等熵流动

变截面管常见于喷管之类的结构，其特点是过程快（来不及充分换热），管道相对较短（壁面摩擦效应小），因此研究变截面管中的可压缩流体流动，可假设为无摩擦绝热流动，即等熵流动。

11.5.1 速度与管道截面变化的关系

对于变截面管道中的可压缩流动，流体速度随管道截面的变化规律是人们关注的主要问题。为寻求这样的规律，可从稳态管流的质量守恒方程和能量守恒方程入手。

稳态管流的质量守恒方程为 $\rho A V = \text{const}$

沿流动方向 x 微分可得

$$\frac{1}{\rho} \frac{d\rho}{dx} + \frac{1}{A} \frac{dA}{dx} + \frac{1}{V} \frac{dV}{dx} = 0 \tag{11-31}$$

对于无摩擦条件下 $(\mu = 0)$ 的可压缩稳态绝热管流，其能量守恒满足式（11-8）即

$$\frac{dV^2}{2} + g \, dz + \frac{dp}{\rho} = 0$$

略去重力项并除以 $\mathrm{d}x$，该能量守恒方程可表示为

$$V\frac{\mathrm{d}V}{\mathrm{d}x}+\frac{1}{\rho}\frac{\mathrm{d}p}{\mathrm{d}x}=0 \tag{11-32}$$

将上式中的 $\mathrm{d}p/\mathrm{d}x$ 项变形，并引用声速定义式和质量守恒式（11-31）有

$$\frac{1}{\rho}\frac{\mathrm{d}p}{\mathrm{d}x}=\frac{1}{\rho}\frac{\mathrm{d}p}{\mathrm{d}\rho}\frac{\mathrm{d}\rho}{\mathrm{d}x}=-a^2\left(\frac{1}{A}\frac{\mathrm{d}A}{\mathrm{d}x}+\frac{1}{V}\frac{\mathrm{d}V}{\mathrm{d}x}\right)$$

将此代入能量守恒方程式（11-32）并引入马赫数 $M=V/a$ 有

$$\frac{1}{V}\frac{\mathrm{d}V}{\mathrm{d}x}=\frac{1}{M^2-1}\frac{1}{A}\frac{\mathrm{d}A}{\mathrm{d}x} \tag{11-33}$$

该式即流速相对于截面变化的控制方程。从方程可见，流速 V 随截面 A 的变化与气流的马赫数 M 密切相关。针对亚声速（$M<1$）或超声速（$M>1$）情况，渐缩管、等截面管、渐扩管中的速度变化情况趋势如表 11-1 所示。

表 11-1　变截面管道中无摩擦绝热（等熵）流动的速度变化趋势

来流 状况	来流 马赫数 M	渐缩管道($\mathrm{d}A<0$)	等截面管($\mathrm{d}A=0$)	渐扩管道($\mathrm{d}A>0$)
亚声速流	$M<1$	加速流动($\mathrm{d}V>0$)	等速流动($\mathrm{d}V=0$)	减速流动($\mathrm{d}V<0$)
超声速流	$M>1$	减速流动($\mathrm{d}V<0$)	等速流动($\mathrm{d}V=0$)	加速流动($\mathrm{d}V>0$)

由表 11-1 可以看出：来流为亚声速时（$M<1$）的速度变化与人们日常的经验一致（面积缩小流动加速，面积增大流动减速）；而来流为超声速时（$M>1$）的速度变化与人们的日常经验有所不同（面积缩小流动减速，面积增大流动加速），这种不同典型地反映了马赫数 M 对可压缩流动行为影响的不同。

当 $M=1$ 时，根据式（11-33）可知，如 $\mathrm{d}A/\mathrm{d}x\neq0$，则 $\mathrm{d}V/\mathrm{d}x\to\infty$，对于真实物理过程这是不可能的；对于真实物理过程，速度变化总是有限值，因此 $M=1$ 时，必有 $\mathrm{d}A/\mathrm{d}x=0$。而 $\mathrm{d}A/\mathrm{d}x=0$ 意味着流通面积达到最小 $A_{\min}$ 或最大 $A_{\max}$，这分别对应于图 11-9 中的两种情况。

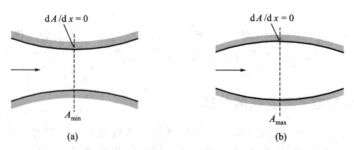

图 11-9　管道截面变化率为零（$\mathrm{d}A/\mathrm{d}x=0$）的两种情况

对于图 11-9（a）所示的情况，若来流 $M<1$，则在管道最小截面 $A_{\min}$ 之前的收缩段，都有 $\mathrm{d}V>0$（流速一直增加），故至多只能在 $A_{\min}$ 处达到声速；若来流 $M>1$，则在 $A_{\min}$ 之前的收缩段，都有 $\mathrm{d}V<0$（流速一直减小），故至多只能在 $A_{\min}$ 处降低到声速；这意味着：在管道收缩段（$\mathrm{d}A/\mathrm{d}x<0$），流体速度是不可能达到声速的，声速至多只能出现在管

道最小截面 A_{min} 处。

对于图 11-9（b）所示的情况，若来流 $M<1$，则在管道最大截面 A_{max} 之前的扩大段，都有 $dV<0$（流速一直减小），故在 A_{max} 处不可能出现声速；若来流 $M>1$，则在 A_{max} 之前的扩大段，都有 $dV>0$（流速继续增加），故 A_{max} 处也不可能出现声速；这意味着：在管道扩大段（$dA/dx>0$），流体速度是不可能达到声速的。

综合结论 在管道收缩段（$dA/dx<0$）或扩大段（$dA/dx>0$），流体速度可以大于或小于声速，但不可能等于声速，声速只可能出现在管道最小截面 A_{min} 处，即 $dA/dx=0$ 处（但这并不代表最小截面 A_{min} 处一定会到达声速）。

拉伐尔喷管 以上结论表明：为实现从亚声速到超声速的转变，只有采用图 11-9（a）所示的缩放管，这种实现亚声速到超声速转变的缩放管由瑞典工程师拉伐尔发明，称为拉伐尔喷管（Laval nozzle）。

在进一步讨论拉伐尔喷管之前，先定义以拉伐尔喷管流动过程为物理基础的临界状态。

11.5.2 临界状态及参数

临界状态 与定义滞止状态相类似，临界状态也是人为设想的一种特殊状态，即设想马赫数为 M 的气流经过等熵过程达到马赫数为 $M=1$ 时的状态，该状态下的参数称为临界参数，用下标"*"区别，如临界温度 T_*、临界压力 p_*、临界密度 ρ_* 等。任一给定状态的气流，都有对应临界状态。特别地，对于拉伐尔喷管中的等熵流动，若气流在喉口处达到 $M=1$，则此时喉口处的状态即为真实临界状态。

临界状态参数与马赫数的关系 对于马赫数为 M 的气流（其温度、压力、密度分别为 T、p、ρ 等），其对应的临界状态参数可按以下方程确定。

对于稳态管流，拉伐尔喷管任意截面的流量与其对应临界状态截面的流量相等，即

$$\rho V A = \rho_* V_* A_*$$

由此并引入理想气体声速公式，可得临界状态对应的管流面积 A_* 为（注意 $M_*=1$）

$$\frac{A}{A_*} = \frac{\rho_* V_*}{\rho V} = \frac{\rho_*}{\rho} \frac{M_* \sqrt{kRT_*}}{M \sqrt{kRT}} = \frac{\rho_*}{\rho} \left(\frac{T_*}{T}\right)^{1/2} \frac{1}{M} \tag{11-34}$$

根据滞止参数关系式（11-18）～式（11-20），任意截面的气流（状态为 T、p、ρ）和临界截面的气流（状态为 T_*、p_*、ρ_*）对应的滞止温度、压力及密度分别为

$$\frac{T_0}{T} = 1 + \frac{k-1}{2}M^2, \quad \frac{p_0}{p} = \left(\frac{T_0}{T}\right)^{k/(k-1)}, \quad \frac{\rho_0}{\rho} = \left(\frac{T_0}{T}\right)^{1/(k-1)} \tag{11-35a}$$

$$\frac{T_{*0}}{T_*} = 1 + \frac{k-1}{2}M_*^2, \quad \frac{p_{*0}}{p_*} = \left(\frac{T_0}{T_*}\right)^{k/(k-1)}, \quad \frac{\rho_{*0}}{\rho_*} = \left(\frac{T_0}{T_*}\right)^{1/(k-1)} \tag{11-35b}$$

因为绝热过程滞止温度保持不变即 $T_0=T_{*0}$，等熵过程滞止压力和密度保持不变即 $p_0=p_{*0}$，$\rho_0=\rho_{*0}$，所以以上关系对应相除（注意 $M_*=1$），即可得到马赫数为 M、状态参数为 T、p、ρ 的气流对应的临界温度、压力和密度分别为

$$\frac{T_*}{T} = \frac{2+(k-1)M^2}{k+1} \tag{11-36}$$

$$\frac{p_*}{p} = \left(\frac{T_*}{T}\right)^{k/(k-1)} = \left[\frac{2+(k-1)M^2}{k+1}\right]^{k/(k-1)} \tag{11-37}$$

$$\frac{\rho_*}{\rho} = \left(\frac{T_*}{T}\right)^{1/(k-1)} = \left[\frac{2+(k-1)M^2}{k+1}\right]^{1/(k-1)} \tag{11-38}$$

将 T_* 和 ρ_* 的表达式代入式（11-34），可得拉伐尔喷管中马赫数为 M 的管流截面 A 与临界截面 A_* 的面积比关系为

$$\frac{A}{A_*} = \frac{1}{M}\left[\frac{2+(k-1)M^2}{k+1}\right]^{(k+1)/2(k-1)} \tag{11-39}$$

需要指出，根据进出口条件的不同，拉伐尔喷管喉口处不一定都能达到声速。

① 对于喉口处达不到声速的情况，以上各式仅是管中各截面气流的临界参数计算式。

② 对于喉口处达到声速的情况（设计拉伐尔喷管的本意），以上各式中的 T_*、p_*、ρ_* 即喉口截面实际状态参数，A_* 即喉口截面面积，而 A 则是马赫数为 M 的截面的面积。

临界状态与滞止状态参数的关系　根据式（11-35a）和式（11-36）～式（11-38）可知，等熵流动下，任意截面状态对应的临界状态参数与滞止状态参数有确切的关系，即

$$\frac{T_*}{T_0} = \frac{2}{k+1}, \quad \frac{p_*}{p_0} = \left(\frac{2}{k+1}\right)^{k/(k-1)}, \quad \frac{\rho_*}{\rho_0} = \left(\frac{2}{k+1}\right)^{1/(k-1)} \tag{11-40}$$

推论　因绝热或等熵流动过程 T_0 均保持恒定，等熵流动过程 p_0、ρ_0 保持恒定，故由该式可推知：绝热或等熵流动过程 T_* 均保持恒定，等熵流动过程 p_*、ρ_* 保持恒定。

11.5.3　拉伐尔喷管

前面提到，为实现从亚声速到超声速的转变，瑞典工程师拉伐尔提出了一种具有喉部的喷管，即拉伐尔喷管，如图 11-10 所示。以下将讨论拉伐尔喷管中的流动问题。

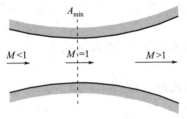

图 11-10　拉伐尔喷管

（1）拉伐尔喷管的质量流量

拉伐尔喷管的质量流量可用临界截面参数表示为（临界截面 $M=1$，$V_* = a_*$）

$$q_m = \rho_* A_* V_* = \rho_* A_* \sqrt{kRT_*} \tag{11-41}$$

为计算方便，通常将质量流量 q_m 表示为滞止参数的函数。于是将式（11-40）代入有

$$q_m = \rho_0 \sqrt{kRT_0}\, A_* \left(\frac{2}{k+1}\right)^{(k+1)/2(k-1)} \tag{11-42}$$

代入气体状态方程又有

$$q_m = \frac{p_0 A_*}{\sqrt{RT_0}} k^{1/2}\left(\frac{2}{k+1}\right)^{(k+1)/2(k-1)} \tag{11-43a}$$

特别地，对于 $k=1.4$ 的理想气体（如空气），拉法尔喷管质量流量为

$$q_m = 0.685\frac{p_0 A_*}{\sqrt{RT_0}} \tag{11-43b}$$

需要注意的是，因为假定了拉法尔喷管中的流动为等熵流动，所以整个喷管中的 T_0 和 p_0 保持恒定，故上式中的 T_0 和 p_0 可用喷管中任一已知状态对应 T_0 和 p_0 代入计算。

对于喉口处达到声速的情况，以上公式中 $A_* = A_t$（喉口面积）；对于喉口未达到声速的情况，以上公式仍然适用，但其中 A_* 只代表 T_0、p_0 状态的气流对应的临界截面面积，而不是喷管喉口面积 A_t。

【例 11-6】　超声速风洞参数计算。

某超声速风洞如图 11-11 所示，由高压气源、拉伐尔喷管、试验段构成，其中高压气源包括压气系统和较大的贮压容器，目的是提供连续高压气流。现已知喷管出口（试验段）马

赫数 $M=3.0$，截面积 $A=225\mathrm{cm}^2$，温度和压力分别为 $-20℃$ 和 $50\mathrm{kPa}$。设喷管内流动为等熵流动，气体为空气，试确定：

① 喷管质量流量和气源温度与压力；

② 喷管喉口部位的温度、压力、密度和速度；

③ 压气机功率 N。

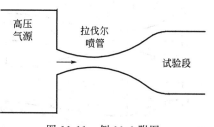

图 11-11　例 11-6 附图

解　因出口马赫数 $M=3.0$，所以喉口处必然达到临界状态。因此临界截面积 A_* 即为喉口面积 A_t。于是将面积比公式（11-39）应用于出口截面（用下标 E 表示），可得喉口截面积为

$$A_*=A_E M_E\left[\frac{2+(k-1)M_E^2}{k+1}\right]^{-(k+1)/2(k-1)}=(225)(3)\left[\frac{2+(0.4)(3)^2}{2.4}\right]^{-3}=53.13(\mathrm{cm}^2)$$

将滞止温度和压力公式应用于出口，可得出口状态对应的 T_0 和 p_0 分别为

$$\frac{T_0}{T_E}=1+\frac{(k-1)}{2}M_E^2=1+\frac{0.4}{2}(3)^2=2.8\quad\text{或}\quad T_0=2.8\times253=708.4(\mathrm{K})$$

$$p_0=p_E(T_0/T_E)^{k/(k-1)}=(50)(2.8)^{1.4/0.4}=1836.6(\mathrm{kPa})$$

① 因等熵过程 T_0 和 p_0 保持不变，故喷管质量流量为

$$q_m=0.685\frac{p_0 A_*}{\sqrt{RT_0}}=0.685\frac{(1836.6\times1000)(53.13\times10^{-4})}{\sqrt{(287)(708.4)}}=14.82(\mathrm{kg/s})$$

同样因为等熵过程的缘故，高压气源容器内的 T_0 和 p_0 与以上计算出的 T_0、p_0 分别相同；又因容器内流速可忽略不计，容器内温度 $T=T_0$，压力 $p=p_0$，即

$$T=T_0=708.4\mathrm{K},\quad p=p_0=1836.6\mathrm{kPa}$$

② 因喷管喉口部位处于真实临界状态，所以临界状态参数即喉部参数。因此，根据式（11-40）及状态方程和声速公式，喷管喉口部位的温度、压力、密度和速度分别为

$$T_*=T_0[2/(k+1)]=708.4\times(2/2.4)=590.3(\mathrm{K})$$

$$p_*=p_0[2/(k+1)]^{k/(k-1)}=(1836.6)(2/2.4)^{1.4/0.4}=970.2(\mathrm{kPa})$$

$$\rho_*=p_*/(RT_*)=(970.2\times1000)/(287\times590.3)=5.727(\mathrm{kg/m}^3)$$

$$V_*=a_*=\sqrt{kRT_*}=\sqrt{1.4\times287\times590.3}=487.0(\mathrm{m/s})$$

③ 压气机功率 N 是将出口状态气体重新压缩到气源容器内状态所需功率，按绝热压缩考虑且忽略压气机进口动能。因此，根据能量守恒方程式（11-6）有

$$N=-\dot{W}_s=q_m(i_0-i_E)=q_m c_p(T_0-T_E)=q_m[kR/(k-1)](T_0-T_E)$$

即　$N=(14.82)[(1.4)(287)/(0.4)](708.4-253)=6780\times10^3(\mathrm{J/s})=6780(\mathrm{kJ/s})$

由此可见，维持该超声速风洞运行需要相当大的动力消耗。

（2）拉伐尔喷管中马赫数与静压的变化

拉伐尔喷管进口通常接高压气源（大容器），因容积大、速度低，故气源静压 $p=p_0$ 或 $p/p_0=1$。又因等熵流动中 $p_0=\mathrm{const}$，所以喷管内 p/p_0 的变化可表征静压 p 的变化。气流进入喷管后，M 与 p 的变化如图 11-12 所示，一般可分为三种情况。

情况 A：喉口处未达到临界状态（$M<1$），于是下游扩大段仍为亚声速，其 M 与 p 的变化如图中曲线 A，管内流动均为亚声速。

情况 B：喉口处达到临界状态（$M=1$），但扩大段又返回亚声速（减速、增压），其 M 与 p 的变化如图中曲线 B 所示，管内流动为亚声速→声速→亚声速。

情况 C：喉口处达到临界状态（$M=1$），扩大段转变为超声速（加速、减压），其 M 与

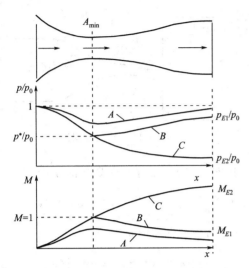

图 11-12　Laval 喷管内 M 和静压 p 的变化

p 的变化如图中曲线 C 所示，管内流动为亚声速→声速→超声速。

现在的问题是，什么样的条件下会出现 A、B、C 情况？这与喷管出口的压力条件有关。

(3) 拉伐尔喷管出口压力条件与流动状态

为分析方便，用下标"E"表示喷管出口参数，如出口压力 p_E、温度 T_E、马赫数 M_E 等，用 p_b 表示出口空间环境压力，称为背压。相对于既定的进口状态（由高压气源温度 T_0、压力 p_0 确定），出现 A、B、C 情况可根据出口压力 p_E 与环境压力 p_b 的相对大小判定。

p_b 通常为已知条件，而出口压力 p_E 的两个关键值是 p_{E1} 和 p_{E2}。如图 11-12 所示，p_{E1} 是情况 B 的出口压力，p_{E2} 是情况 C 的出口压力。p_{E1} 和 p_{E2} 的确定方法如下。

设出口截面积为 A_E，则将面积比公式（11-39）应用于出口有

$$\frac{A_E}{A_*}=\frac{1}{M_E}\left[\frac{2+(k-1)M_E^2}{k+1}\right]^{(k+1)/2(k-1)} \tag{11-44}$$

式中，A_* 为喉口截面积（该处 $M=1$）。由上式可解出两个出口马赫数，小于 1 者为 M_{E1}（对应情况 B 出口马赫数），大于 1 则为 M_{E2}（对应情况 C 出口马赫数），见图 11-12。确定 M_{E1}、M_{E2} 后，将其代入滞止压力公式（11-19）可确定 p_{E1} 和 p_{E2}。

注　相关教材中列有等熵流动参数表，可由 A_E/A_* 直接查表得 M_{E1}、M_{E2}；现用 Excel 计算表很容易完成这样的计算（试差），且可得到更精确的结果。

现根据 p_{E1}、p_{E2} 与环境压力 p_b 的相对大小，分四种情况讨论。

① $p_b > p_{E1}$：此时整个管内为亚声速流动（情况 A）。此情况下的实际出口压力 $p_E = p_b$，出口马赫数 M_E 可根据滞止压力公式确定，即

$$\frac{p_0}{p_b}=\left(1+\frac{k-1}{2}M_E^2\right)^{k/(k-1)} \longrightarrow M_E=\sqrt{\frac{2}{(k-1)}\left[\left(\frac{p_0}{p_b}\right)^{(k-1)/k}-1\right]} \tag{11-45}$$

确定 M_E 后，可由式（11-44）可确定 A_*，进而由式（11-43）确定流量 q_m。

② $p_b = p_{E1}$：此时管内流动为亚声速→声速→亚声速（情况 B）。此情况下的实际出口压力 $p_E = p_b = p_{E1}$，$M_E = M_{E1}$，A_* 为喉口截面积，因此可直接由式（11-43）确定流量 q_m。

③ $p_b \leqslant p_{E2}$：此时管内流动为亚声速→声速→超声速，出口情况如图 11-13（a）所示。其中 $p_b < p_{E2}$ 时，气流实际出口压力 $p_E = p_{E2} > p_b$（出口压力大于背压），气流在出口处将继续膨胀（使 p_E 降低到 p_b），从而在出口处形成膨胀波（前面讨论的激波是压缩波，膨胀波由膨胀扰动产生，不能形成激波），这样的喷管称为亚膨胀喷管；当 $p_b = p_{E2}$ 时，气流实际出口压力 $p_E = p_{E2} = p_b$（情况 C），出口无膨胀波，这样的喷管称为理想膨胀喷管。

④ $p_{E1} > p_b > p_{E2}$：此时出口前的压力已低于背压 p_b，出口将产生激波（使压力升高到 p_b），如图 11-13（b）、（c）所示，这样的喷管称为过膨胀喷管。其中，若压差 $\Delta p = p_b - p_{E2}$ 较小，则激波为斜激波；若压差 Δp 较大，激波则为正激波（正激波后压力增量大于斜激波，才能匹配较大的压差 Δp）。此条件下管内流动在激波前为：亚声速→声速→超声速，但激波后至出口为亚声速。热力过程特点是：激波前为等熵过程，穿越激波为绝热过程，激波后又为等熵过程（但不同于激波前的等熵过程）。

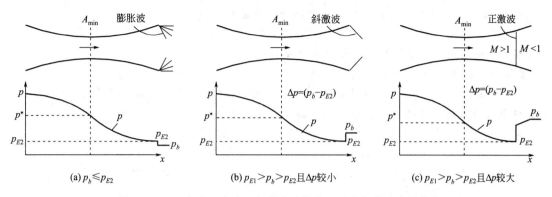

图 11-13 亚声速→声速→超声速喷管出口压力条件及喷管分类

情况③、④中，喉口截面为临界面积 A_*，流量 q_m 直接由式（11-43）确定。

以上表明，分析拉伐尔喷管中的流动，首先确定 p_{E1}、p_{E2} 及其与背压 p_b 的相对大小是很有必要的，见以下例题。

【例 11-7】 亚声速操作时的拉伐尔喷管。

参考例 11-6 的超声速风洞（见图 11-11），其中给定喷管出口面积 $A_E = 225\text{cm}^2$，喉口面积 $A_t = 53.134\text{cm}^2$。现由于工作不正常，容器内气源温度和压力分别降低到 500K 和 800kPa，并导致试验段压力上升到 790kPa。设流动仍为稳态等熵过程，试确定此时喷管内的流动状态、质量流量 q_m 及喉口处的马赫数 M_t。

解 为判断流动情况，首先按喉口截面达到声速考虑，确定不计背压影响时的出口压力 p_{E1} 和 p_{E2}。喉口截面达到声速时，出口截面 A_E 对应的马赫数由式（11-44）确定，即

$$\frac{A_E}{A_*} = \frac{1}{M_E}\left[\frac{2+(k-1)M_E^2}{k+1}\right]^{(k+1)/2(k-1)}$$

因为喉口处达到声速时 $A_* = A_t = 53.134\text{cm}^2$，故根据 A_E/A_*（用 Excel 计算表试差）可得

$$A_E/A_* = 225/53.134 = 4.2346 \longrightarrow M_{E1} = 0.1382, \quad M_{E2} = 3$$

根据式（11-19），并取 $p_0 = 800\ \text{kPa}$，可得 M_{E1}、M_{E2} 对应的出口压力 p_{E1}、p_{E2}

$$p_E = p_0\left[1+\frac{(k-1)}{2}M_E^2\right]^{-k/(k-1)} \longrightarrow p_{E1} = 789.4\ \text{kPa}, \quad p_{E2} = 21.8(\text{kPa})$$

由此可见

$$p_b = 790\ \text{kPa} > p_{E1} = 789.4(\text{kPa})$$

因此，整个喷管内均为亚声速流动。于是根据式（11-45）可得出口实际马赫数 M_E 为

$$M_E = \sqrt{\frac{2}{(k-1)}\left[\left(\frac{p_0}{p_b}\right)^{(k-1)/k}-1\right]} = \sqrt{\frac{2}{(0.4)}\left[\left(\frac{800}{790}\right)^{0.4/1.4}-1\right]} = 0.1342$$

确定 M_E 后，由式（11-44）可确定实际出口状态对应的 A_*，进而确定流量 q_m，即

$$A_* = A_E M_E\left[\frac{2+(k-1)M_E^2}{k+1}\right]^{-\frac{(k+1)}{2(k-1)}}$$

$$= (225)(0.1342)\left[\frac{2+(0.4)(0.1342)^2}{2.4}\right]^{-3} = 51.62(\text{m}^2)$$

$$q_m = 0.685\frac{p_0 A_*}{\sqrt{RT_0}} = 0.685\frac{(800\times1000)(51.62\times10^{-4})}{\sqrt{(287)(500)}} = 7.47(\text{kg/s})$$

因为喉口处（亚声速）截面积与对应的临界截面积比值为

$$A_t/A_* = 53.134/51.617 = 1.02939$$

将 A_t/A_* 代入面积比公式（11-39），可解得两个马赫数
$$M_{t1} = 0.8230, \quad M_{t2} = 1.1964$$
因为喉口处流动为亚声速，故喉口处截面马赫数为：$M_t = 0.8230$。

【例 11-8】 喷管出口状态与背压范围。

总压（滞止压力）$p_0 = 1.3\text{MPa}$、温度 $T_0 = 300\text{K}$ 的空气进入缩放管中等熵流动。缩放管出口截面与临界截面之比 $A_E/A_* = 4$。试确定出口产生膨胀波和激波的背压范围。

解 根据 $A_E/A_* = 4$，由面积比公式（11-44）并利用 Excel 计算表试差可得
$$M_{E1} = 0.1465, \quad M_{E2} = 2.9405$$
根据式（11-19），并取 $p_0 = 1.3\text{MPa}$，可得 M_{E1}、M_{E2} 对应的出口压力 p_{E1}、p_{E2}：
$$p_E = p_0 \left(1 + \frac{k-1}{2} M_E^2\right)^{-k/(k-1)} \longrightarrow p_{E1} = 1.28\text{MPa}, \quad p_{E2} = 0.039(\text{MPa})$$
因此，出口产生膨胀波的背压为
$$p_b < p_{E2} = 0.039\text{MPa}$$
产生激波的背压为
$$p_b > p_{E2} = 0.039\text{MPa} \text{ 且 } p_b < p_{E1} = 1.28\text{MPa}$$
若 $p_b > p_{E1} = 1.28\text{MPa}$，则整个喷管内的流动都为亚声速流动。

【例 11-9】 喷管出口产生正激波时的参数计算。

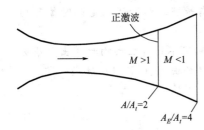

图 11-14　例 11-9 附图

某拉伐尔喷管如图 11-14 所示，出口与喉口截面比值 $A_E/A_t = 4$。已知出现正激波处的截面 A 与喉口截面比值 $A/A_t = 2$，激波上游 $p_0 = 1\text{MPa}$，试确定出口静压 p_E。

解 既然出现了激波，则喉口处达到临界状态，因此 $A_t = A_*$，且激波前为等熵过程。于是将面积比公式应用于激波截面前，可得激波前马赫数 M_1（>1）为
$$2 = \frac{A}{A_*} = \frac{1}{M_1} \left[\frac{2 + (k-1)M_1^2}{k+1}\right]^{\frac{(k+1)}{2(k-1)}} \longrightarrow M_1 = 2.20$$

利用正激波前后的马赫数关系式（11-26）可得激波后的马赫数 M_2 为
$$M_2^2 = \frac{(k-1)M_1^2 + 2}{2kM_1^2 - (k-1)} \longrightarrow M_2 = 0.547$$

已知正激波前滞止压力 $p_{01} = p_0 = 1\text{MPa}$，根据正激波前后 p_0 的变化关系式（11-28）可得激波后的滞止压力 p_{02}，即
$$\frac{p_{02}}{p_{01}} = \left[\frac{2 + (k-1)M_2^2}{2 + (k-1)M_1^2}\right]^{k/(k-1)} \frac{1 + kM_1^2}{1 + kM_2^2} \longrightarrow p_{02} = 0.6281(\text{MPa})$$

虽然跨越正激波的过程为非等熵过程（$p_{02} \neq p_{01}$），但跨越正激波后到喷管出口的过程又是等熵过程（该过程与正激波前的等熵过程不同，有不同的临界截面，用 A_{2*} 表示）。于是根据面积比公式（11-39），可计算激波后 M_2 状态对应的临界面积比为
$$\frac{A}{A_{2*}} = \frac{1}{M_2} \left[\frac{2 + (k-1)M_2}{k+1}\right]^{\frac{(k+1)}{2(k-1)}} \longrightarrow \frac{A}{A_{2*}} = 1.2595$$

由此可得出口截面积 A_E 与 A_{2*} 的比值为
$$\frac{A_E}{A_{2*}} = \frac{A}{A_{2*}} \frac{A_E}{A} = \frac{A}{A_{2*}} \frac{A_E/A_t}{A/A_t} = (1.2595)\frac{(4)}{(2)} = 2.519$$

因为正激波后又是等熵过程，所以 A_{2*} 也是出口截面 A_E 对应的临界截面，故 A_E/A_{2*} 对

应的马赫数即为出口截面马赫数 M_E（<1），该马赫数由面积比公式（11-39）确定，即

$$\frac{A_E}{A_{2*}} = \frac{1}{M_E}\left[\frac{2+(k-1)M_E^2}{k+1}\right]^{\frac{(k+1)}{2(k-1)}} \longrightarrow \frac{A_E}{A_{2*}} = 2.519, \quad M_E = 0.2376$$

再根据滞止压力关系式（11-19），可得 p_{02}、M_E 对应的静压即出口压力 p_E 为

$$p_E = p_{02}\left[1+\frac{(k-1)}{2}M_E^2\right]^{-k/(k-1)} \longrightarrow p_E = 0.6039\text{MPa}$$

11.5.4　渐缩管内的等熵流动

管流截面沿流动方向逐渐缩小且出口处 $\mathrm{d}A/\mathrm{d}x = 0$ 的管道称为渐缩管（相当于在拉伐尔管 $A_{\min}$ 截面处切断得到的收缩管），如图 11-15 所示。

典型的渐缩管其进口与大容器连通（高压气源），气源压力 $p = p_0$，温度 $T = T_0$，因等熵流动，喷管进、出口有相同的 T_0 与 p_0；气体在喷管两端压差作用下由大容器流向出口空间，气体出口压力为 p_E，出口空间压力为 p_b（亦称背压）。当容器压力 p_0 一定时，气体出口流速随背压 p_b 减小而增加；但当 p_b 降低到等于临界压力即 $p_b = p_*$ 时，出口流速达到声速，此时出口处于真实临界状态，$p_E = p_* = p_b$；此后进一步降低 p_b，即 $p_b < p_*$ 时，出口仍将维持临界状态，流速不再增加。$p_b \leqslant p_*$ 时

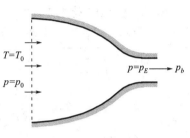

图 11-15　渐缩管

出现的这种流速不再随背压 p_b 减小而增加的现象称为管流噎塞（choking）。

以上分析表明，研究渐缩管流动时，首先要判断背压 p_b 是否低于临界压力 p_*。

临界压力 p_* 可根据滞止压力 p_0 由关系式（11-40）确定，即

$$p_* = p_0\left(\frac{2}{k+1}\right)^{k/(k-1)} \quad \text{或} \quad \left.\frac{p_*}{p_0}\right|_{k=1.4} = 0.5283 \tag{11-46}$$

确定临界压力 p_* 后，可按 p_* 与背压 p_b 的相对大小，分为两种情况处理。

① 若 $p_b > p_*$，则整个管道为亚声速流动，此时 $p_E = p_b$。

此情况下 $p_E = p_b$ 为已知量，将 p_0 公式（11-19）应用于出口可确定出口马赫数 M_E

$$M_E = \sqrt{\frac{2}{k-1}\left[(p_0/p_b)^{(k-1)/k} - 1\right]} \tag{11-47}$$

根据出口马赫数 M_E，应用 T_0 公式（11-18），可确定出口温度 T_E，即

$$T_E = \frac{2T_0}{2+(k-1)M_E^2} \tag{11-48}$$

由此可进一步确定出口状态的声速、流速、密度，从而确定质量流量，即

$$a_E = \sqrt{kRT_E}, \quad V_E = a_E M_E, \quad \rho_E = \frac{p_E}{RT_E} = \frac{p_b}{RT_E}$$

$$q_m = \rho_E A_E V_E = \frac{p_0 A_E}{\sqrt{RT_0}} k^{1/2} M_E\left[\frac{2}{2+(k-1)M_E^2}\right]^{(k+1)/2(k-1)} \tag{11-49}$$

② 若 $p_b \leqslant p_*$，则出口为声速流，上游均为亚声速流。此时 $p_E = p_*$，$M_E = 1$，$A_* = A_E$，以上质量流量公式（11-49）与式（11-43）一致，p_b 的大小对流量已无影响，管流呈现噎塞现象。由于出口压力大于背压（$p_E > p_b$），气流在出口后将继续膨胀，使 p_E 降低到环境压力 p_b。

【例 11-10】 不同背压下渐缩管的质量流量。

出口直径3cm的渐缩管将空气排放到某空间中。上游气源压力160kPa，温度350K。若出口空间压力分别为0、80、150kPa，流动为等熵过程，试确定空气的质量流量。

解 等熵管流过程中 T_0、p_0 保持不变，所以由给定气源温度和压力有：$T_0 = 350K$，$p_0 = 160kPa$。根据式（11-46），气流对应的临界状态压力为

$$p_* = p_0 [2/(k+1)]^{k/(k-1)} = 160 \times 0.5283 = 84.5(kPa)$$

① 在 $p_b = 0$ 和 80kPa 两种情况下，$p_b < p_*$，所以出口状态均为临界状态，流量 q_m 相同（与 p_b 无关，管流噎塞）；空气 $k = 1.4$，q_m 按公式（11-43）计算，其中 $A_* = A_E$，即

$$q_m = 0.685 \frac{p_0 A_*}{\sqrt{RT_0}} = (0.685) \frac{(160000)(\pi \times 0.03^2/4)}{\sqrt{(287)(350)}} = 0.244(kg/s)$$

② 在 $p_b = 150$ 情况下，$p_b > p_*$，所以整个管内为亚声速流动，此时 $p_E = p_b$。根据式（11-47）和式（11-49），其出口马赫数和质量流量分别为

$$M_E = \sqrt{\frac{2}{k-1} [(p_0/p_b)^{(k-1)/k} - 1]} = \sqrt{\frac{2}{0.4} [(160/150)^{0.4/1.4} - 1]} = 0.305$$

$$q_m = \frac{p_0 A_E}{\sqrt{RT_0}} k^{1/2} M_E \left[\frac{2}{2+(k-1)M_E^2}\right]^{(k+1)/2(k-1)}$$

即 $$q_m = \frac{(160000)(\pi \times 0.015^2)}{\sqrt{(287)(350)}} (1.4)^{0.5} (0.305) \left[\frac{2}{2+(0.4)(0.305)^2}\right]^3 = 0.122(kg/s)$$

11.6 等截面管道内可压缩流体的摩擦流动

比之于不可压缩情况，可压缩流体在等截面管内的摩擦流动要复杂一些。原因在于：可压缩管流中流体的状态是变化的（不存在充分发展那样简单的情况），且这种变化与摩擦的大小与传热的快慢两者均有关系。不可压缩流动中，摩擦产生的热能可用总的阻力损失计算，因而不必关注这部分热能中有多少被传递给外界（4.5.4节对此有专门讨论）；但可压缩流动中则必须考虑这部分热能，因为管内流体状态的变化与此有关。又由于一般情况下摩擦热的传递难以确定，所以管道内可压缩流体的摩擦流动通常考虑两类极端情况：有摩擦的绝热流动（与外界完全无热交换），有摩擦的等温流动（与外界有充分热交换）。工程实际中，停留时间较短的管流或保温良好管道可近似处理为前者，长输管道可近似处理为后者。

11.6.1 有摩擦的绝热流动

（1）守恒方程

对于等截面管内的可压缩稳态流动，其质量守恒方程直接由式（11-5）给出，即

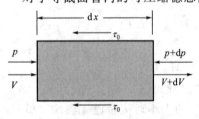

图 11-16 微元管段流体的动量守恒

$$\frac{dV}{V} + \frac{d\rho}{\rho} = 0 \qquad (11-50)$$

其绝热流动能量方程直接由式（11-7）给出，即

$$i + V^2/2 = const \qquad (11-51)$$

对于理想气体：$i = c_p T$，$c_p = kR/(k-1)$；将其代入能量方程并微分可得

$$\frac{kR\,dT}{k-1} + V\,dV = 0 \qquad (11-52)$$

对长度 dx 的微元管段流体作动量守恒（见图 11-16）可得

$$A\left[p - (p + dp)\right] - \tau_0 \pi D dx = \rho V A\left[(V + dV) - V\right]$$

式中，D 为管道直径；A 为管道横截面积；τ_0 为壁面摩擦应力。引入摩擦阻力系数 λ，将 τ_0 表示为 $\tau_0 = \lambda \rho V^2 / 8$，则动量守恒方程简化结果为

$$\rho V dV + dp + \lambda \frac{\rho V^2}{2D} dx = 0 \tag{11-53}$$

（2）马赫数沿管道的分布

有摩擦的管道流动中，气流速度和温度都是变化的，温度变化导致当地声速变化，用马赫数可将速度与声速两者的变化合并，从而减少过程变量。

根据理想气体状态方程、声速公式和马赫数定义，有如下关系

$$p = \rho R T = \frac{\rho a^2}{k} \quad \text{或} \quad \frac{\rho}{p} = \frac{k}{a^2} = \frac{kM^2}{V^2}$$

用 p 除以动量守恒式（11-53），并引用以上关系可得

$$kM^2 \frac{dV}{V} + \frac{dp}{p} + \lambda \frac{kM^2}{2D} dx = 0 \tag{11-54}$$

其次，对气体状态方程微分有

$$\frac{dp}{p} = \frac{d\rho}{\rho} + \frac{dT}{T} \tag{11-55}$$

由质量守恒方程式（11-50）解出 $d\rho$、能量方程式（11-52）解出 dT 代入上式可得

$$\frac{dp}{p} = -\frac{dV}{V} - (k-1)M^2 \frac{dV}{V} \tag{11-56}$$

将此代入式（11-54）得到

$$(M^2 - 1) \frac{dV}{V} + \lambda \frac{kM^2}{2D} dx = 0 \tag{11-57}$$

进一步，对马赫数 $M = V / \sqrt{kRT}$ 微分可得

$$\frac{dM}{M} = \frac{dV}{V} - \frac{1}{2} \frac{dT}{T} \tag{11-58}$$

再由能量方程式（11-52）解出 dT 代入上式可得

$$\frac{dM}{M} = \left[1 + \frac{(k-1)M^2}{2}\right] \frac{dV}{V} \tag{11-59}$$

该式与式（11-57）联立消去 dV，最终得到马赫数 M 与距离 x 的微分关系式为

$$\frac{(1 - M^2)}{M^3 \{1 + [(k-1)/2]M^2\}} dM = \frac{\lambda k}{2D} dx \tag{11-60}$$

该式表明：对于有摩擦的绝热管道流动，若上游为亚声速（$M < 1$），则 $dM/dx > 0$，即 M 将沿管道不断增加；反之，若上游为超声速（$M > 1$），则 $dM/dx < 0$，即 M 将沿管道不断减小；因此，绝热管道流动中壁面摩擦的影响总是使马赫数 M 趋近于 1。

由此推知，对于上游为亚声速的等截面绝热管道，管内速度至多只能达到声速，且该声速也只能在管道出口达到；对于上游为超声速的流动，要实现超声速到亚声速的转变，只有出现激波的情况。

此外，根据第 9 章管道流动可知，阻力系数 λ 是雷诺数 Re 和粗糙度 e/D 的函数。对于等截面稳态管流，$\rho V = \text{const}$，即管中 Re 仅随黏度 μ 变化，而亚声速流动中温度变化通常不大于 20%，由此生产的 μ 的变化为 10% 左右，故 Re 在管道内的变化也为 10% 左右。湍流情况下，Re 发生 10% 的变化导致的 λ 变化将远小于 10%（比如 Blasius 公式，Re 增加

10%，λ 仅减小 2.4%）。因此对式（11-60）积分时，可近似用平均阻力系数 $\bar{\lambda}$ 替代局部阻力系数 λ 而将其视为常数。由此对式（11-60）积分可得

$$\frac{-1}{2M^2} - \frac{k+1}{2}\ln M + \frac{k+1}{4}\ln\left(1 + \frac{k-1}{2}M^2\right) = \frac{\bar{\lambda}k}{2D}x + C$$

积分常数 C 可通过定义马赫数 $M=1$ 时的距离 x_* 来确定

$$C = -\frac{\bar{\lambda}k}{2D}x_* - \frac{1}{2} + \frac{k+1}{4}\ln\left(\frac{k+1}{2}\right)$$

将 C 返回方程，可得管道截面位置 x（距离进口的坐标）与该处马赫数 M 的关系如下

$$\frac{1-M^2}{kM^2} + \frac{k+1}{2k}\ln\left[\frac{(k+1)M^2}{2+(k-1)M^2}\right] = \bar{\lambda}\frac{(x_*-x)}{D} \tag{11-61}$$

（3）压力沿管道的分布

根据式（11-56）和式（11-59）可得管内气体压力与马赫数的关系为

$$\frac{\mathrm{d}p}{p} = -\left\{\frac{1+(k-1)M^2}{1+[(k-1)/2]M^2}\right\}\frac{\mathrm{d}M}{M} \tag{11-62}$$

积分该式得 $\qquad \ln p = -\ln M - \frac{1}{2}\ln\left(1 + \frac{k-1}{2}M^2\right) + C$

积分常数 C 可通过定义马赫数 $M=1$ 时的临界压力 p_* 来确定

$$C = \ln p_* + \ln\sqrt{(k+1)/2}$$

将 C 返回方程，可得 x 处压力 p 与马赫数 M 的关系为

$$\frac{p}{p_*} = \frac{1}{M}\left[\frac{k+1}{2+(k-1)M^2}\right]^{1/2} \tag{11-63a}$$

根据该式可知，任意两截面 x_1、x_2 对应压力之比 p_1/p_2 与对应 M_1、M_2 有如下关系

$$\frac{p_1}{p_2} = \frac{M_2}{M_1}\left[\frac{2+(k-1)M_2^2}{2+(k-1)M_1^2}\right]^{1/2} \tag{11-63b}$$

此外，根据绝热管流中滞止温度 T_0 保持不变的特点，并引用上式和气体状态方程，又可得任意两截面 x_1、x_2 对应温度之比 T_1/T_2、密度之比 ρ_1/ρ_2 与对应马赫数关系如下

$$\frac{T_1}{T_2} = \frac{2+(k-1)M_2^2}{2+(k-1)M_1^2}, \quad \frac{\rho_1}{\rho_2} = \frac{M_2}{M_1}\left[\frac{2+(k-1)M_1^2}{2+(k-1)M_2^2}\right]^{1/2} \tag{11-64}$$

（4）压力及马赫数沿管道变化的讨论

图 11-17 是绝热管道出口环境压力 p_b 一定时，管道内压力 p 和马赫数 M 的变化规律。其中，虚线表示流体静止情况，此时管道内压力 p 均布且 $p = p_b$，管道各处 $M=0$。流动情况下，随进口压力增加，p 和 M 的变化有 A、B、C 三种情况。

情况 A 表示进口压力相对较低时的情况。此时，管道内 p 逐渐降低、M 逐渐增加，出口马赫数 $M_E < 1$，出口压力 $p_E = p_b > p_*$。

情况 B 表示进口压力增加，出口达到声速、出口压力等于临界压力 p_* 且等于 p_b 的情况，即此时出口处：$M_E = 1$，$p_E = p_* = p_b$。

情况 C 表示进口压力进一步增大，出口处维

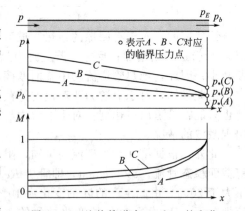

图 11-17 绝热管道中 M 和 p 的变化

284

持声速、出口压力等于 p_* 但大于 p_b 的情况，即此时出口处：$M_E = 1$，$p_E = p_* > p_b$。此情况下出口气流将通过膨胀波使压力降低到 p_b。

以上分析表明，情况 B 有两个确定的出口条件：$M_E = 1$ 且 $p_E = p_* = p_b$，因此，具体问题分析中，通常先确定情况 B 对应的进口压力，然后再以此区分 A、C 两种情况进行处理。

(5) 绝热管流参数计算图

由式（11-61）和式（11-63）可见，已知 M 计算 x 或 p 不存在难度，反过来则比较麻烦。为此，特将两式关系绘于图 11-18 中，以方便计算（图中包括了后面将涉及的等温流动）。

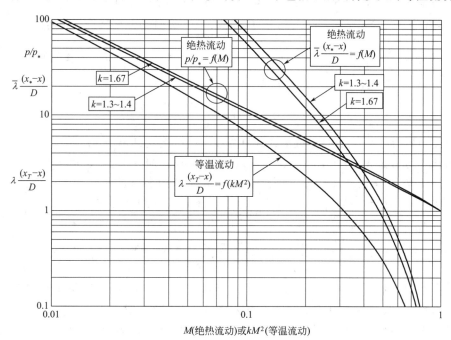

图 11-18　绝热及等温管道流动参数计算图

【例 11-11】 **绝热管道流动的参数计算。**

① 已知空气以马赫数 $M = 0.2$ 的速度进入某管道绝热流动。若管道平均阻力系数 $\bar{\lambda} = 0.015$，试确定马赫数达到 $M = 0.8$ 和 $M = 1.0$ 对应的进口距离 $x_{0.8}/D$ 和 $x_{1.0}/D$；

② 压力 1MPa、温度 100℃ 的空气，以速度 60m/s 进入直径 $D = 5\text{cm}$、相对粗糙度 $e/D = 0.001$ 的管道内绝热流动，试确定距离进口 50m 处的马赫数 M、温度 T 及压力 p。

解　① 根据绝热管流的马赫数分布式（11-61）

$$\frac{1-M^2}{kM^2} + \frac{k+1}{2k}\ln\left[\frac{(k+1)M^2}{2+(k-1)M^2}\right] = \bar{\lambda}\,\frac{x_*-x}{D}$$

将进口条件 $x=0$、$M=0.2$ 和 $k=1.4$、$\bar{\lambda}=0.015$ 代入，并注意 x_* 即 $M=1$ 对应的管距 $x_{1.0}$，有

$$14.533 = (0.015)\frac{x_* - 0}{D} \quad \longrightarrow \quad \frac{x_*}{D} = \frac{x_{1.0}}{D} = \frac{14.533}{0.015} = 968.88$$

进一步将 $M=0.8$ 和 $k=1.4$ 代入式（11-61），可得 $x_{0.8}/D$ 为

$$0.0723 = (0.015)\frac{x_* - x_{0.8}}{D} \quad \longrightarrow \quad \frac{x_{0.8}}{D} = \frac{x_*}{D} - \frac{0.0723}{0.015} = 964.06$$

由此可见，流动接近声速时，M 变化非常快，从 $M=0.8$ 到 $M=1.0$ 仅有 $4.82D$ 的距离。

② 气体黏度受压力影响很小，可按附录查得 100℃ 时空气的黏度 $\mu = 2.19 \times 10^{-5}\,\text{Pa·s}$。

因此压力 1MPa、温度 100℃ 的空气的密度及管流雷诺数为

$$\rho_1 = \frac{p_1}{RT_1} = \frac{10^6}{287 \times 373} = 9.34 (\text{kg/m}^3), \quad Re = \frac{\rho_1 V_1 D}{\mu_1} = \frac{(9.34)(60)(0.05)}{2.19 \times 10^{-5}} = 1.28 \times 10^6$$

根据 Re 与 e/D 查莫迪（图 9-7）或由 Haaland 通用式（9-52）计算可得阻力系数

$$\frac{1}{\sqrt{\lambda}} = 1.135 - 0.782\ln\left[\left(\frac{e}{D}\right)^{1.11} + \frac{29.482}{Re}\right] \longrightarrow \overline{\lambda} = 0.0199$$

进口马赫数为　$M_1 = V_1 / \sqrt{kRT_1} = 60 / \sqrt{(1.4)(287)(373)} = 0.155$

因此，将进口条件 $x = 0$、$M_1 = 0.155$ 和 $k = 1.4$、$\overline{\lambda} = 0.0199$，代入式（11-61）可得

$$25.973 = (0.0199)\frac{x_* - 0}{D} \longrightarrow \frac{x_*}{D} = 1305.2 \longrightarrow x_* = 1305.2 \times 0.05 = 65.26 (\text{m})$$

确定 x_* 后，可知距离进口 50m 处有

$$\overline{\lambda} \frac{x_* - x}{D} = (0.0199)\frac{65.26 - 50}{0.05} = 6.0735$$

据此查图 11-18 或用式（11-61）试差计算可得 $x = 50$m 处的马赫数 $M = 0.285$。

根据进口马赫数 $M_1 = 0.155$ 和 $x = 50$m 处的马赫数 $M = 0.285$，由两截面压力比公式（11-63b）和温度比公式（11-64），可得 $x = 50$m 处的压力和温度分别为

$$p = p_1 \frac{M_1}{M}\left[\frac{2 + (k-1)M_1^2}{2 + (k-1)M^2}\right]^{1/2} = (1000)\frac{(0.155)}{(0.285)}\left[\frac{2 + (0.4)(0.155)^2}{2 + (0.4)(0.285)^2}\right]^{0.5} = 541.0 (\text{kPa})$$

$$T = T_1 \frac{2 + (k-1)M_1^2}{2 + (k-1)M^2} = (373)\frac{2 + (0.4)(0.155)^2}{2 + (0.4)(0.285)^2} = 368.8 (\text{K})$$

该结果表明，$x = 50$m 处的温度只比进口温度降低了 4.2K，其对黏度 μ 的影响可以忽略，即前面用 373K 下黏度计算的阻力系数 λ 可视为平均阻力系数 $\overline{\lambda}$。

若按常规的不可压缩流动处理，则 $x = 50$m 处的压力 p 按压降公式确定：

$$p = p_1 - \overline{\lambda}\frac{L}{D}\frac{\rho_1 V_1^2}{2} = p_1 - \overline{\lambda}\frac{L}{D}\frac{p_1 V_1^2}{2RT_1}$$

代入数据可得：　$p = (1000)\left[1 - (0.0199)\frac{(50)}{(0.05)} \times \frac{(60)^2}{2(287)(373)}\right] = 655.4 (\text{kPa})$

该结果表明，可压缩影响不可忽略。

【例 11-12】 管道绝热流动的质量流量计算。

总温（滞止温度）$T_0 = 300$K 的空气，进入直径 $D = 3$cm、长度 $L = 8$m 的管道作绝热流动。若管道相对粗糙度 $e/D = 5 \times 10^{-5}$，出口环境压力 $p_b = 100$kPa。试确定进口压力 p 分别为 120kPa 和 400kPa 时的质量流量。

解　查教材附录表 C-2，空气 $k = 1.4$，$R = 287$ J/（kg·K）；查附录表 C-3，空气在 0℃ 的黏度 $\mu_0 = 1.71 \times 10^{-5}$ Pa·s，$C = 111$，因此其黏度随温度的变化可表示为：

$$\mu = \mu_0 \frac{273 + C}{T + C}\left(\frac{T}{273}\right)^{1.5} = (1.71 \times 10^{-5})\left(\frac{384}{T + 111}\right)\left(\frac{T}{273}\right)^{1.5}$$

对于绝热流动，为确定出口状态，首先需确定图 11-17 中 B 情况的进口压力 p_B。B 情况的出口条件是：马赫数 $M_E = 1$，压力 $p_E = p_* = p_b$。由此并根据给定的 T_0 可得到出口静温 T_E、流速 V_E、密度 ρ_E 分别为：

$$T_E = T_0 \left[1 + (k-1)M_E^2/2\right]^{-1} = (300)\left[1 + (0.4)(1)^2/2\right]^{-1} = 250.0 (\text{K})$$

$$V_E = M_E a_E = M_E \sqrt{kRT_E} = (1)\sqrt{(1.4)(287)(250)} = 316.9 (\text{m/s})$$

$$\rho_E = \frac{p_E}{RT_E} = \frac{(100000)}{(287)(250)} = 1.394 (\text{kg/m}^3)$$

考虑到进口温度高于 T_E，计算黏度 μ 时假设平均温度为 271K，由此得：

$$\mu = (1.71 \times 10^{-5}) \left(\frac{384}{271 + 111} \right) \left(\frac{271}{273} \right)^{1.5} = 1.700 \times 10^{-5} (\text{Pa} \cdot \text{s})$$

$$Re = \frac{(1.394)(316.9)(0.03)}{1.700 \times 10^{-5}} = 779574$$

根据 Re 与 e/D 查莫迪图（图9-7）或由 Haaland 公式（9-52）（见上例）可得阻力系数为：

$$\bar{\lambda} = 0.0129$$

进一步，B 情况下出口处 $M_E = 1$，因此 $x_* = L = 8\text{m}$，而进口处 $x = 0$，所以：

$$\bar{\lambda} \frac{x_* - x}{D} = (0.0129) \frac{(8 - 0)}{(0.03)} = 3.440$$

据此查图 11-18 或用马赫数分布式（11-61）试差可得进口处 $M = 0.3504$。且由此可得进口温度 $T = 292.8\text{K}$，进、出口平均温度 271.4K（与计算黏度时的假设一致）。

将 $M = 0.3504$ 代入压力分布式（11-63），可得 B 情况时的进口压力 p_B，即：

$$\frac{p_B}{p_*} = \frac{1}{M} \left[\frac{k + 1}{2 + (k - 1)M^2} \right]^{1/2} = 3.09 \longrightarrow p_B = 3.09 p_* = 3.09(100) = 309 (\text{kPa})$$

① 进口压力 $p = 120\text{kPa}$ 时，$p < p_B$，故出口为亚声速，属于图 11-17 中 A 情况。此情况下，$p_E = p_b = 100\text{kPa}$。为计算 $q_m (= \rho V A)$，除已知的进口压力 p 外，尚需确定进口马赫数 M 和温度 T（以确定密度 ρ 和速度 V）。由于过程中 x_*、$\bar{\lambda}$ 的计算又需先给定 M 和 T，所以计算过程需要试差迭代。具体步骤如下：

令

$$f(M) = \frac{1 - M^2}{kM^2} + \frac{k + 1}{2k} \ln \left[\frac{(k + 1)M^2}{2 + (k - 1)M^2} \right]$$

假设进口 $M \rightarrow$ 计算进口 T、ρ、$V \rightarrow$ 计算出口 M_E（可事先表示为 p/p_E 与 M 的显函数）及出口 $T_E \rightarrow$ 计算平均温度 T_m 及 $\bar{\mu}$、Re、$\bar{\lambda} \rightarrow$ 计算临界长度 $x_* = (D/\bar{\lambda})f(M) \rightarrow$ 计算 $\bar{\lambda}(x_* - L)/D$ 和 $f(M_E)$，直至 $f(M_E) = \bar{\lambda}(x_* - L)/D$。

试差迭代结果，以及据此得到的质量流量为：

$M = 0.2160$，$T = 297.2\text{K}$、$\rho = 1.407\text{kg/m}^3$、$V = 74.645\text{m/s}$，$M_E = 0.2587$，

$T_E = 296.0\text{K}$，$\bar{\mu} = 1.824 \times 10^{-5}\text{Pa} \cdot \text{s}$，$Re = 172661$，$\bar{\lambda} = 0.0162$，$x_* = 22.375\text{m}$

$$q_m = \rho V A = (1.407)(74.645)(\pi 0.03^2/4) = 0.0742\text{kg/s}$$

② 进口压力 $p = 400\text{kPa}$ 时，$p > p_B$，出口达到声速，属于图 11-17 中 C 情况。此情况下，$M_E = 1$，$x_* = L = 8\text{m}$，$p_E = p_*$ 且可根据 T_0 确定出口温度 T_E：

$$T_E = T_0 [1 + (k - 1)M_E^2/2]^{-1} = (300)[1 + (0.2)(1)^2]^{-1} = 250.0 (\text{K})$$

为计算 q_m 同样需要迭代。但因 M_E、x_*、T_E 已定，故过程较为简单。具体步骤如下：

假设进口 $M \rightarrow$ 计算进口 T、ρ、$V \rightarrow$ 计算 T_m 及 $\bar{\mu}$、Re、$\bar{\lambda} \rightarrow$ 计算 $\bar{\lambda}L/D$ 及 $f(M)$，直至 $f(M) = \bar{\lambda}L/D$。

获得进口 M 后，可应用两点压力比公式（11-63），由进口压力确定出口压力 $p_E (> p_b)$。

试差迭代结果，以及据此得到的质量流量为：

$M = 0.3544$，$T = 292.7\text{K}$，$\rho = 4.763\text{kg/m}^3$，$V = 121.527\text{m/s}$，$\bar{\mu} = 1.702 \times 10^{-5}\text{Pa} \cdot \text{s}$

$Re = 1020329$，$\bar{\lambda} = 0.0125$，$p_E = p_* = 131.0\text{kPa}$，$p_E/p_b = 1.310$

$$q_m = \rho V A = (4.763)(121.527)(\pi 0.03^2/4) = 0.409(\text{kg/s})$$

11.6.2 有摩擦的等温流动

（1）管道内马赫数的分布

等温流动意味着沿整个管道温度为常数，即

$$T = \text{const}$$

于是，按照有摩擦绝热流动相同步骤并考虑 $\text{d}T = 0$ 可得 M 与距离 x 的微分关系式为

$$\frac{\text{d}M}{\text{d}x} = \frac{\lambda}{2D}\frac{kM^3}{1-kM^2} \tag{11-65}$$

该式表明：若管道内流动马赫数 $M < 1/\sqrt{k}$，则 $\text{d}M/\text{d}x > 0$，即马赫数将沿管道不断增加；反之，若 $M > 1/\sqrt{k}$，则 $\text{d}M/\text{d}x < 0$，即马赫数将沿管道不断减小；因此，壁面摩擦的影响总是使等温流动的马赫数 M 趋近于 $1/\sqrt{k}$。

若考虑黏度 μ 仅是 T 的函数，则对于等温流动 $\mu = \text{const}$；又因等截面稳态管流 $\rho V = \text{const}$，所以管道内 Re 不变，阻力系数 λ 处处相等。因此直接积分式（11-65）可得

$$-\frac{1}{2kM^2} - \ln M = \lambda\frac{x}{2D} + C$$

定义马赫数 $M = 1/\sqrt{k}$ 时的管长为 x_T，可确定积分常数 C

$$C = -\frac{1}{2} - \ln\frac{1}{\sqrt{k}} - \lambda\frac{x_T}{2D}$$

将 C 返回方程得到

$$\ln(kM^2) + \frac{(1-kM^2)}{kM^2} = \lambda\frac{(x_T - x)}{D} \tag{11-66}$$

该式关系已绘于图 11-18 中，以方便由方程右边计算结果直接查取 kM^2。

根据 M 分布式（11-66）可知，若任意两截面 x_1、x_2 对应的马赫数为 M_1、M_2，则

$$\ln\left(\frac{M_1^2}{M_2^2}\right) + \frac{1}{kM_1^2} - \frac{1}{kM_2^2} = \lambda\frac{x_1 - x_2}{D} \tag{11-67}$$

（2）压力沿管道的变化

对于理想气体在等截面管内的稳态流动，$\rho V = \text{const}$，$T = \text{const}$，$a = \sqrt{kRT} = \text{const}$，因此，分别对状态方程和质量守恒方程微分，并引入马赫数 M，有

$$\frac{\text{d}p}{p} = \frac{\text{d}\rho}{\rho}, \quad \frac{\text{d}\rho}{\rho} = -\frac{\text{d}V}{V} = -\frac{\text{d}M}{M} \quad \longrightarrow \quad \frac{\text{d}p}{p} = -\frac{\text{d}M}{M}$$

积分该式得

$$\ln p = -\ln M + C$$

定义马赫数 $M = 1/\sqrt{k}$ 时的压力为 p_T（该处距离为 x_T），确定积分常数 C 后得到

$$\frac{p}{p_T} = \frac{1}{\sqrt{k}M} \tag{11-68a}$$

式中，p 是距离 x 处（该处马赫数为 M）的压力。

根据该式可知，任意两截面 x_1、x_2 对应的 p_1、p_2 与对应 M_1、M_2 有如下关系

$$p_1 M_1 = p_2 M_2 \tag{11-68b}$$

此外，对于密度、滞止压力、滞止温度沿管道的变化，亦可建立类似的表达式。

【例 11-13】 等截面管有摩擦等温流动的出口压力及吸热速率。

空气在直径 100mm 的管道内等温流动，进口压力 200kPa、流量 32 m^3/min、温度 15℃。如果管道长度为 60m，阻力系数为 0.016，试计算管道出口压力和进口至出口的吸热速率。

解 根据已知条件，进口处的平均流速、声速及马赫数分别为

$$V_1 = \frac{q_{V_1}}{\pi D^2 / 4} = \frac{32/60}{\pi (0.1)^2 / 4} = 67.90 \, (\text{m/s})$$

$$a_1 = \sqrt{kRT_1} = \sqrt{(1.4)(287)(288)} = 340.17 \, (\text{m/s})$$

$$M_1 = V_1 / a_1 = 0.200, \quad kM_1^2 = 0.056$$

因此，根据式（11-66）

$$\ln(kM^2) + \frac{1 - kM^2}{kM^2} = \lambda \frac{x_T - x}{D}$$

将进口数据 kM_1^2 及 $x = 0$ 代入可得

$$x_T = 87.342 \text{m}$$

出口处 $x = 60$m $\quad \lambda \dfrac{x_T - x}{D} = (0.016) \dfrac{87.342 - 60}{0.1} = 4.375$

应用式（11-66）试差或查图 11-18 可得出口马赫数为

$$kM_2^2 = 0.1356 \quad \longrightarrow \quad M_2 = \sqrt{0.1356/1.4} = 0.311$$

于是，根据等温流动两点压力比公式（11-68b）可得出口静压为

$$p_2 = p_1 \frac{M_1}{M_2} = (200) \frac{(0.200)}{(0.311)} = 128.62 \, (\text{kPa})$$

根据稳流能量方程式（11-6），忽略重力位能，且等温流动时 $\Delta i = 0$，管道流动 $\dot{W}_s = 0$，可得等温流动时 M_1、M_2 对应管段的总传热速率为

$$\dot{Q} = q_m \frac{V_2^2 - V_1^2}{2} = q_m \frac{kRT(M_2^2 - M_1^2)}{2} = p_1 q_{V1} \frac{k(M_2^2 - M_1^2)}{2}$$

代入已知数据和以上计算结果，有

$$\dot{Q} = (200000)(32/60) \frac{(1.4)(0.311^2 - 0.200^2)}{2} = 4235.2 \, (\text{J/s})$$

讨论：由马赫数分布规律可知，对于有摩擦的等温流动，只要进口马赫数 $M_1 < k^{-0.5}$，总有 $M_2 > M_1$，所以该条件下的等温流动必然是吸热过程（$\dot{Q} > 0$）。且 $\dot{Q}$ 沿 x 的变化规律取决于 M 沿 x 的变化。若管外向管内的传热不满足这样的规律，流动将偏离等温流动。

11.7　可压缩流体的速度与流量测试

皮托管常用于不可压缩流体或低速气流的速度测量，只要确定流体的静压和驻点压力，就可确定流动速度。但在高速气流中，皮托管前端驻点的密度可能比来流密度有较大增加；若来流为超声速气流，则皮托管前端还将有激波形成。本节首先讨论皮托管用于亚声速和超声速气流的速度测量问题，然后介绍文丘里管用于可压缩流体的流量测量问题。

11.7.1　亚声速气流中的皮托管

测速公式 亚声速气流中的皮托管如图 11-19 所示。气流在皮托管前端驻点处滞止为零的过程可视为绝热过程，故由绝热过程能量方程式（11-7）并针对理想气体有

$$\frac{V^2}{2} = i_0 - i = c_p (T_0 - T) = c_p T_0 \left(1 - \frac{T}{T_0} \right)$$

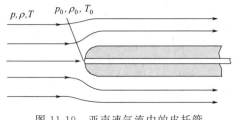

图 11-19　亚声速气流中的皮托管

按理想情况考虑，进一步假设驻点对应流线的流动为等熵过程（可逆绝热过程），则有

$$\frac{V^2}{2} = c_p T_0 \left[1 - \left(\frac{p}{p_0} \right)^{(k-1)/k} \right] \quad (11\text{-}69)$$

将 V 转换为 M 并根据滞止温度与压力关系式（11-19），上式又可改写为

$$M^2 = \frac{2}{(k-1)} \left[\left(\frac{p_0}{p} \right)^{(k-1)/k} - 1 \right] \quad (11\text{-}70)$$

以上结果表明，测试出流场静压 p 和驻点压力 p_0，即可确定来流马赫数 M；若要进一步确定气流速度 V，见式（11-69），还需测试驻点温度 T_0。

压力系数及可压缩性对测速的影响　根据滞止压力公式（11-19）可知

$$\frac{p_0}{p} = \left[1 + \frac{(k-1)}{2} M^2 \right]^{k/(k-1)} \longrightarrow p_0 - p = p \left\{ \left[1 + \frac{(k-1)}{2} M^2 \right]^{k/(k-1)} - 1 \right\}$$

又因为

$$\frac{\rho V^2}{2} = \frac{pk}{kRT} \frac{V^2}{2} = p \frac{kM^2}{2}$$

于是可得

$$\zeta_p = \frac{p_0 - p}{\rho V^2 / 2} = \frac{2}{kM^2} \left\{ \left[1 + \frac{(k-1)}{2} M^2 \right]^{k/(k-1)} - 1 \right\} \quad (11\text{-}71)$$

式中，ζ_p 称为压力系数，表示总压与静压之差（$p_0 - p$）与动压 $\rho V^2/2$ 之比。

对于不可压缩流体，根据伯努利方程可知 $\zeta_p = 1$；但对于可压缩流体，如空气（$k = 1.4$），由该式计算得到

$M = 0$，$\zeta_p = 1$；$M = 0.2$，$\zeta_p = 1.010$；$M = 0.3$，$\zeta_p = 1.023$；$M = 1$，$\zeta_p = 1.276$

由此可见，只要 $M < 0.2$，用皮托管测压并按不可压缩流动换算流速的误差将小于 1%。因此考虑实际滞止过程存在耗散，将基于不可压缩流体的皮托管测速公式应用于可压缩流体时，要求的条件是 $M \leqslant 0.1$（见 4.6.3 节）。对于过程设备内的气体流动，一般规定 $M < 0.3$ 且压力变化幅度较小时可按不可压缩流动处理，其基本依据也在于此。

11.7.2　超声速气流中的皮托管

超声速气流中的皮托管如图 11-20 所示。超声速情况下，皮托管前端将出现脱体激波，皮托管驻点是经历了正激波后的驻点，因此皮托管测试的驻点压力不是来流驻点压力 p_{01}，而是正激波后的驻点压力 p_{02}。因为需要测试的量是波前马赫数 M_1，所以必须建立 p_{02} 与 M_1 的关系。

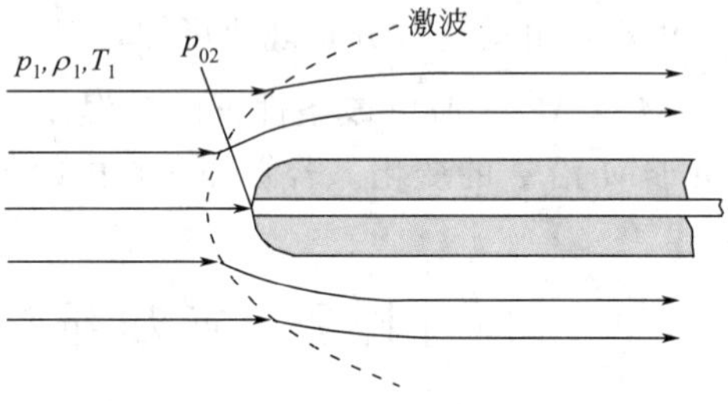

图 11-20　超声速气流中的皮托管

根据滞止压力公式（11-19），波后/波前的马赫数公式（11-26）和滞止压力公式（11-28），即

$$p_{01} = p_1 \left(1 + \frac{k-1}{2} M_1^2 \right)^{k/(k-1)}, \quad M_2^2 = \frac{(k-1) M_1^2 + 2}{2k M_1^2 - (k-1)}$$

$$\frac{p_{02}}{p_{01}} = \left[\frac{2 + (k-1) M_2^2}{2 + (k-1) M_1^2} \right]^{k/(k-1)} \frac{1 + k M_1^2}{1 + k M_2^2}$$

三者联立可得

$$\frac{p_{02}}{p_1} = \left[\frac{(k+1)^{(k+1)}}{2k M_1^2 - (k-1)} \left(\frac{M_1^2}{2} \right)^k \right]^{1/(k-1)} \quad (11\text{-}72)$$

根据该式，测得 p_{02}，即可确定波前马赫数 M_1，其中 p_1 为波前流体静压，可通过管壁静压测口或皮托管静压测口测试（见习题 11-30）。确定 M_1 后，再测试出波前滞止温度 T_{01}，即可确定来流静温 T_1，由此计算声速 a_1，从而得到来流速度 $V_1 = M_1 a_1$。

为避免求取 M_1 时的试差过程，有的教材中已将上式关系制成数据表格以供查取。

11.7.3　可压缩流动流量测量

可压缩流体质量流量常采用如图 11-21 所示的渐缩管即文丘里管测量，其中下游测压管位于喉口位置。文丘里管的流动可视为绝热过程，因此将绝热过程能量方程式（11-7）应用于截面 1 和截面 2 有

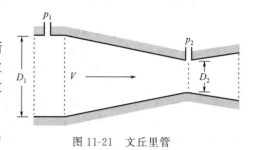

图 11-21　文丘里管

$$\frac{kRT_1}{k-1} + \frac{V_1^2}{2} = \frac{kRT_2}{k-1} + \frac{V_2^2}{2} \qquad (11\text{-}73)$$

其次，由质量守恒方程有

$$V_1 = \frac{\rho_2 V_2 A_2}{\rho_1 A_1} = \frac{\rho_2 V_2}{\rho_1}\left(\frac{D_2}{D_1}\right)^2 \qquad (11\text{-}74)$$

将此代入能量守恒方程，并应用气体状态方程将 RT 用 p/ρ 表示，再假设流动为等熵过程，用过程方程将密度比用压力比表示，可解出

$$V_2^2 = \frac{[2k/(k-1)](p_1/\rho_1)\left[1-(p_2/p_1)^{(k-1)/k}\right]}{1-(p_2/p_1)^{2/k}(D_2/D_1)^4} \qquad (11\text{-}75)$$

考虑到该式是基于一维理想流动的结果，故由 V_2 计算流量时应乘以流量系数 C_d，以修正理想与实际的偏差，因此实际流量计算公式为

$$q_m = C_d \rho_2 A_2 V_2 = C_d A_2 V_2 \rho_1 (p_2/p_1)^{1/k} \qquad (11\text{-}76)$$

或

$$q_m = C_d A_2 \left(\frac{p_2}{p_1}\right)^{1/k}\sqrt{\frac{[2k/(k-1)](p_1\rho_1)\left[1-(p_2/p_1)^{(k-1)/k}\right]}{1-(p_2/p_1)^{2/k}(D_2/D_1)^4}} \qquad (11\text{-}77)$$

该式对亚声速和超声速气流均适用，条件是截面 1 与截面 2 之间没有激波产生。为避免激波形成和激波阻力损失，实践中良好的文丘里管设计通常避免出现超声速流动。此外，当文丘里管内流速较高（Re 较大）时，只要无激波产生，通常可取流量系数 $C_d = 1$。

习　题

11-1　压力为 101kPa 的空气以马赫数 $M = 0.7$ 流过直径为 10mm 的球体。已知阻力系数为 $C_D = 0.95$，试确定球体的阻力。

11-2　超声速战斗机头部具有尖锐前端。试估计当其以马赫数 $M = 2$ 在温度为 273K 的空气中飞行时前端的温度。

11-3　飞机在 15℃ 的海平面飞行的速度为 800km/h，试确定其以相同马赫数在 −40℃ 的高空飞行时的速度。

11-4　静压 200kPa、静温 20℃ 的空气以 250m/s 的速度横向掠过圆柱体，试估计圆柱体驻点的压力与温度。

11-5　速度 500m/s、静压 70kPa、静温 −40℃ 的氮气气流跨越正激波。试确定激波后气流的马赫数、压力、温度、速度及熵增。

11-6　氢气贮罐向工艺设备供气，罐内温度 $T_0 = 293K$ 和压力 $p_0 = 500kPa$。已知供气管道直径为 2cm 处的流速为 300m/s，试确定该截面处氢气的温度、压力、马赫数和质量流量。设氢气流动可视为等熵流动。

11-7　氢气气流在正激波后的马赫数为 0.8，静温为 100℃。试确定其激波前的马赫数、静温和流速。

11-8　某气体管流，进口状态为 $p_1 = 245kPa$，$T_1 = 300K$，$M_1 = 1.4$。若出口状态为 $M_2 = 2.5$，且管流绝热，气体 $k = 1.3$，$R = 469J/(kg \cdot K)$，试计算滞止温度、进口截面单位面积的质量流量、出口温

度及速度。

11-9 设计图 11-22 所示的超声速风洞。要求工作段马赫数 $M_E = 3.0$，压力 $p_E = 5\text{kPa}$，温度 $T_E = 298\text{K}$。试按等熵流动确定：喷管面积比 A_E/A_t，前室（上游气源容器）的压力 p_0 与温度 T_0，1kg/s 流量的空气所需的压气机功率。

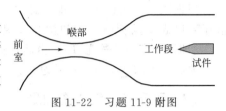

图 11-22　习题 11-9 附图

11-10 某拉伐尔喷管，出口面积 100cm^2，喉部面积 50cm^2；喷管前室（气源容器）足够大，其压力和温度分别为 400kPa 和 100℃，气体为空气。试求：

① 使喷管产生堵塞现象的最大出口背压（注：拉伐尔喷管内发生堵塞现象是指喉部达到声速的状态，因为此后再降低背压，流量不再增加，除非改变上游条件）；

② 背压 p_b 分别为 0、200、300kPa 时的质量流量；

③ 使喷管气体由亚声速膨胀到超声速且出口仍为超声速所对应的背压。

11-11 空气在拉伐尔喷管中等熵流动。已知喉口上游截面 $A_1 = 1000\text{cm}^2$ 处的马赫数 $M_1 = 0.3$，要求在下游 A_2 截面处的马赫数 $M_2 = 3.0$。试确定：喉口面积 A_t，面积 A_2，以及截面 A_2 与 A_1 的压力比 p_2/p_1 和温度比 T_2/T_1。

11-12 图 11-23 为一扩压器，进口正对超声速气流，进口截面有正激波。已知激波前马赫数 $M_1 = 2.2$，滞止压力 $p_{01} = 101.3\text{kPa}$，静温 $T_1 = 290\text{K}$，扩压器出口截面与进口截面面积比 $A_E/A_1 = 4$。若扩压器中的流动为等熵流动，且气体 $k = 1.4$，试确定：① 波后的滞止温度 T_{02} 与压力 p_{02}；② 出口处的马赫数 M_E、温度 T_E、压力 p_E。

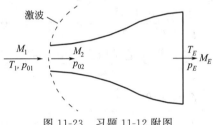

图 11-23　习题 11-12 附图

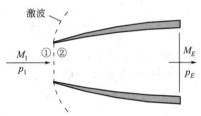

图 11-24　习题 11-13 附图

11-13 图 11-24 为喷气发动机前段扩压器，扩压比 3∶1（即扩压器出口面积 A_E 比进口面积 A_1）。飞机在高空飞行，压力 $p_1 = 30\text{kPa}$，温度 $T_1 = -40℃$，飞行马赫数 $M_1 = 1.8$；扩压器进口有正激波（见图），气流 $k = 1.4$，扩压器内流动等熵。试确定：①进口截面处正激波后的马赫数 M_2、p_2 与 p_{02}、T_2 与 T_{02}；②出口处的马赫数 M_E、温度 T_E、压力 p_E。

11-14 某拉伐尔喷管如图 11-25 所示，其出口截面与喉口截面之比 $A_E/A_t = 3$。已知出口背压与来流总压之比 $p_b/p_0 = 0.4$，气流 $k = 1.4$，流动过程等熵。试问喷管中是否出现激波，并按正激波考虑确定：①正激波前后的马赫数 M_1、M_2 及出口马赫数 M_E；②正激波前的压力与来流总压之比 p_1/p_0，激波所在截面的面积比 A/A_t。提示：应用面积比公式和滞止压力公式建立关系式 $A_E/A_t = f_1 (M_1, M_2, M_E)$，$p_b/p_0 = f_2 (M_1, M_2, M_E)$，并结合正激波前后马赫数关系式 $M_2 = f (M_1)$，三者联立迭代求解 M_1、M_2、M_E。

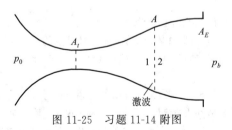

图 11-25　习题 11-14 附图

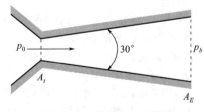

图 11-26　习题 11-15 附图

11-15 某火箭喷管如图 11-26 所示，其喉口截面直径 $D_t = 4\text{cm}$，出口截面直径 $D_E = 8\text{cm}$，进口总压 $p_0 = 250\text{kPa}$，出口背压 $p_b = 100\text{kPa}$。已知气体 $k = 1.2$。试问喷管下游是否会有激波出现，并按正激波

考虑确定：①正激波前后的马赫数 M_1、M_2 及出口马赫数 M_E；②正激波所在截面的面积比 A/A_t 及其与喉口截面的距离（提示：见习题 11-14 的提示）。

11-16 空气在如图 11-27 所示的拉伐尔喷管内流动。已知喉口上游截面 $A_1=200\text{cm}^2$ 处的马赫数 $M_1=0.3$、静压 $p_1=400\text{kPa}$；正激波所在截面面积 $A=120\text{cm}^2$，出口面积 $A_E=200\text{cm}^2$。试确定喷管喉口面积 A_t、正激波前的马赫数 M 及出口的背压 p_b。

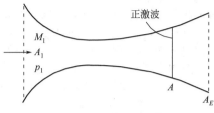
图 11-27 习题 11-16 附图

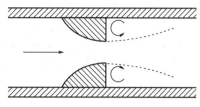
图 11-28 习题 11-17 附图

11-17 图 11-28 所示的渐缩喷管可用来测定管道中空气气流的质量流量。现已知喷管出口截面面积为 3cm^2，实验测得喷管上游滞止压力 $p_0=300\text{kPa}$、滞止温度 $T_0=20℃$，喷管下游出口背压 $p_b=90\text{kPa}$。试计算质量流量及出口压力、温度、密度和流速。

11-18 采用如图 11-29 所示的取样头对气体进行取样时，保证取样头的进气速度与原气流速度相等是非常重要的（等动量取样），为此在取样头中设置渐缩管控制流量。已知取样头管径为 4mm，管内喷嘴直径为 2mm；取样头处于流速 50m/s、温度 600℃、压力 100kPa 的热空气中。试确定实现等动量取样的背压。

11-19 图 11-30 为喷气火箭示意图。火箭渐缩喷管出口面积为 $A_E=120\text{cm}^2$，燃烧室中燃气压力为 $p_0=1\text{MPa}$，温度为 $T_0=1500\text{K}$，出口空间压力为 $p_b=100\text{kPa}$。燃气可视为理想气体，$k=1.3$，$R=415.7\text{J}/(\text{kg·K})$，燃气流动为等熵过程。试计算喷气火箭的推力。

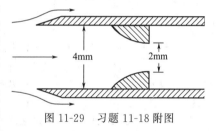
图 11-29 习题 11-18 附图

11-20 体积 5m^3 的高压容器贮存有压力 3MPa、温度 25℃ 的空气。容器上接有渐缩管（喉部面积 15mm^2），将空气排入压力为 100kPa 的大气环境。设放气过程为拟稳态过

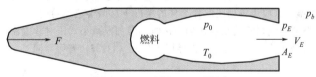
图 11-30 习题 11-19 附图

程（排放缓慢，每一时刻参数之间的变化近似满足稳态过程关系），过程中容器内气温保持不变，且喷管流动视为等熵过程。试确定容器中压力降低至 500kPa 时所需要的时间。

11-21 空气（$k=1.4$）在直径 5cm 的管内绝热流动，其进口马赫数为 0.2。若管道平均阻力系数为 0.015，试确定马赫数达到 0.6 和 1.0 的截面至进口截面的距离。

11-22 空气在直径 3cm、相对粗糙度 $e/D=0.00005$ 的黄铜管内流动。已知其出口马赫数为 0.8，出口环境压力 100kPa，空气总温（滞止温度）373K。试确定上游马赫数为 0.2 截面处的气流温度以及该截面到出口的距离。

11-23 某粒状农产品输送系统由风机和管路组成，管道为直径 20cm 的钢管，管长 150m，设计出口流速 50m/s。如果出口气流排入大气环境（压力 100kPa，温度 15℃），试确定管道进口端（风机出口）空气的温度、压力和速度。设载有颗粒的气流的 $k=1.4$，$R=287\text{J}/(\text{kg·K})$，管路平均阻力系数为 0.015。

11-24 氢气气瓶外接调节阀，通过 3m 长的软管将氢气排放入压力 $p_b=50\text{kPa}$ 的环境中，要求调节阀压力为 310kPa（软管进口压力）时的流量为 $q_m=0.026\text{kg/s}$。已知气流总温 $T_0=313\text{K}$，软管相对粗糙度 $e/D=0.0015$。试按绝热流动确定软管直径。

11-25 氧气在直径 2.5cm、长 10m、相对粗糙度 $e/D=0.0018$ 的铸铁管内绝热流动，其出口环境压力 p_b $=100kPa$。已知进口处氧气总温 $T_0=293K$。试确定进口静压分别为 300kPa 和 500kPa 时的质量流量（提示：见教材例 11-12）。

11-26 温度 310K 的空气以 45kg/s 的流量在截面尺寸 250mm×350mm 的矩形管内等温流动。已知管道某截面处的压力为 550kPa，试确定该截面下游 150m 处的压力。管道阻力系数为 0.01，管道直径可用水力当量直径。

11-27 用直径 15cm、相对粗糙度 $e/D=0.0003$ 的钢管输送甲烷气。进口压力 1MPa，温度 320K，流速 20m/s。已知甲烷气的比热比 $k=1.31$，$R=518J/(kg \cdot K)$，320K 温度下的动力黏度 $\mu=1.5\times 10^{-5}Pa \cdot s$。试计算管道下游 3km 处的压力 p。若按不可压缩流体处理，则 p 又为多少？

11-28 用直径 50cm、长度 1000m、相对粗糙度 $e/D=0.0001$ 的钢管输送 15℃甲烷气。已知 15℃甲烷气的运动黏度 $\nu=1.59\times 10^{-5}m^2/s$，$k=1.31$，$R=518J/(kg \cdot K)$。若钢管出口压力 100kPa，试按等温流动确定最大质量流量及进口压力。

11-29 氨气在直径 5cm、长 100m、相对粗糙度 $e/D=0.00003$ 的黄铜管内流动，进口压力 120kPa，出口压力 100kPa，温度维持 288K。已知 288K 时氨气的黏度 $\mu=1.95\times 10^{-5}Pa \cdot s$，试确定质量流量。

11-30 图 11-31 是超声速飞机上用于测量马赫数的皮托管。已知驻点压力测管的读数为 $p_{02}=150kPa$，静压测管的压力读数为 $p_1=40kPa$（注：静压测口位于马赫波后区域，因马赫波前后压力变化无限小，故测试的静压代表激波前方静压）。试确定飞机飞行的马赫数 M_1。

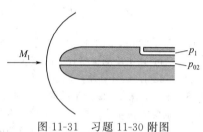

图 11-31 习题 11-30 附图

思 考 题

11-1 对于理想气体的稳流过程，为什么滞止温度 T_0 保持恒定只需规定绝热条件，而滞止压力 p_0 和密度 ρ_0 保持恒定则需要规定等熵条件？p_0/ρ_0 保持恒定需要等熵条件吗？

11-2 气流的临界温度、临界压力、临界密度经正激波后如何变化（增大、减小或不变）？

11-3 对于拉伐尔喷管+试验段构成的超声速风洞系统（见例 11-6），喷管出口会否出现激波或膨胀波？对于上游为亚声速、出口为声速的渐缩管，改变背压对管中流动有何影响？

11-4 对于等截面管中可压缩流体的摩擦流动，为什么要分为绝热和等温两类情况来研究？这对实际流动（既非绝热又非等温）有应用价值吗？什么样的条件下这两类流动趋同？

11-5 上游为亚声速的有摩擦绝热管流出口达到声速时，增加或减小背压对管中流动情况有何影响？有摩擦绝热管流的压力分布式（11-63a）与临界压力公式（11-37）有何异同？

第12章 过程设备内流体的停留时间分布

对于过程设备中的流体流动，除了传统流体力学的静力学、运动学和动力学问题外，流体在设备内的停留时间也是值得关注的重要问题。由于设备内流体速度分布不均，同时进入设备的流体在设备内停留的时间是不一样的，有的流体会在设备内停留很长时间，有的只停留极短时间，确定出口流体各自的停留时间即流体停留时间分布问题。

对于内部结构比较复杂的过程设备，流体在其中的速度分布是难于测试或估计的，但其导致的流体停留时间分布却相对易于测试。通过实验测试获得停留时间分布曲线，就可对设备内的流动状况进行定量定性的分析和判断，从而为设备结构的改进以及连续反应器等设备的建模提供基本依据。

本章将主要介绍停留时间的基本概念，停留时间分布函数及密度函数，停留时间分布的测试及其数字特性，典型流动模式的停留时间分布模型，以及停留时间分布曲线的应用。

12.1 停留时间的基本概念与关系

12.1.1 返混与停留时间分布

返混 是指停留时间不同的物料之间的混合。与一般意义上两种物料的混合不同，返混主要指停留时间不同的同一种物料之间的混合。发生返混的原因主要包括以下两方面。

① 设备内流体的分子扩散或涡流扩散。扩散将造成流体分子或微团的运动与主流方向相反，使停留时间不同的流体相互混合，从而导致返混，如图 12-1（a）所示。

② 设备内流体速度分布不均。实际设备内，如图 12-1（b）、（c）所示，内构件导致的流速大小与方向的变化，边角处存在的流动死区，机械对流体的搅拌与混合，颗粒床层中的沟流或短路，结构与动力因素产生的内循环流等，都将导致速度分布不均。由于速度分布不均，同一时刻进入设备的物料就不可能同时到设备器出口，其中的滞后部分必然与后继进入的物料混合，从而导致"返混"。

停留时间及停留时间分布 停留时间指物料由系统进口到出口所经历的时间。对于连续操作系统，最理想的情况是，同时刻进入设备的流体，在经历相同停留时间后全部同时离开设备；但实际情况下，由于设备内流体速度分布不均，或流体因分子或涡流扩散导致的反向运动，即由于返混的存在，同一时刻进入系统的流体不可能都在同一时刻离开设备，因此出口截面上流体的停留时间是各不相同的。出口截面上流体停留时间的构成情况称为停留时间分布（residence time distribution，简称为 RTD）。

需要指出的是，间歇操作设备中，物料全部在同一时刻进入，同一时刻取出，所有物料具有相同停留时间，故不存在停留时间分布问题。

返混对设备内部过程的进程和结果有直接影响。比如，在连续反应器中，返混导致的停留时间不均，必然导致出口物料的反应程度不一样；在换热器中，停留时间不均意味着流体接触换热面时间的长短不一。

停留时间分布既是物料返混行为表现，也是研究返混行为的出发点。研究设备内物料的

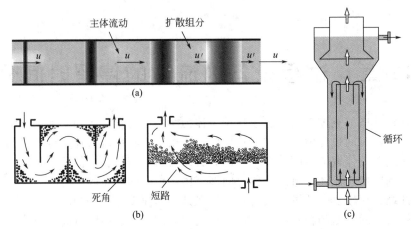

图 12-1　过程设备内的组分扩散及流动不均现象

停留时间分布：ⅰ.可获得设备内部发生的物理过程的重要信息，如流动是否均匀是否存在死区或短路以及返混程度等；ⅱ.可给出设备模拟放大时流动行为影响方面的启示；ⅲ.确定设备内（基于停留时间分布行为）的流动模型。

12.1.2　流体停留时间与进口时间的关系

　　一般情况下，同一批物料由系统进口到出口所经历的时间（停留时间）是有长有短的，如图 12-2 所示，有的因短路等原因瞬间到达出口，其停留时间 $\tau \approx 0$，有的因流动死区或内循环等原因需很长时间才能到达出口，其停留时间 $\tau \to \infty$；因此，出口流体的停留时间 τ 通常分布于 $0 \to \infty$ 之间，而且对于同一稳态连续系统，出口截面流体的停留时间分布状态也是确定不变的。

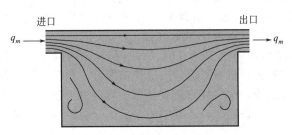

图 12-2　设备内流体流动的一般情况

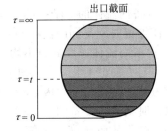

图 12-3　t 时刻出口截面的停留时间分布

　　为分析方便，可想象将 t 时刻出口截面上的流体按其停留时间长短排列起来，如图 12-3 所示，停留时间 τ 分布于 $0 \to \infty$ 之间。其中：

停留时间 $\tau = 0$ 的流体必然是 t 时刻刚进入系统的流体（进入后瞬间即到达出口）；

停留时间 $\tau = t$ 的流体必然是 0 时刻进入系统的流体（0 时刻进入经时间 t 达到出口）；

停留时间 $\tau = \infty$ 的流体必然是很久以前（$-\infty$ 时刻）就进入系统的流体。

　　用符号 t_0 表示流体进入系统的时刻，则根据停留时间的定义可知，若流体在 t_0 时刻进入设备，在 t 时刻（$t \geqslant t_0$）到达设备出口，则该流体的停留时间 τ 可表示为

$$\tau = t - t_0 \tag{12-1}$$

　　根据这一关系，图 12-3 中出口截面三个典型停留时间的流体对应的进口时间分别为

$$\tau = 0 \quad \to \quad t_0 = t, \quad \tau = t \quad \to \quad t_0 = 0, \quad \tau = \infty \quad \to \quad t_0 = -\infty$$

停留时间-进口时间关系图　结合图 12-3 和式（12-1）可知，以当前 t 时刻为准，设备

出口截面上流体的停留时间 τ 与流体的进口时间 t_0 是相互对应的，其对应关系如图 12-4 所示。

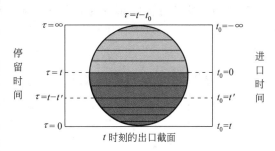

利用图 12-4，可非常方便地确定 t 时刻出口截面上任意停留时间的流体与其输入时间的关系。比如，在 t 时刻出口截面上：

停留时间 $\tau=0 \rightarrow t$ 的流体只能是 $t_0=t \rightarrow 0$ 期间进入系统的流体；反之，$t_0=0 \rightarrow t$ 期间进入系统的流体，其停留时间也只能分布于 $\tau=t \rightarrow 0$ 的区域；

图 12-4　当前 t 时刻出口截面上流体停留时间 τ 与其进口时间 t_0 的对应关系

停留时间 $\tau=t \rightarrow \infty$ 的流体只能是 $t_0 \leqslant 0$ 期间进入系统的流体；反之，$t_0 \leqslant 0$ 期间进入系统的流体，其停留时间也只能分布于 $\tau=t \rightarrow \infty$ 的区域；

停留时间 $\tau=t-t' \rightarrow t$ 的流体只能是 $t_0=t' \rightarrow 0$ 期间进入系统的流体；反之，$t_0=0 \rightarrow t'$ 期间进入系统的流体，其停留时间也只能分布于 $\tau=t \rightarrow t-t'$ 的区域。

12.2　停留时间分布函数及密度函数

12.2.1　停留时间分布函数 $F(t)$

停留时间分布函数 $F(t)$ 就是出口截面上流体中停留时间 $\tau=0 \rightarrow t$ 的流体所占的质量分率，如图 12-5 所示。由于连续流动系统出口截面某一部分流体的质量分率等于其的质量流量与总流量 q_m 之比，所以，如果用 $q_m(t)$ 表示停留时间 $\tau=0 \rightarrow t$ 的流体的质量流量，则

$$F(t)=\frac{q_m(t)}{q_m} \quad 或 \quad q_m(t)=q_m F(t) \tag{12-2}$$

即已知 $F(t)$，则可确定出口截面上停留时间 $\tau=0 \rightarrow t$ 的流体的质量流量。

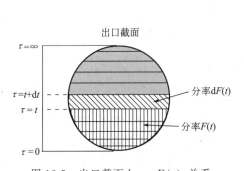

图 12-5　出口截面上 $\tau \sim F(t)$ 关系

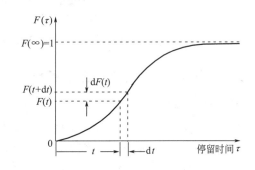

图 12-6　$F(t)$ 曲线的一般形式

进一步，已知 $F(t)$，则系统出口截面上停留时间为 $\tau=t \rightarrow t+\mathrm{d}t$ 时段的流体（见图 12-5）的质量分率和质量流量就分别为

$$F(t+\mathrm{d}t)-F(t)=\mathrm{d}F(t) \tag{12-3}$$

$$\mathrm{d}q_m(t)=q_m \mathrm{d}F(t) \tag{12-4}$$

根据定义可知，分布函数 $F(t)$ 是一个累积函数，其函数曲线的一般形式如图 12-6 所

示。对于稳态连续过程，同一系统的分布函数 $F(t)$ 是确定不变的，不同系统 $F(t)$ 曲线的具体形式虽有不同，但以下性质是共同的

$$F(0)=0, \quad F(\infty)=1 \tag{12-5}$$

12.2.2 停留时间分布密度函数 $E(t)$

停留时间分布密度函数 $E(t)$ 定义为分布函数 $F(t)$ 对时间的导数，即

$$E(t)=\frac{\mathrm{d}F(t)}{\mathrm{d}t} \quad 或 \quad E(t)\mathrm{d}t=\mathrm{d}F(t) \tag{12-6}$$

由上述定义可见，密度函数 $E(t)$ 是这样一个函数：它与微分时间的乘积 $E(t)\mathrm{d}t$ 等于停留时间在 $t \rightarrow t+\mathrm{d}t$ 时段内的流体质量分率 $\mathrm{d}F(t)$；因此，若知道流体停留时间分布的密度函数 $E(t)$，则系统出口停留时间 $\tau=0 \rightarrow t$ 的流体的质量分率则可表示为

$$F(t)=\int_0^t E(t)\mathrm{d}t \tag{12-7}$$

分布函数 $F(t)$ 与密度函数 $E(t)$ 的关系如图 12-7 所示。其中：

① $E(t)$ 的值等于 $F(t)$ 曲线对应点的斜率，即 $E(t)=\mathrm{d}F(t)/\mathrm{d}t$，故 $E(t)_{\max}$ 点对应于分布函数 $F(t)$ 曲线的拐点；

② 根据式（12-7）可知，$0 \rightarrow t$ 时间内 $E(t)$ 曲线下的面积值即为 $F(t)$；

③ 因为 $F(\infty)=1$，所以 $E(t)$ 曲线下的总面积 $=1$，即

$$F(\infty)=\int_0^\infty E(t)\mathrm{d}t=1 \tag{12-8}$$

此性质可用于检验实验所得 $E(t)$ 曲线的准确性。

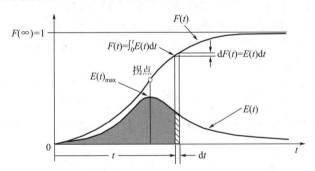

图 12-7 分布函数 $F(t)$ 与密度函数 $E(t)$ 之间的关系

12.2.3 分布函数 $F(t)$ 与密度函数 $E(t)$ 的应用

根据分布函数 $F(t)$ 的物理意义及图 12-4 或关系式 $\tau=t-t_0$，很容易将不同输入时间的流体在 t 时刻出口截面上所占的质量分率表达出来。以下讨论四种典型情况。

（1） $t_0=0 \rightarrow t$ 期间进入系统的流体在 t 时刻的出口截面上所占的质量分率

因为分布函数 $F(t)$ 表示出口截面上停留时间 $\tau=0 \rightarrow t$ 的流体的质量分率，而 $\tau=0 \rightarrow t$ 的流体只能是 $t_0=t \rightarrow 0$ 期间进入系统的流体，所以：$t_0=0 \rightarrow t$ 期间进入系统的流体在 t 时刻出口截面上所占的质量分率为 $F(t)$。

由此可知，若以 $q_{m,0 \rightarrow t}^t$ 表示 $t_0=0 \rightarrow t$ 期间进入系统的流体在 t 时刻出口截面上的质量流量（下标 $0 \rightarrow t$ 表示流体进入系统的时间段，上标 t 表示 t 时刻出口截面），则

$$q_{m,0 \rightarrow t}^t=q_m F(t)=q_m \int_0^t E(t)\mathrm{d}t \tag{12-9}$$

根据该式，$t_0 = 0 \rightarrow t'$（$t' \leqslant t$）期间输入的流体在 t' 时刻出口截面上的质量流量为

$$q_{m,0 \rightarrow t'}^{t'} = q_m F(t') = q_m \int_0^{t'} E(t) \mathrm{d}t$$

因此，在 $t' = 0 \rightarrow t$ 区间积分上式，则可得到 $t_0 = 0 \rightarrow t$ 期间输入的流体在 $0 \rightarrow t$ 期间流出系统的总质量 $m_{0 \rightarrow t}^{0 \rightarrow t}$（上标为输出时间段，下标为输入时间段）为

$$m_{0 \rightarrow t}^{0 \rightarrow t} = \int_0^t q_{m,0 \rightarrow t'}^{t'} \mathrm{d}t' = q_m \int_0^t F(t') \mathrm{d}t' = q_m \int_0^t \left[\int_0^{t'} E(t) \mathrm{d}t \right] \mathrm{d}t' \tag{12-10}$$

（2）$t_0 = 0 \rightarrow t_1$ 期间进入系统的流体在随后 t 时刻（$t \geqslant t_1$）的出口截面上所占的质量分率

根据图 12-8 可知，$t_0 = 0 \rightarrow t_1$ 进入系统的流体在随后 t 时刻出口截面上对应的停留时间区间为 $\tau = t \rightarrow t - t_1$，故其所占的质量分率为

$$F(t) - F(t - t_1) = \int_{t - t_1}^t \mathrm{d}F(t)$$

由此可得该分率流体在 t 时刻出口截面的流量为

$$q_{m,0 \rightarrow t_1}^t = q_m \int_{t-t_1}^t \mathrm{d}F(t) = q_m \int_{t-t_1}^t E(t)\mathrm{d}t$$
$$\tag{12-11}$$

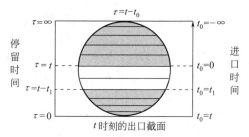

图 12-8　t 时刻出口截面上的 $\tau \sim t_0$ 关系

因此，$t_0 = 0 \rightarrow t_1$ 期间进入系统的流体在随后 $t_1 \rightarrow t$ 期间流出系统的总质量为

$$m_{0 \rightarrow t_1}^{t_1 \rightarrow t} = \int_{t_1}^t q_{m,0 \rightarrow t_1}^{t'} \mathrm{d}t' = q_m \int_{t_1}^t \left[\int_{t'-t_1}^{t'} \mathrm{d}F(t) \right] \mathrm{d}t' = q_m \int_{t_1}^t \left[\int_{t'-t_1}^{t'} E(t)\mathrm{d}t \right] \mathrm{d}t' \tag{12-12}$$

（3）$t_0 = 0$ 时刻进入系统的流体在 t 时刻出口截面上所占的质量分率

$t_0 = 0$ 时刻输入系统的流体指的是 $t_0 = 0 \rightarrow \mathrm{d}t$ 时间段（即 $t_0 = 0$ 时刻后瞬间）输入的流体，其输入的量用 m_0 表示，且 $m_0 = q_m \mathrm{d}t$。

因为 $\mathrm{d}F(t) = E(t)\mathrm{d}t$ 表示出口截面上停留时间 $\tau = t \rightarrow t - \mathrm{d}t$ 的流体的质量分率，而根据关系式 $\tau = t - t_0$ 可知，t 时刻出口截面上停留时间为 $\tau = t \rightarrow t - \mathrm{d}t$ 的流体只能是 $t_0 = 0 \rightarrow \mathrm{d}t$ 期间（$t_0 = 0$ 之后瞬间）进入系统的流体，所以，$t_0 = 0$ 时刻进入系统的流体在 t 时刻出口截面上所占的质量分率为 $\mathrm{d}F(t)$。

根据该结论可知，$t_0 = 0$ 时刻进入系统的流体在 t 时刻流出系统的质量流量为

$$\mathrm{d}q_{m,0}^t = q_m \mathrm{d}F(t) = q_m E(t)\mathrm{d}t \tag{12-13a}$$

或将 $m_0 = q_m \mathrm{d}t$ 代入得

$$\mathrm{d}q_{m,0}^t = m_0 \frac{\mathrm{d}F(t)}{\mathrm{d}t} = m_0 E(t) \tag{12-13b}$$

由此可得 $t_0 = 0$ 时刻进入系统的流体在 $0 \rightarrow t$ 期间流出系统的总质量为

$$m_0^{0 \rightarrow t} = m_0 \int_0^t \mathrm{d}F(t) = m_0 F(t) = m_0 \int_0^t E(t)\mathrm{d}t \tag{12-14}$$

特别地，$t \rightarrow \infty$ 时，根据密度函数的性质，上式结果为 $m_0^{0 \rightarrow \infty} = m_0$，即无限长时间后，$t_0 = 0$ 时刻进入系统的流体将全部流出系统。

（4）$t_0 = t_1$ 时刻进入系统的流体在随后 t 时刻（$t \geqslant t_1$）出口截面上所占的质量分率

根据 $\tau = t - t_0$ 可知，$t_0 = t_1$ 时刻输入系统的流体（可视为 $t_0 = t_1 + \mathrm{d}t \rightarrow t_1$ 期间即 t_1 时刻之前瞬间输入系统的流体）在 t 时刻出口截面上对应的停留时间区间为 $\tau = (t - t_1 - \mathrm{d}t) \rightarrow (t - t_1)$，故其所占的质量分率为

$$F(t - t_1) - F(t - t_1 - \mathrm{d}t) = \mathrm{d}F(t - t_1) = E(t - t_1)\mathrm{d}t$$

由此得 $t_0 = t_1$ 时刻进入系统的流体在随后 t 时刻（$t \geqslant t_1$）的出口截面上的质量流量为

$$dq_{m,t_1}^t = q_m dF(t - t_1) = q_m E(t - t_1) dt \tag{12-15a}$$

或将 $m_0 = q_m dt$ 代入得 $\qquad dq_{m,t_1}^t = m_0 \dfrac{dF(t - t_1)}{dt} = m_0 E(t - t_1) \tag{12-15b}$

而 $t_0 = t_1$ 时刻进入系统的流体在随后 $t_1 \to t$ 期间流出系统的总质量为

$$m_{t_1}^{t_1 \to t} = m_0 \int_{t_1}^t dF(t - t_1) = m_0 F(t - t_1) = m_0 \int_{t_1}^t E(t - t_1) dt = m_0 \int_0^{t-t_1} E(t) dt \tag{12-16}$$

特别地，$t \to \infty$ 时，根据密度函数的性质，上式结果为 $m_{t_1}^{t_1 \to \infty} = m_0$，即无限长时间后，$t_0 = t_1$ 时刻进入系统的流体将全部流出系统。

比较可见，式（12-13）和式（12-14）只是式（12-15）和式（12-16）在 $t_1 = 0$ 时的特例；也是式（12-11）和式（12-12）在 $t_1 = dt \approx 0$ 时的特例（注意其中 $m_0 = q_m dt$）。

【例 12-1】 密度函数 $E(t)$ 的应用。

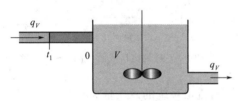

图 12-9 为稳态连续流动系统，其中设备体积为 V，流体体积流量为 q_V，密度为 ρ。已知该系统 RTD 密度函数 $E(t)$ 为

$$E(t) = \frac{1}{k} e^{-t/k}$$

图 12-9 例 12-1 附图

式中 k 是时间常数。设想 $t_0 = 0$ 时刻系统进口切换为新流体，直到 $t_0 = t_1$ 时刻恢复为老流体，新老流体性质完全相同、流量相同。试求

① $0 \to t$ 时间内（$t \leqslant t_1$）流出系统的新流体的总质量；

② $0 \to t$ 时间内（$t \geqslant t_1$）流出系统的新流体的总质量；

③ $0 \to t$ 时间内（$t \geqslant t_1$）流出系统的重新输入的老流体的总质量；

④ $0 \to t$ 时间内（$t \geqslant t_1$）流出系统的 $t_0 = 0$ 以前输入的老流体的总质量。

解 ① 当 $t \leqslant t_1$ 时，$t_0 = 0 \to t$ 时间内系统进口处的输入一直为新流体，而 $t_0 = 0 \to t$ 期间输入的流体在 $0 \to t$ 期间流出系统的总质量可按式（12-10）计算，因此 $0 \to t$ 期间流出系统的新流体的总质量为

$$m_{0 \to t}^{0 \to t} = q_m \int_0^t \left[\int_0^{t'} E(t) dt \right] dt' = \frac{\rho q_V}{k} \int_0^t \left(\int_0^{t'} e^{-t/k} dt \right) dt'$$

积分后可得 $\qquad m_{0 \to t}^{0 \to t} = k \rho q_V \left(\frac{t}{k} + e^{-t/k} - 1 \right)$

② 当 $t \geqslant t_1$ 时，新流体在 $0 \to t$ 期间流出系统的总质量可分为两部分，一部分是 $0 \to t_1$ 期间流出系统的总质量，可在以上结果中令 $t = t_1$ 得到，即

$$m_{0 \to t_1}^{0 \to t_1} = k \rho q_V \left(\frac{t_1}{k} + e^{-t_1/k} - 1 \right)$$

另一部分是 $t_0 = 0 \to t_1$ 期间进入系统的新流体在随后 $t_1 \to t$ 期间流出的总质量，可按式（12-12）计算，即

$$m_{0 \to t_1}^{t_1 \to t} = q_m \int_{t_1}^t \left[\int_{t'-t_1}^{t'} E(t) dt \right] dt' = \frac{\rho q_V}{k} \int_{t_1}^t \left(\int_{t'-t_1}^{t'} e^{-t/k} dt \right) dt'$$

积分后可得 $\qquad m_{0 \to t_1}^{t_1 \to t} = k \rho q_V \left[1 + e^{-t/k} (1 - e^{t_1/k}) - e^{-t_1/k} \right]$

两部分相加得 $\qquad m_{0 \to t_1}^{0 \to t} = m_{0 \to t_1}^{0 \to t_1} + m_{0 \to t_1}^{t_1 \to t} = k \rho q_V \left[\frac{t_1}{k} - (e^{t_1/k} - 1) e^{-t/k} \right]$

当 $t \to \infty$ 时，上式给出
$$m_{0 \to t_1}^{0 \to \infty} = \rho q_V t_1$$

即无限长时间后输入的新流体量 $\rho q_V t_1$ 将全部流出。

③ 重新输入的老流体只能在 $t \geqslant t_1$ 后流出系统，其流出的总量等于 $t_0 = 0 \to t$ 期间输入系统的流体在 $0 \to t$ 期间流出的总量减去该期间流出的新流体的量，即
$$m_{t_1 \to t}^{t_1 \to t} = m_{0 \to t}^{0 \to t} - m_{0 \to t_1}^{0 \to t_1} - m_{0 \to t}^{t_1 \to t}$$

或
$$m_{t_1 \to t}^{t_1 \to t} = q_m \int_0^t \left[\int_0^{t'} E(t) \mathrm{d}t \right] \mathrm{d}t' - q_m \int_0^{t_1} \left[\int_0^{t'} E(t) \mathrm{d}t \right] \mathrm{d}t' - q_m \int_{t_1}^t \left[\int_{t'-t_1}^{t'} E(t) \mathrm{d}t \right] \mathrm{d}t'$$

即
$$m_{t_1 \to t}^{t_1 \to t} = k\rho q_V \left(\frac{t}{k} + \mathrm{e}^{-t/k} - 1 \right) - k\rho q_V \left[\frac{t_1}{k} + \mathrm{e}^{-t/k}(1 - \mathrm{e}^{t_1/k}) \right]$$

或
$$m_{t_1 \to t}^{t_1 \to t} = k\rho q_V \left[\frac{t - t_1}{k} + \mathrm{e}^{-(t-t_1)/k} - 1 \right]$$

④ $0 \to t$ 时间内（$t \geqslant t_1$）流出系统的 $t_0 = 0$ 以前输入的老流体的总质量等于 $0 \to t$ 流出系统的流体总质量减去 $t_0 = 0 \to t$ 期间输入系统的流体在 $0 \to t$ 期间的流出量（包括新流体和重新输入老流体的流出量），即
$$m_{-\infty \to 0}^{0 \to t} = \rho q_V t - m_{0 \to t}^{0 \to t}$$

或
$$m_{-\infty \to 0}^{0 \to t} = \rho q_V t - k\rho q_V \left(\frac{t}{k} + \mathrm{e}^{-t/k} - 1 \right) = k\rho q_V (1 - \mathrm{e}^{-t/k})$$

因为 $t \to \infty$ 时，$t_0 = 0$ 以前已经进入设备的老流体将全部流出，故在上式中令 $t \to \infty$ 可得 $t_0 = 0$ 以前设备内的老流体量为 $k\rho q_V$。由于设备体积为 V，所以 $t_0 = 0$ 以前已经进入设备的老流体量又等于 ρV。由此可知 $k = V/q_V$，即常数 k 是设备内流体的平均停留时间。

算例 取 $q_m = 1\text{kg/min}$，$k = 25\text{min}$，$t_1 = 1\text{min}$，$t = 10\text{min}$，根据以上结果有：

新流体输入总量为 1kg，t 时刻已经流出 0.316kg，设备中剩余 0.684kg；

重新输入的老流体量为 9kg，t 时刻已经流出 1.442kg，设备中剩余 7.558kg；

$t_0 = 0$ 以前设备内的老流体为 25kg，t 时刻已流出 8.242 kg，设备中剩余 16.758kg；

根据以上结果，$0 \to t$ 期间三部分流出总量为 10kg，与此期间输入的总量平衡；三部分剩余在容器内的量为 25kg，等于容器装载量。

12.2.4 内部年龄密度函数 $I(t)$ 及其与 $F(t)$、$E(t)$ 的关系

在当前时刻 t，已到达设备出口的流体在设备内经历的时间称为流体的停留时间。对应地，在当前时刻 t，仍然还在设备内的流体已在设备内经历的时间则称为流体的生存时间，或称为内部年龄 τ_a。显然，t 时刻仍然在设备内的流体的年龄有长有短，流体内部年龄长短的构成称为内部年龄分布。

前面已知，出口截面上停留时间在 $\tau = t \to t + \mathrm{d}t$ 区间的流体分率可用 RTD 密度函数 $E(t)$ 表示为 $E(t)\mathrm{d}t$；类似地，若用 $I(t)$ 表示内部年龄密度函数，则内部年龄在 $\tau_a = t \to t + \mathrm{d}t$ 区间的流体分率可表示为 $I(t)\mathrm{d}t$。

针对不可压缩流体，设设备内流体体积为 V，其中 $\tau_a = t \to t + \mathrm{d}t$ 年龄段流体的体积为 $\mathrm{d}V(t)$，若已知内部年龄密度函数 $I(t)$，则该部分流体的分率为
$$\frac{\mathrm{d}V(t)}{V} = I(t)\mathrm{d}t \quad \text{或} \quad \mathrm{d}V(t) = VI(t)\mathrm{d}t \tag{12-17}$$

由此可得内部年龄为 $0 \to t$ 的流体的分率或体积为
$$\frac{V(t)}{V} = \int_0^t I(t)\mathrm{d}t \quad \text{或} \quad V(t) = V \int_0^t I(t)\mathrm{d}t \tag{12-18}$$

因为设备内所有流体的内部年龄总在 $0 \rightarrow \infty$ 之间，所以

$$\int_0^\infty I(t)\mathrm{d}t = 1 \qquad (12\text{-}19)$$

内部年龄密度函数 $I(t)$ 与 RTD 分布函数 $F(t)$ 和密度函数 $E(t)$ 有必然的联系。为寻求它们之间的关系，可考察 $t_0 = 0$ 输入系统的流体（即 $t_0 = 0$ 时刻之前 $\mathrm{d}t$ 微元时段输入的流体），其输入量 $m_0 = q_m \mathrm{d}t$。

m_0 中的流体在 $0 \rightarrow t$ 期间流出系统的质量可按式（12-14）计算，即

$$m_0^{0 \rightarrow t} = m_0 F(t) = m_0 \int_0^t E(t)\mathrm{d}t$$

另一方面，由于 $t_0 = 0$ 时刻之前 $\mathrm{d}t$ 微元时段输入的流体在 t 时刻设备内的年龄分布只能在 $\tau_a = t \rightarrow t + \mathrm{d}t$ 区间，又由于按 $I(t)$ 定义该年龄段流体的分率为 $I(t)\mathrm{d}t$，所以该分率就是 m_0 中仍然在设备内的流体的分率。因此，设 t 时刻 m_0 中仍然留在设备内的流体质量为 m_0'，则 m_0' 所占设备内总流体量 ρV 的分率为

$$m_0'/\rho V = I(t)\mathrm{d}t$$

因为，$m_0^{0 \rightarrow t} + m_0' = m_0$，所以由以上两式可得 $I(t)$ 与 $F(t)$ 和 $E(t)$ 的关系为

$$\begin{cases} \bar{t}I(t) = 1 - F(t) = 1 - \int_0^t E(t)\mathrm{d}t = \int_t^\infty E(t)\mathrm{d}t \\ E(t) = \dfrac{\mathrm{d}F(t)}{\mathrm{d}t} = -\bar{t}\dfrac{\mathrm{d}I(t)}{\mathrm{d}t} \end{cases} \qquad (12\text{-}20)$$

式中，$\bar{t}$ 是流体在设备内的平均停留时间（流体以流量 q_V 充满体积 V 所需要的时间），即

$$\bar{t} = \frac{\rho V}{q_m} = \frac{V}{q_V} \qquad (12\text{-}21)$$

12.2.5　无因次停留时间函数

为表达简洁与计算方便，可定义无因次时间 θ、无因次 RTD 密度函数 $E(\theta)$ 和无因次内部年龄密度函数 $I(\theta)$ 如下

$$\theta = t/\bar{t},\ E(\theta) = \bar{t}E(t),\ I(\theta) = \bar{t}I(t) \qquad (12\text{-}22)$$

用 $t = \bar{t}\theta$ 代入 $F(t)$ 可得无因次分布函数 $F(\theta)$ 如下

$$F(t) = \int_0^t E(t)\mathrm{d}t = \int_0^\theta \bar{t}E(t)\mathrm{d}\theta = \int_0^\theta E(\theta)\mathrm{d}\theta = F(\theta) \qquad (12\text{-}23)$$

由此可见，无因次分布函数 $F(\theta) = F(t)$，因为 $F(t)$ 本身就无因次。

根据式（12-20）等关系，可得无因次 $F(\theta)$、$E(\theta)$ 和 $I(\theta)$ 之间关系如下

$$\begin{cases} I(\theta) = 1 - F(\theta) = 1 - \int_0^\theta E(\theta)\mathrm{d}\theta = \int_\theta^\infty E(\theta)\mathrm{d}\theta \\ E(\theta) = \dfrac{\mathrm{d}F(\theta)}{\mathrm{d}\theta} = -\dfrac{\mathrm{d}I(\theta)}{\mathrm{d}\theta} \\ F(\infty) = \int_0^\infty E(\theta)\mathrm{d}\theta = 1, \quad F(\theta_2) - F(\theta_1) = \int_{\theta_1}^{\theta_2} E(\theta)\mathrm{d}\theta \end{cases} \qquad (12\text{-}24)$$

这种关系如图 12-10 所示。其中：

① $E(\theta)$ 的值等于 $F(\theta)$ 曲线对应点的斜率，即 $E(\theta) = \mathrm{d}F(\theta)/\mathrm{d}\theta$，故 $E(\theta)_{\max}$ 点对应于分布函数 $F(\theta)$ 曲线的拐点，也是 $I(\theta)$ 曲线的拐点；

② $0 \rightarrow \theta$ 时间内 $E(\theta)$ 曲线下的面积值即为 $F(\theta)$；

③ $I(\theta)$ 或 $E(\theta)$ 曲线下的总面积＝1。

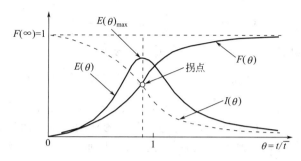

图 12-10　$E(\theta)$、$F(\theta)$、$I(\theta)$ 之间的关系

12.3　停留时间分布的测量及其数字特征

停留时间分布通常采用示踪实验测量，其中最常见的是脉冲法和阶跃法。此外还有周期输入频率响应实验方法等。无论哪种方法，都要求示踪剂易于检测，流动性质与流体一样（完全随动），且出口处示踪剂浓度检测点应充分混合。

12.3.1　脉冲示踪法（pulse signal）

如图 12-11 所示，脉冲示踪实验就是于 $t=0$ 时刻在系统进口以脉冲方式（瞬间）注入示踪剂 m_0(kg)，同时在出口处测定示踪剂的浓度，所获得的浓度随时间变化的曲线 $C(t)$（kg/m³）称为响应曲线。

脉冲示踪实验基本要求是：示踪剂有确定量 (m_0)，与流体相融，$t=0$ 时刻瞬间注入，不影响内部流动行为，且易于检测。比如，设备内流体为水时，可采用配制盐水作示踪剂，通过测电导率确定其浓度。注：此时 m_0 是指盐水示踪剂中的盐的质量。

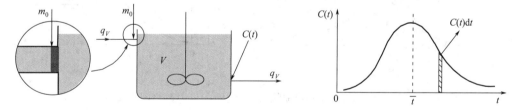

图 12-11　脉冲示踪实验及浓度响应曲线 $C(t)$

根据式（12-14）可知，对于 $t=0$ 时刻以脉冲方式输入的示踪剂 m_0，在随后的 $0\to t$ 时间流出系统的示踪剂量为

$$m_0^{0\to t} = m_0 F(t) = m_0 \int_0^t E(t)\mathrm{d}t \tag{12-25}$$

测定出浓度响应曲线 $C(t)$，则 $0\to t$ 时间流出系统的示踪剂量又可根据 $C(t)$ 计算

$$m_0^{0\to t} = \int_0^t C(t) q_V \mathrm{d}t \tag{12-26}$$

两者相等，可得系统 RTD 密度函数 $E(t)$ 与响应曲线 $C(t)$ 的关系，即

$$\frac{m_0}{q_V} E(t) = C(t) \tag{12-27}$$

若设备内流体体积为 V，并定义初始浓度 C_0、平均停留时间 $\bar{t}$ 和无因次浓度 $C(\theta)$ 如下

$$C_0 = \frac{m_0}{V}, \quad \bar{t} = \frac{V}{q_V}, \quad C(\theta) = \frac{C(t)}{C_0} \tag{12-28}$$

则密度函数 $E(t)$ 与响应曲线 $C(t)$ 的关系可表示为

$$\bar{t}E(t) = \frac{C(t)}{C_0} \quad \text{或} \quad E(\theta) = C(\theta) \tag{12-29}$$

由此可见：脉冲示踪法的优点是可由响应曲线 $C(t)$ 直接获得密度函数 $E(t)$。但缺点是：随时间增加出口浓度变得很低，难以做到 $C(t)$ 的精确测量，而这对模型的拟合往往又很重要；其次，实际操作中的脉冲输入只是近似的，从而导致一定误差。

$E(\theta)$ 和 $C(\theta)$ 曲线的绘制 浓度记录仪获得的数据有时为离散数据，针对每一对数据：$t_i \sim C(t_i)$，可用 $\bar{t}$ 和 C_0 分别除以 t_i 和 $C(t_i)$ 得到对应的一对无因次数据 $\theta_i \sim C(\theta_i)$，并由此绘制出 $\theta \sim C(\theta)$ 曲线，也即 θ-$E(\theta)$ 曲线。

$F(\theta)$ 曲线的绘制 根据绘制的 $\theta \sim E(\theta)$ 曲线，将曲线下的 θ 坐标分为 n 个时段：$\Delta\theta_1$，$\Delta\theta_2$，$\cdots$，$\Delta\theta_n$，并读取对应的 $E(\theta_1)$，$E(\theta_2)$，$\cdots$，$E(\theta_n)$，然后计算 $F(\theta_i)$

$$F(\theta_i) = \sum_{m=1}^{i} E(\theta_m)\Delta\theta_m, i = 1, 2, \cdots, n-1, n \tag{12-30}$$

于是由 $\theta_i \sim F(\theta_i)$ 可绘制出 $\theta \sim F(\theta)$ 曲线。为保证该曲线的准确性，θ 分段应足够多。

实验曲线的检验 考察 $F(\theta_n)$ 计算值与 1 的偏离程度，可检验实验的误差程度。

此外，根据测试得到 $t_i \sim C(t_i)$ 数据，可由下式计算示踪剂量 m_{0c}

$$m_{0c} = \sum_{i=1}^{n} q_V C(t_i)\Delta t_i \tag{12-31}$$

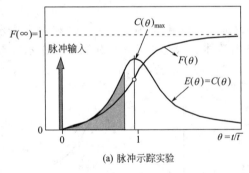
(a) 脉冲示踪实验

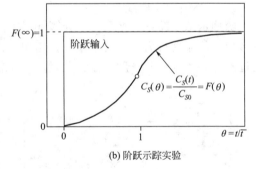
(b) 阶跃示踪实验

图 12-12 示踪实验响应曲线 $C(\theta)$ 与 $E(\theta)$、$F(\theta)$ 之间的关系

然后通过比较 m_{0c} 与实验所用示踪剂量 m_0 的误差大小，可评判实验的误差程度。

脉冲示踪实验响应曲线 $C(\theta)$ 与 $E(\theta)$、$F(\theta)$ 之间的关系如图 12-12（a）所示。

12.3.2 阶跃示踪法（step change）

阶跃示踪法就是在 $t=0$ 时刻将系统进口切换成浓度为 C_{S0} 的示踪剂溶液，其体积流量 q_V 与原流体一样，并同时在系统出口处测量示踪剂浓度 $C_S(t)$ ——响应曲线（kg/m³）。

根据式(12-10)可知，对于 $t=0$ 时刻开始进入系统的新流体（示踪剂溶液），其此后 $0 \rightarrow t$ 时间内流出系统的总质量为

$$m_{0 \rightarrow t}^{0 \rightarrow t} = \rho q_V \int_0^t F(t')\mathrm{d}t' \tag{12-32}$$

式中，$m_{0 \to t}^{0 \to t}$ 是示踪剂溶液的质量，其中示踪剂组分的质量为 $m_{0 \to t}^{0 \to t}(C_{S0}/\rho)$；根据测试得到示踪剂浓度 $C_S(t)$ 曲线，该示踪剂质量又等于

$$m_{0 \to t}^{0 \to t}(C_{S0}/\rho) = \int_0^t q_V C_S(t) \mathrm{d}t \tag{12-33}$$

于是，由以上两式可得 RTD 分布函数 $F(t)$ 与响应曲线 $C_S(t)$ 的关系为

$$F(t) = \frac{C_S(t)}{C_{S0}} = C_S(\theta) = F(\theta) \tag{12-34}$$

式中，$C_S(\theta)$ 是阶跃法的无因次响应浓度，定义为

$$C_S(\theta) = C_S(t)/C_{S0} \tag{12-35}$$

由此可见，阶跃示踪法的优点是，可由响应曲线 $C_S(t)$ 直接获得分布函数 $F(t)$，且产生阶跃变化相对容易。但缺点同样是：测试末期浓度变化很小，难以做到精确测量；其次，求取 $E(t)$ 时必须对 $F(t)$ 数值微分，这比脉冲法中由 $E(t)$ 数值积分求 $F(t)$ 的误差大，所获数学模型不如脉冲法精确。

阶跃示踪实验响应曲线 $C_S(\theta)$ 与 $F(\theta)$ 之间的关系如图 12-12(b)所示。

12.3.3　停留时间分布的数字特征

考虑到流体或物料在设备中的停留时间密度函数 $E(t)$ 具有概率分布函数的特点，故可借用概率统计理论上的一些数字特征来表征停留时间分布的特点。

(1) 停留时间的数学期望 $\tilde{\tau}$ [$E(t)$ 曲线的一次矩，或停留时间均值]

停留时间数学期望反映物料停留时间的平均特性，其定义为

$$\tilde{\tau} \int_0^\infty E(t) \mathrm{d}t = \int_0^\infty t E(t) \mathrm{d}t \tag{12-36a}$$

或

$$\tilde{\tau} = \int_0^\infty t E(t) \mathrm{d}t \Big/ \int_0^\infty E(t) \mathrm{d}t = \int_0^\infty t E(t) \mathrm{d}t \tag{12-36b}$$

从 $E(t)$ 曲线图 12-13 可知，式（12-36a）左边是以 $E(t)$ 曲线下总面积计算的平面矩，其中 $\tilde{\tau}$ 为该面积形心的横坐标；而式（12-36a）右边是 $E(t)$ 曲线下微分面积的平面矩的总和。因此，可把 $\tilde{\tau}$ 视为停留时间的"分布中心"，反映分布的平均特性。由于这一原因，停留时间数学期望 $\tilde{\tau}$ 又称为 $E(t)$ 曲线的一次矩，或停留时间均值。

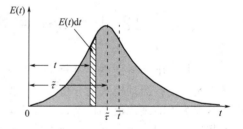

图 12-13　停留时间的数学期望或均值

需要指出的是，停留时间均值 $\tilde{\tau}$ 也可由设备有效体积 V_R 与体积流量 q_V 求得，即

$$\tilde{\tau} = V_R/q_V \tag{12-37}$$

而通常由设备内流体标称体积 V 计算的平均停留时间 $\bar{t}$ 只是名义停留时间，即

$$\bar{t} = V/q_V \tag{12-38}$$

有的情况下，由于设备内可能存在短路或死角等，有效体积 V_R 并不一定等于反应器标称体积 V，故 $\tilde{\tau}$ 与 $\bar{t}$ 不一定相等；其次，有的情况下有效体积 V_R 也不容易准确估计（比如气液、气固两相流中，液体实际体积就很难估计），所以 $\tilde{\tau}$ 的计算通常还是采用 $E(t)$ 积分或加和方法计算。对于实验曲线或离散数据情况，$\tilde{\tau}$ 的加和计算公式如下

$$\tilde{\tau} = \frac{\sum t_i E(t_i) \Delta t_i}{\sum E(t_i) \Delta t_i} = \frac{\sum t_i \Delta F(t_i)}{\sum \Delta F(t_i)} \tag{12-39}$$

根据 $\tilde{\tau}$ 确定实际有效体积 V_R，并通过与标称体积 V 比较，可推断设备内的流动状况；

或通过比较 $\widetilde{\tau}$ 与 $\overline{t}$，从而推断设备内的流动状况。比如，$\widetilde{\tau}<\overline{t}$（即 $V_R<V$），表明设备内可能存在沟流或短路；$\widetilde{\tau}>\overline{t}$，表明可能存在死区或吸附。

（2）停留时间的方差 $\boldsymbol{\sigma}^2$ ［$E(t)$ 曲线的二次矩，停留时间分布的散度］

停留时间的方差 σ^2 表征 $E(t)$ 曲线相对于平均停留时间 $\widetilde{\tau}$ 的分散程度，其定义为

$$\sigma^2\int_0^\infty E(t)\mathrm{d}t=\int_0^\infty (t-\widetilde{\tau})^2 E(t)\mathrm{d}t \tag{12-40a}$$

因为

$$\int_0^\infty (t-\widetilde{\tau})^2 E(t)\mathrm{d}t=\int_0^\infty t^2 E(t)\mathrm{d}t-2\widetilde{\tau}\int_0^\infty tE(t)\mathrm{d}t+\widetilde{\tau}^2\int_0^\infty E(t)\mathrm{d}t$$

故

$$\sigma^2=\int_0^\infty t^2 E(t)\mathrm{d}t\Big/\int_0^\infty E(t)\mathrm{d}t-\widetilde{\tau}^2=\int_0^\infty t^2 E(t)\mathrm{d}t-\widetilde{\tau}^2 \tag{12-40b}$$

或对于离散数据有

$$\sigma^2=\frac{\sum t_i^2 E(t_i)\Delta t_i}{\sum E(t_i)\Delta t_i}-\widetilde{\tau}^2=\frac{\sum t_i^2 \Delta F(t_i)}{\sum \Delta F(t_i)}-\widetilde{\tau}^2 \tag{12-41}$$

方差 σ^2 数值的大小，可反映停留时间分布的分散程度。如图 12-14 所示。方差 σ^2 小，表明流体的停留时间分布较集中，反之则较分散；特别地，$\sigma^2=0$ 则表示停留时间均相同，完全没有返混，即同一时刻进入反应器的物料均同时到达出口。

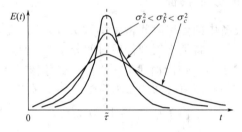

图 12-14　停留时间的方差或散度

12.4　几种典型的停留时间分布模型

实际设备中的流动模式是多种多样的。本节将介绍几种典型流动模型及其 RTD 行为，以便为实际设备流动模式的分析及其模型参数的求取提供参照。其中包括：平推流模型，即物料返混为零的理想流动模型；全混流模型，即物料返混达到最大极限的理想流动模型；多釜串联模型，即多个全混流反应釜的串联流动模型；轴向扩散模型，即平推流＋轴向扩散流动模型。实际设备内的流动模式介于平推流与全混流两种理想模型之间，并通常可用这些模型及其组合来描述。

12.4.1　平推流模型（plug flow）

平推流模型是物料返混为零的理想流动模型。平推流模型下，设备中各流体质点以相同速度 u（平均流速）沿同一方向流动。如图 12-15 所示，假设在设备进口注入示踪剂，则示踪剂将犹如活塞一样向前运动，故又称活塞流。由此可见，平推流的特点是流体停留时间完全相同且均等于平均停留时间 $\overline{t}$。管式设备内较高速度的流动通常接近平推流。

（1）RTD 密度函数 $E(t)$ 和分布函数 $F(t)$

因为平推流条件下流体的停留时间均为平均停留时间 $\overline{t}$，所以设备出口停留时间 $t=\overline{t}$ 的物料分率为 1，即 $E(t)\mathrm{d}t=1$［其中 $\mathrm{d}t\to 0$，$E(t)\to\infty$］；而 $t>\overline{t}$ 和 $t<\overline{t}$ 的物料分率均为零，即 $t\neq\overline{t}$ 时 $E(t)\mathrm{d}t=0$；故有

$$
\left.\begin{array}{l} t \neq \bar{t}, \quad E(t) = 0, \quad E(t)\mathrm{d}t = 0 \\ t = \bar{t}, \quad E(t) = \infty, \quad E(t)\mathrm{d}t = 1 \end{array}\right\} \tag{12-42}
$$

根据分布函数 $F(t)$ 与密度函数 $E(t)$ 的关系又可得

$$
F(t) = \int_0^t E(t)\mathrm{d}t \longrightarrow \left.\begin{array}{l} t \neq \bar{t}, \quad F(t) = 0 \\ t = \bar{t}, \quad F(t) = 1 \end{array}\right\} \tag{12-43}
$$

平推流模型的 RTD 密度函数 $E(t)$ 与分布函数 $F(t)$ 见图 12-15。

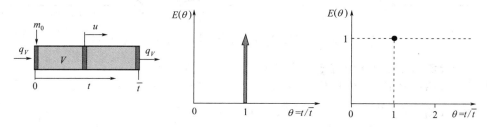

图 12-15　平推流模型的 RTD 密度函数 $E(t)$ 与分布函数 $F(t)$

（2）平推流的停留时间均值 $\widetilde{\tau}$ 与方差 σ^2

根据上述密度函数 $E(t)$ 分布式可得

$$
\left.\begin{array}{l} \widetilde{\tau} = \int_0^\infty t E(t)\mathrm{d}t = \bar{t}\,[E(t)\mathrm{d}t]_{t=\bar{t}} = \bar{t} \\ \sigma^2 = \int_0^\infty (t - \widetilde{\tau})^2 E(t)\mathrm{d}t = (\bar{t} - \widetilde{\tau})^2 = 0 \end{array}\right\} \longrightarrow \left.\begin{array}{l} \widetilde{\tau} = \bar{t} \\ \sigma^2 = 0 \end{array}\right\} \tag{12-44}
$$

12.4.2　全混流模型（perfect mixing）

全混流模式是物料返混达到最大极限的理想流动模型。其特点是物料进入设备后立刻与设备内原有物料充分混合，设备内浓度均匀，出口浓度＝内部浓度。搅拌充分的混合器、反应器等设备内的流动模式趋近全混流模型。

（1）RTD 密度函数 $E(t)$ 和分布函数 $F(t)$

以 V 表示设备内流体体积，设想 $t=0$ 时刻在进口以脉冲方式注入示踪剂 m_0(kg)，同时测定设备出口处各 t 时刻的示踪剂浓度 $C(t)$(kg/m^3)，获得响应曲线 t-$C(t)$。

根据流动系统质量守恒方程，并考虑全混流时"出口浓度＝内部浓度"，则针对示踪剂的质量守恒方程为

$$
0 - q_V C(t) = \frac{\mathrm{d}V C(t)}{\mathrm{d}t}
$$

其初始条件为 $t=0$：$C(t) = C_0 = m_0/V$。解该方程，并引入平均停留时间 $\bar{t}$ 得

$$
C(t) = C_0 \mathrm{e}^{-t/\bar{t}} \tag{12-45}
$$

因为脉冲实验中，$\bar{t}E(t) = C(t)/C_0$，故全混流反应器的 RTD 密度函数 $E(t)$ 为

$$
E(t) = \frac{1}{\bar{t}}\mathrm{e}^{-t/\bar{t}} \quad \text{或} \quad E(\theta) = \mathrm{e}^{-\theta} \tag{12-46}
$$

其分布函数为 $\qquad F(t) = \int_0^t E(t)\mathrm{d}t = 1 - \mathrm{e}^{-t/\bar{t}} \quad \text{或} \quad F(\theta) = 1 - \mathrm{e}^{-\theta} \tag{12-47}$

全混流模式的 $E(\theta)$ 与 $F(\theta)$ 随时间的变化行为如图 12-16 所示。计算可知，$t=\bar{t}$ 时，$F(\theta) = 0.6321$，这说明有 63.21% 的物料在设备中的停留时间小于等于平均停留时间；停留时间 $t \leqslant 0.1\bar{t}$ 的物料占 9.52%，停留时间 $t \geqslant 2\bar{t}$ 的物料占 13.53%，可见全混流设备内物料停留时间分布相当宽，这种分布对化学反应的收率和选择性均带来重要的影响。

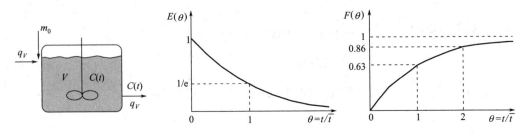

图 12-16　全混流模式的 RTD 密度函数 $E(t)$ 与分布函数 $F(t)$

（2）全混流的停留时间均值 $\widetilde{\tau}$ 与方差 σ^2

根据密度函数分布式积分可得

$$\widetilde{\tau} = \int_0^\infty tE(t)\mathrm{d}t = \bar{t}\int_0^\infty \theta \mathrm{e}^{-\theta}\mathrm{d}\theta = \bar{t}\left[-\mathrm{e}^{-\theta}(1+\theta)\right]_0^\infty = \bar{t}$$

$$\sigma^2 = \int_0^\infty t^2 E(t)\mathrm{d}t - \widetilde{\tau}^2 = \bar{t}^2\int_0^\infty \theta^2 \mathrm{e}^{-\theta}\mathrm{d}\theta - \widetilde{\tau}^2 = \bar{t}^2\left[-\mathrm{e}^{-\theta}(2+2\theta+\theta^2)\right]_0^\infty - \widetilde{\tau}^2 = \widetilde{\tau}^2$$

即，对于全混流有 $\qquad\qquad\qquad \widetilde{\tau} = \bar{t}, \quad \sigma^2 = \widetilde{\tau}^2 = \bar{t}^2$ $\qquad\qquad\qquad$ (12-48)

12.4.3　多釜串联模型

由于实际设备中的流动模式很难达到完全理想的平推流或全混流，所以可假设实际设备中的返混情况等同于若干个全混釜串联时的返混，因此提出多釜串联模型。该模型通常应用于返混较大的反应器等设备。

多釜串联模型如图 12-17 所示。模型由 n 个等容积的理想混合釜串联而成，两釜间无返混；系统体积流量 q_V，各釜容积 V_R、各釜平均停留时间 $\tau = V_R/q_V$ 为确定参数；串联釜的数量 n 则为模型待定参数。

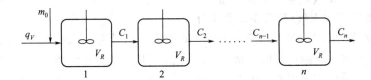

图 12-17　多釜串联模型示意图

对于多釜串联系统，可通过虚拟脉冲示踪实验分析，获得其 RTD 密度函数 $E(t)$，由此可建立串联釜数量 n 与密度函数数字特征的关系，以用于确定实际系统等同于多釜串联模型的模型参数 n。

设想 $t=0$ 时刻脉冲注入示踪剂 m_0，则任意时刻 t 各釜出口的示踪剂浓度计算如下。

第一釜：设 $C_{01} = m_0/V_R$，根据全混流模型出口示踪剂浓度公式（12-45）可知，任意 t 时刻第一釜的出口浓度为

$$C_1 = C_{01}\mathrm{e}^{-t/\tau}$$

第二釜：由质量守恒可得 $\quad C_1 q_V - C_2 q_V = \dfrac{\mathrm{d}}{\mathrm{d}t}(V_R C_2)$

考虑 $\tau = V_R/q_V$ 并将 $C_1 = C_{01}\mathrm{e}^{-t/\tau}$ 代入得

$$\frac{\mathrm{d}C_2}{\mathrm{d}t} + \frac{1}{\tau}C_2 = \frac{1}{\tau}C_{01}\mathrm{e}^{-t/\tau}$$

参照与以上方程类似的非其次线性方程及其解

$$\frac{\mathrm{d}y}{\mathrm{d}x} + p(x)y = q(x) \quad \longrightarrow \quad y = \mathrm{e}^{-\int p(x)\mathrm{d}x} \left[\int q(x) \mathrm{e}^{\int p(x)\mathrm{d}x} \, \mathrm{d}x + c \right]$$

可得
$$C_2 = \mathrm{e}^{-\int \frac{1}{\tau}\mathrm{d}t} \left(\int \frac{1}{\tau} C_{01} \mathrm{e}^{-t/\tau} \mathrm{e}^{\int \frac{1}{\tau}\mathrm{d}t} \, \mathrm{d}t + c \right) = \mathrm{e}^{-t/\tau} \left(\frac{t}{\tau} C_{01} + c \right)$$

代入初始条件：$t=0$，$C_2=0$，可得第二釜出口浓度为

$$C_2 = C_{01} \frac{t}{\tau} \mathrm{e}^{-t/\tau}$$

同理有第三釜、第四釜，直至第 n 釜的浓度为

$$\frac{C_3}{C_{01}} = \frac{1}{2} (t/\tau)^2 \mathrm{e}^{-t/\tau}, \quad \frac{C_4}{C_{01}} = \frac{1}{2} \frac{1}{3} (t/\tau)^3 \mathrm{e}^{-t/\tau}$$

$$\frac{C_n}{C_{01}} = \frac{1}{(n-1)!} (t/\tau)^{(n-1)} \mathrm{e}^{-t/\tau} \tag{12-49}$$

另一方面，将所有串联釜视为一个整体系统，脉冲实验中设备出口示踪剂浓度 $C(t)$ 与该系统的密度函数 $E(t)$ 的一般关系 [见式 (12-29)] 为

$$C(t) = \bar{t} C_0 E(t)$$

其中，对于串联釜系统
$$C_0 = \frac{m_0}{nV_R} = \frac{C_{01}}{n}, \quad \bar{t} = \frac{nV_R}{q_V} = n\tau$$

因此，多级串联釜的 RTD 密度函数 $E(t)$ 为

$$E(t) = \frac{C(t)}{\bar{t} C_0} = \frac{nC_n}{\bar{t} C_{01}} = \frac{1}{\bar{t}} \frac{n}{(n-1)!} \left(\frac{t}{\tau} \right)^{(n-1)} \mathrm{e}^{-\frac{t}{\tau}} \tag{12-50}$$

用总平均停留时间 $\bar{t} = n\tau$ 替换 τ，并令 $\theta = t/\bar{t}$，$E(t)$ 可表示为

$$E(\theta) = \bar{t} E(t) = \frac{n}{(n-1)!} (n\theta)^{(n-1)} \mathrm{e}^{-n\theta} \tag{12-51}$$

根据 $E(\theta)$ 进行积分，可得多釜串联模型的停留时间均值 $\tilde{\tau}$ 与方差 σ^2 为

$$\tilde{\tau} = \bar{t}, \quad \sigma^2 = \frac{\bar{t}^2}{n} \tag{12-52}$$

多釜串联模型的 $E(\theta)$ 曲线如图 12-18 所示。由该图或式 (12-51) 可见

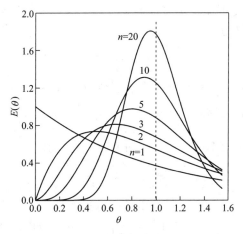

图 12-18　多釜串联模型的 $E(\theta)$ 曲线

$n=1$，流动模式为全混流，即

$$\widetilde{\tau}=\overline{t}, \quad \sigma^2=\overline{t}^2$$

$n\rightarrow\infty$，流动模式为平推流，即

$$\widetilde{\tau}=\overline{t}, \quad \sigma^2=0$$

多釜串联模型中 n 即为模型参数。对于实际设备，通过 RTD 实验获得 $E(\theta)$ 曲线及其数学期望和方差后，即可按式(12-52)确定该设备的级数 n。n 是虚拟级数，故不一定是整数。得到的 n 越大说明返混程度越小。

12.4.4　轴向扩散模型

对于长径比较大的设备，如管式换热器或反应器等设备，流体平均速度 u 沿轴向是不变的，但其它截面平均参数诸如截面平均温度 T、截面平均浓度 C 等沿流动方向是变化的，即轴向存在温度梯度或浓度梯度，从而导致轴向存在热扩散或浓度扩散。因此，对于扩散效应较显著的管式设备，通常可假设其流动模式为平推流＋轴向扩散，即轴向扩散模型。

为理解轴向扩散模型，如图 12-19 所示，可想象在管式设备进口处注入示踪剂。在主体流动为平推流的条件下，若不存在轴向扩散，则示踪剂分布范围不变，犹如活塞以平均速度 u 向前运动，并会在 $t=\overline{t}$ 时达到设备出口；但在有轴向扩散的条件下，示踪剂除了随平均速度 u 流动外，还要沿中心向两边扩散，从而导致返混。将理想的平推流与理想扩散相叠加即轴向扩散模型，如图 12-19 所示。

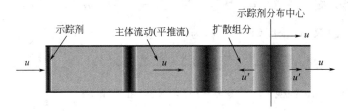

图 12-19　轴向扩散模型示意图

轴向扩散模型也是理想模型。其假设包括：①流体的主体流动为平推流，流动截面犹如活塞面向前运动，运动速度 u 恒定；②流体内部的扩散仅有轴向扩散，横截面上组分浓度、温度均匀；③轴向扩散系数 $D_e(\mathrm{m^2/s})$ 及其它物性参数为定值。

扩散系数 D_e 表征的扩散包括分子扩散和涡流扩散，$D_e\rightarrow0$ 表示无返混，即平推流；$D_e\rightarrow\infty$ 表示返混极大，即全混流。轴向扩散模型中，通常采用贝克列（Peclet）数 Pe 来描述对流与扩散之比，其定义为

$$Pe=\frac{uL}{D_e} \tag{12-53}$$

根据虚拟脉冲实验分析，可得到轴向扩散模型的 RTD 密度函数（见习题 12-9）为

$$E(\theta)=\overline{t}E(t)=\frac{1}{2\sqrt{\pi\theta/Pe}}\exp\left[-Pe\frac{(1-\theta)^2}{4\theta}\right] \tag{12-54}$$

由此积分可得轴向扩散模型的停留时间均值和方差分别为

$$\widetilde{\theta}=\frac{\widetilde{\tau}}{\overline{t}}=1+\frac{2}{Pe}, \quad \sigma_\theta^2=\frac{\sigma^2}{\overline{t}^2}=\frac{2}{Pe}+\frac{8}{Pe^2} \tag{12-55}$$

当 Pe 数较大时（比如 $Pe>100$），以上两式可近似为

$$E(\theta)=\frac{1}{2\sqrt{\pi/Pe}}\exp\left(-Pe\frac{(1-\theta)^2}{4}\right) \tag{12-56}$$

$$\tilde{\theta} = \frac{\tilde{\tau}}{\bar{t}} = 1, \quad \sigma_\theta^2 = \frac{\sigma^2}{\bar{t}^2} = \frac{2}{Pe} \tag{12-57}$$

其中，Pe 数较大时的 $E(\theta)$ 分布（正态分布）及其基本特性如图 12-20 和图 12-21 所示。

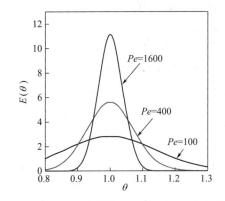

图 12-20　轴向扩散模型 $E(\theta)$ 随 Pe 的变化

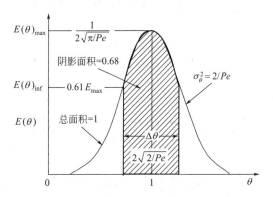

图 12-21　Pe 较大时轴向扩散模型的 $E(\theta)$ 特性

对于轴向扩散模型，贝克列数 Pe 就是模型参数。对于实际设备，若其流动模式可近似为轴向扩散模型，则关键是要确定其 Pe 数，即确定其中的有效扩散系数 D_e。

确定具体设备中的有效扩散系数 D_e 的方法之一就是，采用脉冲示踪实验，获得 $E(\theta)$ 曲线，然后与不同 Pe 数下的曲线（图 12-20）相比较，确定与 $E(\theta)$ 实验曲线最接近的曲线对应的 Pe，将其作为 $E(\theta)$ 实验曲线的 Pe，从而获得有效扩散系数 D_e；也可根据实验曲线计算的方差 σ^2，由式（12-55）或式（12-57）确定 Pe。

此外，还可根据返混很小（Pe 较大）时轴向扩散模型 $E(\theta)$ 曲线的正态分布性质，从图 12-21 所示的相应关系中确定 Pe。

对于管道流动中的轴向扩散，包括分子扩散和涡流扩散（湍流扩散），其贝克列数 Pe 与雷诺数 Re 之间有如下经验关联式：

$$Pe = \frac{uL}{D_e} = \frac{L}{d}\left(\frac{3.0 \times 10^7}{Re^{2.1}} + \frac{1.35}{Re^{1/8}}\right)^{-1} \tag{12-58}$$

式中，L、d 分别为管道长度和直径。该关联式为 RTD 实验中示踪剂扩散的计算以及求取模型参数中扩散问题的计算带来了方便。

【例 12-2】　食用油汽提塔中的停留时间分布特性。

为测定某食用油汽提塔中的停留时间分布特性，在 $t=0$ 时刻将进料改为性质相似的椰子油进行阶跃示踪实验，并通过测试馏出物取样的折光指数获得椰子油质量分率随时间的关系如下表所示。

① 试确定汽提塔中油的平均停留时间；

② 若采用串联釜模型描述汽提塔停留时间分布，则串联釜的数量为多少？

③ 如果采用轴向扩散模型描述汽提塔停留时间分布，则贝克列数 Pe 为多少？

取样时间/min	30	40	45	50	55	60	65	70	80	105
质量百分率/%	0	5	16.5	34.5	53	69	82	92	99	100

解　相邻时间段 Δt_i 对应的质量百分率之差即 $\Delta F(t_i) = E(t_i)\Delta t_i$，其中 $\Delta F(t_i)$ 对应的时间 t_i 可取相邻时间段的中点时间，由此得到 $\Delta F(t_i)$ 及对应的时间 t_i 为

$\Delta F(t_i)/\%$	0	5	11.5	18.0	18.5	16.0	13.0	10	7.0	1.0
$t_i/\min$	15	35	42.5	47.5	52.5	57.5	62.5	67.5	75.0	92.5

① 根据离散数据的平均停留时间公式（12-39）和方差公式（12-41）可得

$$\tilde{\tau} = \frac{\Sigma t_i \Delta F(t_i)}{\Sigma \Delta F(t_i)} = 55.15\min, \quad \sigma^2 = \frac{\Sigma t_i^2 \Delta F(t_i)}{\Sigma \Delta F(t_i)} - \tilde{\tau}^2 = 115.23\min^2$$

② 若采用串联釜模型描述汽提塔停留时间分布，则串联釜的数量 n 为

$$\sigma^2 = \frac{\tilde{\tau}^2}{n} \quad \longrightarrow \quad n = \frac{\tilde{\tau}^2}{\sigma^2} = \frac{55.15^2}{115.23} = 26.4$$

③ 如果采用轴向扩散模型描述汽提塔停留时间分布，则贝克列数 Pe 为

$$\frac{\sigma^2}{\tilde{\tau}^2} = \frac{2}{Pe} + \frac{8}{Pe^2} \quad \longrightarrow \quad \frac{\sigma^2}{\tilde{\tau}^2} = 0.0379, \; Pe = 56.5$$

以上计算结果表明，汽提塔中食用油的流动模式远离全混流，属于轴向扩散流。

12.5 停留时间分布曲线的应用

12.5.1 设备内流动情况的定性推断

根据测得的 $E(t)$ 曲线的形状，见图 12-22，可对设备内的流动情况作出定性的判断，并针对存在的问题采取相应的措施。需要说明的是：造成返混的原因很复杂，两种不同的流动状况有可能造成近似相同的 RTD 曲线。因此，RTD 曲线与返混或流动模式之间并不一定存在严格的对应关系。图 12-22 只是对一些典型形状的 $E(t)$ 曲线的经验判断。

12.5.2 设备内流动情况的定量分析

过程强化是过程设备的重要课题，其主要出发点之一是改变流体的流动行为，其基本手段是改进设备主体或内构件的结构形式。通过改变设备流场空间及边界条件，获得预期流动条件，如均匀流动、充分接触、阻断或减薄边界层、增强横向混合、减小阻力等，从而实现过程强化目的——高效、节能、清洁、安全。

如前所述，$E(t)$ 曲线测试相对比较容易，且可在冷模下进行。通过测定不同条件下的 $E(t)$ 曲线，计算其停留时间均值 $\tilde{\tau}$ 与方差 σ^2，可定量分析比较设备内的流动模式和返混的大小，从而考察反应器或设备内特定结构或部件功能的效果。

例如：对于混合搅拌器，可以在连续流动情况测定 RTD 曲线，计算和比较不同搅拌器结构参数与操作参数下 RTD 曲线的数学期望 $\tilde{\tau}$ 和方差 σ^2，分析其接近理想混合的程度，越接近说明搅拌器混合功能越好。

又例如：在设备中设置挡板、挡网、导流筒、分布器等，目的是从流体分布方面限制返混因素，如防止短路、减小流动死区等，使流体流动的分布更加均匀，趋于平推流；有的情况下则是有意造成内循环流等。为此，可针对不同的结构设计方案和操作条件进行冷模 RTD 实验，并通过对 RTD 曲线形状及其数字特征的分析比较，如：σ^2 之间、$\tilde{\tau}$ 之间、$\tilde{\tau}$ 与 $\bar{t}$、V_R 与 V 之间的比较等，定量分析结构参数对流动模式的影响，并据此优化各部件的结构形式及参数。

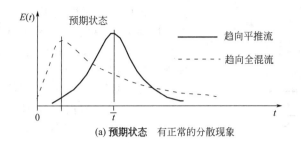

(a) **预期状态** 有正常的分散现象

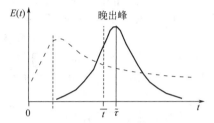

(b) **晚出峰** 设备内有死角或示踪剂被吸附在器壁上所致；通常曲线拖尾很长

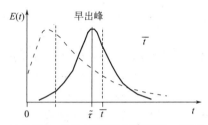

(c) **早出峰** 设备内有短路或沟流现象。如切向进料闪蒸室或无折流板壳程的液相流动

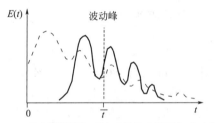

(d) **多个递降峰形** 设备内流体有循环流，如内循环反应器或轴向进料闪蒸室内的液相流动

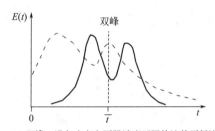

(e) **双峰** 设备内存在两股速度不同的流体平行流动

图 12-22　RTD 密度函数 $E(t)$ 的曲线形状分析

12.5.3　流动模型的模型参数求取

实际设备中的流动模式是多种多样的。为确定实际设备中的流动模型及模型参数，可通过冷模或实际操作状态下的 RTD 实验获得其密度函数 $E(t)$ 或分布函数 $F(t)$ 的曲线；然后根据其分布特征，假定其流动模型，比如前面介绍的平推流模型、全混流模型、多釜串联模型、轴向扩散模型，以及这些模型及其组合等，并与这些已知模型的模型参数对比，确定实际设备内的 RTD 模型及其模型参数。

例如，对于一般管式设备，尤其是当流速较高时，最直接的假定是将其视为平推流。作为理论分析或评价，管式反应器通常采用平推流模型；事实上，列管换热器传热方程 $Q = KA\Delta t_m$ 也是在平推流条件下推导出来的。

若实际管式设备问题中轴向扩散较显著，可在平推流基础上增加考虑轴向扩散，即采用轴向扩散流模型；如前所述，采用轴向扩散模型时，贝克列数 Pe 就是需要通过实测 RTD 曲线来确定的模型参数。

对于搅拌混合器或反应器之类的设备，对其流动模式最常用的假定就是全混流模型。但即使有充分搅拌，这类设备中的实际流动模式距离全混流仍有一定差距，但全混流假设使得反应器性能的理论评价成为可能，也使得这类设备升降温过程中物料温度变化的计算成为可能。

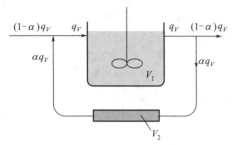

图 12-23 全混流＋平推流组合模型

当采用全混流模型不足以表征其流动模式时，可采用前面介绍的多釜串联模型。采用多釜串联模型时，串联级数 n 就是需要通过实测 RTD 曲线来确定的模型参数。

此外，还可采用组合模型来表征实际设备内的流动模式。采用组合模型的关键是要求得组合模型的 RTD 密度函数 $E(t)$（通常可采用虚拟脉冲实验质量守恒分析，并由组合模型中已知模型的 RTD 特性确定），然后根据实测 RTD 曲线与组合模型的密度函数 $E(t)$ 对比，确定相关模型参数。

例如，对于有内部或外不循环的设备，若采用如图 12-23 所示的全混流＋平推流组合模型，采用虚拟脉冲实验质量守恒分析（见习题 12-11），可得组合模型的密度函数 $E(\theta)$ 如下。

对于 $n = 1, 2, \cdots, \infty$，无因次时间 θ 位于的区间及对应的密度函数 $E(\theta)$ 为

$$(n-1)\beta \leqslant \theta < n\beta \qquad \bar{t}_1 E(t) = E(\theta) = (1-\alpha) \sum_{m=0}^{n-1} \frac{\alpha^m}{m!} (\theta - m\beta)^m \, \mathrm{e}^{-(\theta - m\beta)} \quad (12\text{-}59)$$

式中，α 为循环流流量分率。无因次时间 θ 及其他参数定义为

$$\theta = \frac{t}{\bar{t}_1}, \quad \beta = \frac{\bar{t}_2}{\bar{t}_1}, \quad \bar{t}_1 = \frac{V_1}{q_V}, \quad \bar{t}_2 = \frac{V_2}{\alpha q_V}$$

然后根据实测 RTD 曲线与以上 $E(\theta)$ 曲线对比，可确定组合模型的 α 等参数。

本章说明 停留时间分布不仅能反映过程设备内部的流动行为，且实验测试相对容易。但这样的一种有效研究手段，长期以来主要应用于化学反应器流动模型分析。编者将停留时间分布理论纳入本书，是因为在一般过程设备内部的流动行为及其结构影响分析中，停留时间分布实验同样是一种有效的、值得重视的研究手段。

习　题

12-1　某稳态连续流动系统，系统内流体体积为 V，流体体积流量为 q_V，密度为 ρ；设想 $t = 0$ 时刻将进口流体切换为性质、流量完全相同的新流体，并一直保持下去。

① 试采用系统内流体的年龄分布密度函数 $I(t)$ 表示 t 时刻存留在系统中的新流体量 m_1；

② 试采用系统 RTD 分布函数 $F(t)$ 表示 0→t 时间段流出系统的新流体量 m_2；

③ 试采用系统 RTD 分布函数 $F(t)$ 表示 0→t 时间段流出系统的老流体量 m_3；

④ 根据以上质量之间的守恒关系，确定 $I(t)$ 与 $F(t)$ 以及密度函数 $E(t)$ 之间的关系。

12-2　某稳态连续流动系统。现采用阶跃示踪实验获得其浓度响应曲线 $C_S(t)$ 为：

$$C_S(t)/C_{S0} = 1 - (1 + 4k\theta)\mathrm{e}^{-2\theta}$$

式中，k 为常数，C_{S0} 为示踪剂溶液浓度（$\mathrm{kg/m^3}$），$\theta = t/\bar{t}$（$\bar{t}$ 为流体平均停留时间）。试确定该系统的 RTD 密度函数 $E(\theta)$ 和内部年龄密度函数 $I(\theta)$。

12-3　某稳态连续流动系统，系统内流体体积为 V，流量为 q_V。现采用脉冲示踪实验（示踪剂量 m_0）获得其浓度响应曲线为

$$C(t) = 2k\theta\mathrm{e}^{-2\theta}$$

式中，k 为常数，$\theta = t/\bar{t}$（$\bar{t}$ 为平均停留时间）。试确定常数 k，并求该系统的停留时间分布函数 $F(\theta)$，以及出口截面上停留时间区间为 $0.5\bar{t} \sim 1\bar{t}$ 的流体的质量分率。

12-4　某稳态连续流动系统。现采用阶跃示踪实验获得其浓度响应曲线为

$$C_S(t)/C_{S0} = 1 - (1 + 4k\theta)\mathrm{e}^{-2\theta}$$

式中，k 为常数；C_{S0} 为示踪剂溶液浓度（kg/m³）；$\theta = t/\bar{t}$（$\bar{t}$ 为流体平均停留时间）。

① 若该系统流动模式可用两个全混釜串联模型描述，试确定其中的常数 k；

② 若 $t=0$ 时刻 dt 微元时段输入该系统的流体量为 m_0，试确定 50% 的 m_0 流出系统所需要的时间 θ。

12-5 两个理想混合容器串联，如图 12-24 所示。流体流量 q_V，容器的有效体积分别为 V_1 和 V_2，且 $V_1 \neq V_2$。试通过虚拟脉冲示踪实验并对每个容器列出示踪剂质量守恒方程，确定两个串联容器整体系统的 RTD 分布密度函数 $\bar{E}_2(t)$（下标 2 表示两个串联容器系统）。

提示：如下非齐次线性微分方程及其解为

$$\frac{\mathrm{d}y}{\mathrm{d}x} + p(x)y = q(x) \longrightarrow y = \mathrm{e}^{-\int p(x)\mathrm{d}x}\left[\int q(x)\mathrm{e}^{\int p(x)\mathrm{d}x}\,\mathrm{d}x + c\right]$$

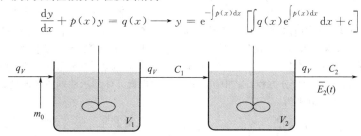

图 12-24　习题 12-5 附图

12-6 两个一般流动模式的容器串联，如图 12-25 所示。流体流量 q_V，其有效容积分别为 V_1 和 V_2，流体平均停留时间分别为 t_1 与 t_2。已知每个容器独立的 RTD 密度函数分别为 $E_1(t)$、$E_2(t)$（独立密度函数指各自作为独立容器时的密度函数）。

① 证明：串联容器整体系统的 RTD 密度函数 $\bar{E}_2(t)$ 为

$$\bar{E}_2(t) = \int_0^t E_1(t')E_2(t-t')\mathrm{d}t'$$

提示：设脉冲示踪剂量为 m_0，考察随后 $0 \to t$ 期间容器 1 和容器 2 流出的示踪剂量。

② 假设两个容器内的流动模式为全混流，试用上式确定 $\bar{E}_2(t)$ 与 t、t_1、t_2 的关系。

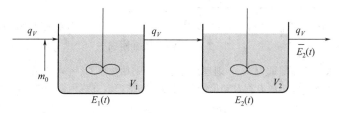

图 12-25　习题 12-6 附图

12-7 参见图 12-26，其中每个容器独立的密度函数为 $E_i(t)$（$i=1,2,\cdots,n$）。试根据习题 12-6 第①问给出的关系式，证明该串联系统末级出口处的 RTD 密度函数 $\bar{E}_n(t)$ 为

$$\bar{E}_n(t) = \int_0^t \bar{E}_{n-1}(t')E_n(t-t')\mathrm{d}t' \qquad (n=2,3,\cdots,n-1,n)$$

其中，$\bar{E}_{n-1}(t)$ 是前 $n-1$ 个串联容器系统的 RTD 密度函数，且 $\bar{E}_1(t)=E_1(t)$。

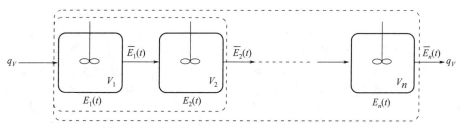

图 12-26　习题 12-7、12-8 附图

12-8 参见图 12-26，其中每个容器独立的密度函数为 $E_i(t)(i=1,2,\cdots,n)$，n 个系统串联作为一个整体系统的 RTD 密度函数为 $\overline{E}_n(t)$，且已知

$$\overline{E}_n(t)=\int_0^t \overline{E}_{n-1}(a)E_n(t-a)\mathrm{d}a \qquad (n=2,3,\cdots,n-1,n)$$

其中，$\overline{E}_{n-1}(t)$ 是前 $n-1$ 个容器作为整体系统的 RTD 密度函数，且 $\overline{E}_1(t)=E_1(t)$。若这 n 个容器均为体积相同的理想混合容器，流量连续稳定（每个容器相同），试求 $\overline{E}_n(t)$ 的具体表达式及其一次矩和散度。

12-9 试通过虚拟脉冲示踪实验确定轴向扩散模型的 RTD 密度函数 $E(t)$。

思路：轴向扩散模型描述见教材 12.4.4 节。根据该模型假设可知，若在管式设备进口注入脉冲示踪剂，则其流动扩散过程如图 12-27 所示。其中，示踪剂中心（图中白线）以平推流速度 u 向下游推进，同时示踪剂还由中心向两侧扩散。因此，为分析方便，可先考虑流体静止（$u=0$）时示踪剂的扩散，见图（b），并以扩散中心为原点建立新坐标 x'，分析 $\mathrm{d}x'$ 微元段示踪剂的质量守恒，建立示踪剂浓度 $C'(x',t)$ 的微分方程；其中扩散进入、输出微元体的示踪剂质量流量 q_1、q_2 及微元内示踪剂量 m 的变化率分别为

$$q_1=-D_eS\frac{\partial C'}{\partial x'}, \quad q_2=-D_eS\frac{\partial C'}{\partial x'}-D_eS\frac{\partial^2 C'}{\partial x'^2}\mathrm{d}x', \quad \frac{\partial m}{\partial t}=\frac{\partial C'}{\partial t}S\mathrm{d}x'$$

式中，D_e、S 分别为示踪剂在主流体内的扩散系数和管道的横截面积。

解微分方程获得距离扩散中心 x' 处的示踪剂浓度 $C'(x',t)$ 后，再将 x' 替换为 $x-ut$，见图（a），获得 x 位置处的浓度，即 $C(x,t)=C'(x-ut,t)$

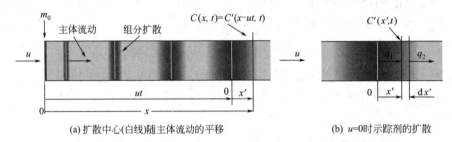

(a) 扩散中心(白线)随主体流动的平移   (b) $u=0$ 时示踪剂的扩散

图 12-27 习题 12-9 附图

提示 1：设注入的示踪剂量为 m_0，则理论上示踪剂初始浓度 $C_0'=m_0/S\mathrm{d}x$。

提示 2：对于如下一维扩散方程及初值条件问题（一维扩散方程柯西问题）

$$\frac{\partial u}{\partial t}-\alpha^2\frac{\partial^2 u}{\partial x^2}=0, \quad u\big|_{t=0}=\varphi(x), \quad (-\infty<x<\infty)$$

方程的解为

$$u(x,t)=\frac{1}{(2\alpha\sqrt{\pi t})}\int_{-\infty}^{\infty}\varphi(\xi)\exp\left[-\frac{(x-\xi)^2}{4\alpha^2 t}\right]\mathrm{d}\xi$$

12-10 流体以平均流速 u_m 在半径 R、长度 L 的圆管内作充分发展的层流流动，流速分布为

$$u=2u_m\left(1-\frac{r^2}{R^2}\right)$$

① 试证明该系统的 RTD 分布函数为

$$0\leqslant t<\frac{L}{2u_m}, \quad F(t)=0; \quad t\geqslant\frac{L}{2u_m}, \quad F(t)=1-\left(\frac{L}{2u_m t}\right)^2$$

② 定义流体平均停留时间为：$t_m=\int_0^1 t\mathrm{d}F$，证明：$t_m=L/u_m$

12-11 理想混合容器 V_1（见图 12-28），体积流量 q_V，外部有一循环流。循环流为平推流，流体容积 V_2，回流比为 α。试通过虚拟脉冲示踪实验分析证明：当无因次时间 θ 在 $(n-1)\beta\leqslant\theta<n\beta$ 区间时 $(n=1,2,\cdots,\infty)$，系统出口处流体的 RTD 密度函数 $E(\theta)$ 为

$$\overline{t}_1E(t)=E(\theta)=(1-\alpha)\sum_{m=0}^{n-1}\frac{\alpha^m}{m!}(\theta-m\beta)^m\mathrm{e}^{-(\theta-m\beta)}$$

式中　$\theta = \dfrac{t}{\bar{t}_1}$, $\beta = \dfrac{\bar{t}_2}{\bar{t}_1}$, $\bar{t}_1 = \dfrac{V_1}{q_V}$, $\bar{t}_2 = \dfrac{V_2}{\alpha q_V}$

提示：解题中示踪剂量用 m_0 表示，系统出口浓度用 $C(t)$ 表示，且

$$C^* = \frac{m_0}{V_1}, \quad \frac{C(t)}{C^*} = C(\theta) = \frac{E(\theta)}{1-\alpha}$$

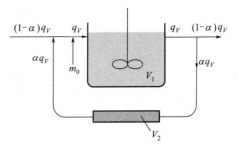

图 12-28　习题 12-11 附图

12-12 试根据图 12-28 所示系统的 RTD 密度函数 $E(\theta)$，求 $t=0$ 时刻注入的脉冲示踪剂量 m_0 在 $t=0.5\bar{t}_1$ 时有多少已流出系统。已知：$m_0 = 1\text{kg}$，$q_V = 60\text{L}/\text{min}$，$\alpha = 0.2$，且

$$\bar{t}_1 = \frac{V_1}{q_V} = 20\text{min}, \quad \bar{t}_2 = \frac{V_2}{\alpha q_V} = 6\text{min}, \quad \beta = \frac{\bar{t}_2}{\bar{t}_1} = 0.3$$

12-13 某化工厂将相对少量的废液排入一混合池中，混合池进/出口流量 $q_V = 0.1\text{m}^3/\text{s}$，流体密度为 ρ。废液由混合池进口排入，且由于量少，混合池流量不变。测试表明，只要停止排放，混合池出口处废液组分浓度就呈指数规律下降，且每 100 分钟浓度降低 1/2。若该工厂从 $t=0$ 时刻起，以 $q_m = 2\text{g/s}$ 的流量向池内连续排放 10 分钟的废液，试确定混合池出口可检测到的废液组分最大浓度为多少 g/m^3。

12-14 某化工厂旁有一水渠，水渠流量 $q_V = 0.1\text{m}^3/\text{s}$，平均流速 $u = 0.5\text{m/s}$。若该工厂从 $t=0$ 时刻起，以 $q_m = 1\text{g/s}$ 的流量向渠内连续排放 6 分钟的废液，试确定下游 500m 处可检测到的废液组分最大浓度为多少 g/m^3，以及该处第一次测得废液组分浓度为 $5\ \text{g/m}^3$ 的时间。已知：废液排量相对很小，不影响水渠流量；水渠中的流动为轴向扩散模式，其中扩散系数 $D_e = 0.3\text{m}^2/\text{s}$，平均停留时间 $\bar{t} = L/u$，且 $Pe > 100$ 时轴向扩散流的 RTD 分布函数为：

$$F(t) = \frac{1}{2}\left\{1 - \text{erf}\left[\frac{\sqrt{Pe}}{2}\left(1 - \frac{t}{\bar{t}}\right)\right]\right\}$$

式中 erf（x）为误差函数，可在 Excel 计算表中直接引用（与常见函数计算类似）。

12-15 为测定由 6 个搅拌器串联组成的系统的混合效率，进行停留时间实验。实验以水为流体，用某种酸为脉冲示踪剂；$t=0$ 时刻酸由第一个搅拌器进口注入（脉冲示踪），在最后一个反应器出口取样分析的酸浓度结果如下表。

时间/min	0	5	10	15	20	25	30	35	40	50	60	70
浓度/g/L	0.0	0.10	1.63	3.23	3.96	3.71	3.00	2.12	1.39	0.51	0.10	0.0

① 试确定该串联系统的平均停留时间；

② 若采用串联釜模型描述系统停留时间分布，则串联釜的数量 n 为多少？

③ 如果采用轴向扩散模型描述系统的停留时间分布，则贝克列数 Pe 为多少？

④ 如果系统流量为 100L/min，试确定注入的示踪剂量。

附　　录

附录 A　矢量与场论的基本定义和公式

A.1　矢量运算基本公式

直角坐标系下，任意矢量 **A** 及矢量 **A** 的模分别表示为

$$\mathbf{A}=A_x\mathbf{i}+A_y\mathbf{j}+A_z\mathbf{k},\ |\mathbf{A}|=\sqrt{A_x^2+A_y^2+A_z^2}$$

A.1.1　两个矢量的数积（或称点积）

定义　**A**、**B** 两矢量，夹角为 θ（$\leqslant\pi$），其数积或点积定义为

$$\mathbf{A}\cdot\mathbf{B}=|\mathbf{A}||\mathbf{B}|\cos\theta=A_xB_x+A_yB_y+A_zB_z \tag{A-1}$$

意义　两矢量的数积中，既可将 $|\mathbf{B}|\cos\theta$ 看成是矢量 **B** 在 **A** 上的投影，也可将 $|\mathbf{A}|\cos\theta$ 看成是矢量 **A** 在 **B** 上的投影，因此，若 **A**、**B** 两矢量相互垂直则必然有

$$\mathbf{A}\cdot\mathbf{B}=A_xB_x+A_yB_y+A_zB_z=0 \tag{A-2}$$

运算　设 **A**、**B**、**C** 为矢量，λ 为常数，则矢量数积满足下列运算规律

$$\mathbf{A}\cdot\mathbf{B}=\mathbf{B}\cdot\mathbf{A} \tag{A-3a}$$

$$\mathbf{A}\cdot(\mathbf{B}+\mathbf{C})=\mathbf{A}\cdot\mathbf{B}+\mathbf{A}\cdot\mathbf{C} \tag{A-3b}$$

$$(\lambda\mathbf{A})\cdot\mathbf{B}=\lambda(\mathbf{A}\cdot\mathbf{B})=\mathbf{A}\cdot(\lambda\mathbf{B}) \tag{A-3c}$$

A.1.2　两个矢量的矢积（或称叉积）

定义　**A**、**B** 两矢量，夹角为 θ（$\leqslant\pi$），其矢积或叉积为

$$\mathbf{A}\times\mathbf{B}=\begin{vmatrix} \mathbf{i} & \mathbf{j} & \mathbf{k} \\ A_x & A_y & A_z \\ B_x & B_y & B_z \end{vmatrix}=(A_yB_z-A_zB_y)\mathbf{i}+(A_zB_x-A_xB_z)\mathbf{j}+(A_xB_y-A_yB_x)\mathbf{k} \tag{A-4}$$

意义　**A**、**B** 两矢量矢积的模 $|\mathbf{A}\times\mathbf{B}|=|\mathbf{A}||\mathbf{B}|\sin\theta$ 等于以 **A**、**B** 为邻边所作平行四边形的面积，因此，若 **A**、**B** 两矢量平行则必然有

$$\mathbf{A}\times\mathbf{B}=0\ \text{或}\ (A_yB_z-A_zB_y)=(A_zB_x-A_xB_z)=(A_xB_y-A_yB_x)=0 \tag{A-5}$$

运算　设 **A**、**B**、**C** 为矢量，λ 为常数，则矢量矢积满足下列运算规律

$$\mathbf{A}\times\mathbf{B}=-\mathbf{B}\times\mathbf{A} \tag{A-6a}$$

$$\mathbf{A}\times(\mathbf{B}+\mathbf{C})=\mathbf{A}\times\mathbf{B}+\mathbf{A}\times\mathbf{C} \tag{A-6b}$$

$$(\lambda\mathbf{A})\times\mathbf{B}=\lambda(\mathbf{A}\times\mathbf{B})=\mathbf{A}\times(\lambda\mathbf{B}) \tag{A-6c}$$

$$\mathbf{A}\times(\mathbf{B}\times\mathbf{C})=(\mathbf{A}\cdot\mathbf{C})\mathbf{B}-(\mathbf{A}\cdot\mathbf{B})\mathbf{C} \tag{A-6d}$$

A.1.3　三个矢量的混合积

定义　**A**、**B**、**C** 三个矢量的混合积为

$$\mathbf{A}\cdot(\mathbf{B}\times\mathbf{C})=\begin{vmatrix} A_x & A_y & A_z \\ B_x & B_y & B_z \\ C_x & C_y & C_z \end{vmatrix} \tag{A-7}$$

意义 混合积 $\mathbf{A} \cdot (\mathbf{B} \times \mathbf{C})$ 的绝对值等于以 $\mathbf{A}$、$\mathbf{B}$、$\mathbf{C}$ 为邻边所作平行六面体的体积,因此,若 $\mathbf{A}$、$\mathbf{B}$、$\mathbf{C}$ 三个矢量共面,则必然有:

$$\mathbf{A} \cdot (\mathbf{B} \times \mathbf{C}) = 0 \tag{A-8}$$

运算 对于 $\mathbf{A}$、$\mathbf{B}$、$\mathbf{C}$ 三个矢量的混合积有

$$\mathbf{A} \cdot (\mathbf{B} \times \mathbf{C}) = \mathbf{B} \cdot (\mathbf{C} \times \mathbf{A}) = \mathbf{C} \cdot (\mathbf{A} \times \mathbf{B}) \tag{A-9}$$

A.2 梯度、散度和旋度

直角坐标中矢量 $\qquad\qquad \mathbf{A} = A_x \mathbf{i} + A_y \mathbf{j} + A_z \mathbf{k}$

柱坐标系中矢量 $\qquad\qquad \mathbf{A} = A_r \mathbf{e}_r + A_\theta \mathbf{e}_\theta + A_z \mathbf{e}_z$

式中 $\qquad \mathbf{e}_r = \cos\theta\mathbf{i} + \sin\theta\mathbf{j}, \quad \mathbf{e}_\theta = -\sin\theta\mathbf{i} + \cos\theta\mathbf{j}, \quad \mathbf{e}_z = \mathbf{k} \tag{A-10}$

分别是 r、θ、z 方向的单位矢量,但 $\mathbf{e}_r$、$\mathbf{e}_\theta$ 不是常矢量,且有 $\partial\mathbf{e}_r/\partial\theta = \mathbf{e}_\theta$,$\partial\mathbf{e}_\theta/\partial\theta = -\mathbf{e}_r$。

A.2.1 哈密尔顿 (Hamilton) 算子

哈密尔顿(Hamilton)算子 $\mathbf{\nabla}$ 是矢量微分算子,其定义如下

$$\mathbf{\nabla} = \frac{\partial}{\partial x}\mathbf{i} + \frac{\partial}{\partial y}\mathbf{j} + \frac{\partial}{\partial z}\mathbf{k} \quad \text{或} \quad \mathbf{\nabla} = \mathbf{e}_r\frac{\partial}{\partial r} + \mathbf{e}_\theta\frac{1}{r}\frac{\partial}{\partial \theta} + \mathbf{e}_z\frac{\partial}{\partial z} \tag{A-11}$$

A.2.2 数量场的梯度

设标量函数 u 连续可微,则 u 的梯度 $\mathrm{grad}(u)$ 定义为

$$\mathbf{\nabla}u = \frac{\partial u}{\partial x}\mathbf{i} + \frac{\partial u}{\partial y}\mathbf{j} + \frac{\partial u}{\partial z}\mathbf{k} \quad \text{或} \quad \mathbf{\nabla}u = \frac{\partial u}{\partial r}\mathbf{e}_r + \frac{1}{r}\frac{\partial u}{\partial \theta}\mathbf{e}_\theta + \frac{\partial u}{\partial z}\mathbf{e}_z \tag{A-12}$$

标量函数 u 的梯度 $\mathbf{\nabla}u$ 是矢量,指向 u 变化率最大的方向。

A.2.3 散度

设矢量函数 $\mathbf{A}$ 连续可微,则 $\mathbf{A}$ 的散度 $\mathrm{div}(\mathbf{A})$ 定义为

$$\mathbf{\nabla} \cdot \mathbf{A} = \frac{\partial A_x}{\partial x} + \frac{\partial A_y}{\partial y} + \frac{\partial A_z}{\partial z} \quad \text{或} \quad \mathbf{\nabla} \cdot \mathbf{A} = \frac{1}{r}\frac{\partial rA_r}{\partial r} + \frac{1}{r}\frac{\partial A_\theta}{\partial \theta} + \frac{\partial A_z}{\partial z} \tag{A-13}$$

矢量函数 $\mathbf{A}$ 的散度 $\mathbf{\nabla} \cdot \mathbf{A}$ 是标量函数。

A.2.4 旋度

设矢量函数 $\mathbf{A}$ 连续可微,则 $\mathbf{A}$ 的旋度 $\mathrm{rot}(\mathbf{A})$ 定义为

$$\mathbf{\nabla} \times \mathbf{A} = \left(\frac{\partial A_z}{\partial y} - \frac{\partial A_y}{\partial z}\right)\mathbf{i} + \left(\frac{\partial A_x}{\partial z} - \frac{\partial A_z}{\partial x}\right)\mathbf{j} + \left(\frac{\partial A_y}{\partial x} - \frac{\partial A_x}{\partial y}\right)\mathbf{k} \tag{A-14a}$$

或

$$\mathbf{\nabla} \times \mathbf{A} = \left(\frac{1}{r}\frac{\partial A_z}{\partial \theta} - \frac{\partial A_\theta}{\partial z}\right)\mathbf{e}_r + \left(\frac{\partial A_r}{\partial z} - \frac{\partial A_z}{\partial r}\right)\mathbf{e}_\theta + \frac{1}{r}\left(\frac{\partial rA_\theta}{\partial r} - \frac{\partial A_r}{\partial \theta}\right)\mathbf{e}_z \tag{A-14b}$$

A.3 Hamilton 算子的常用运算公式

设 $\mathbf{A}$、$\mathbf{B}$ 是两个矢量函数,$\mathbf{c}$ 是常矢量,ϕ、η 是两个标量函数,c 是常数。则 Hamilton 算子有如下常用运算公式。

(1) $\mathbf{\nabla}(c\phi) = c\mathbf{\nabla}\phi$

(2) $\mathbf{\nabla}(\phi \pm \eta) = \mathbf{\nabla}\phi \pm \mathbf{\nabla}\eta$

(3) $\mathbf{\nabla}(\phi\eta) = \phi\mathbf{\nabla}\eta + \eta\mathbf{\nabla}\phi$

(4) $\mathbf{\nabla}(\mathbf{A} \cdot \mathbf{B}) = \mathbf{A} \times (\mathbf{\nabla} \times \mathbf{B}) + (\mathbf{A} \cdot \mathbf{\nabla})\mathbf{B} + \mathbf{B} \times (\mathbf{\nabla} \times \mathbf{A}) + (\mathbf{B} \cdot \mathbf{\nabla})\mathbf{A}$

(5) $\mathbf{\nabla} \cdot \mathbf{\nabla} = \mathbf{\nabla}^2 = \partial^2/\partial x^2 + \partial^2/\partial y^2 + \partial^2/\partial z^2$($\mathbf{\nabla}^2$ 称为 Laplace 算子)

(6) $\mathbf{\nabla} \cdot (c\mathbf{A}) = c\mathbf{\nabla} \cdot \mathbf{A}$

(7) $\mathbf{\nabla} \cdot (\mathbf{A} \pm \mathbf{B}) = \mathbf{\nabla} \cdot \mathbf{A} \pm \mathbf{\nabla} \cdot \mathbf{B}$

(8) $\mathbf{\nabla} \cdot (\mathbf{c}\phi) = (\mathbf{\nabla}\phi) \cdot \mathbf{c}$

(9) $\mathbf{\nabla} \cdot (\phi\mathbf{A}) = \mathbf{A} \cdot (\mathbf{\nabla}\phi) + \phi(\mathbf{\nabla} \cdot \mathbf{A})$

(10) $\boldsymbol{\nabla}\cdot(\mathbf{A}\times\mathbf{B})=(\boldsymbol{\nabla}\times\mathbf{A})\cdot\mathbf{B}-(\boldsymbol{\nabla}\times\mathbf{B})\cdot\mathbf{A}$

(11) $\boldsymbol{\nabla}\cdot(\boldsymbol{\nabla}\phi)=\boldsymbol{\nabla}^2\phi=\dfrac{\partial^2\phi}{\partial x^2}+\dfrac{\partial^2\phi}{\partial y^2}+\dfrac{\partial^2\phi}{\partial z^2}$ 或 $\boldsymbol{\nabla}^2\phi=\dfrac{1}{r}\dfrac{\partial}{\partial r}\left(r\dfrac{\partial\phi}{\partial r}\right)+\dfrac{1}{r^2}\dfrac{\partial^2\phi}{\partial\theta^2}+\dfrac{\partial^2\phi}{\partial z^2}$

(12) $\boldsymbol{\nabla}\cdot(\boldsymbol{\nabla}\times\mathbf{A})=0$

(13) $\boldsymbol{\nabla}\times\boldsymbol{\nabla}=0$

(14) $\boldsymbol{\nabla}\times(c\mathbf{A})=c\boldsymbol{\nabla}\times\mathbf{A}$

(15) $\boldsymbol{\nabla}\times(\mathbf{A}\pm\mathbf{B})=\boldsymbol{\nabla}\times\mathbf{A}\pm\boldsymbol{\nabla}\times\mathbf{B}$

(16) $\boldsymbol{\nabla}\times(c\phi)=(\boldsymbol{\nabla}\phi)\times\mathbf{c}$

(17) $\boldsymbol{\nabla}\times(\phi\mathbf{A})=\phi(\boldsymbol{\nabla}\times\mathbf{A})+(\boldsymbol{\nabla}\phi)\times\mathbf{A}$

(18) $\boldsymbol{\nabla}\times(\mathbf{A}\times\mathbf{B})=(\mathbf{B}\cdot\boldsymbol{\nabla})\mathbf{A}-(\mathbf{A}\cdot\boldsymbol{\nabla})\mathbf{B}-\mathbf{B}(\boldsymbol{\nabla}\cdot\mathbf{A})+\mathbf{A}(\boldsymbol{\nabla}\cdot\mathbf{B})$

(19) $\boldsymbol{\nabla}\times(\boldsymbol{\nabla}\phi)=0$

(20) $\boldsymbol{\nabla}\times(\boldsymbol{\nabla}\times\mathbf{A})=\boldsymbol{\nabla}(\boldsymbol{\nabla}\cdot\mathbf{A})-\boldsymbol{\nabla}^2\mathbf{A}$

在下面的公式中，$\mathbf{r}=x\mathbf{i}+y\mathbf{j}+z\mathbf{k}$ 为矢径，$r=|\mathbf{r}|=\sqrt{x^2+y^2+z^2}$ 是 $\mathbf{r}$ 的模，$\mathbf{r}^\circ=\mathbf{r}/r$ 是单位矢径，$f(\phi)$ 是 ϕ 的复合函数：

(21) $\boldsymbol{\nabla}r=\mathbf{r}/r=\mathbf{r}^\circ$

(22) $\boldsymbol{\nabla}\cdot\mathbf{r}=3$

(23) $\boldsymbol{\nabla}\times\mathbf{r}=\mathbf{0}$

(24) $\boldsymbol{\nabla}f(\phi)=f'(\phi)\boldsymbol{\nabla}\phi$

(25) $\boldsymbol{\nabla}f(r)=f'(r)(\mathbf{r}/r)=f'(r)\mathbf{r}^\circ$

(26) $\boldsymbol{\nabla}\times[f(r)\mathbf{r}]=\mathbf{0}$

(27) $\boldsymbol{\nabla}\times(r^{-3}\mathbf{r})=\mathbf{0}$

A.4 矢量的积分定理

A.4.1 斯托克斯公式

设矢量函数 $\mathbf{F}$ 在某个三维区域内连续可微，S 是该区域内的一个曲面，$\mathbf{n}$ 是 S 的单位法线矢量，C 是曲面 S 的边界（边缘线），$\mathbf{r}$ 是边缘 C 上任意点的矢径，规定 C 的方向与 S 的正法线方向构成右手螺旋定则。则下述积分公式成立

$$\oint_C\mathbf{F}\cdot\mathrm{d}\mathbf{r}=\iint_S(\boldsymbol{\nabla}\times\mathbf{F})\cdot\mathbf{n}\mathrm{d}S \tag{A-15}$$

该式称为斯托克斯公式，根据该式可将封闭曲线积分转化为曲面积分，反之亦然。

A.4.2 高斯公式

设矢量函数 $\mathbf{F}$ 在光滑封闭曲面 S 所包围的三维区域 V 内连续可微，$\mathbf{n}$ 是曲面 S 的单位法线矢量，则下述矢量积分公式成立，且称为高斯公式

$$\oiint_S\mathbf{F}\cdot\mathbf{n}\mathrm{d}S=\iiint_V\boldsymbol{\nabla}\cdot\mathbf{F}\mathrm{d}V \tag{A-16}$$

若有标量函数 ϕ 在光滑封闭曲面 S 所包围的三维区域 V 内连续可微，$\mathbf{r}$ 是区域 V 内任意点的矢径，则根据高斯公式（A-16）可得

$$\oiint_S\mathbf{n}\phi\mathrm{d}S=\iiint_V\boldsymbol{\nabla}\phi\mathrm{d}V \tag{A-17}$$

$$\oiint_S\mathbf{r}\times\mathbf{n}\phi\mathrm{d}S=\iiint_V\mathbf{r}\times\boldsymbol{\nabla}\phi\mathrm{d}V \tag{A-18}$$

式（A-17）和式（A-18）与式（A-16）一样，也称为高斯公式。根据上述高斯公式，可在相应情况下将封闭曲面积分转化为体积分，反之亦然。

附录 B　流体力学常见物理量量纲、单位换算及特征数

表 B-1　常见物理量量纲和单位

物理量的名称	性质	量纲	国际单位	物理量名称	性质	量纲	国际单位
长度	几何学	L	m	应力,压力	动力学	$ML^{-1}T^{-2}$	N/m^2或 Pa
面积	几何学	L^2	m^2	动力黏度	动力学	$ML^{-1}T^{-1}$	Pa•s 或 $N•s/m^2$
体积	几何学	L^3	m^3	表面张力	动力学	MT^{-2}	N/m
面积惯性矩	几何学	L^4	m^4	体积弹性模数	动力学	$ML^{-1}T^{-2}$	Pa 或 N/m^2
时间	运动学	T	s	动量	动力学	MLT^{-1}	kg•m/s
速度	运动学	LT^{-1}	m/s	动量矩	动力学	ML^2T^{-1}	$kg•m^2/s$
速度势	运动学	L^2T^{-1}	m^2/s	功,能	动力学	ML^2T^{-2}	J 或 N•m
角速度	运动学	T^{-1}	s^{-1}	力矩	动力学	ML^2T^{-2}	N•m
流函数	运动学	L^2T^{-1}	m^2/s	功率	动力学	ML^2T^{-3}	W 或 J/s
环量	运动学	L^2T^{-1}	m^2/s	质量惯性矩	动力学	ML^2	$kg•m^2$
加速度	运动学	LT^{-2}	m/s^2	温度	热力学	Θ	K
旋度	运动学	T^{-1}	s^{-1}	导热系数	热力学	$MLT^{-3}\Theta^{-1}$	J/(s•m•K)
体积流量	运动学	L^3T^{-1}	m^3/s	焓	热力学	L^2T^{-2}	J/kg
运动黏度	运动学	L^2T^{-1}	m^2/s	熵	热力学	$ML^2T^{-2}\Theta^{-1}$	J/K
质量	动力学	M	kg	内能	热力学	L^2T^{-2}	J/kg
密度	动力学	ML^{-3}	kg/m^3	气体常数	热力学	$L^2T^{-2}\Theta^{-1}$	J/(kg. K)
力	动力学	MLT^{-2}	N 或 $kg•m/s^2$	比热容	热力学	$L^2T^{-2}\Theta^{-1}$	J/(kg. K)

表 B-2　基本单位换算关系

单位	换 算 关 系	备 注
质量	1 [kg] = 1000 [g] = 2.20462 [lb]	g—克
长度	1 [m] = 39.3701 [in] = 3.2808 [ft] = 1.0936 [yd]; 1[ft] = 12 [in]; 1[in] = 25.40 [mm]	lb—磅
面积	1 [m^2] = 10^4[cm^2] = 10.764 [ft^2] = 1550 [in^2]	in—英寸
体积	1 [m^3] = 10^3[L] = 35.31 [ft^3] = 219.98 [gal(英)] = 264.17 [gal(美)]	ft—英尺
密度	1 [kg/m^3] = 1000 [g/cm^3] = 6.2428×10^{-2}[lb/ft^3]	yd—码
力 压力	1 [N] = 10^5[dyne] = 0.10197 [kgf] = 0.22488 [lbf] 1 [Pa] = 10^{-5}[bar] = 1.0197×10^{-5}[kg/cm^2] = 14.5×10^{-5}[lbf/in^2] = 7.5×10^{-3}[mm-Hg] = 10.21×10^{-2}[mmH_2O] = 29.53×10^{-5}[inHg] = 0.9869×10^{-5}[标准大气压]	gal—加仑 dyne—达因 kgf—公斤力
黏度	1 [Pa•s] = 10^3[cp] = 0.6721 [lb/(ft•s)] = 0.102 [$kgf•s/m^2$] = 2.09×10^{-2}[$lbf•s/ft^2$]	lbf—磅力
能,功	1 [J] = 0.2389×10^{-3}[kcal] = 9.485×10^{-4}[BTU] = 0.7378 [lbf•ft]	bar—巴
功率	1 [kW] = 1000 [W] = 0.2389 [kcal/s] = 0.9485[BTU/s] = 1.3410 [hp] = 737.79[ft•lbf/s]	cp—厘泊
热容	1 [J/(kg•K)] = 0.2389×10^{-3}[kcal/(kg•℃)] = 0.2389×10^{-3}[BTU/(lb•℉)]	BTU—英热单位
导热系数	1 [J/(s•m•K)] = 1 [W/(m•K)] = 0.860 [kcal/(m•h•℃)] = 0.5779[BTU/(ft•h•℉)]	hp—马力
温度	$t(℃) = [t(℉)-32]\times5/9$; $T(K) = t(℃)+273$	℉—华氏度

表 B-3　常见特征数（无因次数）及其意义

符号	特征数名称	英文名称	定义	意义与应用	符号定义
Ar	阿基米德	Archimedes	$\dfrac{\rho(\rho_p-\rho)gd^3}{\mu^2}$	有效重力与黏性力之比；应用于混合对流、颗粒流态化问题	a——声速
Bi	毕渥	Biot	$\dfrac{hL}{k_s}$ 或 $\dfrac{h(V/A)}{k_s}$	物体内部导热热阻与边界对流换热热阻之比；应用于热传导问题	A——物体表面积
Eu	欧拉	Euler	$\dfrac{p}{\rho u^2}$	压力与惯性力之比；应用于压差流或涉及空化的流动问题	c_p——比定压热容
Fo	傅里叶	Fourier	$\dfrac{\alpha t}{L^2}$ 或 $\dfrac{\alpha t}{(V/A)^2}$	热扩散时间数；应用于非稳态热传导问题	d——颗粒直径
Fr	佛鲁德	Froude	$\dfrac{u^2}{gL}$	惯性力与重力之比；应用于有自由表面的流动问题	D_{AB}——质量扩散系数
Ga	伽利略	Galileo	$\dfrac{g\rho^2 d^3}{\mu^2}$	浮力与黏性力之比；应用于自然对流、颗粒沉降或流态化问题	h——对流换热系数
Gr	格拉晓夫	Grashof	$\dfrac{L^3\rho^2 g\beta\Delta T}{\mu^2}$	温差浮力与黏性力之比；应用于自然对流换热问题	h_D——对流传质系数
Gz	格雷兹	Graetz	$\dfrac{q_m c_p}{kL}$	表征对流换热进口区长度；应用于管道内的对流换热问题	k——流体导热系数
Le	刘易斯	Lewis	$\dfrac{k}{c_p\rho D_{AB}}$ 或 $\dfrac{\alpha}{D_{AB}}$	热量扩散与质量扩散之比；应用于对流换热问题	k_s——固体导热系数
Ma	马赫	Mach	$\dfrac{u}{a}$	流体速度与声速之比；应用于高速气体流动问题	L——定性尺度
Nu	鲁塞尔特	Nusselt	$\dfrac{hL}{k}$	导热与对流热阻之比，表征对流换热强度；应用于对流换热问题	p——流体压力
Pe	贝克列	Peclet	$\dfrac{uL}{\alpha}$ 或 $RePr$	热对流与热扩散速率之比；应用于对流换热问题	q_m——质量流量
			$\dfrac{uL}{D_{AB}}$ 或 $ReSc$	对流流速与质量扩散速率之比；应用于对流传质问题	t——时间
Pr	普兰特	Prandtl	$\dfrac{c_p\mu}{k}$ 或 $\dfrac{\nu}{\alpha}$	动量扩散与热量扩散之比；应用于对流换热问题	u——定性速度
Re	雷诺	Reynolds	$\dfrac{\rho uL}{\mu}$	惯性力与黏性力之比；应用于涉及黏性和惯性力的流动	V——物体体积
Sc	斯密特	Schmidt	$\dfrac{\mu}{\rho D_{AB}}$ 或 $\dfrac{\nu}{D_{AB}}$	动量扩散与质量扩散之比；应用于对流传质问题	α——热扩散系数（$= k/\rho c_p$）
Sh	谢伍德	Sherwood	$\dfrac{h_D L}{D_{AB}}$	扩散与对流传质阻力比，表征对流传质强度；应用于对流传质问题	β——热膨胀系数
St	斯坦顿	Stanton	$\dfrac{h}{c_p\rho u}$ 或 $\dfrac{RePr}{Nu}$	组合数，对流换热与热焓增量之比；应用于对流换热问题	ΔT——流体温差
St	斯特哈尔	Strouhal	$\dfrac{L}{ut}$	惯性力时间变化与空间变化之比；应用于非稳态或周期性流动问题	μ——流体黏度
We	韦伯	Weber	$\dfrac{\rho u^2 L}{\sigma}$	惯性力与表面张力之比；应用于涉及流体界面力的流动问题	ρ——流体密度
					ρ_p——颗粒密度
					ν——动量扩散系数或运动黏度

附录 C　流体的物性参数

表 C-1　常压下常见液体的主要性质

流体名称	温度 t /℃	密度 ρ /(kg/m³)	黏度 μ /(10^{-3} Pa·s)	比热容 c /[J/(kg·K)]	表面张力系数 * σ /(N/m)	体积弹性模数 E_V /(10^9 Pa)
水	20	998	1.00	4187	0.073	2.171
海水	20	1023	1.07	3933	0.073	2.300
水银	20	13550	1.56	139.4	0.5137 (0.3926)	26.200
四氯化碳	20	1596	0.9576	842	0.2685 (0.4494)	1.3859
润滑油	20	890-920	—	—	0.035~0.038	1.7238
乙醇	20	789	1.1922	—	0.0223	—
苯	20	876	0.6511	1720	0.029	1.030
甘油	20	1258	1494	2386	0.063	4.344
煤油	20	808	1.92	2000	0.025	—
原油	20	856	7.2	—	0.03	—
液氢	-257	73.7	0.021	—	0.0029	—
液氧	-195	1206	0.278	~964	0.015	—

* 括号内的数据为液体与水接触，其余均指液体与空气接触。

表 C-2　常见气体的主要性质（$t=20$℃，$p=10^5$ Pa）

气体名称	符号	分子量 M /(kg/kmole)	密度 ρ /(kg/m³)	黏度 μ /10^{-6} Pa·s	气体常数 R /[J/(kg·K)]	比热容/[J/(kg·K)] c_p	c_V	绝热指数 $k=c_p/c_V$
空气		28.97	1.205	18.1	287	1005	716	1.40
水蒸气	H_2O	18.02	0.747	10.1	461	1867	1406	1.33
氮	N_2	28.02	1.16	17.6	297	1038	742	1.40
氧	O_2	32.00	1.33	20.0	260	917	657	1.40
氢	H_2	2.016	0.084	9.0	4124	14320	10190	1.40
氦	He	4.003	0.166	19.7	2077	5200	3123	1.67
一氧化碳	CO	28.01	1.16	18.2	297	1042	745	1.40
二氧化碳	CO_2	44.01	1.84	14.8	189	845	656	1.29
甲烷	CH_4	16.04	0.668	13.4	519	2227	1709	1.30

表 C-3　常见气体动力黏度随温度变化经验公式常数值

气体名称	空气	水蒸气	氮	氧	氢	一氧化碳	二氧化碳	二氧化硫
μ_0/10^{-6} Pa·s	17.09	8.93	16.60	19.20	8.4	16.80	13.80	11.60
C	111	961	104	125	71	100	254	306

温度为 T(K) 时气体的动力黏度 $\mu = \mu_0 \dfrac{273+C}{T+C}\left(\dfrac{T}{273}\right)^{1.5}$，其中 μ_0 为 0℃时气体的黏度，C 为依气体而定的常数。

表 C-4　不同压力下水和油的黏度与其在 10^5 Pa 压力下的黏度值之比 μ_p/μ_0

流体	温度 t/℃	压力 p/10^5 Pa 100	300	500	750	1000	2000
水	30	1.0	1.01	1.02	1.04	1.05	1.13
水	10	1.0	0.98	0.97	0.96	0.95	0.965
润滑油 SAE30	54	1.45	2.50	4.70	9.40	19.00	~150

表 C-5　水的物性参数

温度 $t/℃$	压力 $p \times 10^{-5}$ /Pa	密度 $\rho/$ (kg/m³)	热焓 $i \times 10^{-3}$ /(J/kg)	比热容 $c_p \times 10^{-3}$ /[J/(kg·K)]	导热系数 $\lambda \times 10^2$ /[W/(m·K)]	导温系数 $a \times 10^7$ /(m²/s)	黏度 $\mu \times 10^5$ /(Pa·s)	运动黏度 $\nu \times 10^6$ /(m²/s)	体积膨胀系数 $\beta \times 10^4$ /(1/K)	表面张力 $\sigma \times 10^3$ /(N/m)	普兰特数 Pr
0	1.01	999.9	0	4.212	55.08	1.31	178.78	1.789	−0.63	75.61	13.66
10	1.01	999.7	42.04	4.191	57.41	1.37	130.53	1.306	+0.70	74.14	9.52
20	1.01	998.2	83.99	4.183	59.85	1.43	100.42	1.006	1.82	72.67	7.01
30	1.01	995.7	125.69	4.174	61.71	1.49	80.12	0.805	3.21	71.20	5.42
40	1.01	992.2	165.71	4.174	63.33	1.53	65.32	0.659	3.87	69.63	4.30
50	1.01	988.1	209.30	4.174	64.73	1.57	54.92	0.556	4.49	67.67	3.54
60	1.01	983.2	251.12	4.178	65.89	1.61	46.98	0.478	5.11	66.20	2.98
70	1.01	977.8	292.99	4.167	66.70	1.63	40.60	0.415	5.70	64.33	2.53
80	1.01	971.8	334.94	4.195	67.40	1.66	35.50	0.365	6.32	62.57	2.21
90	1.01	965.3	376.98	4.208	67.98	1.68	31.48	0.326	6.95	60.71	1.95
100	1.01	958.4	419.19	4.220	68.21	1.69	28.24	0.295	7.52	58.84	1.75
110	1.43	951.0	461.34	4.233	68.44	1.70	25.89	0.272	8.08	56.88	1.60
120	1.99	943.1	503.67	4.250	68.56	1.71	23.73	0.252	8.64	54.82	1.47
130	2.70	934.8	546.38	4.266	68.56	1.72	21.77	0.233	9.17	52.86	1.35
140	3.62	926.1	589.08	4.287	68.44	1.73	20.10	0.217	9.72	50.70	1.26
150	4.76	917.0	632.20	4.312	68.33	1.73	16.83	0.203	10.3	48.64	1.18
160	6.18	907.4	675.33	4.346	68.21	1.73	17.36	0.191	10.7	46.58	1.11
170	7.92	897.3	719.29	4.379	67.86	1.73	16.28	0.181	11.3	44.33	1.05
180	10.03	886.9	763.25	4.417	67.40	1.72	15.30	0.173	11.9	42.27	1.00
190	12.55	876.0	807.63	4.460	66.93	1.71	14.42	0.165	12.6	40.01	0.96
200	15.55	863.0	852.43	4.505	66.24	1.70	13.63	0.158	13.3	37.66	0.93
210	19.08	852.8	897.65	4.555	65.48	1.69	13.04	0.153	14.1	35.40	0.91
220	23.20	840.3	943.71	4.614	66.49	1.66	12.46	0.148	14.8	33.15	0.89
230	27.98	827.3	990.18	4.681	63.68	1.64	11.97	0.145	15.9	30.99	0.88
240	33.48	813.6	1037.49	4.756	62.75	1.62	11.47	0.141	16.8	28.54	0.87
250	39.78	799.0	1085.64	4.844	62.71	1.59	10.98	0.137	18.1	26.19	0.86
260	46.95	784.0	1135.04	4.949	60.43	1.56	10.59	0.135	19.7	23.73	0.87
270	55.06	767.9	1185.28	5.070	58.92	1.51	10.20	0.133	21.6	21.48	0.88
280	64.20	750.7	1236.28	5.229	57.41	1.46	9.81	0.131	23.7	19.12	0.89
290	74.46	732.3	1289.95	5.485	55.78	1.39	9.42	0.129	26.2	16.87	0.93
300	85.92	712.5	1344.80	5.736	53.92	1.32	9.12	0.128	29.2	14.42	0.97
310	98.70	691.1	1402.16	6.071	52.29	1.25	8.83	0.128	32.9	12.06	1.02
320	112.90	667.1	1462.03	6.573	50.55	1.15	8.53	0.128	38.2	9.81	1.11
330	128.65	640.2	1526.19	7.243	48.34	1.04	8.14	0.127	43.3	7.67	1.22
340	146.09	610.1	1594.75	8.164	45.67	0.92	7.75	0.127	53.4	5.67	1.38
350	165.38	574.4	1671.37	9.504	43.00	0.79	7.26	0.126	66.8	3.82	1.60
360	186.75	528.0	1761.39	13.984	39.51	0.54	6.67	0.126	109	2.02	2.36
370	210.54	450.5	1892.43	40.391	33.70	0.19	5.69	0.126	264	0.47	6.80

表 C-6 干空气的物性参数（$p = 10^5 \text{Pa}$）

温度 $t/℃$	密度 $\rho/(\text{kg}/\text{m}^3)$	比热容 $c_p \times 10^{-3}$ /[J/(kg·K)]	导热系数 $\lambda \times 10^2$ /[W/(m·K)]	导温系数 $a \times 10^5$ /(m²/s)	黏度 $\mu \times 10^5$ /(Pa·s)	运动黏度 $\nu \times 10^6$ /(m²/s)	普兰特数 Pr
−50	1.584	1.013	2.034	1.27	1.46	9.23	0.727
−40	1.515	1.013	2.115	1.38	1.52	10.04	0.723
−30	1.453	1.013	2.196	1.49	1.57	10.08	0.724
−20	1.395	1.009	2.278	1.62	1.62	11.60	0.717
−10	1.312	1.009	2.359	1.74	1.67	12.43	0.714
0	1.293	1.005	2.440	1.88	1.72	13.28	0.708
10	1.247	1.005	2.510	2.01	1.77	14.16	0.708
20	1.205	1.005	2.591	2.14	1.81	15.06	0.686
30	1.165	1.005	2.673	2.29	1.86	16.00	0.701
40	1.128	1.005	2.754	2.43	1.91	16.96	0.696
50	1.093	1.005	2.824	2.57	1.96	17.95	0.697
60	1.060	1.005	2.893	2.72	2.01	18.97	0.698
70	1.029	1.009	2.963	2.86	2.06	20.02	0.701
80	1.000	1.009	3.044	3.02	2.11	21.09	0.699
90	0.972	1.009	3.126	3.19	2.15	22.10	0.693
100	0.946	1.009	3.207	3.36	2.19	23.13	0.695
120	0.898	1.009	3.335	3.68	2.29	25.45	0.692
140	0.854	1.013	3.486	4.03	2.37	27.80	0.688
160	0.815	1.017	3.637	4.39	2.45	30.09	0.685
180	0.779	1.022	3.777	4.75	2.53	32.49	0.684
200	0.746	1.026	3.928	5.14	2.60	34.85	0.679
250	0.674	1.038	4.265	6.10	2.74	40.61	0.666
300	0.615	1.047	4.602	7.16	2.97	48.33	0.675
350	0.566	1.059	4.904	8.19	3.14	55.46	0.677
400	0.524	1.068	5.206	9.31	3.31	63.09	0.679
500	0.456	1.093	5.740	11.53	3.62	79.38	0.689
600	0.404	1.114	6.217	13.83	3.91	96.89	0.700
700	0.362	1.135	6.700	16.34	4.18	115.4	0.707
800	0.329	1.156	7.170	18.88	4.43	134.8	0.714
900	0.301	1.172	7.623	21.62	4.67	155.1	0.719
1000	0.277	1.185	8.064	24.59	4.90	177.1	0.719
1100	0.257	1.197	8.494	27.63	5.12	199.3	0.721
1200	0.239	1.210	9.145	31.65	5.35	233.7	0.717

附录 D 习题参考答案

第 1 章 流体的力学性质

1-1 $k=1$，$\Delta_V=83.33\%$；$k=1.4$，$\Delta_V=72.19\%$；终温 78℃ 时，$\Delta_V=80.03\%$；$n=1.11$。

1-2 $n=12.14$ 转，或 $n=12.14\times2\pi\text{rad}$。

1-3 $u_T\approx6.11\text{m/s}$。

1-4 $N=273.47\text{W}$。

1-5 $N=9.05\text{W}$。

1-6 $v_\theta=r\omega\ (1-\dfrac{z}{\delta})$，$M=\dfrac{\pi\mu\omega D^4}{32\delta}$。

1-7 提示：a 点速度 u，b 点速度 $u+\dfrac{\text{d}u}{\text{d}y}\text{d}y$，$\overline{aa'}=u\text{d}t$，$\overline{bb'}=\left(u+\dfrac{\text{d}u}{\text{d}y}\text{d}y\right)\text{d}t$，$\text{d}\alpha\approx\tan\text{d}\alpha$。

1-8 $\mu=\dfrac{2\delta_1\delta_2 M}{\pi R^3(4L\delta_2+R\delta_1)}\left(\dfrac{30}{n\pi}\right)$。

1-9 $\sigma=0.073\text{N/m}$，$\Delta p=973\text{Pa}$。

1-10 $h=\dfrac{2\sigma\cos\theta}{\delta\rho g}=-5.9\times10^{-3}\text{m}=-5.9\text{mm}$。

1-11 $y=h\exp\left(-\sqrt{\dfrac{\rho g}{\sigma}}x\right)$；$h=\sqrt{2(1-\sin\theta)\dfrac{\sigma}{\rho g}}$。

1-12 $W<2\sigma L$。

1-13 $F=\sigma D=0.00146\text{N}$。

1-14 $p>4l\tau_0/D$。

1-15 $\rho_m/\rho_g=1+3/\varepsilon^2$；$a\geqslant3.78\mu\text{m}$。

第 2 章 流体流动的基本概念

2-1 ① $t=0$ 时，过 $(a，b)$ 的迹线方程和流线方程分别为

$$\begin{cases}x=(a+1)\text{e}^t-t-1\\y=(b+1)\text{e}^t-t-1\end{cases}；y=\dfrac{b}{a}x$$

② 以拉氏变量表示的速度和加速度分别为

$$v_x=(a+1)\text{e}^t-1,\ v_y=(b+1)\text{e}^t-1；a_x=(a+1)\text{e}^t,\ a_y=(b+1)\text{e}^t$$

2-2 $\mathbf{a}=-58t\mathbf{i}-10\mathbf{j}$。

2-3 ① 流场 $(x，y，z)$ 点处的时间变化率是局部变化率，所以温度变化率和流体加速度为

$$\dfrac{\partial T}{\partial t}=\dfrac{2At}{(x^2+y^2+z^2)}；\quad a_x=\dfrac{\partial v_x}{\partial t}=x,\quad a_y=\dfrac{\partial v_y}{\partial t}=y,\quad a_z=\dfrac{\partial v_z}{\partial t}=z$$

② 流体质点的温度变化率和加速度是温度和速度的质点导数，结果为

$$\frac{DT}{Dt}=\frac{2At(1-t^2)}{(x^2+y^2+z^2)}; \quad \mathbf{a}=\frac{D\mathbf{v}}{Dt}=(1+t^2)(x\mathbf{i}+y\mathbf{j}+z\mathbf{k})$$

③ $t=0$ 时过点（a，b，c）的流体质点的迹线方程为 $x=ae^{t^2/2}$，$y=be^{t^2/2}$，$z=ce^{t^2/2}$，所以其温度变化率和加速度为

$$\frac{DT}{Dt}=\frac{2At(1-t^2)}{(a^2+b^2+c^2)e^{t^2}}; \quad \mathbf{a}=(1+t^2)e^{t^2/2}(a\mathbf{i}+b\mathbf{j}+c\mathbf{k})$$

2-4 ① $t=0$ 过（a，b，c）的迹线方程：$x=ae^{6t}$，$y=be^{6t}$，$z=-3.5t^2+c$

② 流线方程：$y=c_1 x$，$z=-3.5t\ln x+c_2$（t）；$t=0$ 时：$y=c_1 x$，$z=c_2$；

③ 通过点（a，b，c）的流线方程：$y=(b/a)x$，$z=-(7/6)t\ln(x/a)+c$；$t=0$ 时：$y=(b/a)x$，$z=c$。

2-5 ① $y=\dfrac{V_0}{kU_0}\left[\sin(kx-\beta t_0)-\sin(ka-\beta t_0)\right]+b$；

② $t=t_0$ 时刻通过（a，b）点的迹线方程为：

$$\begin{cases} x=U_0(t-t_0)+a \\ y=\dfrac{V_0}{kU_0-\beta}\{\sin[ka-\beta t+kU_0(t-t_0)]-\sin(ka-\beta t_0)\}+b \end{cases}$$

③ $k\to 0$，$a\to 0$ 时，通过点（a，b）的流线与迹线方程：$y=\dfrac{V_0}{U_0}(x-a)+b$。

2-6 ① 因为 $\mathbf{v}=\mathbf{v}(x,y,z)$，所以是稳态流动；

② 因为 $\nabla\cdot\mathbf{v}=0$，该流场为不可压缩流场；

③ 因为 $\boldsymbol{\omega}=\nabla\times\mathbf{v}=0$，该流动不是有旋流动。

2-7 $\omega_x=0$，$\omega_y=4/5\text{rad/s}$，$\omega_z=-3/5\text{rad/s}$；流线方程：$y=3$，$z=4$。

2-8 ①流动不可压缩；②有旋流动；

③迹线方程：$r=c_1$，$\theta=c_2$，$z=v_z t$；流线方程为：$r=c_1$，$\theta=c_2$。

2-9 $v_z=-4(x+y)z$。

2-10 $F=19.3\text{N}$。

2-11 $\lambda=64/Re$。

2-12 提示：应用基于壁面切应力 τ_0 的阻力系数 λ 定义式，以及流体轴向力平衡关系。

2-13 $C_p=\dfrac{8}{Re}$、$C_f=\dfrac{4}{Re}$、$C_D=\dfrac{24}{Re}$，其中 $Re=\dfrac{\rho u_0 D}{\mu}$。

2-14 $u_t=\sqrt{4d(\rho_p-\rho_f)g/(3\rho_f C_D)}$。

2-15 $P=17352\text{W}$。

2-16 $P=2.642\times10^6\text{W}$，$\delta=0.032\text{m}$。

第3章　流体静力学

3-2 $\mu=1/3$，$\lambda=1/2$。

3-3 $p=\rho\omega^2 r^2/2-\rho gz+c$；由质量力方向与等压面曲线斜率可判断其垂直。

3-4 首先由 $\partial T/\partial z=-0.007\text{K/m}$ 解出 $n=1.243$，可得：$p=0.5224\times10^5\text{Pa}$，$\rho=0.754\text{kg/m}^3$。

3-5 $p_4>p_3=p_2>p_1$。

3-6 ① $\rho_A/\rho_B=(b-a)/(c-a)=0.833$；

② $c = 1.810\text{m}$, $V_A = \pi D^2 (c - a)/4 = 16.46 \times 10^{-2}\text{m}^3$, $V_B = \pi D^2 a/4 = 6.28 \times 10^{-2}\text{m}^3$。

3-7 ① 杯中液面处真空度为：$(p_0 - p)/\rho_m g = (h + \Delta h) = 303\text{mmHg}$;

② 杯式测压计可防止指示剂溢出，也可减小测压计高度。

3-8 ① 正压操作时：$h \geqslant 122\text{mm}$; 负压操作时：$H - h \geqslant 122\text{mm}$; $H \geqslant 244\text{mm}$;

② $122\text{mm} \leqslant h \leqslant 178\text{mm}$。

3-9 $p_A - p_B = (\rho - \rho_m) g H = (h_2/h_1)\rho g H$。

3-10 ① $h = 1.219\text{mm}$; ② 右边水面上升 $\Delta = 0.0113\text{m} = 11.3\text{mm}$。

3-11 $F_x = 588\text{kN}$; $F_y = 924\text{kN}$。

3-12 $F_x = 29400\text{kN}$, $F_y = 12165\text{kN}$, $F = 31817\text{kN}$, $\alpha = 22.5°$。

3-13 $\Delta h = 368\text{mmHg}$; $F_y = 7.697\text{kN}$。

3-14 $h > 4/3\text{m}$。

3-15 $F_A = -21736.5\text{N}$, $F_B = 8776.5\text{N}$。

3-16 $a \leqslant (H/L)g\cos\beta - g\sin\beta$。

3-17 ① 自由液面方程：$z_0 = -(a/g)x$; 压力分布：$p = p_0 - \rho(ax + gz)$。

3-18 近似解：认为活塞底面压力均匀，$h = \dfrac{\omega^2 R^2}{g\ (2 + d_1^2/d_2^2)}$;

准确解：活塞底面压力实际是不均匀的，$h = \dfrac{\omega^2 R^2}{g\ (2 + d_1^2/d_2^2)}\left[1 - \dfrac{1}{2}\dfrac{d_1^2}{(2R)^2}\right]$。

3-19 $n = 178\text{r/min}$。

3-20 等压面方程为 $x^2 + \left(y - \dfrac{g}{\omega^2}\right)^2 = \dfrac{2c}{\omega^2} + \dfrac{g^2}{\omega^4} = C$, $y_0 = g/\omega^2$。

3-21 $n = 427\text{r/min}$。

3-22 ① $n = 157.5\text{r/min}$。

② 顶盖上压力分布，油：$p - p_1 = \rho_o(r^2\omega^2/2 - gH)$，水：$p - p_1 = \rho_w(r^2\omega^2/2 - gH)$;

$r = 0$ 处有最小压力（油）：$p_{\min} - p_0 = 0$;

$r = R$ 处有最大压力（水）：$p_{\max} - p_0 = 11271.25\text{Pa} = 1.15\text{mH}_2\text{O}$。

底板上压力分布，油：$p - p_1 = \rho_o r^2\omega^2/2$，水：$p - p_1 = \rho_w r^2\omega^2/2$;

$r = 0$ 处有最小压力（油）：$p_{\min} - p_0 = 3920\text{Pa} = 0.4\text{mH}_2\text{O}$;

$r = R$ 处有最大压力（水）：$p_{\max} - p_0 = 16171.25\text{Pa} = 1.65\text{mH}_2\text{O}$。

第4章　流体流动的守恒原理

4-1 $v_2 = 0.25\text{m/s}$

4-2 ① $\dfrac{x - x_1}{x_0 - x_1} = \left(1 + \dfrac{q_{m1} - q_{m2}}{m_0}t\right)^{-\frac{q_{m1}}{q_{m1} - q_{m2}}}$, 代入数据得 $x = 0.2 - \dfrac{1000}{(t + 100)^2}$;

② $m_{cv}x = 2(t + 100) - 10000/(t + 100)$, 由 $m_{cv}x = 200\text{kg}$ 得 $t = 36.6\text{min}$。

4-4 ① 搅拌槽充水过程中组分 A 质量分率 $x_A = \dfrac{m_A}{q_m t} = \dfrac{x_{A0}}{kt}(1 - e^{-kt})$, 其中 $t \leqslant \tau = \rho V/q_m$;

② 搅拌槽充满废水后：$\dfrac{x_A - x_{A0}/(1+k\tau)}{x_{A,\tau} - x_{A0}/(1+k\tau)} = \exp\left[-(1+k\tau)\dfrac{t-\tau}{\tau}\right]$，其中 $t \geqslant \tau$；

③ 无限长时间后 $\dfrac{x_A}{x_{A0}} = \dfrac{1}{1+k\tau} = \dfrac{q_m}{q_m + k\rho V}$，可见只要 V 足够大，x_A 可降到很低。

4-5　$q_V = \sqrt{F(\pi d^2)/4\rho} = 2.8 \times 10^{-3}\,\text{m}^3/\text{s}$。

4-6　在 1-1 与 2-2 截面之间应用质量守恒方程得：$v_2 = [A_0 v_0 + (A_2 - A_0)v_1]/A_2$；
应用动量守恒方程得：$p_2 - p_1 = \rho[A_0 v_0^2 + (A_2 - A_0)v_1^2 - A_2 v_2^2]/A_2$。

4-7　$F = 21491.0\,\text{N}$。

4-11　① $m = (q_{m1} - q_{m2})t + m_0$；

② $\dfrac{T-B}{T_0-B} = \left[1 + \dfrac{(q_{m1}-q_{m2})}{m_0}t\right]^{-\frac{Ah + c_p q_{m1}}{(q_{m1}-q_{m2})c_p}}$，其中 $B = \dfrac{AhT_s + c_p q_{m1} T_1}{Ah + c_p q_{m1}}$；

③ 当 $t = 1\text{h}$ 时，$T = 379\text{K}$。

4-12　① $\dfrac{T_1}{T} = \dfrac{1}{k}\left[1 - \dfrac{p_0}{p}\left(1 - k\dfrac{T_1}{T_0}\right) - \dfrac{R_g Q}{pV}\right]$；② $T = 390\text{K}$。

4-13　$q_V = 3.894\,\text{m}^3/\text{s}$。

4-14　在 A 到 A_1 之间和 A 到 A_2 之间分别应用伯努利方程，可得两出口压力（表压）
分别为：
$p_1 = \rho(v^2 - v_1^2)/2 + p = 57653\,\text{Pa}$，　$p_2 = \rho(v^2 - v_2^2)/2 + p = 68910\,\text{Pa}$。
应用动量守恒方程得 R_x、R_y（与三通对流体的作用力反向）：
$R_x = (A_1 p_1 + v_1 q_{m1})\sin\alpha_1 - (A_2 p_2 + v_2 q_{m2})\sin\alpha_2 = -2802.3\,\text{N}$；
$R_y = (Ap + vq_m) - (A_1 p_1 + v_1 q_{m1})\cos\alpha_1 - (A_2 p_2 + v_2 q_{m2})\cos\alpha_2 = 3770.5\,\text{N}$。

4-16　① 水吸入引射器的条件：$p_1 < p_0 - \rho_L gh$；　$p_{a,\min} = p_0 + m^2 \rho_L gh/(1-m^2)$；

② $m_{\max} = \sqrt{(p_a - p_0)/(p_a - p_0 + \rho_L gh)}$。

4-17　① $p_2 = 104250\,\text{Pa}$；② $F_x = -364.0\,\text{N}$，$F_y = 3540.5\,\text{N}$。

4-18　提示：首先质量守恒得 $v_2 = v_1 H/h$，然后应用 x 方向的动量守恒方程，再建立
1-1 截面与 2-2 截面之间的伯努利方程。

4-19　① $q_m = 0.378\,\text{kg/s}$；② $h = h_2 = 1\text{m}$。

4-20　$q_{m1} = 0.793\,\text{kg/s}$。

4-21　① 因为截面风速相同，所以静压差＝全压差，因此：
$\Delta p_{1-2} = p_1 - p_2 = 90\,\text{mmH}_2\text{O}$，$h_{f,1-2} = 75.0\,\text{m}$（或 J/N，或 $90\,\text{mmH}_2\text{O}$）；

② $v_m = v_1 = 12.78\,\text{m/s}$；

③ $N_e = 7840\text{W}$；

④ $h_{f,\text{in}-\text{out}} = 407\text{m}$（$488\,\text{mmH}_2\text{O}$）；$h_{f,3-4} = 141\text{m}$（$169\,\text{mmH}_2\text{O}$）。

4-22　① $q_{V0} = \dfrac{2}{3}B\sqrt{2g}(h_2^{3/2} - h_1^{3/2})$；② 根据推导式：$q_{V0} = 6.236\,\text{m}^3/\text{s}$，按小孔理论

流量公式：$q_{V0} = 6.286\,\text{m}^3/\text{s}$，两者相对偏差 $< 1\%$。

4-23　$q_V = C_d \dfrac{8}{15}\tan\alpha\sqrt{2g}\,H^{5/2} = 0.0505\,\text{m}^3/\text{s} = 181.9\,\text{m}^3/\text{h}$。

4-24　$q_V = 0.0141\,\text{m}^3/\text{s}$。

4-25　$t = \dfrac{2A_a\sqrt{h_0}}{(1 + a/b)\,C_d A\sqrt{2g}} = 99.7\,\text{s}$。

4-26 $q_V = 2.50 \text{m}^3/\text{s}$, $p_c = -51.45 \text{kPa}$。

4-27 ① $H_{g\max} = 4.06\text{m}$, ② $H_{g\max} = -0.77\text{m}$。

4-28 ① 气体绝对压力 $p = 70.2 + 684/7.5 = 161.4$ (kPa), 空气密度 $\rho = p/RT = 1.919\text{kg/m}^3$,

重度 $\rho g = 18.83\text{kN/m}^3$, 速度 $v = \sqrt{2(p_B - p_A)/\rho} = 33.86\text{m/s}$。

② 因为马赫数 $Ma = v/a = 0.098 < 0.1$, 故按不可压缩流体考虑符合要求。

4-29 考虑局部阻力时压头为 6.692m;不考虑时为 5.846m。

4-30 ① $v_m = 100/9\text{m/s}$, $\alpha = 1.296$;② $(p_2 - p_1)_M = 11.85\text{Pa}$;③ $(p_2 - p_1)_E = 21.93\text{Pa}$;⑤ $h'_f = 0.857\text{m}$, 压力能损失 1.979J/s;⑥ $\Delta p_f = 17.28\text{Pa}$, $\Delta p'_f = 10.08\text{Pa}$;

⑦ $(p_2 - p_1)_M = (p_2 - p_1)_E = -5.43\text{Pa}$;

⑧ $h'_f = \beta \dfrac{v_0}{v_m} \dfrac{(v_0 - v_m)^2}{2g} + (1 - \beta) \dfrac{v_1}{v_m} \dfrac{(v_1 - v_m)^2}{2g}$。

第 5 章 不可压缩流体的一维层流流动

5-1 不可能。因为液液界面上切应力连续,即 $\mu_A (\mathrm{d}u_A/\mathrm{d}y) = \mu_B (\mathrm{d}u_B/\mathrm{d}y)$,但按图中速度分布,交界面上 $\mathrm{d}u_A/\mathrm{d}y > 0$,而 $\mathrm{d}u_B/\mathrm{d}y < 0$,故不满足切应力连续条件。

5-2 $u = -\dfrac{\Delta p}{2\mu L}(y^2 - b^2) + U \dfrac{y}{b}$, $\tau_{yx} = -\dfrac{\Delta p}{L} y + \mu \dfrac{U}{b}$。

5-3 $\tau = 37.2\text{Pa}$, $F = 18.6\text{N}$。

5-4 速度分布为:$u = \dfrac{k}{1-k} R \left[\omega_1 \left(1 - \dfrac{r}{R}\right) - \omega_0 \left(\dfrac{r}{kR} - 1\right) \right]$, $(kR \leqslant r \leqslant R)$;

切应力分布为:$\tau_{yx} = -\mu \dfrac{R}{b}(\omega_0 + k\omega_1) = -\dfrac{\mu}{1-k}(\omega_0 + k\omega_1)$。

5-5 $\left(\dfrac{\mathrm{d}\mu}{\mu}\right)_{\max} = \left|\dfrac{\mathrm{d}\Delta p*}{\Delta p*}\right| + \left|4 \dfrac{\mathrm{d}R}{R}\right| + \left|\dfrac{\mathrm{d}L}{L}\right| + \left|\dfrac{\mathrm{d}q_V}{q_V}\right| = 14\%$

5-6 $q_V = 3.13 \times 10^{-3}\text{m}^3/\text{s}$, $F = 73\text{N}$。

5-7 $u = U \dfrac{\ln(r/R)}{\ln k}$;$q_V = \dfrac{\pi R^2 U}{2} \left[\dfrac{1 - k^2}{\ln(1/k)} - 2k^2\right]$;$F_1 = -\dfrac{2\pi \mu U}{\ln(1/k)}$;$F_2 = 0$。

5-8 $R > 2\tau_0/(\rho g)$。

5-9 $\tau = 37.2\text{Pa}$, $F = 18.6\text{N}$。

5-10 $q_m = 4.946 \times 10^{-9}\text{kg/s}$。

5-11 $p = p_0 + \rho g(\delta - y)\sin\beta$, $p_0 = p|_{y=\delta}$。

5-12 ① $u|_{y=0} = 0$;$\tau_{yx}|_{y=\delta} = \mu \dfrac{\mathrm{d}u}{\mathrm{d}y}\bigg|_{y=\delta} = 0$;$u_m \delta = \int_0^\delta u \, \mathrm{d}x$;$a = -\dfrac{3}{2} \dfrac{u_m}{\delta^2}$, $b = 3 \dfrac{u_m}{\delta}$, $c = 0$。

5-13 $q_m = 0.102\text{kg/s}$。

5-14 ④ $m = (2/3)\sqrt{\mu\rho/g}\,(v_L^{3/2} t)$, $m = 4.335\text{kg/m}$。

5-15 ① 由任意两截面体积流量相等或针对微元(环带)作质量衡算均可得:$\delta u_m \sin\theta = C'$, 将 $u_m = (\delta^2 \rho g / 3\mu)\sin\theta$ 代入后有 $\delta^3 \sin^2\theta = C$;

② 提示:令 $\theta = \pi/2$ 时, $\delta = \delta_0$, $u_m = u_{m0}$, 利用条件 $\delta^3 \sin^2\theta = \delta_0^3$, $q_V =$

$$2\pi R\delta_0 u_{m0}, \quad u_{m0}=\delta_0^2\rho g/(3\mu)。$$

第6章 流体流动微分方程

6-4 $\rho=\rho_0\exp\left[-\left(1-\dfrac{r^2}{R^2}\right)\dfrac{\sin(\omega t)}{\omega}\right]$。

6-5 ① 质量通量等于密度乘以法向速度 ρv_n，即

$$\rho v_n=\rho(\mathbf{v}\cdot\mathbf{n})=\rho\left[v_x(\mathbf{i}\cdot\mathbf{n})+v_y(\mathbf{j}\cdot\mathbf{n})+v_z(\mathbf{k}\cdot\mathbf{n})\right]=\rho(v_x+\sqrt{2}v_y+\sqrt{3}v_z)/6$$

② x、y、z 方向动量的输入输出通量等于质量通量 ρv_n 乘以相应方向的速度，即

$$x:\quad \rho v_n v_x=\rho(\mathbf{v}\cdot\mathbf{n})v_x=\rho(v_x^2+\sqrt{2}v_y v_x+\sqrt{3}v_z v_x)/6$$

$$y:\quad \rho v_n v_y=\rho(\mathbf{v}\cdot\mathbf{n})v_y=\rho(v_x v_y+\sqrt{2}v_y^2+\sqrt{3}v_z v_y)/6$$

$$z:\quad \rho v_n v_z=\rho(\mathbf{v}\cdot\mathbf{n})v_z=\rho(v_x v_z+\sqrt{2}v_y v_z+\sqrt{3}v_z^2)/6$$

③ 如果取微元面 $\mathrm{d}A$ 的外法线单位矢量为 $\mathbf{n}=\mathbf{i}$，则质量通量和动量通量分别为

$$\rho v_n=\rho(\mathbf{v}\cdot\mathbf{n})=\rho v_x(\mathbf{i}\cdot\mathbf{i})=\rho v_x$$

$$x:\quad \rho v_n v_x=\rho(\mathbf{v}\cdot\mathbf{n})v_x=\rho v_x^2$$

$$y:\quad \rho v_n v_y=\rho(\mathbf{v}\cdot\mathbf{n})v_y=\rho v_x v_y$$

$$z:\quad \rho v_n v_z=\rho(\mathbf{v}\cdot\mathbf{n})v_z=\rho v_x v_z$$

6-6 ① 连续性方程：$\dfrac{\partial v_x}{\partial x}=0$；运动方程：$x:\dfrac{\partial p}{\partial x}=\mu\dfrac{\partial^2 v_x}{\partial y^2}$，$y:\dfrac{\partial p}{\partial y}=-\rho g$；

② 积分 y 方向的运动方程得 $p=-\rho gy+C(x)$，所以 $\partial p/\partial x=C'(x)$ 仅是 x 的函数，而 $v_x=v_x(y)$ 仅是 y 的函数，所以 x 方向的运动方程两边必为同一常数，即 $\partial p/\partial x=\mathrm{const}$。

③ 因为：$v_x=v_x(y)$，$\partial p/\partial x=\mathrm{const}$，所以

$$\frac{\partial p}{\partial x}=\mu\frac{\partial^2 v_x}{\partial y^2}=\mu\frac{\mathrm{d}^2 v_x}{\mathrm{d}y^2}\longrightarrow v_x=\frac{1}{\mu}\frac{\partial p}{\partial x}\frac{y^2}{2}+C_1 y+C_2$$

6-7 $v_\theta=\dfrac{k^2}{1-k^2}\left[\omega_0\left(\dfrac{r}{k^2}-\dfrac{R^2}{r}\right)+\omega_1\left(r-\dfrac{R^2}{r}\right)\right]$；$\tau_{r\theta}=\mu\left[r\dfrac{\partial}{\partial r}\left(\dfrac{v_\theta}{r}\right)\right]=2\mu(\omega_0+\omega_1)\dfrac{k^2}{1-k^2}\dfrac{R^2}{r^2}$。

6-8 $v_\theta=-\dfrac{\omega k^2}{1-k^2}\left(\dfrac{(R+\delta)^2}{r}-r\right)$；$\tau_{r\theta}=2\mu\omega\dfrac{k^2}{1-k^2}\dfrac{(R+\delta)^2}{r^2}$ 且 $\tau_{r\theta}\big|_{r=R}=\dfrac{2\mu\omega}{1-k^2}$；

$$M=\tau_{r\theta}\big|_{r=R}\cdot A\cdot R=\frac{2\mu\omega}{1-k^2}(2\pi RL)R=0.432\mathrm{N}\cdot\mathrm{m}, \quad \dot{W}_\mu=M\omega=9.06\mathrm{W}。$$

6-9 ①提示：简化方程时注意：$rv_r=\mathrm{const}$；③提示：$v_r\dfrac{\partial v_r}{\partial r}=\dfrac{(rv_r)^2}{r^3}=\left(\dfrac{q_V}{2\pi}\right)^2\dfrac{1}{r^3}$。

6-10 ① 提示：简化运动方程时，注意应用 $rv_r=\phi=f(z)$ 这一条件；又因为 $v_r=\phi/r$，所以

$$v_r\frac{\partial v_r}{\partial r}=-\frac{\phi^2}{r^3}, \quad \frac{\partial^2 v_r}{\partial z^2}=\frac{1}{r}\frac{\partial^2\phi}{\partial z^2}=\frac{1}{r}\frac{\mathrm{d}^2\phi}{\mathrm{d}z^2};$$

② 提示：证明方程左边仅为 r 的函数，右边仅为 z 的函数，所以根据微分方程理论，方程两边必为同一常数 λ；

③ 注意边界条件：$z=\pm b$，$v_r=0$ 或 $\phi=0$。

6-11 ① $\dfrac{\partial v_x}{\partial t} = \nu \dfrac{\partial^2 v_x}{\partial y^2}$，$\dfrac{\mathrm{d}p}{\mathrm{d}y} = -\rho g$；$y>0$：$v_x\big|_{t=0}=0$；$t>0$：$v_x\big|_{y=0}=U$，$v_x\big|_{y=b}=0$；

② $\dfrac{v_m}{U} = \dfrac{1}{2} - \displaystyle\sum_{n=1}^{\infty} \dfrac{4}{(2n-1)^2\pi^2} \exp\left[-(2n-1)^2\alpha t\right]$

③ 0.149，5.557×10^{-6}，2.251×10^{-13}

第 7 章　理想不可压缩流体的平面运动

7-1　① $\psi = (x^2-y^2)/2$；② $\psi = y^3-3x^2y$；③ $\psi = y/(x^2+y^2)$；④ $\psi = 2xy/(x^2+y^2)^2$。

7-2　$\phi = -3x-5y$；$\psi = -5x+3y$。

7-3　$v_y = \dfrac{y^2}{(x^2+y^2)^{3/2}}$，流场有旋。

7-4　①不可压缩，有旋；② $\psi = kx^2y+C_1$，不存在速度势；⑤ $y=2/x^2$，$y=12/x^2$。

7-5　流动有势，且 $\phi = 2xy+C$。

7-6　$v_x = 6\sqrt{2}\,\mathrm{m/s}$；$v_y = 6\sqrt{2}\,\mathrm{m/s}$；$\phi = -6\sqrt{2}\,(x+y)$；$\psi = -6\sqrt{2}\,(x-y)$。

7-7　① $\psi = -2Axy$；②驻点，位于坐标原点。

7-8　$v_x = 10.03\,\mathrm{m/s}$，$v_y = -0.135\,\mathrm{m/s}$；$p-p_0 = -310\,\mathrm{Pa}$

7-9　① $F = -4000\,\mathrm{N}$；② $F = -4000+88200 = 84200$（N）。

7-10　① $F = 75.4\,\mathrm{N}$；② $\dfrac{1}{2}\dfrac{2v_\infty}{r_0\omega}\left(\dfrac{r}{r_0}-\dfrac{r_0}{r}\right)\sin\theta + \ln\dfrac{r}{r_0} = 0$；③ $\theta = -\dfrac{\pi}{2}$，$r = 2r_0$

$F = 94.2\,\mathrm{N}$。

7-12　$\psi = (V/2B)y^2+C$；$q_V = VB/2$。

7-13　$\psi = \dfrac{\rho g\delta^3\cos\beta}{2\mu}\left[\left(\dfrac{y}{\delta}\right)^2 - \dfrac{1}{3}\left(\dfrac{y}{\delta}\right)^3\right]+C$；$q_V = \dfrac{\rho g\delta^3\cos\beta}{3\mu}$。

7-14　$F_x = 200\,\mathrm{N/m}$，挡墙受到的推力与来流方法相反（吸力）。

7-15　$v_\infty = 9.9\,\mathrm{m/s}$。

7-16　① $y=0$，$x_0 = -\dfrac{q}{2\pi v_0}$；② $x = \dfrac{y}{\tan(2\pi v_0 y/q)}$；③ $x=0$，$y=2.5\,\mathrm{m}$。

第 8 章　流体流动模型实验方法

8-1　① $\Delta p = KRe^m(e/D)^n(L/D)(\rho v^2/2) = \lambda(L/D)(\rho v^2/2)$，其中 $\lambda = f(Re,\ e/D)$ 为粗糙管阻力系数。②新增两个无因次数，分别为 Fr 和 St 准数。

8-2　$F = \rho v^2 d^2 f(Re,\ Fr)$。

8-4　$Eu\,(=F/\rho v^2 L^2)$，Re_L，Fr，b/L。

8-5　Eu，Re，Ma，L/D。

8-6　$v_m = 37.42\,\mathrm{m/s}$，$C_{\Delta p} = 3.70$。

8-7　$v_m = 30\,\mathrm{m/s}$，$d_m = 0.052\,\mathrm{mm}$。

8-8　$n_m = 350\,\mathrm{rpm}$，$q_{Vm} = 0.382\,\mathrm{m^3/s}$，$H_m = 1.267\,\mathrm{m}$。

8-9　$F_p = 5.59F_m$，$C_t = 60.6$。

8-10　$P = 13590\,\mathrm{W}$，$H = 3.05\,\mathrm{m}$，$q_V = 765\,\mathrm{L/s}$。

8-11 $q_V = 88.4 \text{L/s}$，$h_p = 12.5 \text{mmHg}$。

8-12 $v_m = 14.92 \text{m/s}$，$F_p = 0.936 F_m$。

8-13 $v = 10.92 \text{m/s}$。

8-14 $C_V C_l / C_a = 1 \longrightarrow Pe = vD/\alpha$，$C_h C_l / C_k = 1 \longrightarrow Nu = hD/k$。

8-15 Gr 的意义是温差浮力与黏性力之比乘以 Re（惯性力与黏性力之比）。

第 9 章　不可压缩流体管内流动

9-1 ① $u_m = 0.414 \text{m/s}$；② $h_f = 0.487 \text{m}$；③ $\tau_0 = 5.97 \times 10^{-4} \rho \text{N/m}^2$。

9-2 ① $\nu = 1.30 \times 10^{-6} \text{m}^2/\text{s}$，$Re = 241.5$，层流假定有效；② $\nu = 1.295 \times 10^{-6} \text{m}^2/\text{s}$。

9-3 湍流时用布拉修斯公式，$\lambda = 0.0354$。

9-4 壁面切应力 $\tau_0 = 0.302 \text{N/m}^2$，黏性底层厚 $\delta_1 = 0.29 \text{mm}$，过渡层厚 $\delta_2 = 1.45 \text{mm}$。

9-5 过渡型圆管，$q_V = 4.74 \text{L/s}$。

9-6 $y^* = 1.144 \times 10^{-5} \text{m}$，$\lambda = 0.032$，$q_V = 0.0785 \text{m}^3/\text{s}$。

9-7 ① $\overline{u}_m = 0.783 \overline{u}_{\max}$；② $e/D = 0.0146$，$Re > 10^5$。

9-8 对于正方形排列，$D_h = \dfrac{4b^2 - \pi d^2}{\pi d}$；对于等边三角排列，$D_h = \dfrac{2\sqrt{3}\, b^2 - \pi d^2}{\pi d}$。

9-9 ① $D = 761 \text{mm}$；② $D = 667 \text{mm}$。

9-10 $h_f = 0.108 \text{m}$。

9-11 ① $\tau_0 = 4.630 \text{Pa}$；② $y = 0 \longrightarrow 0.157 \longrightarrow 0.942 \longrightarrow 50 \text{mm}$；③（略）。

9-12 ① $D = 19.0 \text{mm}$；② $D = 20.6 \text{mm}$；③ $D = D_h = 17.3 \text{mm}$，$D = 19.6 \text{mm}$。

9-13 $P^2 = 4\pi A$；均不满足。

9-14 泵的流量 $0.076 \text{m}^3/\text{s}$。

9-15 158.9W，大 25.4%。

第 10 章　流体绕物流动

10-1 设 $\delta_{m,i}$ 为平壁推移距离，由 $\rho u_0^2 \delta_{m,i} = \rho u_0^2 \delta - M$（实际动量）可得 $\delta_{m,i} = \delta_d + \delta_m$。

10-2 $\delta = 12.60 \text{mm}$。

10-3 $\delta = 2\sqrt{3}\, x Re_x^{-1/2}$；$\delta_d = \sqrt{3}\, x Re_x^{-1/2}$；$C_f = \dfrac{2}{3}\sqrt{3}\, Re_L^{-1/2}$。

10-4 $\delta = 4.64 x Re_x^{-1/2}$；$\delta_d = 1.74 x Re_x^{-1/2}$；$C_f = 1.292 Re_L^{-1/2}$。

10-5 按平均板长计算：$F_f = 2.413 \text{N}$；按面积积分计算：$F_f = 2.396 \text{N}$。

10-6 $F_f = 376.8 \text{N}$，$F_p = 100.5 \text{N}$，功率 $P = 7.955 \text{kW}$。

10-7 ① $x = 0.827 \text{m}$；$\delta = 7.25 \text{mm}$；$\delta = 24.64 \text{mm}$；②完全按湍流计算，$x = 2.5 \text{m}$ 处 $\delta = 59.70 \text{mm}$，折中的办法之一是扣除 $x = 0.827 \text{m}$ 处完全按湍流计算的湍流边界层厚度与层流边界层的高差，即 $\delta = 59.70 - (24.64 - 7.25) = 42.31$（mm）。

10-8 $h = 39.62 \text{m}$。层流边界层的存在对计算结果影响不大，因为层流仅限于离海岸 0.85m 的范围内。

10-9 $Re_L = 1.58 \times 10^8$，$C_f = 1.99 \times 10^{-3}$，$F_f = 5923 \text{N}$，$P = 131.6 \text{kW}$。

10-10 终端速度 $u_t = 6.56 \text{m/s}$（按降落伞计算）；$u_t = 4.74 \text{m/s}$（按半球壳罩计算）。

10-11 $d = 0.283 \text{mm}$。

10-12 $\mu = 0.0577 \text{Pa} \cdot \text{s}$。

10-13 $u_0 = 3.0 \text{m/s}$。

10-14 $3.85 \text{m/s} < u_f < 11.65 \text{m/s}$。

10-15 $F_D = 52725 \text{N}$，$M = 2.80 \times 10^6 \text{N} \cdot \text{m}$，$f = 3.1 \times 10^{-3} \text{Hz}$。

第 11 章　可压缩流动基础与管内流动

11-1 $F_D = 2.58 \text{N}$。

11-2 $T_0 = 491.4 \text{K}$。

11-3 $V = 719.3 \text{km/h}$。

11-4 $p_0 = 284.8 \text{kPa}$，$T_0 = 324.1 \text{K}$。

11-5 $M_2 = 0.667$，$p_2 = 198.9 \text{kPa}$，$T_2 = 324.3 \text{K}$，$V_2 = 244.9 \text{m/s}$，$\Delta s = 33.5 \text{J/kg}$。

11-6 $T = 289.9 \text{K}$，$p = 481.6 \text{kPa}$，$M = 0.232$，$q_m = 0.038 \text{kg/s}$。

11-7 $M_1 = 1.286$，$T_1 = 291.5 \text{K}$，$V_1 = 1293.1 \text{m/s}$。

11-8 $T_0 = 388.2 \text{K}$，$q_m/A_1 = 1042.6 \text{kg/(m}^2 \cdot \text{s)}$，$T_2 = 200.4 \text{K}$，$V_2 = 873.9 \text{m/s}$。

11-9 $A_E/A_t = 4.235$，$T_0 = 834.4 \text{K}$，$p_0 = 183.7 \text{kPa}$，$N = 538814 \text{W}$。

11-10 ① $p_b = 374.9 \text{kPa}$；② $q_m = 4.187 \text{kg/s}$；③ $p_b \leqslant 37.53 \text{kPa}$。

11-11 $A_t = 491.4 \text{m}^2$，$A_2 = 2080.9 \text{m}^2$，$p_2/p_1 = 0.0290$，$T_2/T_1 = 0.3636$。

11-12 ① $T_{02} = 570.7 \text{K}$，$p_{02} = 63.62 \text{kPa}$；② $M_E = 0.116$，$T_E = 569.2 \text{K}$，$p_E = 63.02 \text{kPa}$。

11-13 ① $M_2 = 0.617$，$p_2 = 180.3 \text{kPa}$，$p_{02} = 140.4 \text{kPa}$，$T_2 = 356.8 \text{K}$，$T_{02} = 384.0 \text{K}$；
② $M_E = 0.168$，$T_E = 381.8 \text{K}$，$p_E = 137.4 \text{kPa}$。

11-14 ① $M_1 = 2.585$，$M_2 = 0.505$，$M_E = 0.472$；② $p_1/p_{01} = 0.0513$，$A/A_t = 2.855$。

11-15 ① $M_1 = 2.463$，$M_2 = 0.473$，$M_E = 0.368$；② $A/A_t = 3.260$，$x = 6.013 \text{cm}$。

11-16 $A_t = 98.28 \text{m}^2$，$M = 1.563$，$p_b = 325 \text{kPa}$。

11-17 $q_m = 0.213 \text{kg/s}$，$p_E = 158.5 \text{kPa}$，$T_E = 244.2 \text{K}$，$\rho_E = 2.262 \text{kg/m}^3$，$V_E = 313.2 \text{m/s}$。

11-18 $p_b = 91.7 \text{kPa}$。

11-19 $F = 13861.9 \text{N}$。

11-20 $t = 2981.1 \text{s}$。

11-21 $x = 46.806 \text{m}$，$x_* = 48.443 \text{m}$。

11-22 $x_E - x = 31.211 \text{m}$，$T = 370.0 \text{K}$。

11-23 $T = 288.3 \text{K}$，$p = 115.8 \text{kPa}$，$V = 43.22 \text{m/s}$。

11-24 $D = 17.36 \text{mm}$。

11-25 $q_m = 0.151 \text{kg/s}$，$q_m = 0.256 \text{kg/s}$。

11-26 $p = 412.1 \text{kPa}$。

11-27 $p = 498.5 \text{kPa}$，$p = 626.0 \text{kPa}$。

11-28 $q_m = 50.86 \text{kg/s}$，$p = 532.9 \text{kPa}$。

11-29 $q_m = 0.0248 \text{kg/s}$。

11-30 $M_1 = 1.586$。

第 12 章　过程设备内流体的停留时间分布

12-1 ① $m_1 = \rho V \int_0^t I(t) \, \mathrm{d}t$；② $m_2 = \rho q_V \int_0^t F(t) \, \mathrm{d}t$；③ $m_3 = \rho q_V t - \rho q_V \int_0^t F(t) \, \mathrm{d}t$。

12-2 $E(\theta)=[2+4k\ (2\theta-1)]\mathrm{e}^{-2\theta}$，$I(\theta)=(1+4k\theta)\mathrm{e}^{-2\theta}$。

12-3 $k=2C_0=2\dfrac{m_0}{V}$，$F(\theta)=[1-(1+2\theta)\mathrm{e}^{-2\theta}]$，质量分率$=0.330$。

12-4 $k=0.5$，$\theta\approx0.839$。

12-5 $\overline{E}_2(t)=\dfrac{1}{(t_2-t_1)}\mathrm{e}^{-t/t_2}[1-\mathrm{e}^{-t(t_2-t_1)/(t_1t_2)}]$。

12-6 ②与上式相同。

12-8 $\overline{E}_n(\theta)=n\bar{t}\overline{E}_n(t)=\dfrac{n}{(n-1)!}(n\theta)^{n-1}\mathrm{e}^{-n\theta}$；$\tilde{\theta}_n=\dfrac{\tilde{\tau}}{\bar{t}}=1$，$\sigma_\theta^2=\dfrac{\sigma^2}{\tilde{\tau}^2}=\dfrac{1}{n}$。

12-9 见教材式（12-54）。

12-11 见教材式（12-59）。

12-12 $m_0^{0\to t}\approx0.393\mathrm{kg}$。

12-13 $C_{\max}=1.34\mathrm{g/m}^3$。

12-14 $C>9.9\mathrm{g/m}^3$；$\theta=t/\bar{t}=1$。

12-15 ①$\tilde{\tau}=25.84\mathrm{min}$；②$n=5.6$；③$Pe=14.3$；④$m_0=10.31\mathrm{kg}$。

参 考 文 献

[1] 陈文梅主编. 流体力学基础. 北京：化学工业出版社，1995.

[2] 黄卫星主编. 工程流体力学. 第二版. 北京：化学工业出版社，2009.

[3] Douglas J F, Gasiorek J F, Swaffield J A. Fluid Mechanics. 3nd ed. 北京：世界图书出版公司北京公司，2000.

[4] Welty J R，Wicks C E，Wilson R E，Gregory R. Fundamentals of Momentum，Heat，and Mass Transfer. 4th ed. New York：John Wiley & Sons，2001.

[5] R. B. 伯德，W. E. 斯图沃特，E. N. 莱特富特. 传递现象. 戴干策，戎顺熙，石炎福译. 北京：化学工业出版社，2004.

[6] Roberson J A，Crowe C T. Engineering Fluid Mechanics. 5th ed. Boston：Houghton Mifflin Company，1993.

[7] Finnemore E J，Franzini J B. 流体力学及其工程应用. 第 10 版. 北京：清华大学出版社，2003.

[8] Douglas J F & Matthews R D. 流体力学题解. 第 1 卷，第 3 版. 北京：世界图书出版公司，2000.

[9] J M Coulson and J F Richardson. Chemical Engineering，Volume 1（化工工程，第一卷，第 6 版）. 北京：世界图书出版公司，2000.

[10] Haaland S E. Simple and explicit Formulas for the Friction Factor in Turbulent Pipe Flow. J Fluids Engineering，Vol. 105，March，1983.

[11] Mishra P，Gupta S N. Momentum transfer in curved pipes-1 Newtonian fluids. Ind Eng Chem Process Des Dev，1979，18（1）：130-136

[12] 潘文全编著. 工程流体力学. 北京：清华大学出版社，1988.

[13] 汪兴华编. 工程流体力学习题集. 北京：机械工业出版社，1988.

[14] 戴干策，陈敏恒编著. 化工流体力学. 第二版. 北京：化学工业出版社，2005.

[15] 陈敏恒，丛德滋，方图南，齐鸣斋编. 化工原理. 第二版. 上册，北京：化学工业出版社，1999.

[16] 金涌，祝京旭，汪展文，俞芷青. 流态化工程原理. 北京：清华大学出版社，2001.

[17] 刘桂玉，刘志刚，阴建民，何雅玲. 工程热力学. 北京：高等教育出版社，1998.

[18] 数学手册编写组编. 数学手册. 北京：高等教育出版社，2000.